JN188954

# 有機化学

# 1000本ノック

## 【反応機構編】

矢野将文 著 Masafumi Yano

化学同人

# は じ め に

　有機化学の講義を担当して10年以上になります．どの大学でも，有機化学関連の科目は初年次生から始まり，数セメスターにわたって開講されることでしょう．大学での講義はまず，高校の化学の延長のような基礎的なところから始まり，学年が進むに従って内容が徐々に難しくなっていきます．有機化学は積み上げ式の学問なので，より難しい内容を理解するためには，その基礎となる知識をしっかりと身につけておかねばなりません．しかしながら，「いつのまにか有機化学が苦手になった」という人も多いと思います．そういう学生からじっくりと話を聞くと，有機化学の入口の時点でつまずいているケースが多く見られます．しかもそれは，われわれ教員が考えるよりもずっと手前なのです．そのつまずきやすい箇所は以下の三つです．

・有機化合物の命名
・立体化学
・化学反応における電子の移動を表す曲がった矢印

　「なんとかしなくちゃ」と焦りながらもこの三つを放置していると，大学の有機化学の講義はどんどん進んでいき，「○○反応」がいっぱいでてきます．この「○○反応」を学ぶ段階では，命名法が理解できていることが前提になっています．また，分子の接近方向を考え，生成物の立体異性体を区別しなければなりません．さらに，電子の移動を表す曲がった矢印を使った反応機構が黒板を埋め尽し，その情報量に圧倒されます．基礎ができていないと，板書をノートに写すので精一杯になり，それを丸暗記しただけで試験に臨むことになります．必死になってなんとか単位は取ったけれど，一夜漬けの内容は長い休暇の間に忘却の彼方に消え，新しいセメスターではさらに深く学ぶ有機化学が始まります．これを繰り返すと，高校時代あんなに好きだった有機化学がすごく苦手になってしまうことでしょう．有機化学を深く理解するために有効な方法は，基本的なルールを学び，演習問題を解き，知識の定着を確認することです．ところが，いきなり難しい問題に挑戦しても，挫折してしまいます．これでは有機化学を面白く感じられません．本書はこのつまずきを乗り越えることを目標に企画されました．
　高校化学では，登場する化合物の構造も簡単で，取り扱う反応の種類も少なく，右辺と左辺を丸暗記してなんとかしのいできた人も多いと思います．ところが大学の有機化学では，化合物の構造も複雑になり，次から次へと新しい反応が登場して，もう丸暗記だけでしのぐことはできなくなってしまいます．そんなとき，役に立つのが「曲がった矢印」です．これまでは，反応の最初と最後だけ覚えていたらよかったのに，

大学では反応の途中の過程を一つひとつていねいに追いかけることが求められます．最初は「めんどうくさいな」と思ったことでしょう．

　化学反応は結合の切断と生成の繰返しです．原子と原子の間の結合が切れて，再び結合ができるときには違う原子とくっつく．どれだけ分子構造や反応が複雑になってもこれは変わりません．曲がった矢印は「どこの結合が切れて，どこの結合ができるか」を示してくれます．一般に，有機化学の反応では，主生成物と一緒に副生成物も生成してきます．複数の生成物が予想される反応の出発物質と生成物を見ただけでは，なぜその構造異性体が多く生成するのか（位置選択性），なぜその立体異性体が多く生成するのか（立体選択性）はわかりません．有機合成化学の目的の一つに「いかにして望みの化合物を多く得るのか」があります．この目的を達成するには，その反応のカラクリ（反応機構）がわからないと作戦を立てられません．反応過程を一つひとつ丹念に追うことで，なぜその生成物ができるのか，なぜこの反応は起こらないのかのようなことも理解できます．

　本書では初歩の初歩から始まって，しかも徐々に難易度が上がり，数多くの演習問題を解くことで，「身体で覚える」ことを目標としています．最初は「矢印をどこから伸ばすのか」，「矢印をどちら向きに伸ばすのか」の理解から始めます．解いていくにしたがって，「なんだ，どれだけ反応が複雑になっても，やってることは同じじゃないか…」と気づくことでしょう．そこがわかれば，これまでやってきた勉強法，つまり試験前に反応式を丸覚えする作業がどれだけ効率が悪いのかがわかります．最初はすごく簡単な反応からから始めますので，気楽に取り組んでください．

　本書に載っている多くの問題を通して，「有機化学は暗記じゃないんだ」ということに気づいていただければ幸いです．

2019 年 8 月　矢野将文

# 目　次

# 本書の特長と使い方

## 1. 特　長

本書は，電子の移動を表す「曲がった矢印の書き方」の初歩の初歩から始まり，徐々に難易度が上がっていきます．数多くの演習問題を解き，「身体で覚える」ことを目標に執筆されています．どんなに簡単な問題でも飛ばさずに解いてください．1000問超の問題を解くことで，確実に実力が身につきます．

## 2. 使い方

本書は「書き込み式」のワークブックです．解答は，本書の問題に直接書き込んでください．曲がった矢印のみを答える問題から始まりますが，徐々に中間体や反応機構自体を答える問題もでてきます．「どこから矢印を伸ばすのか，どちらに向かって矢印を伸ばすのか」をつねに意識して，電子の移動（結合の生成と切断）について考えてみましょう．

## 本書の構成

### 反応機構のポイント

各章のはじめには，その章で登場する代表的な反応における電子の移動についてまとめてあります．

### 解答時間とヒント

各大問には解答時間を設定していますので，取り組むときの目安にしてください．解答に目安よりも時間がかかった場合は，ヒントやポイントを見て，考え方や解き方を復習しましょう．

### 解法・解答【別冊：取り外し式】

大問を一つ解き終えるごとに答え合わせをしてください．問題に対する考え方も解説しています．ヒントを見ても解答できない場合は，解法をよく読んでから次の問題に取り組んでください．

### 達成度チェックシート

本書の巻末に達成度チェックシートがあります．取り組んだ問題にチェックを入れましょう．1000本ノックを達成した読者へ贈るメッセージが浮かび上がります．

# ルイス構造式と結合の分極

## 反応機構のポイント

化学反応は，原子と原子の間にある結合の切断と生成を繰り返して起こる．どれだけ分子構造や反応が複雑になってもこれは変わらない．そのときに重要になるのが電子の移動である．なぜなら，結合は電子でできているからである．有機化学では，この電子の移動を「曲がった矢印」で表す．つまり，曲がった矢印は「どこの結合が切れて，どこの結合ができるか」を示している．

曲がった矢印の練習を行う前に，(1) 結合と電子が同じものであるかを理解できているか，(2) 結合している二つの原子のどちら側に電子が偏りやすいのかを練習しよう．この二つが電子の移動を理解するうえでの基礎となる．

### A. ルイス構造式

構造式を描くときには原子と原子のつながりを表すために，結合を意味する棒で原子どうしを結ぶ．たとえば，メタン分子（$CH_4$，**A**）や水分子（$H_2O$，**B**）は下のように描ける．しかし，実際の分子の世界にはこのような棒は存在しない．

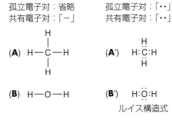

孤立電子対：省略　　　孤立電子対：「‥」
共有電子対：「ー」　　共有電子対：「‥」

$$\text{(A)} \quad H-\overset{\overset{\textstyle H}{|}}{\underset{\underset{\textstyle H}{|}}{C}}-H \qquad \text{(A')} \quad H\overset{H}{\underset{H}{:}C:}H$$

$$\text{(B)} \quad H-O-H \qquad \text{(B')} \quad H:\overset{..}{\underset{..}{O}}:H$$

ルイス構造式

この棒の正体は**共有電子対**（二つの原子が共有している2個1組の電子）である．結合を線ではなく電子対で表すと，（**A'**，**B'**）のように示される．これを**ルイス構造式**と呼ぶ．

> H原子には最大2個の電子，C原子やO原子には最大8個の電子が配置される

> O原子の孤立電子対（結合に関係しない電子対）は見落とされがちなので注意！

### B. 結合の分極

ポーリングの電気陰性度の値（下図）は，周期表のより右側ほど，またより上側ほど大きくなる．17族のハロゲン原子は周期表の右側にあるため，大きな電気陰性度の値をもつ．またフッ素原子はハロゲンのうち最も大きな値（4.0）を示す．

| 族 | 1 | 2 | …… | 14 | 15 | 16 | 17 |
|---|---|---|---|---|---|---|---|
| 周期 | | | | | | | |
| 1 | H<br>2.1 | | | | | | |
| 2 | Li<br>1.0 | | | C<br>2.5 | N<br>3.0 | O<br>3.5 | F<br>4.0 |
| 3 | | Mg<br>1.2 | | | | | Cl<br>3.0 |
| 4 | | | | | | | Br<br>2.8 |
| 5 | | | | | | | I<br>2.5 |

ポーリングの電気陰性度（一部抜粋）

> 電気陰性度は周期表のより右側，より上側の元素ほど大きくなる．ただし18族は含めない．

・フッ化水素（HF）の場合

HF は，正電荷をもつプロトン（$H^+$）と負電荷をもつフッ化物イオン（$F^-$）が結合しており，分子全体でみると中性である．この二つの原子の電気陰性度は，H 原子が 2.1，F 原子が 4.0 と大きく異なっている．F 原子のほうが H 原子に比べて，共有電子対を自身のほうへ引きつける能力が圧倒的に大きいので，実際には原子間の共有電子対は F 原子側に大きく偏る．

$$H-F \quad \Rightarrow \quad H:F$$

この結果，共有電子対を引きつけた F 原子はわずかに負電荷を，H 原子はわずかに正電荷を帯びる．これを結合の分極と呼ぶ．

$$\overset{\delta+ \quad \delta-}{H-F}$$

> わずかに電荷を帯びている部分は $\delta-$，$\delta+$ で示す．

化学反応は「電子の余っている箇所」と「電子の足りない箇所」の間で起こりやすい．

**練習問題** 例にならって，次の分子の構造式を描け． 目安時間 10 分

| | 孤立電子対：省略 | 孤立電子対：「‥」 | | 孤立電子対：省略 | 孤立電子対：「‥」 | 孤立電子対：「‥」 |
|---|---|---|---|---|---|---|
| | 共有電子対：「—」 | 共有電子対：「‥」 | | 共有電子対：「—」 | 共有電子対：「—」 | 共有電子対：「‥」 |
| 例 | $\begin{matrix} H \\ H-C-H \\ H \end{matrix}$ | $\begin{matrix} H \\ H{:}C{:}H \\ H \end{matrix}$ | 例 | H—O—H | 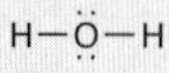 H—Ö—H | 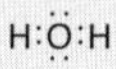 H:Ö:H |

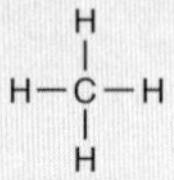

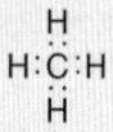

CH₃CH₃

CH₃OH

CH₃CH₂⁺

CH₃OCH₃

CH₂CH₂

CH₃Br

CHCH

CH₃NH₂

BH₃

HCHO

**練習問題** 例にならって，次の原子間における電気陰性度の大小と結合の分極を書け． 目安時間 5 分

| | 化学式 | 電気陰性度の比較 | 結合の分極 | | 化学式 | 電気陰性度の比較 | 結合の分極 |
|---|---|---|---|---|---|---|---|
| 例： | H—OH | H < O | $\overset{\delta+}{H}—\overset{\delta-}{O}H$ | | Cl—H | Cl □ H | |
| | H—Br | H □ Br | | | H₃C—H | C □ H | |
| | H₃C—NH₂ | C □ N | | | H₃C—OH | C □ O | |
| | H₃C—Br | C □ Br | | | H—I | H □ I | |
| | Br—Br | Br □ Br | | | F—CH₃ | F □ C | |

# 酸と塩基

実施日：　　月　　日

## 反応機構のポイント

### A. ヒドロキシ基（—OH）の H$^+$ 放出

酸素（O）原子のほうが水素（H）原子よりも電気陰性度が大きいため，共有電子対が O 原子に偏り，H 原子は H$^+$（プロトン）として放出される

$$\overset{①}{RO-H} \longrightarrow RO^- + \overset{②}{H^+}$$

①O 原子と H 原子の間の結合（共有電子対）から O 原子に曲がった矢印を伸ばす

②電荷に注意し，右辺に生成物を描く

> RO—H と RO:H は同じ意味

> 電荷の総和は左辺と右辺で等しい

### B. 孤立電子対をもつ原子と H$^+$ の結合

ある原子上の孤立電子対が H$^+$ を攻撃し，その原子と H 原子の間で共有結合を形成する

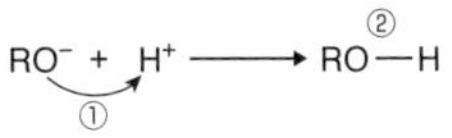

$$RO^- + H^+ \longrightarrow \overset{②}{RO-H}$$
$$\underset{①}{}$$

①O 原子上の孤立電子対から H$^+$ に曲がった矢印を伸ばす

②電荷に注意し，右辺に生成物を描く

> 原子の孤立電子対は一般に省略される．最初は孤立電子対を描き入れ，どこが曲がった矢印の起点になるかを意識しよう！

### C. ブレンステッド酸とブレンステッド塩基の反応

• ブレンステッド塩基（ここでは R'O$^-$）が，ブレンステッド酸（ここでは ROH）の H 原子を奪う

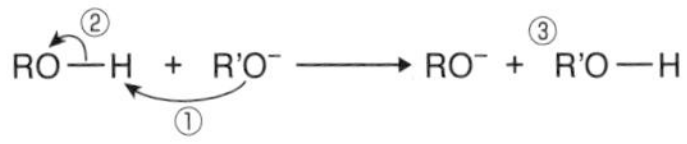

$$\overset{②}{RO-H} + R'O^- \longrightarrow RO^- + \overset{③}{R'O-H}$$
$$\underset{①}{}$$

①ブレンステッド塩基の孤立電子対からブレンステッド酸の H 原子に曲がった矢印を伸ばす

②ブレンステッド酸の H 原子と O 原子の間の結合（共有電子対）から O 原子に曲がった矢印を伸ばす

③電荷に注意し，右辺に生成物を描く

### D. ルイス酸とルイス塩基の反応

ルイス塩基の孤立電子対は，ルイス酸の空軌道との間に共有結合を形成する

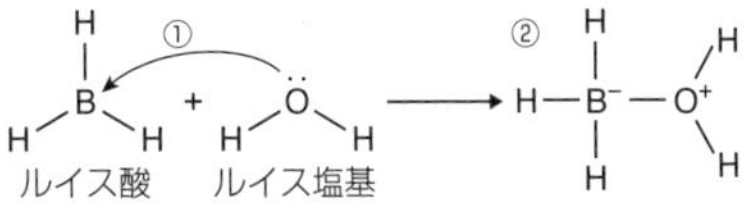

①ルイス塩基の孤立電子対からルイス酸の空軌道に曲がった矢印を伸ばす

②電荷に注意し，右辺に生成物を描く

> 最外殻には最大で 8 個（第 1 周期のみ 2 個）の電子が入りうる

> ボラン（BH$_3$）の B 原子は空軌道をもつ（最外殻には 6 個の電子が入っている）

・次の反応式における電子の移動を曲がった矢印を用いて表せ.

## 1　プロトン脱離

目安時間 ⓯ 分

1.

$$H-OH \longrightarrow H^+ + OH^-$$

2.

$$CH_3O-H \longrightarrow H^+ + CH_3O^-$$

3.

$$\overset{+}{H_3}N-H \longrightarrow H^+ + NH_3$$

4.

$$C_2H_5O-H \longrightarrow C_2H_5O^- + H^+$$

5.

$$(CH_3)_3CO-H \longrightarrow (CH_3)_3CO^- + H^+$$

6.

$$C_6H_5O-H \longrightarrow C_6H_5O^- + H^+$$

7.

$$H_2N-H \longrightarrow H_2N^- + H^+$$

8.

$$C_3H_7O-H \longrightarrow C_3H_7O^- + H^+$$

9.

$$(CH_3)_2N-H \longrightarrow (CH_3)_2N^- + H^+$$

10.

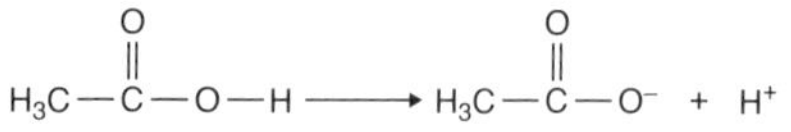

$$H_3C-\overset{\overset{O}{\|}}{C}-O-H \longrightarrow H_3C-\overset{\overset{O}{\|}}{C}-O^- + H^+$$

11.

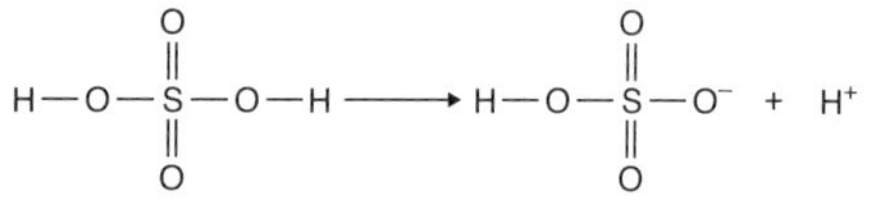

$$H-O-\overset{\overset{O}{\|}}{\underset{\underset{O}{\|}}{S}}-O-H \longrightarrow H-O-\overset{\overset{O}{\|}}{\underset{\underset{O}{\|}}{S}}-O^- + H^+$$

12.

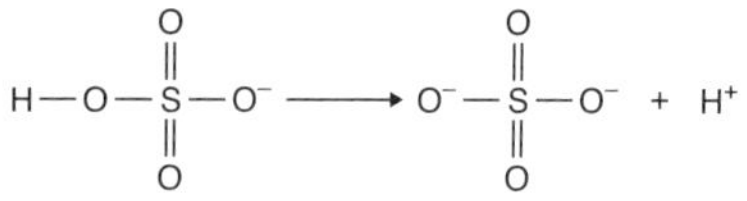

$$H-O-\overset{\overset{O}{\|}}{\underset{\underset{O}{\|}}{S}}-O^- \longrightarrow O^- -\overset{\overset{O}{\|}}{\underset{\underset{O}{\|}}{S}}-O^- + H^+$$

13.

$$\overset{O}{\underset{O^-}{\underset{\|}{N^+}}}-O-H \longrightarrow \overset{O}{\underset{O^-}{\underset{\|}{N^+}}}-O^- + H^+$$

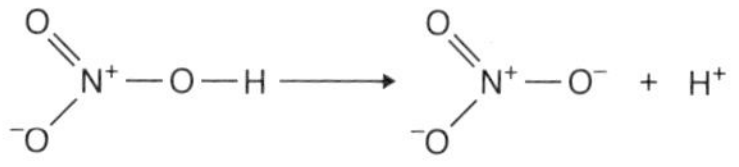

> **!** *Hint*：電気陰性度は O(N) ＞ H. O(N) 原子と H 原子の
> 間の共有電子対を O(N) 原子の上に移動させよう.

# 2 プロトン化

14.

$$H^+ + H_2O \longrightarrow H_3O^+$$

15.

$$H^+ + CH_3OH \longrightarrow CH_3\overset{\displaystyle H}{\underset{+}{O}}-H$$

16.

$$H^+ + C_2H_5OH \longrightarrow C_2H_5\overset{\displaystyle H}{\underset{+}{O}}-H$$

17.

$$H^+ + CH_3OCH_3 \longrightarrow CH_3\overset{\displaystyle H}{\underset{+}{O}}CH_3$$

18.

$$H^+ + NH_3 \longrightarrow NH_4^+$$

19.

$$H^+ + CH_3NH_2 \longrightarrow CH_3NH_3^+$$

20.

$$H^+ + C_2H_5NH_2 \longrightarrow C_2H_5NH_3^+$$

21.

$$H^+ + CH_3NHCH_3 \longrightarrow CH_3\overset{+}{N}H_2CH_3$$

22.

$$H^+ + F^- \longrightarrow HF$$

23.

$$H^+ + Cl^- \longrightarrow HCl$$

24.

$$H^+ + Br^- \longrightarrow HBr$$

25.

$$H^+ + I^- \longrightarrow HI$$

26.

$$H^+ + OH^- \longrightarrow H_2O$$

27.

$$H^+ + CH_3O^- \longrightarrow CH_3OH$$

28.

$$H^+ + C_2H_5O^- \longrightarrow C_2H_5OH$$

29.

$$H^+ + C_6H_5O^- \longrightarrow C_6H_5OH$$

!*Hint*：O，N もしくはハロゲン原子上の孤立電子対から H⁺ に曲がった矢印を伸ばし，共有結合をつくろう

## 3 ブレンステッド酸とブレンステッド塩基

目安時間 **15** 分

30.

$$HO-H + OH^- \longrightarrow HO^- + H_2O$$

31.

$$HO-H + CH_3O^- \longrightarrow HO^- + CH_3OH$$

32.

$$HO-H + C_2H_5O^- \longrightarrow HO^- + C_2H_5OH$$

33.

$$HO-H + NH_3 \longrightarrow HO^- + NH_4^+$$

34.

$$HO-H + CH_3NH_2 \longrightarrow HO^- + CH_3NH_3^+$$

35.

$$CH_3O-H + OH^- \longrightarrow CH_3O^- + H_2O$$

36.

$$CH_3O-H + CH_3O^- \longrightarrow CH_3O^- + CH_3OH$$

37.

$$CH_3O-H + C_2H_5O^- \longrightarrow CH_3O^- + C_2H_5OH$$

38.

$$CH_3O-H + NH_3 \longrightarrow CH_3O^- + NH_4^+$$

39.

$$CH_3O-H + CH_3NH_2 \longrightarrow CH_3O^- + CH_3NH_3^+$$

40.

$$CH_3COO-H + OH^- \longrightarrow CH_3COO^- + H_2O$$

41.

$$CH_3COO-H + CH_3O^- \longrightarrow CH_3COO^- + CH_3OH$$

42.

$$CH_3COO-H + C_2H_5O^- \longrightarrow CH_3COO^- + C_2H_5OH$$

43.

$$CH_3COO-H + NH_3 \longrightarrow CH_3COO^- + NH_4^+$$

44.

$$CH_3COO-H + CH_3NH_2 \longrightarrow CH_3COO^- + CH_3NH_3^+$$

*Hint*：H原子は最大で2個の電子しかもてない．
2本目の曲がった矢印を忘れないように！

# 4　ルイス酸とルイス塩基

目安時間 ⑮ 分

45.

$$NH_3 \ + \ BH_3 \longrightarrow H_3\overset{+}{N}-\overset{-}{B}H_3$$

46.

$$NH_3 \ + \ AlCl_3 \longrightarrow H_3\overset{+}{N}-\overset{-}{A}lCl_3$$

47.

$$NH_3 \ + \ FeBr_3 \longrightarrow H_3\overset{+}{N}-\overset{-}{F}eBr_3$$

48.

$$NH_3 \ + \ BF_3 \longrightarrow H_3\overset{+}{N}-\overset{-}{B}F_3$$

49.

$$CH_3OH \ + \ BH_3 \longrightarrow \underset{H}{H_3\overset{+}{C}O}-\overset{-}{B}H_3$$

50.

$$CH_3OH \ + \ AlCl_3 \longrightarrow \underset{H}{H_3\overset{+}{C}O}-\overset{-}{A}lCl_3$$

51.

$$CH_3OH \ + \ FeBr_3 \longrightarrow \underset{H}{H_3\overset{+}{C}O}-\overset{-}{F}eBr_3$$

52.

$$CH_3OH \ + \ BF_3 \longrightarrow \underset{H}{H_3\overset{+}{C}O}-\overset{-}{B}F_3$$

53.

$$CH_3OCH_3 \ + \ BH_3 \longrightarrow \underset{CH_3}{H_3\overset{+}{C}O}-\overset{-}{B}H_3$$

54.

$$CH_3OCH_3 \ + \ AlCl_3 \longrightarrow \underset{CH_3}{H_3\overset{+}{C}O}-\overset{-}{A}lCl_3$$

55.

$$CH_3OCH_3 \ + \ FeBr_3 \longrightarrow \underset{CH_3}{H_3\overset{+}{C}O}-\overset{-}{F}eBr_3$$

56.

$$CH_3OCH_3 \ + \ BF_3 \longrightarrow \underset{CH_3}{H_3\overset{+}{C}O}-\overset{-}{B}F_3$$

57.

$$Cl^- \ + \ BH_3 \longrightarrow Cl-\overset{-}{B}H_3$$

58.

$$Cl^- \ + \ AlCl_3 \longrightarrow Cl-\overset{-}{A}lCl_3$$

59.

$$Cl^- \ + \ FeBr_3 \longrightarrow Cl-\overset{-}{F}eBr_3$$

60.

$$Cl^- \ + \ BF_3 \longrightarrow Cl-\overset{-}{B}F_3$$

*Hint*：ルイス酸とルイス塩基を見きわめて，ルイス塩基の孤立電子対から曲がった矢印を伸ばす．

実施日： 月 日

## 反応機構のポイント

「共鳴」とは共役系（複数の p 軌道が π 結合でつながっている範囲）のなかで電子が移動できる状態を指す．

$$CH_3-\overset{\overset{O}{\|}}{C}-O^-$$
灰色部分が共役系

分子は，化学反応が起こらない限り，外から電子を受け取らないし，外へ電子がでていくこともない．また，外から新たな原子がやってきて結合を形成することも，分子から原子（置換基）が脱離することもない．

### A. 共鳴構造のルール

（ i ） 分子内の電子対（π 結合をつくる電子対と孤立電子対）は移動できるが，原子は移動できない

$$正：CH_3-\overset{\overset{O}{\|}}{C}-O^- \longleftrightarrow CH_3-\overset{\overset{O^-}{|}}{C}=O$$

$$誤：CH_3-\overset{\overset{O}{\|}}{C}-O^- \overset{\times}{\longleftrightarrow} {}^-CH_2-\overset{\overset{O}{\|}}{C}-OH$$
H 原子が移動しているのでダメ

> 両辺が共鳴の関係にある場合は，
> 「───」ではなく「◄──►」を用いる．
> 曲がった矢印の矢頭の形に注意

（ ii ） 分子のもつ総電子数は左辺と右辺で変化しない

$$誤：CH_3-\overset{\overset{O}{\|}}{C}-O^- \overset{\times}{\longleftrightarrow} CH_3-\overset{\overset{O^+}{\|}}{C}=O$$
右辺の電荷が +1 になっているのでダメ

（ iii ） 各原子は最外殻に 8 個（ただし H 原子のみ 2 個）より多い電子をもてない

$$誤：CH_3-\overset{\overset{O}{\|}}{C}-O^- \overset{\times}{\longleftrightarrow} CH_3-\overset{\overset{O}{\|}}{C}=O$$
カルボニル炭素が電子を 10 個もつのでダメ

（ iv ） 電子（電子対）は共役系の外に移動できない

$$誤：CH_3-\overset{\overset{O}{\|}}{C}-O^- \overset{\times}{\longleftrightarrow} CH_3-\overset{\overset{O}{\|}}{C}-O^+ + 2e^-$$
分子内から電子がでているのでダメ

### B. アリルカチオン（CH₂CHCH₂⁺）の共鳴構造

$$\overset{H\ \ H}{H:C::C:C^+}\\ \ \ \ \ H$$

① 分子のルイス構造を描き，各原子のまわりにある電子数を確認する

動かせる電子対（π 結合）
↓
$$CH_2 \overset{\displaystyle}{=\!=} CH \overset{+}{—} CH_2$$
↑　　　↑
動かせない電子対（σ 結合）

② 移動できる電子対（π 結合）と移動できない電子対（σ 結合）を確認する

$$CH_2 \overset{\frown}{=\!=} CH \overset{+}{—} CH_2 \longleftrightarrow \overset{+}{CH_2}—CH=\!=CH_2$$

③ 移動できる電子対（π 結合）から隣の C─C 結合に曲がった矢印を描き，右辺には電子対の移動後の分子構造を描く

> 曲がった矢印の起点は孤立電子対または電子対（結合）から伸ばす．正電荷から矢印を伸ばさないように注意しよう！

• 曲がった矢印を描く方向に迷ったら分子の p 軌道の図を描いて，どの p 軌道どうしがつながって（共役）いるか，それぞれの p 軌道にいくつの電子が入っているかを確認しよう．

$$CH_2 \overset{\frown}{=\!=} CH — CH_2 \longleftrightarrow \overset{+}{CH_2}—CH=\!=CH_2$$

C ── C ── C 　　　　C ── C ── C

— 8 —

## C. アリルアニオン（CH₂CHCH₂⁻）の共鳴構造

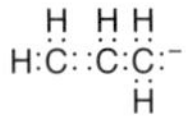

H:C::C:C:⁻
H H H
　　　H

①分子のルイス構造を描き，各原子のまわりにある電子数を確認する

$CH_2=CH-CH_2^+$　　$CH_2=CH-CH_2^-$
　　　　⇧　　　　　　　　　⇧
　　　6電子　　　　　　　8電子

②移動できる電子対（π結合）と移動できない電子対（σ結合）を確認する

> アリルアニオンとアリルカチオンでは，電荷をもつ炭素の電子数が違うことに注意しよう.

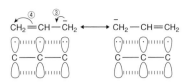

③負電荷をもつ炭素の孤立電子対を左側に移動し，二重結合をつくる

④中央の炭素まわりの電子が10個になるので，π結合の電子対を移動させ，左の炭素上に負電荷が移動する

---

• 次の反応式における電子の移動を曲がった矢印を用いて表せ．また反応式中に括弧がある場合は，中間体もあわせて答えよ.

## 5 共鳴（アルケン）

 目安時間 ㉕分

61.

$H_2C=CH_2 \longleftrightarrow H_2\overset{+}{C}-\overset{-}{C}H_2$

62.

$CH_2=CH-CH_2 \longleftrightarrow \overset{+}{C}H_2-CH=\overset{-}{C}H_2$

63.

$CH_2=CH-CH=CH-CH=CH_2 \longleftrightarrow$

$\overset{+}{C}H_2-CH=CH-CH=CH-\overset{-}{C}H_2$

64.

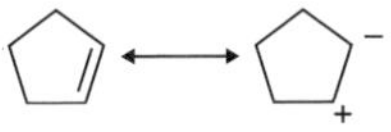

65.

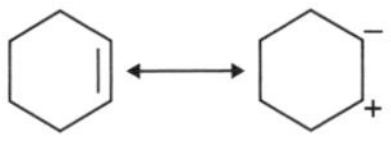

66.

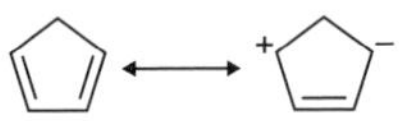

67.

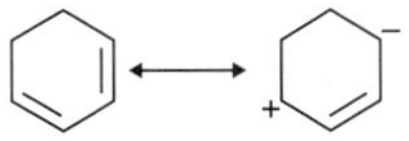

68.

$\overset{+}{C}H_2-CH=CH_2 \longleftrightarrow CH_2=CH-\overset{+}{C}H_2$

69.

$\overset{-}{C}H_2-CH=CH_2 \longleftrightarrow CH_2=CH-\overset{-}{C}H_2$

70.

$\overset{+}{C}H_2-CH=CH-CH=CH_2 \longleftrightarrow CH_2=CH-CH=CH-\overset{+}{C}H_2$

71.

$\overset{-}{C}H_2-CH=CH-CH=CH_2 \longleftrightarrow CH_2=CH-CH=CH-\overset{-}{C}H_2$

72.

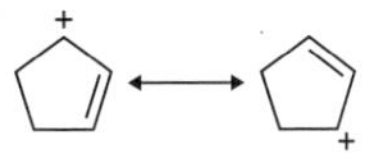

73.

74.

75.

76.

77.

78.

$$H_2N-CH=CH_2 \longleftrightarrow H_2\overset{+}{N}=CH-\overset{-}{CH_2}$$

79.

$$H_2N-CH=CH-CH=CH_2 \longleftrightarrow H_2\overset{+}{N}=CH-CH=CH-\overset{-}{CH_2}$$

80.

$$HO-CH=CH_2 \longleftrightarrow H\overset{+}{O}=CH-\overset{-}{CH_2}$$

81.

$$HO-CH=CH-CH=CH_2 \longleftrightarrow H\overset{+}{O}=CH-CH=CH-\overset{-}{CH_2}$$

82.

$$\overset{-}{O}-CH=CH_2 \longleftrightarrow O=CH-\overset{-}{CH_2}$$

83.

$$\overset{-}{O}-CH=CH-CH=CH_2 \longleftrightarrow O=CH-CH=CH-\overset{-}{CH_2}$$

84.

85.

86.

87.

88.

89.

!*Hint*：C，N，O原子は最外殻に最大で電子を8個までしかもてない．

## 6　共鳴（芳香族）

目安時間 20 分

90.

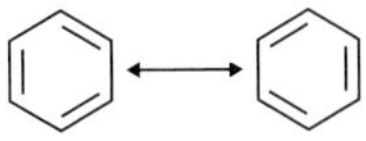

91.

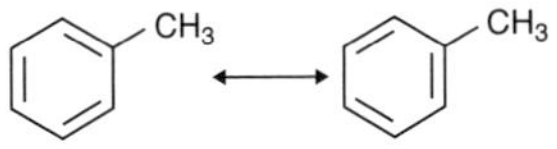


92.

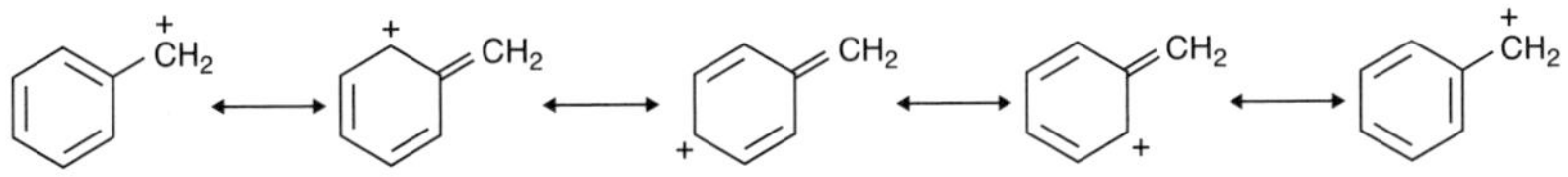


93.

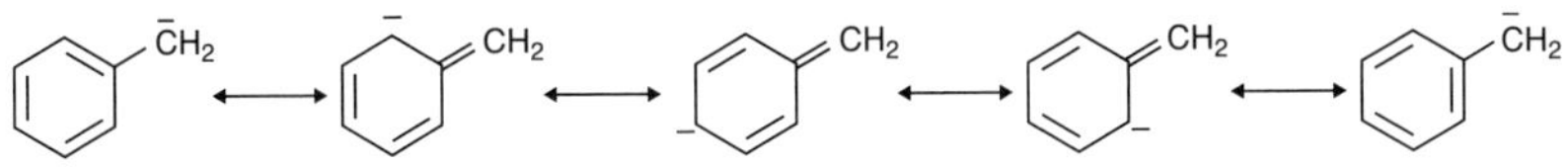


94.

95.

96.

97.

98.

99.

100.

101.

102.

103.

104.

105.

Hint：ベンゼン環上の置換基が電子供与性か電子求引性かを考えよう.

# 結合の生成と切断の基礎

実施日：　　　月　　　日

## 反応機構のポイント

### A. 均等開裂（ホモリシス）

・共有結合をつくっている電子が，結合している両端の原子にそれぞれ一つずつ移動し，結合が切断する

$$-X\overset{\frown\,\frown}{}Y- \longrightarrow -X\cdot + \cdot Y-$$

共有電子対だった二つの電子は
XとYの上に一つずつある

$$\left(-\overset{|}{\underset{|}{X}}\cdot\!\cdot\overset{|}{\underset{|}{Y}}-\right)$$

ここで結合が切れる

①XとYの間の結合（電子対）からそれぞれの原子に向けて**片鈎矢印**（half arrow）を描く

②二つのラジカル（不対電子をもつ化学種，X・とY・）を描く

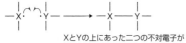

不対電子（電子1個）の移動は
片鈎矢印（⌒）で表す.

### B. ラジカルどうしによる結合の生成

$$-\overset{|}{\underset{|}{X}}\cdot\,\cdot\overset{|}{\underset{|}{Y}}- \longrightarrow -\overset{|}{\underset{|}{X}}-\overset{|}{\underset{|}{Y}}-$$

XとYの上にあった二つの不対電子が
XとY結ぶ共有電子対になった

①二つの原子（X・，Y・）の間の空間に向けて，それぞれ曲がった片鈎矢印を描く

②XとYの間に新しい結合を描く

移動する電子の数によって，
矢頭が違うことに注意しよう

### C. 不均等開裂（電子対）

共有結合をつくっている**電子対**が片方の原子に移動し，結合が切断する

$$-\overset{|}{\underset{|}{X}}-\overset{|}{\underset{|}{Y}}- \longrightarrow -\overset{|}{\underset{|}{X}} + \overset{|}{\underset{|}{Y}}^+-$$

共有電子対だった二つの
電子はXの上にある

$$\left(-\overset{|}{\underset{|}{X}}\!:\overset{|}{\underset{|}{Y}}-\right)$$

ここで結合が切れる

①結合している各原子（X, Y）の電気陰性度を比較する

②電気陰性度がX＞Yのとき，X—Y間の結合からXに**曲がった矢印**〔full arrow，電子対の移動（結合の切断）〕を描く

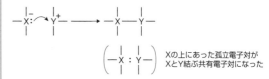

電気陰性度がX＜Yの場合は，
電子対の移動は逆になる.

③右辺にカチオン（Y⁺）とアニオン（X⁻）を描く

電子対（電子が2個1組）の移動は両鈎矢印（⌢）
で表す（この本では，ほとんどこちらを使う）

### D. イオンどうしによる結合の生成

$$-\overset{|}{\underset{|}{X}}\!:\,\overset{|}{\underset{|}{Y}}^+- \longrightarrow -\overset{|}{\underset{|}{X}}-\overset{|}{\underset{|}{Y}}-$$

$$\left(-\overset{|}{\underset{|}{X}}:\overset{|}{\underset{|}{Y}}-\right)$$ Xの上にあった孤立電子対が
XとY結ぶ共有電子対になった

①電子豊富な原子（X⁻）から電子不足な原子（Y⁺）に曲がった矢印を描く

②XとYの間に新しく結合を描く

結合を表す棒は電子対を表していることを思いだそう

• 次の反応式における電子の移動を曲がった矢印を用いて表せ.

**7** 均等開裂　　　　　　　　　　　　　　　　　　　　目安時間 **5** 分

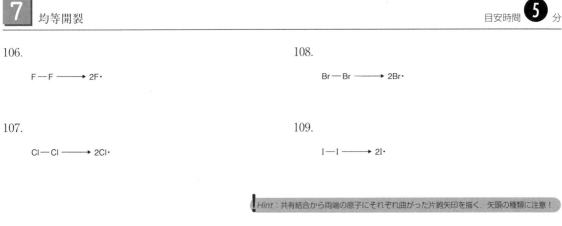

106.
F—F ⟶ 2F•

107.
Cl—Cl ⟶ 2Cl•

108.
Br—Br ⟶ 2Br•

109.
I—I ⟶ 2I•

> *Hint*：共有結合から両端の原子にそれぞれ曲がった片鉤矢印を描く. 矢頭の種類に注意！

**8** 不均等開裂　　　　　　　　　　　　　　　　　　　目安時間 **5** 分

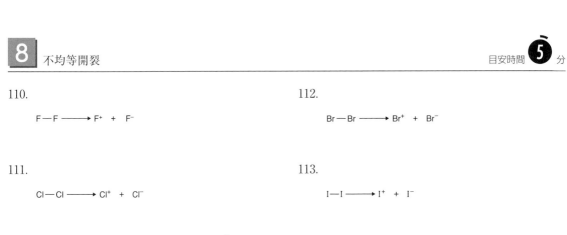

110.
F—F ⟶ F⁺ + F⁻

111.
Cl—Cl ⟶ Cl⁺ + Cl⁻

112.
Br—Br ⟶ Br⁺ + Br⁻

113.
I—I ⟶ I⁺ + I⁻

> *Hint*：共有結合から片方の原子へ曲がった両鉤矢印を描く. 電子が移動したあとの電荷を考えよう.

# アルケンの反応

実施日：　　月　　日〜　　月　　日

## 反応機構のポイント

アルケンへの付加反応はほとんどの場合，二段階反応（第一段階がカチオン種の付加によるカルボカチオン生成，第二段階がカルボカチオンとアニオン種の結合）で起こる.

### A. ハロゲン化水素の付加

例：臭化水素（H—Br）付加

$$H_2C=CH_2 \xrightarrow{\text{①} \ H^+} H_2C-CH_3 \xrightarrow{\text{②} \ Br^-} H_2C-CH_3 \ (Br)$$

①アルケンの二重結合（π結合）から$H^+$に向けて曲がった矢印を伸ばし，中間体のカルボカチオンを描く

②孤立電子対をもつ臭化物イオンからカルボカチオンの正電荷に向けて曲がった矢印を伸ばし，生成物の臭化アルキルを描く

### B. A—B の付加（電気陰性度：A＜B）

$$H_2C=CH_2 \xrightarrow{\text{①} \ \text{②} \ A-B} H_2C-CH_2 \ (A) + B^- \xrightarrow{\text{③}} H_2C-CH_2 \ (A)(B)$$

①電子豊富なアルケンのπ結合から電子不足なAに向けて曲がった矢印を伸ばす

> A—B 間の共有電子対がBに偏るため，Aが電子不足になる

② A—B の間の結合が切断され，電子対はBに移動し，アニオン$B^-$が生成する

③孤立電子対をもった$B^-$からカルボカチオンの正電荷に向けて曲がった矢印を伸ばす

④アルケンにAとBが付加した化合物を描く

### C. カルボカチオンの転移

カルボカチオンは，正電荷をもつC原子に結合するアルキル基の数で第一〜三級に分類される.

安定性：
$CR_3^+$（第三級）＞$CHR_2^+$（第二級）＞$CH_2R^+$（第一級）

カルボカチオンがより安定になる場合，**転移**（分子内で骨格の組み換え）が起こりうる. 転移のパターンは1,2-ヒドリドシフトまたは1,2-メチルシフトの二つがある.

> $H^-(CH_3^-)$ が移動できるのは隣のC原子のみ（H原子をもつC原子と正電荷をもつC原子が1,2の位置関係）

（ⅰ）1,2-ヒドリドシフト

$C^1$原子とH原子の間の結合から，正電荷をもつ隣の$C^2$原子へ向けて曲がった矢印を伸ばし，隣の$C^2$原子とH原子の間に新しい結合ができる

$$-C^1-C^2- \longrightarrow -C^1-C^2-$$

> H原子はヒドリド（$H^-$）として移動する

（ⅱ）1,2-メチルシフト

$C^1$原子とメチル基の間の結合から，正電荷をもつ隣の$C^2$原子へ向けて曲がった矢印を伸ばし，隣の$C^2$原子とメチル基の間に新しい結合ができる

$$-C^1-C^2- \longrightarrow -C^1-C^2-$$

> メチル基はメチルアニオン（$CH_3^-$）として移動する

• 次の反応式における電子の移動を曲がった矢印を用いて表せ．また反応式中に括弧がある場合は，中間体もあわせて答えよ．

## 9　アルケンのプロトン化　　目安時間 ⓯分

**114.**

$$H_2C=CH_2 \xrightarrow{\ H^+\ } H_3C-\overset{+}{C}H_2$$

**115.**

$$CH_3-CH=CH_2 \xrightarrow{\ H^+\ } CH_3-\overset{+}{C}H-CH_3$$

**116.**

$$CH_3-CH=CH_2 \xrightarrow{\ H^+\ } CH_3-CH_2-\overset{+}{C}H_2$$

**117.**

$$CH_3-CH_2-CH=CH_2 \xrightarrow{\ H^+\ } CH_3-CH_2-CH_2-\overset{+}{C}H_2$$

**118.**

$$CH_3-CH_2-CH=CH_2 \xrightarrow{\ H^+\ } CH_3-CH_2-\overset{+}{C}H-CH_3$$

**119.**

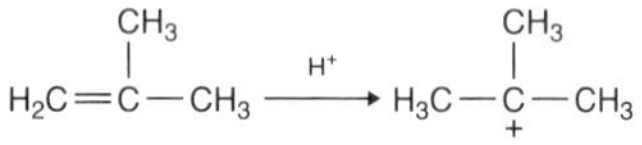

$$H_2C=\overset{\underset{\textstyle |}{CH_3}}{C}-CH_3 \xrightarrow{\ H^+\ } H_3C-\overset{\underset{\textstyle +}{\overset{\textstyle CH_3}{|}}}{C}-CH_3$$

**120.**

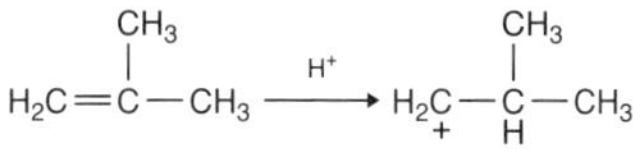

$$H_2C=\overset{\underset{\textstyle |}{CH_3}}{C}-CH_3 \xrightarrow{\ H^+\ } H_2\overset{+}{C}-\overset{\underset{\textstyle H}{\overset{\textstyle CH_3}{|}}}{C}-CH_3$$

**121.**

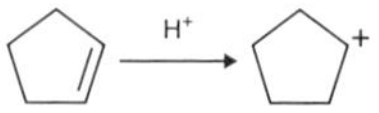

シクロペンテン $\xrightarrow{\ H^+\ }$ シクロペンチルカチオン

**122.**

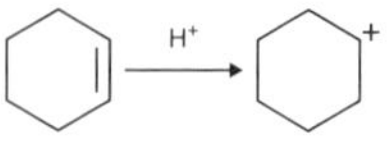

シクロヘキセン $\xrightarrow{\ H^+\ }$ シクロヘキシルカチオン

**123.**

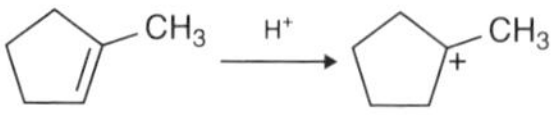

1-メチルシクロペンテン $\xrightarrow{\ H^+\ }$ 1-メチルシクロペンチルカチオン

**124.**

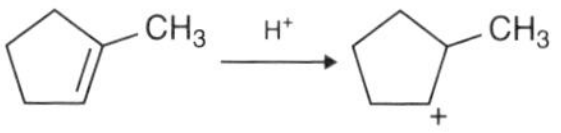

1-メチルシクロペンテン $\xrightarrow{\ H^+\ }$ 2-メチルシクロペンチルカチオン

**125.**

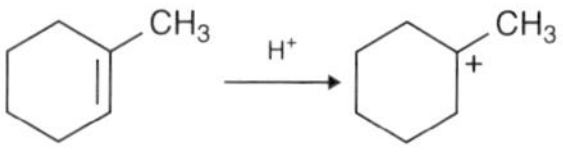

1-メチルシクロヘキセン $\xrightarrow{\ H^+\ }$ 1-メチルシクロヘキシルカチオン

**126.**

1-メチルシクロヘキセン $\xrightarrow{\ H^+\ }$ 2-メチルシクロヘキシルカチオン

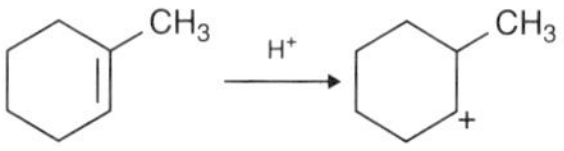

> ❗ *Hint*：電子豊富なアルケンの二重結合（π結合）から電子不足な H⁺ に曲がった矢印を伸ばし，新たな結合をつくる．

## 10　カルボカチオンのハロゲン化　　目安時間 ⓯分

**127.**

$$H_2\overset{+}{C}-CH_3 \xrightarrow{\ Br^-\ } \overset{\overset{\textstyle Br}{|}}{H_2C}-CH_3$$

**128.**

$$H_2\overset{+}{C}-CH_3 \xrightarrow{\ Cl^-\ } \overset{\overset{\textstyle Cl}{|}}{H_2C}-CH_3$$

**129.**

$$CH_3-\overset{+}{C}H-CH_3 \xrightarrow{\ Br^-\ } CH_3-\overset{\overset{\textstyle Br}{|}}{C}H-CH_3$$

**130.**

$$CH_3-\overset{+}{C}H-CH_3 \xrightarrow{\ Cl^-\ } CH_3-\overset{\overset{\textstyle Cl}{|}}{C}H-CH_3$$

**131.**

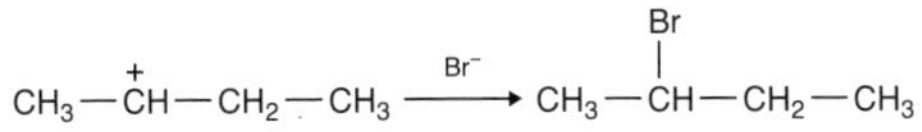

$$CH_3-\overset{+}{C}H-CH_2-CH_3 \xrightarrow{Br^-} CH_3-\underset{Br}{\overset{Br}{C}}H-CH_2-CH_3$$

**132.**

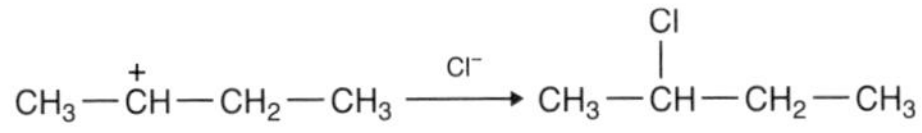

$$CH_3-\overset{+}{C}H-CH_2-CH_3 \xrightarrow{Cl^-} CH_3-\underset{Cl}{C}H-CH_2-CH_3$$

**133.**

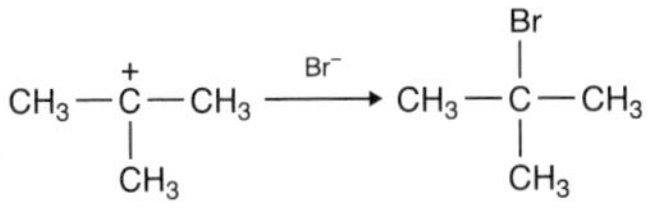

$$CH_3-\overset{+}{\underset{CH_3}{C}}-CH_3 \xrightarrow{Br^-} CH_3-\underset{CH_3}{\overset{Br}{C}}-CH_3$$

**134.**

$$CH_3-\overset{+}{\underset{CH_3}{C}}-CH_3 \xrightarrow{Cl^-} CH_3-\underset{CH_3}{\overset{Cl}{C}}-CH_3$$

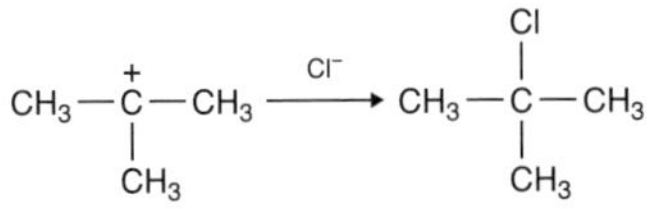

**135.**

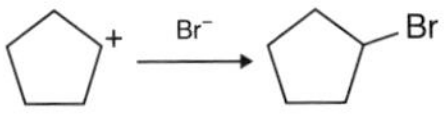

**136.**

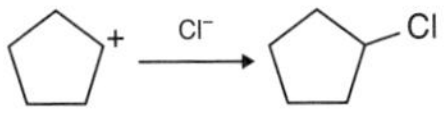

**137.**

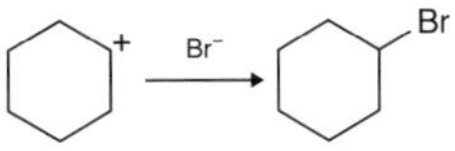

**138.**

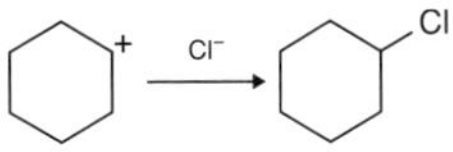

**139.**

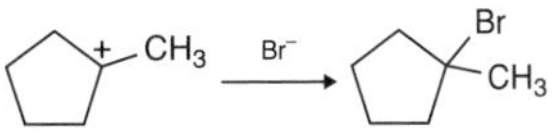

**140.**

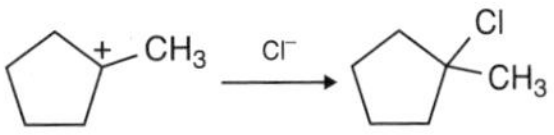

**141.**

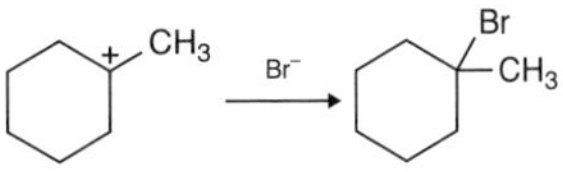

**142.**

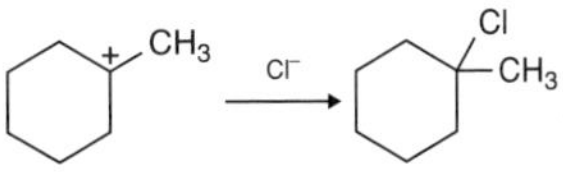

Hint：負電荷をもつハロゲン化物イオンから正電荷をもつC原子に曲がった矢印を伸ばし，新たな結合をつくる.

## 11 アルケンのハロゲン化水素化

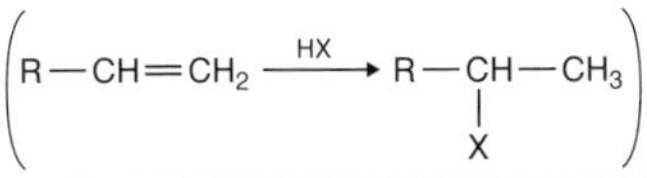

$$\left(R-CH=CH_2 \xrightarrow{HX} R-\underset{X}{C}H-CH_3\right)$$

目安時間 **15** 分

**143.**

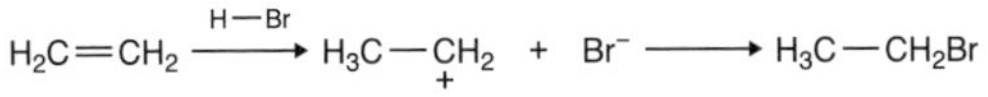

$$H_2C=CH_2 \xrightarrow{H-Br} H_3C-\overset{+}{C}H_2 + Br^- \longrightarrow H_3C-CH_2Br$$

**144.**

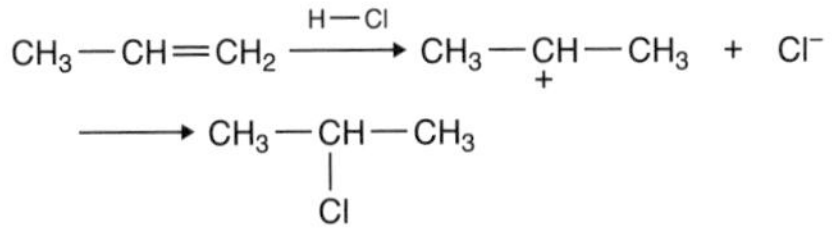

$$CH_3-CH=CH_2 \xrightarrow{H-Cl} CH_3-\overset{+}{C}H-CH_3 + Cl^- \longrightarrow CH_3-\underset{Cl}{C}H-CH_3$$

**145.**

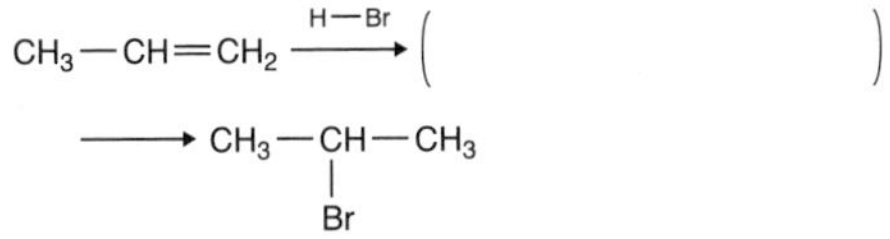

$$CH_3-CH=CH_2 \xrightarrow{H-Br} (\qquad) \longrightarrow CH_3-\underset{Br}{C}H-CH_3$$

**146.**

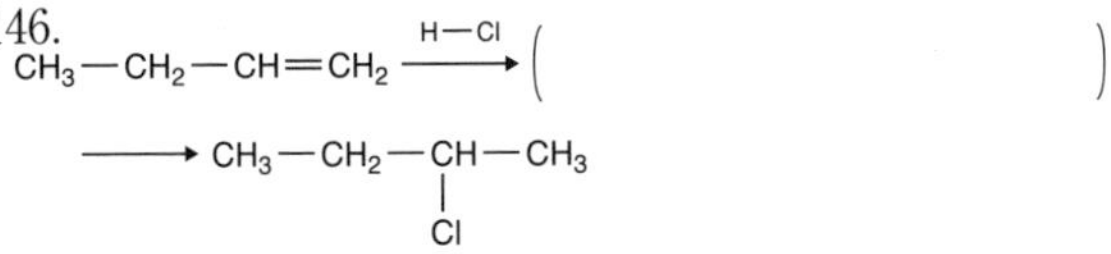

$$CH_3-CH_2-CH=CH_2 \xrightarrow{H-Cl} (\qquad) \longrightarrow CH_3-CH_2-\underset{Cl}{C}H-CH_3$$

**147.**

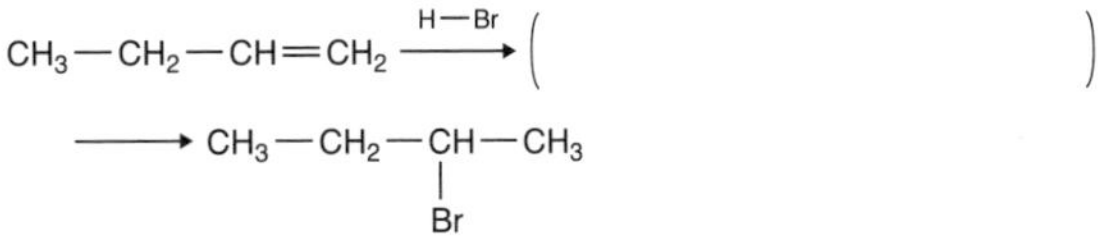

$$CH_3-CH_2-CH=CH_2 \xrightarrow{H-Br} (\qquad) \longrightarrow CH_3-CH_2-\underset{Br}{C}H-CH_3$$

**148.**

$$H_2C=\underset{CH_3}{C}-CH_3 \xrightarrow{H-Cl} (\qquad) \longrightarrow CH_3-\underset{Cl}{\overset{CH_3}{C}}-CH_3$$

**149.**

$$\xrightarrow{H-Cl} (\qquad) + \bar{Cl} \longrightarrow$$

**150.**

$$\xrightarrow{H-Br} (\qquad) + \bar{Br} \longrightarrow$$

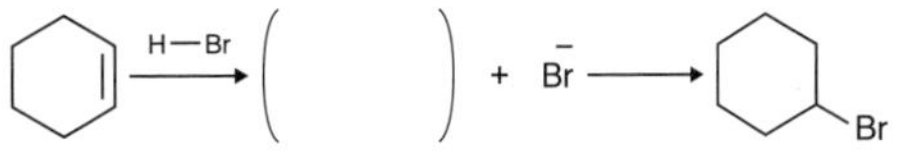

**151.**

(1-methylcyclopentene) $\xrightarrow{\text{H—Cl}}$ ( ) → (1-chloro-1-methylcyclopentane)

**153.**

(1-methylcyclohexene) $\xrightarrow{\text{H—Cl}}$ ( ) → (1-chloro-1-methylcyclohexane)

**152.**

(1-methylcyclopentene) $\xrightarrow{\text{H—Br}}$ ( ) → (1-bromo-1-methylcyclopentane)

*Hint*：H 原子とハロゲン原子は同時に付加しないことに注意しよう.

## 12 アルケンへの酸触媒水付加

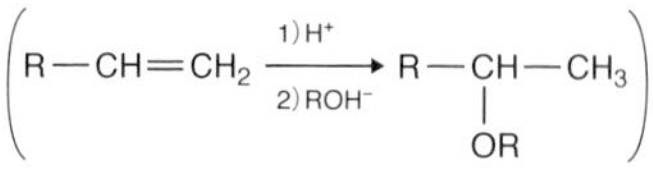

$$\left( R-CH=CH_2 \xrightarrow[\text{2) ROH}^-]{\text{1) H}^+} R-\underset{\underset{OR}{|}}{C}H-CH_3 \right)$$

目安時間 **10** 分

**154.**

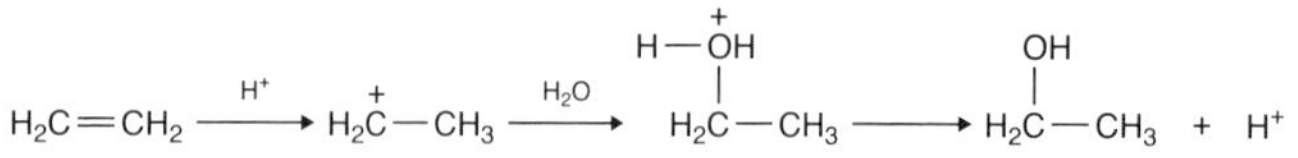

$$H_2C=CH_2 \xrightarrow{H^+} H_2\overset{+}{C}-CH_3 \xrightarrow{H_2O} \underset{\underset{}{}}{H_2C}(\overset{+}{O}H-H)-CH_3 \longrightarrow \underset{OH}{H_2C}-CH_3 + H^+$$

**155.**

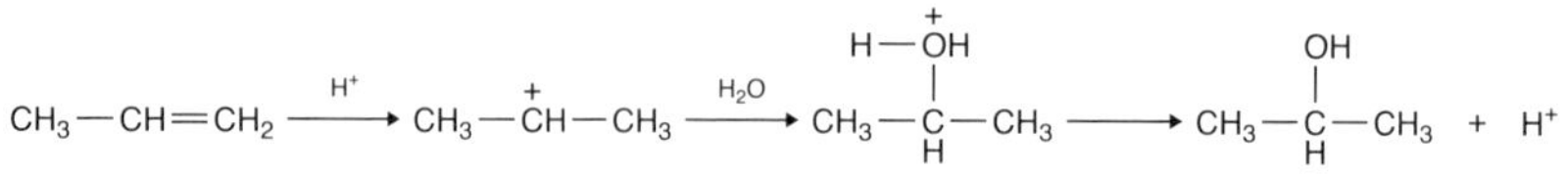

$$CH_3-CH=CH_2 \xrightarrow{H^+} CH_3-\overset{+}{C}H-CH_3 \xrightarrow{H_2O} CH_3-\underset{H}{C}(\overset{+}{O}H-H)-CH_3 \longrightarrow CH_3-\underset{H}{\overset{OH}{C}}-CH_3 + H^+$$

**156.**

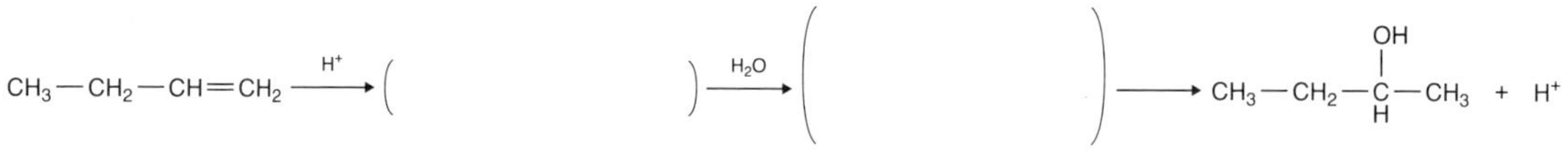

$$CH_3-CH_2-CH=CH_2 \xrightarrow{H^+} (\quad) \xrightarrow{H_2O} (\quad) \longrightarrow CH_3-CH_2-\underset{H}{\overset{OH}{C}}-CH_3 + H^+$$

**157.**

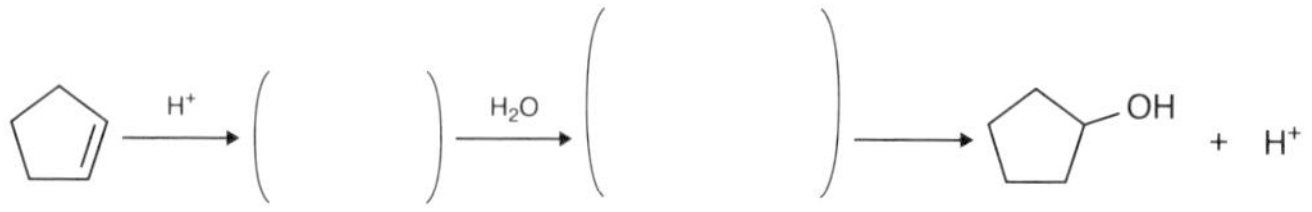

(cyclopentene) $\xrightarrow{H^+}$ ( ) $\xrightarrow{H_2O}$ ( ) → (cyclopentanol) $+ H^+$

**158.**

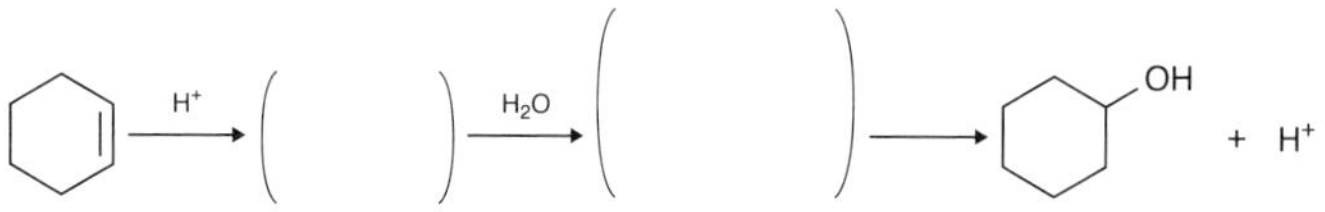

(cyclohexene) $\xrightarrow{H^+}$ ( ) $\xrightarrow{H_2O}$ ( ) → (cyclohexanol) $+ H^+$

**159.**

(1-methylcyclopentene) $\xrightarrow{H^+}$ ( ) $\xrightarrow{H_2O}$ ( ) → (1-methylcyclopentanol) $+ H^+$

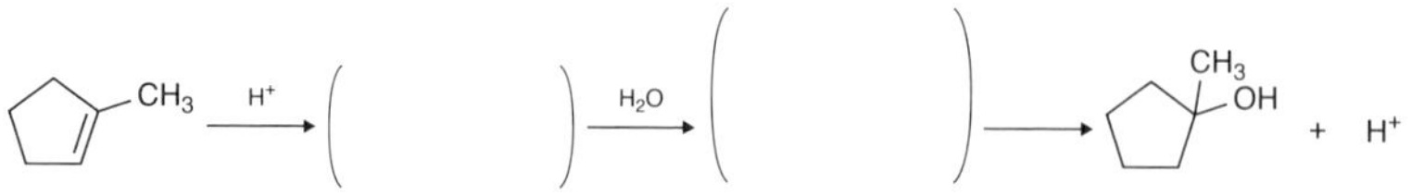

*Hint*：アルケンのプロトン化後，アルコールの孤立電子対から正電荷をもつ C 原子に曲がった矢印を伸ばす.

## 13 アルケンへの酸触媒アルコール付加

目安時間 **10** 分

**160.**

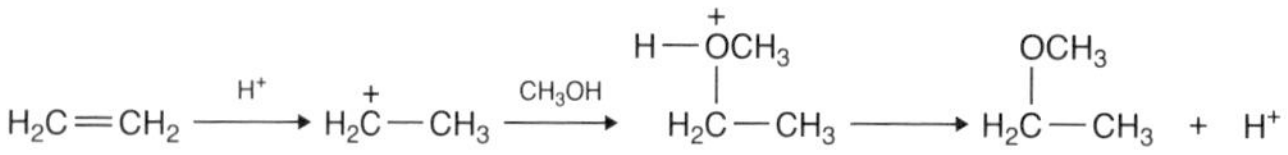

$$H_2C=CH_2 \xrightarrow{H^+} H_2\overset{+}{C}-CH_3 \xrightarrow{CH_3OH} H_2C(\overset{+}{O}CH_3-H)-CH_3 \longrightarrow \underset{OCH_3}{H_2C}-CH_3 + H^+$$

161.

$$CH_3-CH=CH_2 \xrightarrow{H^+} CH_3-\overset{+}{C}H-CH_3 \xrightarrow{C_2H_5OH} CH_3-\underset{H}{\overset{H-\overset{+}{O}C_2H_5}{C}}-CH_3 \longrightarrow CH_3-\underset{H}{\overset{OC_2H_5}{C}}-CH_3 + H^+$$

162.

$$CH_3-CH_2-CH=CH_2 \xrightarrow{H^+} \Big( \quad \Big) \xrightarrow{CH_3OH} \Big( \quad \Big) \longrightarrow CH_3-CH_2-\underset{CH_3}{\overset{OCH_3}{C}} + H^+$$

163.

$$\text{(cyclopentene)} \xrightarrow{H^+} \Big( \quad \Big) \xrightarrow{CH_3OH} \Big( \quad \Big) \longrightarrow \text{(cyclopentyl-OCH}_3) + H^+$$

164.

$$\text{(cyclohexene)} \xrightarrow{H^+} \Big( \quad \Big) \xrightarrow{C_2H_5OH} \Big( \quad \Big) \longrightarrow \text{(cyclohexyl-OC}_2H_5) + H^+$$

165.

$$\text{(1-methylcyclopentene)} \xrightarrow{H^+} \Big( \quad \Big) \xrightarrow{CH_3OH} \Big( \quad \Big) \longrightarrow \text{(cyclopentyl-CH}_3\text{, OCH}_3) + H^+$$

!Hint：アルケンのプロトン化後，アルコールの孤立電子対から正電荷をもつC原子に曲がった矢印を伸ばす

## 14 カルボカチオンの転移

目安時間 ⏱10分

166.

$$\underset{H}{\overset{+}{C}H_2-CH-CH_3} \longrightarrow CH_3-\overset{+}{C}H-CH_3$$

167.

$$\underset{H}{\overset{+}{C}H_2-CH-CH_2-CH_3} \longrightarrow CH_3-\overset{+}{C}H-CH_2-CH_3$$

168.

$$\text{(methylcyclohexane cation)} \longrightarrow \text{(methylcyclohexane cation)}$$

169.

$$CH_3-\underset{H}{\overset{CH_3}{C}}-\overset{+}{C}H-CH_3 \longrightarrow CH_3-\overset{+}{\underset{}{C}}\overset{CH_3}{-}CH_2-CH_3$$

170.

$$CH_3-\underset{CH_3}{\overset{CH_3}{C}}-\overset{+}{C}H-CH_3 \longrightarrow CH_3-\overset{+}{\underset{}{C}}-\underset{CH_3}{\overset{CH_3}{C}}H-CH_3$$

171.

$$\underset{H}{\overset{+}{C}H_2}\text{(cyclopentane)} \longrightarrow \overset{+}{\text{(cyclopentane)}}-CH_3$$

172.

$$\underset{H}{\overset{+}{C}H_2}\text{(cyclopentane)} \longrightarrow \overset{+}{\text{(cyclohexane)}}$$

!Hint：カルボカチオンがより安定（級数が上がる）になる場合に転移が起こる．転移できるH原子，アルキル基を見きわめよう．

## 15 アルケンへのハロゲン付加 $\left( R{-}CH{=}CH_2 \xrightarrow{X_2} R{-}\underset{X}{CH}{-}\underset{X}{CH_2} \right)$

 目安時間 **10** 分

**173.**

$H_2C{=}CH_2 \xrightarrow{Cl{-}Cl} H_2\overset{+}{\underset{\diagdown Cl \diagup}{C}}{-}CH_2 + Cl^- \longrightarrow H_2\underset{Cl}{C}{-}\underset{Cl}{CH_2}$

**176.**

 シクロペンテン $\xrightarrow{Br{-}Br} ( \quad ) + Br^- \longrightarrow$ シクロペンタン 1,2-ジブロモ (Br, Br)

**174.**

$CH_3{-}CH{=}CH_2 \xrightarrow{Br{-}Br} CH_3{-}\underset{H}{\overset{+}{\underset{\diagup Br \diagdown}{C}}}{-}CH_2 + Br^- \longrightarrow CH_3{-}\underset{Br}{CH}{-}\underset{Br}{CH_2}$

**177.**

シクロヘキセン $\xrightarrow{Br{-}Br} ( \quad ) + Br^- \longrightarrow$ 1,2-ジブロモシクロヘキサン

**175.**

$CH_3{-}CH_2{-}CH{=}CH_2 \xrightarrow{Cl{-}Cl} ( \qquad )$

$\longrightarrow CH_3{-}CH_2{-}\underset{Cl}{CH}{-}\underset{Cl}{CH_2}$

**178.**

1-メチルシクロペンテン $\xrightarrow{Cl{-}Cl} ( \quad ) + Cl^- \longrightarrow$ 1-クロロ-1-メチル-2-クロロシクロペンタン

> **!** *Hint*：アルケンの二重結合（π結合）からハロゲン原子に曲がった矢印を伸ばし，新たな結合をつくる．正電荷をもつ三員環の中間体を生じるので注意．

## 16 アルケンからのハロヒドリン生成 $\left( R{-}CH{=}CH_2 \xrightarrow[2)ROH]{1)X_2} R{-}\underset{OR}{CH}{-}\underset{X}{CH_2} \right)$

目安時間 **10** 分

**179.**

$H_2C{=}CH_2 \xrightarrow{Cl{-}Cl} H_2\overset{+}{\underset{\diagdown Cl \diagup}{C}}{-}CH_2 + H_2O \longrightarrow H_2\underset{\underset{H}{+OH}}{\underset{Cl}{C}}{-}CH_2 \longrightarrow H_2\underset{OH}{\underset{Cl}{C}}{-}CH_2 + H^+$

**180.**

$CH_3{-}CH{=}CH_2 \xrightarrow{Br{-}Br} CH_3{-}\underset{H}{\overset{+}{\underset{\diagup Br \diagdown}{C}}}{-}CH_2 + H_2O \longrightarrow CH_3{-}\underset{\underset{H}{+OH}}{\overset{H}{\underset{Br}{C}}}{-}CH_2 \longrightarrow CH_3{-}\underset{OH}{\overset{Br}{CH}}{-}CH_2 + H^+$

**181.**

$C_2H_5{-}CH{=}CH_2 \xrightarrow{Cl{-}Cl} ( \qquad ) + H_2O \longrightarrow ( \qquad ) \longrightarrow C_2H_5{-}\underset{OH}{\overset{Cl}{CH}}{-}CH_2 + H^+$

**182.**

シクロペンテン $\xrightarrow{Br{-}Br} ( \quad ) + H_2O \longrightarrow ( \quad ) \longrightarrow$ 2-ブロモシクロペンタノール (OH, Br) $+ H^+$

**183.**

シクロヘキセン $\xrightarrow{Br{-}Br} ( \quad ) + H_2O \longrightarrow ( \quad ) \longrightarrow$ 2-ブロモシクロヘキサノール (OH, Br) $+ H^+$

184.

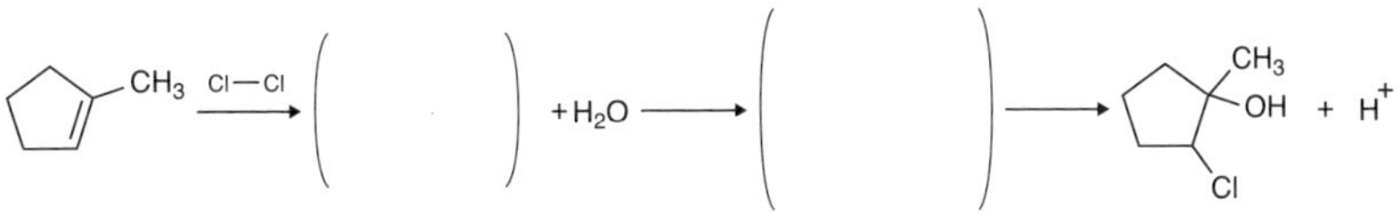

（構造式：1-メチルシクロペンテン）$\xrightarrow{Cl-Cl}$（　　　　）$+H_2O\longrightarrow$（　　　　）$\longrightarrow$（構造式：1-メチル-2-クロロシクロペンタノール）$+$ $H^+$

!Hint：アルケンの二重結合からハロゲン原子に曲がった矢印を伸ばし，次いで水分子の付加を考える．

## 17 アルケンからの 1,2-ハロエーテル生成　目安時間 15 分

185.

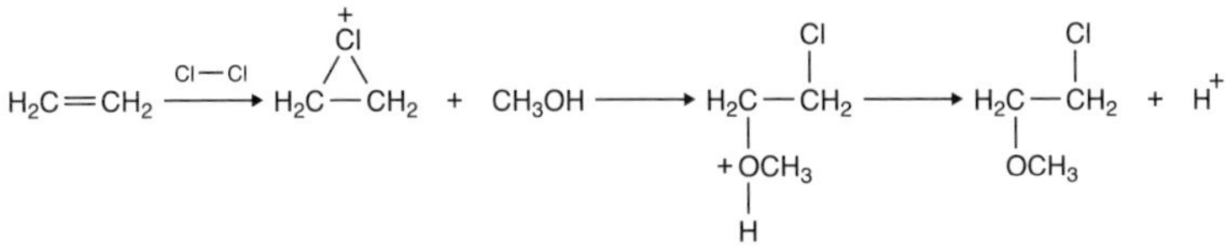

$H_2C=CH_2 \xrightarrow{Cl-Cl} H_2C\overset{\overset{+}{Cl}}{\triangle}CH_2 + CH_3OH \longrightarrow H_2C\underset{\underset{H}{+OCH_3}}{\overset{Cl}{|}}CH_2 \longrightarrow H_2C\underset{OCH_3}{\overset{Cl}{|}}CH_2 + H^+$

186.

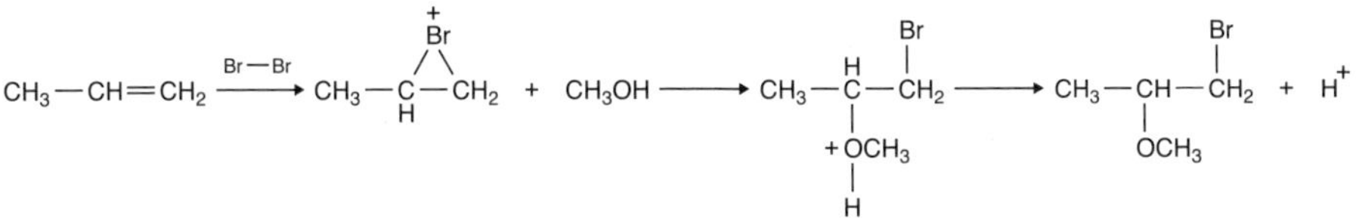

$CH_3-CH=CH_2 \xrightarrow{Br-Br} CH_3-\overset{\overset{+}{Br}}{\underset{H}{C}}CH_2 + CH_3OH \longrightarrow CH_3-\underset{\underset{H}{+OCH_3}}{\overset{Br}{C}}CH_2 \longrightarrow CH_3-CH\underset{OCH_3}{\overset{Br}{|}}CH_2 + H^+$

187.

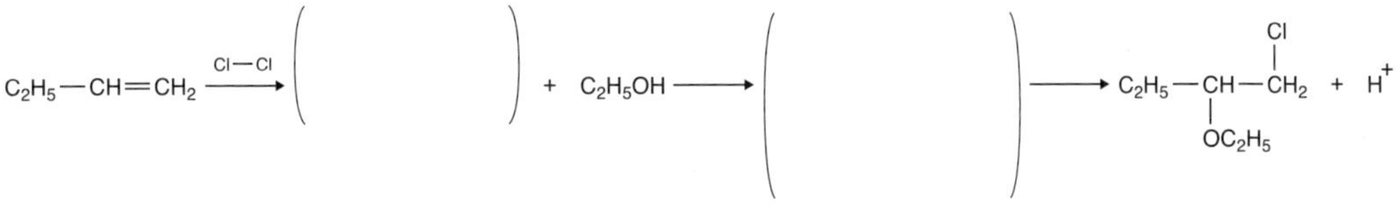

$C_2H_5-CH=CH_2 \xrightarrow{Cl-Cl}$（　　　　）$+ C_2H_5OH \longrightarrow$（　　　　）$\longrightarrow C_2H_5-CH\underset{OC_2H_5}{\overset{Cl}{|}}CH_2 + H^+$

188.

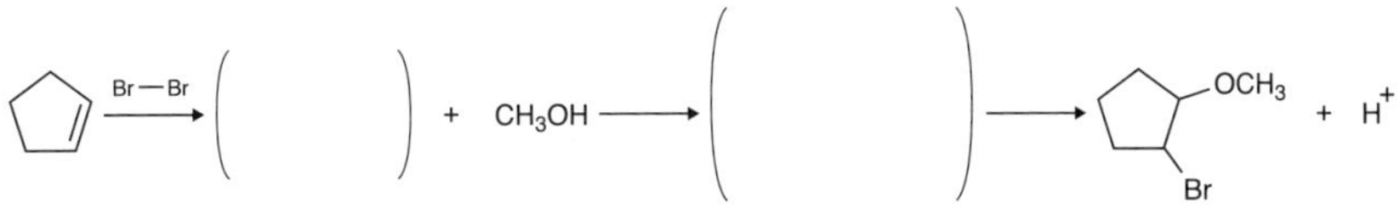

（構造式：シクロペンテン）$\xrightarrow{Br-Br}$（　　　　）$+ CH_3OH \longrightarrow$（　　　　）$\longrightarrow$（構造式：1-メトキシ-2-ブロモシクロペンタン）$+$ $H^+$

189.

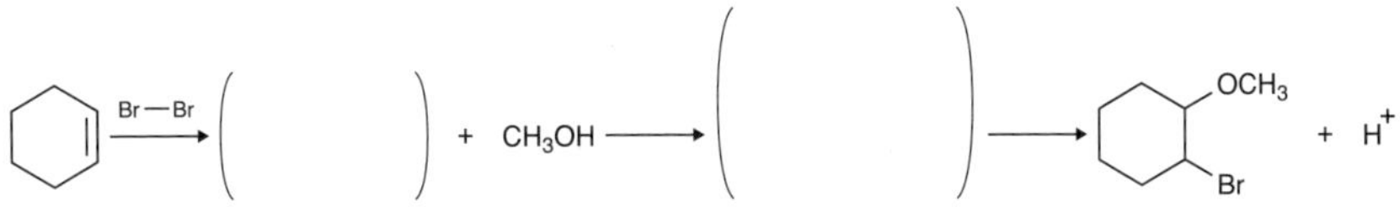

（構造式：シクロヘキセン）$\xrightarrow{Br-Br}$（　　　　）$+ CH_3OH \longrightarrow$（　　　　）$\longrightarrow$（構造式：1-メトキシ-2-ブロモシクロヘキサン）$+$ $H^+$

190.

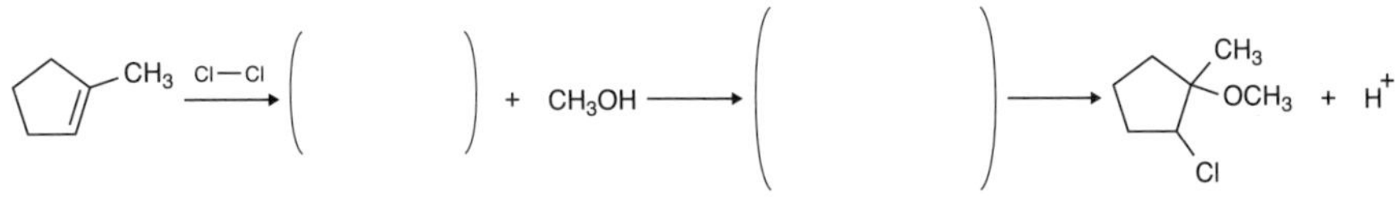

（構造式：1-メチルシクロペンテン）$\xrightarrow{Cl-Cl}$（　　　　）$+ CH_3OH \longrightarrow$（　　　　）$\longrightarrow$（構造式：1-メチル-1-メトキシ-2-クロロシクロペンタン）$+$ $H^+$

!Hint：アルケンの二重結合からハロゲン原子に曲がった矢印を伸ばし，次いでアルコール分子の付加を考える．

## 18 アルケンからのエポキシド生成 $\left( R-CH=CH_2 \xrightarrow{RCOOOH} R-CH\overset{O}{\diagdown}CH_2 \right)$　目安時間 10 分

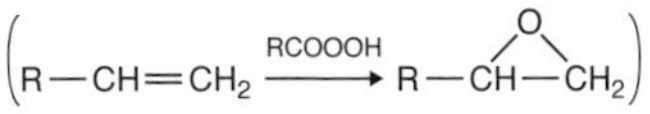

191.

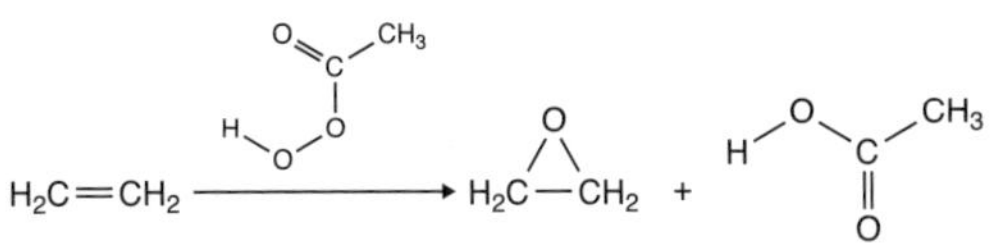

$H_2C=CH_2 \xrightarrow{\text{（過酢酸）}} H_2C\overset{O}{\diagdown}CH_2 + \text{（酢酸）}$

192.

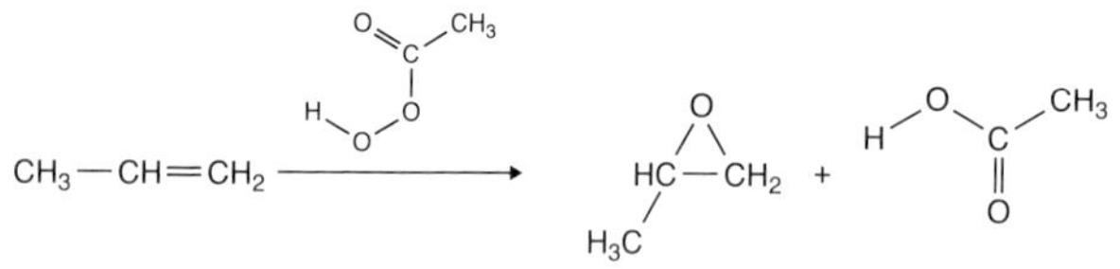

193.

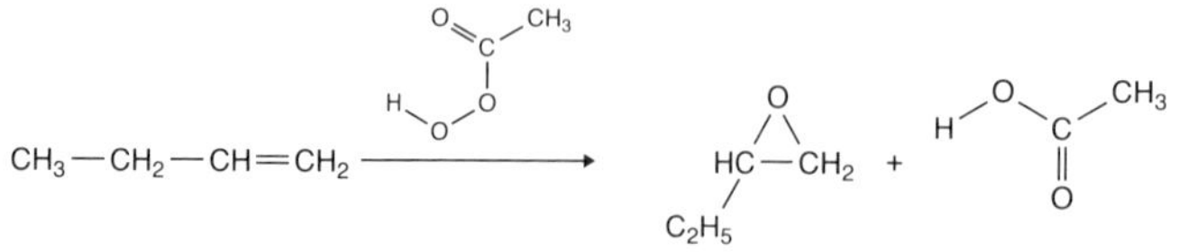

194.

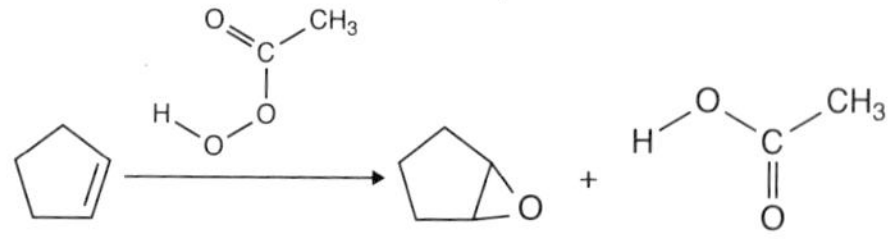

195.

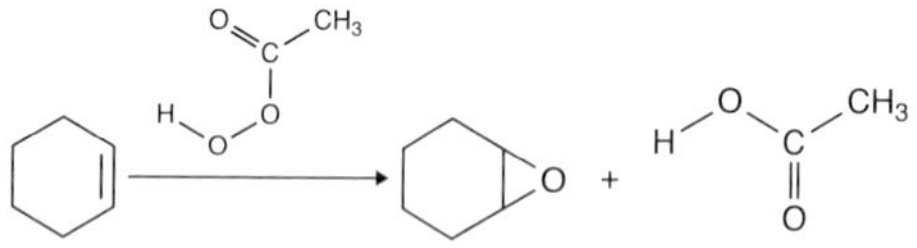

196.

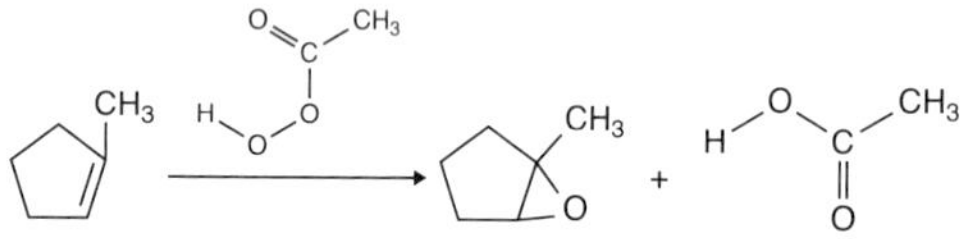

!*Hint*：アルケンの二重結合から過酸の O 原子に矢印を伸ばし，次々と電子対を動かしていこう．

**19** アルケンのヒドロホウ素化／酸化反応 $\left(R-CH=CH_2 \xrightarrow[\text{2)H}_2\text{O}_2/\text{OH}^-]{\text{1)BHR}_2} R-CH_2-CH_2-OH\right)$ 　目安時間 **15** 分

197.

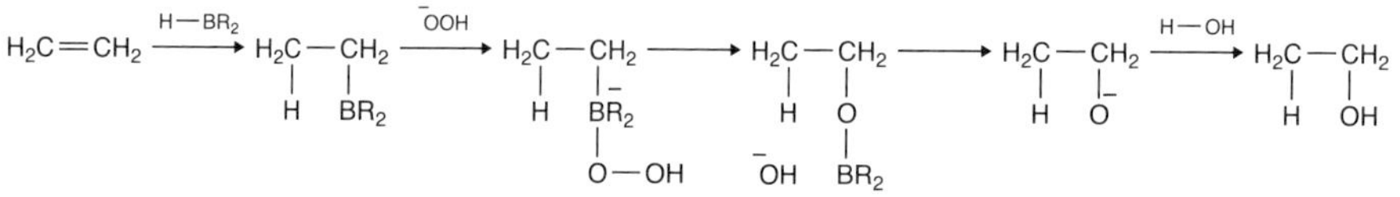

198.

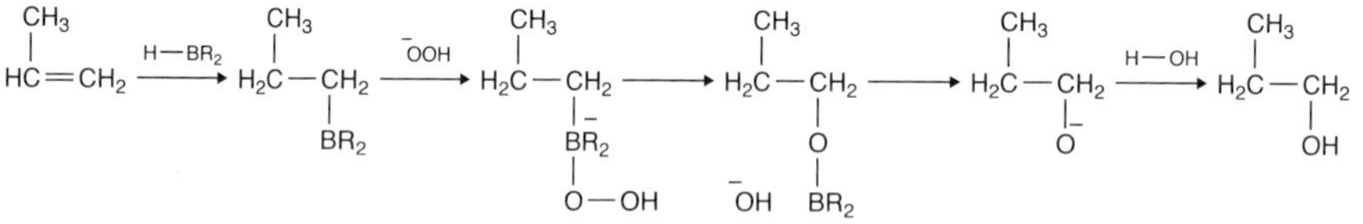

199.

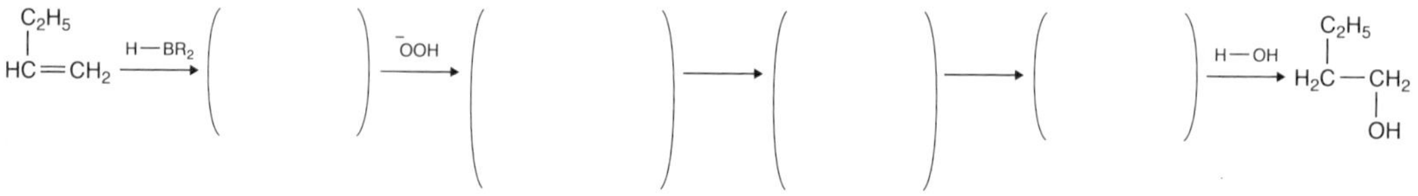

200.

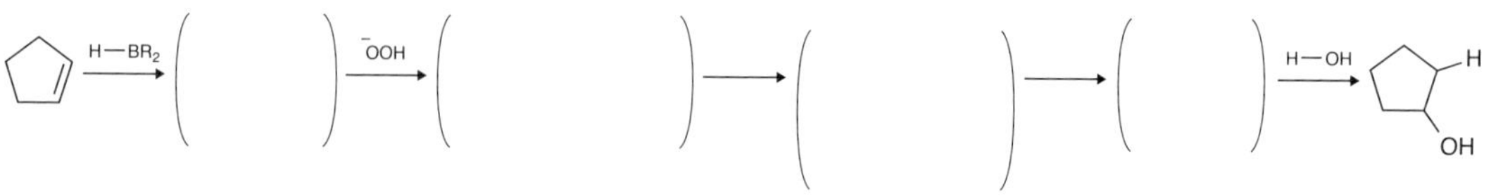

201.

(ベンゼン環/シクロヘキセン構造) $\xrightarrow{H-BR_2}$ ( ) $\xrightarrow{^-OOH}$ ( ) → ( ) →

( ) $\xrightarrow{H-OH}$ (シクロヘキサン環に H と OH が付いた構造)

202.

(メチルシクロペンテン $CH_3$) $\xrightarrow{H-BR_2}$ ( ) $\xrightarrow{^-OOH}$ ( ) → ( ) →

( ) $\xrightarrow{H-OH}$ (メチルシクロペンタン環に $CH_3$ と OH が付いた構造)

Hint：第一段階の H 原子は H$^-$ として付加する．H の結合する位置に注意しよう．

・次の反応式の反応機構を答えよ．

## 20　発展問題

203.

$H_2C=\underset{\underset{CH_3}{|}}{C}-CH_3 \xrightarrow{H-Br}$

204.

(シクロヘキセン $CH_3$) $\xrightarrow{H-Br}$

205.

$CH_3-\underset{\underset{CH_3}{|}}{C}=CH_2 \xrightarrow[2)H_2O]{1)H^+}$

206.

(シクロヘキセン $CH_3$) $\xrightarrow[2)H_2O]{1)H^+}$

207.

$CH_3-\underset{\underset{CH_3}{|}}{C}=CH_2 \xrightarrow[2)CH_3OH]{1)H^+}$

208.

(シクロヘキセン $CH_3$) $\xrightarrow[2)C_2H_5OH]{1)H^+}$

209.

$CH_3-\underset{\underset{\underset{CH_3}{|}}{\overset{+}{C}}}{\overset{\overset{CH_3}{|}}{C}}-CH_2 \xrightarrow{転移}$

210.

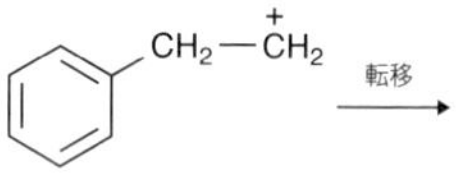

$CH_2-CH_2^+$　転移→

211.

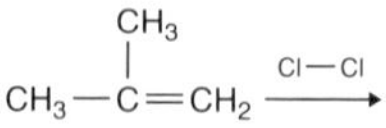

$CH_3-\overset{CH_3}{\underset{}{C}}=CH_2$　$\xrightarrow{Cl-Cl}$

212.

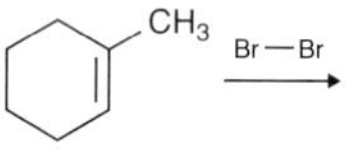

$\xrightarrow{Br-Br}$

213.

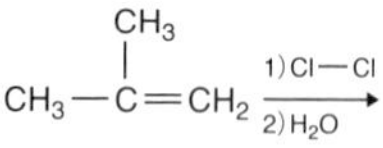

$CH_3-\overset{CH_3}{\underset{}{C}}=CH_2$　$\xrightarrow[2)H_2O]{1)Cl-Cl}$

214.

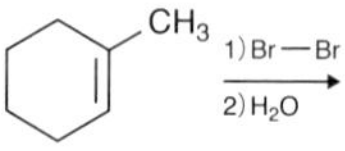

$\xrightarrow[2)H_2O]{1)Br-Br}$

215.

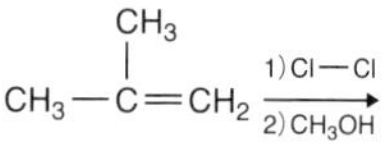

$CH_3-\overset{CH_3}{\underset{}{C}}=CH_2$　$\xrightarrow[2)CH_3OH]{1)Cl-Cl}$

216.

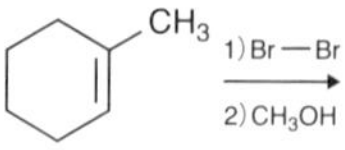

$\xrightarrow[2)CH_3OH]{1)Br-Br}$

217.

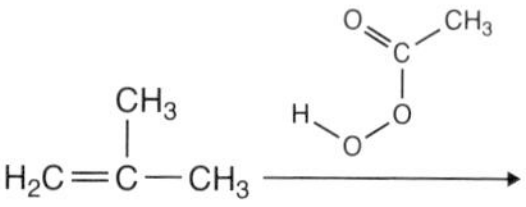

$H_2C=\overset{CH_3}{\underset{}{C}}-CH_3$　$\longrightarrow$

218.

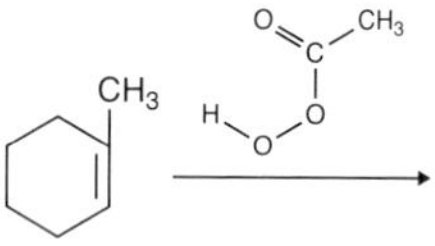

$\longrightarrow$

219.

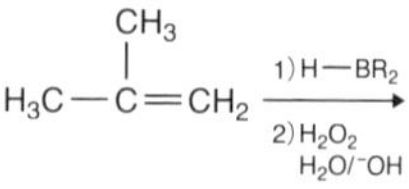

$H_3C-\overset{CH_3}{\underset{}{C}}=CH_2$　$\xrightarrow[2)H_2O_2\ H_2O/{}^-OH]{1)H-BR_2}$

220.

$\xrightarrow[2)H_2O_2\ H_2O/{}^-OH]{1)H-BR_2}$

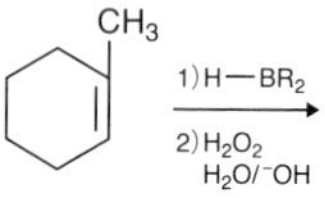

# 5 アルキンの反応

1000本ノック

実施日：　　月　　日〜　　月　　日

## 反応機構のポイント

### A. ハロゲン化水素の付加反応

例：臭化水素付加の反応機構

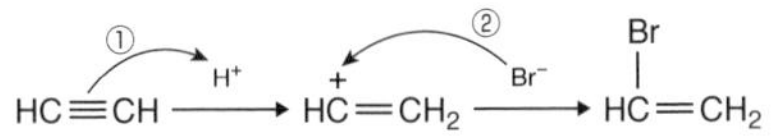

$$HC \equiv CH \xrightarrow{①\ H^+} HC = CH_2^+ \xrightarrow{②\ Br^-} \overset{Br}{\underset{|}{HC}} = CH_2$$

① アルキンの三重結合（π結合）から H⁺ に向けて曲がった矢印を伸ばし、中間体のカルボカチオン（ビニルカチオン）を描く

② 孤立電子対をもつ Br⁻ からカルボカチオンの正電荷に曲がった矢印を伸ばし、生成物の臭化ビニルを描く

> この生成物は二重結合（π結合）をもつので、臭化水素とさらに反応できる（p.15、アルケンの反応を参照）

### B. A—B の付加（電気陰性度：A＜B）

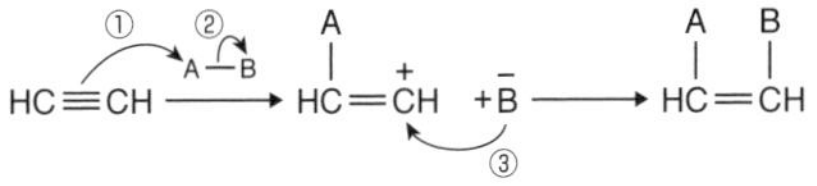

$$HC \equiv CH \xrightarrow{①\ ②\ A-B} \overset{A}{\underset{|}{HC}} = CH^+ \ +B^- \xrightarrow{③} \overset{A}{\underset{|}{HC}} = \overset{B}{\underset{|}{CH}}$$

① アルキンの π 結合から電子不足な A に曲がった矢印を伸ばす

> A—B 間の共有電子対が B に偏るため、A が電子不足になる

② A—B の間の結合が切断され、電子対は B に移動し、アニオン B⁻ が生成する

③ 孤立電子対をもつ B⁻ からカルボカチオンの正電荷に向けて曲がった矢印を伸ばし、アルキンに A と B が付加した化合物が生成する

> この生成物は二重結合をもつので、A—B とさらに反応できる（p.15、アルケンの反応を参照）

### C. 互変異性

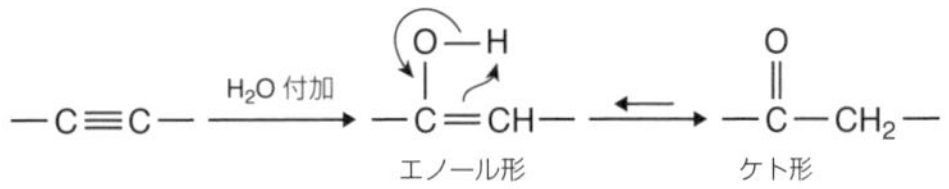

$$-C \equiv C- \xrightarrow{H_2O\ 付加} -\overset{O-H}{\underset{|}{C}} = CH- \ \longleftrightarrow \ -\overset{O}{\underset{||}{C}} - CH_2-$$

エノール形　　　　　ケト形

① アルキンに水分子が付加すると、まずビニルアルコール（エノール形）が生成する

② 分子内で結合の組み換え（原子のつながり方の変化）が起こって、ケト形になる（これを互変異性と呼ぶ）

> エノール形とケト形は平衡の関係にあるが、一般にはケト形に大きく偏っている

### D. 増炭反応

sp 混成軌道をもつ C 原子に結合した H 原子は酸性度が高いので、強塩基を用いれば脱プロトン化できる。これを利用して、ハロゲン化アルキルとの反応により炭素—炭素結合を形成できる。

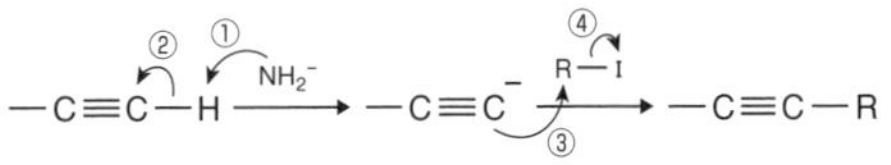

$$-C \equiv C-H \xrightarrow{②\ NH_2^-} -C \equiv C^- \xrightarrow{④\ R-I} -C \equiv C-R$$

① 強塩基の NH₂⁻ からアルキンの末端にある H 原子に曲がった矢印を伸ばす（プロトン引き抜き）

② 炭素—水素結合をつくっていた電子対は、sp 混成軌道の C 原子に移動し、中間体の炭素アニオンが生成する

③ 炭素アニオンから電子不足なハロゲン化アルキルのアルキル基に向けて曲がった矢印を伸ばす

④ ハロゲン化アルキルの炭素—ハロゲン結合が切断され、sp 混成軌道の炭素原子にアルキル基が結合した分子が生成する

・次の反応式における電子の移動を曲がった矢印を用いて表せ．また反応式中に括弧がある場合は，中間体もあわせて答えよ．

**21** アルキンのハロゲン化水素化 $\left( R-C\equiv CH \xrightarrow{HX} R-\underset{X}{C}=CH_2 \right)$ 　目安時間 **15**分

221.

$$CH_3-C\equiv C-CH_3 \xrightarrow{H-Br} CH_3-CH=\overset{+}{C}-CH_3 \ + \ \overset{-}{Br} \longrightarrow CH_3-CH=\underset{Br}{C}-CH_3$$

222.

$$C_2H_5-C\equiv C-C_2H_5 \xrightarrow{H-Br} C_2H_5-CH=\overset{+}{C}-C_2H_5 \ + \ \overset{-}{Br} \longrightarrow C_2H_5-CH=\underset{Br}{C}-C_2H_5$$

223.

$$\text{cyclopentyl}-C\equiv C-\text{cyclopentyl} \xrightarrow{H-Br} \left( \qquad \right) \ + \ \overset{-}{Br} \longrightarrow \text{cyclopentyl}-CH=\underset{Br}{C}-\text{cyclopentyl}$$

224.

$$CH\equiv CH \xrightarrow{H-Br} \left( \qquad \right) \ + \ \overset{-}{Br} \longrightarrow CH_2=CH-Br$$

225.

$$CH\equiv C-CH_3 \xrightarrow{H-Br} \left( \qquad \right) \ + \ \overset{-}{Br} \longrightarrow CH_2=\underset{Br}{C}-CH_3$$

226.

$$H-C\equiv C-\text{cyclopentyl} \xrightarrow{H-Br} \left( \qquad \right) \ + \ \overset{-}{Br} \longrightarrow H-CH=\underset{Br}{C}-\text{cyclopentyl}$$

> *Hint*：非対称アルキンの場合，どちらの sp 炭素がプロトン化されるかを考えよう．

**22** アルキンのハロゲン化 $\left( R-C\equiv CH \xrightarrow{X_2} R-\underset{X}{C}=\underset{X}{C}H \right)$ 　目安時間 **15**分

227.

$$CH_3-C\equiv C-CH_3 \xrightarrow{Cl-Cl} CH_3-\overset{Cl}{\underset{}{C}}=\overset{+}{C}-CH_3 \ + \ \overset{-}{Cl} \longrightarrow CH_3-\overset{Cl}{\underset{Cl}{C}}=C-CH_3$$

228.

$$C_2H_5-C\equiv C-C_2H_5 \xrightarrow{Br-Br} C_2H_5-\overset{Br}{\underset{}{C}}=\overset{+}{C}-C_2H_5 \ + \ \overset{-}{Br} \longrightarrow C_2H_5-\overset{Br}{\underset{Br}{C}}=C-C_2H_5$$

**229.**

シクロペンチル−C≡C−シクロペンチル $\xrightarrow{\text{Br—Br}}$ ( ) + $\bar{\text{Br}}$ → (1,2-ジブロモアルケン生成物)

**230.**

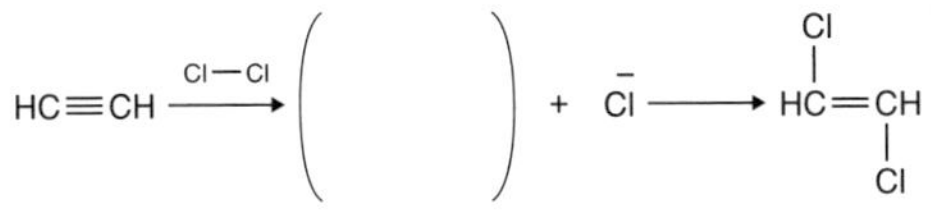

$HC \equiv CH \xrightarrow{\text{Cl—Cl}}$ ( ) + $\bar{\text{Cl}}$ → $\underset{\text{Cl}}{\overset{\text{Cl}}{HC=CH}}$

**231.**

$HC \equiv C-CH_3 \xrightarrow{\text{Br—Br}}$ ( ) + $\bar{\text{Br}}$ → $\underset{\text{Br}}{\overset{\text{Br}}{HC=C-CH_3}}$

**232.**

$H-C \equiv C-$シクロペンチル $\xrightarrow{\text{Cl—Cl}}$ ( ) + $\bar{\text{Cl}}$ → $\underset{\text{Cl}}{\overset{\text{Cl}}{H-C=C-}}$シクロペンチル

> *Hint*：C≡C 結合に二つのハロゲン原子が付加する．これらは同時に付加しないことに注意しよう．

## 23 アルキンへの酸触媒水付加 $\left( R-C \equiv CH \xrightarrow[H_2O]{H^+} R-\overset{O}{C}-CH_3 \right)$ 　目安時間 15 分

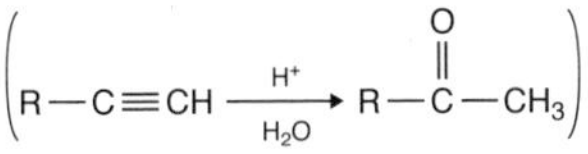

**233.**

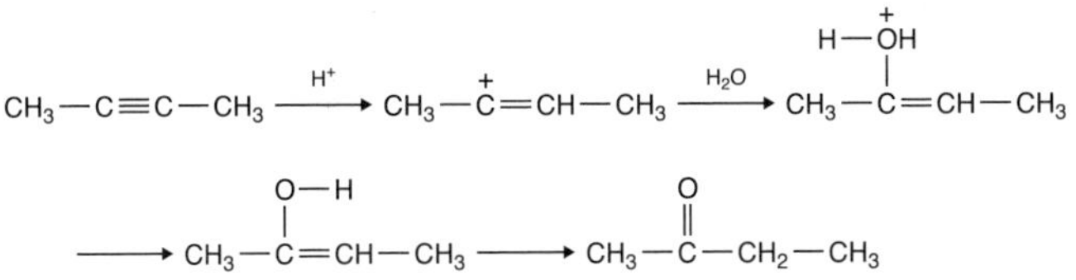

$CH_3-C \equiv C-CH_3 \xrightarrow{H^+} CH_3-\overset{+}{C}=CH-CH_3 \xrightarrow{H_2O} CH_3-\overset{H-\overset{+}{O}H}{C}=CH-CH_3$
$\longrightarrow CH_3-\overset{O-H}{C}=CH-CH_3 \longrightarrow CH_3-\overset{O}{C}-CH_2-CH_3$

**234.**

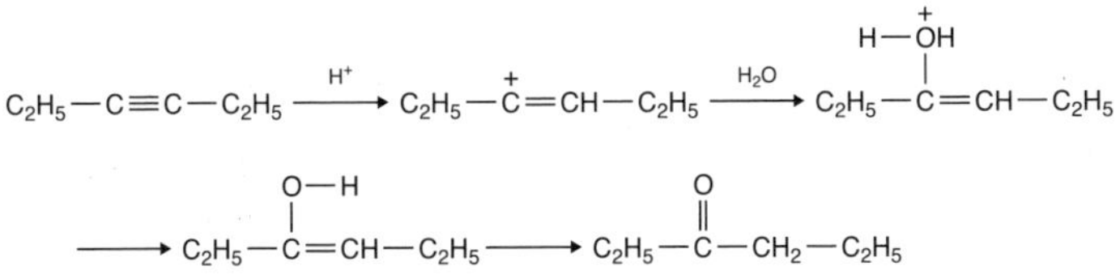

$C_2H_5-C \equiv C-C_2H_5 \xrightarrow{H^+} C_2H_5-\overset{+}{C}=CH-C_2H_5 \xrightarrow{H_2O} C_2H_5-\overset{H-\overset{+}{O}H}{C}=CH-C_2H_5$
$\longrightarrow C_2H_5-\overset{O-H}{C}=CH-C_2H_5 \longrightarrow C_2H_5-\overset{O}{C}-CH_2-C_2H_5$

**235.**

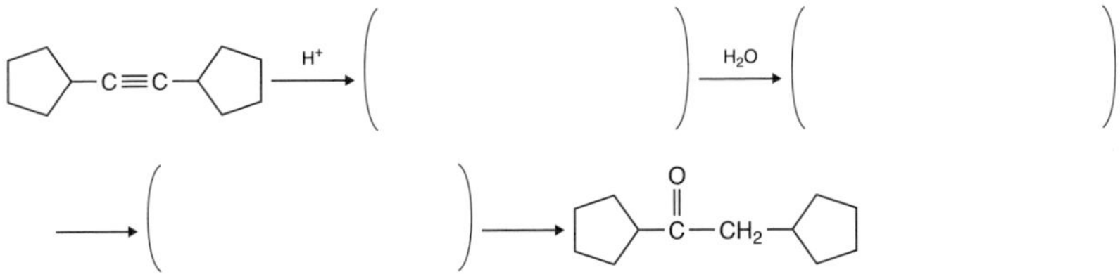

シクロペンチル−C≡C−シクロペンチル $\xrightarrow{H^+}$ ( ) $\xrightarrow{H_2O}$ ( )
$\longrightarrow$ ( ) → シクロペンチル−$\overset{O}{C}$−CH_2−シクロペンチル

**236.**

$H-C \equiv C-H \xrightarrow{Hg^{2+}} H-\overset{Hg^{2+}}{C}=C-H \xrightarrow{H_2O} H-\overset{\overset{+}{Hg}}{C}=C-H \xrightarrow{H_2O} H-\overset{\overset{+}{Hg}}{C}=C-H$
(HO—H) (H—O)
$\longrightarrow H-\overset{\overset{+}{Hg}}{C}-\overset{}{C}-H \longrightarrow H-CH=C-H \longrightarrow H-CH_2-\overset{O}{C}-H$

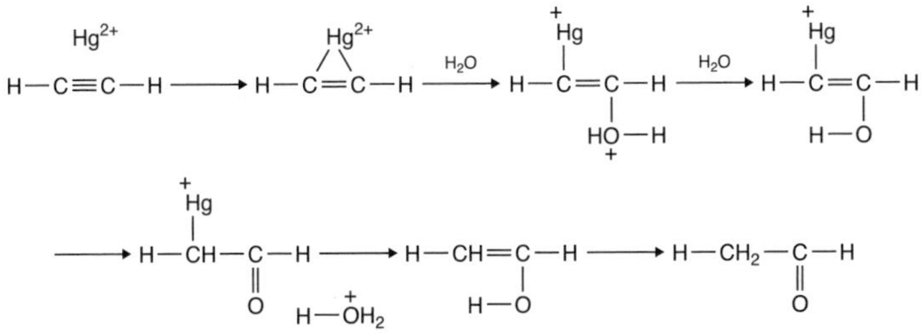

237.

$H-C\equiv C-CH_3$ $\xrightarrow{Hg^{2+}}$ (　　　) $\xrightarrow{H_2O}$ (　　　) $\xrightarrow{H_2O}$ (　　　)

$\longrightarrow$ (　　　) $\xrightarrow{H-\overset{+}{O}H_2}$ (　　　) $\longrightarrow$ $H-CH_2-\underset{O}{\overset{\|}{C}}-CH_3$

238.

$H-C\equiv C-\langle\text{cyclopentyl}\rangle$ $\xrightarrow{Hg^{2+}}$ (　　　) $\xrightarrow{H_2O}$ (　　　) $\xrightarrow{H_2O}$ (　　　)

$\longrightarrow$ (　　　) $\longrightarrow$ (　　　) $\longrightarrow$ $H-CH_2-\underset{O}{\overset{\|}{C}}-\langle\text{cyclopentyl}\rangle$

!*Hint*：アルケンのプロトン化後，水分子が付加する．最後の段階の互変異性を忘れないようにしよう．

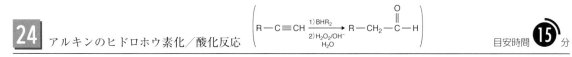

**24** アルキンのヒドロホウ素化／酸化反応　$\left(R-C\equiv CH \xrightarrow[\substack{2)H_2O_2/OH^-\\H_2O}]{1)BHR_2} R-CH_2-\underset{O}{\overset{\|}{C}}-H\right)$　目安時間 ⑮ 分

239.

$CH_3-C\equiv C-CH_3 \xrightarrow{H-BR_2} CH_3-\underset{H}{\overset{|}{C}}=\underset{BR_2}{\overset{|}{C}}-CH_3 \xrightarrow{{}^-OOH} CH_3-\underset{H}{\overset{|}{C}}=\underset{\underset{O-OH}{\overset{|}{BR_2}}}{\overset{|}{C}}-CH_3 \longrightarrow CH_3-\underset{H}{\overset{|}{C}}=\underset{\underset{BR_2}{\overset{|}{O}}}{\overset{|}{C}}-CH_3 \quad {}^-OH$

$\longrightarrow CH_3-\underset{H}{\overset{|}{C}}=\underset{O^-}{\overset{|}{C}}-CH_3 \xrightarrow{H-OH} CH_3-CH=\underset{H-O}{\overset{|}{C}}-CH_3 \longrightarrow CH_3-CH_2-\underset{O}{\overset{\|}{C}}-CH_3$

240.

$C_2H_5-C\equiv C-C_2H_5 \xrightarrow{H-BR_2} C_2H_5-\underset{H}{\overset{|}{C}}=\underset{BR_2}{\overset{|}{C}}-C_2H_5 \xrightarrow{{}^-OOH} C_2H_5-\underset{H}{\overset{|}{C}}=\underset{\underset{O-OH}{\overset{|}{BR_2}}}{\overset{|}{C}}-C_2H_5 \longrightarrow C_2H_5-\underset{H}{\overset{|}{C}}=\underset{\underset{BR_2}{\overset{|}{O}}}{\overset{|}{C}}-C_2H_5 \quad {}^-OH$

$\longrightarrow C_2H_5-\underset{H}{\overset{|}{C}}=\underset{O^-}{\overset{|}{C}}-C_2H_5 \xrightarrow{H-OH} C_2H_5-CH=\underset{H-O}{\overset{|}{C}}-C_2H_5 \longrightarrow C_2H_5-CH_2-\underset{O}{\overset{\|}{C}}-C_2H_5$

241.

$\langle\text{cyclopentyl}\rangle-C\equiv C-\langle\text{cyclopentyl}\rangle \xrightarrow{H-BR_2}$ (　　　) $\xrightarrow{{}^-OOH}$ (　　　) $\longrightarrow$ (　　　) $\quad {}^-OH$

$\longrightarrow$ (　　　) $\xrightarrow{H-OH}$ (　　　) $\longrightarrow$ $\langle\text{cyclopentyl}\rangle-CH_2-\underset{O}{\overset{\|}{C}}-\langle\text{cyclopentyl}\rangle$

**242.**

$$H-C\equiv C-H \xrightarrow{H-BR_2} \Big( \qquad \Big) \xrightarrow{^-OOH} \Big( \qquad \Big) \longrightarrow \Big( \qquad \Big)_{^-OH}$$

$$\longrightarrow \Big( \qquad \Big) \xrightarrow{H-OH} \Big( \qquad \Big) \longrightarrow CH_3-\underset{\underset{O}{\|}}{C}-H$$

**243.**

$$CH_3-C\equiv C-H \xrightarrow{H-BR_2} \Big( \qquad \Big) \xrightarrow{^-OOH} \Big( \qquad \Big) \longrightarrow \Big( \qquad \Big)_{^-OH}$$

$$\longrightarrow \Big( \qquad \Big) \xrightarrow{H-OH} \Big( \qquad \Big) \longrightarrow C_2H_5-\underset{\underset{O}{\|}}{C}-H$$

**244.**

$$\text{cyclopentyl}-C\equiv C-H \xrightarrow{H-BR_2} \Big( \qquad \Big) \xrightarrow{^-OOH} \Big( \qquad \Big) \longrightarrow \Big( \qquad \Big)_{^-OH}$$

$$\longrightarrow \Big( \qquad \Big) \xrightarrow{H-OH} \Big( \qquad \Big) \longrightarrow \text{cyclopentyl}-CH_2-\underset{\underset{O}{\|}}{C}-H$$

> !*Hint*：第一段階のH原子はH⁻として付加する．Hの結合する位置に注意しよう

## 25 アルキンの増炭反応 $\left( R-C\equiv CH \xrightarrow[\text{2)R'I}]{\text{1)NaNH}_2} R-C\equiv C-R' \right)$

目安時間 ⑮ 分

**245.**

$$HC\equiv C-H \xrightarrow{NH_2^-} CH\equiv \bar{C} \xrightarrow{H_3C-I} CH\equiv C-CH_3$$

**246.**

$$HC\equiv C-H \xrightarrow{NH_2^-} CH\equiv \bar{C} \xrightarrow{CH_3CH_2-I} CH\equiv C-CH_2CH_3$$

**247.**

$$HC\equiv C-H \xrightarrow{NH_2^-} CH\equiv \bar{C} \xrightarrow{CH_3CH_2CH_2-I} CH\equiv C-CH_2CH_2CH_3$$

**248.**

$$H_3C-C\equiv C-H \xrightarrow{NH_2^-} \Big( \qquad \Big) \xrightarrow{H_3C-I} H_3C-C\equiv C-CH_3$$

**249.**

$$H_3C-C\equiv C-H \xrightarrow{NH_2^-} \Big( \qquad \Big) \xrightarrow{CH_3CH_2-I} H_3C-C\equiv C-CH_2CH_3$$

250.

$$H_3C-C\equiv C-H \xrightarrow{NH_2^-} \left( \qquad\qquad \right) \xrightarrow{CH_3CH_2CH_2-I} H_3C-C\equiv C-CH_2CH_2CH_3$$

251.

$$HC\equiv C-H \xrightarrow{NH_2^-} \left( \qquad\qquad \right) \xrightarrow{(CH_3)_2CH-I} CH\equiv C-CH\begin{smallmatrix}CH_3\\CH_3\end{smallmatrix}$$

Hint：まずはアルキンからH原子が引き抜かれる.

• 次の反応式の反応機構を答えよ.

 発展問題　　　　　目安時間 **20** 分

252.

$$HC\equiv C-C_2H_5 \xrightarrow{H-Br}$$

253.

$$H-C\equiv C-\bigcirc \xrightarrow{H-Br}$$

254.

$$HC\equiv C-C_2H_5 \xrightarrow{Cl-Cl}$$

255.

$$H-C\equiv C-\bigcirc \xrightarrow{Br-Br}$$

256.

$$H-C\equiv C-C_2H_5 \xrightarrow[\quad H_2O \quad]{Hg^{2+}}$$

257.

$$H-C\equiv C-\bigcirc \xrightarrow[\quad H_2O \quad]{Hg^{2+}}$$

258.

$C_2H_5-C\equiv C-H \xrightarrow[\substack{2)H_2O_2 \\ H_2O/^-OH}]{1)H-BR_2}$

259.

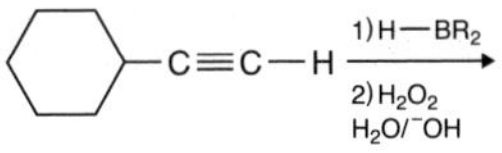

$-C\equiv C-H \xrightarrow[\substack{2)H_2O_2 \\ H_2O/^-OH}]{1)H-BR_2}$

260.

$CH\equiv C-H \xrightarrow[\substack{2)}]{1)NaNH_2}$

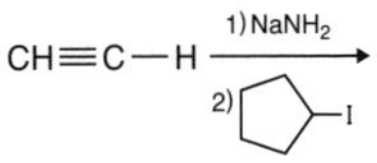

261.

$CH\equiv C-H \xrightarrow[\substack{2)C_6H_5CH_2-I}]{1)NaNH_2}$

# 芳香族の求電子置換反応

実施日：　　月　　日

## 反応機構のポイント

芳香族の求電子置換反応は，（1）求電子種の発生，（2）求電子種の芳香環への攻撃，（3）中間体からのプロトンの脱離による芳香環の再生の三段階に大きく分けられる．

### A. 求電子種（電子不足な化学種）の発生

（ⅰ）ハロゲンカチオンの発生

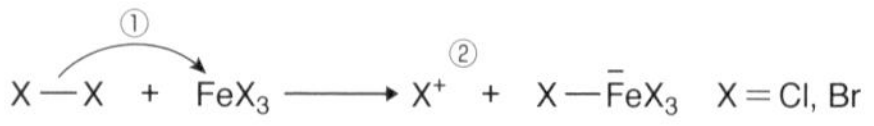

$$X-X + FeX_3 \longrightarrow X^+ + X-\overset{-}{Fe}X_3 \quad X = Cl, Br$$

① 二つのハロゲン原子（X－X）の間の結合から，ルイス酸の空軌道（ここでは Fe 上）に曲がった矢印を伸ばす

② Fe 上に負電荷をもつ化学種と，ハロゲンカチオン（$X^+$）が生成する（$X^+$ が求電子種）

（ⅱ）アルキルカチオンの発生

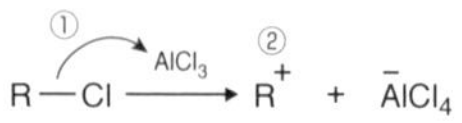

$$R-Cl \xrightarrow{AlCl_3} R^+ + \overset{-}{Al}Cl_4$$

① アルキル基とハロゲン原子の間の結合からルイス酸の空軌道（ここでは Al 上）に曲がった矢印を伸ばす

② Al 上に負電荷をもつ化学種とアルキルカチオン（$R^+$）が生成する（$R^+$ が求電子種）

アシルカチオン（$RCO^+$）の発生も同様に起こる

（ⅲ）ニトロニウムイオンの発生

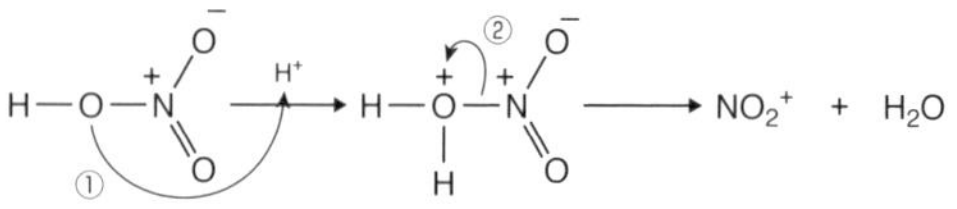

$$H-\overset{-}{O}-\overset{+}{N}\overset{O}{\underset{O}{}} \xrightarrow{H^+} H-\overset{+}{\underset{H}{O}}-\overset{+}{N}\overset{O}{\underset{O}{}} \longrightarrow NO_2^+ + H_2O$$

① 硝酸の O 原子の非共有電子対から $H^+$ に曲がった矢印を伸ばし，中間体のプロトン化された硝酸分子が生成する

② 水分子が脱離するように，N－O 間の結合から O 原子に曲がった矢印を伸ばし，ニトロニウムイオンが生成する（$NO_2^+$ が求電子種）

スルホン化の活性種（$SO_3H^+$）の発生も同様に起こる

### B. 求電子置換反応

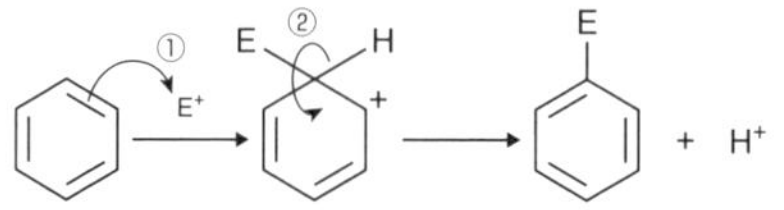

① ベンゼン環の二重結合から電子不足な求電子種（$E^+$）に曲がった矢印を伸ばし，E が結合した正電荷をもつ中間体ができる

矢印の方向に注意！
この六員環はベンゼン環ではない

② E が結合した C 原子に結合している H 原子が $H^+$ として脱離する．このとき，ベンゼン環が再生するように，C－H 間の結合から電子不足な環状構造に曲がった矢印を伸ばす．その結果，H 原子と E が置換される

$E^+$ と $H^+$ の入れ替わりは同時に起こっていない！

• 次の反応式における電子の移動を曲がった矢印を用いて表せ．また反応式中に括弧がある場合は，中間体もあわせて答えよ．

 **27** ハロゲンカチオン，$NO_2^+$，$SO_3H^+$ 生成　　　　目安時間 **5** 分

262.

$$Cl—Cl + FeCl_3 \longrightarrow Cl^+ + Cl—\overset{-}{FeCl_3}$$

263.

$$Br—Br + FeBr_3 \longrightarrow Br^+ + Br—\overset{-}{FeBr_3}$$

264.

$$H—\overset{-}{O}—\overset{+}{N}\overset{O^-}{O} \xrightarrow{H^+} H—\overset{+}{\underset{H}{O}}—\overset{+}{N}\overset{O^-}{O} \longrightarrow NO_2^+ + H_2O$$

265.

$$H—O—\overset{O}{\underset{O}{S}}—OH \xrightarrow{H^+} H—\overset{+}{\underset{H}{O}}—\overset{O}{\underset{O}{S}}—OH \longrightarrow {}^+SO_3H + H_2O$$

!Hint：求電子種の生成のために，ルイス酸もしくはプロトンが何をしているかを考えよう

 **28** アシルカチオン，アルキルカチオン発生　　　　目安時間 **5** 分

266.

$$H_3C—Cl \xrightarrow{AlCl_3} \overset{+}{CH_3} + \overset{-}{AlCl_4}$$

267.

$$CH_3CH_2—Cl \xrightarrow{AlCl_3} \overset{+}{C_2H_5} + \overset{-}{AlCl_4}$$

268.

$$CH_3—\overset{O}{\overset{\|}{C}}—Cl \xrightarrow{AlCl_3} CH_3—\overset{O}{\overset{\|}{\underset{+}{C}}} + \overset{-}{AlCl_4}$$

269.

$$CH_3CH_2—\overset{O}{\overset{\|}{C}}—Cl \xrightarrow{AlCl_3} CH_3CH_2—\overset{O}{\overset{\|}{\underset{+}{C}}} + \overset{-}{AlCl_4}$$

!Hint：炭素-ハロゲン結合の共有電子対からルイス酸の空軌道に曲がった矢印を伸ばす

 **29** ベンゼンの求電子置換反応　　　　目安時間 **15** 分

270.

$$Cl—Cl + FeCl_3 \longrightarrow Cl^+ \longrightarrow \longrightarrow Cl-$$

271.

$$Br—Br + FeBr_3 \longrightarrow Br^+ \longrightarrow \longrightarrow Br-$$

272.

$$H—\overset{-}{O}—\overset{+}{N}\overset{O^-}{O} \xrightarrow{H^+} ( \quad ) \longrightarrow ( \quad ) \longrightarrow ( \quad ) \longrightarrow O_2N-$$

273.

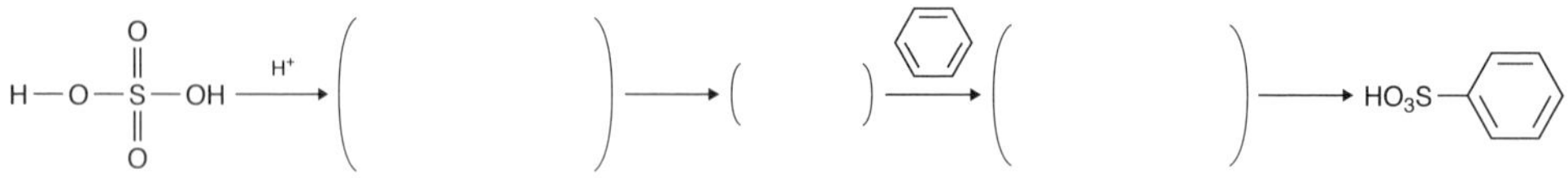

H—O—S—OH  —H⁺→  (　　　　　)  →  (　　　  　　)  →  (　　　　　)  → HO₃S

274.

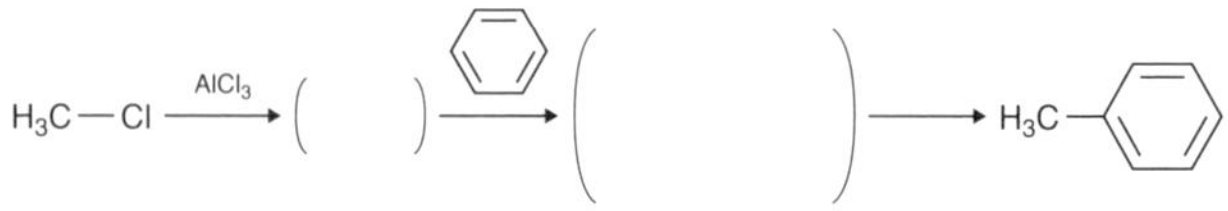

H₃C—Cl  —AlCl₃→  (　　)  →  (　　　　)  →  H₃C—⟨benzene ring⟩

275.

CH₃CH₂—Cl  —AlCl₃→  (　　)  →  (　　　　)  →  C₂H₅—⟨benzene ring⟩

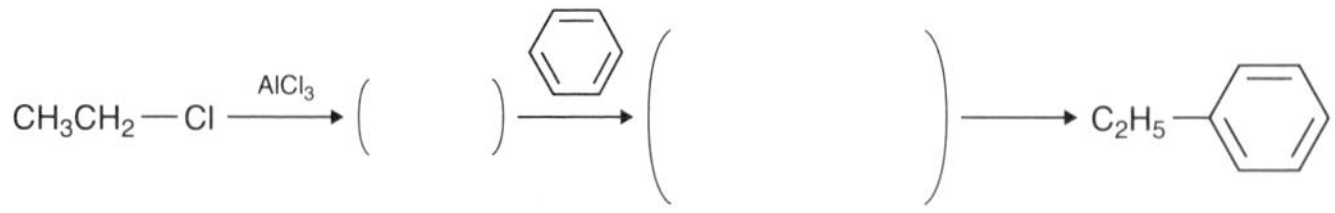

> *Hint*：ベンゼン環上の置換反応は二段階で進む．求電子種の結合のあとに，プロトンが脱離する．

・次の反応式の反応機構を答えよ．

## 30 発展問題  　　　　目安時間 5 分

276.

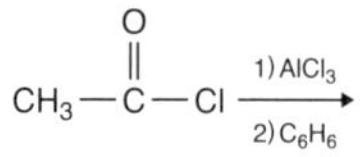

$$CH_3-\overset{O}{\underset{\|}{C}}-Cl \xrightarrow[2)C_6H_6]{1)AlCl_3}$$

277.

$$CH_3CH_2-\overset{O}{\underset{\|}{C}}-Cl \xrightarrow[2)C_6H_6]{1)AlCl_3}$$

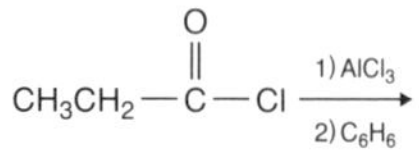

# ハロゲン化アルキルの置換反応

実施日：　　月　　日〜　　月　　日

## 反応機構のポイント

**A. 求核置換反応（<u>N</u>ucleophilic <u>S</u>ubstitution Reaction, $S_N$ 反応）**

$$R-X \xrightarrow{Nu^-} R-Nu + X^-$$

ハロゲン化アルキル（R—X）と求核体（$Nu^-$）が反応し，置換生成物（R—Nu）とハロゲン化物イオン（$X^-$）が生成する反応. 大別して二種類（$S_N1$ 反応と $S_N2$ 反応）ある. <u>カルボカチオンが生成しやすい条件（基質が級数の大きいハロゲン化アルキル）では $S_N1$ 反応，そうでない条件では $S_N2$ 反応が起こりやすい</u>. また両方の反応が並行して起こっている場合も多い. 生成物の立体化学や骨格の転移なども，この反応機構で説明できる.

> $S_N1$ 反応と $S_N2$ 反応のどちらが起こるかは，基質の級数，反応中心の混み合い具合，溶媒，求核体の種類などにも影響される.

**B. $S_N1$ 反応（二段階反応）**

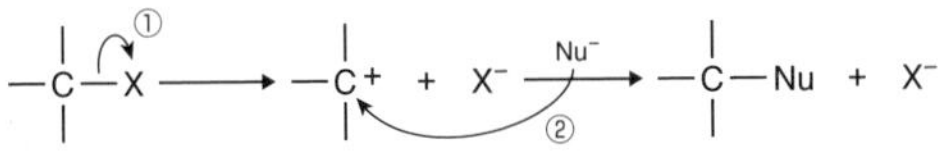

①アルキル基とハロゲン（X）原子の間の結合が切断され，電子対はより大きな電気陰性度をもつ X 原子に移動し，$X^-$ と中間体のカルボカチオンが生成する

②孤立電子対をもつ $Nu^-$ からカルボカチオンの正電荷に曲がった矢印を伸ばす

③C 原子と Nu の間に新しく共有結合が生成する

> $S_N1$ 反応は結合の切断後に，結合の生成が起こる

**C. $S_N2$ 反応（一段階反応）**

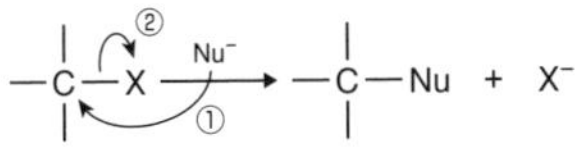

①孤立電子対をもつ $Nu^-$ から X 原子に結合した電子不足な C 原子に曲がった矢印を伸ばす

②①で示した求核攻撃と同時に，アルキル基と X 原子の間の結合が切断される

③C 原子と Nu の間に共有結合が生成する

> $S_N2$ 反応は結合の切断と生成が同時に起こる

**D. 転移を伴うハロゲン化アルキルの置換反応**

$S_N1$ 反応ではカルボカチオンを経由するため，骨格の組み換え（転移）が起こり，より安定なカルボカチオンが生成して（4 章参照），これが求核体と結合することがある

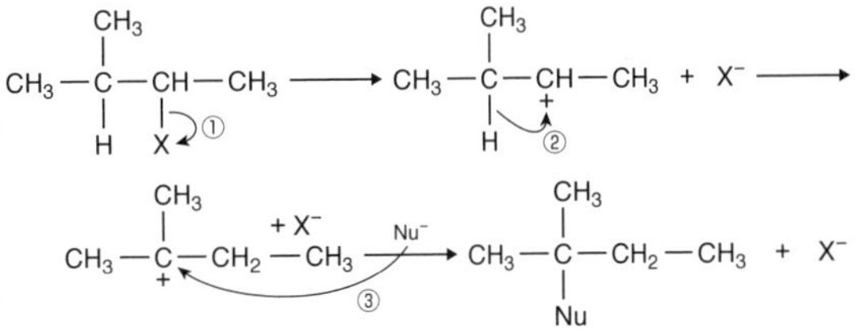

①アルキル基と X 原子の間の結合が切断され，第二級カルボカチオンが生成

②このカルボカチオンは 1,2-ヒドリドシフトを起こす条件を満たすため，第三級カルボカチオンに転移する

> 転移の前後でカルボカチオンの分子式は変化しないことに注意！

③$Nu^-$ からカルボカチオンの正電荷に曲がった矢印を伸ばす

④C 原子と Nu の間に共有結合が生成する

> 出発物質と最終生成物の骨格を比較し，脱離基 X が結合していた C 原子に求核体 $Nu^-$ が結合しているわけではないことを確認しよう.

— 35 —

・次の反応式における電子の移動を曲がった矢印を用いて表せ．また反応式中に括弧がある場合は，中間体もあわせて答えよ．

## 31　ハロゲン化アルキルからのハロゲン脱離（$S_N1$ 反応）

目安時間 **10** 分

278.

$H_3C-\underset{\underset{CH_3}{|}}{\overset{\overset{CH_3}{|}}{C}}-Cl \longrightarrow H_3C-\underset{\underset{CH_3}{|}}{\overset{\overset{CH_3}{|}}{C}}{}^+ \ + \ Cl^-$

279.

$H_3C-\underset{\underset{CH_3}{|}}{\overset{\overset{CH_3}{|}}{C}}-Br \longrightarrow H_3C-\underset{\underset{CH_3}{|}}{\overset{\overset{CH_3}{|}}{C}}{}^+ \ + \ Br^-$

280.

$H_3C-\underset{\underset{CH_3}{|}}{\overset{\overset{CH_3}{|}}{C}}-I \longrightarrow H_3C-\underset{\underset{CH_3}{|}}{\overset{\overset{CH_3}{|}}{C}}{}^+ \ + \ I^-$

281.

$CH_3CH_2-\underset{\underset{CH_3}{|}}{\overset{\overset{CH_3}{|}}{C}}-Cl \longrightarrow CH_3CH_2-\underset{\underset{CH_3}{|}}{\overset{\overset{CH_3}{|}}{C}}{}^+ \ + \ Cl^-$

282.

$CH_3CH_2-\underset{\underset{CH_3}{|}}{\overset{\overset{CH_3}{|}}{C}}-Br \longrightarrow CH_3CH_2-\underset{\underset{CH_3}{|}}{\overset{\overset{CH_3}{|}}{C}}{}^+ \ + \ Br^-$

283.

$CH_3CH_2-\underset{\underset{CH_3}{|}}{\overset{\overset{CH_3}{|}}{C}}-I \longrightarrow CH_3CH_2-\underset{\underset{CH_3}{|}}{\overset{\overset{CH_3}{|}}{C}}{}^+ \ + \ I^-$

284.

（シクロヘキサン環、1-クロロ-1-メチル → 1-メチルシクロヘキシルカチオン）$+ \ Cl^-$

285.

（シクロヘキサン環、1-ブロモ-1-メチル → 1-メチルシクロヘキシルカチオン）$+ \ Br^-$

286.

（シクロヘキサン環、1-ヨード-1-メチル → 1-メチルシクロヘキシルカチオン）$+ \ I^-$

! *Hint*：C原子とハロゲン原子の間の共有電子対をハロゲン原子のうえに移動させよう．

## 32　カルボカチオンへの水付加後にプロトン脱離（$S_N1$ 反応）

目安時間 **10** 分

287.

$H_3C-\underset{+}{\overset{\overset{CH_3}{|}}{C}}-CH_3 \xrightarrow{H_2O} H_3C-\underset{\underset{HO-H}{\overset{|}{|}}}{\overset{\overset{CH_3}{|}}{C}}-CH_3 \longrightarrow H_3C-\underset{\underset{OH}{|}}{\overset{\overset{CH_3}{|}}{C}}-CH_3 \ + \ H^+$

288.

$C_2H_5-\underset{+}{\overset{\overset{CH_3}{|}}{C}}-CH_3 \xrightarrow{H_2O} C_2H_5-\underset{\underset{HO-H}{\overset{|}{|}}}{\overset{\overset{CH_3}{|}}{C}}-CH_3 \longrightarrow C_2H_5-\underset{\underset{OH}{|}}{\overset{\overset{CH_3}{|}}{C}}-CH_3 \ + \ H^+$

289.

（シクロペンチルカチオン-CH3）$\xrightarrow{H_2O}$ (　　　　) $\longrightarrow$ （1-メチルシクロペンタノール）$+ \ H^+$

**290.**

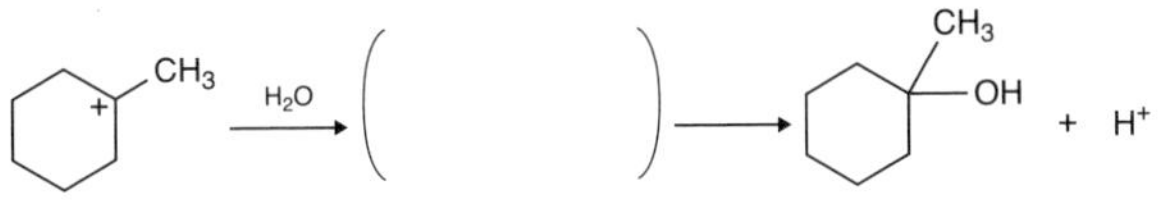

$H_2O$ → ( ) → (1-メチルシクロヘキサノール) + $H^+$

**291.**

$H_2O$ → ( ) → (1-エチルシクロペンタノール) + $H^+$

*Hint*：まずは，水分子から正電荷をもつ C 原子に曲がった矢印を伸ばし，新しい結合をつくろう．

## 33 ハロゲン化アルキルへの水付加（$S_N1$ 反応）　目安時間 10 分

**292.**

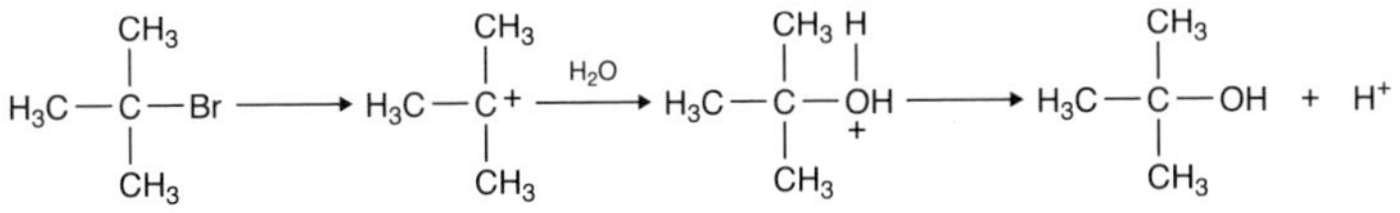

$H_3C-\underset{CH_3}{\overset{CH_3}{C}}-Br$ → $H_3C-\underset{CH_3}{\overset{CH_3}{C}}+$ $\xrightarrow{H_2O}$ $H_3C-\underset{CH_3}{\overset{CH_3}{C}}-\overset{H}{\underset{+}{O}}H$ → $H_3C-\underset{CH_3}{\overset{CH_3}{C}}-OH$ + $H^+$

**293.**

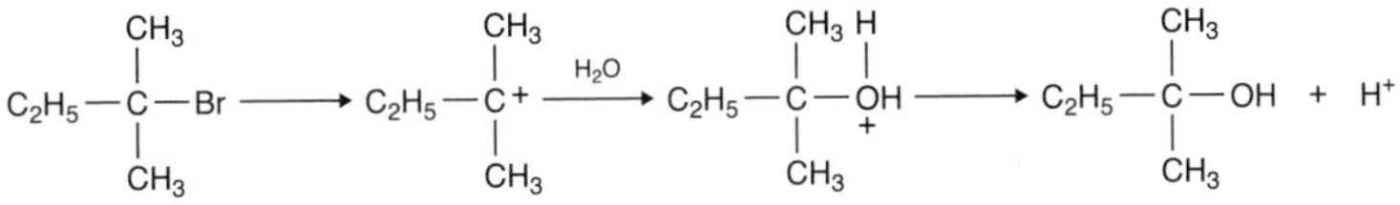

$C_2H_5-\underset{CH_3}{\overset{CH_3}{C}}-Br$ → $C_2H_5-\underset{CH_3}{\overset{CH_3}{C}}+$ $\xrightarrow{H_2O}$ $C_2H_5-\underset{CH_3}{\overset{CH_3}{C}}-\overset{H}{\underset{+}{O}}H$ → $C_2H_5-\underset{CH_3}{\overset{CH_3}{C}}-OH$ + $H^+$

**294.**

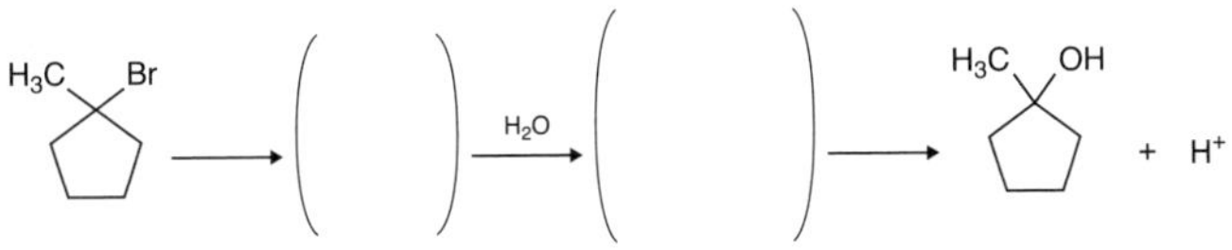

→ ( ) $\xrightarrow{H_2O}$ ( ) → + $H^+$

**295.**

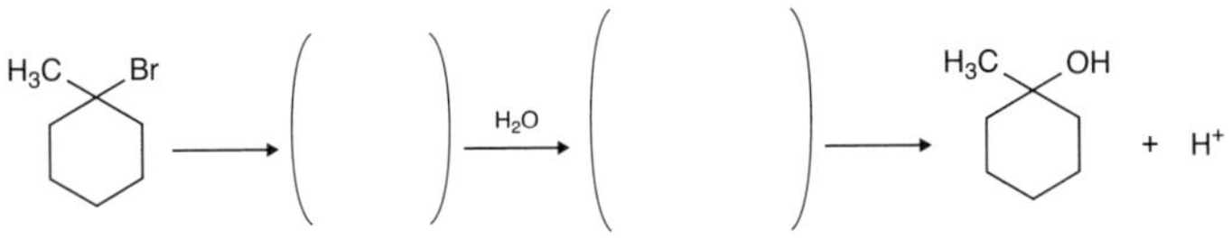

→ ( ) $\xrightarrow{H_2O}$ ( ) → + $H^+$

**296.**

→ ( ) $\xrightarrow{H_2O}$ ( ) → + $H^+$

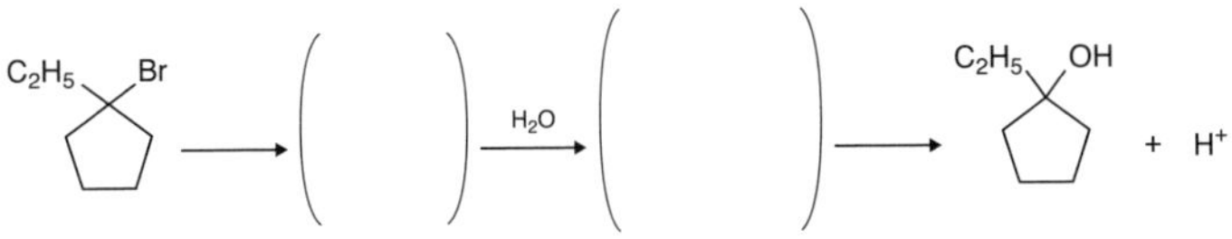

*Hint*：ハロゲン原子の脱離と水分子からの攻撃は同時に起こらないことに注意しよう．

## 34 転移を伴うハロゲン化アルキルへの水付加（$S_N1$ 反応））　目安時間 10 分

**297.**

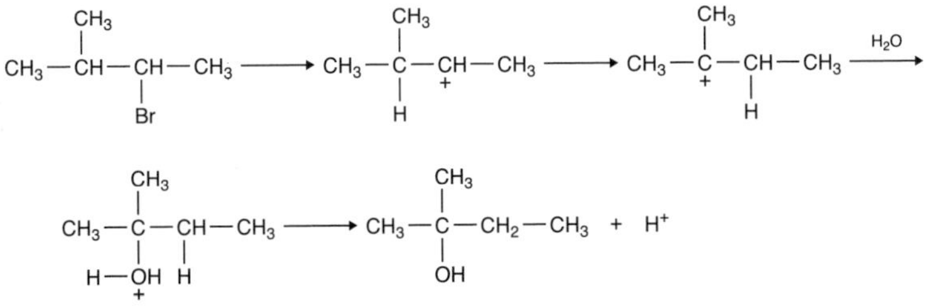

$CH_3-\underset{Br}{\overset{CH_3}{CH}}-CH-CH_3$ → $CH_3-\underset{+}{\overset{CH_3}{C}}-\underset{H}{CH}-CH_3$ → $CH_3-\underset{+}{\overset{CH_3}{C}}-\underset{H}{CH}-CH_3$ $\xrightarrow{H_2O}$

$CH_3-\underset{\underset{+}{H-O}}{\overset{CH_3}{C}}-\underset{H}{CH}-CH_3$ → $CH_3-\underset{OH}{\overset{CH_3}{C}}-CH_2-CH_3$ + $H^+$

298.

$$CH_3-\underset{\underset{Br}{|}}{\overset{\overset{CH_3}{|}}{C}}-CH-CH_3 \longrightarrow CH_3-\underset{\underset{CH_3}{|}}{\overset{\overset{CH_3}{|}}{C^+}}-CH-CH_3 \longrightarrow CH_3-\overset{\overset{CH_3}{|}}{C}=CH-\underset{\underset{CH_3}{|}}{C^+H}-CH_3 \xrightarrow{H_2O}$$

$$CH_3-\underset{\underset{H-\overset{+}{O}H}{|}}{\overset{\overset{CH_3}{|}}{C}}-\underset{\underset{CH_3}{|}}{CH}-CH_3 \longrightarrow CH_3-\underset{\underset{OH}{|}}{\overset{\overset{CH_3}{|}}{C}}-\underset{\underset{CH_3}{|}}{CH}-CH_3 \ +\ H^+$$

299.

$$\overset{CH_3}{\underset{Br}{\bigcirc}} \longrightarrow (\qquad) \longrightarrow (\qquad) \xrightarrow{H_2O} (\qquad) \longrightarrow \underset{}{\overset{H_3C\ \ OH}{\bigcirc}} \ +\ H^+$$

300.

$$\overset{H_3C\ \ CH_3}{\underset{Br}{\bigcirc}} \longrightarrow (\qquad) \longrightarrow (\qquad) \xrightarrow{H_2O} (\qquad) \longrightarrow \underset{CH_3}{\overset{H_3C\ \ OH}{\bigcirc}} \ +\ H^+$$

> !Hint：生成したカルボカチオンの転移後に水分子が付加する．反応前後の炭素骨格の変化に注意！

# 35 ハロゲン化アルキルへの水酸化物イオン付加（$S_N2$ 反応）

目安時間 15 分

301.

$$H_3C-Br \xrightarrow{OH^-} H_3C-OH \ +\ Br^-$$

302.

$$H_3C-I \xrightarrow{OH^-} H_3C-OH \ +\ I^-$$

303.

$$CH_3CH_2-Br \xrightarrow{OH^-} CH_3CH_2-OH \ +\ Br^-$$

304.

$$CH_3CH_2-I \xrightarrow{OH^-} CH_3CH_2-OH \ +\ I^-$$

305.

$$CH_3CH_2CH_2-Br \xrightarrow{OH^-} CH_3CH_2CH_2-OH \ +\ Br^-$$

306.

$$CH_3CH_2CH_2-I \xrightarrow{OH^-} CH_3CH_2CH_2-OH \ +\ I^-$$

307.

$$CH_3-\underset{\underset{Br}{|}}{CH}-CH_3 \xrightarrow{OH^-} CH_3-\underset{\underset{OH}{|}}{CH}-CH_3 \ +\ Br^-$$

308.

$$CH_3-\underset{\underset{I}{|}}{CH}-CH_3 \xrightarrow{OH^-} CH_3-\underset{\underset{OH}{|}}{CH}-CH_3 \ +\ I^-$$

> !Hint：ハロゲン原子の脱離と水分子からの攻撃は同時に起こる．

# 36 ω-ハロアルコールの環化 $\left( R-OH \xrightarrow[\text{2)R'-X}]{\text{1)B}^-} R-O-R' \right)$

目安時間 20 分

309.

$$\underset{\underset{H}{|}}{O}\text{—}\text{—}Br \xrightarrow{OH^-} \overset{-}{O}\text{—}\text{—}Br \longrightarrow \overset{}{\underset{O}{\bigcirc}} \ +\ Br^-$$

310.

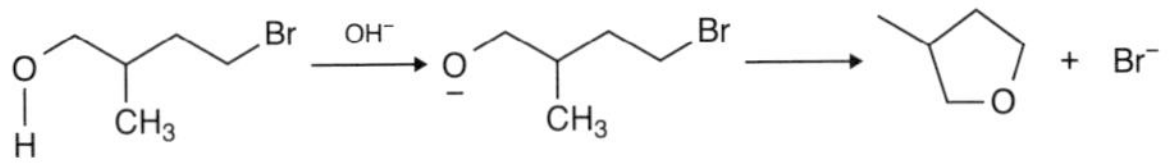

311.

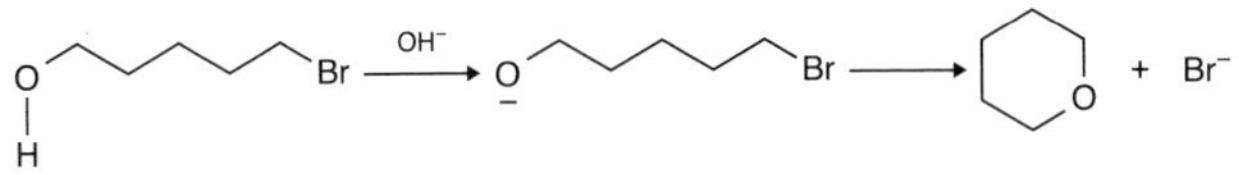

312.

313.

314.

315.

316.

317.

318.

*Hint*：生成物の環に含まれる原子の数に注意しよう

## 37 Williamson エーテル合成

目安時間 15 分

319.

$CH_3O{-}H \xrightarrow{OH^-} CH_3O^- \xrightarrow{CH_3{-}Br} CH_3O{-}CH_3 \;+\; Br^-$

320.

$$CH_3O-H \xrightarrow{OH^-} CH_3O^- \xrightarrow{CH_3CH_2-Br} CH_3O-CH_2CH_3 \ + \ Br^-$$

321.

$$CH_3CH_2O-H \xrightarrow{OH^-} CH_3CH_2O^- \xrightarrow{CH_3-Br} CH_3CH_2O-CH_3 \ + \ Br^-$$

322.

$$(CH_3)_2CHO-H \xrightarrow{OH^-} \left( \qquad \right) \xrightarrow{CH_3-Br} (CH_3)_2CHO-CH_3 \ + \ Br^-$$

323.

$$(CH_3)_2CHO-H \xrightarrow{OH^-} \left( \qquad \right) \xrightarrow{CH_3CH_2-Br} (CH_3)_2CHO-CH_2CH_3 \ + \ Br^-$$

324.

$$\text{シクロペンチル}O-H \xrightarrow{OH^-} \left( \qquad \right) \xrightarrow{CH_3-Br} \text{シクロペンチル}OCH_3$$

325.

$$\text{シクロペンチル}O-H \xrightarrow{OH^-} \left( \qquad \right) \xrightarrow{CH_3CH_2-Br} \text{シクロペンチル}OCH_2CH_3$$

326.

$$\text{シクロペンチル}O-H \xrightarrow{OH^-} \left( \qquad \right) \xrightarrow{(CH_3)_3C-Br} \text{シクロペンチル}OC(CH_3)_3$$

327.

$$\text{シクロヘキシル}O-H \xrightarrow{OH^-} \left( \qquad \right) \xrightarrow{CH_3-Br} \text{シクロヘキシル}OCH_3$$

 Hint：塩基によって $H^+$ を引き抜かれた O 原子が求核種となる．

・次の反応式の反応機構を答えよ．

**38** 発展問題　　　　　　目安時間 **30** 分

328.

$$C_2H_5-\underset{\underset{+}{\overset{\displaystyle CH_3}{|}}}{C}-C_2H_5 \xrightarrow{H_2O}$$

329.

(cyclohexyl cation)–$C_2H_5$　$\xrightarrow{H_2O}$

330.

$C_2H_5-\overset{\displaystyle CH_3}{\underset{\displaystyle C_2H_5}{C}}-Br$　$\xrightarrow{H_2O}$

331.

$C_2H_5$, Br (on cyclohexane)　$\xrightarrow{H_2O}$

332.

$CH_3$, Br (on cyclohexane)　$\xrightarrow{H_2O}$

333.

$H_3C$　$CH_3$　Br (on cyclohexane)　$\xrightarrow{H_2O}$

334.

HO–CH2CH2CH2–CH(Ph)–CH2Br　$\xrightarrow{OH^-}$

335.

HO–CH2–CH(Ph)–CH($CH_3$)–CH($CH_3$)–CH2Br　$\xrightarrow{OH^-}$

336.

$(CH_3)_3CO-H$　$\xrightarrow[2)\,CH_3-Br]{1)\,OH^-}$

337.

$CH_3O-H$　$\xrightarrow[2)\,(CH_3)_3C-Br]{1)\,OH^-}$

338.

cyclohexyl $O-H$　$\xrightarrow[2)\,CH_3CH_2Br]{1)\,OH^-}$

339.

cyclohexyl $O-H$　$\xrightarrow[2)\,(CH_3)_3C-Br]{1)\,OH^-}$

# ハロゲン化アルキルの脱離反応

実施日： 　月　　日

## 反応機構のポイント

### A. 脱離反応（Elimination Reaction, E 反応）

$$R-\underset{X}{CH}-\underset{X}{CH}-R' \xrightarrow{B^-} R-CH=CH-R' + BH + X^-$$

ハロゲン化アルキル（R−X）に塩基（$B^-$）が反応し，C＝C 結合をもつアルケンと塩基の共役酸（BH），ハロゲン化物イオン（$X^-$）が生成する反応．大別して反応機構は二種類（E1 反応と E2 反応）ある．カルボカチオンが生成しやすい条件（基質が級数の大きいハロゲン化アルキル）では E1 反応，そうでない条件では E2 反応が起こりやすい．また両方の反応が並行して起こっている場合も多い．複数のアルケンの生成が予想されるとき，どのアルケンが主生成物になるかもこの機構で説明できる．

> E1 反応と E2 反応のどちらの反応が起こるかは，基質の級数，反応中心の混み合い具合，溶媒，塩基の塩基性の強さなどにも影響される．

### B. E1 反応（二段階反応）

$$-\underset{X}{\overset{|}{C^1}}-\underset{H}{\overset{|}{C^2}}- \longrightarrow -\overset{|}{\underset{+}{C^1}}-\underset{H}{\overset{|}{C^2}}- \;+X^- \longrightarrow -\overset{|}{C^1}=\overset{|}{C^2}- \;+ BH + X^-$$

① $C^1$ 原子とハロゲン（X）原子の間の結合が切断され，電子対はより大きな電気陰性度をもつ X 原子に移動し，ハロゲン化物イオン（$X^-$）とカルボカチオンが生成する

> 7 章の $S_N1$ 反応の第一段階と同じ．

② 孤立電子対をもつ塩基（$B^-$）から $C^2$ 原子に結合した H 原子に曲がった矢印を伸ばす

③ ② が起こると同時に，$C^2$ 原子と H 原子の間の共有電子対が $C^1-C^2$ 結合に移動し，C＝C 結合になる

> E1 反応は $H^+$ の引き抜きの前に脱離基が離れる．

### C. E2 反応（一段階反応）

$$-\underset{X}{\overset{|}{C^1}}-\underset{H}{\overset{|}{C^2}}- \xrightarrow{\;B^-\;} -\overset{|}{C^1}=\overset{|}{C^2}- \;+ BH + X^-$$

① 非共有電子対をもった $B^-$ から，$C^2$ 原子に結合した H 原子に曲がった矢印を伸ばす

② ① で示した $H^+$ の引き抜きと同時に，$C^2-H$ 結合の間の共有電子対が $C^1-C^2$ 結合に移動し，C＝C 結合になる

③ さらに①，②と同時に，$C^1$ 原子と X 原子の間の結合が切断され，電子対はより大きな電気陰性度をもつ X 原子に移動する

④ これらの電子対の移動の結果，アルケンと塩基の共役酸（BH），ハロゲン化物イオン（$X^-$）が生成する

> E2 反応は $H^+$ の引き抜きと同時に脱離基が離れる．

### D. ハロゲン化シクロヘキシルの E2 脱離

シクロヘキサン環は自由に回転できないため，ハロゲンをもつシクロヘキサンの E2 脱離では，隣り合う X 原子と H 原子の向きが重要になる．X と H の両方がアキシアル位（環に対して垂直方向）にあるときのみ，E2 脱離が起こる

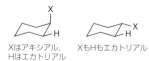

XもHもアキシアル

> この場合のみ二つの p 軌道が重なり，π 結合を形成する．

X と H が次のような配置の場合は，E2 脱離できない．

Xはアキシアル，Hはエカトリアル　　　XもHもエカトリアル

• 次の反応式における電子の移動を曲がった矢印を用いて表せ．また反応式中に括弧がある場合は，中間体もあわせて答えよ．

## 39 E2 反応　　　　　　　　　　目安時間 15 分

340.
$$CH_3-\underset{\underset{H}{|}}{CH}-\overset{\overset{Br}{|}}{CH_2} \xrightarrow{\ OH^-\ } CH_3-CH=CH_2\ +\ Br^-\ +\ H_2O$$

341.
$$CH_3-\underset{\underset{H}{|}}{CH}-\overset{\overset{I}{|}}{CH_2} \xrightarrow{\ OH^-\ } CH_3-CH=CH_2\ +\ I^-\ +\ H_2O$$

342.
$$CH_3-\underset{\underset{H}{|}}{\overset{\overset{Br}{|}}{CH}}-CH_2 \xrightarrow{\ OH^-\ } CH_3-CH=CH_2\ +\ Br^-\ +\ H_2O$$

343.
$$CH_3-\underset{\underset{H}{|}}{\overset{\overset{Br}{|}}{CH}}-CH_2 \xrightarrow{\ ^-O^tBu\ } CH_3-CH=CH_2\ +\ Br^-\ +\ HO^tBu$$

344.
$$CH_3-\underset{\underset{H}{|}}{\overset{\overset{I}{|}}{CH}}-CH_2 \xrightarrow{\ ^-O^tBu\ } CH_3-CH=CH_2\ +\ I^-\ +\ HO^tBu$$

345.
$$CH_3-\underset{\underset{H}{|}}{\overset{\overset{Br}{|}}{CH}}-CH_2 \xrightarrow{\ ^-O^tBu\ } CH_3-CH=CH_2\ +\ Br^-\ +HO^tBu$$

346.
(シクロヘキサン環 +CH₂Br) $\xrightarrow{\ OH^-\ }$ (メチレンシクロヘキサン) $+\ Br^-\ +\ H_2O$

347.
(シクロヘキサン環 +CH₂I) $\xrightarrow{\ OH^-\ }$ (メチレンシクロヘキサン) $+\ I^-\ +\ H_2O$

348.
(ブロモシクロヘキサン) $\xrightarrow{\ OH^-\ }$ (シクロヘキセン) $+\ Br^-\ +\ H_2O$

Hint：H⁺の引き抜き，二重結合の生成，ハロゲン化物イオンの脱離が同時に起こる．

## 40 E1 反応　　　　　　　　　　目安時間 15 分

349.
$$CH_3-\underset{\underset{Br}{|}}{\overset{\overset{CH_3}{|}}{C}}-CH_3 \longrightarrow CH_3-\underset{\underset{H}{|}}{\overset{\overset{CH_3}{|}}{\overset{+}{C}}}-CH_2 \xrightarrow{\ OH^-\ } CH_3-\overset{\overset{CH_3}{|}}{C}=CH_2$$

350.
$$CH_3-\underset{\underset{I}{|}}{\overset{\overset{CH_3}{|}}{C}}-CH_3 \longrightarrow CH_3-\underset{\underset{H}{|}}{\overset{\overset{CH_3}{|}}{\overset{+}{C}}}-CH_2 \xrightarrow{\ OH^-\ } CH_3-\overset{\overset{CH_3}{|}}{C}=CH_2$$

351.
$$C_2H_5-\underset{\underset{Br}{|}}{\overset{\overset{C_2H_5}{|}}{C}}-C_2H_5 \longrightarrow \left( \quad\quad\quad \right) \xrightarrow{\ OH^-\ } C_2H_5-\overset{\overset{C_2H_5}{|}}{C}=CHCH_3$$

352.
$$CH_3-\underset{\underset{Cl}{|}}{\overset{\overset{CH_3}{|}}{C}}-CH_3 \longrightarrow \left( \quad\quad\quad \right) \xrightarrow{\ ^tBuO^-\ } CH_3-\overset{\overset{CH_3}{|}}{C}=CH_2$$

353.

$CH_3-\overset{\overset{\displaystyle CH_3}{|}}{\underset{\underset{\displaystyle Br}{|}}{C}}-CH_3$ ⟶ ( ) $\xrightarrow{^{t}BuO^-}$ $CH_3-\overset{\overset{\displaystyle CH_3}{|}}{C}=CH_2$

354.

$C_2H_5-\overset{\overset{\displaystyle C_2H_5}{|}}{\underset{\underset{\displaystyle Br}{|}}{C}}-C_2H_5$ ⟶ ( ) $\xrightarrow{^{t}BuO^-}$ $C_2H_5-\overset{\overset{\displaystyle C_2H_5}{|}}{C}=CHCH_3$

355.

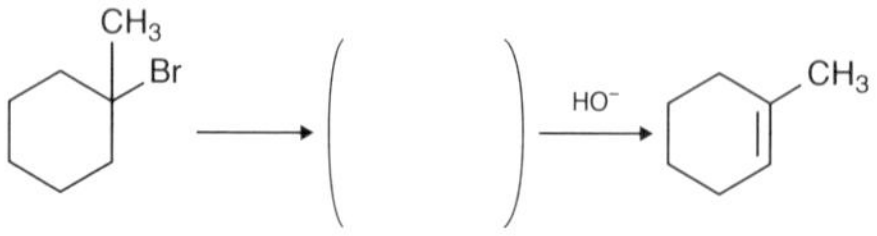

⟶ ( ) $\xrightarrow{HO^-}$

356.

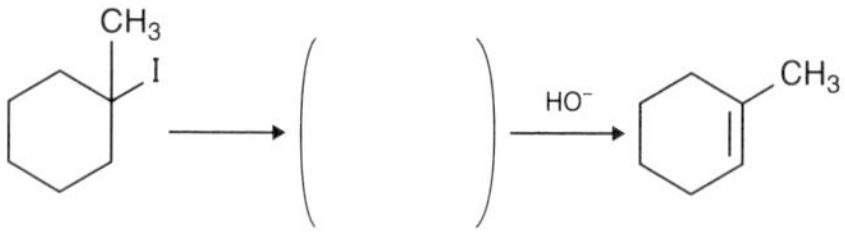

⟶ ( ) $\xrightarrow{HO^-}$

357.

⟶ ( ) $\xrightarrow{HO^-}$

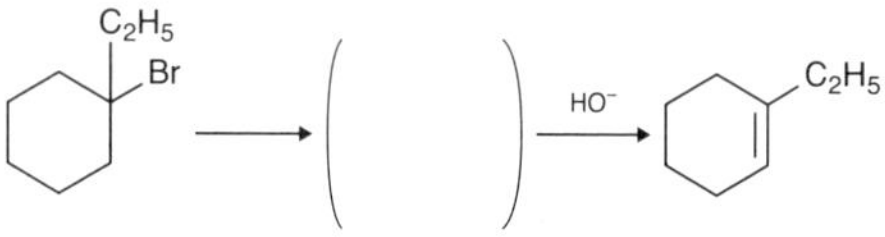

*Hint*：まずはハロゲン化物イオンの脱離．次いで H⁺ の引き抜き，二重結合の生成が起こる．

# 41 シクロヘキサンの脱離（アンチ脱離）

目安時間 **10** 分

358.

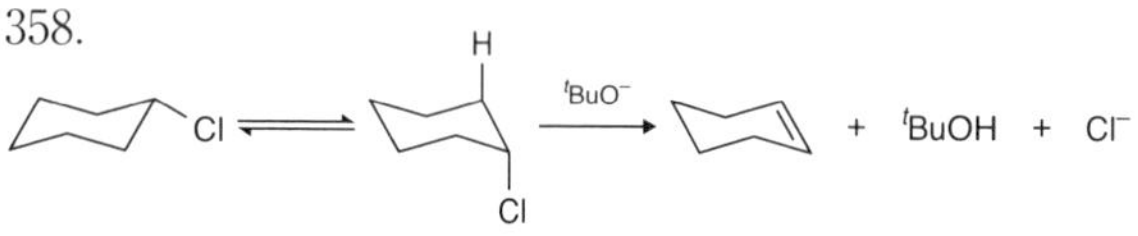

⟶ $\xrightarrow{^{t}BuO^-}$ + $^{t}BuOH$ + $Cl^-$

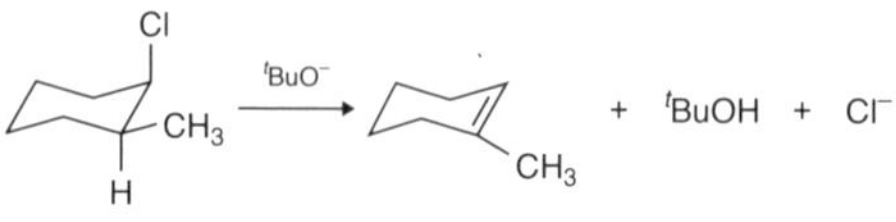

361.

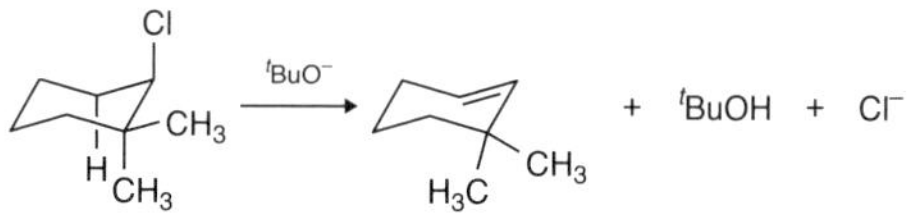

$\xrightarrow{^{t}BuO^-}$ + $^{t}BuOH$ + $Cl^-$

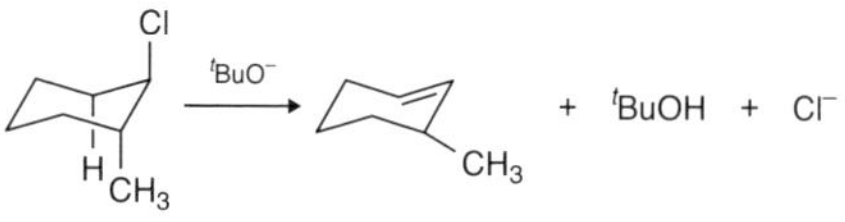

359.

$\xrightarrow{^{t}BuO^-}$ + $^{t}BuOH$ + $Cl^-$

362.

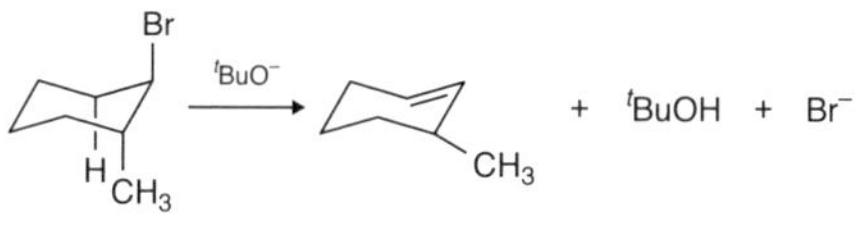

$\xrightarrow{^{t}BuO^-}$ + $^{t}BuOH$ + $Br^-$

360.

$\xrightarrow{^{t}BuO^-}$ + $^{t}BuOH$ + $Cl^-$

363.

$\xrightarrow{^{t}BuO^-}$ + $^{t}BuOH$ + $Br^-$

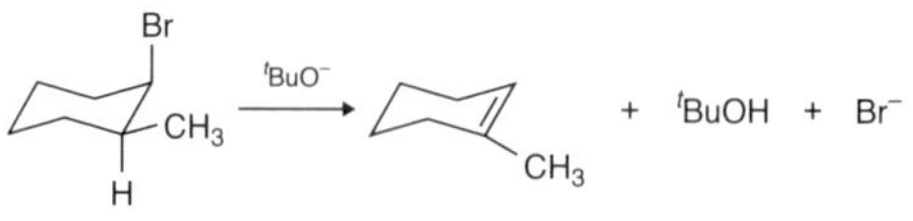

*Hint*：隣り合ったハロゲン原子と H 原子がともにアキシアル位にあるときのみ脱離が起こる．

# 8章　ハロゲン化アルキルの脱離反応

• 次の反応式の反応機構を答えよ.

## 42 発展問題

目安時間 **25** 分

**364.**

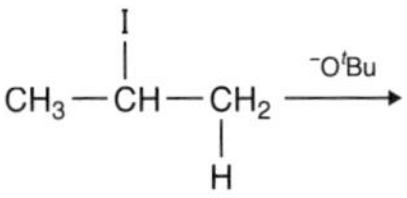

$$CH_3-\underset{\underset{H}{|}}{\overset{\overset{I}{|}}{CH}}-CH_2 \xrightarrow{\ ^-O^tBu\ }$$

**365.**

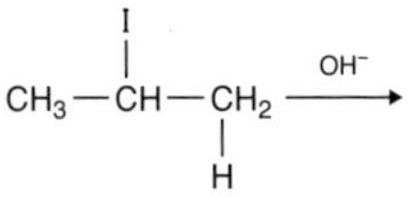

$$CH_3-\underset{\underset{H}{|}}{\overset{\overset{I}{|}}{CH}}-CH_2 \xrightarrow{\ OH^-\ }$$

**366.**

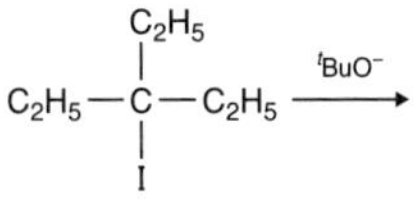

$$C_2H_5-\underset{\underset{I}{|}}{\overset{\overset{C_2H_5}{|}}{C}}-C_2H_5 \xrightarrow{\ ^tBuO^-\ }$$

**367.**

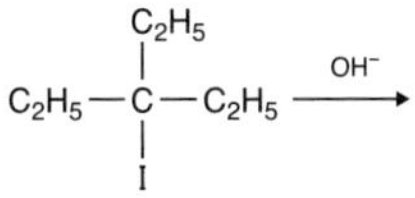

$$C_2H_5-\underset{\underset{I}{|}}{\overset{\overset{C_2H_5}{|}}{C}}-C_2H_5 \xrightarrow{\ OH^-\ }$$

**368.**

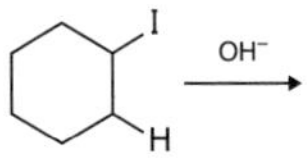

$$\xrightarrow{\ OH^-\ }$$

**369.**

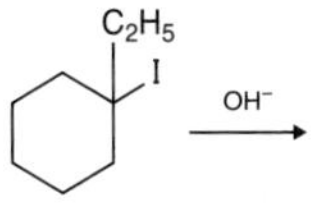

$$\xrightarrow{\ OH^-\ }$$

**370.**

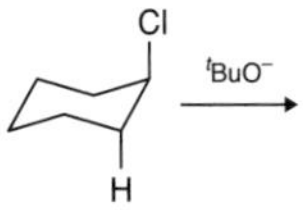

$$\xrightarrow{\ ^tBuO^-\ }$$

**371.**

$$\xrightarrow{\ ^tBuO^-\ }$$

— 45 —

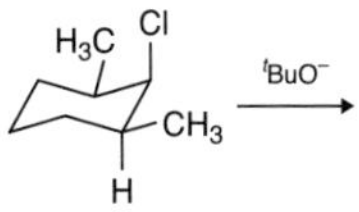

# ⑨ アルコールの置換反応

## 反応機構のポイント

$$R-OH \xrightarrow{HX} R-X + H_2O$$

アルコール（R−OH）に求核種（Nu⁻）が攻撃して置換生成物（R−Nu）が生成する．基本的な考え方は7章と同様．ただし，OH⁻はそのままでは脱離しにくいので，反応条件を工夫する必要がある．また，カルボカチオンが生成しやすい条件（基質が級数の大きいアルコール）ではS_N1反応，そうでない条件ではS_N2反応が起こりやすい．また両方の反応が並行して起こっている場合も多い．

> S_N1反応とS_N2反応のどちらが起こるかは，基質の級数だけではなく，反応中心の混み合い具合，溶媒，求核種の種類などにも影響される．

### A. 酸性条件下でのS_N1反応

①アルコール分子のO原子の孤立電子対からH⁺に曲がった矢印を伸ばし，プロトン化されたアルコールが生成する
②アルキル基とO原子の間の結合が切断され，電子対はより大きな電気陰性度をもつO原子に移動してH_2Oが脱離し，カルボカチオンが生成する

> OH⁻は脱離しにくいが，H_2Oは容易に脱離する．

③孤立電子対をもつNu⁻からカルボカチオンの正電荷（空軌道）に曲がった矢印を伸ばす
④C原子とNuの間に新たな共有結合が生成する

> S_N1反応は結合の切断後に，結合の生成が起こる．

### B. 酸性条件下でのS_N2反応

①アルコール分子のO原子の孤立電子対からH⁺に曲がった矢印を伸ばし，プロトン化されたアルコールが生成する
②孤立電子対をもつNu⁻からO原子と結合した電子不足なC原子に曲がった矢印を伸ばし，C原子とNuが結合したR−Nuが生成する
③②で示した求核攻撃と同時に，アルキル基とO原子の間の結合が切断されてH_2Oが脱離する

> S_N2反応は結合の切断と生成が同時に起こる．

### C. ヒドロキシ基を脱離容易な置換基への変換

アルコールのヒドロキシ基はOH⁻としては脱離しにくいので，容易に脱離可能な別の置換基に変換してから求核置換を行うこともある．

（ⅰ）ハロゲン化リンとの反応によるハロゲン化アルキルへの変換
$$R-OH \xrightarrow{PX_3} R-X$$

（ⅱ）塩化チオニルとの反応による塩化アルキルへの変換
$$R-OH \xrightarrow{SOCl_2} R-Cl$$

（ⅲ）塩化スルホニルとの反応によるスルホン酸エステルへの変換
$$R-OH \xrightarrow{R'SO_2Cl} R-O-S(=O)_2-R'$$

## D. スルホン酸エステルと求核剤の反応

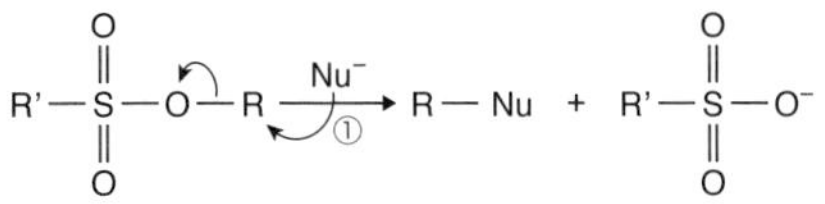

$$R'-S(=O)_2-O-R \quad Nu^- \xrightarrow{①} R-Nu + R'-S(=O)_2-O^-$$

①孤立電子対をもつ $Nu^-$ から O 原子と結合した電子不足な C 原子に曲がった矢印を伸ばし，C 原子と Nu が結合した R–Nu が生成する

② ①で示した求核攻撃と同時に，アルキル基（R）と O 原子の間の結合が切断され，スルホナートイオン（$R'SO_3^-$）が脱離する

**ハロゲン化アルキルの求核置換反応は 7 章を参照.**

• 次の反応式における電子の移動を曲がった矢印を用いて表せ．また反応式中に括弧がある場合は，中間体もあわせて答えよ．

## 43　第三級アルコールの置換反応　目安時間 🕙15 分

372.

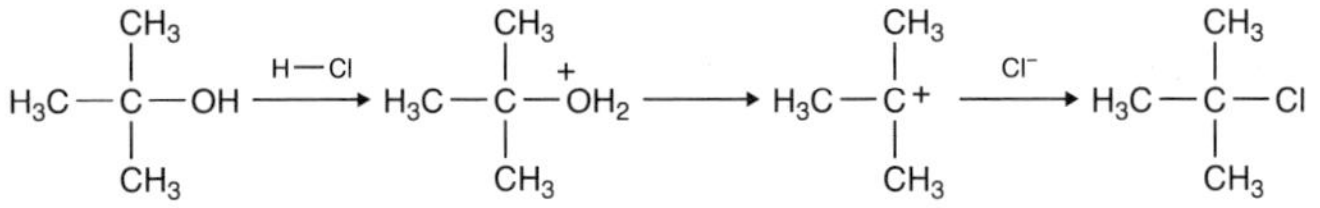

$H_3C-C(CH_3)_2-OH \xrightarrow{H-Cl} H_3C-C(CH_3)_2-OH_2^+ \rightarrow H_3C-C(CH_3)_2^+ \xrightarrow{Cl^-} H_3C-C(CH_3)_2-Cl$

373.

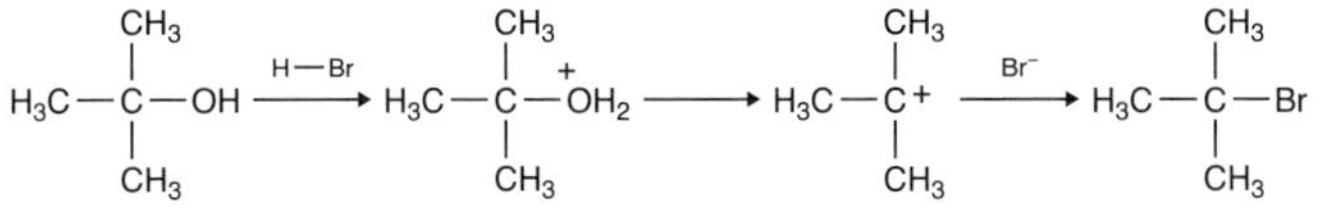

$H_3C-C(CH_3)_2-OH \xrightarrow{H-Br} H_3C-C(CH_3)_2-OH_2^+ \rightarrow H_3C-C(CH_3)_2^+ \xrightarrow{Br^-} H_3C-C(CH_3)_2-Br$

374.

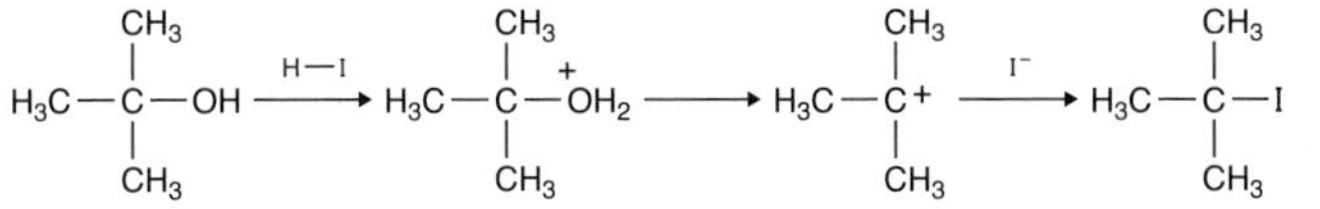

$H_3C-C(CH_3)_2-OH \xrightarrow{H-I} H_3C-C(CH_3)_2-OH_2^+ \rightarrow H_3C-C(CH_3)_2^+ \xrightarrow{I^-} H_3C-C(CH_3)_2-I$

375.

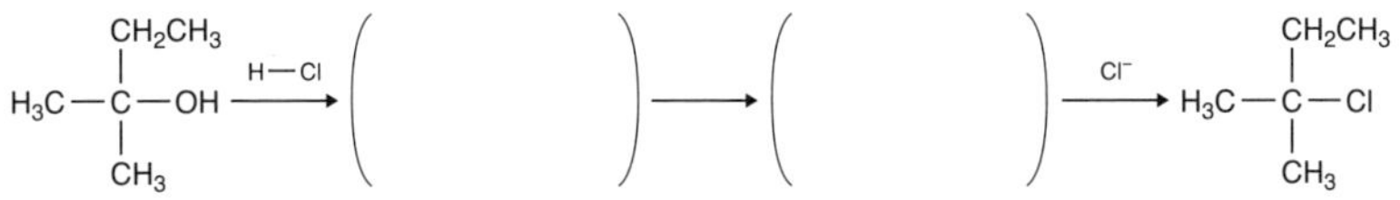

$H_3C-C(CH_2CH_3)(CH_3)-OH \xrightarrow{H-Cl} (\quad) \rightarrow (\quad) \xrightarrow{Cl^-} H_3C-C(CH_2CH_3)(CH_3)-Cl$

376.

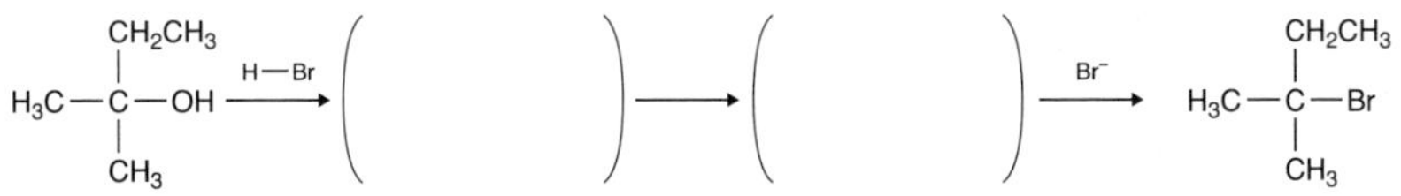

$H_3C-C(CH_2CH_3)(CH_3)-OH \xrightarrow{H-Br} (\quad) \rightarrow (\quad) \xrightarrow{Br^-} H_3C-C(CH_2CH_3)(CH_3)-Br$

377.

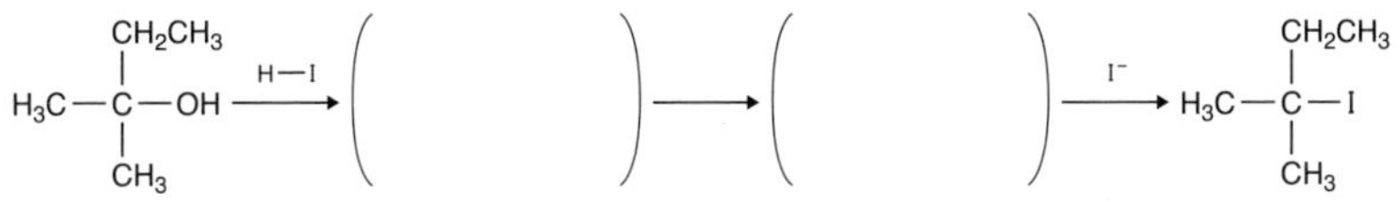

$H_3C-C(CH_2CH_3)(CH_3)-OH \xrightarrow{H-I} (\quad) \rightarrow (\quad) \xrightarrow{I^-} H_3C-C(CH_2CH_3)(CH_3)-I$

378.

$H_3C-C(CH(CH_3)_2)(CH_3)-OH \xrightarrow{H-Cl} (\quad) \rightarrow (\quad) \xrightarrow{Cl^-} H_3C-C(CH(CH_3)_2)(CH_3)-Cl$

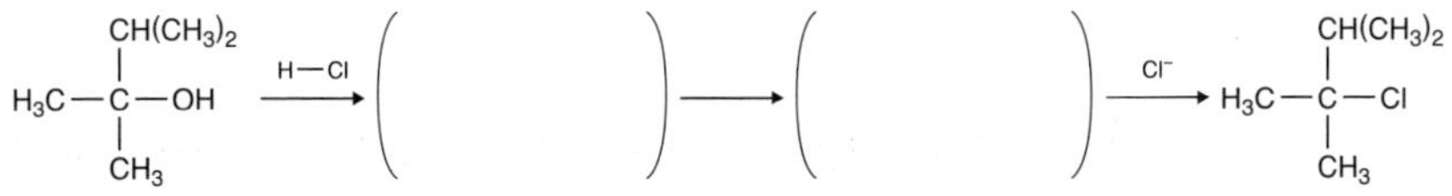

**!** *Hint*：$S_N1$ 反応．ヒドロキシ基をプロトン化することで水分子が脱離し，カルボカチオンができる.

**44** 転移を伴う第二級アルコールの置換反応　　目安時間 **15** 分

**379.**

**380.**

**381.**

**382.**

**383.**

**384.**

*Hint*：S$_N$1反応．中間体のカルボカチオンで転移が起こってから，ハロゲン化物イオンが付加する．

**45** 第一級アルコールの置換反応　　　　　目安時間  分

385.

$$CH_3-OH \xrightarrow{\ H-Cl\ } CH_3-\overset{+}{O}H_2 \xrightarrow{\ Cl^-\ } CH_3-Cl+H_2O$$

386.

$$CH_3CH_2-OH \xrightarrow{\ H-Cl\ } CH_3CH_2-\overset{+}{O}H_2 \xrightarrow{\ Cl^-\ } CH_3CH_2-Cl+H_2O$$

387.

$$CH_3CH_2CH_2-OH \xrightarrow{\ H-Cl\ } CH_3CH_2CH_2-\overset{+}{O}H_2 \xrightarrow{\ Cl^-\ } CH_3CH_2CH_2-Cl \ + \ H_2O$$

388.

$$\underset{\underset{CH_3}{|}}{CH_3CHCH_2}-OH \xrightarrow{\ H-Cl\ } \underset{\underset{CH_3}{|}}{CH_3CHCH_2}-\overset{+}{O}H_2 \xrightarrow{\ Cl^-\ } \underset{\underset{CH_3}{|}}{CH_3CHCH_2}-Cl \ + \ H_2O$$

389.

cyclohexyl-CH₂OH $\xrightarrow{\ H-Cl\ }$ ( ) $\xrightarrow{\ Cl^-\ }$ cyclohexyl-CH₂Cl + H₂O

390.

$$CH_3-OH \xrightarrow{\ H-Br\ } (\qquad) \xrightarrow{\ Br^-\ } CH_3-Br \ + \ H_2O$$

391.

$$CH_3CH_2-OH \xrightarrow{\ H-Br\ } (\qquad) \xrightarrow{\ Br^-\ } CH_3CH_2-Br \ + \ H_2O$$

392.

$$CH_3CH_2CH_2-OH \xrightarrow{\ H-Br\ } (\qquad) \xrightarrow{\ Br^-\ } CH_3CH_2CH_2-Br \ + \ H_2O$$

393.

$$\underset{\underset{CH_3}{|}}{CH_3CHCH_2}-OH \xrightarrow{\ H-Br\ } (\qquad) \xrightarrow{\ Br^-\ } \underset{\underset{CH_3}{|}}{CH_3CHCH_2}-Br \ + \ H_2O$$

394.

cyclohexyl-CH₂OH $\xrightarrow{\ H-Br\ }$ ( ) $\xrightarrow{\ Br^-\ }$ cyclohexyl-CH₂Br + H₂O

!*Hint*：S_N2 反応．ヒドロキシ基の O 原子がプロトン化する．その後，
水分子の脱離とハロゲン化物イオンの攻撃は同時に起こる．

**46** 第一級アルコールの置換反応（PX₃） 目安時間 **20** 分

**395.**

$$CH_3-OH \xrightarrow{Br_2P-Br} CH_3-\overset{+}{\underset{H}{O}}-PBr_2 \xrightarrow{\text{pyridine}} CH_3-O-PBr_2 \xrightarrow{Br^-} CH_3-Br + {}^-OPBr_2$$

**396.**

$$CH_3CH_2-OH \xrightarrow{Br_2P-Br} CH_3CH_2-\overset{+}{\underset{H}{O}}-PBr_2 \xrightarrow{\text{pyridine}} CH_3CH_2-O-PBr_2 \xrightarrow{Br^-} CH_3CH_2-Br + {}^-OPBr_2$$

**397.**

$$CH_3CH_2CH_2-OH \xrightarrow{Br_2P-Br} CH_3CH_2CH_2-\overset{+}{\underset{H}{O}}-PBr_2 \xrightarrow{\text{pyridine}} CH_3CH_2CH_2-O-PBr_2 \xrightarrow{Br^-} CH_3CH_2CH_2-Br + {}^-OPBr_2$$

**398.**

$$CH_3\underset{CH_3}{CH}CH_2-OH \xrightarrow{Br_2P-Br} CH_3\underset{CH_3}{CH}CH_2-\overset{+}{\underset{H}{O}}-PBr_2 \xrightarrow{\text{pyridine}} CH_3\underset{CH_3}{CH}CH_2-O-PBr_2 \xrightarrow{Br^-} CH_3\underset{CH_3}{CH}CH_2-Br + {}^-OPBr_2$$

**399.**

$$\underset{CH_3}{\overset{CH_3}{CH_3C}}CH_2-OH \xrightarrow{Br_2P-Br} \underset{CH_3}{\overset{CH_3}{CH_3C}}CH_2-\overset{+}{\underset{H}{O}}-PBr_2 \xrightarrow{\text{pyridine}} \underset{CH_3}{\overset{CH_3}{CH_3C}}CH_2-O-PBr_2 \xrightarrow{Br^-} \underset{CH_3}{\overset{CH_3}{CH_3C}}CH_2-Br + {}^-OPBr_2$$

**400.**

$$CH_3-OH \xrightarrow{Cl_2P-Cl} \Big( \qquad \Big) \xrightarrow{\text{pyridine}} \Big( \qquad \Big) \xrightarrow{Cl^-} CH_3-Cl + {}^-OPCl_2$$

**401.**

$$CH_3CH_2-OH \xrightarrow{Cl_2P-Cl} \Big( \qquad \Big) \xrightarrow{\text{pyridine}} \Big( \qquad \Big) \xrightarrow{Cl^-} CH_3CH_2-Cl + {}^-OPCl_2$$

**402.**

$$CH_3CH_2CH_2-OH \xrightarrow{Cl_2P-Cl} \Big( \qquad \Big) \xrightarrow{\text{pyridine}} \Big( \qquad \Big) \xrightarrow{Cl^-} CH_3CH_2CH_2-Cl + {}^-OPCl_2$$

**403.**

$$CH_3\underset{CH_3}{CH}CH_2-OH \xrightarrow{Cl_2P-Cl} \Big( \qquad \Big) \xrightarrow{\text{pyridine}} \Big( \qquad \Big) \xrightarrow{Cl^-} CH_3\underset{CH_3}{CH}CH_2-Cl + {}^-OPCl_2$$

**404.**

$$\underset{CH_3}{\overset{CH_3}{CH_3C}}CH_2-OH \xrightarrow{Cl_2P-Cl} \Big( \qquad \Big) \xrightarrow{\text{pyridine}} \Big( \qquad \Big) \xrightarrow{Cl^-} \underset{CH_3}{\overset{CH_3}{CH_3C}}CH_2-Cl + {}^-OPCl_2$$

Hint：アルコールのO原子がP原子と新たに結合をつくる過程をていねいに追いかけよう

## 47　第一級アルコールの置換反応（SOCl₂）　目安時間 20分

**405.**

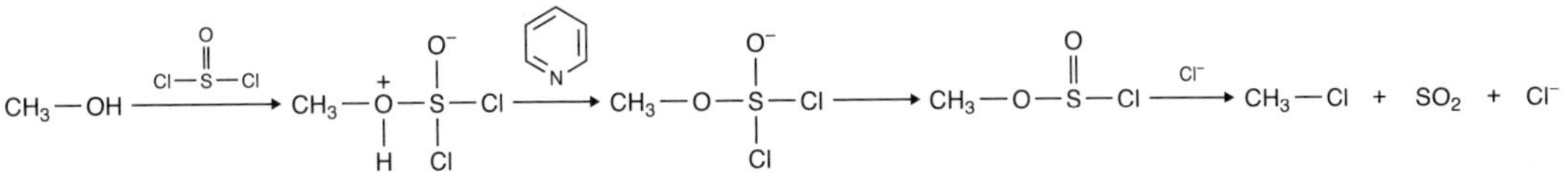

$CH_3-OH \xrightarrow{Cl-S(=O)-Cl} CH_3-\overset{+}{\underset{H}{O}}-S(-O^-)(-Cl)(-Cl) \xrightarrow{\text{（ピリジン）}} CH_3-O-S(-O^-)(-Cl)(-Cl) \longrightarrow CH_3-O-S(=O)-Cl \xrightarrow{Cl^-} CH_3-Cl + SO_2 + Cl^-$

**406.**

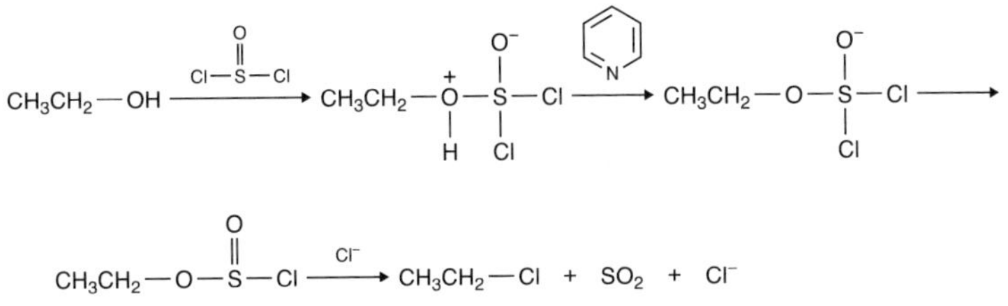

$CH_3CH_2-OH \xrightarrow{Cl-S(=O)-Cl} CH_3CH_2-\overset{+}{\underset{H}{O}}-S(-O^-)(-Cl)(-Cl) \xrightarrow{\text{（ピリジン）}} CH_3CH_2-O-S(-O^-)(-Cl)(-Cl) \longrightarrow$

$CH_3CH_2-O-S(=O)-Cl \xrightarrow{Cl^-} CH_3CH_2-Cl + SO_2 + Cl^-$

**407.**

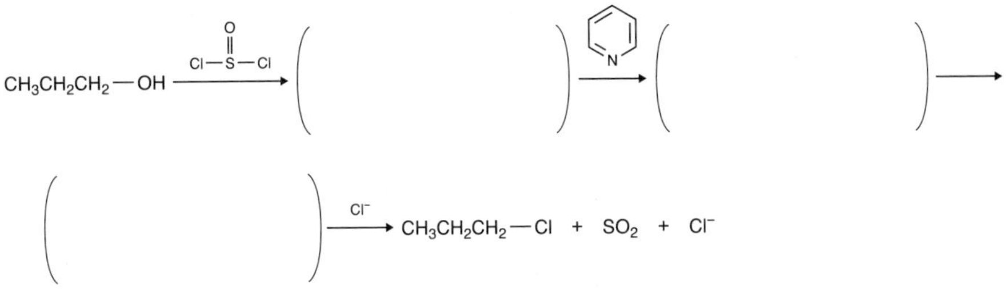

$CH_3CH_2CH_2-OH \xrightarrow{Cl-S(=O)-Cl} (\quad) \xrightarrow{\text{（ピリジン）}} (\quad) \longrightarrow$

$(\quad) \xrightarrow{Cl^-} CH_3CH_2CH_2-Cl + SO_2 + Cl^-$

**408.**

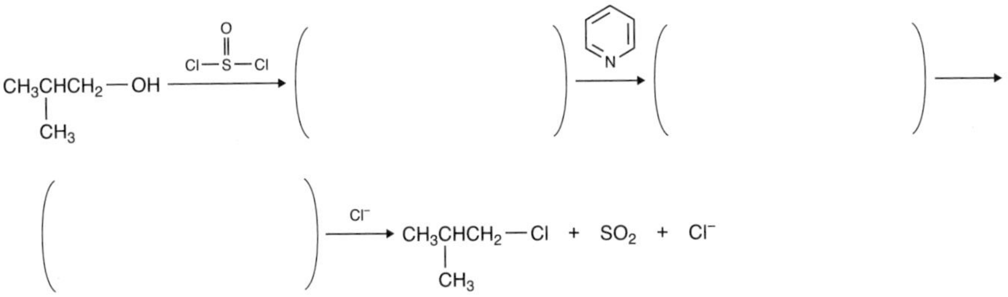

$CH_3CHCH_2-OH \ (CH_3) \xrightarrow{Cl-S(=O)-Cl} (\quad) \xrightarrow{\text{（ピリジン）}} (\quad) \longrightarrow$

$(\quad) \xrightarrow{Cl^-} CH_3CHCH_2-Cl \ (CH_3) + SO_2 + Cl^-$

**409.**

$CH_3CCH_2-OH\ (上下にCH_3) \xrightarrow{Cl-S(=O)-Cl} (\quad) \xrightarrow{\text{（ピリジン）}} (\quad) \longrightarrow$

$(\quad) \xrightarrow{Cl^-} CH_3CCH_2-Cl\ (上下にCH_3) + SO_2 + Cl^-$

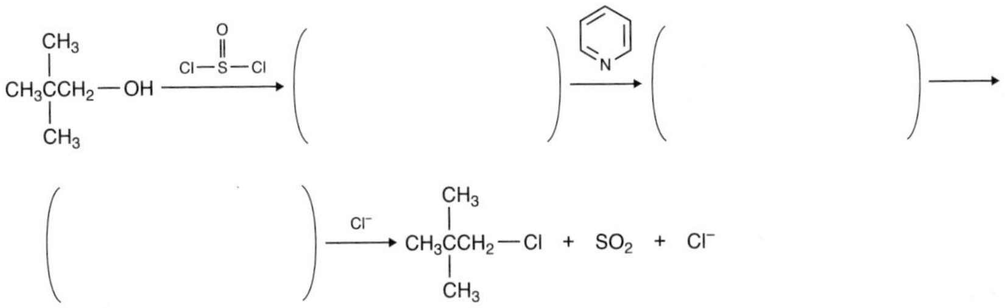

*Hint*：塩化チオニルの各原子がどこに移るかを見ていこう．

## 48　アルコールの置換反応（塩化スルホニル）　目安時間 30分

**410.**

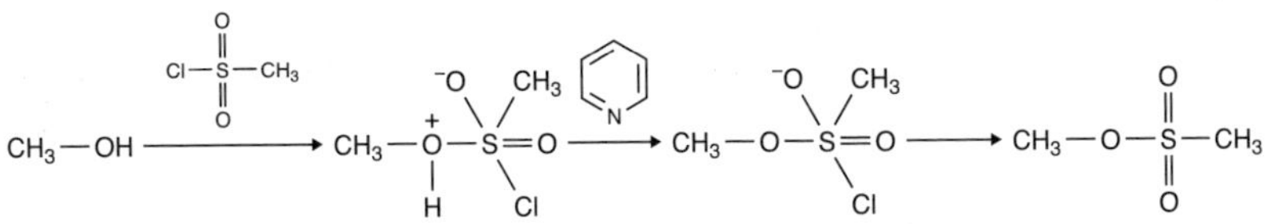

$CH_3-OH \xrightarrow{Cl-S(=O)_2-CH_3} CH_3-\overset{+}{\underset{H}{O}}-S(-O^-)(-CH_3)(=O)(-Cl) \xrightarrow{\text{（ピリジン）}} CH_3-O-S(-O^-)(-CH_3)(=O)(-Cl) \longrightarrow CH_3-O-S(=O)_2-CH_3$

411.

$CH_3CH_2-OH$ → → → $CH_3CH_2-O-S(=O)_2-CH_3$

412.

$CH_3CH_2CH_2-OH$ → → → $CH_3CH_2CH_2-O-S(=O)_2-CH_3$

413.

$CH_3CHCH_2-OH$ (CH_3) → → → $CH_3CHCH_2-O-S(=O)_2-CH_3$ (CH_3)

414.

$(CH_3)_2CHCH_2-OH$ → → → $(CH_3)_2CHCH_2-O-S(=O)_2-CH_3$

415.

C6H11CH2-OH → ( ) → ( ) → C6H11CH2-O-S(=O)_2-CH_3

416.

$CH_3-OH$ → ( ) → ( ) → $CH_3-O-S(=O)_2-CF_3$

417.

$CH_3CH_2-OH$ → ( ) → ( ) → $CH_3CH_2-O-S(=O)_2-CF_3$

418.

$CH_3CH_2CH_2-OH$ → ( ) → ( ) → $CH_3CH_2CH_2-O-S(=O)_2-CF_3$

**419.**

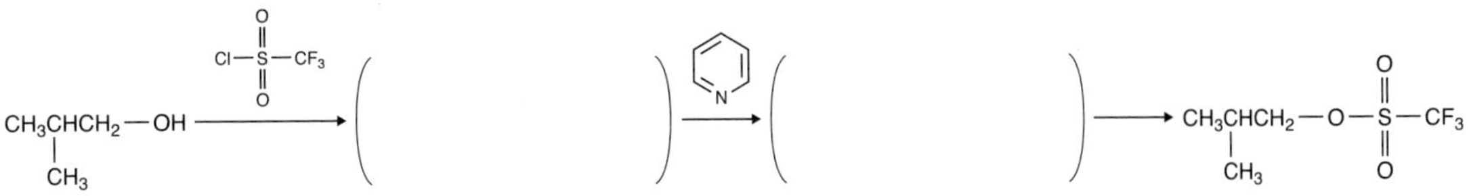

CH₃CH₂—OH  (with CH₃ branch)  $\xrightarrow{\ Cl-SO_2-CF_3\ }$  (　)  $\xrightarrow{\text{pyridine}}$  (　)  $\longrightarrow$ CH₃CH₂—O—SO₂—CF₃ (with CH₃ branch)

**420.**

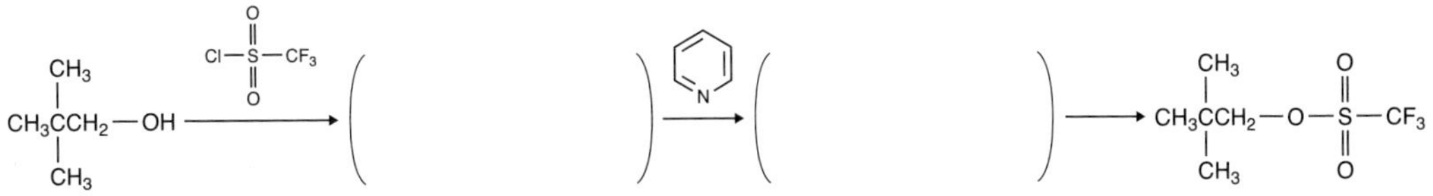

(CH₃)(CH₃CH₂)CH—OH  $\xrightarrow{\ Cl-SO_2-CF_3\ }$  (　)  $\xrightarrow{\text{pyridine}}$  (　)  $\longrightarrow$ (CH₃)(CH₃CH₂)CH—O—SO₂—CF₃

**421.**

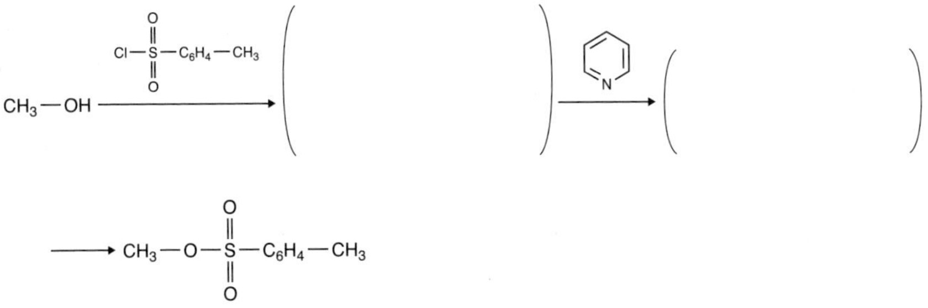

CH₃—OH  $\xrightarrow{\ Cl-SO_2-C_6H_4-CH_3\ }$  (　)  $\xrightarrow{\text{pyridine}}$  (　)

$\longrightarrow$ CH₃—O—SO₂—C₆H₄—CH₃

**422.**

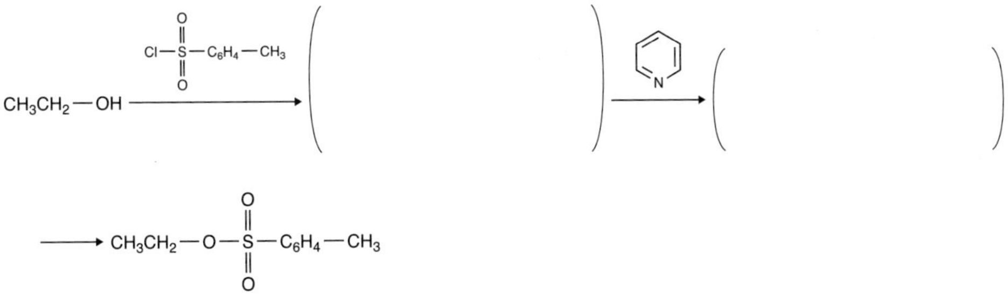

CH₃CH₂—OH  $\xrightarrow{\ Cl-SO_2-C_6H_4-CH_3\ }$  (　)  $\xrightarrow{\text{pyridine}}$  (　)

$\longrightarrow$ CH₃CH₂—O—SO₂—C₆H₄—CH₃

**423.**

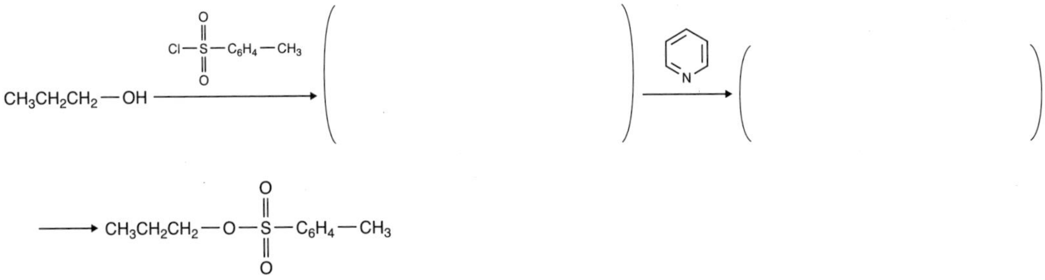

CH₃CH₂CH₂—OH  $\xrightarrow{\ Cl-SO_2-C_6H_4-CH_3\ }$  (　)  $\xrightarrow{\text{pyridine}}$  (　)

$\longrightarrow$ CH₃CH₂CH₂—O—SO₂—C₆H₄—CH₃

**424.**

CH₃CHCH₂—OH (with CH₃)  $\xrightarrow{\ Cl-SO_2-C_6H_4-CH_3\ }$  (　)  $\xrightarrow{\text{pyridine}}$  (　)

$\longrightarrow$ CH₃CHCH₂—O—SO₂—C₆H₄—CH₃ (with CH₃)

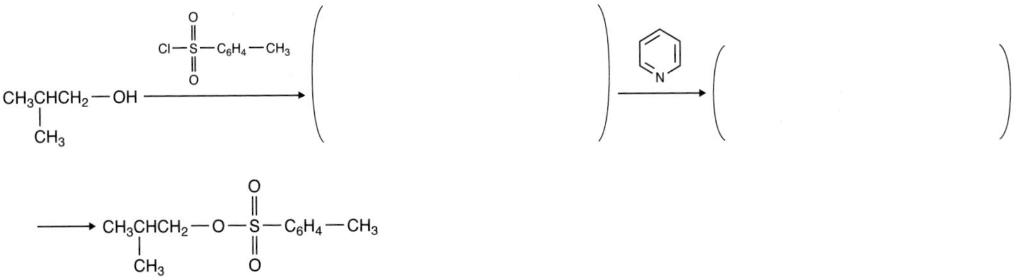

425.

Hint：塩化スルホニルのS原子上で置換反応が起こる．ピリジンは塩基として働く．最終的に塩化物イオンが脱離する．

## 49 スルホン酸エステルの置換反応（求核剤）

目安時間 30 分

426.

427.

428.

429.

430.

Hint：立体中心の反転の有無を区別しよう．結合の生成と切断はどの原子上で起こってるかを考えよう．

・次の反応式の反応機構を答えよ．

# 50 発展問題

目安時間 30 分

431.

$H_3C - C - OH \xrightarrow{H-Br}$

432.

$H_3C - C - OH \xrightarrow{H-I}$

433.

$\xrightarrow{H-Br}$

434.

$\xrightarrow{H-Br}$

435.

$CH_3CH_2-OH \xrightarrow{H-Cl}$

436.

$CH_3CH_2-OH \xrightarrow{H-Br}$

437.

438.

439.

440.

441.

442.

# 10 アルコールの脱離反応と酸化反応

実施日： 　月　　日

## 反応機構のポイント

### A. アルコールの脱離反応

$$R-\underset{\underset{OH}{|}}{CH}-\underset{\underset{H}{|}}{CH}-R' \xrightarrow[\Delta]{H^+} R-CH=CH-R' + H_2O + H^+$$

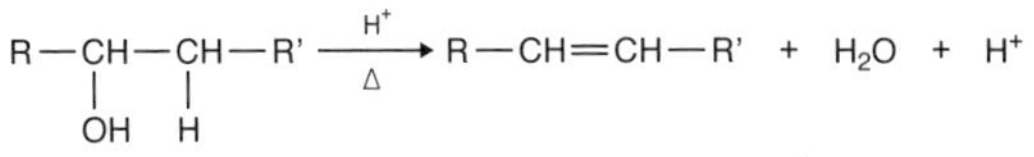

アルコール（R—OH）と塩基（B$^-$）が反応し，C=C 結合をもつアルケンと $H_2O$ が生成する. 基本的な考え方は 8 章と同様. ただし，OH$^-$ はそのままでは脱離しにくいので，反応条件をうまく設定する必要がある.

### B. 酸性条件下での E1 反応

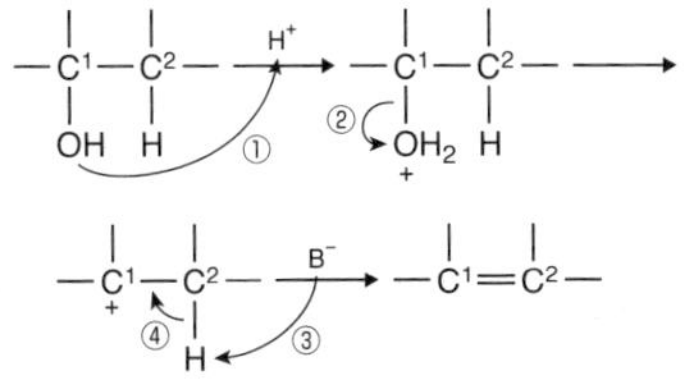

①アルコール分子の O 原子の孤立電子対から，H$^+$ に向けて曲がった矢印を伸ばし，プロトン化されたアルコールが生成する

②$C^1$ と O 原子の間の結合が切断され，電子対はより大きな電気陰性度をもつ O 原子に移動して $H_2O$ が脱離し，カルボカチオンが生成する

**OH$^-$ は脱離しにくいが，$H_2O$ は容易に脱離する.**

③孤立電子対をもつ B$^-$ から $C^2$ 原子に結合した H 原子に向けて曲がった矢印を伸ばす

**この反応では，系内のアルコール分子や水分子が塩基として働く.**

④③が起こると同時に，$C^2$—H 結合から $C^1$—$C^2$ 結合に向けて曲がった矢印を伸ばし，C=C 結合（アルケン）ができる

### C. 酸性条件下での E2 反応

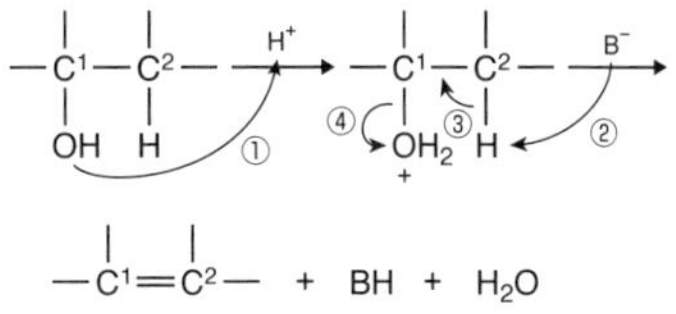

$$-\underset{\underset{OH}{|}}{C^1}=\underset{\underset{}{|}}{C^2}- + BH + H_2O$$

①アルコール分子の O 原子の孤立電子対から，H$^+$ に向けて曲がった矢印を伸ばし，プロトン化されたアルコールが生成する

②孤立電子対をもった B$^-$ から，ハロゲン原子をもつ $C^2$ に結合した H 原子に曲がった矢印を伸ばす

**この反応では，系内のアルコール分子や水分子が塩基として働く.**

③②で示したプロトン引き抜きと同時に，$C^2$—H 結合から $C^1$—$C^2$ 結合に向けて曲がった矢印を伸ばし，C=C 結合ができる

④さらに②，③と同時に，$C^1$—O の間の結合が切断され，電子対はより大きな電気陰性度をもつ O 原子に移動する

⑤アルケン，塩基の共役酸（BH），水分子が同時に生成する

### D. アルコールの酸化反応

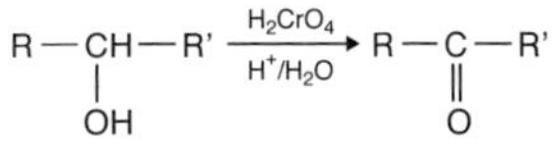

$$R-\underset{\underset{OH}{|}}{CH}-R' \xrightarrow[H^+/H_2O]{H_2CrO_4} R-\underset{\underset{O}{\|}}{C}-R'$$

クロム酸（$H_2CrO_4$）と第一級アルコールを反応させるとアルデヒド（R—CO—H）を，第二級アルコールを反応させるとケトン（R—CO—R'）を生じる. 反応機構，とくに Cr 原子まわりの結合の生成と切断をていねいに追っていこう.

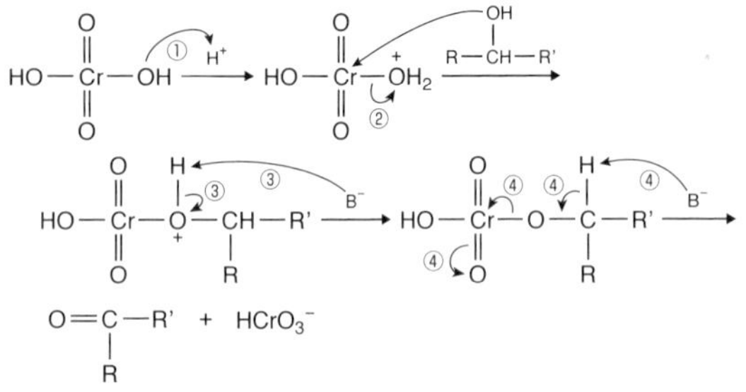

①クロム酸の O 原子の孤立電子対から H⁺に曲がった矢印を伸ばし，プロトン化されたクロム酸が生成する

② Cr 原子上で，アルコール分子と水分子が入れ替わる（置換反応）

③孤立電子対をもつ B⁻からアルコール由来のヒドロキシ基の H 原子に曲がった矢印を伸ばす

**この反応では，系内のアルコール分子や水分子が塩基として働く**

④ B⁻からアルコール由来のアルキル基の H 原子に曲がった矢印を伸ばす．さらにこの H⁺の引き抜きと同時に，C—H 結合から C—O 結合に向けて曲がった矢印を伸ばし，カルボニル基が生成する．次いで Cr 原子と O 原子の間の結合が切断される

---

• 次の反応式における電子の移動を曲がった矢印を用いて表せ．また反応式中に括弧がある場合は，中間体もあわせて答えよ．

## 51　アルコールの E1 脱離反応

目安時間 15 分

443.
$CH_3-\underset{OH}{\underset{|}{CH}}-CH_3$ $\xrightarrow{H^+}$ $CH_3-\underset{\overset{+}{OH_2}}{\underset{|}{CH}}-CH_3$ $\longrightarrow$ $CH_3-\underset{+}{CH}-\underset{H}{\underset{|}{CH_2}}$ $\xrightarrow{H_2O}$ $CH_3-CH=CH_2$

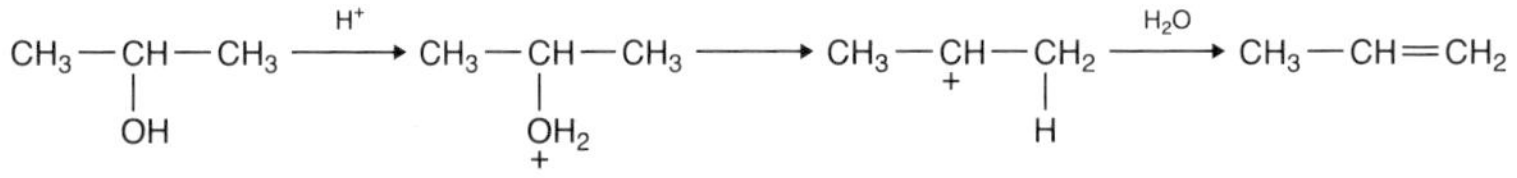

444.
$CH_3-CH_2-\underset{OH}{\underset{|}{CH}}-CH_3$ $\xrightarrow{H^+}$ $CH_3-CH_2-\underset{\overset{+}{OH_2}}{\underset{|}{CH}}-CH_3$ $\longrightarrow$ $CH_3-\underset{H}{\underset{|}{CH}}-\underset{+}{CH}-CH_3$ $\xrightarrow{H_2O}$ $CH_3-CH=CH-CH_3$

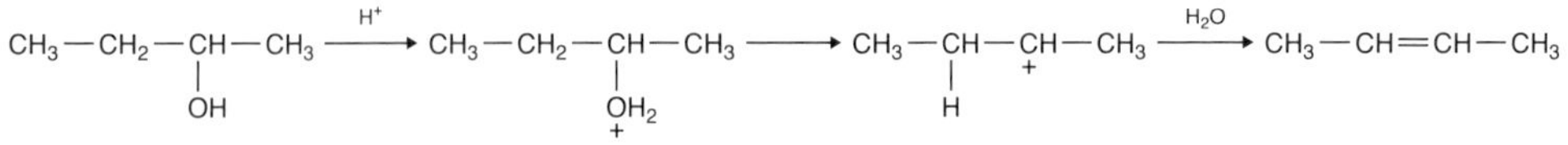

445.
$CH_3-\underset{CH_3}{\underset{|}{CH}}-\underset{OH}{\underset{|}{CH}}-CH_3$ $\xrightarrow{H^+}$ ( ) $\longrightarrow$ ( ) $\xrightarrow{H_2O}$ $CH_3-\underset{CH_3}{\underset{|}{C}}=CH-CH_3$

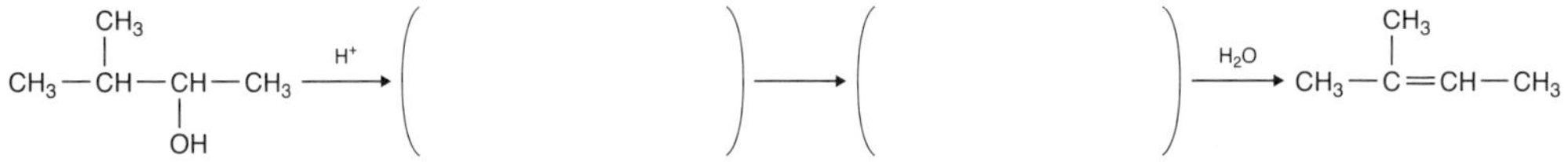

446.
(シクロヘキサノール, OH, CH₃) $\xrightarrow{H^+}$ ( ) $\longrightarrow$ ( ) $\xrightarrow{H_2O}$ (1-メチルシクロヘキセン, CH₃)

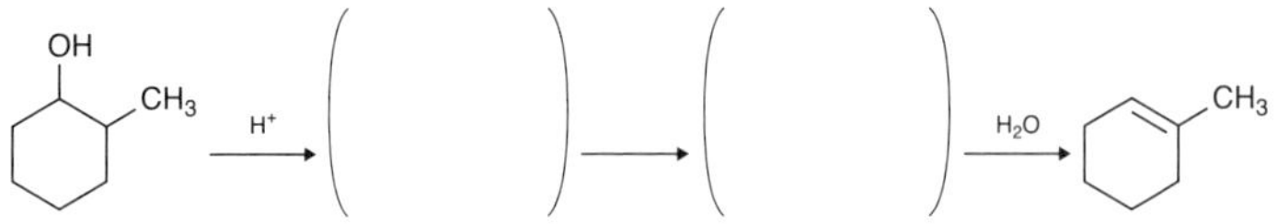

447.
(HO, CH₃ CH₃ 置換シクロヘキサン) $\xrightarrow{H^+}$ ( ) $\longrightarrow$ ( ) $\xrightarrow{H_2O}$ (1,2-ジメチルシクロヘキセン, CH₃ CH₃)

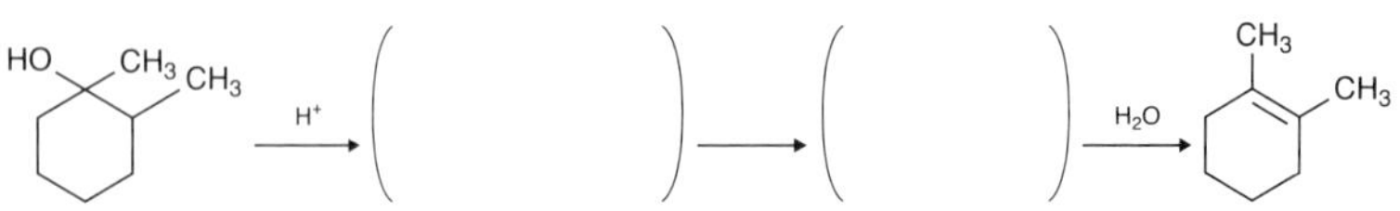

448.
(OH, CH₃ 置換シクロペンタン) $\xrightarrow{H^+}$ ( ) $\longrightarrow$ ( ) $\xrightarrow{H_2O}$ (メチルシクロペンテン, CH₃)

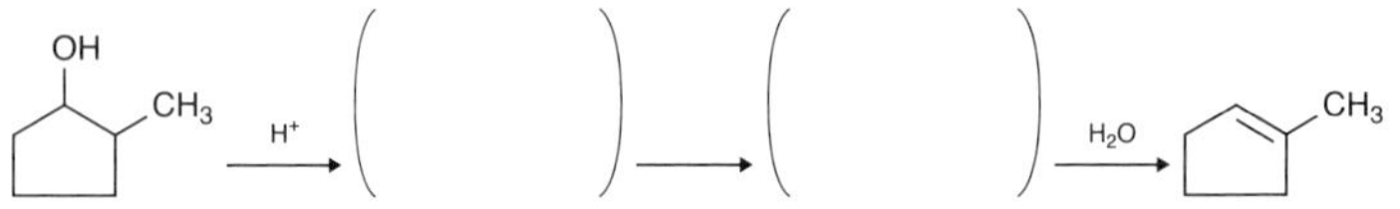

*Hint*：E1 反応．プロトン化による水分子の脱離後，生成したカルボカチオンに塩基が攻撃してアルケンが生じる．

## 52　第一級アルコールの E2 脱離反応

目安時間 **20** 分

449.

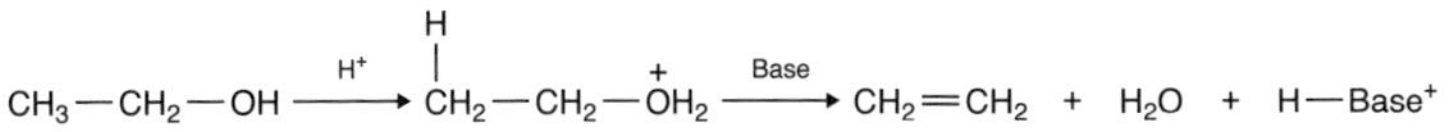

$$CH_3-CH_2-OH \xrightarrow{H^+} CH_2-CH_2-\overset{+}{O}H_2 \xrightarrow{Base} CH_2{=}CH_2 + H_2O + H{-}Base^+$$

（$\overset{H}{|}$ が $CH_2$ 上）

450.

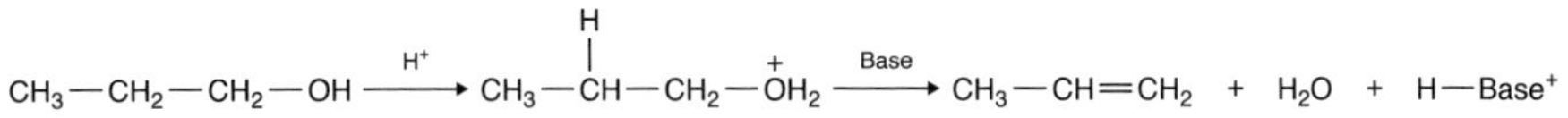

$$CH_3-CH_2-CH_2-OH \xrightarrow{H^+} CH_3-\overset{\overset{H}{|}}{CH}-CH_2-\overset{+}{O}H_2 \xrightarrow{Base} CH_3-CH{=}CH_2 + H_2O + H{-}Base^+$$

451.

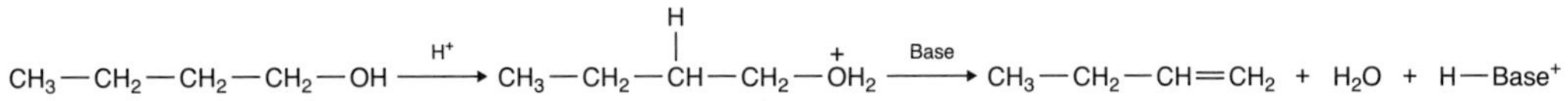

$$CH_3-CH_2-CH_2-CH_2-OH \xrightarrow{H^+} CH_3-CH_2-\overset{\overset{H}{|}}{CH}-CH_2-\overset{+}{O}H_2 \xrightarrow{Base} CH_3-CH_2-CH{=}CH_2 + H_2O + H{-}Base^+$$

452.

$$CH_3-\underset{\underset{CH_3}{|}}{CH}-CH_2-OH \xrightarrow{H^+} CH_3-\underset{\underset{CH_3}{|}}{\overset{\overset{H}{|}}{C}}-CH_2-\overset{+}{O}H_2 \xrightarrow{Base} CH_3-\underset{\underset{CH_3}{|}}{C}{=}CH_2 + H_2O + H{-}Base^+$$

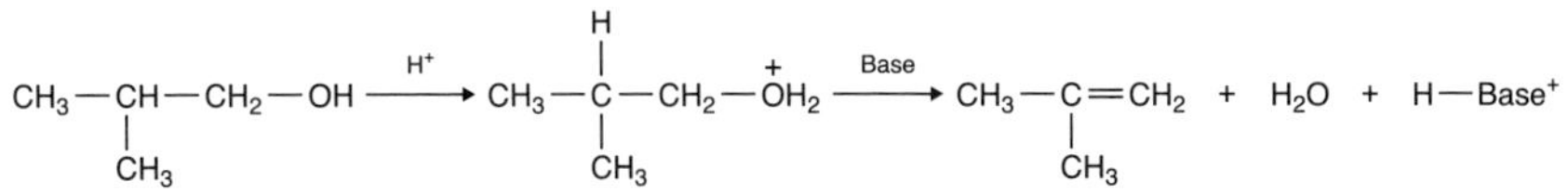

453.

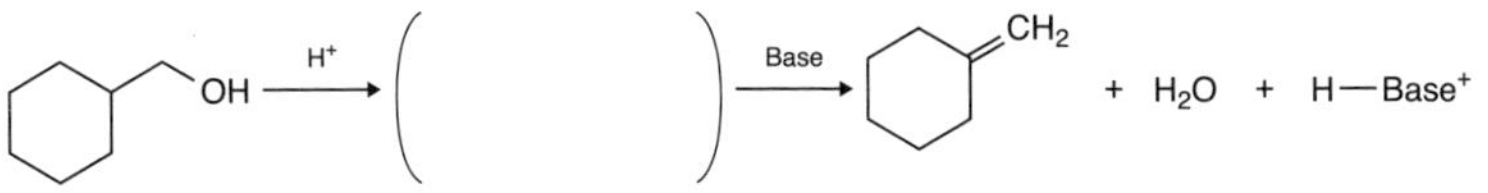

454.

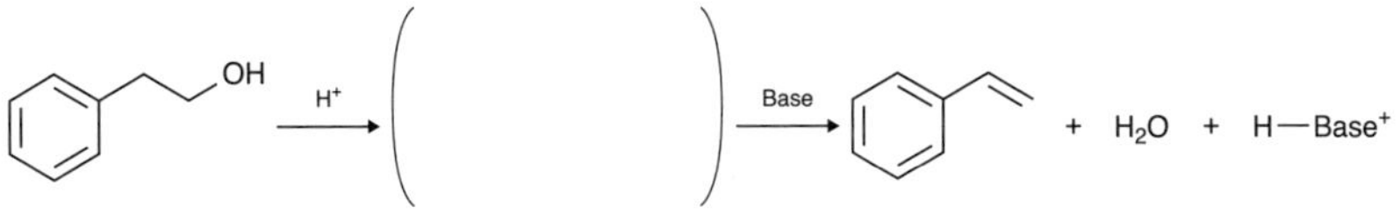

455.

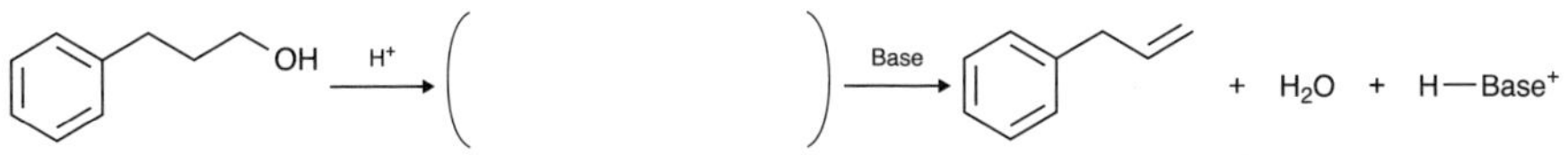

456.

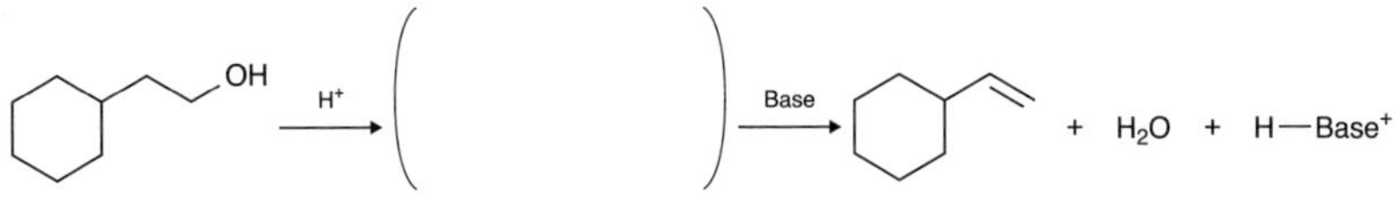

457.

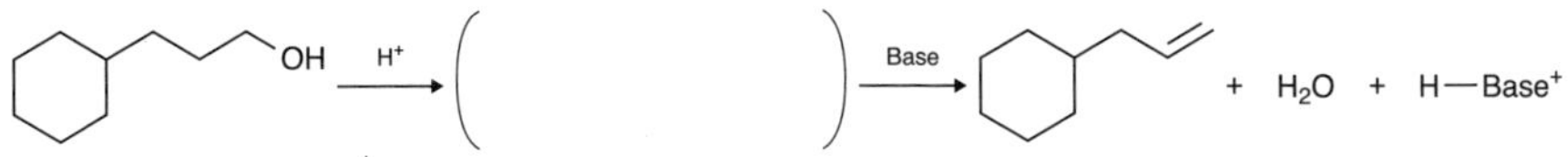

458.

Hint：E2反応、プロトン化後，H⁺引き抜き，二重結合の生成，水分子の脱離が同時に起こる。

# 53　第一級アルコールの酸化（CrO₃によるアルデヒドの生成）

目安時間 30 分

459.

460.

461.

462.

463.

464.

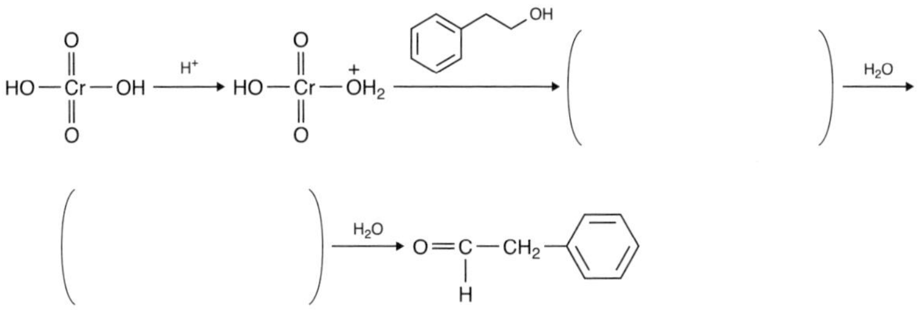

465.

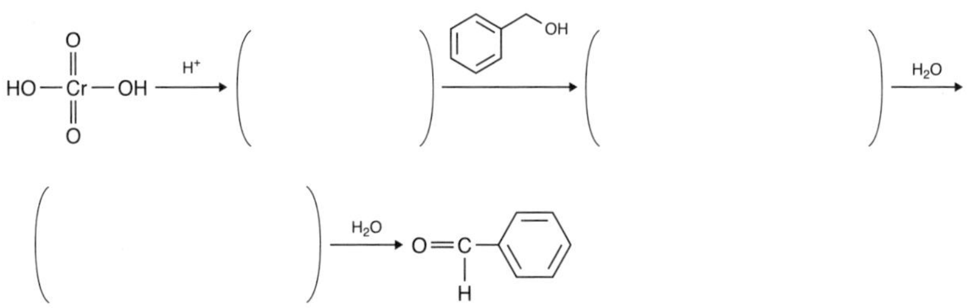

466.

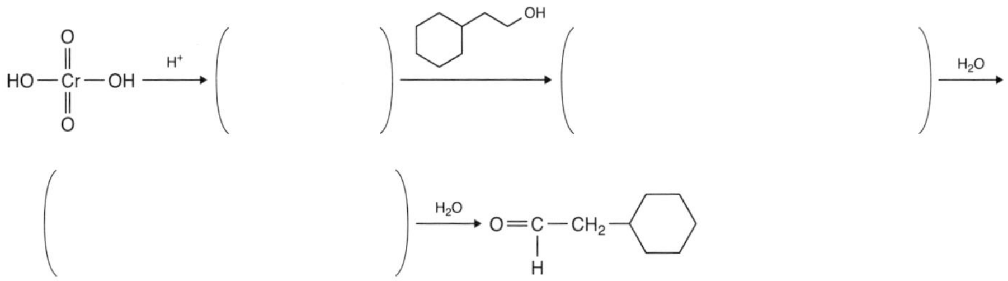

467.

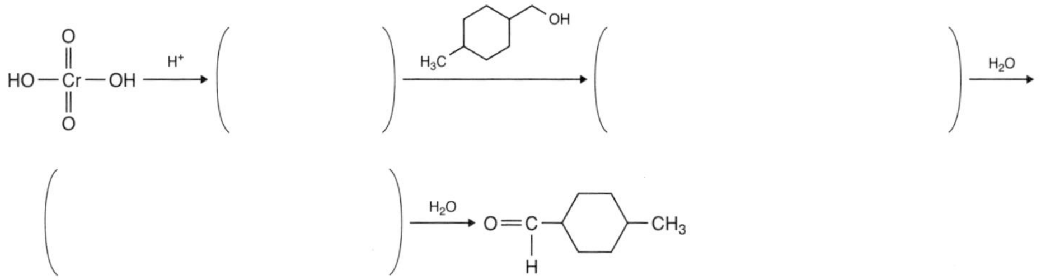

468.

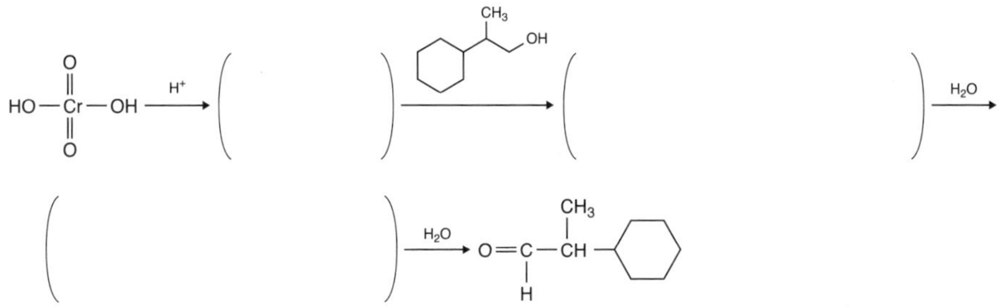

Hint：Cr 原子上で結合の生成と切断を繰り返しながら反応は進む.

## 54 第二級アルコールの酸化（CrO₃ によるケトンの生成）

目安時間 30 分

469.

$$HO-\underset{\underset{O}{\|}}{\overset{\overset{O}{\|}}{Cr}}-OH \xrightarrow{H^+} HO-\underset{\underset{O}{\|}}{\overset{\overset{O}{\|}}{Cr}}-\overset{+}{O}H_2 \xrightarrow{CH_3CHCH_3(OH)} HO-\underset{\underset{O}{\|}}{\overset{\overset{O}{\|}}{Cr}}-\underset{+}{O}-\underset{CH_3}{\overset{H}{\underset{|}{CH}}}-CH_3 \xrightarrow{H_2O} HO-\underset{\underset{O}{\|}}{\overset{\overset{O}{\|}}{Cr}}-O-\underset{CH_3}{\overset{H}{\underset{|}{C}}}-CH_3 \xrightarrow{H_2O} O=\underset{CH_3}{\underset{|}{C}}-CH_3$$

470.

$$HO-\underset{\underset{O}{\|}}{\overset{\overset{O}{\|}}{Cr}}-OH \xrightarrow{H^+} HO-\underset{\underset{O}{\|}}{\overset{\overset{O}{\|}}{Cr}}-\overset{+}{O}H_2 \xrightarrow{CH_3CH_2CH_3(OH)} HO-\underset{\underset{O}{\|}}{\overset{\overset{O}{\|}}{Cr}}-\underset{+}{O}-\underset{C_2H_5}{\overset{H}{\underset{|}{CH}}}-CH_3 \xrightarrow{H_2O} HO-\underset{\underset{O}{\|}}{\overset{\overset{O}{\|}}{Cr}}-O-\underset{C_2H_5}{\overset{H}{\underset{|}{C}}}-CH_3 \xrightarrow{H_2O} O=\underset{C_2H_5}{\underset{|}{C}}-CH_3$$

471.

472.

473.

474.

475.

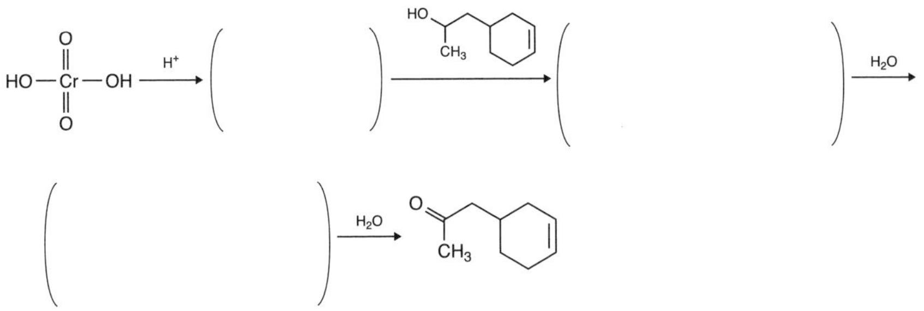

!*Hint*：クロム酸がプロトン化され，水とアルコールの置換から反応が始まる．Cr 原子の価数の変化に注目．

・次の反応式の反応機構を答えよ．

## 55 発展問題

目安時間 **30** 分

476.

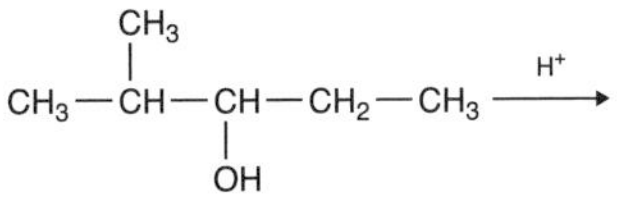

477.

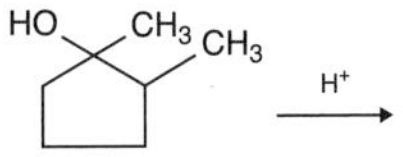

478.

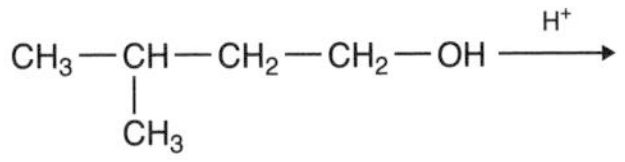

479.

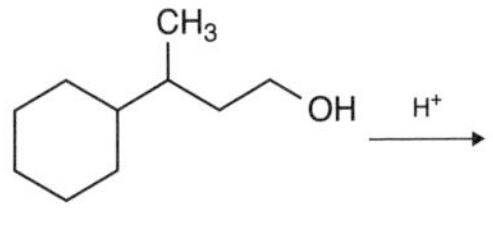

480.

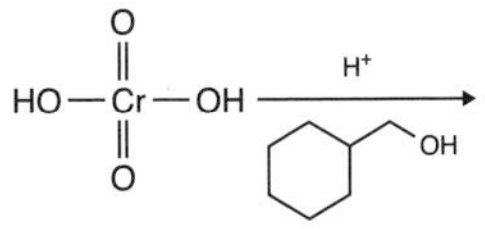

481.

482.

483.

# エーテル・エポキシド・ チオール・スルフィドの反応

実施日：　　月　　日

## 反応機構のポイント

### A. エーテルの開裂反応

$$R—O—R' \xrightarrow{HI} R—I \ + \ R'—OH$$

エーテル（R—O—R'）にヨウ化水素（HI）が反応し，アルコール（R'—OH）とヨウ化アルキル（R—I）が生成する．RO⁻はそのままでは脱離しにくいので，プロトン化が必要である．

> エーテルには二つのアルキル基が含まれている．どちらのアルキル基がアルコールになるかよく考えよう

> 7章のWilliamsonエーテル合成の逆反応と考えられる

（ⅰ）S$_N$1反応

$$R—O—R' \xrightarrow[\textcircled{2}]{\textcircled{1} \ H^+} R\overset{H}{\underset{+}{—O}}—R'$$

$$R—OH \ + \ R'^{+} \xrightarrow{\textcircled{3} \ I^-} R—OH \ + \ R'—I$$

①エーテル分子のO原子の孤立電子対からH⁺に曲がった矢印を伸ばし，プロトン化されたエーテルが生成する

②アルキル基（R'）とO原子の間の結合が切断され，アルコール（R—OH）とカルボカチオン（R'⁺）ができる

> 二つのアルキル基の級数が違う場合は，より級数の大きなアルキル基がカルボカチオンになる

③ヨウ化物イオン（I⁻）からカルボカチオン（R'⁺）に向けて曲がった矢印を伸ばし，ヨウ化アルキル（R'—I）ができる

（ⅱ）S$_N$2反応

$$R—O—R' \xrightarrow[\textcircled{3}]{\textcircled{1} \ H^+} R\overset{H}{\underset{+}{—O}}—R' \xrightarrow{\textcircled{2} \ I^-} R—OH \ + \ R'—I$$

①エーテル分子の酸素原子の孤立電子対から，H⁺に向けて曲がった矢印を伸ばし，プロトン化されたエーテルが生成する

②ヨウ化物イオン（I⁻）から，アルキル基（R'）に向けて曲がった矢印を伸ばす

③②で示した求核攻撃と同時に，アルキル基（R'）とO原子の間の結合が切断される．この結果，アルコール（R—OH）とヨウ化アルキル（R—I）ができる

> 二つのアルキル基がともに第一級の場合，カルボカチオンは生成せず，より立体的に混み合っていないほうがヨウ化物イオンの求核攻撃を受ける

### B. エポキシドの開環反応

$$\overset{O}{\underset{R \quad R'}{\triangle}} \xrightarrow{Nu^-} Nu—\underset{R}{CH}—\underset{R'}{CH}—OH$$

エポキシドもエーテルの一種として考えられる．エポキシドは歪んだ三員環構造をもつため，求核種の攻撃によって容易に開環する．この場合，酸性条件と塩基性条件で生成物が異なる．

（ⅰ）酸性条件下

$$\underset{R}{\overset{O}{\triangle}} \xrightarrow{\textcircled{1} \ H^+} \overset{H}{\underset{R}{\overset{+}{O}}} \xrightarrow[\textcircled{3}]{\textcircled{2} \ CH_3OH}$$

$$HO—CH_2—\underset{\underset{+}{O—CH_3}}{\overset{R \quad H}{\underset{|}{C}}} \xleftarrow[CH_3OH]{\textcircled{4}} HO—CH_2—\underset{H}{\overset{R}{\underset{|}{C}}}—O—CH_3$$

①エポキシド分子のO原子の孤立電子対からH⁺に曲がった矢印を伸ばし，プロトン化されたエポキシドが生成する

②エポキシドのC—O結合が切れ始める

> より安定な（より級数の大きい）カルボカチオンができるほうで結合の切断が起こる

③メタノールが求核種として攻撃する

④生成物中のメタノール由来のH⁺は，塩基として振る舞うもう一つのメタノール分子が取り去る

（ⅱ）塩基性条件下

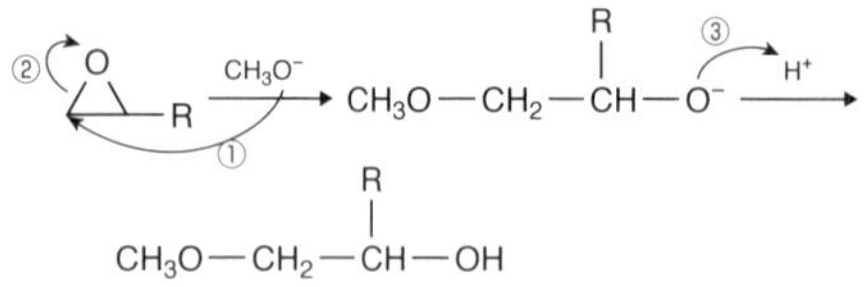

① エポキシドは電子不足な C 原子を二つもつので，アルコキシド（RO⁻）は，立体的に混み合っていないほうの C 原子を攻撃する
② エポキシドの C—O 結合が切断され，電子対が O 原子上に移動する
③ 生成物中の負電荷をもった O 原子と H⁺が結合する

## C. チオール，スルフィドの反応

硫黄は酸素と同じ 16 族であり，チオールはアルコール，スルフィドはエーテルと同様の反応性を示す．

（ⅰ）スルフィド生成

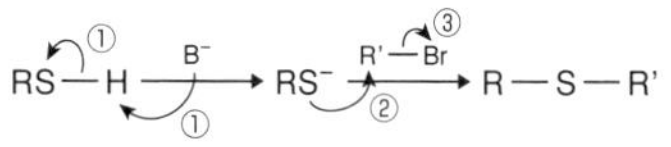

① 塩基（B⁻）から S 原子に結合した H 原子に曲がった矢印を伸ばし，負電荷をもつ化学種が生成する

> RS⁻は強い求核性をもつ

② 電子豊富な S 原子から，ハロゲン化アルキルの電子不足な C 原子に曲がった矢印を伸ばす
③ ②と同時に，アルキル基とハロゲン原子の間の結合が切断され，スルフィドが生成する

（ⅱ）スルホニウムイオン生成

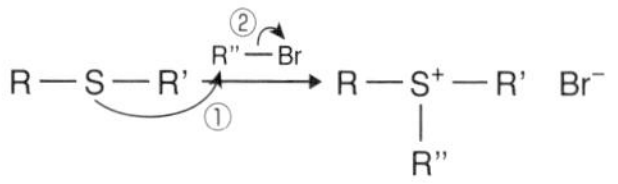

① 電子豊富な S 原子の孤立電子対から電子不足なハロゲン化アルキルの C 原子に曲がった矢印を伸ばす
② ①と同時に，アルキル基とハロゲン原子の間の結合が切断される．これらの反応により，S 原子は正電荷を帯びるので，負電荷の臭化物イオンとは塩をつくる

> スルホニウムイオンの S⁺と Br⁻は電子対を共有していないので，結合を表す線を書かないように注意しよう

## D. 有機金属試薬によるエポキシドの開環

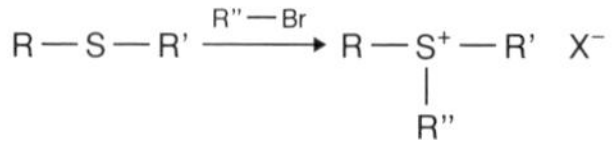

Li 原子や Mg 原子は，それぞれ C 原子よりも電気陰性度が小さいため，有機リチウム試薬（RLi），Grignard 試薬（RMgX）との反応では，アルキル基（R）は R⁻として振る舞う．このため，これらの試薬は求核種および塩基として用いることができる．

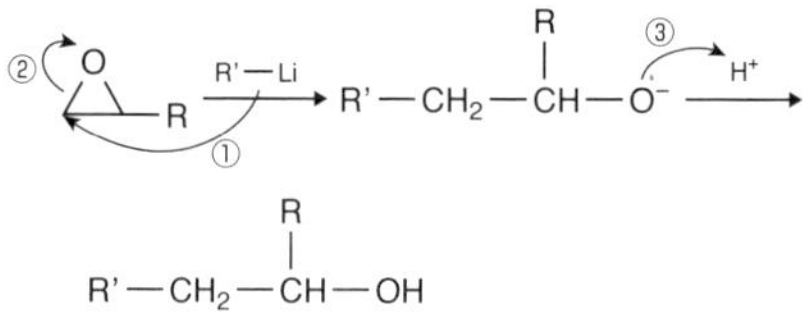

① アルキル基 R' と金属原子の間の結合から，立体的に混み合っていないほうの C 原子に曲がった矢印を伸ばす

> ここではアルキル基は求核種として振る舞う．

② ①と同時に，エポキシドの C—O 結合が切断され，この電子対は O 原子上に移動する
③ 負電荷をもつ O 原子と H⁺が結合する

> 生成物のどの部分が有機金属試薬由来かをよく見てみよう．

---

• 次の反応式における電子の移動を曲がった矢印を用いて表せ．また反応式中に括弧がある場合は，中間体もあわせて答えよ．

## 56 エーテルの開裂（HI）　　　目安時間 ⑮ 分

484.

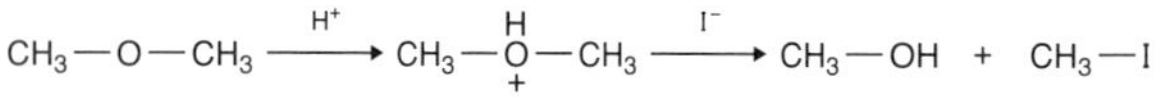

485.

$$C_2H_5-O-C_2H_5 \xrightarrow{H^+} CH_3-CH_2-\overset{H}{\underset{+}{O}}-CH_2-CH_3 \xrightarrow{I^-} CH_3-CH_2-OH \ + \ CH_3-CH_2-I$$

486.

$$C_2H_5-O-CH_3 \xrightarrow{H^+} CH_3-CH_2-\overset{H}{\underset{+}{O}}-CH_3 \xrightarrow{I^-} CH_3-CH_2-OH \ + \ CH_3-I$$

487.

488.

$$CH_3-O-CH(CH_3)_2 \xrightarrow{H^+} \Big( \qquad \Big) \longrightarrow \Big( \qquad \Big) \xrightarrow{I^-} CH_3-OH \ + \ I-CH(CH_3)_2$$

489.

$$C_2H_5-O-C(CH_3)_3 \xrightarrow{H^+} \Big( \qquad \Big) \longrightarrow \Big( \qquad \Big) \xrightarrow{I^-} C_2H_5-OH \ + \ I-C(CH_3)_3$$

490.

$$C_2H_5-O-CH(CH_3)_2 \xrightarrow{H^+} \Big( \qquad \Big) \longrightarrow \Big( \qquad \Big) \xrightarrow{I^-} C_2H_5-OH \ + \ I-CH(CH_3)_2$$

491.

$$CH_3CH_2CH_2-O-\text{(cyclohexyl)} \xrightarrow{H^+} \Big( \qquad \Big) \longrightarrow \Big( \qquad \Big) \xrightarrow{I^-}$$

$$CH_3CH_2CH_2-OH \ + \ I-\text{(cyclohexyl)}$$

!*Hint*：まず O 原子がプロトン化される．左右非対称のエーテルの場合，どの結合が切れるかを考えよう．

## 57 エポキシドの開環（酸性条件）

目安時間 ⑮分

492.

$$\text{(epoxide)} \xrightarrow{H^+} \text{(protonated epoxide)} \xrightarrow{CH_3OH} HO-CH_2-CH_2-\overset{H}{\underset{+}{O}}-CH_3 \xrightarrow{CH_3OH} HO-CH_2-CH_2-O-CH_3$$

493.

$$\text{(epoxide)}-CH_3 \xrightarrow{H^+} \text{(protonated epoxide)}-CH_3 \xrightarrow{CH_3OH} HO-CH_2-\overset{CH_3}{\underset{}{CH}}-\overset{H}{\underset{+}{O}}-CH_3 \xrightarrow{CH_3OH} HO-CH_2-\overset{CH_3}{\underset{}{CH}}-O-CH_3$$

494.

(構造式)　$\xrightarrow{H^+}$（　）$\xrightarrow{CH_3OH}$（　）$\xrightarrow{CH_3OH}$ $HO-CH_2-\underset{\underset{CH_3}{|}}{\overset{\overset{CH_3}{|}}{C}}-O-CH_3$

Hint：プロトン化後に求核攻撃が起こる．より安定なカルボカチオンができるように C－O 結合が開裂する．

## 58　エポキシドの開環（塩基性条件）

目安時間 10 分

495.

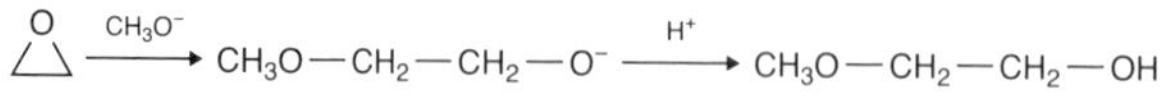

(構造式) $\xrightarrow{CH_3O^-}$ $CH_3O-CH_2-CH_2-O^-$ $\xrightarrow{H^+}$ $CH_3O-CH_2-CH_2-OH$

496.

(構造式) $\xrightarrow{CH_3O^-}$（　）$\xrightarrow{H^+}$ $CH_3O-CH_2-\underset{\underset{CH_3}{|}}{CH}-OH$

497.

(構造式) $\xrightarrow{CH_3O^-}$（　）$\xrightarrow{H^+}$ $CH_3O-CH_2-\underset{\underset{CH_3}{|}}{\overset{\overset{CH_3}{|}}{C}}-OH$

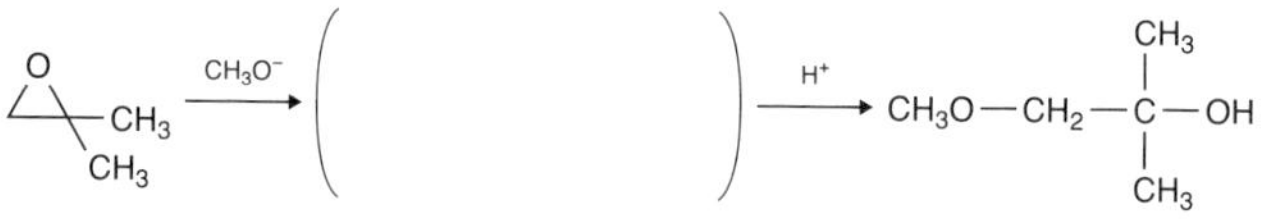

Hint：RO⁻ は立体的に混み合っていないほうのエポキシド炭素を攻撃する．

## 59　チオールからのスルフィド生成

目安時間 15 分

498.

$CH_3S-H$ $\xrightarrow{CH_3O^-}$ $CH_3S^-$ $\xrightarrow{CH_3-Br}$ $CH_3S-CH_3$

499.

$CH_3S-H$ $\xrightarrow{CH_3O^-}$ $CH_3S^-$ $\xrightarrow{CH_3-I}$ $CH_3S-CH_3$

500.

$CH_3CH_2S-H$ $\xrightarrow{CH_3O^-}$ $CH_3CH_2S^-$ $\xrightarrow{CH_3-Br}$ $CH_3CH_2S-CH_3$

501.

$(CH_3)_2CHS-H$ $\xrightarrow{CH_3O^-}$（　）$\xrightarrow{CH_3CH_2-I}$ $(CH_3)_2CHS-C_2H_5$

502.

cyclohexane-S—H  →(CH₃O⁻)→ (　) →(CH₃—Br)→ cyclohexane-S—CH₃

503.

<!-- reaction scheme -->
cyclopentane-S—H  →(CH₃O⁻)→ (　) →(CH₃—Br)→ cyclopentane-S—CH₃

> **Hint**：Williamson エーテル合成と同じ，負電荷をもつ S 原子が求核性をもつ．

## 60 スルフィドからのスルホニウムイオン生成

目安時間  分

504.

$CH_3-S-CH_3$ →(CH₃—Br)→ $CH_3-\overset{+}{\underset{CH_3}{S}}-CH_3$　　$Br^-$

505.

$CH_3-S-CH_3$ →(CH₃—OTf)→ $CH_3-\overset{+}{\underset{CH_3}{S}}-CH_3$　　$TfO^-$

506.

$C_2H_5-S-CH_3$ →(CH₃—Br)→ $C_2H_5-\overset{+}{\underset{CH_3}{S}}-CH_3$　　$Br^-$

507.

$(CH_3)_2CH-S-C_2H_5$ →(CH₃—OTf)→ $(CH_3)_2CH-\overset{+}{\underset{C_2H_5}{S}}-CH_3$　　$TfO^-$

508.

$(CH_3)_2CH-S-CH_3$ →(CH₃—Br)→ $(CH_3)_2CH-\overset{+}{\underset{CH_3}{S}}-CH_3$　　$Br^-$

509.

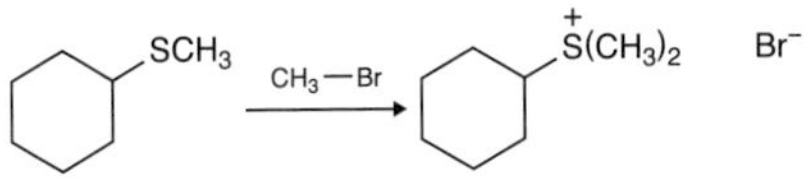

<!-- reaction scheme -->
cyclohexane-SCH₃ →(CH₃—Br)→ cyclohexane-$\overset{+}{S}(CH_3)_2$　　$Br^-$

510.

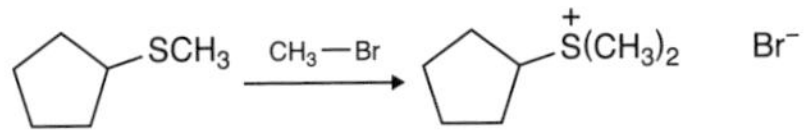

<!-- reaction scheme -->
cyclopentane-SCH₃ →(CH₃—Br)→ cyclopentane-$\overset{+}{S}(CH_3)_2$　　$Br^-$

511.

<!-- reaction scheme -->
cyclopentane-S-cyclopentane →(CH₃—Br)→ cyclopentane-$\overset{\underset{CH_3}{|}}{\underset{+}{S}}$-cyclopentane　　$Br^-$

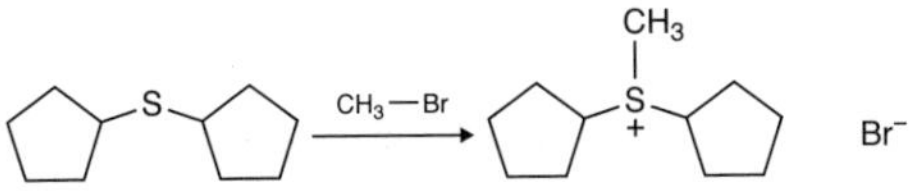

> **Hint**：結合を三本もつ S 原子は，正電荷をもつスルホニウム塩を与える

## 61 エポキシドの開環（有機リチウム試薬）　　　目安時間 ⑩ 分

**512.**

$$\overset{O}{\triangle} \xrightarrow{CH_3-Li} CH_3-CH_2-CH_2-O^- \xrightarrow{H^+} CH_3-CH_2-CH_2-OH$$

**513.**

$$\overset{O}{\triangle}{-CH_3} \xrightarrow{CH_3-Li} \Big( \qquad \Big) \xrightarrow{H^+} CH_3-CH_2-\underset{}{\overset{CH_3}{\underset{|}{CH}}}-OH$$

**514.**

$$\overset{O}{\triangle}\overset{CH_3}{\underset{CH_3}{<}} \xrightarrow{CH_3-Li} \Big( \qquad \Big) \xrightarrow{H^+} CH_3-CH_2-\underset{CH_3}{\overset{CH_3}{\underset{|}{\overset{|}{C}}}}-OH$$

Hint：有機リチウム試薬のアルキル基は求核種として働く.

## 62 エポキシドの開環（Grignard 試薬）　　　目安時間 ⑩ 分

**515.**

$$\overset{O}{\triangle} \xrightarrow{CH_3-MgBr} CH_3-CH_2-CH_2-O^- \xrightarrow{H^+} CH_3-CH_2-CH_2-OH$$

**516.**

$$\overset{O}{\triangle}{-CH_3} \xrightarrow{CH_3-MgBr} CH_3-CH_2-\overset{CH_3}{\underset{|}{CH}}-O^- \xrightarrow{H^+} CH_3-CH_2-\overset{CH_3}{\underset{|}{CH}}-OH$$

**517.**

$$\overset{O}{\triangle}\overset{CH_3}{\underset{CH_3}{<}} \xrightarrow{CH_3-MgBr} \Big( \qquad \Big) \xrightarrow{H^+} CH_3-CH_2-\underset{CH_3}{\overset{CH_3}{\underset{|}{\overset{|}{C}}}}-OH$$

**518.**

$$\overset{O}{\triangle} \xrightarrow{C_6H_5-MgBr} \Big( \qquad \Big) \xrightarrow{H^+} C_6H_5-CH_2-CH_2-OH$$

**519.**

$$\overset{O}{\triangle}{-CH_3} \xrightarrow{C_6H_5-MgBr} \Big( \qquad \Big) \xrightarrow{H^+} C_6H_5-CH_2-\overset{CH_3}{\underset{|}{CH}}-OH$$

**520.**

$$\overset{O}{\triangle}\overset{CH_3}{\underset{CH_3}{<}} \xrightarrow{C_6H_5-MgBr} \Big( \qquad \Big) \xrightarrow{H^+} C_6H_5-CH_2-\underset{CH_3}{\overset{CH_3}{\underset{|}{\overset{|}{C}}}}-OH$$

Hint：Grignard 試薬のアルキル基は求核種として働く.

• 次の反応式の反応機構を答えよ.

## 63 発展問題

**521.**

$$CH_3CH_2CH_2-O-CH_3 \xrightarrow{\text{HI}}$$

**522.**

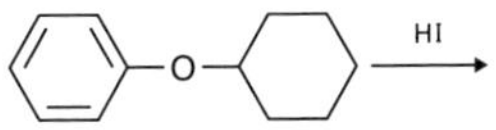

$\xrightarrow{\text{HI}}$

**523.**

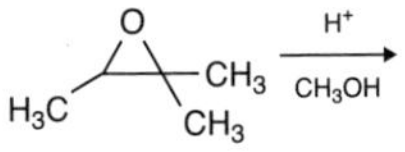

$\xrightarrow[\text{CH}_3\text{OH}]{\text{H}^+}$

**524.**

$\xrightarrow[\text{2)H}^+]{\text{1)CH}_3\text{O}^-}$

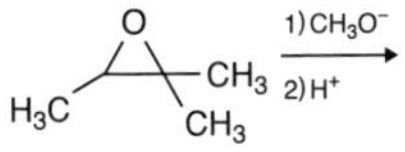

**525.**

$$(CH_3)_2CHS-H \xrightarrow[\text{2)CH}_3\text{CH}_2-\text{Br}]{\text{1)CH}_3\text{O}^-}$$

**526.**

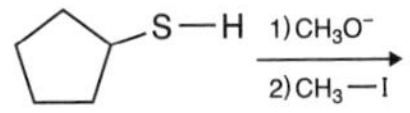

$\xrightarrow[\text{2)CH}_3-\text{I}]{\text{1)CH}_3\text{O}^-}$

**527.**

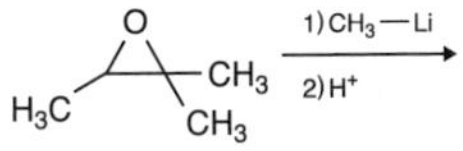

$\xrightarrow[\text{2)H}^+]{\text{1)CH}_3-\text{Li}}$

**528.**

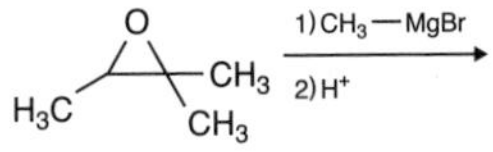

$\xrightarrow[\text{2)H}^+]{\text{1)CH}_3-\text{MgBr}}$

**529.**

$\xrightarrow[\text{2)H}^+]{\text{1)C}_6\text{H}_5-\text{MgBr}}$

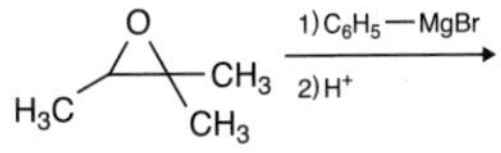

# カルボニル基上での置換反応

実施日：　　月　　日～　　月　　日

## 反応機構のポイント

カルボニル基上での置換反応は，非常に多くの種類があるように見えるが，基本を押さえればそれほど難しくはない．

$$H_3C-\overset{\overset{\displaystyle O}{\|}}{C}-OC_2H_5 \xrightarrow{H_2O} H_3C-\overset{\overset{\displaystyle O}{\|}}{C}-OH$$

置換基 X，求核体 $Nu^-$ の組み合わせによって，反応の進みやすさが変わる．反応の進行が遅い場合は，条件を工夫する．たとえば，エステルである酢酸エチルの加水分解（水との置換反応）は中性付近の pH ではほとんど進行しない．

### A. カルボニル基上での置換反応

$$Nu^- + H_3C-\overset{\overset{\displaystyle O}{\|}}{C}-X \longrightarrow H_3C-\overset{\overset{\displaystyle O^-}{|}}{\underset{Nu}{C}}-X \longrightarrow H_3C-\overset{\overset{\displaystyle O}{\|}}{C}-Nu$$

① 電子豊富な求核体 $Nu^-$ から，電子不足なカルボニル基に曲がった矢印を伸ばす

② カルボニル基の π 結合の電子対が O 原子上に移動する

③ ②で描いた矢印とは逆方向に，O 原子上の孤立電子対から C—O 結合に向けて，カルボニル基が再生するように曲がった矢印を伸ばす

④ 脱離しやすい置換基 X と中心の C 原子の間の結合が切断され，X が Nu に置換した化合物が生成する

> XとNuの入れ替わりが同時に起こっていないことに注意しよう

> 基質の置換基 X の種類によって，塩化アシル，酸無水物，カルボン酸，エステル，アミドに分類されるが，基本となる反応機構はすべて同じ

### B. 酸性条件下での置換反応

$$H_3C-\overset{\overset{\displaystyle O}{\|}}{C}-OC_2H_5 \xrightarrow{H^+} H_3C-\overset{\overset{\displaystyle {}^+OH}{\|}}{C}-OC_2H_5 \xrightarrow{H_2O}$$

$$H_3C-\overset{\overset{\displaystyle OH}{|}}{\underset{\underset{H}{\overset{|}{O^+}}}{C}}-OC_2H_5 \xrightarrow{B^-} H_3C-\overset{\overset{\displaystyle OH}{|}}{\underset{OH}{C}}-OC_2H_5 \xrightarrow{\quad} H^+$$

$$H_3C-\overset{\overset{\displaystyle OH}{|}}{\underset{\underset{H}{\overset{|}{O^+}}}{C}}-OC_2H_5 \longrightarrow H_3C-\overset{\overset{\displaystyle {}^+O-H}{\|}}{\underset{OH}{C}} \xrightarrow{B^-} H_3C-\overset{\overset{\displaystyle O}{\|}}{C}$$

① カルボニル酸素の孤立電子対から $H^+$ に曲がった矢印を伸ばし，プロトン化されたエステルが生成する

> プロトン化によりカルボニル炭素がさらに電子不足になる

② 孤立電子対をもつ水分子から正電荷をもつカルボニル炭素に曲がった矢印を伸ばす．カルボニル基の π 結合の電子対が O 原子上に移動する

> カルボニル炭素は最大で8個の価電子しかもてない

③ 塩基（$B^-$）から正電荷をもつ O 原子に結合した H 原子に向けて曲がった矢印を伸ばす

> 系内のアルコール分子や水分子による水素引き抜き反応

④ 中間体分子のアルコキシ酸素原子の孤立電子対から $H^+$ に曲がった矢印を伸ばし，プロトン化された中間体が生成する

> この中間体からアルコールとして容易に脱離できる

⑤ ②で描いた矢印とは逆方向に，ヒドロキシ基の O 原子上の孤立電子対から C—O 結合に向けて，カルボニル基が再生するように曲がった矢印を伸ばす．続いて，アルコールが脱離する

⑥ $B^-$ からカルボニル基に結合した H 原子に曲がった矢印を伸ばす

## C. 塩基性条件下での置換反応

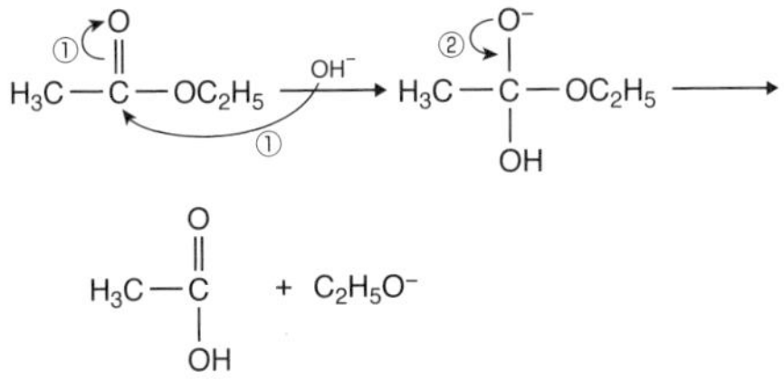

①電子豊富な OH⁻ から電子不足なカルボニル基に曲がった矢印を伸ばす．カルボニル基の π 結合の電子対が O 原子上に移動する

> OH⁻は負電荷をもつので，H₂O よりも求核性が高い．これが塩基性条件下で反応させる理由である

②①で描いた矢印とは逆方向に，O 原子上の孤立電子対から C—O 結合に向けて，カルボニル基が再生するよう曲がった矢印を伸ばす．さらにアルコキシ基が脱離する

> カルボニル炭素は最大で 8 個の価電子しかもてない

## D. ガブリエル合成

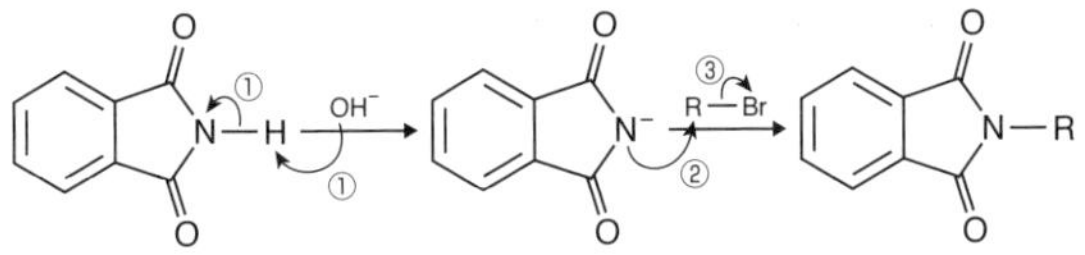

①塩基（OH⁻）から，N 原子に結合した H 原子に曲がった矢印を伸ばし，負電荷をもつ化学種が生成する
②電子豊富な N 原子から電子不足なハロゲン化アルキルの C 原子に曲がった矢印を伸ばす
③②と同時にアルキル基とハロゲン原子の間の結合が切断され，N 原子にアルキル基が結合したフタルイミドが生成する

> この化合物は N 原子上に H 原子をもたないので，これ以上の N 原子のアルキル化は進行しない

> イミド（二つのカルボニル基で N 原子を挟んだ化合物）はアミドが二つと考えることができる．酸性条件下では最終的に第一級アミンが生成する

## E. ニトリルの加水分解

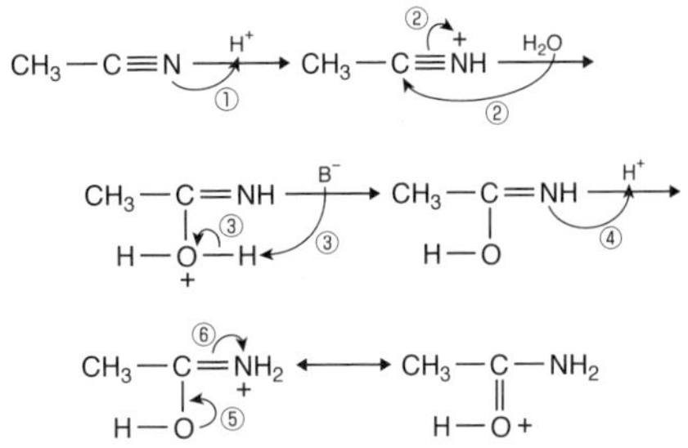

①シアノ基の N 原子の孤立電子対から H⁺ に曲がった矢印を伸ばし，プロトン化されたニトリルが生成する

> プロトン化によりシアノ基の C 原子はさらに電子不足になる

②孤立電子対をもつ水分子から正電荷をもつシアノ基の C 原子に向けて曲がった矢印を伸ばす．シアノ基の π 結合の電子対は N 原子上に移動する

> C 原子は最大で 8 個の価電子しかもてない

③B⁻ から正電荷をもつ O 原子に結合した H 原子に曲がった矢印を伸ばす

> 系内の水分子やアミンによる水素引き抜き反応

④中間体分子の窒素原子の孤立電子対から，H⁺ に向けて曲がった矢印を伸ばし，プロトン化された中間体が生成する
⑤ヒドロキシ基の O 原子上の孤立電子対から C—O 結合に向けて，カルボニル基が生成するように曲がった矢印を伸ばす．次いで，C=N 二重結合の π 電子対が N 原子上に移動し，プロトン化されたアミドが生成する

> 酸性条件下ではアミンが最終的に脱離し，カルボン酸が生成する

• 次頁以降の反応式における電子の移動を曲がった矢印を用いて表せ．また反応式中に括弧がある場合は，中間体もあわせて答えよ．

## 64 塩化アシルとアルコールの反応によるエステルの生成

 目安時間 15 分

530.

$$H_3C-\overset{\overset{O}{\|}}{C}-Cl \xrightarrow{CH_3OH} H_3C-\overset{\overset{O^-}{|}}{\underset{\underset{+}{CH_3-O-H}}{C}}-Cl \xrightarrow{B^-} H_3C-\overset{\overset{O^-}{|}}{\underset{CH_3-O}{C}}-Cl \longrightarrow H_3C-\overset{\overset{O}{\|}}{C}-OCH_3 + Cl^-$$

531.

$$H_3C-\overset{\overset{O}{\|}}{C}-Cl \xrightarrow{CH_3O^-} H_3C-\overset{\overset{O^-}{|}}{\underset{CH_3-O}{C}}-Cl \longrightarrow H_3C-\overset{\overset{O}{\|}}{C}-OCH_3 + Cl^-$$

532.

$$C_2H_5-\overset{\overset{O}{\|}}{C}-Cl \xrightarrow{CH_3OH} C_2H_5-\overset{\overset{O^-}{|}}{\underset{\underset{+}{CH_3-O-H}}{C}}-Cl \xrightarrow{B^-} C_2H_5-\overset{\overset{O^-}{|}}{\underset{CH_3-O}{C}}-Cl \longrightarrow C_2H_5-\overset{\overset{O}{\|}}{C}-OCH_3 + Cl^-$$

533.

$$C_2H_5-\overset{\overset{O}{\|}}{C}-Cl \xrightarrow{CH_3O^-} C_2H_5-\overset{\overset{O^-}{|}}{\underset{CH_3-O}{C}}-Cl \longrightarrow C_2H_5-\overset{\overset{O}{\|}}{C}-OCH_3 + Cl^-$$

534.

$$Ph-\overset{\overset{O}{\|}}{C}-Cl \xrightarrow{CH_3OH} (\quad) \xrightarrow{B^-} (\quad) \longrightarrow Ph-\overset{\overset{O}{\|}}{C}-OCH_3 + Cl^-$$

535.

$$Ph-\overset{\overset{O}{\|}}{C}-Cl \xrightarrow{CH_3O^-} (\quad) \longrightarrow Ph-\overset{\overset{O}{\|}}{C}-OCH_3 + Cl^-$$

536.

$$H_3C-\overset{\overset{O}{\|}}{C}-Cl \xrightarrow{C_2H_5OH} (\quad) \xrightarrow{B^-} (\quad) \longrightarrow H_3C-\overset{\overset{O}{\|}}{C}-OC_2H_5 + Cl^-$$

537.

$$H_3C-\overset{\overset{O}{\|}}{C}-Cl \xrightarrow{C_2H_5O^-} (\quad) \longrightarrow H_3C-\overset{\overset{O}{\|}}{C}-OC_2H_5 + Cl^-$$

538.

$$C_2H_5-\overset{\overset{O}{\|}}{C}-Cl \xrightarrow{C_2H_5OH} (\quad) \xrightarrow{B^-} (\quad) \longrightarrow C_2H_5-\overset{\overset{O}{\|}}{C}-OC_2H_5 + Cl^-$$

539.

$$C_2H_5-\overset{\overset{O}{\|}}{C}-Cl \xrightarrow{C_2H_5O^-} (\quad) \longrightarrow C_2H_5-\overset{\overset{O}{\|}}{C}-OC_2H_5 + Cl^-$$

Hint：塩化物イオンの脱離とアルコール（アルコキシド）の攻撃は同時に起こらない、四面体中間体を経由する。

## 65 塩化アシルとカルボン酸に反応による酸無水物の生成

目安時間 15 分

540.

541.

542.

543.

544.

545.

546.

547.

548.

549.

**!** *Hint*：求核体であるカルボン酸（カルボキシレート）のどの原子がカルボニル炭素を攻撃するか考えよう.

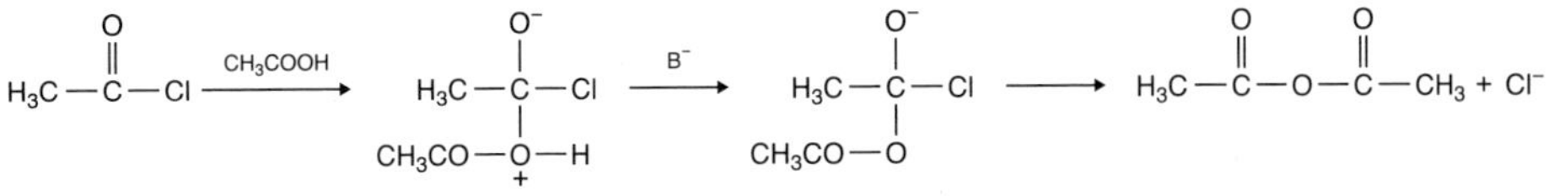

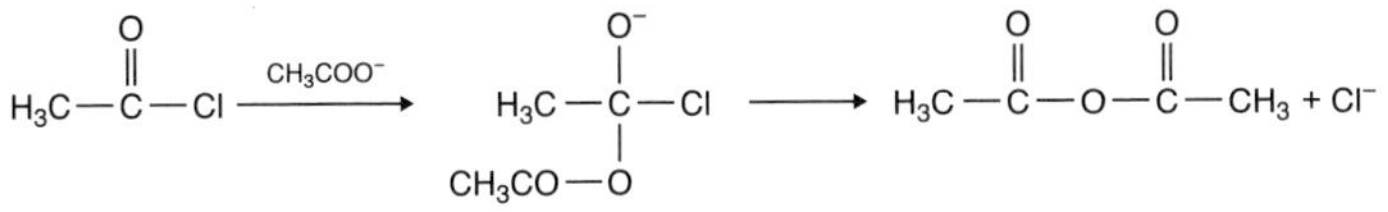

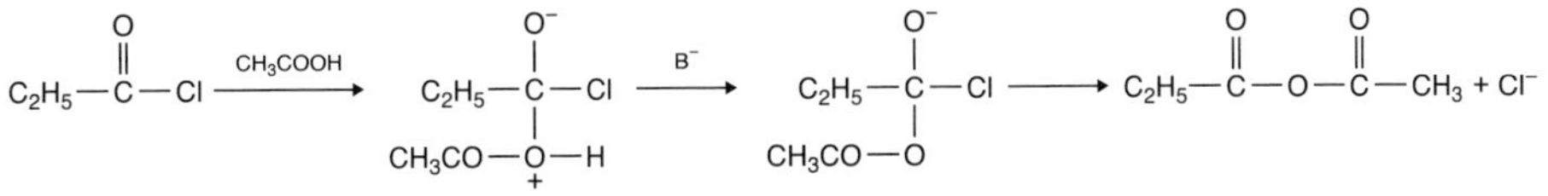

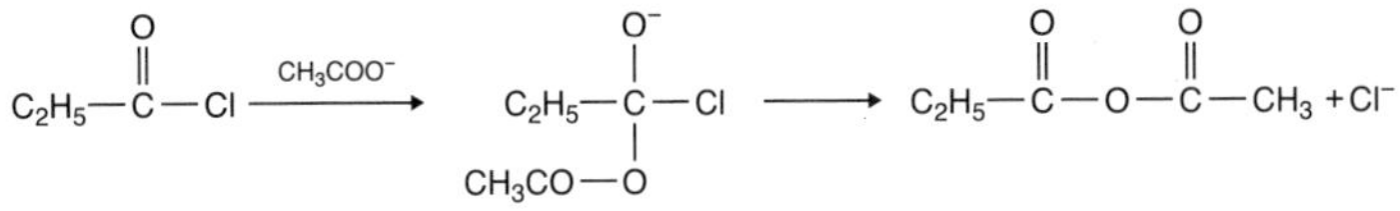

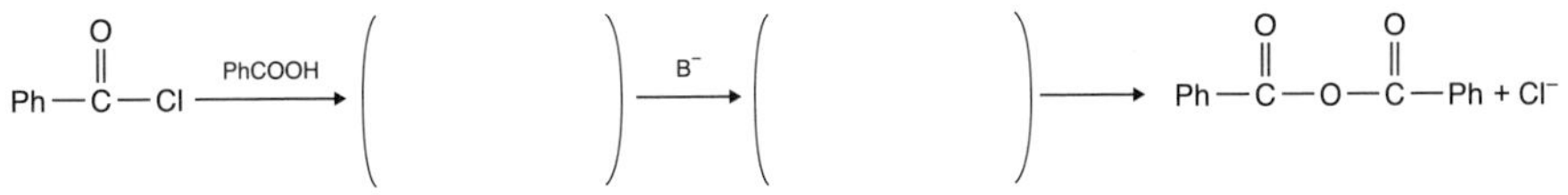

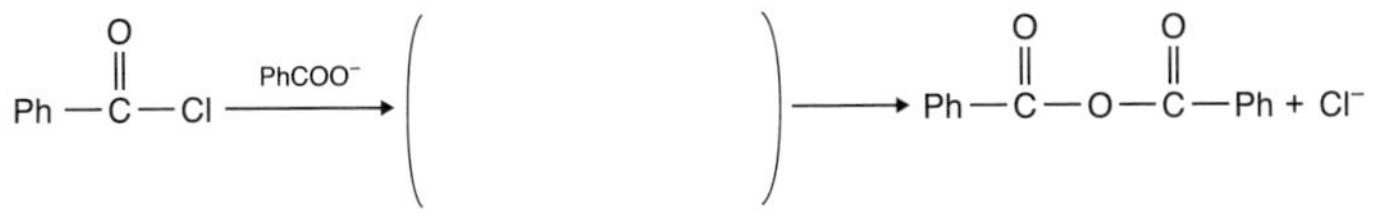

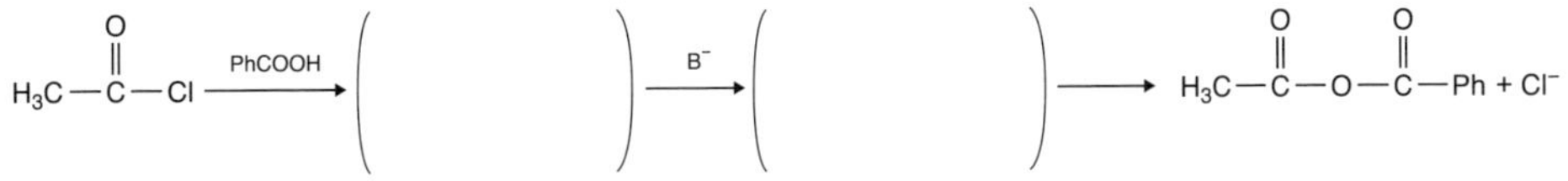

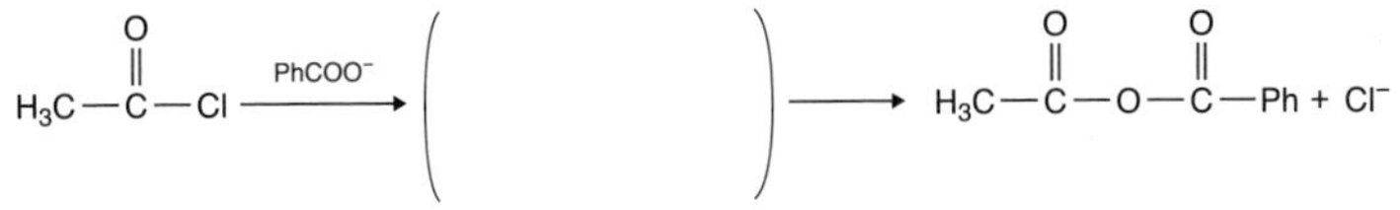

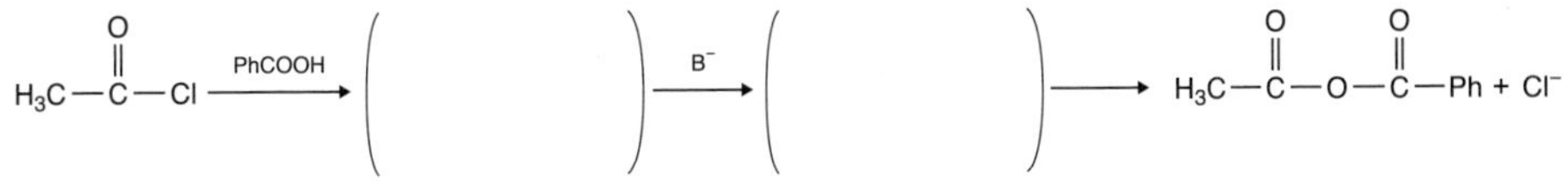

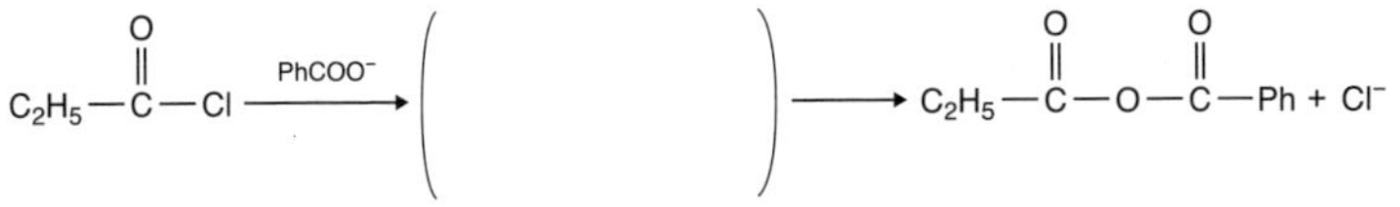

## 66 塩化アシルとアミンの反応によるアミドの生成

目安時間 **15** 分

**550.**

$$H_3C-\overset{O}{\overset{\|}{C}}-Cl \xrightarrow{CH_3NH_2} H_3C-\overset{O^-}{\underset{\underset{\overset{|}{H}}{\overset{|}{CH_3-\overset{+}{N}-H}}}{\overset{|}{C}}}-Cl \xrightarrow{CH_3NH_2} H_3C-\overset{O^-}{\underset{CH_3-NH}{\overset{|}{C}}}-Cl \longrightarrow H_3C-\overset{O}{\overset{\|}{C}}-\overset{H}{N}-CH_3 + Cl^-$$

**551.**

$$H_3C-\overset{O}{\overset{\|}{C}}-Cl \xrightarrow{C_2H_5NH_2} H_3C-\overset{O^-}{\underset{\underset{\overset{|}{H}}{\overset{|}{C_2H_5-\overset{+}{N}-H}}}{\overset{|}{C}}}-Cl \xrightarrow{C_2H_5NH_2} H_3C-\overset{O^-}{\underset{C_2H_5-NH}{\overset{|}{C}}}-Cl \longrightarrow H_3C-\overset{O}{\overset{\|}{C}}-\overset{H}{N}-C_2H_5 + Cl^-$$

**552.**

$$C_2H_5-\overset{O}{\overset{\|}{C}}-Cl \xrightarrow{CH_3NH_2} C_2H_5-\overset{O^-}{\underset{\underset{\overset{|}{H}}{\overset{|}{CH_3-\overset{+}{N}-H}}}{\overset{|}{C}}}-Cl \xrightarrow{CH_3NH_2} C_2H_5-\overset{O^-}{\underset{CH_3-NH}{\overset{|}{C}}}-Cl \longrightarrow C_2H_5-\overset{O}{\overset{\|}{C}}-\overset{H}{N}-CH_3 + Cl^-$$

**553.**

$$C_2H_5-\overset{O}{\overset{\|}{C}}-Cl \xrightarrow{C_2H_5NH_2} C_2H_5-\overset{O^-}{\underset{\underset{\overset{|}{H}}{\overset{|}{C_2H_5-\overset{+}{N}-H}}}{\overset{|}{C}}}-Cl \xrightarrow{C_2H_5NH_2} C_2H_5-\overset{O^-}{\underset{C_2H_5-NH}{\overset{|}{C}}}-Cl \longrightarrow C_2H_5-\overset{O}{\overset{\|}{C}}-\overset{H}{N}-C_2H_5 + Cl^-$$

**554.**

$$Ph-\overset{O}{\overset{\|}{C}}-Cl \xrightarrow{CH_3NH_2} \Big(\qquad\Big) \xrightarrow{CH_3NH_2} \Big(\qquad\Big) \longrightarrow Ph-\overset{O}{\overset{\|}{C}}-\overset{H}{N}-CH_3 + Cl^-$$

**555.**

$$H_3C-\overset{O}{\overset{\|}{C}}-Cl \xrightarrow{(CH_3)_2NH} \Big(\qquad\Big) \xrightarrow{(CH_3)_2NH} \Big(\qquad\Big) \longrightarrow H_3C-\overset{O}{\overset{\|}{C}}-\overset{CH_3}{N}-CH_3 + Cl^-$$

**556.**

$$H_3C-\overset{O}{\overset{\|}{C}}-Cl \xrightarrow{(C_2H_5)_2NH} \Big(\qquad\Big) \xrightarrow{(C_2H_5)_2NH} \Big(\qquad\Big) \longrightarrow H_3C-\overset{O}{\overset{\|}{C}}-\overset{C_2H_5}{N}-C_2H_5 + Cl^-$$

**557.**

$$C_2H_5-\overset{O}{\overset{\|}{C}}-Cl \xrightarrow{(CH_3)_2NH} \Big(\qquad\Big) \xrightarrow{(CH_3)_2NH} \Big(\qquad\Big) \longrightarrow C_2H_5-\overset{O}{\overset{\|}{C}}-\overset{CH_3}{N}-CH_3 + Cl^-$$

558.

$C_2H_5-\overset{\overset{O}{\|}}{C}-Cl \xrightarrow{(C_2H_5)_2NH} (\quad) \xrightarrow{(C_2H_5)_2NH} (\quad) \longrightarrow C_2H_5-\overset{\overset{O}{\|}}{C}-\overset{\overset{C_2H_5}{|}}{N}-C_2H_5 + Cl^-$

559.

$Ph-\overset{\overset{O}{\|}}{C}-Cl \xrightarrow{(CH_3)_2NH} (\quad) \xrightarrow{(CH_3)_2NH} (\quad) \longrightarrow Ph-\overset{\overset{O}{\|}}{C}-\overset{\overset{CH_3}{|}}{N}-CH_3 + Cl^-$

*Hint*：この反応は二分子のアミンを必要とする．求核体として働くアミン，塩基として働くアミンを区別しよう．

## 67 酸無水物とアルコールの反応によるエステルとカルボン酸の生成　目安時間 ⑩ 分

560.

$H_3C-\overset{\overset{O}{\|}}{C}-O-\overset{\overset{O}{\|}}{C}-CH_3 \xrightarrow{CH_3OH} \cdots \xrightarrow{B^-} \cdots \longrightarrow H_3C-\overset{\overset{O}{\|}}{C}-OCH_3 + H_3C-\overset{\overset{O}{\|}}{C}-O^-$

561.

$H_3C-\overset{\overset{O}{\|}}{C}-O-\overset{\overset{O}{\|}}{C}-CH_3 \xrightarrow{C_2H_5OH} \cdots \xrightarrow{B^-} \cdots \longrightarrow H_3C-\overset{\overset{O}{\|}}{C}-OC_2H_5 + H_3C-\overset{\overset{O}{\|}}{C}-O^-$

562.

$H_3C-\overset{\overset{O}{\|}}{C}-O-\overset{\overset{O}{\|}}{C}-CH_3 \xrightarrow{PhCH_2OH} (\quad) \xrightarrow{B^-} (\quad) \longrightarrow H_3C-\overset{\overset{O}{\|}}{C}-OCH_2Ph + H_3C-\overset{\overset{O}{\|}}{C}-O^-$

563.

$Ph-\overset{\overset{O}{\|}}{C}-O-\overset{\overset{O}{\|}}{C}-Ph \xrightarrow{CH_3OH} (\quad) \xrightarrow{B^-} (\quad) \longrightarrow Ph-\overset{\overset{O}{\|}}{C}-OCH_3 + Ph-\overset{\overset{O}{\|}}{C}-O^-$

564.

$Ph-\overset{\overset{O}{\|}}{C}-O-\overset{\overset{O}{\|}}{C}-Ph \xrightarrow{C_2H_5OH} (\quad) \xrightarrow{B^-} (\quad) \longrightarrow Ph-\overset{\overset{O}{\|}}{C}-OC_2H_5 + Ph-\overset{\overset{O}{\|}}{C}-O^-$

ヒント：酸無水物にはアシル基が二つあるが，片方のみで反応が起こり，もう片方は脱離基の一部になる．

## 68 酸無水物と水の反応による二分子のカルボン酸の生成　目安時間 ⑮ 分

565.

$H_3C-\overset{\overset{O}{\|}}{C}-O-\overset{\overset{O}{\|}}{C}-CH_3 \xrightarrow{H_2O} \cdots \xrightarrow{B^-} \cdots \longrightarrow H_3C-\overset{\overset{O}{\|}}{C}-OH + H_3C-\overset{\overset{O}{\|}}{C}-O^-$

566.

$$C_2H_5-\overset{O}{\underset{}{C}}-O-\overset{O}{\underset{}{C}}-C_2H_5 \xrightarrow{H_2O} C_2H_5-\overset{O^-}{\underset{\underset{+}{H-O-H}}{C}}-O-\overset{O}{\underset{}{C}}-C_2H_5 \xrightarrow{B^-} C_2H_5-\overset{O^-}{\underset{\underset{}{H-O}}{C}}-O-\overset{O}{\underset{}{C}}-C_2H_5 \longrightarrow C_2H_5-\overset{O}{\underset{}{C}}-OH + C_2H_5-\overset{O}{\underset{}{C}}-O^-$$

567.

$$Ph-\overset{O}{\underset{}{C}}-O-\overset{O}{\underset{}{C}}-Ph \xrightarrow{H_2O} \Big( \quad \Big) \xrightarrow{B^-} \Big( \quad \Big) \longrightarrow Ph-\overset{O}{\underset{}{C}}-OH + Ph-\overset{O}{\underset{}{C}}-O^-$$

568.

$$C_2H_5-\overset{O}{\underset{}{C}}-O-\overset{O}{\underset{}{C}}-CH_3 \xrightarrow{H_2O} \Big( \quad \Big) \xrightarrow{B^-} \Big( \quad \Big) \longrightarrow C_2H_5-\overset{O}{\underset{}{C}}-OH + H_3C-\overset{O}{\underset{}{C}}-O^-$$

569.

$$Ph-\overset{O}{\underset{}{C}}-O-\overset{O}{\underset{}{C}}-CH_3 \xrightarrow{H_2O} \Big( \quad \Big) \xrightarrow{B^-} \Big( \quad \Big) \longrightarrow Ph-\overset{O}{\underset{}{C}}-OH + H_3C-\overset{O}{\underset{}{C}}-O^-$$

**!** *Hint*：カルボン酸が二分子できるが，それらの水酸基はどの分子由来であるかを考えよう．

## 69 酸無水物とアミンの反応によるアミドとカルボン酸の生成

目安時間 **15** 分

570.

$$H_3C-\overset{O}{\underset{}{C}}-O-\overset{O}{\underset{}{C}}-CH_3 \xrightarrow{CH_3NH_2} H_3C-\overset{O^-}{\underset{\underset{\underset{H}{|}}{CH_3-\overset{+}{N}-H}}{C}}-O-\overset{O}{\underset{}{C}}-CH_3 \xrightarrow{B^-} H_3C-\overset{O^-}{\underset{\underset{}{CH_3-NH}}{C}}-O-\overset{O}{\underset{}{C}}-CH_3 \longrightarrow H_3C-\overset{O}{\underset{}{C}}-NHCH_3 + H_3C-\overset{O}{\underset{}{C}}-O^-$$

571.

$$H_3C-\overset{O}{\underset{}{C}}-O-\overset{O}{\underset{}{C}}-CH_3 \xrightarrow{C_2H_5NH_2} H_3C-\overset{O^-}{\underset{\underset{\underset{H}{|}}{C_2H_5-\overset{+}{N}-H}}{C}}-O-\overset{O}{\underset{}{C}}-CH_3 \xrightarrow{B^-} H_3C-\overset{O^-}{\underset{\underset{}{C_2H_5-NH}}{C}}-O-\overset{O}{\underset{}{C}}-CH_3 \longrightarrow H_3C-\overset{O}{\underset{}{C}}-NHC_2H_5 + H_3C-\overset{O}{\underset{}{C}}-O^-$$

572.

$$H_3C-\overset{O}{\underset{}{C}}-O-\overset{O}{\underset{}{C}}-CH_3 \xrightarrow{PhCH_2NH_2} \Big( \quad \Big) \xrightarrow{B^-} \Big( \quad \Big) \longrightarrow$$

$$H_3C-\overset{O}{\underset{}{C}}-NHCH_2Ph + H_3C-\overset{O}{\underset{}{C}}-O^-$$

573.

$$H_3C-\overset{O}{\underset{}{C}}-O-\overset{O}{\underset{}{C}}-CH_3 \xrightarrow{(CH_3)_2NH} \Big( \quad \Big) \xrightarrow{B^-} \Big( \quad \Big) \longrightarrow$$

$$H_3C-\overset{O}{\underset{}{C}}-N(CH_3)_2 + H_3C-\overset{O}{\underset{}{C}}-O^-$$

**574.**

$$H_3C-\overset{O}{\overset{\|}{C}}-O-\overset{O}{\overset{\|}{C}}-CH_3 \xrightarrow{(C_2H_5)_2NH} \left(\quad\right) \xrightarrow{B^-} \left(\quad\right) \left(\quad\right) \longrightarrow$$

$$H_3C-\overset{O}{\overset{\|}{C}}-N(C_2H_5)_2 \;+\; H_3C-\overset{O}{\overset{\|}{C}}-O^-$$

*Hint*：生成するカルボキシレートは反応の際に酸無水物から脱離基として生成したものであることを確認しよう．

## 70 エステル加水分解（酸触媒）

　目安時間 30 分

**575.**

$$H_3C-\overset{O}{\overset{\|}{C}}-OCH_3 \xrightarrow{H^+} H_3C-\overset{\overset{+}{O}H}{\overset{\|}{C}}-OCH_3 \xrightarrow{H_2O} H_3C-\underset{\underset{+}{\overset{|}{O}}}{\overset{\overset{OH}{|}}{C}}-OCH_3 \xrightarrow{B^-} H_3C-\underset{H-O}{\overset{\overset{OH}{|}}{C}}-OCH_3 \xrightarrow{H^+}$$

$$H_3C-\underset{H-O}{\overset{\overset{O-H}{|}}{\underset{+}{C}}}-OCH_3 \longrightarrow H_3C-\underset{H-O}{\overset{+O-H}{\overset{\|}{C}}} \xrightarrow{B^-} H_3C-\underset{H-O}{\overset{O}{\overset{\|}{C}}}$$

**576.**

$$H_3C-\overset{O}{\overset{\|}{C}}-OC_2H_5 \xrightarrow{H^+} H_3C-\overset{\overset{+}{O}H}{\overset{\|}{C}}-OC_2H_5 \xrightarrow{H_2O} H_3C-\underset{\underset{+}{\overset{|}{O}}}{\overset{\overset{OH}{|}}{C}}-OC_2H_5 \xrightarrow{B^-} H_3C-\underset{H-O}{\overset{\overset{OH}{|}}{C}}-OC_2H_5 \xrightarrow{H^+}$$

$$H_3C-\underset{H-O}{\overset{\overset{O-H}{|}}{\underset{+}{C}}}-OC_2H_5 \longrightarrow H_3C-\underset{H-O}{\overset{+O-H}{\overset{\|}{C}}} \xrightarrow{B^-} H_3C-\underset{H-O}{\overset{O}{\overset{\|}{C}}}$$

**577.**

$$C_2H_5-\overset{O}{\overset{\|}{C}}-OCH_3 \xrightarrow{H^+} C_2H_5-\overset{\overset{+}{O}H}{\overset{\|}{C}}-OCH_3 \xrightarrow{H_2O} C_2H_5-\underset{\underset{+}{\overset{|}{O}}}{\overset{\overset{OH}{|}}{C}}-OCH_3 \xrightarrow{B^-} C_2H_5-\underset{H-O}{\overset{\overset{OH}{|}}{C}}-OCH_3 \xrightarrow{H^+}$$

$$C_2H_5-\underset{H-O}{\overset{\overset{O-H}{|}}{\underset{+}{C}}}-OCH_3 \longrightarrow C_2H_5-\underset{H-O}{\overset{+O-H}{\overset{\|}{C}}} \xrightarrow{B^-} C_2H_5-\underset{H-O}{\overset{O}{\overset{\|}{C}}}$$

**578.**

$$C_2H_5-\overset{O}{\overset{\|}{C}}-OC_2H_5 \xrightarrow{H^+} C_2H_5-\overset{\overset{+}{O}H}{\overset{\|}{C}}-OC_2H_5 \xrightarrow{H_2O} C_2H_5-\underset{\underset{+}{\overset{|}{O}}}{\overset{\overset{OH}{|}}{C}}-OC_2H_5 \xrightarrow{B^-} C_2H_5-\underset{H-O}{\overset{\overset{OH}{|}}{C}}-OC_2H_5 \xrightarrow{H^+}$$

$$C_2H_5-\underset{H-O}{\overset{\overset{O-H}{|}}{\underset{+}{C}}}-OC_2H_5 \longrightarrow C_2H_5-\underset{H-O}{\overset{+O-H}{\overset{\|}{C}}} \xrightarrow{B^-} C_2H_5-\underset{H-O}{\overset{O}{\overset{\|}{C}}}$$

579.

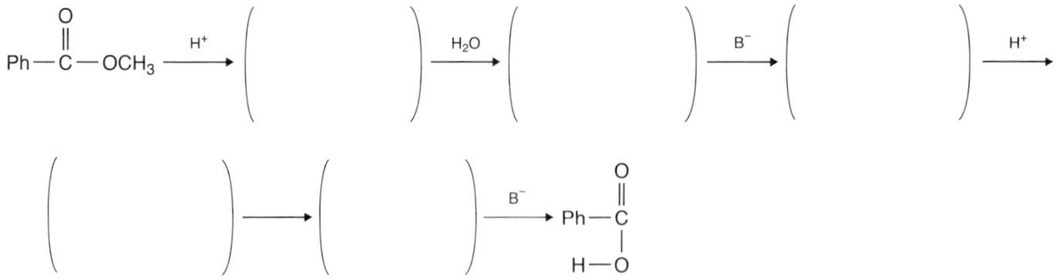

$Ph-\overset{\overset{\displaystyle O}{\|}}{C}-OCH_3$ $\xrightarrow{H^+}$ ( ) $\xrightarrow{H_2O}$ ( ) $\xrightarrow{B^-}$ ( ) $\xrightarrow{H^+}$

( ) $\longrightarrow$ ( ) $\xrightarrow{B^-}$ $Ph-\overset{\overset{\displaystyle O}{\|}}{\underset{H-O}{C}}$

580.

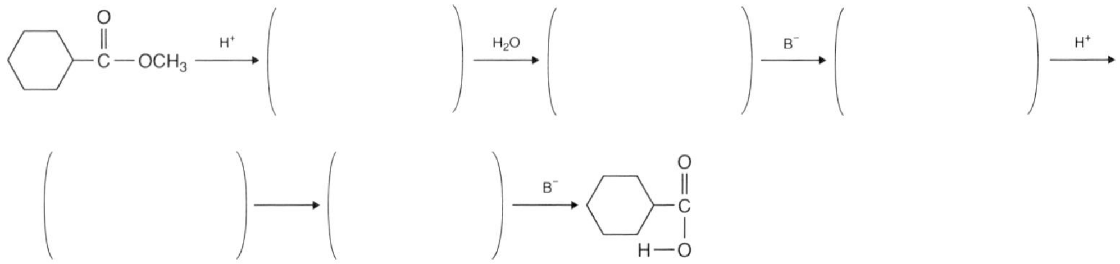

$\xrightarrow{H^+}$ ( ) $\xrightarrow{H_2O}$ ( ) $\xrightarrow{B^-}$ ( ) $\xrightarrow{H^+}$

( ) $\longrightarrow$ ( ) $\xrightarrow{B^-}$

581.

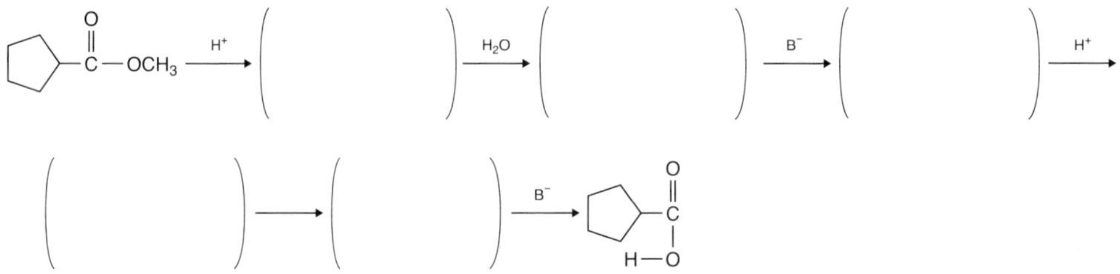

$\xrightarrow{H^+}$ ( ) $\xrightarrow{H_2O}$ ( ) $\xrightarrow{B^-}$ ( ) $\xrightarrow{H^+}$

( ) $\longrightarrow$ ( ) $\xrightarrow{B^-}$

582.

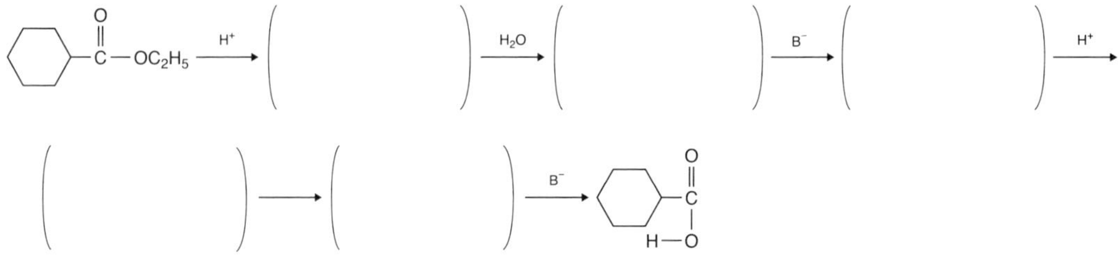

$\xrightarrow{H^+}$ ( ) $\xrightarrow{H_2O}$ ( ) $\xrightarrow{B^-}$ ( ) $\xrightarrow{H^+}$

( ) $\longrightarrow$ ( ) $\xrightarrow{B^-}$

583.

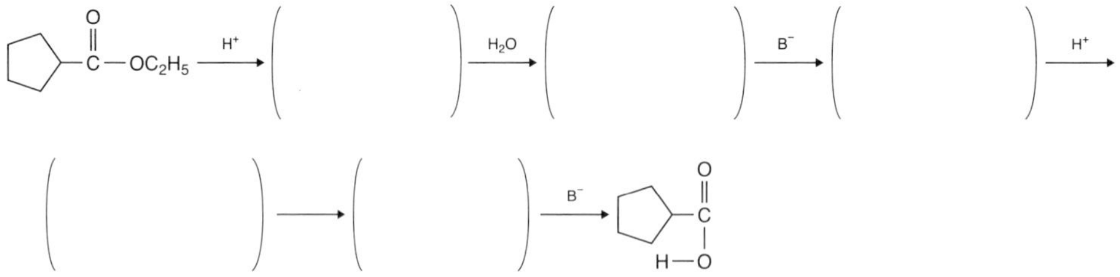

$\xrightarrow{H^+}$ ( ) $\xrightarrow{H_2O}$ ( ) $\xrightarrow{B^-}$ ( ) $\xrightarrow{H^+}$

( ) $\longrightarrow$ ( ) $\xrightarrow{B^-}$

584.

$PhCH_2-\overset{\overset{\displaystyle O}{\|}}{C}-OCH_3$ $\xrightarrow{H^+}$ ( ) $\xrightarrow{H_2O}$ ( ) $\xrightarrow{B^-}$ ( ) $\xrightarrow{H^+}$

( ) $\longrightarrow$ ( ) $\xrightarrow{B^-}$ $PhCH_2-\overset{\overset{\displaystyle O}{\|}}{\underset{H-O}{C}}$

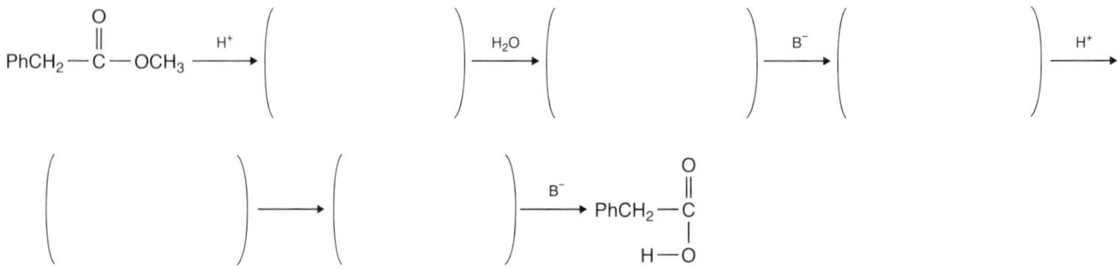

*Hint*：カルボニル炭素がプロトン化されると，カルボニル炭素が求核攻撃を受けやすくなる．

## 71 エステル加水分解（塩基性条件）

585.

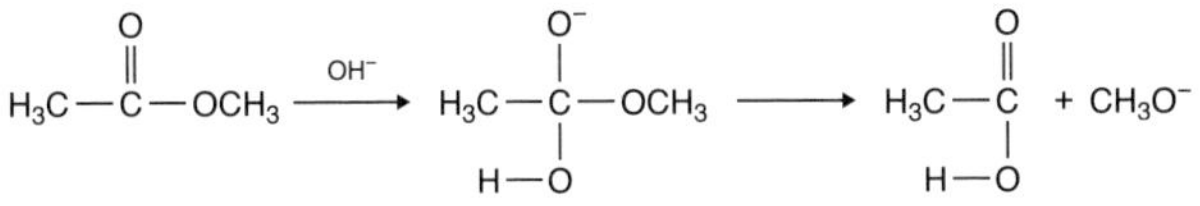

$$H_3C-\overset{O}{\underset{}{C}}-OCH_3 \xrightarrow{OH^-} H_3C-\overset{O^-}{\underset{H-O}{C}}-OCH_3 \longrightarrow H_3C-\overset{O}{\underset{H-O}{C}} + CH_3O^-$$

586.

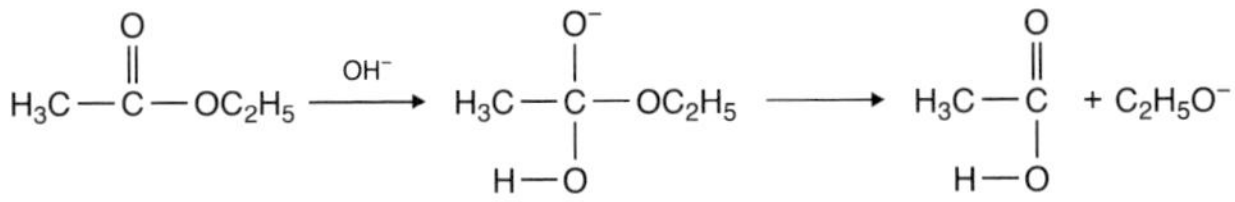

$$H_3C-\overset{O}{\underset{}{C}}-OC_2H_5 \xrightarrow{OH^-} H_3C-\overset{O^-}{\underset{H-O}{C}}-OC_2H_5 \longrightarrow H_3C-\overset{O}{\underset{H-O}{C}} + C_2H_5O^-$$

587.

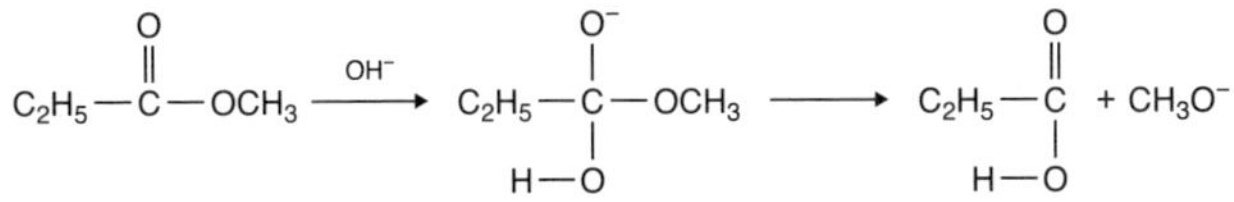

$$C_2H_5-\overset{O}{\underset{}{C}}-OCH_3 \xrightarrow{OH^-} C_2H_5-\overset{O^-}{\underset{H-O}{C}}-OCH_3 \longrightarrow C_2H_5-\overset{O}{\underset{H-O}{C}} + CH_3O^-$$

588.

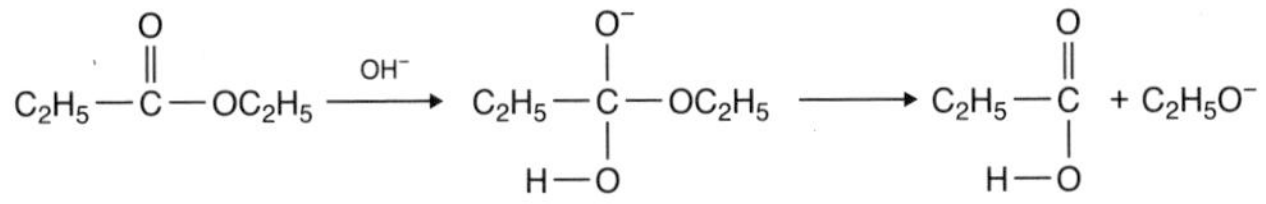

$$C_2H_5-\overset{O}{\underset{}{C}}-OC_2H_5 \xrightarrow{OH^-} C_2H_5-\overset{O^-}{\underset{H-O}{C}}-OC_2H_5 \longrightarrow C_2H_5-\overset{O}{\underset{H-O}{C}} + C_2H_5O^-$$

589.

$$Ph-\overset{O}{\underset{}{C}}-OCH_3 \xrightarrow{OH^-} \left( \phantom{xxx} \right) \longrightarrow Ph-\overset{O}{\underset{H-O}{C}} + CH_3O^-$$

590.

591.

592.

593.

594.

$$PhCH_2-\overset{O}{\underset{}{C}}-OCH_3 \xrightarrow{OH^-} \left( \phantom{xxx} \right) \longrightarrow PhCH_2-\overset{O}{\underset{H-O}{C}} + CH_3O^-$$

Hint : 70 との違いを意識しよう．水酸化物イオンは求核性が高いので，プロトン付加なしでも反応が進む．

## 72 エステル交換（酸触媒）

**595.**

$$H_3C-C(=O)-OCH_3 \xrightarrow{H^+} H_3C-C(=\overset{+}{O}H)-OCH_3 \xrightarrow{C_2H_5OH} H_3C-\underset{C_2H_5-\overset{+}{O}-H}{\overset{OH}{\underset{|}{C}}}-OCH_3 \xrightarrow{B^-} H_3C-\underset{C_2H_5-O}{\overset{OH}{\underset{|}{C}}}-OCH_3 \xrightarrow{H^+}$$

$$H_3C-\underset{C_2H_5-O}{\overset{O-H}{\underset{|}{C}}}-\overset{+}{O}CH_3\,H \longrightarrow H_3C-\underset{C_2H_5-O}{\overset{+O-H}{C}} \xrightarrow{B^-} H_3C-\underset{C_2H_5-O}{\overset{O}{C}}$$

**596.**

$$H_3C-C(=O)-OC_2H_5 \xrightarrow{H^+} H_3C-C(=\overset{+}{O}H)-OC_2H_5 \xrightarrow{CH_3OH} H_3C-\underset{H_3C-\overset{+}{O}-H}{\overset{OH}{\underset{|}{C}}}-OC_2H_5 \xrightarrow{B^-} H_3C-\underset{H_3C-O}{\overset{OH}{\underset{|}{C}}}-OC_2H_5 \xrightarrow{H^+}$$

$$H_3C-\underset{H_3C-O}{\overset{O-H}{\underset{|}{C}}}-\overset{+}{O}C_2H_5\,H \longrightarrow H_3C-\underset{H_3C-O}{\overset{+O-H}{C}} \xrightarrow{B^-} H_3C-\underset{H_3C-O}{\overset{O}{C}}$$

**597.**

$$C_2H_5-C(=O)-OCH_3 \xrightarrow{H^+} C_2H_5-C(=\overset{+}{O}H)-OCH_3 \xrightarrow{C_2H_5OH} C_2H_5-\underset{C_2H_5-\overset{+}{O}-H}{\overset{OH}{\underset{|}{C}}}-OCH_3 \xrightarrow{B^-} C_2H_5-\underset{C_2H_5-O}{\overset{OH}{\underset{|}{C}}}-OCH_3 \xrightarrow{H^+}$$

$$C_2H_5-\underset{C_2H_5-O}{\overset{O-H}{\underset{|}{C}}}-\overset{+}{O}CH_3\,H \longrightarrow C_2H_5-\underset{C_2H_5-O}{\overset{+O-H}{C}} \xrightarrow{B^-} C_2H_5-\underset{C_2H_5-O}{\overset{O}{C}}$$

**598.**

$$C_2H_5-C(=O)-OC_2H_5 \xrightarrow{H^+} C_2H_5-C(=\overset{+}{O}H)-OC_2H_5 \xrightarrow{CH_3OH} C_2H_5-\underset{H_3C-\overset{+}{O}-H}{\overset{OH}{\underset{|}{C}}}-OC_2H_5 \xrightarrow{B^-} C_2H_5-\underset{H_3C-O}{\overset{OH}{\underset{|}{C}}}-OC_2H_5 \xrightarrow{H^+}$$

$$C_2H_5-\underset{H_3C-O}{\overset{O-H}{\underset{|}{C}}}-\overset{+}{O}C_2H_5\,H \longrightarrow C_2H_5-\underset{H_3C-O}{\overset{+O-H}{C}} \xrightarrow{B^-} C_2H_5-\underset{H_3C-O}{\overset{O}{C}}$$

**599.**

$$Ph-C(=O)-OCH_3 \xrightarrow{H^+} (\quad) \xrightarrow{C_2H_5OH} (\quad) \xrightarrow{B^-} (\quad) \xrightarrow{H^+}$$

$$(\quad) \longrightarrow (\quad) \xrightarrow{B^-} Ph-\underset{C_2H_5-O}{\overset{O}{C}}$$

**600.**

**601.**

**602.**

**603.**

**604.**

*Hint*：まず，カルボニル酸素がプロトン化される．二種類のアルコールが入れ替わる過程をていねいに追いかけよう．

## 73 エステル交換（塩基性条件）

目安時間 20 分

605.

$$H_3C-\overset{\overset{\displaystyle O}{\|}}{C}-OCH_3 \xrightarrow{C_2H_5O^-} H_3C-\overset{\overset{\displaystyle O^-}{|}}{\underset{\underset{\displaystyle C_2H_5-O}{|}}{C}}-OCH_3 \longrightarrow H_3C-\overset{\overset{\displaystyle O}{\|}}{\underset{\underset{\displaystyle C_2H_5-O}{|}}{C}} + CH_3O^-$$

606.

$$H_3C-\overset{\overset{\displaystyle O}{\|}}{C}-OC_2H_5 \xrightarrow{CH_3O^-} H_3C-\overset{\overset{\displaystyle O^-}{|}}{\underset{\underset{\displaystyle H_3C-O}{|}}{C}}-OC_2H_5 \longrightarrow H_3C-\overset{\overset{\displaystyle O}{\|}}{\underset{\underset{\displaystyle H_3C-O}{|}}{C}} + C_2H_5O^-$$

607.

$$C_2H_5-\overset{\overset{\displaystyle O}{\|}}{C}-OCH_3 \xrightarrow{C_2H_5O^-} C_2H_5-\overset{\overset{\displaystyle O^-}{|}}{\underset{\underset{\displaystyle C_2H_5-O}{|}}{C}}-OCH_3 \longrightarrow C_2H_5-\overset{\overset{\displaystyle O}{\|}}{\underset{\underset{\displaystyle C_2H_5-O}{|}}{C}} + CH_3O^-$$

608.

$$C_2H_5-\overset{\overset{\displaystyle O}{\|}}{C}-OC_2H_5 \xrightarrow{CH_3O^-} C_2H_5-\overset{\overset{\displaystyle O^-}{|}}{\underset{\underset{\displaystyle H_3C-O}{|}}{C}}-OC_2H_5 \longrightarrow C_2H_5-\overset{\overset{\displaystyle O}{\|}}{\underset{\underset{\displaystyle H_3C-O}{|}}{C}} + C_2H_5O^-$$

609.

$$Ph-\overset{\overset{\displaystyle O}{\|}}{C}-OCH_3 \xrightarrow{C_2H_5O^-} \left( \quad\quad \right) \longrightarrow Ph-\overset{\overset{\displaystyle O}{\|}}{\underset{\underset{\displaystyle C_2H_5-O}{|}}{C}} + CH_3O^-$$

610.

$$\xrightarrow{C_2H_5O^-} \left( \quad\quad \right) \longrightarrow$$

$$+ CH_3O^-$$

611.

$$\xrightarrow{C_2H_5O^-} \left( \quad\quad \right) \longrightarrow$$

$$+ CH_3O^-$$

612.

$$\xrightarrow{CH_3O^-} \left( \quad\quad \right) \longrightarrow$$

$$+ C_2H_5O^-$$

613.

$$\xrightarrow{CH_3O^-} \left( \quad\quad \right) \longrightarrow$$

$$+ C_2H_5O^-$$

614.

$$PhCH_2-\overset{\overset{\displaystyle O}{\|}}{C}-OCH_3 \xrightarrow{C_2H_5O^-} \left( \quad\quad \right) \longrightarrow PhCH_2-\overset{\overset{\displaystyle O}{\|}}{\underset{\underset{\displaystyle C_2H_5-O}{|}}{C}} + CH_3O^-$$

*Hint*：アルコキシドは大きな求核性をもつ．ここでも二種類のアルコールが入れ替わる過程をていねいに追いかけよう．

**74** アミドの加水分解　

**615.**

$$H_3C-\overset{\overset{O}{\|}}{C}-NH_2 \xrightarrow{H^+} H_3C-\overset{\overset{+OH}{\|}}{C}-NH_2 \xrightarrow{H_2O} H_3C-\overset{\overset{OH}{|}}{\underset{\overset{|}{O^+}-H}{\underset{|}{C}}}-NH_2 \xrightarrow{B^-} H_3C-\overset{\overset{OH}{|}}{\underset{\overset{|}{O}}{\underset{|}{C}}}-NH_2 \xrightarrow{H^+}$$

$$H_3C-\overset{\overset{O-H}{|}}{\underset{\overset{|}{O}-H}{\underset{|}{C}}}\overset{+}{N}H_2 \longrightarrow H_3C-\overset{\overset{+O-H}{|}}{\underset{\overset{|}{O}-H}{\underset{}{C}}} \xrightarrow{B^-} H_3C-\overset{\overset{O}{\|}}{\underset{\overset{|}{O}-H}{\underset{}{C}}}$$

**616.**

$$H_3C-\overset{\overset{O}{\|}}{C}-NHCH_3 \xrightarrow{H^+} H_3C-\overset{\overset{+OH}{\|}}{C}-NHCH_3 \xrightarrow{H_2O} H_3C-\overset{\overset{OH}{|}}{\underset{\overset{|}{O^+}-H}{\underset{|}{C}}}-NHCH_3 \xrightarrow{B^-} H_3C-\overset{\overset{OH}{|}}{\underset{\overset{|}{O}}{\underset{|}{C}}}-NHCH_3 \xrightarrow{H^+}$$

$$H_3C-\overset{\overset{O-H}{|}}{\underset{\overset{|}{O}-H}{\underset{|}{C}}}\overset{+}{N}HCH_3 \longrightarrow H_3C-\overset{\overset{+O-H}{|}}{\underset{\overset{|}{O}-H}{\underset{}{C}}} \xrightarrow{B^-} H_3C-\overset{\overset{O}{\|}}{\underset{\overset{|}{O}-H}{\underset{}{C}}}$$

**617.**

$$C_2H_5-\overset{\overset{O}{\|}}{C}-NH_2 \xrightarrow{H^+} C_2H_5-\overset{\overset{+OH}{\|}}{C}-NH_2 \xrightarrow{H_2O} C_2H_5-\overset{\overset{OH}{|}}{\underset{\overset{|}{O^+}-H}{\underset{|}{C}}}-NH_2 \xrightarrow{B^-} C_2H_5-\overset{\overset{OH}{|}}{\underset{\overset{|}{O}}{\underset{|}{C}}}-NH_2 \xrightarrow{H^+}$$

$$C_2H_5-\overset{\overset{O-H}{|}}{\underset{\overset{|}{O}-H}{\underset{|}{C}}}\overset{+}{N}H_2 \longrightarrow C_2H_5-\overset{\overset{+O-H}{|}}{\underset{\overset{|}{O}-H}{\underset{}{C}}} \xrightarrow{B^-} C_2H_5-\overset{\overset{O}{\|}}{\underset{\overset{|}{O}-H}{\underset{}{C}}}$$

**618.**

$$C_2H_5-\overset{\overset{O}{\|}}{C}-NHCH_3 \xrightarrow{H^+} C_2H_5-\overset{\overset{+OH}{\|}}{C}-NHCH_3 \xrightarrow{H_2O} C_2H_5-\overset{\overset{OH}{|}}{\underset{\overset{|}{O^+}-H}{\underset{|}{C}}}-NHCH_3 \xrightarrow{B^-} C_2H_5-\overset{\overset{OH}{|}}{\underset{\overset{|}{O}}{\underset{|}{C}}}-NHCH_3 \xrightarrow{H^+}$$

$$C_2H_5-\overset{\overset{O-H}{|}}{\underset{\overset{|}{O}-H}{\underset{|}{C}}}\overset{+}{N}HCH_3 \longrightarrow C_2H_5-\overset{\overset{+O-H}{|}}{\underset{\overset{|}{O}-H}{\underset{}{C}}} \xrightarrow{B^-} C_2H_5-\overset{\overset{O}{\|}}{\underset{\overset{|}{O}-H}{\underset{}{C}}}$$

**619.**

$$Ph-\overset{\overset{O}{\|}}{C}-NH_2 \xrightarrow{H^+} \Big(\quad\Big) \xrightarrow{H_2O} \Big(\quad\Big) \xrightarrow{B^-} \Big(\quad\Big) \xrightarrow{H^+}$$

$$\Big(\quad\Big) \longrightarrow \Big(\quad\Big) \xrightarrow{B^-} Ph-\overset{\overset{O}{\|}}{\underset{\overset{|}{O}-H}{\underset{}{C}}}$$

620.

621.

622.

623.

624.

Hint：アミノ基はそのままでは脱離が難しい．N 原子がプロトン化され，アミンとして脱離が起こる．

**75** アミドの加アルコール分解 目安時間 **30** 分

625.

$H_3C-\overset{O}{\overset{\|}{C}}-NH_2 \xrightarrow{H^+} H_3C-\overset{+OH}{\overset{\|}{C}}-NH_2 \xrightarrow{CH_3OH} H_3C-\underset{\underset{+}{O-H}}{\overset{OH}{\underset{|}{\overset{|}{C}}}}-NH_2 \xrightarrow{B^-} H_3C-\underset{\underset{|}{H_3C-O}}{\overset{OH}{\underset{|}{\overset{|}{C}}}}-NH_2 \xrightarrow{H^+}$

$H_3C-\underset{\underset{|}{H_3C-O}\ H}{\overset{\overset{|}{O-H}}{\underset{|}{\overset{|}{C}}}}-\overset{+}{N}H_2 \longrightarrow H_3C-\underset{\underset{|}{H_3C-O}}{\overset{\overset{|}{+O-H}}{\underset{|}{\overset{\|}{C}}}} \xrightarrow{B^-} H_3C-\underset{\underset{|}{H_3C-O}}{\overset{O}{\underset{|}{\overset{\|}{C}}}}$

626.

$H_3C-\overset{O}{\overset{\|}{C}}-NHCH_3 \xrightarrow{H^+} H_3C-\overset{+OH}{\overset{\|}{C}}-NHCH_3 \xrightarrow{C_2H_5OH} H_3C-\underset{\underset{+}{C_2H_5-O-H}}{\overset{OH}{\underset{|}{\overset{|}{C}}}}-NHCH_3 \xrightarrow{B^-} H_3C-\underset{\underset{|}{C_2H_5-O}}{\overset{OH}{\underset{|}{\overset{|}{C}}}}-NHCH_3 \xrightarrow{H^+}$

$H_3C-\underset{\underset{|}{C_2H_5-O}\ H}{\overset{\overset{|}{O-H}}{\underset{|}{\overset{|}{C}}}}-\overset{+}{N}HCH_3 \longrightarrow H_3C-\underset{\underset{|}{C_2H_5-O}}{\overset{\overset{|}{+O-H}}{\underset{|}{\overset{\|}{C}}}} \xrightarrow{B^-} H_3C-\underset{\underset{|}{C_2H_5-O}}{\overset{O}{\underset{|}{\overset{\|}{C}}}}$

627.

$C_2H_5-\overset{O}{\overset{\|}{C}}-NH_2 \xrightarrow{H^+} C_2H_5-\overset{+OH}{\overset{\|}{C}}-NH_2 \xrightarrow{CH_3OH} C_2H_5-\underset{\underset{+}{H_3C-O-H}}{\overset{OH}{\underset{|}{\overset{|}{C}}}}-NH_2 \xrightarrow{B^-} C_2H_5-\underset{\underset{|}{H_3C-O}}{\overset{OH}{\underset{|}{\overset{|}{C}}}}-NH_2 \xrightarrow{H^+}$

$C_2H_5-\underset{\underset{|}{H_3C-O}\ H}{\overset{\overset{|}{O-H}}{\underset{|}{\overset{|}{C}}}}-\overset{+}{N}H_2 \longrightarrow C_2H_5-\underset{\underset{|}{H_3C-O}}{\overset{\overset{|}{+O-H}}{\underset{|}{\overset{\|}{C}}}} \xrightarrow{B^-} C_2H_5-\underset{\underset{|}{H_3C-O}}{\overset{O}{\underset{|}{\overset{\|}{C}}}}$

628.

$C_2H_5-\overset{O}{\overset{\|}{C}}-NHCH_3 \xrightarrow{H^+} C_2H_5-\overset{+OH}{\overset{\|}{C}}-NHCH_3 \xrightarrow{C_2H_5OH} C_2H_5-\underset{\underset{+}{C_2H_5-O-H}}{\overset{OH}{\underset{|}{\overset{|}{C}}}}-NHCH_3 \xrightarrow{B^-} C_2H_5-\underset{\underset{|}{C_2H_5-O}}{\overset{OH}{\underset{|}{\overset{|}{C}}}}-NHCH_3 \xrightarrow{H^+}$

$C_2H_5-\underset{\underset{|}{C_2H_5-O}\ H}{\overset{\overset{|}{O-H}}{\underset{|}{\overset{|}{C}}}}-\overset{+}{N}HCH_3 \longrightarrow C_2H_5-\underset{\underset{|}{C_2H_5-O}}{\overset{\overset{|}{+O-H}}{\underset{|}{\overset{\|}{C}}}} \xrightarrow{B^-} C_2H_5-\underset{\underset{|}{C_2H_5-O}}{\overset{O}{\underset{|}{\overset{\|}{C}}}}$

629.

$Ph-\overset{O}{\overset{\|}{C}}-NH_2 \xrightarrow{H^+} (\quad) \xrightarrow{CH_3OH} (\quad) \xrightarrow{B^-} (\quad) \xrightarrow{H^+}$

$(\quad) \longrightarrow (\quad) \xrightarrow{B^-} Ph-\underset{\underset{|}{H_3C-O}}{\overset{O}{\underset{|}{\overset{\|}{C}}}}$

**630.**

**631.**

**632.**

**633.**

**634.**

Hint：アルコールが求核体になる．ここでも N 原子がプロトン化され，アミンとして脱離が起こる．

# 76 ガブリエル合成

**635.**

**636.**

637.

Hint：窒素原子が求核体になる．その後の加水分解が複雑に見えるが，アミドの加水分解を思い出そう．

## 77　ニトリルの加水分解

目安時間 **15** 分

638.
$CH_3-C\equiv N$ $\xrightarrow{H^+}$ $CH_3-C\equiv\overset{+}{N}H$ $\xrightarrow{H_2O}$ $CH_3-C=NH$ $\xrightarrow{B^-}$ $CH_3-C=NH$ $\xrightarrow{H^+}$ $CH_3-C=\overset{+}{N}H_2$ ⟷

$CH_3-C-NH_2$ $\xrightarrow{H_2O}$ $CH_3-C-NH_2$ $\xrightarrow{B^-}$ $CH_3-C-NH_2$ $\xrightarrow{H^+}$ $CH_3-C-\overset{+}{N}H_3$ $\rightarrow$ $CH_3-C$ $\xrightarrow{B^-}$ $CH_3-C$

639.
$C_2H_5-C\equiv N$ $\xrightarrow{H^+}$ $C_2H_5-C\equiv\overset{+}{N}H$ $\xrightarrow{H_2O}$ $C_2H_5-C=NH$ $\xrightarrow{B^-}$ $C_2H_5-C=NH$ $\xrightarrow{H^+}$ $C_2H_5-C=\overset{+}{N}H_2$ ⟷

$C_2H_5-C-NH_2$ $\xrightarrow{H_2O}$ $C_2H_5-C-NH_2$ $\xrightarrow{B^-}$ $C_2H_5-C-NH_2$ $\xrightarrow{H^+}$ $C_2H_5-C-\overset{+}{N}H_3$ $\rightarrow$ $C_2H_5-C$ $\xrightarrow{B^-}$ $C_2H_5-C$

640.
$(CH_3)_2CH-C\equiv N$ $\xrightarrow{H^+}$ (　) $\xrightarrow{H_2O}$ (　) $\xrightarrow{B^-}$ (　) $\xrightarrow{H^+}$

(　) ⟷ (　) $\xrightarrow{H_2O}$ (　) $\xrightarrow{B^-}$ (　) $\xrightarrow{H^+}$

(　) $\rightarrow$ (　) $\xrightarrow{B^-}$ $(CH_3)_2CH-C\overset{\displaystyle O}{\underset{\displaystyle H-O}{}}$

**641.**

Ph—C≡N $\xrightarrow{H^+}$ ( ) $\xrightarrow{H_2O}$ ( ) $\xrightarrow{B^-}$ ( ) $\xrightarrow{H^+}$ ( ) ←→

( ) $\xrightarrow{H_2O}$ ( ) $\xrightarrow{B^-}$ ( ) $\xrightarrow{H^+}$ ( ) ⟶ ( ) $\xrightarrow{B^-}$ Ph—C(=O)—O—H

!*Hint*：カルボニル化合物の加水分解と同じ．まずシアノ基のN原子がプロトン化される．

---

**78** カルボン酸と SOCl₂ の反応　　　目安時間 15分

**642.**

$H_3C$—C(=O)—OH $\xrightarrow{Cl-S(=O)-Cl}$ $H_3C$—C(=O)—O⁺(H)—S(—O⁻)(Cl)—Cl $\xrightarrow{B^-}$ $H_3C$—C(=O)—O—S(—O⁻)(Cl)—Cl $\longrightarrow$ $H_3C$—C(=O)—O—S(=O)—Cl $\xrightarrow{Cl^-}$

$H_3C$—C(—O⁻)(Cl)—O—S(=O)—Cl $\longrightarrow$ $H_3C$—C(=O)—Cl ＋ SO₂ ＋ Cl⁻

**643.**

$H_5C_2$—C(=O)—OH $\xrightarrow{Cl-S(=O)-Cl}$ $H_5C_2$—C(=O)—O⁺(H)—S(—O⁻)(Cl)—Cl $\xrightarrow{B^-}$ $H_5C_2$—C(=O)—O—S(—O⁻)(Cl)—Cl $\longrightarrow$ $H_5C_2$—C(=O)—O—S(=O)—Cl $\xrightarrow{Cl^-}$

$H_5C_2$—C(—O⁻)(Cl)—O—S(=O)—Cl $\longrightarrow$ $H_5C_2$—C(=O)—Cl ＋ SO₂ ＋ Cl⁻

**644.**

$(CH_3)_3C$—C(=O)—OH $\xrightarrow{Cl-S(=O)-Cl}$ ( ) $\xrightarrow{B^-}$ ( ) $\longrightarrow$ ( ) $\xrightarrow{Cl^-}$

( ) $\longrightarrow$ $(CH_3)_3C$—C(=O)—Cl ＋ SO₂ ＋ Cl⁻

**645.**

Ph—C(=O)—OH $\xrightarrow{Cl-S(=O)-Cl}$ ( ) $\xrightarrow{B^-}$ ( ) $\longrightarrow$ ( ) $\xrightarrow{Cl^-}$

( ) $\longrightarrow$ Ph—C(=O)—Cl ＋ SO₂ ＋ Cl⁻

**646.**

$$\text{(cyclohexyl)}-\overset{\overset{\displaystyle O}{\|}}{C}-OH \xrightarrow{\underset{}{Cl-\overset{\overset{\displaystyle O}{\|}}{S}-Cl}} (\quad) \xrightarrow{B^-} (\quad) \longrightarrow (\quad) \xrightarrow{Cl^-}$$

$$(\quad) \longrightarrow \text{(cyclohexyl)}-\overset{\overset{\displaystyle O}{\|}}{C}-Cl + SO_2 + Cl^-$$

!*Hint*：まずカルボン酸のヒドロキシ基のO原子がS原子を攻撃する．　塩化チオニルの各原子がどこに移るかを見ていこう．

## 79　カルボン酸とPX₃の反応

目安時間 **15** 分

**647.**

$$H_3C-\overset{\overset{\displaystyle O}{\|}}{C}-OH \xrightarrow{Cl_2P-Cl} H_3C-\overset{\overset{\displaystyle O}{\|}}{C}-\overset{\overset{+}{O}}{\underset{H}{}}-PCl_2 \xrightarrow{B^-} H_3C-\overset{\overset{\displaystyle O}{\|}}{C}-O-PCl_2 \xrightarrow{Cl^-}$$

$$H_3C-\overset{\overset{\displaystyle O^-}{}}{\underset{Cl}{C}}-O-PCl_2 \longrightarrow H_3C-\overset{\overset{\displaystyle O}{\|}}{C}-Cl + {}^-OPCl_2$$

**648.**

$$C_2H_5-\overset{\overset{\displaystyle O}{\|}}{C}-OH \xrightarrow{Br_2P-Br} C_2H_5-\overset{\overset{\displaystyle O}{\|}}{C}-\overset{\overset{+}{O}}{\underset{H}{}}-PBr_2 \xrightarrow{B^-} C_2H_5-\overset{\overset{\displaystyle O}{\|}}{C}-O-PBr_2 \xrightarrow{Br^-}$$

$$C_2H_5-\overset{\overset{\displaystyle O^-}{}}{\underset{Br}{C}}-O-PBr_2 \longrightarrow C_2H_5-\overset{\overset{\displaystyle O}{\|}}{C}-Br + {}^-OPBr_2$$

**649.**

$$(CH_3)_3C-\overset{\overset{\displaystyle O}{\|}}{C}-OH \xrightarrow{Cl_2P-Cl} (\quad) \xrightarrow{B^-} (\quad) \xrightarrow{Cl^-} $$

$$(\quad) \longrightarrow (CH_3)_3C-\overset{\overset{\displaystyle O}{\|}}{C}-Cl + {}^-OPCl_2$$

**650.**

$$Ph-\overset{\overset{\displaystyle O}{\|}}{C}-OH \xrightarrow{Br_2P-Br} (\quad) \xrightarrow{B^-} (\quad) \xrightarrow{Br^-} $$

$$(\quad) \longrightarrow Ph-\overset{\overset{\displaystyle O}{\|}}{C}-Br + {}^-OPBr_2$$

651.

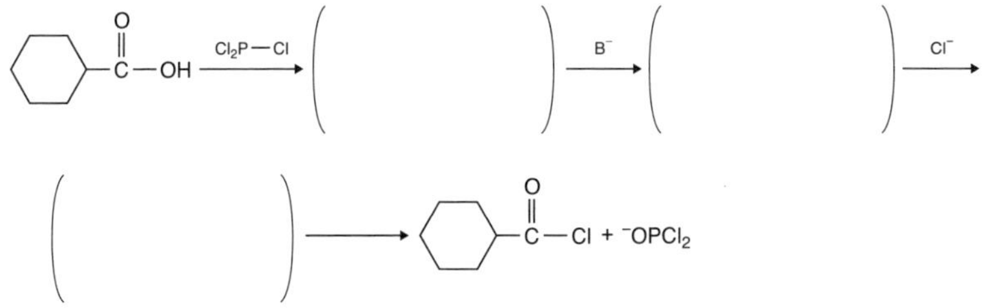

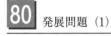

$Cl_2P—Cl$
$B^-$
$Cl^-$
$C—Cl + {}^-OPCl_2$


**!** *Hint*：まずカルボン酸のヒドロキシ基の O 原子が P 原子を攻撃する．カルボン酸の O 原子がリン化合物として脱離する過程を見ていこう．

• 次の反応式の反応機構を答えよ．

## 80 発展問題（1）

目安時間 30 分

652.

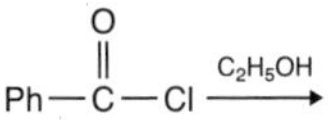

$Ph—C(=O)—Cl$
$C_2H_5OH$


653.

$Ph—C(=O)—Cl$
$C_2H_5O^-$


654.

$Ph—C(=O)—Cl$
PhCOOH


655.

$Ph—C(=O)—Cl$
$PhCOO^-$


656.

$Ph—C(=O)—Cl$
$2C_2H_5NH_2$


657.

$Ph—C(=O)—Cl$
$2(C_2H_5)_2NH$


658.

$Ph—C(=O)—O—C(=O)—Ph$
$PhCH_2OH$

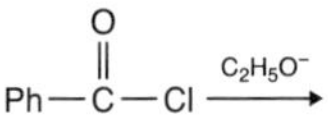

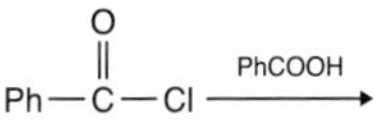

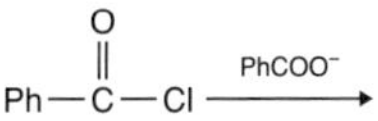

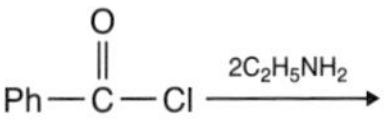

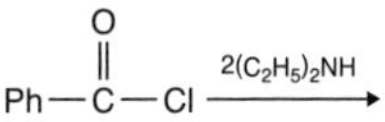

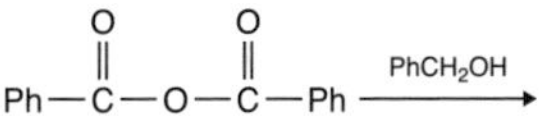

659.

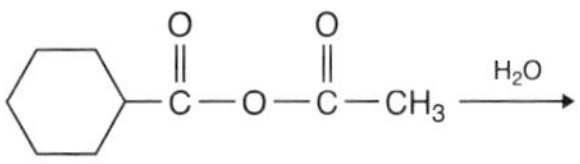

$$\text{cyclohexyl}-\overset{\displaystyle O}{\overset{\|}{C}}-O-\overset{\displaystyle O}{\overset{\|}{C}}-CH_3 \xrightarrow{\ H_2O\ }$$

660.

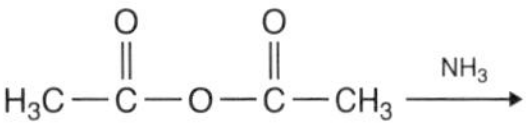

$$H_3C-\overset{\displaystyle O}{\overset{\|}{C}}-O-\overset{\displaystyle O}{\overset{\|}{C}}-CH_3 \xrightarrow{\ NH_3\ }$$

661.

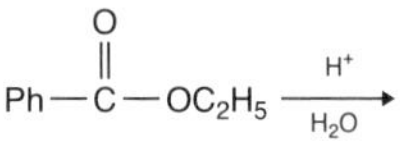

$$Ph-\overset{\displaystyle O}{\overset{\|}{C}}-OC_2H_5 \xrightarrow[H_2O]{\ H^+\ }$$

662.

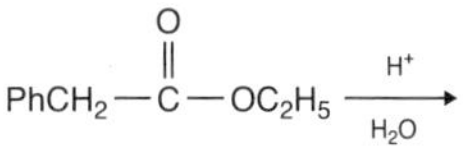

$$PhCH_2-\overset{\displaystyle O}{\overset{\|}{C}}-OC_2H_5 \xrightarrow[H_2O]{\ H^+\ }$$

663.

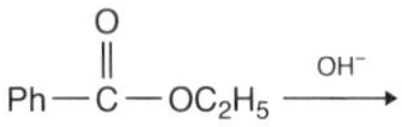

$$Ph-\overset{\displaystyle O}{\overset{\|}{C}}-OC_2H_5 \xrightarrow{\ OH^-\ }$$

664.

$$PhCH_2-\overset{\displaystyle O}{\overset{\|}{C}}-OC_2H_5 \xrightarrow{\ OH^-\ }$$

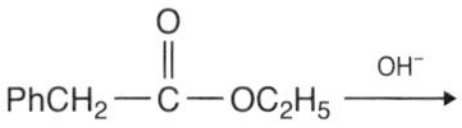

## 81 発展問題（2）

目安時間 30分

665.

$$Ph-\overset{\displaystyle O}{\overset{\|}{C}}-OC_2H_5 \xrightarrow[CH_3OH]{\ H^+\ }$$

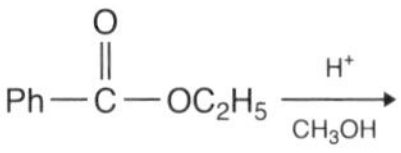

666.

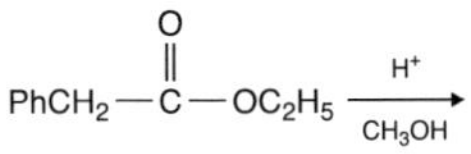

$$PhCH_2-\overset{\overset{\displaystyle O}{\|}}{C}-OC_2H_5 \xrightarrow[\text{CH}_3\text{OH}]{\text{H}^+}$$

667.

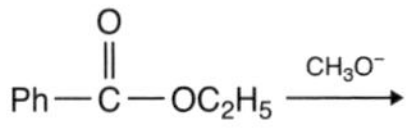

$$Ph-\overset{\overset{\displaystyle O}{\|}}{C}-OC_2H_5 \xrightarrow{\text{CH}_3\text{O}^-}$$

668.

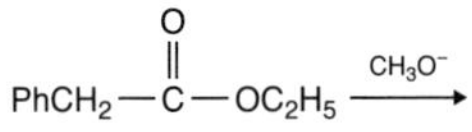

$$PhCH_2-\overset{\overset{\displaystyle O}{\|}}{C}-OC_2H_5 \xrightarrow{\text{CH}_3\text{O}^-}$$

669.

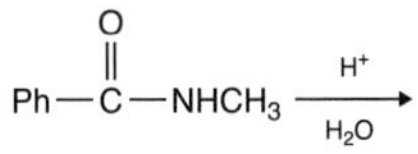

$$Ph-\overset{\overset{\displaystyle O}{\|}}{C}-NHCH_3 \xrightarrow[\text{H}_2\text{O}]{\text{H}^+}$$

670.

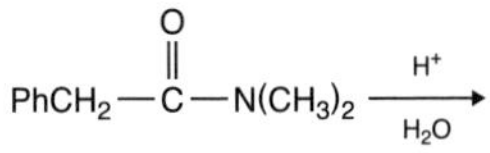

$$PhCH_2-\overset{\overset{\displaystyle O}{\|}}{C}-N(CH_3)_2 \xrightarrow[\text{H}_2\text{O}]{\text{H}^+}$$

671.

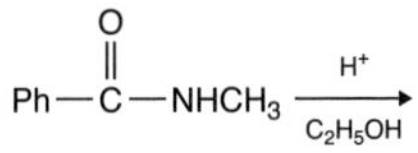

$$Ph-\overset{\overset{\displaystyle O}{\|}}{C}-NHCH_3 \xrightarrow[\text{C}_2\text{H}_5\text{OH}]{\text{H}^+}$$

672.

$$PhCH_2-\overset{\overset{\displaystyle O}{\|}}{C}-NHCH_3 \xrightarrow[\text{CH}_3\text{OH}]{\text{H}^+}$$

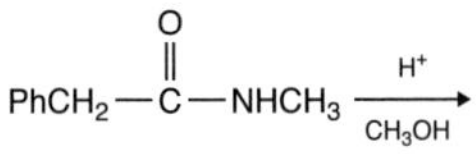

673.

PhCH₂—C≡N $\xrightarrow[\text{H}_2\text{O}]{\text{H}^+}$

674.

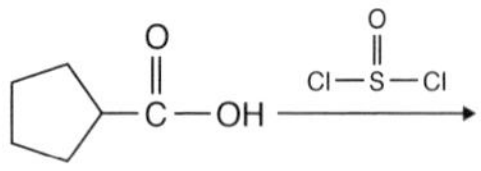

675.

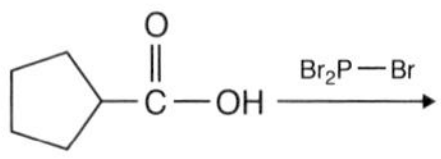

実施日：　　　月　　日〜　　　月　　　日

## 反応機構のポイント

### A. ケトン・アルデヒドへの付加反応

ケトンやアルデヒドは容易に脱離する置換基をもたないので，一分子の求核体と付加反応を起こす.

> アルデヒドなら R は H, ケトンなら R はアルキル基などになる

$$Nu^- + H_3C-\overset{O}{\underset{}{\overset{\|}{C}}}-R \longrightarrow H_3C-\overset{O^-}{\underset{Nu}{\overset{|}{C}}}-R \xrightarrow{H^+} H_3C-\overset{OH}{\underset{Nu}{\overset{|}{C}}}-R$$

① 電子豊富な $Nu^-$ から電子不足なカルボニル炭素に曲がった矢印を伸ばす

② カルボニル基の $\pi$ 結合の電子対が O 原子上に移動する

> ここまでは 12 章の置換反応と同じ

③ R は脱離できない置換基なので，カルボニル基の再生は起こらない. 負電荷をもつ O 原子から $H^+$ に向けて曲がった矢印を伸ばす

> カルボニル炭素原子は最大 8 個の価電子しかもてない

### B. 酸塩化物への付加反応

酸塩化物は容易に脱離する置換基 Cl をもつので，まず一分子の求核体と置換反応を起こし，続いてもう一分子の求核体と付加反応を起こす.

$$Nu^- + H_3C-\overset{O}{\underset{}{\overset{\|}{C}}}-Cl \longrightarrow H_3C-\overset{O^-}{\underset{Nu}{\overset{|}{C}}}-Cl \longrightarrow$$

$$H_3C-\overset{O}{\underset{}{\overset{\|}{C}}}-Nu \longrightarrow H_3C-\overset{O^-}{\underset{Nu}{\overset{|}{C}}}-Nu \xrightarrow{H^+} H_3C-\overset{OH}{\underset{Nu}{\overset{|}{C}}}-Nu$$

① 電子豊富な $Nu^-$ から電子不足なカルボニル炭素に曲がった矢印を伸ばす. さらにカルボニル基の $\pi$ 結合の電子対が O 原子上に移動する

② ①の矢印とは逆方向に，O 原子上の孤立電子対から C−O 結合に向けてカルボニル基が再生

するように曲がった矢印を伸ばす. さらに置換基 Cl が脱離する

> ここまでは 12 章の置換反応と同じ

③ 求核体 $Nu^-$ からカルボニル炭素に向けて曲がった矢印を伸ばす. 続いて，カルボニル基の $\pi$ 結合の電子対が再び O 原子上に移動する

④ この中間体は脱離可能な置換基をもたないので，負電荷をもつ O 原子から $H^+$ に向けて曲がった矢印を伸ばす

### C. イミンの生成

$$R-\overset{O}{\underset{}{\overset{\|}{C}}}-R' \xrightarrow{R''NH_2} R-\overset{O^-}{\underset{+NH_2R''}{\overset{|}{C}}}-R' \xrightarrow{H^+} R-\overset{OH}{\underset{+NHR''}{\overset{|}{C}}}-R' \xrightarrow{B^-}$$

$$R-\overset{HO}{\underset{NHR''}{\overset{|}{C}}}-R' \xrightarrow{H^+} R-\overset{+OH_2}{\underset{NHR''}{\overset{|}{C}}}-R' \longrightarrow$$

$$R-\overset{}{\underset{+\overset{|}{N}-H}{\overset{\|}{C}}}-R' \xrightarrow{B^-} R-\overset{}{\underset{N-R''}{\overset{\|}{C}}}-R'$$

① アミン分子の電子豊富な N 原子から，電子不足なカルボニル炭素に曲がった矢印を伸ばす. さらにカルボニル炭素の $\pi$ 結合の電子対が酸素原子上に移動する

② R' は脱離できない置換基なので，カルボニル基の再生は起こらない. 負電荷をもつ酸素原子から $H^+$ に向けて曲がった矢印を伸ばす

③ 孤立電子対をもった塩基 $B^-$ が N 原子に結合した H 原子を取り去る

④ ヒドロキシ基の O 原子の孤立電子対から，$H^+$ に向けて曲がった矢印を伸ばし，プロトン化が起こる

⑤N 原子上の孤立電子対が移動し，N—C 結合が生成する．さらに水分子の脱離が起こる

⑥孤立電子対をもった塩基 B⁻ が N 原子に結合した H 原子を取り去る

## D. Wittig 反応

$$R-CH_2-Br \quad PPh_3 \longrightarrow Ph_3\overset{+}{P}-\overset{R}{\underset{H}{C}H} \quad Br^- \quad ^nBu^-$$

$$Ph_3\overset{+}{P}-\overset{CH_3}{C}H \quad \overset{O}{\underset{R'-C-R''}{}} \longrightarrow H_3C-HC\underset{R'\quad R''}{\overset{P_3}{\diamond}}O$$

$$\longrightarrow \overset{CH-R}{\underset{R'-C-R''}{\parallel}}$$

$$+ O=PPh_3$$

①ホスフィン分子の電子豊富な P 原子から，ハロゲン化アルキルの電子不足な C 原子に曲がった矢印を伸ばす．さらに C－Br 間の共有電子対が Br 原子上に移動し，ホスホニウム塩ができる

②強塩基の $C_4H_9^-$ が P 原子に結合した C 原子上の H 原子をプロトンとして引き抜き，リンイリドができる

③負電荷をもつ電子豊富な C 原子から，電子不足なカルボニル炭素に曲がった矢印を伸ばす．さらにカルボニル基の π 結合の電子対が P 原子と結合をつくり，四員環中間体が生成する

④四員環のなかで電子対の移動が起こり，ホスフィンオキシドとアルケンができる

> リンイリドのアルキル基とカルボニル酸素が入れ替わることを確認しよう

• 次の反応式における電子の移動を曲がった矢印を用いて表せ．また反応式中に括弧がある場合は，中間体もあわせて答えよ．

## 82 Grignard 試薬と HCHO の反応　目安時間 **15** 分

676.
$$\overset{O}{\underset{H-C-H}{\parallel}} \xrightarrow{CH_3-MgBr} \overset{O^-\ Mg^+Br}{\underset{CH_3}{H-C-H}} \xrightarrow{H^+} \overset{OH}{\underset{CH_3}{H-C-H}}$$

677.
$$\overset{O}{\underset{H-C-H}{\parallel}} \xrightarrow{CD_3-MgBr} \overset{O^-\ Mg^+Br}{\underset{CD_3}{H-C-H}} \xrightarrow{H^+} \overset{OH}{\underset{CD_3}{H-C-H}}$$

678.
$$\overset{O}{\underset{H-C-H}{\parallel}} \xrightarrow{C_2H_5-MgBr} \overset{O^-\ Mg^+Br}{\underset{C_2H_5}{H-C-H}} \xrightarrow{H^+} \overset{OH}{\underset{C_2H_5}{H-C-H}}$$

679.
$$\overset{O}{\underset{H-C-H}{\parallel}} \xrightarrow{(H_3C)_2HC-MgBr} \overset{O^-\ Mg^+Br}{\underset{CH(CH_3)_2}{H-C-H}} \xrightarrow{H^+} \overset{OH}{\underset{CH(CH_3)_2}{H-C-H}}$$

680.
$$\overset{O}{\underset{H-C-H}{\parallel}} \xrightarrow{(CH_3)_3C-MgBr} \overset{O^-\ Mg^+Br}{\underset{C(CH_3)_3}{H-C-H}} \xrightarrow{H^+} \overset{OH}{\underset{C(CH_3)_3}{H-C-H}}$$

681.
$$\overset{O}{\underset{H-C-H}{\parallel}} \xrightarrow{Ph-MgBr} (\qquad) \xrightarrow{H^+} \overset{OH}{\underset{Ph}{H-C-H}}$$

682.
$$\overset{O}{\underset{H-C-H}{\parallel}} \xrightarrow{PhCH_2-MgBr} (\qquad) \xrightarrow{H^+} \overset{OH}{\underset{CH_2Ph}{H-C-H}}$$

683.
$$\overset{O}{\underset{H-C-H}{\parallel}} \xrightarrow{PhCH_2CH_2-MgBr} (\qquad) \xrightarrow{H^+} \overset{OH}{\underset{CH_2CH_2Ph}{H-C-H}}$$

684.
$$\overset{O}{\underset{H-C-H}{\parallel}} \xrightarrow{Ph_3C-MgBr} (\qquad) \xrightarrow{H^+} \overset{OH}{\underset{CPh_3}{H-C-H}}$$

685.

$$\overset{O}{\underset{H-C-H}{\parallel}} \quad \xrightarrow{} (\qquad) \xrightarrow{H^+} \quad$$

> **!** Hint：Grignard 試薬のアルキル基は求核体として働く．12 章の反応とは異なり，置換基の脱離は起こらない．

## 83　Grignard 試薬とアルデヒドの反応

**686.**

$$H_3C-\overset{\displaystyle O}{\overset{\|}{C}}-H \xrightarrow{CH_3-MgBr} H-\overset{\displaystyle O^-\ Mg^+Br}{\underset{\displaystyle CH_3}{\overset{|}{C}}}-CH_3 \xrightarrow{H^+} H-\overset{\displaystyle OH}{\underset{\displaystyle CH_3}{\overset{|}{C}}}-CH_3$$

**687.**

$$H_3C-\overset{\displaystyle O}{\overset{\|}{C}}-H \xrightarrow{CD_3-MgBr} H-\overset{\displaystyle O^-\ Mg^+Br}{\underset{\displaystyle CD_3}{\overset{|}{C}}}-CH_3 \xrightarrow{H^+} H-\overset{\displaystyle OH}{\underset{\displaystyle CD_3}{\overset{|}{C}}}-CH_3$$

**688.**

$$H_3C-\overset{\displaystyle O}{\overset{\|}{C}}-H \xrightarrow{C_2H_5-MgBr} H-\overset{\displaystyle O^-\ Mg^+Br}{\underset{\displaystyle C_2H_5}{\overset{|}{C}}}-CH_3 \xrightarrow{H^+} H-\overset{\displaystyle OH}{\underset{\displaystyle C_2H_5}{\overset{|}{C}}}-CH_3$$

**689.**

$$C_2H_5-\overset{\displaystyle O}{\overset{\|}{C}}-H \xrightarrow{(H_3C)_2HC-MgBr} H-\overset{\displaystyle O^-\ Mg^+Br}{\underset{\displaystyle CH(CH_3)_2}{\overset{|}{C}}}-C_2H_5 \xrightarrow{H^+} H-\overset{\displaystyle OH}{\underset{\displaystyle CH(CH_3)_2}{\overset{|}{C}}}-C_2H_5$$

**690.**

$$C_2H_5-\overset{\displaystyle O}{\overset{\|}{C}}-H \xrightarrow{(CH_3)_3C-MgBr} (\quad) \xrightarrow{H^+} H-\overset{\displaystyle OH}{\underset{\displaystyle C(CH_3)_3}{\overset{|}{C}}}-C_2H_5$$

**691.**

$$H_3C-\overset{\displaystyle O}{\overset{\|}{C}}-H \xrightarrow{Ph-MgBr} (\quad) \xrightarrow{H^+} H-\overset{\displaystyle OH}{\underset{\displaystyle Ph}{\overset{|}{C}}}-CH_3$$

**692.**

$$H_3C-\overset{\displaystyle O}{\overset{\|}{C}}-H \xrightarrow{PhCH_2-MgBr} (\quad) \xrightarrow{H^+} H-\overset{\displaystyle OH}{\underset{\displaystyle CH_2Ph}{\overset{|}{C}}}-CH_3$$

**693.**

$$H_3C-\overset{\displaystyle O}{\overset{\|}{C}}-H \xrightarrow{PhCH_2CH_2-MgBr} (\quad) \xrightarrow{H^+} H-\overset{\displaystyle OH}{\underset{\displaystyle CH_2CH_2Ph}{\overset{|}{C}}}-CH_3$$

**694.**

$$C_2H_5-\overset{\displaystyle O}{\overset{\|}{C}}-H \xrightarrow{Ph_3C-MgBr} (\quad) \xrightarrow{H^+} H-\overset{\displaystyle OH}{\underset{\displaystyle CPh_3}{\overset{|}{C}}}-C_2H_5$$

**695.**

$$C_2H_5-\overset{\displaystyle O}{\overset{\|}{C}}-H \xrightarrow{\text{(cyclopentyl)}-MgBr} (\quad) \xrightarrow{H^+} H-\overset{\displaystyle OH}{\underset{\displaystyle \text{(cyclopentyl)}}{\overset{|}{C}}}-C_2H_5$$

*Hint*：Grignard 試薬のアルキル基は求核体．生成物の第二級アルコールの二つのアルキル基がどの化合物由来かを考えよう．

## 84 Grignard 試薬とケトンの反応

696.

$$H_3C-\overset{\overset{O}{\|}}{C}-CH_3 \xrightarrow{CH_3-MgBr} H_3C-\overset{\overset{O^-\;Mg^+Br}{|}}{\underset{CH_3}{C}}-CH_3 \xrightarrow{H^+} H_3C-\overset{\overset{OH}{|}}{\underset{CH_3}{C}}-CH_3$$

697.

$$H_3C-\overset{\overset{O}{\|}}{C}-CH_3 \xrightarrow{CD_3-MgBr} H_3C-\overset{\overset{O^-\;Mg^+Br}{|}}{\underset{CD_3}{C}}-CH_3 \xrightarrow{H^+} H_3C-\overset{\overset{OH}{|}}{\underset{CD_3}{C}}-CH_3$$

698.

$$H_3C-\overset{\overset{O}{\|}}{C}-CH_3 \xrightarrow{C_2H_5-MgBr} H_3C-\overset{\overset{O^-\;Mg^+Br}{|}}{\underset{C_2H_5}{C}}-CH_3 \xrightarrow{H^+} H_3C-\overset{\overset{OH}{|}}{\underset{C_2H_5}{C}}-CH_3$$

699.

$$C_2H_5-\overset{\overset{O}{\|}}{C}-CH_3 \xrightarrow{(H_3C)_2HC-MgBr} H_3C-\overset{\overset{O^-\;Mg^+Br}{|}}{\underset{CH(CH_3)_2}{C}}-C_2H_5 \xrightarrow{H^+} H_3C-\overset{\overset{OH}{|}}{\underset{CH(CH_3)_2}{C}}-C_2H_5$$

700.

$$C_2H_5-\overset{\overset{O}{\|}}{C}-CH_3 \xrightarrow{(CH_3)_3C-MgBr} (\quad) \xrightarrow{H^+} H_3C-\overset{\overset{OH}{|}}{\underset{C(CH_3)_3}{C}}-C_2H_5$$

701.

$$H_3C-\overset{\overset{O}{\|}}{C}-Ph \xrightarrow{Ph-MgBr} (\quad) \xrightarrow{H^+} H_3C-\overset{\overset{OH}{|}}{\underset{Ph}{C}}-Ph$$

702.

$$H_3C-\overset{\overset{O}{\|}}{C}-Ph \xrightarrow{PhCH_2-MgBr} (\quad) \xrightarrow{H^+} H_3C-\overset{\overset{OH}{|}}{\underset{CH_2Ph}{C}}-Ph$$

703.

$$H_3C-\overset{\overset{O}{\|}}{C}-Ph \xrightarrow{PhCH_2CH_2-MgBr} (\quad) \xrightarrow{H^+} H_3C-\overset{\overset{OH}{|}}{\underset{CH_2CH_2Ph}{C}}-Ph$$

704.

$$C_2H_5-\overset{\overset{O}{\|}}{C}-Ph \xrightarrow{Ph_3C-MgBr} (\quad) \xrightarrow{H^+} C_2H_5-\overset{\overset{OH}{|}}{\underset{CPh_3}{C}}-Ph$$

705.

$$C_2H_5-\overset{\overset{O}{\|}}{C}-Ph \xrightarrow{\text{(cyclopentyl)}-MgBr} (\quad) \xrightarrow{H^+} C_2H_5-\overset{\overset{OH}{|}}{\underset{\text{(cyclopentyl)}}{C}}-Ph$$

!Hint：Grignard 試薬のアルキル基は求核体，生成物の第三級アルコールの三つのアルキル基がどの化合物由来かを考えよう．

## 85 Grignard 試薬と CO₂ の反応

目安時間 **20** 分

**706.**

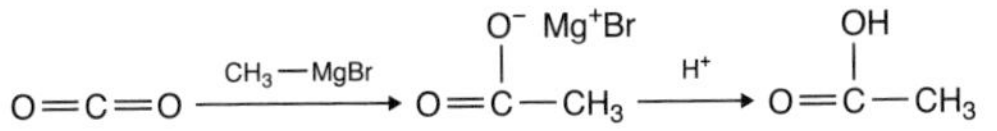

$$O=C=O \xrightarrow{CH_3-MgBr} O=C-CH_3 \xrightarrow{H^+} O=C-CH_3$$

（中間体：$\overset{O^-\ Mg^+Br}{\underset{}{O=C-CH_3}}$、生成物：$\overset{OH}{\underset{}{O=C-CH_3}}$）

**707.**

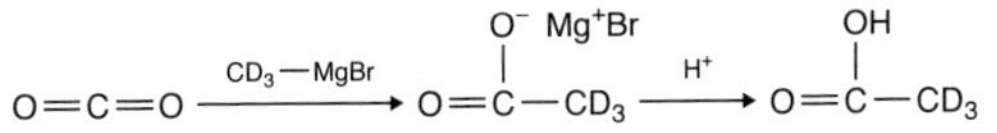

$$O=C=O \xrightarrow{CD_3-MgBr} O=C-CD_3 \xrightarrow{H^+} O=C-CD_3$$

**708.**

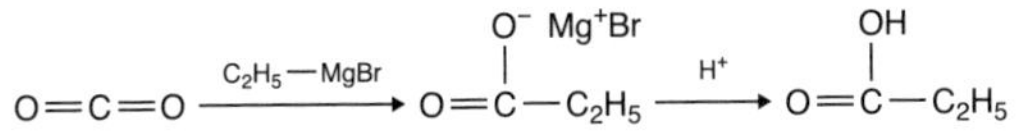

$$O=C=O \xrightarrow{C_2H_5-MgBr} O=C-C_2H_5 \xrightarrow{H^+} O=C-C_2H_5$$

**709.**

$$O=C=O \xrightarrow{(H_3C)_2HC-MgBr} (\quad) \xrightarrow{H^+} O=C-CH(CH_3)_2$$

**710.**

$$O=C=O \xrightarrow{(H_3C)_3C-MgBr} (\quad) \xrightarrow{H^+} O=C-C(CH_3)_3$$

**711.**

$$O=C=O \xrightarrow{Ph-MgBr} (\quad) \xrightarrow{H^+} O=C-Ph$$

**712.**

$$O=C=O \xrightarrow{PhCH_2-MgBr} (\quad) \xrightarrow{H^+} O=C-CH_2Ph$$

**713.**

$$O=C=O \xrightarrow{PhCH_2CH_2-MgBr} (\quad) \xrightarrow{H^+} O=C-CH_2CH_2Ph$$

**714.**

$$O=C=O \xrightarrow{Ph_3C-MgBr} (\quad) \xrightarrow{H^+} O=C-CPh_3$$

**715.**

$$O=C=O \xrightarrow{\text{(cyclopentyl)}-MgBr} (\quad) \xrightarrow{H^+} O=C-\text{(cyclopentyl)}$$

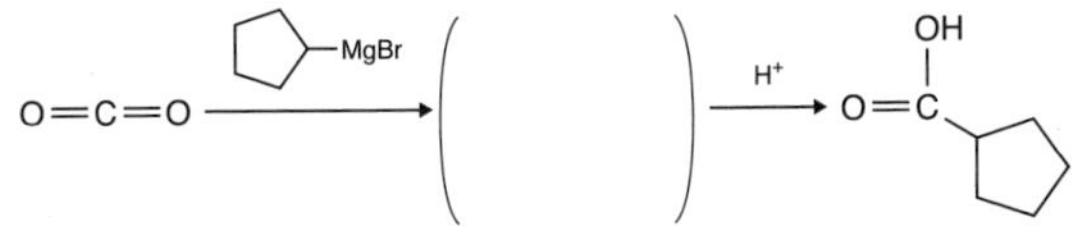

*Hint*：二酸化炭素分子もカルボニル化合物と考えられる．CO₂ がカルボキシル基になる

# 86 Grignard 試薬とエステルの反応　目安時間 ⑳分

**716.**

$H_3C-\overset{O}{\overset{\|}{C}}-OCH_3 \xrightarrow{CH_3-MgBr} H_3C-\overset{O^-\,Mg^+Br}{\underset{CH_3}{\overset{|}{\underset{|}{C}}}}-OCH_3 \longrightarrow H_3C-\overset{O}{\overset{\|}{C}}-CH_3 \xrightarrow{CH_3-MgBr} H_3C-\overset{O^-\,Mg^+Br}{\underset{CH_3}{\overset{|}{\underset{|}{C}}}}-CH_3 \xrightarrow{H^+} H_3C-\overset{OH}{\underset{CH_3}{\overset{|}{\underset{|}{C}}}}-CH_3$

**717.**

$D_3C-\overset{O}{\overset{\|}{C}}-OCH_3 \xrightarrow{CH_3-MgBr} D_3C-\overset{O^-\,Mg^+Br}{\underset{CH_3}{\overset{|}{\underset{|}{C}}}}-OCH_3 \longrightarrow D_3C-\overset{O}{\overset{\|}{C}}-CH_3 \xrightarrow{CH_3-MgBr} D_3C-\overset{O^-\,Mg^+Br}{\underset{CH_3}{\overset{|}{\underset{|}{C}}}}-CH_3 \xrightarrow{H^+} D_3C-\overset{OH}{\underset{CH_3}{\overset{|}{\underset{|}{C}}}}-CH_3$

**718.**

$H_3C-\overset{O}{\overset{\|}{C}}-OCH_3 \xrightarrow{C_2H_5-MgBr} H_3C-\overset{O^-\,Mg^+Br}{\underset{C_2H_5}{\overset{|}{\underset{|}{C}}}}-OCH_3 \longrightarrow H_3C-\overset{O}{\overset{\|}{C}}-C_2H_5 \xrightarrow{C_2H_5-MgBr} H_3C-\overset{O^-\,Mg^+Br}{\underset{C_2H_5}{\overset{|}{\underset{|}{C}}}}-C_2H_5 \xrightarrow{H^+} H_3C-\overset{OH}{\underset{C_2H_5}{\overset{|}{\underset{|}{C}}}}-C_2H_5$

**719.**

$C_2H_5-\overset{O}{\overset{\|}{C}}-OCH_3 \xrightarrow{(H_3C)_2HC-MgBr} C_2H_5-\overset{O^-\,Mg^+Br}{\underset{CH(CH_3)_2}{\overset{|}{\underset{|}{C}}}}-OCH_3 \longrightarrow C_2H_5-\overset{O}{\overset{\|}{C}}-CH(CH_3)_2 \xrightarrow{(H_3C)_2HC-MgBr}$

$C_2H_5-\overset{O^-\,Mg^+Br}{\underset{CH(CH_3)_2}{\overset{|}{\underset{|}{C}}}}-CH(CH_3)_2 \xrightarrow{H^+} C_2H_5-\overset{OH}{\underset{CH(CH_3)_2}{\overset{|}{\underset{|}{C}}}}-CH(CH_3)_2$

**720.**

$C_2H_5-\overset{O}{\overset{\|}{C}}-OCH_3 \xrightarrow{(CH_3)_3C-MgBr} \Big(\quad\Big) \longrightarrow \Big(\quad\Big) \xrightarrow{(CH_3)_3C-MgBr}$

$\Big(\quad\Big) \xrightarrow{H^+} C_2H_5-\overset{OH}{\underset{C(CH_3)_3}{\overset{|}{\underset{|}{C}}}}-C(CH_3)_3$

**721.**

$Ph-\overset{O}{\overset{\|}{C}}-OCH_3 \xrightarrow{Ph-MgBr} \Big(\quad\Big) \longrightarrow \Big(\quad\Big) \xrightarrow{Ph-MgBr} \Big(\quad\Big) \xrightarrow{H^+} Ph-\overset{OH}{\underset{Ph}{\overset{|}{\underset{|}{C}}}}-Ph$

**722.**

$Ph-\overset{O}{\overset{\|}{C}}-OCH_3 \xrightarrow{PhCH_2-MgBr} \Big(\quad\Big) \longrightarrow \Big(\quad\Big) \xrightarrow{PhCH_2-MgBr} \Big(\quad\Big) \xrightarrow{H^+} Ph-\overset{OH}{\underset{CH_2Ph}{\overset{|}{\underset{|}{C}}}}-CH_2Ph$

**723.**

$Ph-\overset{O}{\overset{\|}{C}}-OCH_3 \xrightarrow{PhCH_2CH_2-MgBr} \Big(\quad\Big) \longrightarrow \Big(\quad\Big) \xrightarrow{PhCH_2CH_2-MgBr}$

$\Big(\quad\Big) \xrightarrow{H^+} Ph-\overset{OH}{\underset{CH_2CH_2Ph}{\overset{|}{\underset{|}{C}}}}-CH_2CH_2Ph$

**724.**

$$Ph-\overset{\overset{O}{\|}}{C}-OCH_3 \xrightarrow{Ph_3C-MgBr} (\quad) \longrightarrow (\quad) \xrightarrow{Ph_3C-MgBr} (\quad) \xrightarrow{H^+} Ph-\underset{\underset{CPh_3}{|}}{\overset{\overset{OH}{|}}{C}}-CPh_3$$

**725.**

$$Ph-\overset{\overset{O}{\|}}{C}-OCH_3 \xrightarrow{\text{cyclopentyl}-MgBr} (\quad) \longrightarrow (\quad) \xrightarrow{\text{cyclopentyl}-MgBr} (\quad) \xrightarrow{H^+} Ph-\underset{\text{cyclopentyl}}{\overset{\overset{OH}{|}}{C}}-\text{cyclopentyl}$$

> *Hint*：二分子の Grignard 試薬が順番にエステルを攻撃する．第一段階は脱離基がアルコキシドの置換反応，第二段階は付加反応．

# 87 Grignard 試薬と塩化アシルの反応

目安時間 **20** 分

**726.**

$$H_3C-\overset{\overset{O}{\|}}{C}-Cl \xrightarrow{CH_3-MgBr} H_3C-\underset{\underset{CH_3}{|}}{\overset{\overset{O^- Mg^+Br}{|}}{C}}-Cl \longrightarrow H_3C-\overset{\overset{O}{\|}}{C}-CH_3 \xrightarrow{CH_3-MgBr} H_3C-\underset{\underset{CH_3}{|}}{\overset{\overset{O^- Mg^+Br}{|}}{C}}-CH_3 \xrightarrow{H^+} H_3C-\underset{\underset{CH_3}{|}}{\overset{\overset{OH}{|}}{C}}-CH_3$$

**727.**

$$D_3C-\overset{\overset{O}{\|}}{C}-Cl \xrightarrow{CH_3-MgBr} D_3C-\underset{\underset{CH_3}{|}}{\overset{\overset{O^- Mg^+Br}{|}}{C}}-Cl \longrightarrow D_3C-\overset{\overset{O}{\|}}{C}-CH_3 \xrightarrow{CH_3-MgBr} D_3C-\underset{\underset{CH_3}{|}}{\overset{\overset{O^- Mg^+Br}{|}}{C}}-CH_3 \xrightarrow{H^+} D_3C-\underset{\underset{CH_3}{|}}{\overset{\overset{OH}{|}}{C}}-CH_3$$

**728.**

$$H_3C-\overset{\overset{O}{\|}}{C}-Cl \xrightarrow{C_2H_5-MgBr} H_3C-\underset{\underset{C_2H_5}{|}}{\overset{\overset{O^- Mg^+Br}{|}}{C}}-Cl \longrightarrow H_3C-\overset{\overset{O}{\|}}{C}-C_2H_5 \xrightarrow{C_2H_5-MgBr} H_3C-\underset{\underset{C_2H_5}{|}}{\overset{\overset{O^- Mg^+Br}{|}}{C}}-C_2H_5 \xrightarrow{H^+} H_3C-\underset{\underset{C_2H_5}{|}}{\overset{\overset{OH}{|}}{C}}-C_2H_5$$

**729.**

$$C_2H_5-\overset{\overset{O}{\|}}{C}-Cl \xrightarrow{(H_3C)_2HC-MgBr} C_2H_5-\underset{\underset{CH(CH_3)_2}{|}}{\overset{\overset{O^- Mg^+Br}{|}}{C}}-Cl \longrightarrow C_2H_5-\overset{\overset{O}{\|}}{C}-CH(CH_3)_2 \xrightarrow{(H_3C)_2HC-MgBr}$$

$$C_2H_5-\underset{\underset{CH(CH_3)_2}{|}}{\overset{\overset{O^- Mg^+Br}{|}}{C}}-CH(CH_3)_2 \xrightarrow{H^+} C_2H_5-\underset{\underset{CH(CH_3)_2}{|}}{\overset{\overset{OH}{|}}{C}}-CH(CH_3)_2$$

**730.**

$$C_2H_5-\overset{\overset{O}{\|}}{C}-Cl \xrightarrow{(CH_3)_3C-MgBr} (\quad) \longrightarrow (\quad) \xrightarrow{(CH_3)_3C-MgBr}$$

$$(\quad) \xrightarrow{H^+} C_2H_5-\underset{\underset{C(CH_3)_3}{|}}{\overset{\overset{OH}{|}}{C}}-C(CH_3)_3$$

**731.**

$$Ph-\overset{\overset{O}{\|}}{C}-Cl \xrightarrow{Ph-MgBr} (\quad) \longrightarrow (\quad) \xrightarrow{Ph-MgBr} (\quad) \xrightarrow{H^+} Ph-\underset{\underset{Ph}{|}}{\overset{\overset{OH}{|}}{C}}-Ph$$

**732.**

$$\underset{Ph-\overset{\overset{O}{\|}}{C}-Cl}{} \xrightarrow{PhCH_2-MgBr} (\quad) \longrightarrow (\quad) \xrightarrow{PhCH_2-MgBr} (\quad) \xrightarrow{H^+} \underset{\underset{CH_2Ph}{|}}{Ph-\overset{\overset{OH}{|}}{C}-CH_2Ph}$$

**733.**

$$\underset{Ph-\overset{\overset{O}{\|}}{C}-Cl}{} \xrightarrow{PhCH_2CH_2-MgBr} (\quad) \longrightarrow (\quad) \xrightarrow{PhCH_2CH_2-MgBr}$$

$$(\quad) \xrightarrow{H^+} \underset{\underset{CH_2CH_2Ph}{|}}{Ph-\overset{\overset{OH}{|}}{C}-CH_2CH_2Ph}$$

**734.**

$$\underset{Ph-\overset{\overset{O}{\|}}{C}-Cl}{} \xrightarrow{Ph_3C-MgBr} (\quad) \longrightarrow (\quad) \xrightarrow{Ph_3C-MgBr} (\quad) \xrightarrow{H^+} \underset{\underset{CPh_3}{|}}{Ph-\overset{\overset{OH}{|}}{C}-CPh_3}$$

**735.**

$$\underset{Ph-\overset{\overset{O}{\|}}{C}-Cl}{} \xrightarrow{\text{cyclopentyl}-MgBr} (\quad) \longrightarrow (\quad) \xrightarrow{\text{cyclopentyl}-MgBr} (\quad) \xrightarrow{H^+} Ph-\overset{\overset{OH}{|}}{\underset{|}{C}}-\text{cyclopentyl}$$

> *Hint*：二分子の Grignard 試薬が順番に塩化アシルを攻撃する．第一段階は脱離基が塩化物イオンの置換反応，第二段階は付加反応．

## 88　ケトンまたはアルデヒドとアセチリドの反応

 目安時間 **15** 分

**736.**

$$H_3C-C\equiv C-H \xrightarrow{NH_2^-} H_3C-C\equiv C^- \xrightarrow{\overset{\overset{O}{\|}}{H-C-H}} \underset{\underset{C\equiv C-CH_3}{|}}{H-\overset{\overset{O^-}{|}}{C}-H} \xrightarrow{H^+} \underset{\underset{C\equiv C-CH_3}{|}}{H-\overset{\overset{OH}{|}}{C}-H}$$

**737.**

$$H_3C-C\equiv C-H \xrightarrow{NH_2^-} H_3C-C\equiv C^- \xrightarrow{\overset{\overset{O}{\|}}{H_3C-C-H}} \underset{\underset{C\equiv C-CH_3}{|}}{H_3C-\overset{\overset{O^-}{|}}{C}-H} \xrightarrow{H^+} \underset{\underset{C\equiv C-CH_3}{|}}{H_3C-\overset{\overset{OH}{|}}{C}-H}$$

**738.**

$$H_3C-C\equiv C-H \xrightarrow{NH_2^-} H_3C-C\equiv C^- \xrightarrow{\overset{\overset{O}{\|}}{C_2H_5-C-H}} \underset{\underset{C\equiv C-CH_3}{|}}{C_2H_5-\overset{\overset{O^-}{|}}{C}-H} \xrightarrow{H^+} \underset{\underset{C\equiv C-CH_3}{|}}{C_2H_5-\overset{\overset{OH}{|}}{C}-H}$$

**739.**

$$H_3C-C\equiv C-H \xrightarrow{NH_2^-} H_3C-C\equiv C^- \xrightarrow{\overset{\overset{O}{\|}}{(CH_3)_2CH-C-H}} \underset{\underset{C\equiv C-CH_3}{|}}{(CH_3)_2CH-\overset{\overset{O^-}{|}}{C}-H} \xrightarrow{H^+} \underset{\underset{C\equiv C-CH_3}{|}}{(CH_3)_2CH-\overset{\overset{OH}{|}}{C}-H}$$

**740.**

$$H_3C-C\equiv C-H \xrightarrow{NH_2^-} (\quad) \xrightarrow{\overset{\overset{O}{\|}}{PhCH_2-C-H}} (\quad) \xrightarrow{H^+} PhCH_2-\overset{\overset{OH}{|}}{\underset{\underset{C\equiv C-CH_3}{|}}{C}}-H$$

**741.**

$H_3C-C\equiv C-H$ $\xrightarrow{NH_2^-}$ ( 　 ) $\xrightarrow{\underset{\underset{H_3C-C-CH_3}{\|}}{O}}$ ( 　 ) $\xrightarrow{H^+}$ $H_3C-\underset{\underset{C\equiv C-CH_3}{|}}{\overset{\overset{OH}{|}}{C}}-CH_3$

**742.**

$H_3C-C\equiv C-H$ $\xrightarrow{NH_2^-}$ ( 　 ) $\xrightarrow{\underset{\underset{C_2H_5-C-CH_3}{\|}}{O}}$ ( 　 ) $\xrightarrow{H^+}$ $C_2H_5-\underset{\underset{C\equiv C-CH_3}{|}}{\overset{\overset{OH}{|}}{C}}-CH_3$

**743.**

$H_3C-C\equiv C-H$ $\xrightarrow{NH_2^-}$ ( 　 ) $\xrightarrow{\underset{\underset{C_2H_5-C-C_2H_5}{\|}}{O}}$ ( 　 ) $\xrightarrow{H^+}$ $C_2H_5-\underset{\underset{C\equiv C-CH_3}{|}}{\overset{\overset{OH}{|}}{C}}-C_2H_5$

**744.**

$H_3C-C\equiv C-H$ $\xrightarrow{NH_2^-}$ ( 　 ) $\xrightarrow{\underset{\underset{(CH_3)_2CH-C-CH_3}{\|}}{O}}$ ( 　 ) $\xrightarrow{H^+}$ $(CH_3)_2CH-\underset{\underset{C\equiv C-CH_3}{|}}{\overset{\overset{OH}{|}}{C}}-CH_3$

**745.**

$H_3C-C\equiv C-H$ $\xrightarrow{NH_2^-}$ ( 　 ) $\xrightarrow{\underset{\underset{PhCH_2-C-CH_3}{\|}}{O}}$ ( 　 ) $\xrightarrow{H^+}$ $PhCH_2-\underset{\underset{C\equiv C-CH_3}{|}}{\overset{\overset{OH}{|}}{C}}-CH_3$

*Hint*：アセチレンのH原子は酸性度が大きい．$H^-$を引き抜かれたアルキンが求核体として，カルボニル基を攻撃する．

## 89 ケトンまたはアルデヒドと LiAlH₄ または NaBH₄ の反応

 目安時間 **15** 分

**746.**

$H-\underset{\underset{}{\|}}{\overset{\overset{O}{\|}}{C}}-H$ $\xrightarrow{H-\bar{B}H_3}$ $H-\underset{\underset{H}{|}}{\overset{\overset{O^-}{|}}{C}}-H$ $\xrightarrow{H^+}$ $H-\underset{\underset{H}{|}}{\overset{\overset{OH}{|}}{C}}-H$

**747.**

$H_3C-\underset{\underset{}{\|}}{\overset{\overset{O}{\|}}{C}}-H$ $\xrightarrow{H-\bar{A}lH_3}$ $H_3C-\underset{\underset{H}{|}}{\overset{\overset{O^-}{|}}{C}}-H$ $\xrightarrow{H^+}$ $H_3C-\underset{\underset{H}{|}}{\overset{\overset{OH}{|}}{C}}-H$

**748.**

$C_2H_5-\underset{\underset{}{\|}}{\overset{\overset{O}{\|}}{C}}-H$ $\xrightarrow{H-\bar{B}H_3}$ $C_2H_5-\underset{\underset{H}{|}}{\overset{\overset{O^-}{|}}{C}}-H$ $\xrightarrow{H^+}$ $C_2H_5-\underset{\underset{H}{|}}{\overset{\overset{OH}{|}}{C}}-H$

**749.**

$(CH_3)_2CH-\underset{\underset{}{\|}}{\overset{\overset{O}{\|}}{C}}-H$ $\xrightarrow{H-\bar{A}lH_3}$ $(CH_3)_2CH-\underset{\underset{H}{|}}{\overset{\overset{O^-}{|}}{C}}-H$ $\xrightarrow{H^+}$ $(CH_3)_2CH-\underset{\underset{H}{|}}{\overset{\overset{OH}{|}}{C}}-H$

**750.**

$PhCH_2-\underset{\underset{}{\|}}{\overset{\overset{O}{\|}}{C}}-H$ $\xrightarrow{H-\bar{B}H_3}$ ( 　 ) $\xrightarrow{H^+}$ $PhCH_2-\underset{\underset{H}{|}}{\overset{\overset{OH}{|}}{C}}-H$

**751.**

$$H_3C-\overset{\overset{\displaystyle O}{\|}}{C}-CH_3 \xrightarrow{\text{H}-\bar{\text{B}}\text{H}_3} \left(\quad\right) \xrightarrow{\text{H}^+} H_3C-\overset{\overset{\displaystyle OH}{|}}{\underset{\underset{\displaystyle H}{|}}{C}}-CH_3$$

**752.**

$$C_2H_5-\overset{\overset{\displaystyle O}{\|}}{C}-CH_3 \xrightarrow{\text{H}-\bar{\text{A}}\text{lH}_3} \left(\quad\right) \xrightarrow{\text{H}^+} C_2H_5-\overset{\overset{\displaystyle OH}{|}}{\underset{\underset{\displaystyle H}{|}}{C}}-CH_3$$

**753.**

$$C_2H_5-\overset{\overset{\displaystyle O}{\|}}{C}-C_2H_5 \xrightarrow{\text{H}-\bar{\text{B}}\text{H}_3} \left(\quad\right) \xrightarrow{\text{H}^+} C_2H_5-\overset{\overset{\displaystyle OH}{|}}{\underset{\underset{\displaystyle H}{|}}{C}}-C_2H_5$$

**754.**

$$(CH_3)_2CH-\overset{\overset{\displaystyle O}{\|}}{C}-CH_3 \xrightarrow{\text{H}-\bar{\text{A}}\text{lH}_3} \left(\quad\right) \xrightarrow{\text{H}^+} (CH_3)_2CH-\overset{\overset{\displaystyle OH}{|}}{\underset{\underset{\displaystyle H}{|}}{C}}-CH_3$$

**755.**

$$PhCH_2-\overset{\overset{\displaystyle O}{\|}}{C}-CH_3 \xrightarrow{\text{H}-\bar{\text{B}}\text{H}_3} \left(\quad\right) \xrightarrow{\text{H}^+} PhCH_2-\overset{\overset{\displaystyle OH}{|}}{\underset{\underset{\displaystyle H}{|}}{C}}-CH_3$$

*Hint*：LiAlH₄, NaBH₄ はヒドリド（H⁻）供与体となる．H⁻ が求核体として，カルボニル基を攻撃する．

## 90　塩化アシルと LiAlH₄ または NaBH₄ の反応

目安時間 **15** 分

**756.**

$$H-\overset{\overset{\displaystyle O}{\|}}{C}-Cl \xrightarrow{\text{H}-\bar{\text{B}}\text{H}_3} H-\overset{\overset{\displaystyle O^-}{|}}{\underset{\underset{\displaystyle H}{|}}{C}}-Cl \longrightarrow H-\overset{\overset{\displaystyle O}{\|}}{C}-H \xrightarrow{\text{H}-\bar{\text{B}}\text{H}_3} H-\overset{\overset{\displaystyle O^-}{|}}{\underset{\underset{\displaystyle H}{|}}{C}}-H \xrightarrow{\text{H}^+} H-\overset{\overset{\displaystyle OH}{|}}{\underset{\underset{\displaystyle H}{|}}{C}}-H$$

**757.**

$$H_3C-\overset{\overset{\displaystyle O}{\|}}{C}-Cl \xrightarrow{\text{H}-\bar{\text{B}}\text{H}_3} H_3C-\overset{\overset{\displaystyle O^-}{|}}{\underset{\underset{\displaystyle H}{|}}{C}}-Cl \longrightarrow H_3C-\overset{\overset{\displaystyle O}{\|}}{C}-H \xrightarrow{\text{H}-\bar{\text{B}}\text{H}_3} H_3C-\overset{\overset{\displaystyle O^-}{|}}{\underset{\underset{\displaystyle H}{|}}{C}}-H \xrightarrow{\text{H}^+} H_3C-\overset{\overset{\displaystyle OH}{|}}{\underset{\underset{\displaystyle H}{|}}{C}}-H$$

**758.**

$$C_2H_5-\overset{\overset{\displaystyle O}{\|}}{C}-Cl \xrightarrow{\text{H}-\bar{\text{B}}\text{H}_3} C_2H_5-\overset{\overset{\displaystyle O^-}{|}}{\underset{\underset{\displaystyle H}{|}}{C}}-Cl \longrightarrow C_2H_5-\overset{\overset{\displaystyle O}{\|}}{C}-H \xrightarrow{\text{H}-\bar{\text{B}}\text{H}_3} C_2H_5-\overset{\overset{\displaystyle O^-}{|}}{\underset{\underset{\displaystyle H}{|}}{C}}-H \xrightarrow{\text{H}^+} C_2H_5-\overset{\overset{\displaystyle OH}{|}}{\underset{\underset{\displaystyle H}{|}}{C}}-H$$

**759.**

$$(CH_3)_2CH-\overset{\overset{\displaystyle O}{\|}}{C}-Cl \xrightarrow{\text{H}-\bar{\text{B}}\text{H}_3} (CH_3)_2CH-\overset{\overset{\displaystyle O^-}{|}}{\underset{\underset{\displaystyle H}{|}}{C}}-Cl \longrightarrow (CH_3)_2CH-\overset{\overset{\displaystyle O}{\|}}{C}-H \xrightarrow{\text{H}-\bar{\text{B}}\text{H}_3} (CH_3)_2CH-\overset{\overset{\displaystyle O^-}{|}}{\underset{\underset{\displaystyle H}{|}}{C}}-H \xrightarrow{\text{H}^+} (CH_3)_2CH-\overset{\overset{\displaystyle OH}{|}}{\underset{\underset{\displaystyle H}{|}}{C}}-H$$

**760.**

$$PhCH_2-\overset{\overset{\displaystyle O}{\|}}{C}-Cl \xrightarrow{\text{H}-\bar{\text{B}}\text{H}_3} \left(\quad\right) \longrightarrow \left(\quad\right) \xrightarrow{\text{H}-\bar{\text{B}}\text{H}_3} \left(\quad\right) \xrightarrow{\text{H}^+} PhCH_2-\overset{\overset{\displaystyle OH}{|}}{\underset{\underset{\displaystyle H}{|}}{C}}-H$$

**761.**

$$H-\underset{\underset{O}{\parallel}}{C}-Cl \xrightarrow{H-\bar{A}lH_3} (\quad) \rightarrow (\quad) \xrightarrow{H-\bar{A}lH_3} (\quad) \xrightarrow{H^+} H-\underset{\underset{H}{|}}{\overset{OH}{\underset{|}{C}}}-H$$

**762.**

$$H_3C-\underset{\underset{O}{\parallel}}{C}-Cl \xrightarrow{H-\bar{A}lH_3} (\quad) \rightarrow (\quad) \xrightarrow{H-\bar{A}lH_3} (\quad) \xrightarrow{H^+} H_3C-\underset{\underset{H}{|}}{\overset{OH}{\underset{|}{C}}}-H$$

**763.**

$$C_2H_5-\underset{\underset{O}{\parallel}}{C}-Cl \xrightarrow{H-\bar{A}lH_3} (\quad) \rightarrow (\quad) \xrightarrow{H-\bar{A}lH_3} (\quad) \xrightarrow{H^+} C_2H_5-\underset{\underset{H}{|}}{\overset{OH}{\underset{|}{C}}}-H$$

**764.**

$$(CH_3)_2CH-\underset{\underset{O}{\parallel}}{C}-Cl \xrightarrow{H-\bar{A}lH_3} (\quad) \rightarrow (\quad) \xrightarrow{H-\bar{A}lH_3} (\quad) \xrightarrow{H^+} (CH_3)_2CH-\underset{\underset{H}{|}}{\overset{OH}{\underset{|}{C}}}-H$$

**765.**

$$PhCH_2-\underset{\underset{O}{\parallel}}{C}-Cl \xrightarrow{H-\bar{A}lH_3} (\quad) \rightarrow (\quad) \xrightarrow{H-\bar{A}lH_3} (\quad) \xrightarrow{H^+} PhCH_2-\underset{\underset{H}{|}}{\overset{OH}{\underset{|}{C}}}-H$$

*Hint*：H⁻が求核体として，順番に二度，カルボニル基を攻撃する．一段階目は置換反応，二段階目は付加反応．

## 91　エステルと LiAlH₄ の反応

 目安時間 **15** 分

**766.**

$$H-\underset{\underset{O}{\parallel}}{C}-OCH_3 \xrightarrow{H-\bar{A}lH_3} H-\underset{\underset{H}{|}}{\overset{O^-}{\underset{|}{C}}}-OCH_3 \rightarrow H-\underset{\underset{H}{|}}{\overset{O}{\underset{\parallel}{C}}}-H \xrightarrow{H-\bar{A}lH_3} H-\underset{\underset{H}{|}}{\overset{O^-}{\underset{|}{C}}}-H \xrightarrow{H^+} H-\underset{\underset{H}{|}}{\overset{OH}{\underset{|}{C}}}-H$$

**767.**

$$H_3C-\underset{\underset{O}{\parallel}}{C}-OC_2H_5 \xrightarrow{H-\bar{A}lH_3} H_3C-\underset{\underset{H}{|}}{\overset{O^-}{\underset{|}{C}}}-OC_2H_5 \rightarrow H_3C-\underset{\underset{H}{|}}{\overset{O}{\underset{\parallel}{C}}}-H \xrightarrow{H-\bar{A}lH_3} H_3C-\underset{\underset{H}{|}}{\overset{O^-}{\underset{|}{C}}}-H \xrightarrow{H^+} H_3C-\underset{\underset{H}{|}}{\overset{OH}{\underset{|}{C}}}-H$$

**768.**

$$C_2H_5-\underset{\underset{O}{\parallel}}{C}-OCH_3 \xrightarrow{H-\bar{A}lH_3} (\quad) \rightarrow (\quad) \xrightarrow{H-\bar{A}lH_3} (\quad) \xrightarrow{H^+} C_2H_5-\underset{\underset{H}{|}}{\overset{OH}{\underset{|}{C}}}-H$$

**769.**

$$(CH_3)_2CH-\underset{\underset{O}{\parallel}}{C}-OC_2H_5 \xrightarrow{H-\bar{A}lH_3} (\quad) \rightarrow (\quad) \xrightarrow{H-\bar{A}lH_3} (\quad) \xrightarrow{H^+} (CH_3)_2CH-\underset{\underset{H}{|}}{\overset{OH}{\underset{|}{C}}}-H$$

770.

 PhCH₂—C(=O)—OCH₃ →(H—ĀlH₃)→ ( ) → ( ) →(H—ĀlH₃)→ ( ) →(H⁺)→  PhCH₂—CH(OH)—H

$PhCH_2-\overset{O}{\overset{\|}{C}}-OCH_3 \xrightarrow{H-\bar{A}lH_3} (\quad) \longrightarrow (\quad) \xrightarrow{H-\bar{A}lH_3} (\quad) \xrightarrow{H^+} PhCH_2-\overset{OH}{\underset{H}{\overset{|}{C}}}-H$

> **!** *Hint*：H⁻が求核体として，順番に二度，カルボニル基を攻撃する．LiAlH₄ と NaBH₄ は同じ機構だが，還元力が異なる．

## 92 アミドと LiAlH₄ の反応

目安時間 ⑮ 分

771.

$H-\overset{O}{\overset{\|}{C}}-\overset{NH}{\underset{H}{\quad}} \xrightarrow{H-\bar{A}lH_3} H-\overset{O^-}{\overset{|}{C}}=NH \xrightarrow{AlH_3} H-\overset{\overset{H-\bar{A}lH_2}{\overset{|}{O}}}{\overset{|}{C}}=NH \longrightarrow H-\overset{\overset{AlH_2}{\overset{|}{O}}}{\overset{|}{C}}H-\underset{\underline{\quad}}{NH} \longrightarrow$

$H-CH=NH \xrightarrow{H-\bar{A}lH_3} H-CH_2-\underset{\underline{\quad}}{NH} \xrightarrow{H-OH} H-CH_2-NH_2$

772.

$H_3C-\overset{O}{\overset{\|}{C}}-\overset{NCH_3}{\underset{H}{\quad}} \xrightarrow{H-\bar{A}lH_3} H_3C-\overset{O^-}{\overset{|}{C}}=NCH_3 \xrightarrow{AlH_3} H_3C-\overset{\overset{H-\bar{A}lH_2}{\overset{|}{O}}}{\overset{|}{C}}=NCH_3 \longrightarrow H_3C-\overset{\overset{AlH_2}{\overset{|}{O}}}{\overset{|}{C}}H-\underset{\underline{\quad}}{NCH_3} \longrightarrow$

$H_3C-CH=NCH_3 \xrightarrow{H-\bar{A}lH_3} H_3C-CH_2-\underset{\underline{\quad}}{NCH_3} \xrightarrow{H-OH} H_3C-CH_2-NHCH_3$

773.

$C_2H_5-\overset{O}{\overset{\|}{C}}-\overset{NH}{\underset{H}{\quad}} \xrightarrow{H-\bar{A}lH_3} (\quad) \xrightarrow{AlH_3} (\quad) \longrightarrow (\quad) \longrightarrow$

$(\quad) \xrightarrow{H-\bar{A}lH_3} (\quad) \xrightarrow{H-OH} C_2H_5-CH_2-NH_2$

774.

$(CH_3)_2CH-\overset{O}{\overset{\|}{C}}-\overset{NCH_3}{\underset{H}{\quad}} \xrightarrow{H-\bar{A}lH_3} (\quad) \xrightarrow{AlH_3} (\quad) \longrightarrow (\quad) \longrightarrow$

$(\quad) \xrightarrow{H-\bar{A}lH_3} (\quad) \xrightarrow{H-OH} (CH_3)_2CH-CH_2-NHCH_3$

**775.**

$$\text{PhCH}_2-\overset{\overset{\displaystyle O}{\|}}{C}-\underset{\overset{\displaystyle |}{H}}{N}\text{CH}_3 \quad \xrightarrow{\ H-\bar{A}lH_3\ } \quad (\qquad) \quad \xrightarrow{\ AlH_3\ } \quad (\qquad) \longrightarrow (\qquad) \longrightarrow$$

$$(\qquad) \quad \xrightarrow{\ H-\bar{A}lH_3\ } \quad (\qquad) \quad \xrightarrow{\ H-OH\ } \quad \text{PhCH}_2-\text{CH}_2-\text{NHCH}_3$$

 *Hint*：H⁻ がアミド水素を引き抜く．生成したイミンを H⁻ で還元することでアミンが生じる．

## 93　ケトンまたはアルデヒドと CN⁻ との反応　　目安時間 ⑮ 分

**776.**

$$\text{H}-\overset{\overset{\displaystyle O}{\|}}{C}-\text{H} \quad \xrightarrow{\ CN^-\ } \quad \text{H}-\underset{\overset{\displaystyle |}{CN}}{\overset{\overset{\displaystyle O^-}{|}}{C}}-\text{H} \quad \xrightarrow{\ H^+\ } \quad \text{H}-\underset{\overset{\displaystyle |}{CN}}{\overset{\overset{\displaystyle OH}{|}}{C}}-\text{H}$$

**777.**

$$\text{H}_3\text{C}-\overset{\overset{\displaystyle O}{\|}}{C}-\text{H} \quad \xrightarrow{\ CN^-\ } \quad \text{H}_3\text{C}-\underset{\overset{\displaystyle |}{CN}}{\overset{\overset{\displaystyle O^-}{|}}{C}}-\text{H} \quad \xrightarrow{\ H^+\ } \quad \text{H}_3\text{C}-\underset{\overset{\displaystyle |}{CN}}{\overset{\overset{\displaystyle OH}{|}}{C}}-\text{H}$$

**778.**

$$\text{C}_2\text{H}_5-\overset{\overset{\displaystyle O}{\|}}{C}-\text{H} \quad \xrightarrow{\ CN^-\ } \quad \text{C}_2\text{H}_5-\underset{\overset{\displaystyle |}{CN}}{\overset{\overset{\displaystyle O^-}{|}}{C}}-\text{H} \quad \xrightarrow{\ H^+\ } \quad \text{C}_2\text{H}_5-\underset{\overset{\displaystyle |}{CN}}{\overset{\overset{\displaystyle OH}{|}}{C}}-\text{H}$$

**779.**

$$(\text{CH}_3)_2\text{CH}-\overset{\overset{\displaystyle O}{\|}}{C}-\text{H} \quad \xrightarrow{\ CN^-\ } \quad (\text{CH}_3)_2\text{CH}-\underset{\overset{\displaystyle |}{CN}}{\overset{\overset{\displaystyle O^-}{|}}{C}}-\text{H} \quad \xrightarrow{\ H^+\ } \quad (\text{CH}_3)_2\text{CH}-\underset{\overset{\displaystyle |}{CN}}{\overset{\overset{\displaystyle OH}{|}}{C}}-\text{H}$$

**780.**

$$\text{PhCH}_2-\overset{\overset{\displaystyle O}{\|}}{C}-\text{H} \quad \xrightarrow{\ CN^-\ } \quad (\qquad) \quad \xrightarrow{\ H^+\ } \quad \text{PhCH}_2-\underset{\overset{\displaystyle |}{CN}}{\overset{\overset{\displaystyle OH}{|}}{C}}-\text{H}$$

**781.**

$$\text{H}_3\text{C}-\overset{\overset{\displaystyle O}{\|}}{C}-\text{CH}_3 \quad \xrightarrow{\ CN^-\ } \quad (\qquad) \quad \xrightarrow{\ H^+\ } \quad \text{H}_3\text{C}-\underset{\overset{\displaystyle |}{CN}}{\overset{\overset{\displaystyle OH}{|}}{C}}-\text{CH}_3$$

**782.**

$$\text{C}_2\text{H}_5-\overset{\overset{\displaystyle O}{\|}}{C}-\text{CH}_3 \quad \xrightarrow{\ CN^-\ } \quad (\qquad) \quad \xrightarrow{\ H^+\ } \quad \text{C}_2\text{H}_5-\underset{\overset{\displaystyle |}{CN}}{\overset{\overset{\displaystyle OH}{|}}{C}}-\text{CH}_3$$

**783.**

$$\text{C}_2\text{H}_5-\overset{\overset{\displaystyle O}{\|}}{C}-\text{C}_2\text{H}_5 \quad \xrightarrow{\ CN^-\ } \quad (\qquad) \quad \xrightarrow{\ H^+\ } \quad \text{C}_2\text{H}_5-\underset{\overset{\displaystyle |}{CN}}{\overset{\overset{\displaystyle OH}{|}}{C}}-\text{C}_2\text{H}_5$$

784.

$(CH_3)_2CH-\overset{\overset{O}{\|}}{C}-CH_3 \xrightarrow{CN^-} \Big($ $\Big) \xrightarrow{H^+} (CH_3)_2CH-\underset{\underset{CN}{|}}{\overset{\overset{OH}{|}}{C}}-CH_3$

785.

$PhCH_2-\overset{\overset{O}{\|}}{C}-CH_3 \xrightarrow{CN^-} \Big($ $\Big) \xrightarrow{H^+} PhCH_2-\underset{\underset{CN}{|}}{\overset{\overset{OH}{|}}{C}}-CH_3$

Hint : ここでは CN⁻ が求核体として働く．シアノ基の炭素原子とカルボニル炭素原子の間に結合ができる．

## 94　ケトンまたはアルデヒドからイミンの合成

 目安時間 **30** 分

786.

787.

788.

789.

**790.**

$$PhCH_2-\overset{\overset{\displaystyle O}{\|}}{C}-H \xrightarrow{NH_3} PhCH_2-\overset{\overset{\displaystyle O^-}{|}}{\underset{\underset{\displaystyle +NH_3}{|}}{C}}-H \xrightarrow{H^+} PhCH_2-\overset{\overset{\displaystyle OH}{|}}{\underset{\underset{\displaystyle \underset{\displaystyle H}{|}+NH_2}{|}}{C}}-H \xrightarrow{B^-} PhCH_2-\overset{\overset{\displaystyle HO}{|}}{\underset{\underset{\displaystyle NH_2}{|}}{C}}-H \xrightarrow{H^+}$$

$$PhCH_2-\overset{\overset{\displaystyle +OH_2}{|}}{\underset{\underset{\displaystyle NH_2}{|}}{C}}-H \longrightarrow PhCH_2-\overset{\overset{\displaystyle \|}{C}}{\underset{\underset{\displaystyle H}{|}+N-H}{}}-H \xrightarrow{B^-} PhCH_2-\overset{\overset{\displaystyle \|}{C}}{\underset{NH}{}}-H$$

**791.**

$$H_3C-\overset{\overset{\displaystyle O}{\|}}{C}-CH_3 \xrightarrow{NH_3} \left(\qquad\right) \xrightarrow{H^+} \left(\qquad\right) \xrightarrow{B^-} \left(\qquad\right) \xrightarrow{H^+}$$

$$\left(\qquad\right) \longrightarrow \left(\qquad\right) \xrightarrow{B^-} H_3C-\overset{\overset{\displaystyle \|}{C}}{\underset{NH}{}}-CH_3$$

**792.**

$$C_2H_5-\overset{\overset{\displaystyle O}{\|}}{C}-CH_3 \xrightarrow{CH_3NH_2} \left(\qquad\right) \xrightarrow{H^+} \left(\qquad\right) \xrightarrow{B^-} \left(\qquad\right) \xrightarrow{H^+}$$

$$\left(\qquad\right) \longrightarrow \left(\qquad\right) \xrightarrow{B^-} C_2H_5-\overset{\overset{\displaystyle \|}{C}}{\underset{N-CH_3}{}}-CH_3$$

**793.**

$$C_2H_5-\overset{\overset{\displaystyle O}{\|}}{C}-C_2H_5 \xrightarrow{NH_3} \left(\qquad\right) \xrightarrow{H^+} \left(\qquad\right) \xrightarrow{B^-} \left(\qquad\right) \xrightarrow{H^+}$$

$$\left(\qquad\right) \longrightarrow \left(\qquad\right) \xrightarrow{B^-} C_2H_5-\overset{\overset{\displaystyle \|}{C}}{\underset{NH}{}}-C_2H_5$$

794.

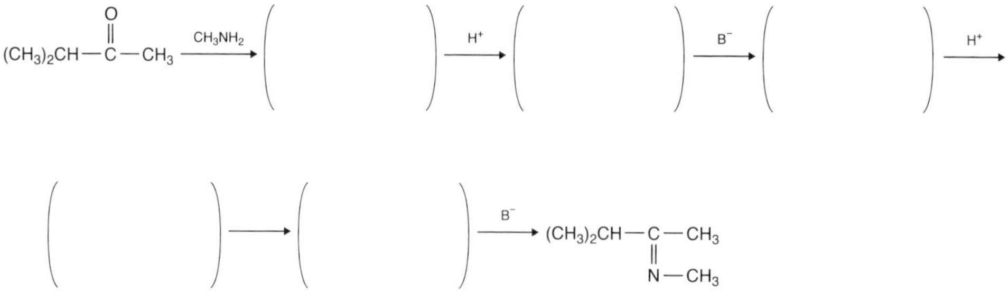

$(CH_3)_2CH-\overset{O}{\overset{\|}{C}}-CH_3$ $\xrightarrow{CH_3NH_2}$ ( ) $\xrightarrow{H^+}$ ( ) $\xrightarrow{B^-}$ ( ) $\xrightarrow{H^+}$

( ) → ( ) $\xrightarrow{B^-}$ $(CH_3)_2CH-\overset{}{\underset{\overset{\|}{N}-CH_3}{C}}-CH_3$

795.

$PhCH_2-\overset{O}{\overset{\|}{C}}-CH_3$ $\xrightarrow{NH_3}$ ( ) $\xrightarrow{H^+}$ ( ) $\xrightarrow{B^-}$ ( ) $\xrightarrow{H^+}$

( ) → ( ) $\xrightarrow{B^-}$ $PhCH_2-\overset{}{\underset{\overset{\|}{NH}}{C}}-CH_3$

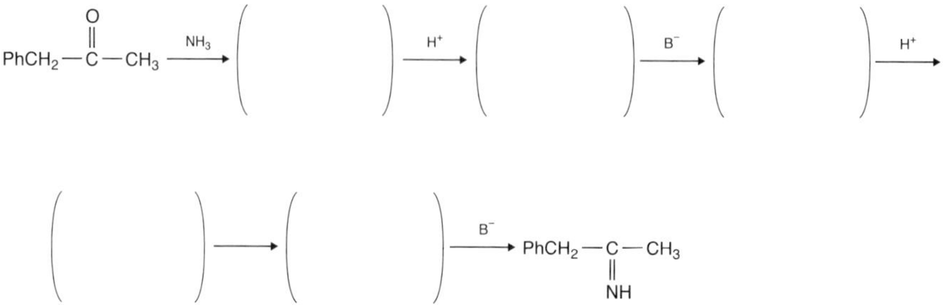

> *Hint*：$NH_3$ もしくは第一級アミンが求核体として働く．生じた付加生成物から水分子が脱離してイミンができる．

## 95　ケトンまたはアルデヒドからエナミンの合成

目安時間 30 分

796.

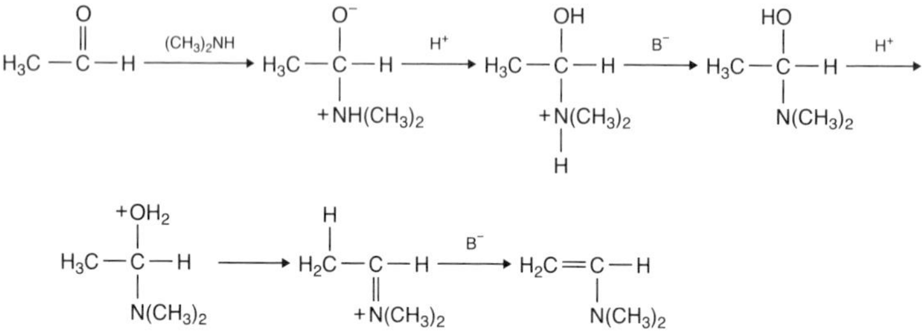

$H_3C-\overset{O}{\overset{\|}{C}}-H$ $\xrightarrow{(CH_3)_2NH}$ $H_3C-\overset{O^-}{\underset{+NH(CH_3)_2}{\overset{|}{C}}}-H$ $\xrightarrow{H^+}$ $H_3C-\overset{OH}{\underset{\overset{|}{+N(CH_3)_2}\atop H}{\overset{|}{C}}}-H$ $\xrightarrow{B^-}$ $H_3C-\overset{HO}{\underset{N(CH_3)_2}{\overset{|}{C}}}-H$ $\xrightarrow{H^+}$

$H_3C-\overset{+OH_2}{\underset{N(CH_3)_2}{\overset{|}{C}}}-H$ → $H_2C-\overset{H}{\underset{+N(CH_3)_2}{\overset{\|}{C}}}-H$ $\xrightarrow{B^-}$ $H_2C=\overset{}{\underset{N(CH_3)_2}{\overset{}{C}}}-H$

797.

$H_3C-\overset{O}{\overset{\|}{C}}-H$ $\xrightarrow{(C_2H_5)_2NH}$ $H_3C-\overset{O^-}{\underset{+NH(C_2H_5)_2}{\overset{|}{C}}}-H$ $\xrightarrow{H^+}$ $H_3C-\overset{OH}{\underset{\overset{|}{+N(C_2H_5)_2}\atop H}{\overset{|}{C}}}-H$ $\xrightarrow{B^-}$ $H_3C-\overset{HO}{\underset{N(C_2H_5)_2}{\overset{|}{C}}}-H$ $\xrightarrow{H^+}$

$H_3C-\overset{+OH_2}{\underset{N(C_2H_5)_2}{\overset{|}{C}}}-H$ → $H_2C-\overset{H}{\underset{+N(C_2H_5)_2}{\overset{\|}{C}}}-H$ $\xrightarrow{B^-}$ $H_2C=\overset{}{\underset{N(C_2H_5)_2}{\overset{}{C}}}-H$

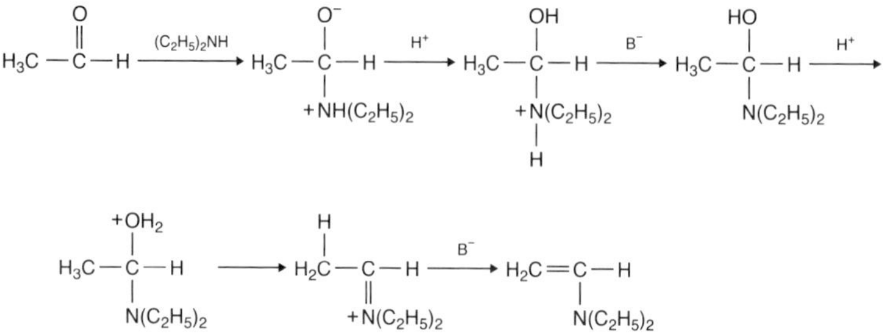

**798.**

$$C_2H_5-\underset{\underset{H}{\overset{\displaystyle O}{\|}}}{C}-H \xrightarrow{(CH_3)_2NH} C_2H_5-\underset{\underset{+NH(CH_3)_2}{\underset{|}{}}}{\overset{O^-}{\underset{|}{C}}}-H \xrightarrow{H^+} C_2H_5-\underset{\underset{H}{\overset{}{+N(CH_3)_2}}}{\overset{OH}{\underset{|}{C}}}-H \xrightarrow{B^-} C_2H_5-\underset{N(CH_3)_2}{\overset{HO}{\underset{|}{C}}}-H \xrightarrow{H^+}$$

$$C_2H_5-\underset{N(CH_3)_2}{\overset{+OH_2}{\underset{|}{C}}}-H \longrightarrow H_3C-\underset{H}{\overset{H}{\underset{|}{C}}}-\underset{+N(CH_3)_2}{\overset{\|}{C}}-H \xrightarrow{B^-} H_3C-\underset{H}{\overset{}{C}}=\underset{N(CH_3)_2}{C}-H$$

**799.**

$$(CH_3)_2CH-\underset{\overset{\displaystyle O}{\|}}{C}-H \xrightarrow{(C_2H_5)_2NH} (\quad) \xrightarrow{H^+} (\quad) \xrightarrow{B^-} (\quad) \xrightarrow{H^+}$$

$$(\quad) \longrightarrow (\quad) \xrightarrow{B^-} H_3C-\underset{H_3C}{\overset{}{C}}-\underset{N(C_2H_5)_2}{\overset{}{C}}-H$$
(with C=C double bond)

**800.**

$$PhCH_2-\underset{\overset{\displaystyle O}{\|}}{C}-H \xrightarrow{(CH_3)_2NH} (\quad) \xrightarrow{H^+} (\quad) \xrightarrow{B^-} (\quad) \xrightarrow{H^+}$$

$$(\quad) \longrightarrow (\quad) \xrightarrow{B^-} Ph-\underset{H}{\overset{}{C}}=\underset{N(CH_3)_2}{C}-H$$

**801.**

$$H_3C-\underset{\overset{\displaystyle O}{\|}}{C}-CH_3 \xrightarrow{(CH_3)_2NH} (\quad) \xrightarrow{H^+} (\quad) \xrightarrow{B^-} (\quad) \xrightarrow{H^+}$$

$$(\quad) \longrightarrow (\quad) \xrightarrow{B^-} H_2C=\underset{N(CH_3)_2}{C}-CH_3$$

**802.**

$$C_2H_5-\underset{\overset{\displaystyle O}{\|}}{C}-C_2H_5 \xrightarrow{(C_2H_5)_2NH} (\quad) \xrightarrow{H^+} (\quad) \xrightarrow{B^-} (\quad) \xrightarrow{H^+}$$

$$(\quad) \longrightarrow (\quad) \xrightarrow{B^-} H_3C-\underset{H}{\overset{}{C}}=\underset{N(C_2H_5)_2}{C}-C_2H_5$$

**803.**

$$C_2H_5-\overset{\overset{O}{\|}}{C}-C_2H_5 \xrightarrow{(CH_3)_2NH} (\quad) \xrightarrow{H^+} (\quad) \xrightarrow{B^-} (\quad) \xrightarrow{H^+}$$

$$(\quad) \longrightarrow (\quad) \xrightarrow{B^-} \underset{\underset{H}{|}}{H_3C-C}=\underset{\underset{N(CH_3)_2}{|}}{C-C_2H_5}$$

**804.**

$$(CH_3)_2CH-\overset{\overset{O}{\|}}{C}-Ph \xrightarrow{(C_2H_5)_2NH} (\quad) \xrightarrow{H^+} (\quad) \xrightarrow{B^-} (\quad) \xrightarrow{H^+}$$

$$(\quad) \longrightarrow (\quad) \xrightarrow{B^-} \underset{\underset{H_3C}{|}}{H_3C-C}=\underset{\underset{N(C_2H_5)_2}{|}}{C-Ph}$$

**805.**

$$PhCH_2-\overset{\overset{O}{\|}}{C}-Ph \xrightarrow{(CH_3)_2NH} (\quad) \xrightarrow{H^+} (\quad) \xrightarrow{B^-} (\quad) \xrightarrow{H^+}$$

$$(\quad) \longrightarrow (\quad) \xrightarrow{B^-} \underset{\underset{H}{|}}{Ph-C}=\underset{\underset{N(CH_3)_2}{|}}{C-Ph}$$

*Hint*：第二級アミンが求核体として働く．いったん C=N 結合ができるが，最終的にエナミンができる．

## 96 ケトンまたはアルデヒドからオキシムの合成

目安時間 **30** 分

**806.**

$$H-\overset{\overset{O}{\|}}{C}-H \xrightarrow{H_2NOH} H-\underset{\underset{H}{\underset{|}{+NH_2OH}}}{\overset{\overset{O^-}{|}}{C}}-H \xrightarrow{H^+} H-\underset{\underset{+NHOH}{|}}{\overset{\overset{OH}{|}}{C}}-H \xrightarrow{B^-} H-\underset{\underset{NHOH}{|}}{\overset{\overset{HO}{|}}{C}}-H \xrightarrow{H^+} H-\underset{\underset{+N-H}{\underset{|}{\underset{OH}{|}}}}{\overset{\overset{+OH_2}{|}}{C}}-H \xrightarrow{B^-} H-\underset{NOH}{C}=H$$

**807.**

$$H_3C-\overset{\overset{O}{\|}}{C}-H \xrightarrow{H_2NOH} H_3C-\underset{\underset{H}{\underset{|}{+NH_2OH}}}{\overset{\overset{O^-}{|}}{C}}-H \xrightarrow{H^+} H_3C-\underset{\underset{+NHOH}{|}}{\overset{\overset{OH}{|}}{C}}-H \xrightarrow{B^-} H_3C-\underset{\underset{NHOH}{|}}{\overset{\overset{HO}{|}}{C}}-H \xrightarrow{H^+}$$

$$H_3C-\underset{\underset{NHOH}{|}}{\overset{\overset{+OH_2}{|}}{C}}-H \longrightarrow H_3C-\underset{\underset{+N-H}{\underset{|}{\underset{OH}{|}}}}{C}=H \xrightarrow{B^-} H_3C-\underset{NOH}{C}=H$$

808.

$$C_2H_5-\overset{O}{\underset{}{\overset{\|}{C}}}-H \xrightarrow{H_2NOH} C_2H_5-\overset{O^-}{\underset{+NH_2OH}{\overset{|}{C}}}-H \xrightarrow{H^+} C_2H_5-\overset{OH}{\underset{\overset{+NHOH}{\underset{H}{|}}}{\overset{|}{C}}}-H \xrightarrow{B^-} C_2H_5-\overset{HO}{\underset{NHOH}{\overset{|}{C}}}-H \xrightarrow{H^+}$$

$$C_2H_5-\overset{+OH_2}{\underset{NHOH}{\overset{|}{C}}}-H \longrightarrow C_2H_5-\overset{}{\underset{\overset{+N-H}{\underset{OH}{|}}}{\overset{\|}{C}}}-H \xrightarrow{B^-} C_2H_5-\overset{}{\underset{NOH}{\overset{\|}{C}}}-H$$

809.

$$(CH_3)_2CH-\overset{O}{\overset{\|}{C}}-H \xrightarrow{H_2NOH} (CH_3)_2CH-\overset{O^-}{\underset{+NH_2OH}{\overset{|}{C}}}-H \xrightarrow{H^+} (CH_3)_2CH-\overset{OH}{\underset{\overset{+NHOH}{\underset{H}{|}}}{\overset{|}{C}}}-H \xrightarrow{B^-} (CH_3)_2CH-\overset{HO}{\underset{NHOH}{\overset{|}{C}}}-H \xrightarrow{H^+}$$

$$(CH_3)_2CH-\overset{+OH_2}{\underset{NHOH}{\overset{|}{C}}}-H \longrightarrow (CH_3)_2CH-\overset{}{\underset{\overset{+N-H}{\underset{OH}{|}}}{\overset{\|}{C}}}-H \xrightarrow{B^-} (CH_3)_2CH-\overset{}{\underset{NOH}{\overset{\|}{C}}}-H$$

810.

$$PhCH_2-\overset{O}{\overset{\|}{C}}-H \xrightarrow{H_2NOH} (\quad) \xrightarrow{H^+} (\quad) \xrightarrow{B^-} (\quad) \xrightarrow{H^+}$$

$$(\quad) \longrightarrow (\quad) \xrightarrow{B^-} PhCH_2-\overset{}{\underset{NOH}{\overset{\|}{C}}}-H$$

811.

$$H_3C-\overset{O}{\overset{\|}{C}}-CH_3 \xrightarrow{H_2NOH} (\quad) \xrightarrow{H^+} (\quad) \xrightarrow{B^-} (\quad) \xrightarrow{H^+}$$

$$(\quad) \longrightarrow (\quad) \xrightarrow{B^-} H_3C-\overset{}{\underset{NOH}{\overset{\|}{C}}}-CH_3$$

**812.**

$$C_2H_5-\overset{\overset{O}{\|}}{C}-CH_3 \xrightarrow{H_2NOH} \Big( \quad \Big) \xrightarrow{H^+} \Big( \quad \Big) \xrightarrow{B^-} \Big( \quad \Big) \xrightarrow{H^+}$$

$$\Big( \quad \Big) \longrightarrow \Big( \quad \Big) \xrightarrow{B^-} C_2H_5-\overset{\overset{}{C}}{\underset{\overset{\|}{NOH}}{}}-CH_3$$

**813.**

$$C_2H_5-\overset{\overset{O}{\|}}{C}-C_2H_5 \xrightarrow{H_2NOH} \Big( \quad \Big) \xrightarrow{H^+} \Big( \quad \Big) \xrightarrow{B^-} \Big( \quad \Big) \xrightarrow{H^+}$$

$$\Big( \quad \Big) \longrightarrow \Big( \quad \Big) \xrightarrow{B^-} C_2H_5-\overset{\overset{}{C}}{\underset{\overset{\|}{NOH}}{}}-C_2H_5$$

**814.**

$$(CH_3)_2CH-\overset{\overset{O}{\|}}{C}-CH_3 \xrightarrow{H_2NOH} \Big( \quad \Big) \xrightarrow{H^+} \Big( \quad \Big) \xrightarrow{B^-} \Big( \quad \Big) \xrightarrow{H^+}$$

$$\Big( \quad \Big) \longrightarrow \Big( \quad \Big) \xrightarrow{B^-} (CH_3)_2CH-\overset{\overset{}{C}}{\underset{\overset{\|}{NOH}}{}}-CH_3$$

**815.**

$$PhCH_2-\overset{\overset{O}{\|}}{C}-CH_3 \xrightarrow{H_2NOH} \Big( \quad \Big) \xrightarrow{H^+} \Big( \quad \Big) \xrightarrow{B^-} \Big( \quad \Big) \xrightarrow{H^+}$$

$$\Big( \quad \Big) \longrightarrow \Big( \quad \Big) \xrightarrow{B^-} PhCH_2-\overset{\overset{}{C}}{\underset{\overset{\|}{NOH}}{}}-CH_3$$

*Hint*：ヒドロキシアミンの N 原子が求核攻撃する．生成物のどの部分がヒドロキシルアミン由来かを考えよう.

## 97　ケトンまたはアルデヒドから *gem*-ジオールの合成

目安時間 **15** 分

**816.**

$$H-\overset{O}{\underset{}{C}}-H \xrightarrow{H^+} H-\overset{\overset{+}{O}H}{\underset{}{C}}-H \xrightarrow{H_2O} H-\overset{OH}{\underset{\overset{+}{O}H}{\underset{|}{C}}}-H \xrightarrow{B^-} H-\overset{OH}{\underset{OH}{\underset{|}{C}}}-H$$

**817.**

$$H_3C-\overset{O}{\underset{}{C}}-H \xrightarrow{H^+} H_3C-\overset{\overset{+}{O}H}{\underset{}{C}}-H \xrightarrow{H_2O} H_3C-\overset{OH}{\underset{\overset{+}{O}H}{\underset{|}{C}}}-H \xrightarrow{B^-} H_3C-\overset{OH}{\underset{OH}{\underset{|}{C}}}-H$$

**818.**

$$C_2H_5-\overset{O}{\underset{}{C}}-H \xrightarrow{H^+} C_2H_5-\overset{\overset{+}{O}H}{\underset{}{C}}-H \xrightarrow{H_2O} C_2H_5-\overset{OH}{\underset{\overset{+}{O}H}{\underset{|}{C}}}-H \xrightarrow{B^-} C_2H_5-\overset{OH}{\underset{OH}{\underset{|}{C}}}-H$$

**819.**

$$(CH_3)_2CH-\overset{O}{\underset{}{C}}-H \xrightarrow{H^+} (CH_3)_2CH-\overset{\overset{+}{O}H}{\underset{}{C}}-H \xrightarrow{H_2O} (CH_3)_2CH-\overset{OH}{\underset{\overset{+}{O}H}{\underset{|}{C}}}-H \xrightarrow{B^-} (CH_3)_2CH-\overset{OH}{\underset{OH}{\underset{|}{C}}}-H$$

**820.**

$$PhCH_2-\overset{O}{\underset{}{C}}-H \xrightarrow{H^+} \left( \quad \right) \xrightarrow{H_2O} \left( \quad \right) \xrightarrow{B^-} PhCH_2-\overset{OH}{\underset{OH}{\underset{|}{C}}}-H$$

**821.**

$$H_3C-\overset{O}{\underset{}{C}}-CH_3 \xrightarrow{H^+} \left( \quad \right) \xrightarrow{H_2O} \left( \quad \right) \xrightarrow{B^-} H_3C-\overset{OH}{\underset{OH}{\underset{|}{C}}}-CH_3$$

**822.**

$$C_2H_5-\overset{O}{\underset{}{C}}-CH_3 \xrightarrow{H^+} \left( \quad \right) \xrightarrow{H_2O} \left( \quad \right) \xrightarrow{B^-} C_2H_5-\overset{OH}{\underset{OH}{\underset{|}{C}}}-CH_3$$

**823.**

$$C_2H_5-\overset{O}{\underset{}{C}}-C_2H_5 \xrightarrow{H^+} \left( \quad \right) \xrightarrow{H_2O} \left( \quad \right) \xrightarrow{B^-} C_2H_5-\overset{OH}{\underset{OH}{\underset{|}{C}}}-C_2H_5$$

**824.**

$$(CH_3)_2CH-\overset{O}{\underset{}{C}}-CH_3 \xrightarrow{H^+} \left( \quad \right) \xrightarrow{H_2O} \left( \quad \right) \xrightarrow{B^-} (CH_3)_2CH-\overset{OH}{\underset{OH}{\underset{|}{C}}}-CH_3$$

**825.**

$$PhCH_2-\overset{O}{\underset{}{C}}-CH_3 \xrightarrow{H^+} \left( \quad \right) \xrightarrow{H_2O} \left( \quad \right) \xrightarrow{B^-} PhCH_2-\overset{OH}{\underset{OH}{\underset{|}{C}}}-CH_3$$

*Hint*：プロトン化されたカルボニル基を水分子が攻撃する．二つのヒドロキシ基がどこに由来するかを考えよう．

## 98 アルデヒドからのアセタール生成

目安時間 **20**分

826.

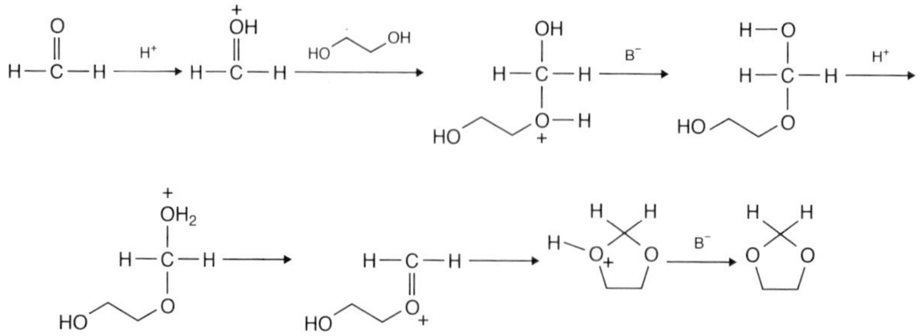

827.

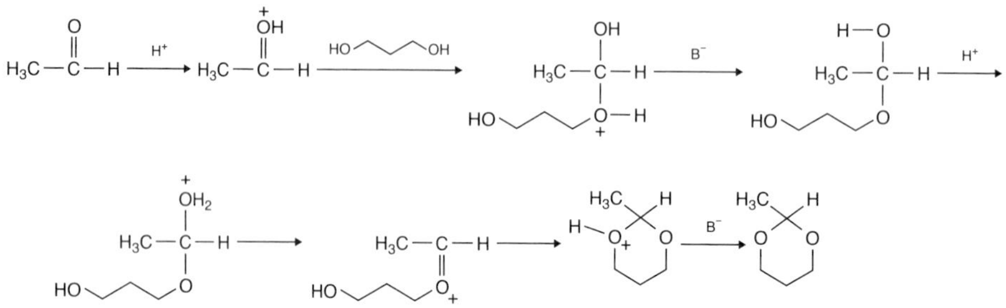

828.

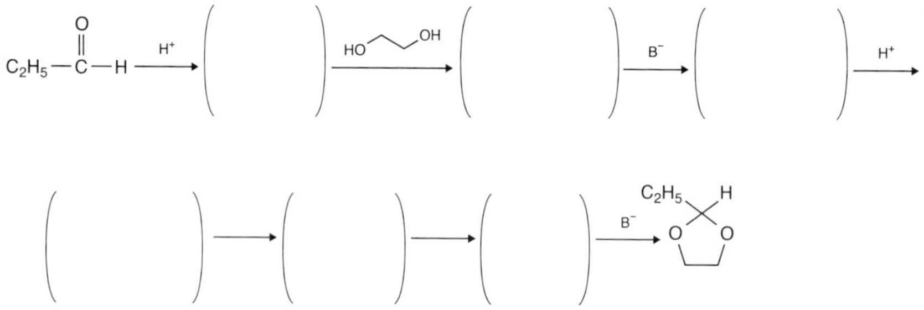

829.

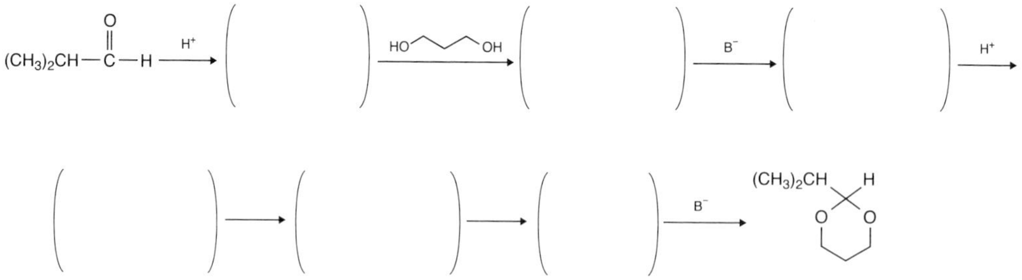

830.

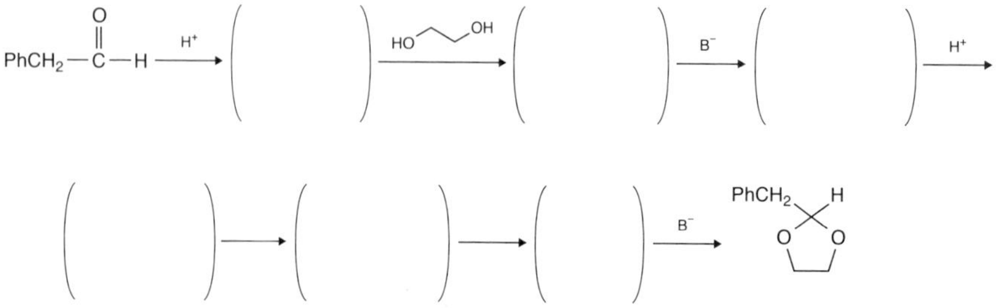

!Hint：プロトン化されたカルボニル基をジオールが攻撃する．環構造ができる過程をていねいに追いかけよう．

# 99 ケトンからのケタール生成

831.

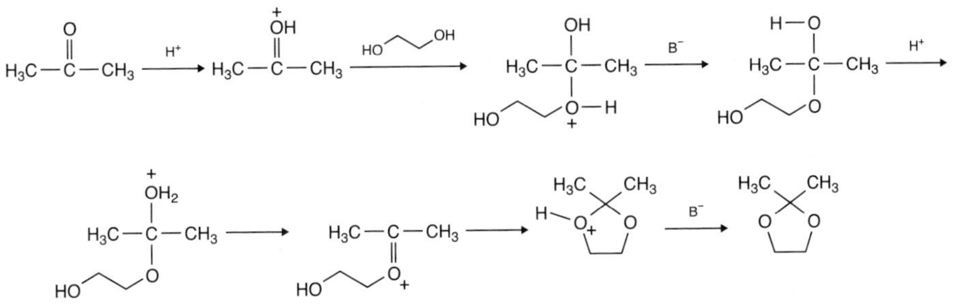

832.

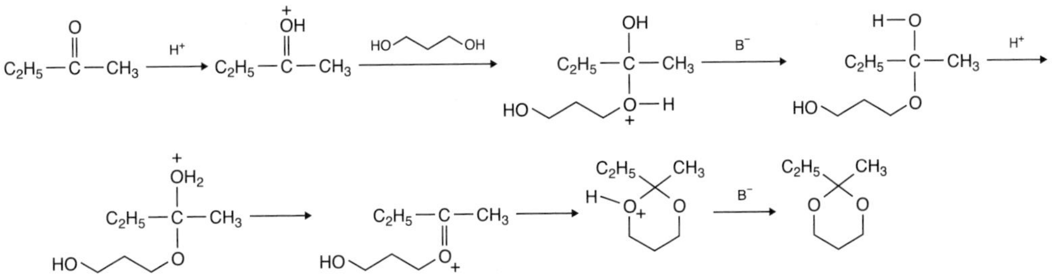

833.

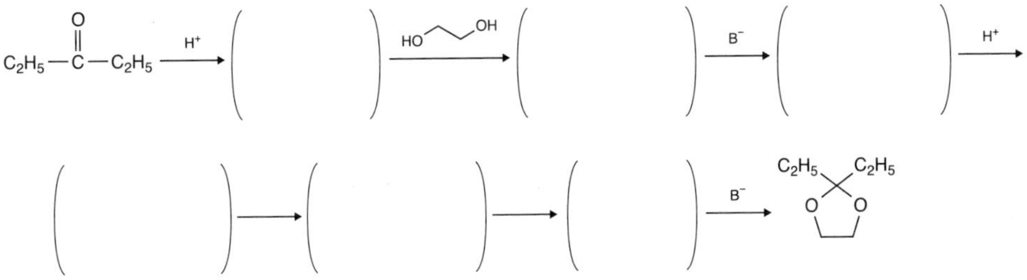

834.

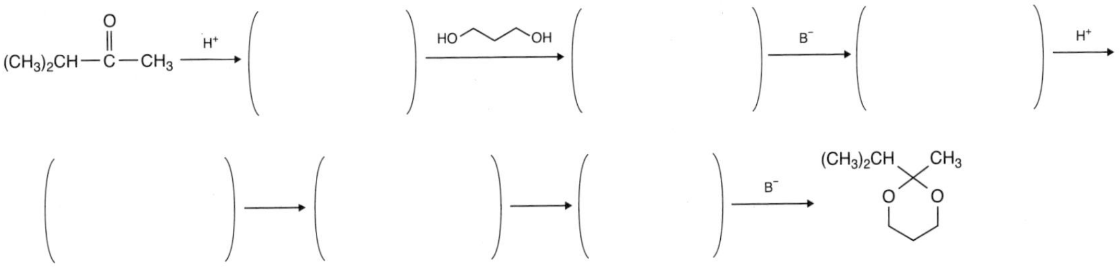

835.

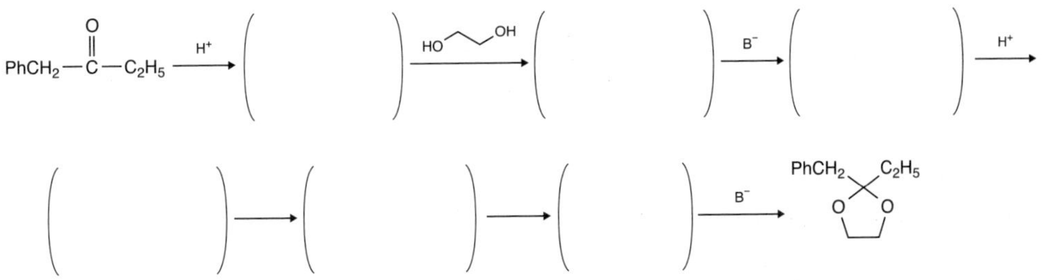

Hint：環構造ができる過程をていねいに追いかけよう．生成物の構造を見て，どこがケトン由来の部分かを考えよう．

**100** アルデヒドからのチオアセタールまたはチオケタール生成

836.

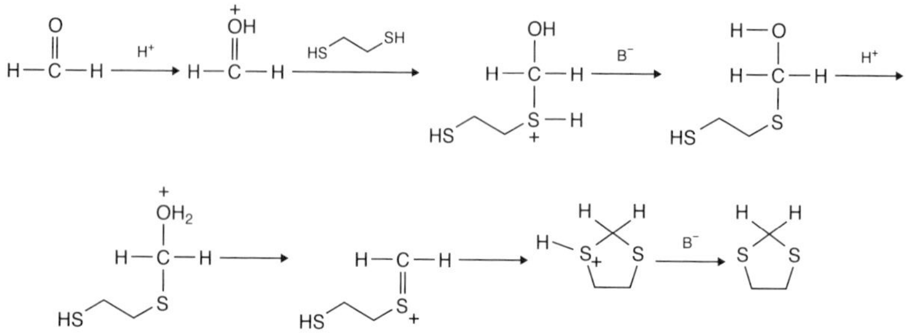

837.

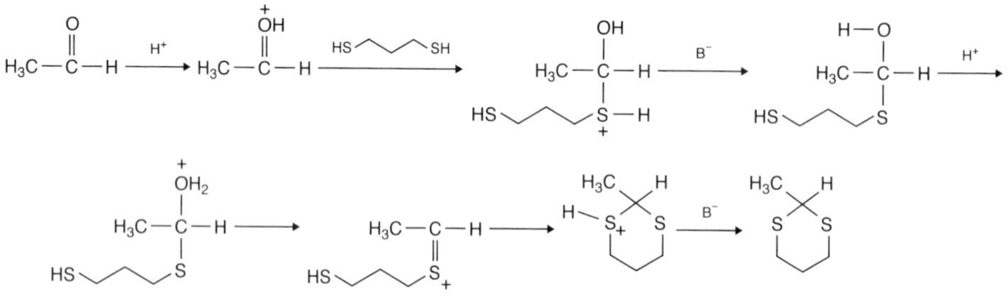

838.

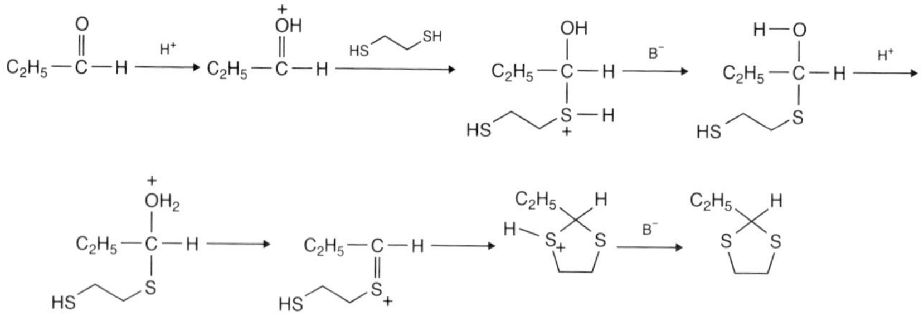

839.

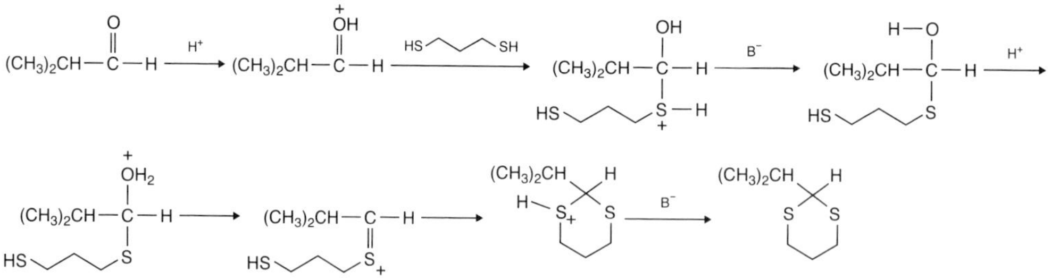

840.

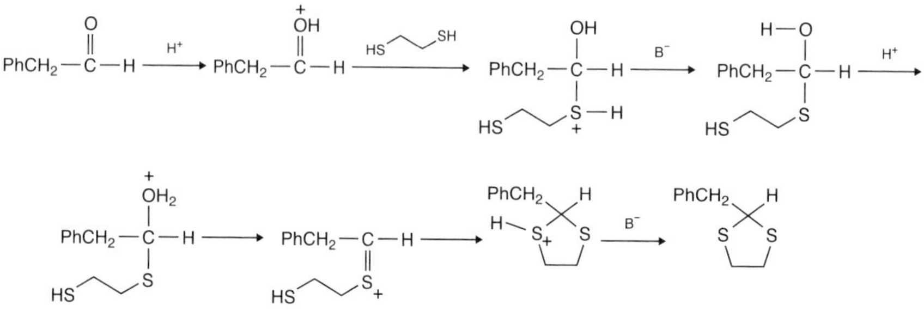

**841.**

**842.**

**843.**

**844.**

**845.**

*Hint*：硫黄と酸素は周期表では上下の関係．ここではジチオールの S 原子が求核性をもち，環状構造をつくる

## 101 Wiitig 反応

目安時間 **20** 分

846.

$H_3C-Br \xrightarrow{PPh_3} Ph_3\overset{+}{P}-CH_2 \quad Br^- \xrightarrow{{}^nBu^-} Ph_3\overset{+}{P}-CH_2^- \xrightarrow{CH_3-\overset{O}{\overset{\|}{C}}-H} \underset{H_3C}{\overset{Ph_3}{\underset{C}{\overset{P}{\diamond}}}} \quad \longrightarrow H_3C-\overset{CH_2}{\overset{\|}{C}}-H + O=PPh_3$

847.

$CH_3-CH_2-Br \xrightarrow{PPh_3} Ph_3\overset{+}{P}-\underset{CH_3}{\overset{H}{C}} \quad Br^- \xrightarrow{{}^nBu^-} Ph_3\overset{+}{P}-\underset{CH_3}{\overset{}{C}H^-} \xrightarrow{CH_3-\overset{O}{\overset{\|}{C}}-H} \quad \longrightarrow H_3C-\overset{CH-CH_3}{\overset{\|}{C}}-H \; + O=PPh_3$

848.

$CH_3-CH_2-CH_2-Br \xrightarrow{PPh_3} Ph_3\overset{+}{P}-\underset{H_3C-CH_2}{\overset{H}{C}H} \quad Br^- \xrightarrow{{}^nBu^-} Ph_3\overset{+}{P}-\underset{H_3C-CH_2}{\overset{}{C}H^-} \xrightarrow{Ph-\overset{O}{\overset{\|}{C}}-H} \quad$

$\longrightarrow Ph-\overset{CH-CH_2-CH_3}{\overset{\|}{C}}-H \quad + O=PPh_3$

849.

$CH_3-\underset{\underset{CH_3}{}}{\overset{CH_3}{C}}H-Br \xrightarrow{PPh_3} (\qquad) \xrightarrow{{}^nBu^-} (\qquad) \xrightarrow{Ph-\overset{O}{\overset{\|}{C}}-H} (\qquad) \longrightarrow Ph-\overset{\overset{H_3C \quad CH_3}{\overset{\diagup\diagdown}{C}}}{\overset{\|}{C}}-H + O=PPh_3$

850.

$H_3C-Br \xrightarrow{PPh_3} (\qquad) \xrightarrow{{}^nBu^-} (\qquad) \xrightarrow{H_3C-\overset{O}{\overset{\|}{C}}-CH_3} (\qquad) \longrightarrow H_3C-\overset{CH_2}{\overset{\|}{C}}-CH_3 + O=PPh$

851.

$CH_3-CH_2-Br \xrightarrow{PPh_3} (\qquad) \xrightarrow{{}^nBu^-} (\qquad) \xrightarrow{C_2H_5-\overset{O}{\overset{\|}{C}}-C_2H_5} (\qquad) \longrightarrow C_2H_5-\overset{CH-CH_3}{\overset{\|}{C}}-C_2H_5 + O=PPh_3$

852.

$CH_3-CH_2-CH_2-Br \xrightarrow{PPh_3} (\qquad) \xrightarrow{{}^nBu^-} (\qquad) \xrightarrow{\hspace{1em}} $

$(\qquad) \longrightarrow CH_3-CH_2-CH= \bigcirc \quad + \quad O=PPh_3$

!*Hint*：リンイリドの生成過程を理解しよう．このC原子がカルボニル基を攻撃して四員環中間体を経由する．

• 次の反応式の反応機構を答えよ.

## 102 発展問題 (1)

853.

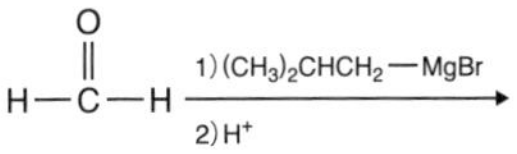

$$H-\overset{\overset{\displaystyle O}{\|}}{C}-H \xrightarrow[\text{2)}H^+]{\text{1) }(CH_3)_2CHCH_2-MgBr}$$

854.

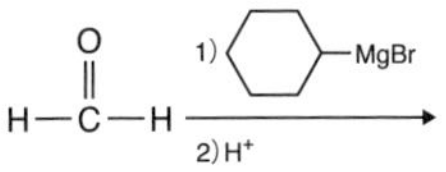

$$H-\overset{\overset{\displaystyle O}{\|}}{C}-H \xrightarrow[\text{2)}H^+]{\text{1) }\bigcirc-MgBr}$$

855.

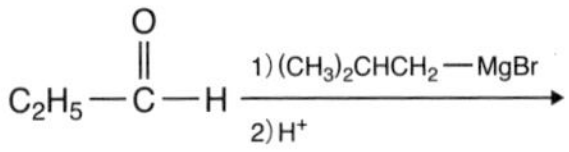

$$C_2H_5-\overset{\overset{\displaystyle O}{\|}}{C}-H \xrightarrow[\text{2)}H^+]{\text{1) }(CH_3)_2CHCH_2-MgBr}$$

856.

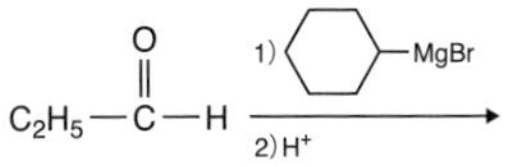

$$C_2H_5-\overset{\overset{\displaystyle O}{\|}}{C}-H \xrightarrow[\text{2)}H^+]{\text{1) }\bigcirc-MgBr}$$

857.

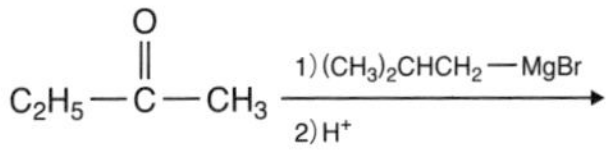

$$C_2H_5-\overset{\overset{\displaystyle O}{\|}}{C}-CH_3 \xrightarrow[\text{2)}H^+]{\text{1) }(CH_3)_2CHCH_2-MgBr}$$

858.

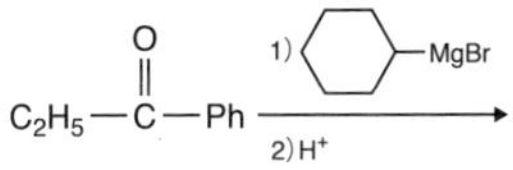

$$C_2H_5-\overset{\overset{\displaystyle O}{\|}}{C}-Ph \xrightarrow[\text{2)}H^+]{\text{1) }\bigcirc-MgBr}$$

859.

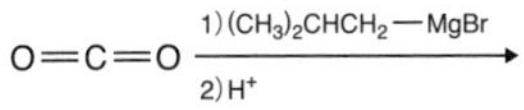

$$O=C=O \xrightarrow[\text{2)}H^+]{\text{1) }(CH_3)_2CHCH_2-MgBr}$$

860.

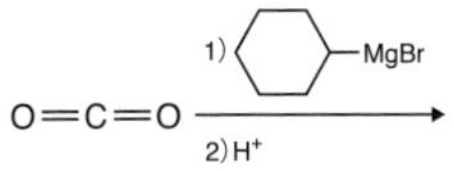

$$O=C=O \xrightarrow[\text{2)}H^+]{\text{1) }\bigcirc-MgBr}$$

## 103 発展問題 (2)

861.

$$C_2H_5-\overset{\overset{\displaystyle O}{\|}}{C}-OCH_3 \xrightarrow[\text{2)}H^+]{\text{1) }2(CH_3)_2CHCH_2-MgBr}$$

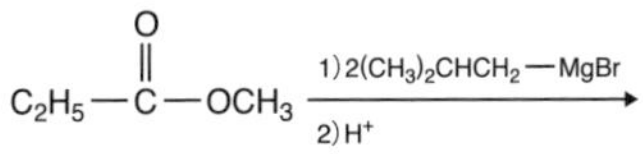

862.

Ph—C(=O)—OCH₃   1) 2 [cyclohexyl]—MgBr / 2) H⁺ →

863.

C₂H₅—C(=O)—Cl   1) 2(CH₃)₂CHCH₂—MgBr / 2) H⁺ →

864.

Ph—C(=O)—Cl   1) 2 [cyclohexyl]—MgBr / 2) H⁺ →

865.

H₃C—C≡C—H   1) NH₂⁻ / 2) Ph—C(=O)—H / 3) H⁺ →

866.

H₃C—C≡C—H   1) NH₂⁻ / 2) Ph—C(=O)—CH₃ / 3) H⁺ →

867.

Ph—C(=O)—H   1) LiAlH₄ / 2) H⁺ →

868.

Ph—C(=O)—CH₃   1) LiAlH₄ / 2) H⁺ →

869.

Ph—C(=O)—Cl   1) 2NaBH₄ / 2) H⁺ →

870.

Ph—C(=O)—Cl   1) 2LiAlH₄ / 2) H⁺ →

**104** 発展問題 (3)

871.

$$Ph-\overset{\overset{\displaystyle O}{\|}}{C}-OC_2H_5 \xrightarrow[\text{2)}H^+]{\text{1)}2LiAlH_4}$$

872.

$$Ph-\underset{\underset{\displaystyle H}{|}}{\overset{\overset{\displaystyle O}{\|}}{C}}-NCH_3 \xrightarrow[\text{2)}H^+]{\text{1)}2LiAlH_4}$$

873.

$$Ph-\overset{\overset{\displaystyle O}{\|}}{C}-H \xrightarrow[\text{2)}H^+]{\text{1)}CN^-}$$

874.

$$Ph-\overset{\overset{\displaystyle O}{\|}}{C}-CH_3 \xrightarrow[\text{2)}H^+]{\text{1)}CN^-}$$

875.

$$Ph-\overset{\overset{\displaystyle O}{\|}}{C}-H \xrightarrow{CH_3NH_2}$$

876.

$$Ph-\overset{\overset{\displaystyle O}{\|}}{C}-CH_3 \xrightarrow{CH_3NH_2}$$

877.

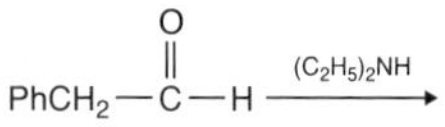

$$PhCH_2-\overset{\overset{\text{O}}{\|}}{C}-H \xrightarrow{(C_2H_5)_2NH}$$

878.

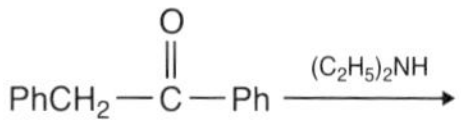

$$PhCH_2-\overset{\overset{\text{O}}{\|}}{C}-Ph \xrightarrow{(C_2H_5)_2NH}$$

879.

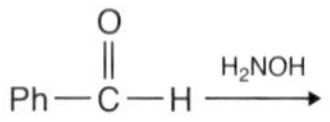

$$Ph-\overset{\overset{\text{O}}{\|}}{C}-H \xrightarrow{H_2NOH}$$

880.

$$Ph-\overset{\overset{\text{O}}{\|}}{C}-CH_3 \xrightarrow{H_2NOH}$$

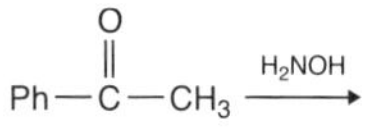

**105** 発展問題（4）

目安時間 **20** 分

881.

$$Ph-\overset{\overset{\text{O}}{\|}}{C}-H \xrightarrow[H_2O]{H^+}$$

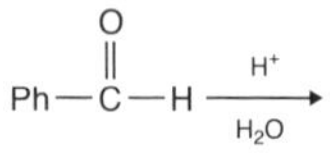

882.

$$Ph-\overset{O}{\underset{}{C}}-CH_3 \xrightarrow[\text{H}_2\text{O}]{\text{H}^+}$$

883.

$$Ph-\overset{O}{\underset{}{C}}-H \xrightarrow[\text{HO}\diagdown\diagup\text{OH}]{\text{H}^+}$$

884.

$$Ph-\overset{O}{\underset{}{C}}-CH_3 \xrightarrow[\text{HO}\diagdown\diagup\text{OH}]{\text{H}^+}$$

885.

$$Ph-\overset{O}{\underset{}{C}}-H \xrightarrow[\text{HS}\diagdown\diagup\text{SH}]{\text{H}^+}$$

886.

$$Ph-\overset{O}{\underset{}{C}}-CH_3 \xrightarrow[\text{HS}\diagdown\diagup\text{SH}]{\text{H}^+}$$

887.

$$CH_3-\overset{CH_3}{\underset{}{CH}}-Br \xrightarrow[\substack{2)^n\text{Bu}^-\\3)\,\text{O=}\bigcirc}]{1)\text{PPh}_3}$$

# 14 カルボニル基のα位でのハロゲン化

## 反応機構のポイント

カルボニル化合物はケト形とエノール形の互変異性平衡状態にある（5章参照）．

$$H_3C-\overset{\overset{O}{\|}}{C}-CH_3 \quad \rightleftharpoons \quad H_3C-\overset{\overset{OH}{|}}{C}=CH_2$$
ケト形　　　　　　　エノール

この相互変換を利用して，カルボニル基のα位の炭素原子にハロゲン原子を導入できる．この反応は酸もしくは塩基によって促進される．

### A. 酸性条件下でのハロゲン化反応

① カルボニル酸素原子の孤立電子対から，$H^+$に向けて曲がった矢印を伸ばす

② 水分子からカルボニル基のα位のH原子に向けて曲がった矢印を伸ばす．続いてC—H結合からC—C結合にさらに，カルボニル基のπ結合の電子対がO原子上に移動する．これによりエノールが得られる

> C原子，O原子はそれぞれ最大で8個の価電子しかもてないことに注意しよう

③ エノールのヒドロキシ基のO原子上の孤立電子対からC—O結合に向けて，カルボニル基が再生するように曲がった矢印を伸ばす．続いて，C—C結合からCl原子に向けて曲がった矢印を伸ばし，Cl—Cl結合が切断される

> Cl原子は最大8個の価電子しかもてない

④ 水分子からカルボニル基に結合したH原子に向けて曲がった矢印を伸ばす

⑤ 酸性条件下では，ハロゲン原子が1個置換したところで反応がおわる

> ハロゲン原子は電子求引性なので，カルボニル酸素上の電子密度を下げ，プロトン化しにくくなる

### B. 塩基性条件下でのハロゲン化反応

① 塩基$HO^-$からカルボニル基のα位のH原子に向けて曲がった矢印を伸ばす．続いてC—H結合の電子対はC原子上に移動し，カルボアニオンが生成する

② C原子上の孤立電子対からC—C結合に，さらにカルボニル基のπ結合の電子対がO原子上に移動するように曲がった矢印を伸ばす．これによりエノラートイオンが得られる

> C原子，O原子はそれぞれ最大8個の価電子しかもてない

③ エノラートイオンのO原子上の孤立電子対からC—O結合に向けて，カルボニル基が再生するよう曲がった矢印を伸ばす．続いて，C—C結合から，Cl原子に向けて曲がった矢印を伸ばし，Cl—Cl結合が切断される

> Cl原子は最大8個の価電子しかもてない

④ 塩基性条件では，カルボニル基のα水素のすべてがハロゲン原子で置換されるまで反応は続く

> ハロゲン原子は電子求引性なので，カルボニル基のα位のC原子上の電子密度を下げ，プロトン引き抜きをさらに容易にする

・次の反応式における電子の移動を曲がった矢印を用いて表せ．また反応式中に括弧がある場合は，中間体もあわせて答えよ．

## 106　ケトンまたはアルデヒドのハロゲン化（酸性条件）

 目安時間 **20** 分

888.

$$H_3C-\overset{\overset{O}{\|}}{C}-H \xrightarrow{H^+} H_2C-\overset{\overset{\overset{+}{O}H}{\|}}{C}-H \xrightarrow{H_2O} H_2C=\overset{OH}{C}-H \xrightarrow{Cl-Cl} H_2C-\overset{\overset{\overset{+}{O}-H}{\|}}{C}-H \xrightarrow{H_2O} H_2C-\overset{\overset{O}{\|}}{C}-H$$

889.

$$H_3C-\overset{\overset{O}{\|}}{C}-H \xrightarrow{H^+} H_2C-\overset{\overset{\overset{+}{O}H}{\|}}{C}-H \xrightarrow{H_2O} H_2C=\overset{OH}{C}-H \xrightarrow{Br-Br} H_2C-\overset{\overset{\overset{+}{O}-H}{\|}}{C}-H \xrightarrow{H_2O} H_2C-\overset{\overset{O}{\|}}{C}-H$$

890.

$$C_2H_5-\overset{\overset{O}{\|}}{C}-H \xrightarrow{H^+} CH_3-\overset{}{CH}-\overset{\overset{\overset{+}{O}H}{\|}}{C}-H \xrightarrow{H_2O} CH_3-CH=\overset{OH}{C}-H \xrightarrow{Cl-Cl} CH_3-\overset{}{CH}-\overset{\overset{\overset{+}{O}-H}{\|}}{C}-H \xrightarrow{H_2O} CH_3-\overset{}{CH}-\overset{\overset{O}{\|}}{C}-H$$

891.

$$C_2H_5-\overset{\overset{O}{\|}}{C}-H \xrightarrow{H^+} CH_3-\overset{}{CH}-\overset{\overset{\overset{+}{O}H}{\|}}{C}-H \xrightarrow{H_2O} CH_3-CH=\overset{OH}{C}-H \xrightarrow{Br-Br} CH_3-\overset{}{CH}-\overset{\overset{\overset{+}{O}-H}{\|}}{C}-H \xrightarrow{H_2O} CH_3-\overset{}{CH}-\overset{\overset{O}{\|}}{C}-H$$

892.

$$(CH_3)_2CH-\overset{\overset{O}{\|}}{C}-H \xrightarrow{H^+} (\quad) \xrightarrow{H_2O} (\quad) \xrightarrow{Cl-Cl} (\quad) \xrightarrow{H_2O} CH_3-\overset{CH_3}{\underset{Cl}{C}}-\overset{\overset{O}{\|}}{C}-H$$

893.

$$H_3C-\overset{\overset{O}{\|}}{C}-CH_3 \xrightarrow{H^+} (\quad) \xrightarrow{H_2O} (\quad) \xrightarrow{Cl-Cl} (\quad) \xrightarrow{H_2O} H_2C-\overset{\overset{O}{\|}}{C}-CH_3$$

894.

$$H_3C-\overset{\overset{O}{\|}}{C}-CH_3 \xrightarrow{H^+} (\quad) \xrightarrow{H_2O} (\quad) \xrightarrow{Br-Br} (\quad) \xrightarrow{H_2O} H_2C-\overset{\overset{O}{\|}}{C}-CH_3$$

895.

$$C_2H_5-\overset{\overset{O}{\|}}{C}-C_2H_5 \xrightarrow{H^+} (\quad) \xrightarrow{H_2O} (\quad) \xrightarrow{Cl-Cl}$$

$$(\quad) \xrightarrow{H_2O} CH_3-\overset{}{\underset{Cl}{CH}}-\overset{\overset{O}{\|}}{C}-C_2H_5$$

**896.**

$$C_2H_5-\overset{\overset{\displaystyle O}{\|}}{C}-C_2H_5 \xrightarrow{H^+} \Big(\qquad\Big) \xrightarrow{H_2O} \Big(\qquad\Big) \xrightarrow{Br-Br}$$

$$\Big(\qquad\Big) \xrightarrow{H_2O} CH_3-\underset{\underset{\displaystyle Br}{|}}{CH}-\overset{\overset{\displaystyle O}{\|}}{C}-C_2H_5$$

**897.**

$$(CH_3)_2CH-\overset{\overset{\displaystyle O}{\|}}{C}-Ph \xrightarrow{H^+} \Big(\qquad\Big) \xrightarrow{H_2O} \Big(\qquad\Big) \xrightarrow{Cl-Cl} \Big(\qquad\Big) \xrightarrow{H_2O} CH_3-\underset{\underset{\displaystyle Cl}{|}}{\overset{\overset{\displaystyle H_3C}{|}}{C}}-\overset{\overset{\displaystyle O}{\|}}{C}-Ph$$

❗*Hint*：カルボニル基がプロトン化され，互変異性により得られたエノールがハロゲン分子を攻撃する．

---

## 107 ケトンまたはアルデヒドのハロゲン化（塩基性条件）　目安時間 ㉑分

**898.**

$$\underset{\underset{\displaystyle H}{|}}{H_2C}-\overset{\overset{\displaystyle O}{\|}}{C}-H \xrightarrow{HO^-} \underset{}{H_2\underset{\displaystyle -}{C}}-\overset{\overset{\displaystyle O}{\|}}{C}-H \longrightarrow H_2C=\overset{\overset{\displaystyle O^-}{|}}{C}-H \xrightarrow{Cl-Cl} \underset{\underset{\displaystyle Cl}{|}}{H_2C}-\overset{\overset{\displaystyle O}{\|}}{C}-H \xrightarrow[2回繰り返す]{同じことを} Cl_3C-\overset{\overset{\displaystyle O}{\|}}{C}-H$$

**899.**

$$\underset{\underset{\displaystyle H}{|}}{H_2C}-\overset{\overset{\displaystyle O}{\|}}{C}-H \xrightarrow{HO^-} H_2\underset{\displaystyle -}{C}-\overset{\overset{\displaystyle O}{\|}}{C}-H \longrightarrow H_2C=\overset{\overset{\displaystyle O^-}{|}}{C}-H \xrightarrow{Br-Br} \underset{\underset{\displaystyle Br}{|}}{H_2C}-\overset{\overset{\displaystyle O}{\|}}{C}-H \xrightarrow[2回繰り返す]{同じことを} Br_3C-\overset{\overset{\displaystyle O}{\|}}{C}-H$$

**900.**

$$CH_3-\underset{\underset{\displaystyle H}{|}}{\overset{\overset{\displaystyle H}{|}}{C}}-\overset{\overset{\displaystyle O}{\|}}{C}-H \xrightarrow{HO^-} CH_3-\underset{\displaystyle -}{CH}-\overset{\overset{\displaystyle O}{\|}}{C}-H \longrightarrow CH_3-CH=\overset{\overset{\displaystyle O^-}{|}}{C}-H \xrightarrow{Cl-Cl} CH_3-\underset{\underset{\displaystyle Cl}{|}}{CH}-\overset{\overset{\displaystyle O}{\|}}{C}-H \xrightarrow[\substack{もう一度\\繰り返す}]{同じことを} CH_3-CCl_2-\overset{\overset{\displaystyle O}{\|}}{C}-H$$

**901.**

$$CH_3-\underset{\underset{\displaystyle H}{|}}{\overset{\overset{\displaystyle H}{|}}{C}}-\overset{\overset{\displaystyle O}{\|}}{C}-H \xrightarrow{HO^-} CH_3-\underset{\displaystyle -}{CH}-\overset{\overset{\displaystyle O}{\|}}{C}-H \longrightarrow CH_3-CH=\overset{\overset{\displaystyle O^-}{|}}{C}-H \xrightarrow{Br-Br} CH_3-\underset{\underset{\displaystyle Br}{|}}{CH}-\overset{\overset{\displaystyle O}{\|}}{C}-H \xrightarrow[\substack{もう一度\\繰り返す}]{同じことを} CH_3-CBr_2-\overset{\overset{\displaystyle O}{\|}}{C}-H$$

**902.**

$$CH_3-\underset{\underset{\displaystyle H}{|}}{\overset{\overset{\displaystyle H_3C}{|}}{C}}-\overset{\overset{\displaystyle O}{\|}}{C}-H \xrightarrow{HO^-} \Big(\qquad\Big) \longrightarrow \Big(\qquad\Big) \xrightarrow{Cl-Cl} CH_3-\underset{\underset{\displaystyle Cl}{|}}{\overset{\overset{\displaystyle H_3C}{|}}{C}}-\overset{\overset{\displaystyle O}{\|}}{C}-H$$

**903.**

$$\underset{\underset{\displaystyle H}{|}}{H_2C}-\overset{\overset{\displaystyle O}{\|}}{C}-CH_3 \xrightarrow{HO^-} \Big(\qquad\Big) \longrightarrow \Big(\qquad\Big) \xrightarrow{Cl-Cl} \Big(\qquad\Big) \xrightarrow[5回繰り返す]{同じことを} Cl_3C-\overset{\overset{\displaystyle O}{\|}}{C}-CCl_3$$

904.

$H_2C-\overset{\overset{\displaystyle O}{\|}}{C}-CH_3$ （H下）　$\xrightarrow{HO^-}$ （　　）$\longrightarrow$（　　）$\xrightarrow{Br-Br}$（　　）$\xrightarrow[\text{5回繰り返す}]{\text{同じことを}}$ $Br_3C-\overset{\overset{\displaystyle O}{\|}}{C}-Br_3$

905.

$CH_3-\overset{\overset{\displaystyle H}{|}}{\underset{\underset{\displaystyle H}{|}}{C}}-\overset{\overset{\displaystyle O}{\|}}{C}-C_2H_5$ $\xrightarrow{HO^-}$ （　　）$\longrightarrow$（　　）$\xrightarrow{Cl-Cl}$（　　）

$\xrightarrow[\text{3回繰り返す}]{\text{同じことを}}$ $CH_3-CCl_2-\overset{\overset{\displaystyle O}{\|}}{C}-CCl_2-CH_3$

906.

$CH_3-\overset{\overset{\displaystyle H}{|}}{\underset{\underset{\displaystyle H}{|}}{C}}-\overset{\overset{\displaystyle O}{\|}}{C}-C_2H_5$ $\xrightarrow{HO^-}$ （　　）$\longrightarrow$（　　）$\xrightarrow{Br-Br}$（　　）

$\xrightarrow[\text{3回繰り返す}]{\text{同じことを}}$ $CH_3-CBr_2-\overset{\overset{\displaystyle O}{\|}}{C}-CBr_2-CH_3$

907.

$CH_3-\overset{\overset{\displaystyle H_3C}{|}}{\underset{\underset{\displaystyle H}{|}}{C}}-\overset{\overset{\displaystyle O}{\|}}{C}-Ph$ $\xrightarrow{HO^-}$ （　　）$\longrightarrow$（　　）$\xrightarrow{Cl-Cl}$ $CH_3-\overset{\overset{\displaystyle H_3C}{|}}{\underset{\underset{\displaystyle Cl}{|}}{C}}-\overset{\overset{\displaystyle O}{\|}}{C}-Ph$

Hint：カルボニル基のα水素が引き抜かれ，互変異性を経て，エノラートイオンがハロゲン分子を攻撃する.

## 108 ハロホルム反応

目安時間 20 分

908.

$H_2C-\overset{\overset{\displaystyle O}{\|}}{C}-H$（H下）　$\xrightarrow{HO^-}$ $\underset{\underset{\displaystyle H}{|}}{\overset{-}{H_2C}}-\overset{\overset{\displaystyle O}{\|}}{C}-H$ $\longrightarrow$ $H_2C=\overset{\overset{\displaystyle O^-}{|}}{C}-H$ $\xrightarrow{I-I}$ $\underset{\underset{\displaystyle I}{|}}{H_2C}-\overset{\overset{\displaystyle O}{\|}}{C}-H$ $\xrightarrow[\text{2回繰り返す}]{\text{同じことを}}$

$I_3C-\overset{\overset{\displaystyle O}{\|}}{C}-H$ $\xrightarrow{HO^-}$ $I_3C-\overset{\overset{\displaystyle O^-}{|}}{\underset{\underset{\displaystyle OH}{|}}{C}}-H$ $\longrightarrow$ $\overset{-}{C}I_3$ + $\overset{\overset{\displaystyle O}{\|}}{\underset{\underset{\displaystyle H-O}{}}{C}}-H$ $\longrightarrow$ $CHI_3$ + $\overset{\overset{\displaystyle O}{\|}}{\underset{\underset{\displaystyle O^-}{}}{C}}-H$

909.

$H_2C-\overset{\overset{\displaystyle O}{\|}}{C}-CH_3$（H下）　$\xrightarrow{HO^-}$ （　　）$\longrightarrow$（　　）$\xrightarrow{I-I}$（　　）$\xrightarrow[\text{2回繰り返す}]{\text{同じことを}}$

（　　）$\xrightarrow{HO^-}$（　　）$\longrightarrow$（　　）$\longrightarrow$ $CHI_3$ + $\overset{\overset{\displaystyle O}{\|}}{\underset{\underset{\displaystyle O^-}{}}{C}}-CH_3$

**910.**

$H_2C-\overset{\displaystyle O}{\overset{\|}{C}}-Ph$　$\underset{H}{}$　$\xrightarrow{HO^-}$ ( 　 ) $\longrightarrow$ ( 　 ) $\xrightarrow{I-I}$ ( 　 ) $\xrightarrow[\text{2回繰り返す}]{\text{同じことを}}$

( 　 ) $\xrightarrow{HO^-}$ ( 　 ) $\longrightarrow$ ( 　 ) $\longrightarrow$ $CHI_3 + \overset{\displaystyle O}{\overset{\|}{\underset{\displaystyle O^-}{C}}}-Ph$

> !Hint：α位の水素原子がハロゲン化され、メチル基がトリヨードメチル基になる。脱離したトリヨードメチル基は塩基として働く。

## 109　α-ハロ置換カルボニルへの求核置換反応

目安時間  分

**911.**

$H_3C-\overset{\displaystyle O}{\overset{\|}{C}}-CH_3$ $\xrightarrow{H^+}$ $\underset{H}{H_2C}-\overset{\overset{\displaystyle +}{\displaystyle OH}}{\overset{\|}{C}}-CH_3$ $\xrightarrow{H_2O}$ $H_2C=\overset{\displaystyle OH}{\overset{\|}{C}}-CH_3$ $\xrightarrow{Cl-Cl}$ $\underset{Cl}{H_2C}-\overset{\overset{\displaystyle +}{\displaystyle O-H}}{\overset{\|}{C}}-CH_3$ $\xrightarrow{H_2O}$ $\underset{Cl}{H_2C}-\overset{\displaystyle O}{\overset{\|}{C}}-CH_3$ $\xrightarrow{CH_3O^-}$ $\underset{}{H_2C}-\overset{\displaystyle O}{\overset{\|}{C}}-CH_3$ （CH₃O）

**912.**

$H_3C-\overset{\displaystyle O}{\overset{\|}{C}}-CH_3$ $\xrightarrow{H^+}$ $\underset{H}{H_2C}-\overset{\overset{\displaystyle +}{\displaystyle OH}}{\overset{\|}{C}}-CH_3$ $\xrightarrow{H_2O}$ $H_2C=\overset{\displaystyle OH}{\overset{\|}{C}}-CH_3$ $\xrightarrow{Br-Br}$ $\underset{Br}{H_2C}-\overset{\overset{\displaystyle +}{\displaystyle O-H}}{\overset{\|}{C}}-CH_3$ $\xrightarrow{H_2O}$ $\underset{Br}{H_2C}-\overset{\displaystyle O}{\overset{\|}{C}}-CH_3$ $\xrightarrow{CN^-}$ $H_2C-\overset{\displaystyle O}{\overset{\|}{C}}-CH_3$ （NC）

**913.**

$C_2H_5-\overset{\displaystyle O}{\overset{\|}{C}}-C_2H_5$ $\xrightarrow{H^+}$ ( 　 ) $\xrightarrow{H_2O}$ ( 　 ) $\xrightarrow{Cl-Cl}$ ( 　 ) $\xrightarrow{H_2O}$

( 　 ) $\xrightarrow{CH_3O^-}$ $CH_3-\underset{\overset{\displaystyle |}{\displaystyle CH_3O}}{CH}-\overset{\displaystyle O}{\overset{\|}{C}}-C_2H_5$

**914.**

$C_2H_5-\overset{\displaystyle O}{\overset{\|}{C}}-C_2H_5$ $\xrightarrow{H^+}$ ( 　 ) $\xrightarrow{H_2O}$ ( 　 ) $\xrightarrow{Br-Br}$ ( 　 ) $\xrightarrow{H_2O}$

( 　 ) $\xrightarrow{CN^-}$ $CH_3-\underset{\overset{\displaystyle |}{\displaystyle NC}}{CH}-\overset{\displaystyle O}{\overset{\|}{C}}-C_2H_5$

**915.**

$C_2H_5-\overset{\displaystyle O}{\overset{\|}{C}}-Ph$ $\xrightarrow{H^+}$ ( 　 ) $\xrightarrow{H_2O}$ ( 　 ) $\xrightarrow{Cl-Cl}$ ( 　 ) $\xrightarrow{H_2O}$

( 　 ) $\xrightarrow{CH_3O^-}$ $CH_3-\underset{\overset{\displaystyle |}{\displaystyle CH_3O}}{CH}-\overset{\displaystyle O}{\overset{\|}{C}}-Ph$

> !Hint：カルボニル基のα位がハロゲン化され、このC原子が求核攻撃を受け、置換反応を起こす。

**110** α-ハロ置換カルボニルのハロゲン化水素脱離反応　　　目安時間 **20**分

916.

$C_2H_5-\overset{O}{\overset{\|}{C}}-C_2H_5 \xrightarrow{H^+} CH_3-\underset{H}{\overset{H}{\underset{|}{C}}}H-\overset{\overset{+}{O}H}{\overset{\|}{C}}-C_2H_5 \xrightarrow{H_2O} CH_3-CH=\overset{OH}{\overset{|}{C}}-C_2H_5 \xrightarrow{Cl-Cl} CH_3-\underset{Cl}{\overset{}{\underset{|}{C}}}H-\overset{\overset{+}{O}-H}{\overset{\|}{C}}-C_2H_5 \xrightarrow{H_2O}$

$\underset{Cl}{\overset{H}{\underset{|}{C}}}H_2C-\overset{}{\underset{|}{C}}H-\overset{O}{\overset{\|}{C}}-C_2H_5 \xrightarrow{{}^tBuO^-} CH_2=CH-\overset{O}{\overset{\|}{C}}-C_2H_5$

917.

$C_2H_5-\overset{O}{\overset{\|}{C}}-C_2H_5 \xrightarrow{H^+} CH_3-\underset{H}{\overset{H}{\underset{|}{C}}}H-\overset{\overset{+}{O}H}{\overset{\|}{C}}-C_2H_5 \xrightarrow{H_2O} CH_3-CH=\overset{OH}{\overset{|}{C}}-C_2H_5 \xrightarrow{Br-Br} CH_3-\underset{Br}{\overset{}{\underset{|}{C}}}H-\overset{\overset{+}{O}-H}{\overset{\|}{C}}-C_2H_5 \xrightarrow{H_2O}$

$\underset{Br}{\overset{H}{\underset{|}{C}}}H_2C-\overset{}{\underset{|}{C}}H-\overset{O}{\overset{\|}{C}}-C_2H_5 \xrightarrow{{}^tBuO^-} CH_2=CH-\overset{O}{\overset{\|}{C}}-C_2H_5$

918.

$C_2H_5-\overset{O}{\overset{\|}{C}}-Ph \xrightarrow{H^+} (\quad) \xrightarrow{H_2O} (\quad) \xrightarrow{Cl-Cl} (\quad) \xrightarrow{H_2O}$

$(\quad) \xrightarrow{{}^tBuO^-} CH_2=CH-\overset{O}{\overset{\|}{C}}-Ph$

919.

$C_2H_5-\overset{O}{\overset{\|}{C}}-Ph \xrightarrow{H^+} (\quad) \xrightarrow{H_2O} (\quad) \xrightarrow{Br-Br} (\quad) \xrightarrow{H_2O}$

$(\quad) \xrightarrow{{}^tBuO^-} CH_2=CH-\overset{O}{\overset{\|}{C}}-Ph$

920.

$(CH_3)_2CH-\overset{O}{\overset{\|}{C}}-Ph \xrightarrow{H^+} (\quad) \xrightarrow{H_2O} (\quad) \xrightarrow{Cl-Cl} (\quad) \xrightarrow{H_2O}$

$(\quad) \xrightarrow{{}^tBuO^-} CH_3-\overset{H_2C}{\overset{\|}{C}}-\overset{O}{\overset{\|}{C}}-Ph$

*Hint*：カルボニル基のα位がハロゲン化され，塩基の作用によってカルボニル基と共役するように二重結合ができる．

・次の反応式の反応機構を答えよ.

**921.**

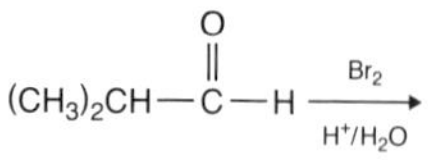

$(CH_3)_2CH-\overset{\overset{\displaystyle O}{\|}}{C}-H \xrightarrow[H^+/H_2O]{Br_2}$

**922.**

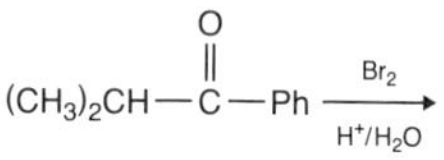

$(CH_3)_2CH-\overset{\overset{\displaystyle O}{\|}}{C}-Ph \xrightarrow[H^+/H_2O]{Br_2}$

**923.**

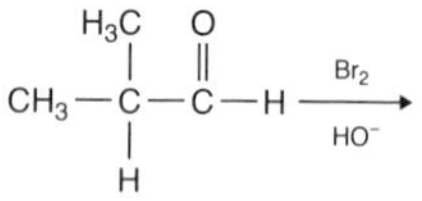

$CH_3-\overset{\overset{\displaystyle CH_3}{|}}{\underset{\underset{\displaystyle H}{|}}{C}}-\overset{\overset{\displaystyle O}{\|}}{C}-H \xrightarrow[HO^-]{Br_2}$

**924.**

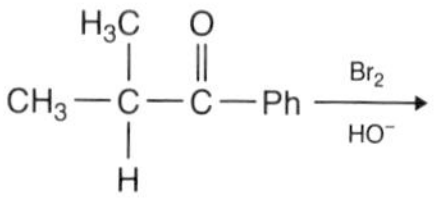

$CH_3-\overset{\overset{\displaystyle CH_3}{|}}{\underset{\underset{\displaystyle H}{|}}{C}}-\overset{\overset{\displaystyle O}{\|}}{C}-Ph \xrightarrow[HO^-]{Br_2}$

**925.**

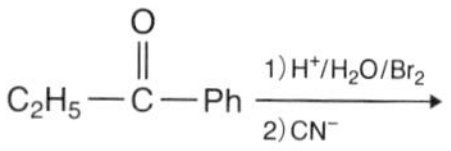

$C_2H_5-\overset{\overset{\displaystyle O}{\|}}{C}-Ph \xrightarrow[2)\,CN^-]{1)\,H^+/H_2O/Br_2}$

**926.**

$(CH_3)_2CH-\overset{\overset{\displaystyle O}{\|}}{C}-Ph \xrightarrow[2)\,^tBuO^-]{1)\,H^+/H_2O/Br_2}$

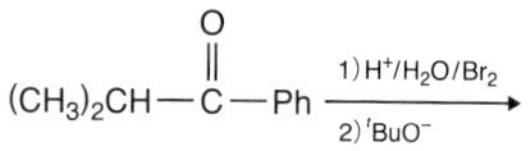

# カルボニル基のα位での さまざまな反応

実施日：　　月　　日〜　　月　　日

---

## 反応機構のポイント

カルボニル基のα位のH原子は大きな酸性度をもつため，塩基 B⁻ によってH原子が引き抜かれ，求核性をもつカルボニル化合物を与える．

$$H_2C-C-X \quad \xrightarrow{B^-} \quad H_2\overset{-}{C}-C-X$$

求核性をもつ炭素

これまでの章で見てきた反応と同様に，この求核種はさまざまな化合物と反応する．

### A. α位のアルキル化反応

$$R-\overset{H}{\underset{H}{C^1}}-C^2-X \quad \xrightarrow{B^-} \quad R-\overset{H}{\underset{}{C^1}}=C^2-X \quad \longrightarrow$$

X = H, アルキル基

$$R-CH=\overset{O^-}{\underset{}{C}}-X \quad + \quad R'-Cl \quad \longrightarrow \quad R-\overset{}{\underset{R'}{CH}}-C-X$$

①塩基 B⁻ からカルボニル基のα位のH原子に向けて曲がった矢印を伸ばす．続いてC—H結合の電子対はC原子上に移動し，カルボアニオンが生成する

②C原子上の孤立電子対がC—C結合に，カルボニル基のπ結合の電子対がO原子上に移動し，エノラートイオンが得られる

③エノラートイオンのO原子上の孤立電子対がC²—O結合に移動する．さらに，C=C結合の電子対からハロゲン化アルキルのC原子に向けて曲がった矢印を伸ばす．C—Cl結合が切断される

> **C原子は最大8個の価電子しかもてない**

### B. アルドール反応

$$R-\overset{H}{\underset{H}{C^1}}-C^2-R' \xrightarrow{B^-} R-\overset{H}{\underset{}{C^1}}-C^2-R' \xrightarrow{RCH_2-C-R'} $$

$$RCH_2-\overset{O^-}{\underset{R'}{C}}-\overset{}{\underset{R}{CH}}-C-R' \xrightarrow{H^+} RCH_2-\overset{OH}{\underset{R'}{C}}-\overset{}{\underset{R}{CH}}-C-R'$$

①塩基 B⁻ からカルボニル基のα位のH原子に向けて曲がった矢印を伸ばす．続いてC—H結合の電子対はC¹原子上に移動し，求核性をもつカルボアニオンが生成する

②負電荷をもつC¹原子から，電子不足なカルボニル基に向けて曲がった矢印を伸ばす．さらにカルボニル基のπ結合の電子対がO原子上に移動する

③負電荷をもつO原子からH⁺に向けて曲がった矢印を伸ばす

> **カルボニル基だったC原子に脱離可能な置換基は結合していないのでカルボニル基の再生は起こらない**

### C. Claisen縮合

$$R-\overset{H}{\underset{H}{C}}-C-OR' \xrightarrow{B^-} R-\overset{H}{\underset{}{C}}-C-OR' \xrightarrow{RCH_2-C-OR'}$$

$$RCH_2-\overset{O^-}{\underset{R'O}{C}}-\overset{}{\underset{R}{CH}}-C-OR' \longrightarrow RCH_2-C-\overset{}{\underset{R}{CH}}-C-OR'$$

①塩基 B⁻ からカルボニル基のα位のH原子に向けて曲がった矢印を伸ばす．続いてC—H結合の電子対はC原子上に移動し，求核性をもつカルボアニオンが生成する

②負電荷をもつ C 原子から電子不足なカルボニ
ル炭素に向けて曲がった矢印を伸ばす．さらに
カルボニル基の π 結合の電子対が O 原子上に
移動する

③負電荷をもつ O 原子上の孤立電子対から C—O
結合に向けて，カルボニル基が再生するように
曲がった矢印を伸ばす．アルコキシ基（-OR'）
と中心の C 原子の間の結合が切断される

## D. Michael 付加

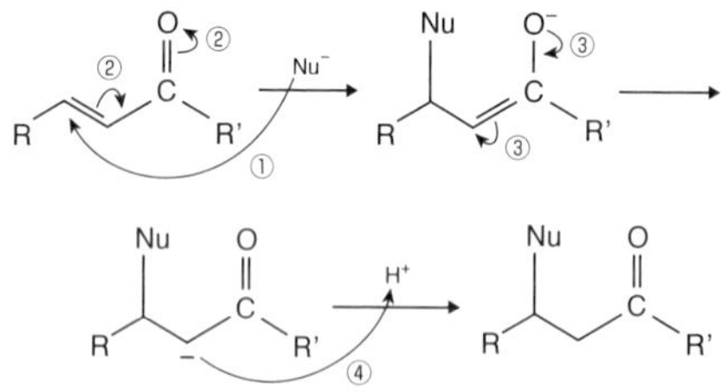

①電子豊富な Nu からカルボニル基の β 位の C 原
子（ここが電子不足）に向けて曲がった矢印を
伸ばす

② C＝C 結合の π 結合の電子対が隣の C—C 結合
に，さらにカルボニル基の π 結合の電子対が O
原子上に移動するように曲がった矢印を伸ばす．
これによりエノラートイオンが得られる

③エノラートイオンの O 原子上の孤立電子対か
ら C—O 結合に向けて，カルボニル基が再生す
るように曲がった矢印を伸ばす．続いて，C＝C
結合の共有電子対が，カルボニル基の α 位の C
原子上に移動し，この C 原子が負電荷をもつ

④負電荷をもつ C 原子から H⁺ に向けて曲がった
矢印を伸ばし，プロトン化が起こる

## E. アセト酢酸エステル合成

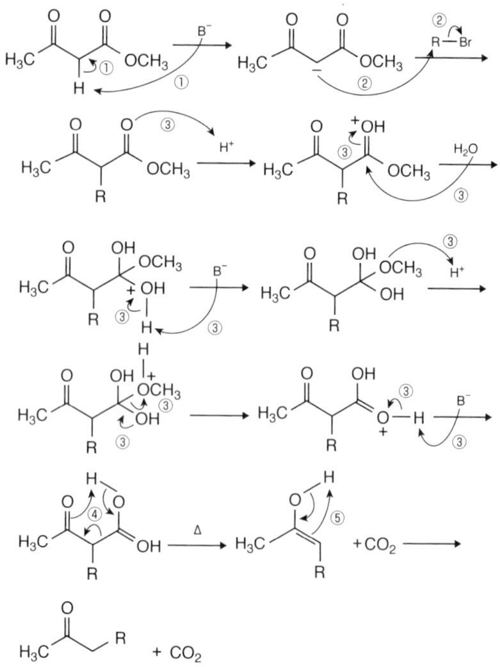

①塩基 B⁻ からカルボニル基に挟まれたメチレン
基の H 原子に向けて曲がった矢印を伸ばす．
続いて C—H 結合の電子対は C 原子上に移動し，
カルボアニオンが生成する

②負電荷をもつ炭素原子から，ハロゲン化アルキ
ルの電子不足な C 原子に曲がった矢印を伸ば
す

③酸性条件下でエステルの加水分解を行う．エス
テルのカルボニル基に H⁺ が付加する．続いて
H₂O 分子がカルボニル炭素を攻撃し，アルコー
ル分子が脱離してカルボン酸を与える

> カルボニル基の置換反応（12 章）を思いだし
> ながら曲がった矢印を描こう

④六員環構造のなかで電子対の移動が起こり，二
酸化炭素とエノールができる．

⑤エノールが互変異性化してケトンができる

> 生成物のどの部分がアセト酢酸エステル由来も
> しくはハロゲン化アルキル由来かを考えよう．

## F．Robinson 環化

①塩基 B⁻ からカルボニル基のα位の C 原子上の H 原子に向けて曲がった矢印を伸ばす．続いて C—H 結合の電子対は C 原子上に移動し，カルボアニオンが生成する

②電子豊富な負電荷をもつ C 原子から電子不足なカルボニル基のβ位の C 原子に向けて曲がった矢印を伸ばす．さらに C＝C 結合のπ結合の電子対が隣の C—C 結合に，さらにカルボニ

ル基のπ結合の電子対が O 原子上に移動するように曲がった矢印を伸ばす．これによりエノラートイオンが得られる

③エノラートイオンの O 原子上の孤立電子対から C—O 結合に向けて，カルボニル基が再生するように曲がった矢印を伸ばす．続いて，C＝C 結合の共有電子対が，カルボニル基のα位の C 原子上に移動し，この C 原子が負電荷をもつ

④分子内でプロトン交換反応が起こり，末端の C 原子が負電荷をもつ

⑤負電荷をもつ C 原子から，同一分子内にある電子不足なカルボニル基に向けて曲がった矢印を伸ばす．さらにカルボニル基のπ結合の電子対が O 原子上に移動する

⑥負電荷をもつ O 原子が分子内でプロトンを引き抜き，さらにエノラートイオンが生じるように曲がった矢印を描く

⑦エノラートイオンがケト型に戻る際，OH⁻ が脱離し，環状のα, β不飽和カルボニル化合物が生成する

---

・次の反応式における電子の移動を曲がった矢印を用いて表せ．また反応式中に括弧がある場合は，中間体もあわせて答えよ．

## 112　α位のアルキル化反応

目安時間 **20** 分

927.

928.

929.

930.

931.

932.

933.

934.

935.

936.

Hint：カルボニル基のα水素が引き抜かれ，負電荷をもつC原子がハロゲン化アルキルを攻撃する。

## 113 Michael 付加

目安時間 20 分

937.

938.

939.

940.

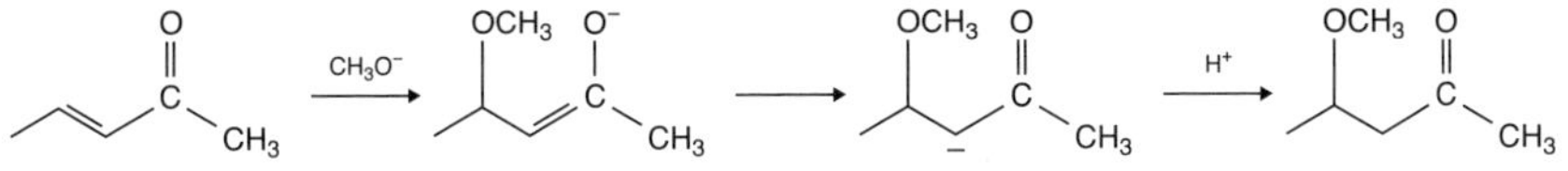

941.

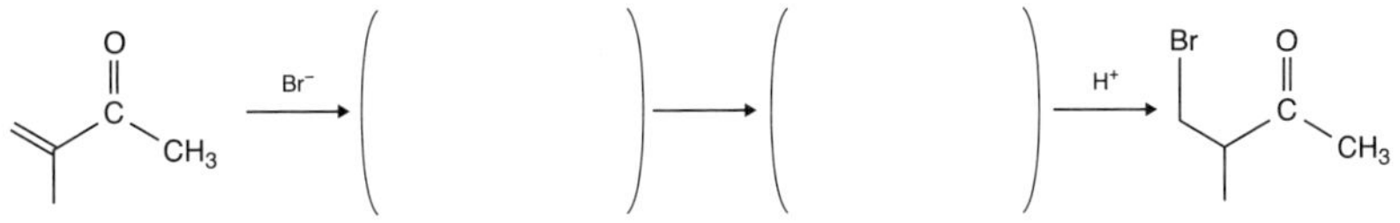

942.

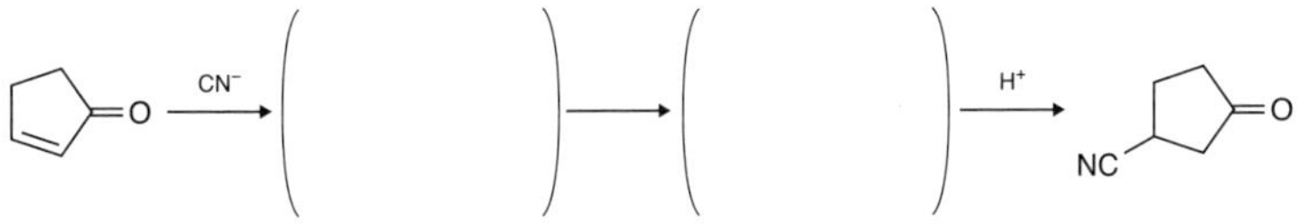

943.

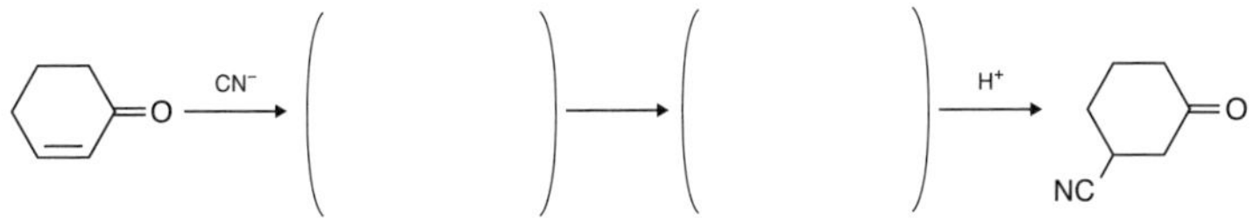

944.

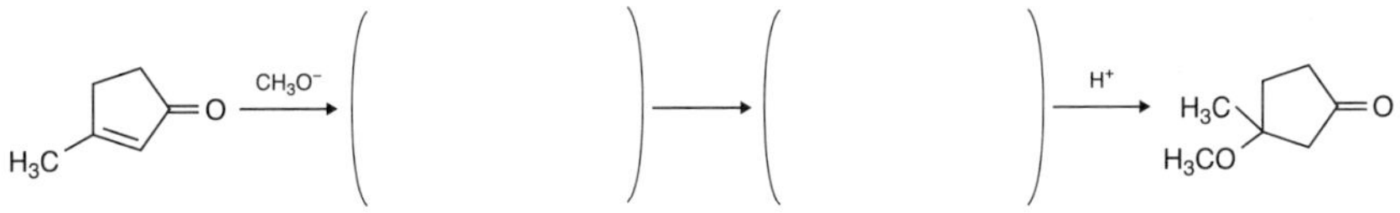

945.

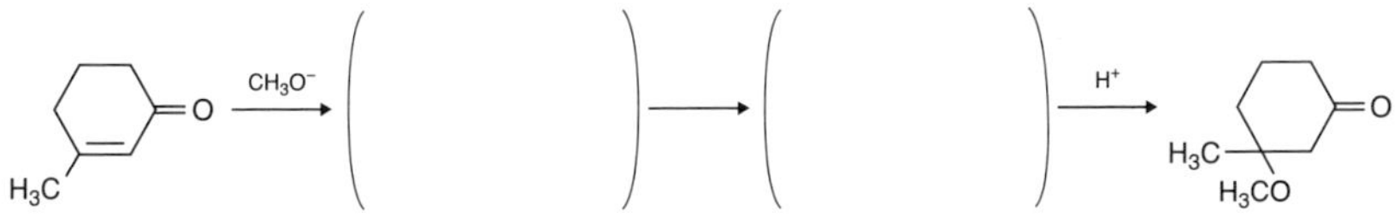

946.

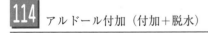 

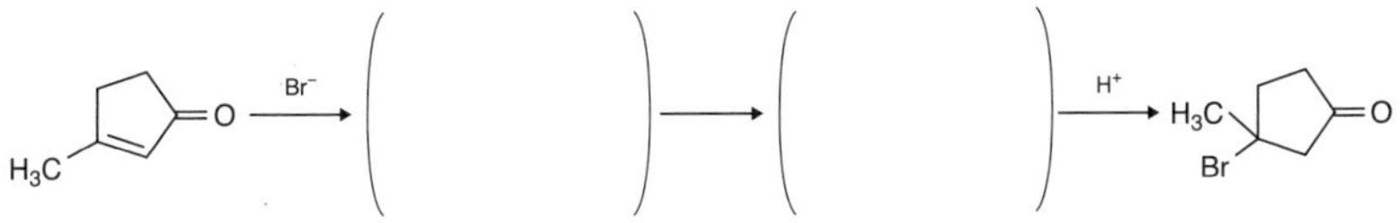

*Hint*：求核種はカルボニル基のβ位を攻撃する．電子対の動きを順に追っていこう．

---

**114** アルドール付加（付加＋脱水）　　目安時間 **20** 分

---

947.

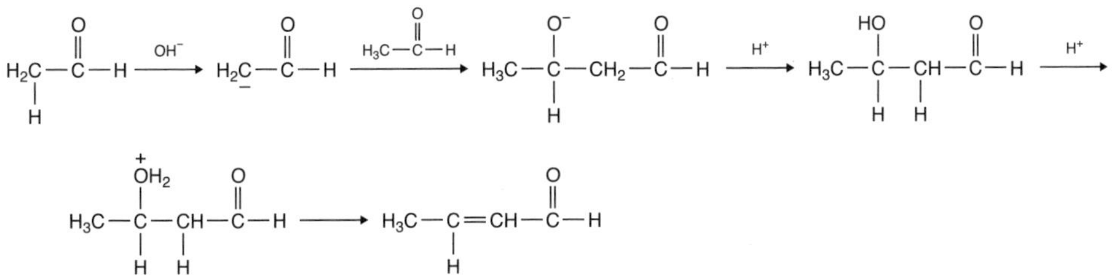

948.

949.

950.

951.

952.

953.

**954.**

$H_2C-\overset{\displaystyle O}{\overset{\|}{C}}-CH_3$　$\xrightarrow{OH^-}$　(　　)　$\xrightarrow{H-\overset{\displaystyle O}{\overset{\|}{C}}-H}$　(　　)　$\xrightarrow{H^+}$　(　　)　$\xrightarrow{H^+}$

(　　)　$\longrightarrow$　$H-\overset{\displaystyle}{\underset{H}{C}}=CH-\overset{\displaystyle O}{\overset{\|}{C}}-CH_3$

**955.**

$\overset{CH_3}{\underset{H}{HC}}-\overset{\displaystyle O}{\overset{\|}{C}}-H$　$\xrightarrow{OH^-}$　(　　)　$\xrightarrow{H-\overset{\displaystyle O}{\overset{\|}{C}}-H}$　(　　)　$\xrightarrow{H^+}$　(　　)　$\xrightarrow{H^+}$

(　　)　$\longrightarrow$　$H-\overset{\displaystyle}{\underset{H}{C}}=\overset{CH_3}{\overset{|}{C}}-\overset{\displaystyle O}{\overset{\|}{C}}-H$

**956.**

$\overset{CH_3}{\underset{H}{HC}}-\overset{\displaystyle O}{\overset{\|}{C}}-C_2H_5$　$\xrightarrow{OH^-}$　(　　)　$\xrightarrow{H-\overset{\displaystyle O}{\overset{\|}{C}}-Ph}$　(　　)　$\xrightarrow{H^+}$　(　　)　$\xrightarrow{H^+}$

(　　)　$\longrightarrow$　$H-\overset{\displaystyle}{\underset{Ph}{C}}=\overset{CH_3}{\overset{|}{C}}-\overset{\displaystyle O}{\overset{\|}{C}}-C_2H_5$

*Hint*：二つのカルボニル化合物のうち，どちらが求核種になるか考えよう．

## 115 Claisen 縮合　　　　　目安時間 20 分

**957.**

$H_2C-\overset{\displaystyle O}{\overset{\|}{C}}-OCH_3 \xrightarrow{OH^-} H_2\underset{-}{C}-\overset{\displaystyle O}{\overset{\|}{C}}-OCH_3 \xrightarrow{H_3C-\overset{\displaystyle O}{\overset{\|}{C}}-OCH_3} H_3C-\overset{\displaystyle O^-}{\underset{OCH_3}{\overset{|}{C}}}-CH_2-\overset{\displaystyle O}{\overset{\|}{C}}-OCH_3 \longrightarrow H_3C-\overset{\displaystyle O}{\overset{\|}{C}}-CH_2-\overset{\displaystyle O}{\overset{\|}{C}}-OCH_3$

**958.**

$H_2C-\overset{\displaystyle O}{\overset{\|}{C}}-OC_2H_5 \xrightarrow{OH^-} H_2\underset{-}{C}-\overset{\displaystyle O}{\overset{\|}{C}}-OC_2H_5 \xrightarrow{H_3C-\overset{\displaystyle O}{\overset{\|}{C}}-OC_2H_5} H_3C-\overset{\displaystyle O^-}{\underset{OC_2H_5}{\overset{|}{C}}}-CH_2-\overset{\displaystyle O}{\overset{\|}{C}}-OC_2H_5 \longrightarrow H_3C-\overset{\displaystyle O}{\overset{\|}{C}}-CH_2-\overset{\displaystyle O}{\overset{\|}{C}}-OC_2H_5$

**959.**

$\overset{CH_3}{\underset{H}{HC}}-\overset{\displaystyle O}{\overset{\|}{C}}-OCH_3 \xrightarrow{OH^-} \overset{CH_3}{\underset{-}{HC}}-\overset{\displaystyle O}{\overset{\|}{C}}-OCH_3 \xrightarrow{C_2H_5-\overset{\displaystyle O}{\overset{\|}{C}}-OCH_3} C_2H_5-\overset{\displaystyle O^-}{\overset{|}{C}}-\overset{CH_3}{\overset{|}{CH}}-\overset{\displaystyle O}{\overset{\|}{C}}-OCH_3 \longrightarrow C_2H_5-\overset{\displaystyle O}{\overset{\|}{C}}-\overset{CH_3}{\overset{|}{CH}}-\overset{\displaystyle O}{\overset{\|}{C}}-OCH_3$

**960.**

$\overset{CH_3}{\underset{H}{HC}}-\overset{\displaystyle O}{\overset{\|}{C}}-OC_2H_5 \xrightarrow{OH^-} \overset{CH_3}{\underset{-}{HC}}-\overset{\displaystyle O}{\overset{\|}{C}}-OC_2H_5 \xrightarrow{C_2H_5-\overset{\displaystyle O}{\overset{\|}{C}}-OC_2H_5} C_2H_5-\overset{\displaystyle O^-}{\overset{|}{C}}-\overset{CH_3}{\overset{|}{CH}}-\overset{\displaystyle O}{\overset{\|}{C}}-OC_2H_5 \longrightarrow C_2H_5-\overset{\displaystyle O}{\overset{\|}{C}}-\overset{CH_3}{\overset{|}{CH}}-\overset{\displaystyle O}{\overset{\|}{C}}-OC_2H_5$

961.

$CH_3-\overset{CH_3}{\underset{H}{C}}-\overset{O}{C}-OCH_3 \xrightarrow{OH^-}$ (　) ┃ $(CH_3)_2CH-\overset{O}{C}-OCH_3$ (　)

$\longrightarrow CH_3-CH-\overset{CH_3}{\overset{O}{C}}-\overset{CH_3}{\underset{CH_3}{C}}-\overset{O}{C}-OCH_3$

962.

$H_2\overset{O}{\underset{H}{C}}-\overset{O}{C}-OCH_3 \xrightarrow{OH^-}$ (　) ┃ $H-\overset{O}{C}-OCH_3$ (　) ┃ $\longrightarrow H-\overset{O}{C}-CH_2-\overset{O}{C}-OCH_3$

963.

$H_2\overset{O}{\underset{H}{C}}-\overset{O}{C}-OC_2H_5 \xrightarrow{OH^-}$ (　) ┃ $Ph-\overset{O}{C}-OC_2H_5$ (　) ┃ $\longrightarrow Ph-\overset{O}{C}-CH_2-\overset{O}{C}-OC_2H_5$

964.

$H\overset{CH_3}{\underset{H}{C}}-\overset{O}{C}-OCH_3 \xrightarrow{OH^-}$ (　) ┃ $H-\overset{O}{C}-OCH_3$ (　) ┃ $\longrightarrow H-\overset{O}{C}-\overset{CH_3}{CH}-\overset{O}{C}-OCH_3$

965.

$H\overset{CH_3}{\underset{H}{C}}-\overset{O}{C}-OC_2H_5 \xrightarrow{OH^-}$ (　) ┃ $H-\overset{O}{C}-OC_2H_5$ (　) ┃ $\longrightarrow H-\overset{O}{C}-\overset{CH_3}{CH}-\overset{O}{C}-OC_2H_5$

966.

$CH_3-\overset{CH_3}{\underset{H}{C}}-\overset{O}{C}-OCH_3 \xrightarrow{OH^-}$ (　) ┃ $H-\overset{O}{C}-OCH_3$ (　) ┃ $\longrightarrow H-\overset{O}{C}-\overset{CH_3}{\underset{CH_3}{C}}-\overset{O}{C}-OCH_3$

!*Hint*：二つのエステルのうち，どちらが求核種になるか考えよう．

## 116 Dieckmann 縮合

目安時間 **20**分

967.

$H_3CO-\overset{O}{C}-\overset{}{\underset{H}{CH}}...\overset{O}{C}-OCH_3 \xrightarrow{CH_3O^-} H_3CO-\overset{O}{C}-\overset{-}{CH}...\overset{O}{C}-OCH_3 \longrightarrow$ シクロペンタン環 $\overset{OCH_3}{\underset{H_3CO}{}}\overset{}{O^-}\overset{O}{C}-OCH_3 \longrightarrow$ シクロペンタノン $-\overset{O}{C}-OCH_3$

968.

$H_3CO-\overset{O}{C}-\underset{H}{CH}...\overset{O}{C}-OCH_3 \xrightarrow{CH_3O^-} H_3CO-\overset{O}{C}-\overset{-}{CH}...\overset{O}{C}-OCH_3$

$\longrightarrow \overset{H_3CO}{}\overset{O^-}{}\overset{O}{C}-OCH_3 \longrightarrow \overset{O}{}\overset{O}{C}-OCH_3$

969.

970.

Hint：Claisen 縮合の分子内反応．非対称の環ができる．生成物の環にいくつの原子が含まれるかに注意しよう．

## 117 分子内アルドール付加（付加 + 脱水）

目安時間 **20** 分

971.

972.

973.

974.

Ph ... CH₃O⁻ ... ( ) → ( ) H⁺ →

( ) H⁺ → ( ) →

*Hint*：アルドール付加の分子内反応．非対称の環ができる．生成物は環にいくつの原子が含まれるかに注意しよう．

**118** アセト酢酸エステル合成　　　　目安時間 **20** 分

975.

976.

**977.**

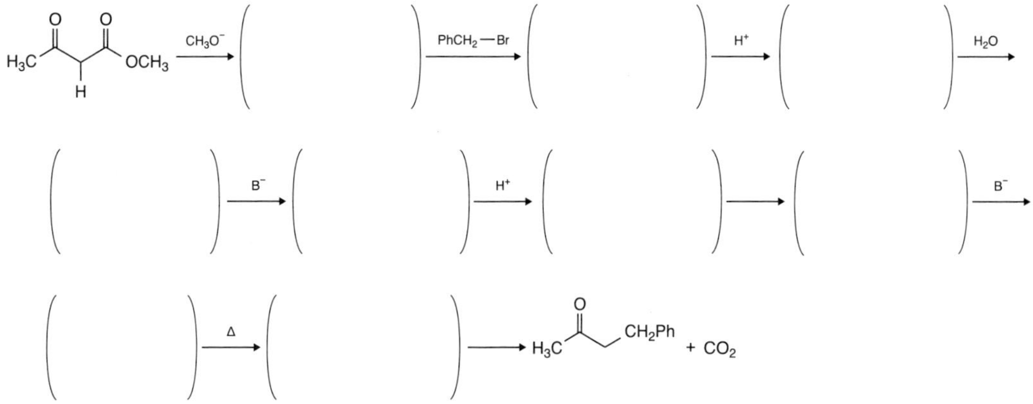

CH$_3$O$^-$ → ( ) PhCH$_2$—Br → ( ) H$^+$ → ( ) H$_2$O →

( ) B$^-$ → ( ) H$^+$ → ( ) → ( ) B$^-$ →

( ) Δ → ( ) → H$_3$C–CO–CH$_2$–CH$_2$Ph + CO$_2$

**978.**

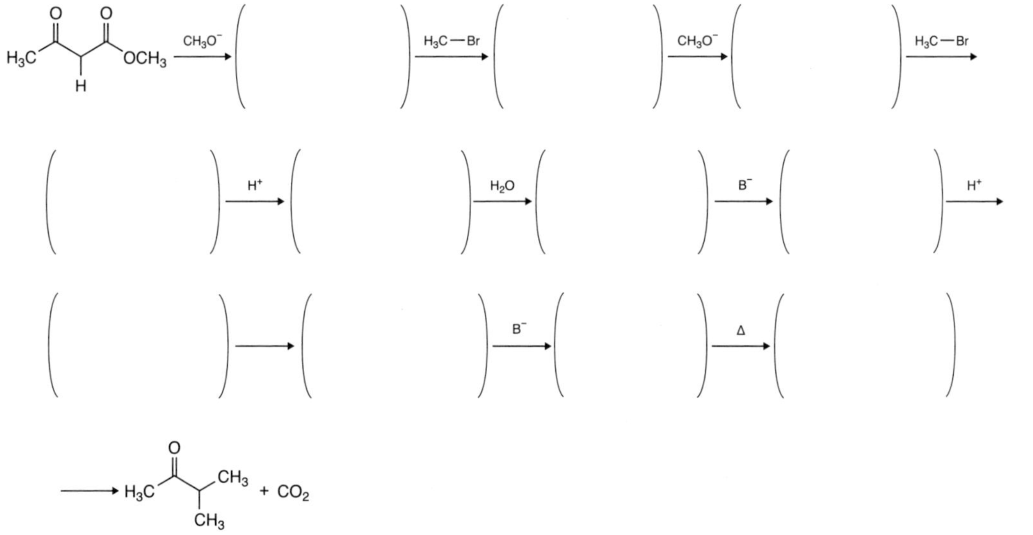

CH$_3$O$^-$ → ( ) H$_3$C—Br → ( ) CH$_3$O$^-$ → ( ) H$_3$C—Br →

( ) H$^+$ → ( ) H$_2$O → ( ) B$^-$ → ( ) H$^+$ →

( ) → ( ) B$^-$ → ( ) Δ → ( )

→ H$_3$C–CO–CH(CH$_3$)–CH$_3$ + CO$_2$

**979.**

CH$_3$O$^-$ → ( ) Br–CH$_2$CH$_2$CH$_2$CH$_2$–Br → ( ) CH$_3$O$^-$ → ( ) →

( ) H$^+$ → ( ) H$_2$O → ( ) B$^-$ → ( ) H$^+$ →

( ) → ( ) B$^-$ → ( ) Δ → ( )

→ H$_3$C–CO–(cyclopentyl) + CO$_2$

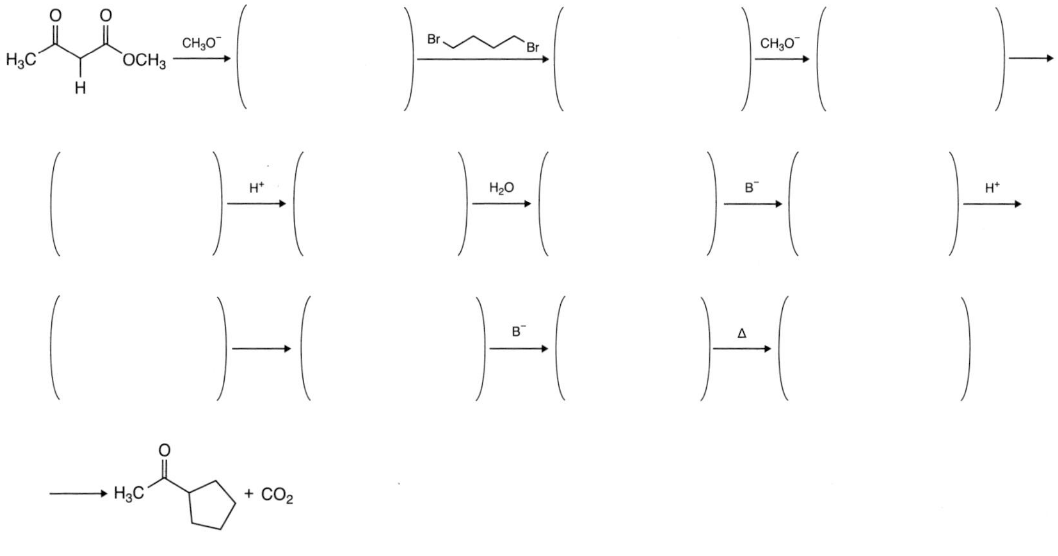

Hint：二つのカルボニル基に挟まれたC原子に負電荷ができる．脱炭酸の過程も一つひとつ理解しよう．

**119** マロン酸エステル合成

目安時間 **20** 分

980.

981.

982.

**983.**

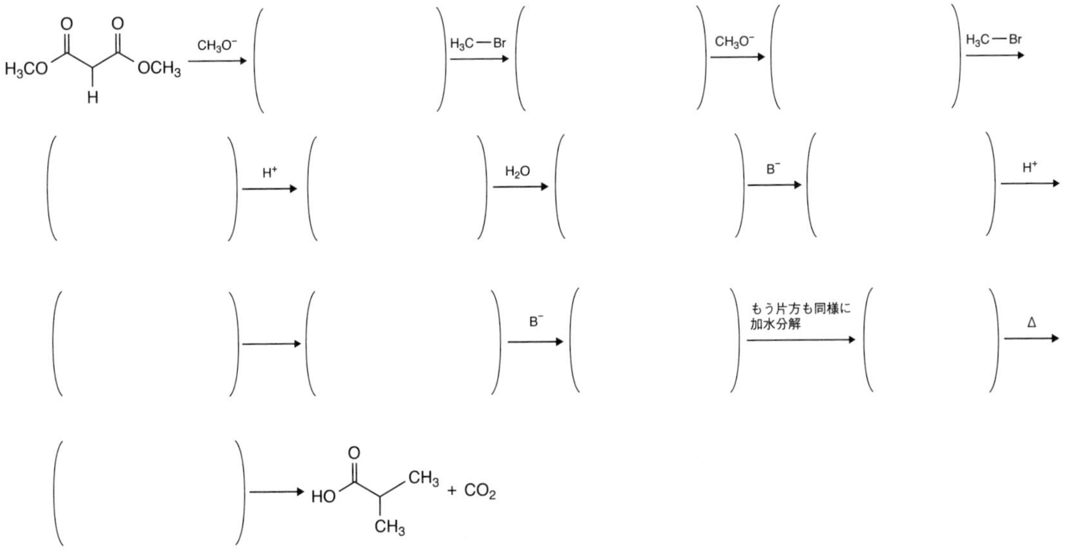

H₃CO—C(=O)—CH₂—C(=O)—OCH₃ →(CH₃O⁻)→ (　) →(H₃C—Br)→ (　) →(CH₃O⁻)→ (　) →(H₃C—Br)→ (　)

(　) →(H⁺)→ (　) →(H₂O)→ (　) →(B⁻)→ (　) →(H⁺)→

(　) → (　) →(B⁻)→ (　) →(もう片方も同様に加水分解)→ (　) →(Δ)→

(　) → HO—C(=O)—CH(CH₃)—CH₃ + CO₂

**984.**

H₃CO—C(=O)—CH₂—C(=O)—OCH₃ →(CH₃O⁻)→ (　) →(Br〜〜Br)→ (　) →(CH₃O⁻)→ (　)

→ (　) →(H⁺)→ (　) →(H₂O)→ (　) →(B⁻)→

(　) →(H⁺)→ (　) → (　) →(B⁻)→ (　)

→(もう片方も同様に加水分解)→ (　) →(Δ)→ (　) → HO—C(=O)—(cyclopentyl) + CO₂

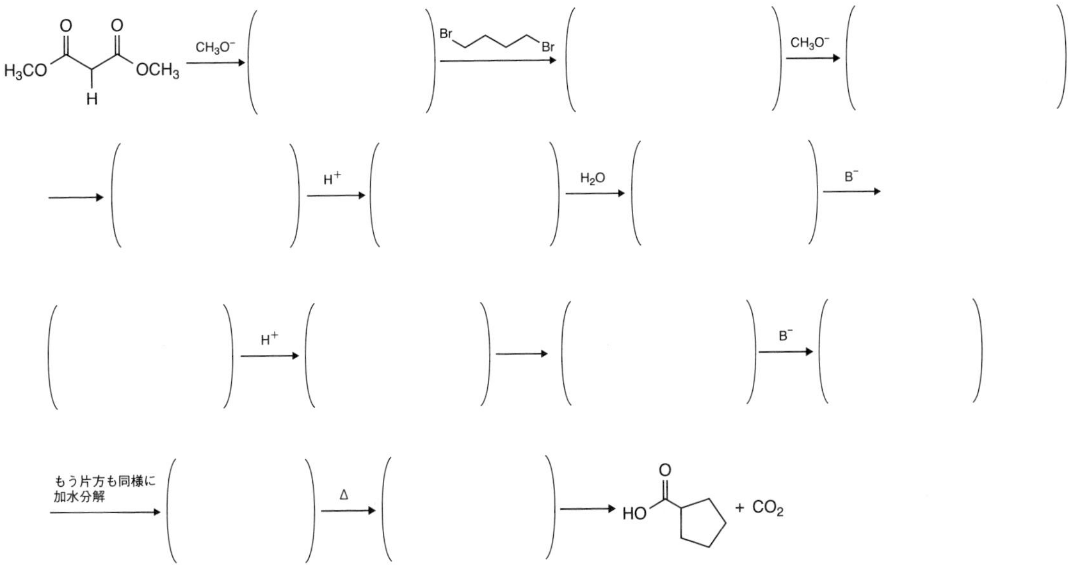

Hint：加水分解によって，二つのカルボキシ基を生じるが，脱炭酸を受けるのは一方のみ.

**120 Robinson 環化**　目安時間 20分

**985.**

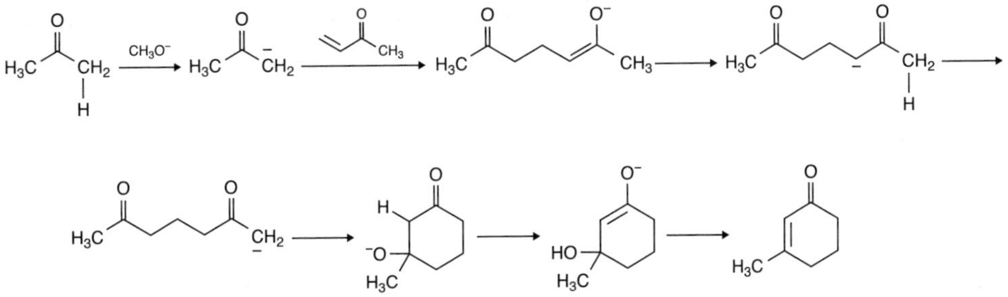

H₃C—C(=O)—CH₂—H →(CH₃O⁻)→ H₃C—C(=O)—CH₂⁻ →(CH₂=CH—C(=O)CH₃)→ ... → H₃C—C(=O)—...—CH₃ → H₃C—C(=O)—...—C(=O)—CH₂H → ... → (cyclohexanone intermediates) → 最終生成物

986.

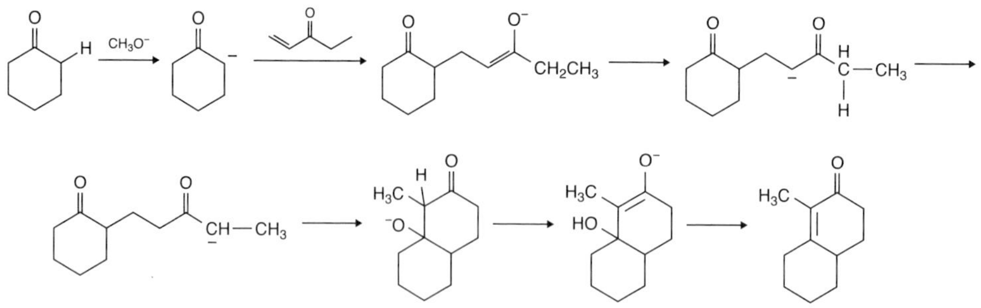

987.

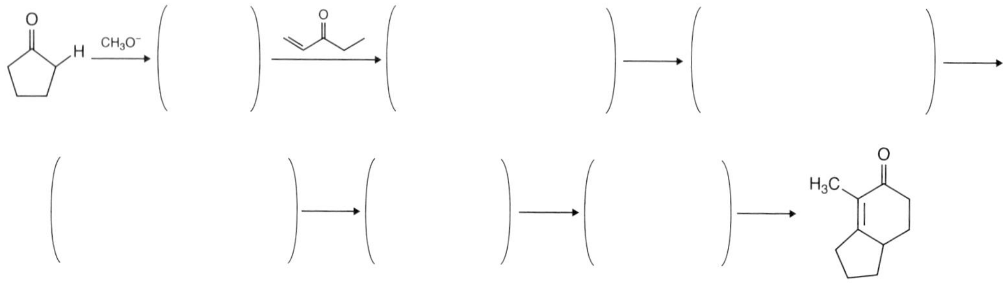

988.

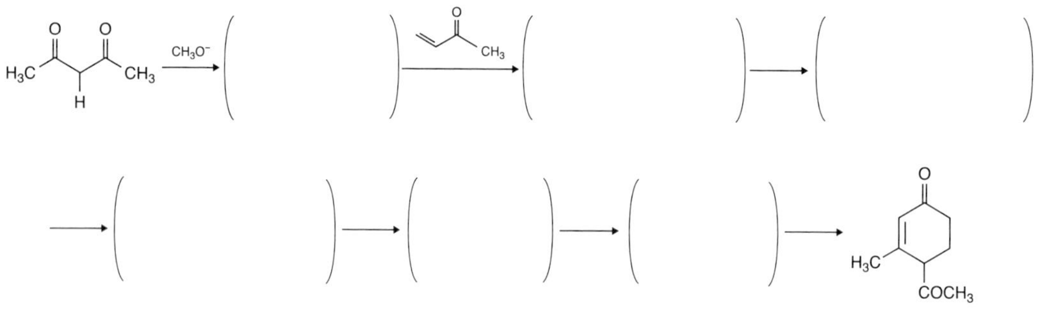

989.

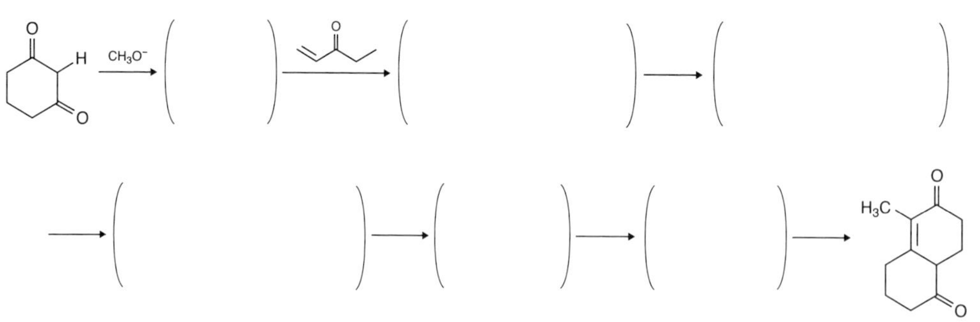

*Hint*：水素の引き抜きによって生成した負電荷が分子内を移動しながら環構造をつくる.

• 次の反応式の反応機構を答えよ．

## 121 発展問題

目安時間 20 分

990.

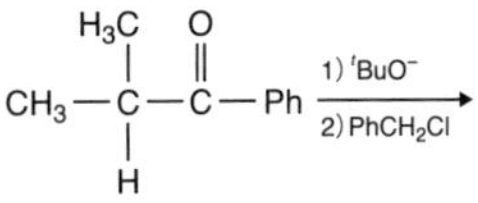

991.

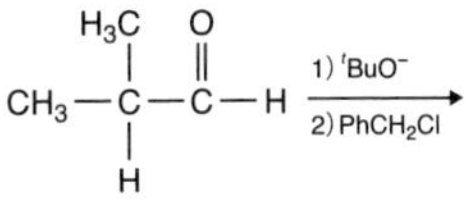

992.

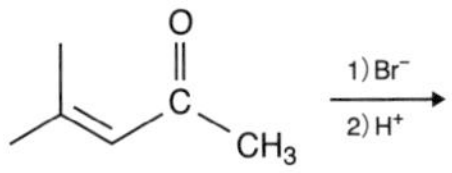

993.

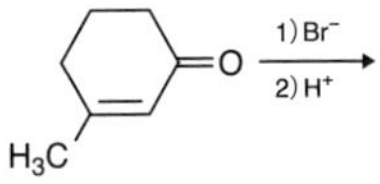

994.

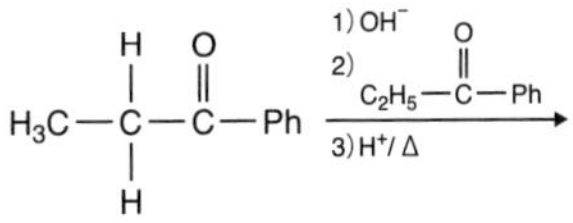

995.

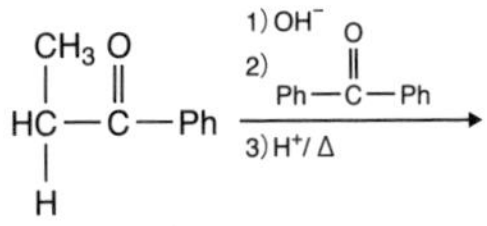

996.

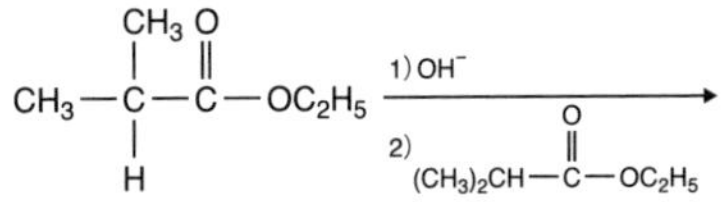

997.

998.

999.

1000.

# 【達成度チェックシート】

取り組んだ問題のマスに次のルールに従ってチェックを入れてみよう.
- マスに斜線がある場合は線をなぞる.
- それ以外の場合は塗りつぶす.

| | | | | | | | | | | | | | | | | | | | | | | | | | | | | | |
|---|---|---|---|---|---|---|---|---|---|---|---|---|---|---|---|---|---|---|---|---|---|---|---|---|---|---|---|---|---|
| 1 | 2 | 3 | 4 | 5 | 6 | 7 | 8 | 9 | 10 | 11 | 12 | 13 | 14 | 15 | 16 | 17 | 18 | 19 | 20 | 21 | 22 | 23 | 24 | 25 | 26 | 27 | 28 | 29 | 30 |
| 31 | 32 | 33 | 34 | 35 | 36 | 37 | 38 | 39 | 40 | 41 | 42 | 43 | 44 | 45 | 46 | 47 | 48 | 49 | 50 | 51 | 52 | 53 | 54 | 55 | 56 | 57 | 58 | 59 | 60 |
| 61 | 62 | 63 | 64 | 65 | 66 | 67 | 68 | 69 | 70 | 71 | 72 | 73 | 74 | 75 | 76 | 77 | 78 | 79 | 80 | 81 | 82 | 83 | 84 | 85 | 86 | 87 | 88 | 89 | 90 |
| 91 | 92 | 93 | 94 | 95 | 96 | 97 | 98 | 99 | 100 | 101 | 102 | 103 | 104 | 105 | 106 | 107 | 108 | 109 | 110 | 111 | 112 | 113 | 114 | 115 | 116 | 117 | 118 | 119 | 120 |
| 121 | 122 | 123 | 124 | 125 | 126 | 127 | 128 | 129 | 130 | 131 | 132 | 133 | 134 | 135 | 136 | 137 | 138 | 139 | 140 | 141 | 142 | 143 | 144 | 145 | 146 | 147 | 148 | 149 | 150 |
| 151 | 152 | 153 | 154 | 155 | 156 | 157 | 158 | 159 | 160 | 161 | 162 | 163 | 164 | 165 | 166 | 167 | 168 | 169 | 170 | 171 | 172 | 173 | 174 | 175 | 176 | 177 | 178 | 179 | 180 |
| 181 | 182 | 183 | 184 | 185 | 186 | 187 | 188 | 189 | 190 | 191 | 192 | 193 | 194 | 195 | 196 | 197 | 198 | 199 | 200 | 201 | 202 | 203 | 204 | 205 | 206 | 207 | 208 | 209 | 210 |
| 211 | 212 | 213 | 214 | 215 | 216 | 217 | 218 | 219 | 220 | 221 | 222 | 223 | 224 | 225 | 226 | 227 | 228 | 229 | 230 | 231 | 232 | 233 | 234 | 235 | 236 | 237 | 238 | 239 | 240 |
| 241 | 242 | 243 | 244 | 245 | 246 | 247 | 248 | 249 | 250 | 251 | 252 | 253 | 254 | 255 | 256 | 257 | 258 | 259 | 260 | 261 | 262 | 263 | 264 | 265 | 266 | 267 | 268 | 269 | 270 |
| 271 | 272 | 273 | 274 | 275 | 276 | 277 | 278 | 279 | 280 | 281 | 282 | 283 | 284 | 285 | 286 | 287 | 288 | 289 | 290 | 291 | 292 | 293 | 294 | 295 | 296 | 297 | 298 | 299 | 300 |
| 301 | 302 | 303 | 304 | 305 | 306 | 307 | 308 | 309 | 310 | 311 | 312 | 313 | 314 | 315 | 316 | 317 | 318 | 319 | 320 | 321 | 322 | 323 | 324 | 325 | 326 | 327 | 328 | 329 | 330 |
| 331 | 332 | 333 | 334 | 335 | 336 | 337 | 338 | 339 | 340 | 341 | 342 | 343 | 344 | 345 | 346 | 347 | 348 | 349 | 350 | 351 | 352 | 353 | 354 | 355 | 356 | 357 | 358 | 359 | 360 |
| 361 | 362 | 363 | 364 | 365 | 366 | 367 | 368 | 369 | 370 | 371 | 372 | 373 | 374 | 375 | 376 | 377 | 378 | 379 | 380 | 381 | 382 | 383 | 384 | 385 | 386 | 387 | 388 | 389 | 390 |
| 391 | 392 | 393 | 394 | 395 | 396 | 397 | 398 | 399 | 400 | 401 | 402 | 403 | 404 | 405 | 406 | 407 | 408 | 409 | 410 | 411 | 412 | 413 | 414 | 415 | 416 | 417 | 418 | 419 | 420 |
| 421 | 422 | 423 | 424 | 425 | 426 | 427 | 428 | 429 | 430 | 431 | 432 | 433 | 434 | 435 | 436 | 437 | 438 | 439 | 440 | 441 | 442 | 443 | 444 | 445 | 446 | 447 | 448 | 449 | 450 |
| 451 | 452 | 453 | 454 | 455 | 456 | 457 | 458 | 459 | 460 | 461 | 462 | 463 | 464 | 465 | 466 | 467 | 468 | 469 | 470 | 471 | 472 | 473 | 474 | 475 | 476 | 477 | 478 | 479 | 480 |
| 481 | 482 | 483 | 484 | 485 | 486 | 487 | 488 | 489 | 490 | 491 | 492 | 493 | 494 | 495 | 496 | 497 | 498 | 499 | 500 | 501 | 502 | 503 | 504 | 505 | 506 | 507 | 508 | 509 | 510 |
| 511 | 512 | 513 | 514 | 515 | 516 | 517 | 518 | 519 | 520 | 521 | 522 | 523 | 524 | 525 | 526 | 527 | 528 | 529 | 530 | 531 | 532 | 533 | 534 | 535 | 536 | 537 | 538 | 539 | 540 |
| 541 | 542 | 543 | 544 | 545 | 546 | 547 | 548 | 549 | 550 | 551 | 552 | 553 | 554 | 555 | 556 | 557 | 558 | 559 | 560 | 561 | 562 | 563 | 564 | 565 | 566 | 567 | 568 | 569 | 570 |
| 571 | 572 | 573 | 574 | 575 | 576 | 577 | 578 | 579 | 580 | 581 | 582 | 583 | 584 | 585 | 586 | 587 | 588 | 589 | 590 | 591 | 592 | 593 | 594 | 595 | 596 | 597 | 598 | 599 | 600 |
| 601 | 602 | 603 | 604 | 605 | 606 | 607 | 608 | 609 | 610 | 611 | 612 | 613 | 614 | 615 | 616 | 617 | 618 | 619 | 620 | 621 | 622 | 623 | 624 | 625 | 626 | 627 | 628 | 629 | 630 |
| 631 | 632 | 633 | 634 | 635 | 636 | 637 | 638 | 639 | 640 | 641 | 642 | 643 | 644 | 645 | 646 | 647 | 648 | 649 | 650 | 651 | 652 | 653 | 654 | 655 | 656 | 657 | 658 | 659 | 660 |
| 661 | 662 | 663 | 664 | 665 | 666 | 667 | 668 | 669 | 670 | 671 | 672 | 673 | 674 | 675 | 676 | 677 | 678 | 679 | 680 | 681 | 682 | 683 | 684 | 685 | 686 | 687 | 688 | 689 | 690 |
| 691 | 692 | 693 | 694 | 695 | 696 | 697 | 698 | 699 | 700 | 701 | 702 | 703 | 704 | 705 | 706 | 707 | 708 | 709 | 710 | 711 | 712 | 713 | 714 | 715 | 716 | 717 | 718 | 719 | 720 |
| 721 | 722 | 723 | 724 | 725 | 726 | 727 | 728 | 729 | 730 | 731 | 732 | 733 | 734 | 735 | 736 | 737 | 738 | 739 | 740 | 741 | 742 | 743 | 744 | 745 | 746 | 747 | 748 | 749 | 750 |
| 751 | 752 | 753 | 754 | 755 | 756 | 757 | 758 | 759 | 760 | 761 | 762 | 763 | 764 | 765 | 766 | 767 | 768 | 769 | 770 | 771 | 772 | 773 | 774 | 775 | 776 | 777 | 778 | 779 | 780 |
| 781 | 782 | 783 | 784 | 785 | 786 | 787 | 788 | 789 | 790 | 791 | 792 | 793 | 794 | 795 | 796 | 797 | 798 | 799 | 800 | 801 | 802 | 803 | 804 | 805 | 806 | 807 | 808 | 809 | 810 |
| 811 | 812 | 813 | 814 | 815 | 816 | 817 | 818 | 819 | 820 | 821 | 822 | 823 | 824 | 825 | 826 | 827 | 828 | 829 | 830 | 831 | 832 | 833 | 834 | 835 | 836 | 837 | 838 | 839 | 840 |
| 841 | 842 | 843 | 844 | 845 | 846 | 847 | 848 | 849 | 850 | 851 | 852 | 853 | 854 | 855 | 856 | 857 | 858 | 859 | 860 | 861 | 862 | 863 | 864 | 865 | 866 | 867 | 868 | 869 | 870 |
| 871 | 872 | 873 | 874 | 875 | 876 | 877 | 878 | 879 | 880 | 881 | 882 | 883 | 884 | 885 | 886 | 887 | 888 | 889 | 890 | 891 | 892 | 893 | 894 | 895 | 896 | 897 | 898 | 899 | 900 |
| 901 | 902 | 903 | 904 | 905 | 906 | 907 | 908 | 909 | 910 | 911 | 912 | 913 | 914 | 915 | 916 | 917 | 918 | 919 | 920 | 921 | 922 | 923 | 924 | 925 | 926 | 927 | 928 | 929 | 930 |
| 931 | 932 | 933 | 934 | 935 | 936 | 937 | 938 | 939 | 940 | 941 | 942 | 943 | 944 | 945 | 946 | 947 | 948 | 949 | 950 | 951 | 952 | 953 | 954 | 955 | 956 | 957 | 958 | 959 | 960 |
| 961 | 962 | 963 | 964 | 965 | 966 | 967 | 968 | 969 | 970 | 971 | 972 | 973 | 974 | 975 | 976 | 977 | 978 | 979 | 980 | 981 | 982 | 983 | 984 | 985 | 986 | 987 | 988 | 989 | 990 |
| 991 | 992 | 993 | 994 | 995 | 996 | 997 | 998 | 999 | 1000 | | | | | | | | | | | | | | | | | | | | |

## 著者紹介

**矢野　将文**（やの　まさふみ）

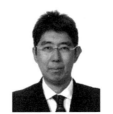

1971 年　和歌山県生まれ
1997 年　大阪市立大学大学院理学研究科
　　　　博士後期課程中途退学
現　在　関西大学化学生命工学部准教授
専　門　構造有機化学
博士（理学）　1998 年大阪市立大学


**有機化学 1000 本ノック　反応機構編**

第 1 版　第 1 刷　2019 年 8 月 25 日
　　　　第 8 刷　2025 年 1 月 20 日

検印廃止

著　　者　矢野　将文
発 行 者　曽根　良介
発 行 所　㈱化学同人

〒600-8074　京都市下京区仏光寺通柳馬場西入ル
編 集 部　TEL 075-352-3711　FAX 075-352-0371
企画販売部　TEL 075-352-3373　FAX 075-351-8301
振　替　01010-7-5702
e-mail　webmaster@kagakudojin.co.jp
URL　https://www.kagakudojin.co.jp





印刷・製本　創栄図書印刷㈱

Printed in Japan　©M. Yano　2019　無断転載・複製を禁ず　ISBN978-4-7598-1995-3
乱丁・落丁本は送料小社負担にてお取りかえいたします．

# 有機化学 1000本ノック

**ひたすら解きまくれ!**

【命名法編】B5判・116頁・定価 1760 円

【立体化学編】B5判・140頁・定価 2090 円

【反応機構編】B5判・232頁・定価 3300 円

【反応生成物編】B5判・148頁・定価 2310 円

【スペクトル解析編】B5判・176頁・定価 2970 円

矢野将文【著】

大学の有機化学で学生がつまずきやすい基本事項を理解するために有効な方法は,基本的なルールを学び,ひたすら演習問題を解き,「身体に染みつく」まで知識の定着を確認することである.各編とも 1000 問超の問題を掲載.問題は初歩の初歩から始まり徐々に難易度が上がっていく.反射的に答えられるまで解いて解いて解きまくれ!

## 0章

### 練習問題1

| | | |
|---|---|---|
| $CH_3CH_3$ | H–C(H)(H)–C(H)(H)–H | H:C(H)(H):C(H)(H):H |
| $CH_3CH_2^+$ | H–C(H)(H)–C(H)–H (+) | H:C(H)(H):C(H)(+):H |
| $CH_2CH_2$ | H–C(H)=C(H)–H | H:C(H)::C(H):H |
| $CHCH$ | H–C≡C–H | H:C:::C:H |
| $BH_3$ | H–B(H)–H | H:B(H):H |

| | | |
|---|---|---|
| $CH_3OH$ | H–C(H)(H)–O–H | H–C(H)(H)–Ö–H | H:C(H)(H):Ö:H |
| $CH_3OCH_3$ | H–C(H)(H)–O–C(H)(H)–H | H–C(H)(H)–Ö–C(H)(H)–H | H:C(H)(H):Ö:C(H)(H):H |
| $CH_3Br$ | H–C(H)(H)–Br | H–C(H)(H)–B̈r: | H:C(H)(H):B̈r: |
| $CH_3NH_2$ | H–C(H)(H)–N(H)–H | H–C(H)(H)–N̈(H)–H | H:C(H)(H):N̈(H):H |
| $HCHO$ | O=C(H)–H | :Ö:=C(H)–H | :Ö::C(H):H |

### 練習問題2

| | | |
|---|---|---|
| $H—Br$ | H < Br | $\overset{\delta+}{H}—\overset{\delta-}{Br}$ |
| $H_3C—NH_2$ | C < N | $\overset{\delta+}{H_3C}—\overset{\delta-}{NH_2}$ |
| $H_3C—Br$ | C < Br | $\overset{\delta+}{H_3C}—\overset{\delta-}{Br}$ |
| $Br—Br$ | Br = Br | Br—Br |
| $Cl—H$ | Cl > H | $\overset{\delta-}{Cl}—\overset{\delta+}{H}$ |
| $H_3C—H$ | C > H | $\overset{\delta-}{H_3C}—\overset{\delta+}{H}$ |
| $H_3C—OH$ | C < O | $\overset{\delta+}{H_3C}—\overset{\delta-}{OH}$ |
| $H—I$ | H < I | $\overset{\delta+}{H}—\overset{\delta-}{I}$ |
| $F—CH_3$ | F > C | $\overset{\delta-}{F}—\overset{\delta+}{CH_3}$ |

## 1章　酸と塩基

### 1 プロトン脱離

**解法**：水もしくはアルコール分子の O–H 結合をつくる共有電子対が O 原子上に移動し，結合が切断される．電子対を受け取った O 原子は負電荷をもつ．一方，電子対を失った H 原子は正電荷をもつ．

(1) $H—OH \longrightarrow H^+ + OH^-$

(2) $CH_3O—H \longrightarrow H^+ + CH_3O^-$

(3) $H_3\overset{+}{N}—H \longrightarrow H^+ + NH_3$

(4) $C_2H_5O—H \longrightarrow C_2H_5O^- + H^+$

(5) $(CH_3)_3CO—H \longrightarrow (CH_3)_3CO^- + H^+$

(6) $C_6H_5O—H \longrightarrow C_6H_5O^- + H^+$

(7) $H_2N—H \longrightarrow H_2N^- + H^+$

(8) $C_3H_7O—H \longrightarrow C_3H_7O^- + H^+$

(9) $(CH_3)_2N—H \longrightarrow (CH_3)_2N^- + H^+$

(10) $H_3C—\overset{O}{\overset{\|}{C}}—O—H \longrightarrow H_3C—\overset{O}{\overset{\|}{C}}—O^- + H^+$

(11) $H—O—\overset{O}{\overset{\|}{\underset{\|}{\underset{O}{S}}}}—O—H \longrightarrow H—O—\overset{O}{\overset{\|}{\underset{\|}{\underset{O}{S}}}}—O^- + H^+$

(12) $H—O—\overset{O}{\overset{\|}{\underset{\|}{\underset{O}{S}}}}—O^- \longrightarrow {}^-O—\overset{O}{\overset{\|}{\underset{\|}{\underset{O}{S}}}}—O^- + H^+$

(13) $\overset{O}{\overset{\|}{\underset{\|}{\underset{O}{N^+}}}}—O—H \longrightarrow \overset{O}{\overset{\|}{\underset{\|}{\underset{O}{N^+}}}}—O^- + H^+$

### 2 プロトン化

**解法**：水もしくはアルコール分子の O 原子上の孤立電子対から，電子不足な $H^+$ に曲がった矢印を描き，プロトン化された水もしくはアルコールが生成する．これらの化学種は正電荷をもつ．

(14) $H^+ + H_2O \longrightarrow H_3O^+$

(15) $H^+ + CH_3OH \longrightarrow CH_3\overset{H}{\underset{+}{O}}{-}H$

(16) $H^+ + C_2H_5OH \longrightarrow C_2H_5\overset{H}{\underset{+}{O}}{-}H$

(17) $H^+ + CH_3OCH_3 \longrightarrow CH_3\overset{H}{\underset{+}{O}}CH_3$

(18) $H^+ + NH_3 \longrightarrow NH_4^+$

(19) $H^+ + CH_3NH_2 \longrightarrow CH_3NH_3^+$

(20) $H^+ + C_2H_5NH_2 \longrightarrow C_2H_5NH_3^+$

(21) $H^+ + CH_3NHCH_3 \longrightarrow CH_3\overset{+}{N}H_2CH_3$

(22) $H^+ + F^- \longrightarrow HF$

(23) $H^+ + Cl^- \longrightarrow HCl$

(24) $H^+ + Br^- \longrightarrow HBr$

(25) $H^+ + I^- \longrightarrow HI$

(26) $H^+ + OH^- \longrightarrow H_2O$

(27) $H^+ + CH_3O^- \longrightarrow CH_3OH$

(28) $H^+ + C_2H_5O^- \longrightarrow C_2H_5OH$

(29) $H^+ + C_6H_5O^- \longrightarrow C_6H_5OH$

## 3 ブレンステッド酸とブレンステッド塩基

**解法**：1と2の組合せ．塩基が酸のH原子をH$^+$として引き抜き，新たな結合ができる．H原子は2個しか電子をもてないので，酸のO−H結合をつくる共有電子対がO原子上に移動し，結合が切断される．

(30) $HO{-}H + OH^- \longrightarrow HO^- + H_2O$

(31) $HO{-}H + CH_3O^- \longrightarrow HO^- + CH_3OH$

(32) $HO{-}H + C_2H_5O^- \longrightarrow HO^- + C_2H_5OH$

(33) $HO{-}H + NH_3 \longrightarrow HO^- + NH_4^+$

(34) $HO{-}H + CH_3NH_2 \longrightarrow HO^- + CH_3NH_3^+$

(35) $CH_3O{-}H + OH^- \longrightarrow CH_3O^- + H_2O$

(36) $CH_3O{-}H + CH_3O^- \longrightarrow CH_3O^- + CH_3OH$

(37) $CH_3O{-}H + C_2H_5O^- \longrightarrow CH_3O^- + C_2H_5OH$

(38) $CH_3O{-}H + NH_3 \longrightarrow CH_3O^- + NH_4^+$

(39) $CH_3O{-}H + CH_3NH_2 \longrightarrow CH_3O^- + CH_3NH_3^+$

(40) $CH_3COO{-}H + OH^- \longrightarrow CH_3COO^- + H_2O$

(41) $CH_3COO{-}H + CH_3O^- \longrightarrow CH_3COO^- + CH_3OH$

(42) $CH_3COO{-}H + C_2H_5O^- \longrightarrow CH_3COO^- + C_2H_5OH$

(43) $CH_3COO{-}H + NH_3 \longrightarrow CH_3COO^- + NH_4^+$

(44) $CH_3COO{-}H + CH_3NH_2 \longrightarrow CH_3COO^- + CH_3NH_3^+$

## 4 ルイス酸とルイス塩基

**解法**：孤立電子対を与えるのがルイス塩基，受け取るのがルイス酸であることを思いだそう．ルイス塩基の孤立電子対から矢印を伸ばし，新たな結合をつくろう．反応の前後で系全体の電荷は変わらないことに注意．

(45) $NH_3 + BH_3 \longrightarrow H_3\overset{+}{N}{-}\overset{-}{B}H_3$

(46) $NH_3 + AlCl_3 \longrightarrow H_3\overset{+}{N}{-}\overset{-}{A}lCl_3$

(47) $NH_3 + FeBr_3 \longrightarrow H_3\overset{+}{N}{-}\overset{-}{F}eBr_3$

(48) $NH_3 + BF_3 \longrightarrow H_3\overset{+}{N}{-}\overset{-}{B}F_3$

(49) $CH_3OH + BH_3 \longrightarrow H_3C\overset{+}{O}{-}\overset{-}{B}H_3$ with $H$ below O

(50) $CH_3OH + AlCl_3 \longrightarrow H_3C\overset{+}{O}{-}\overset{-}{A}lCl_3$ with $H$ below O

(51) $CH_3OH + FeBr_3 \longrightarrow H_3C\overset{+}{O}{-}\overset{-}{F}eBr_3$ with $H$ below O

(52) $CH_3OH + BF_3 \longrightarrow H_3C\overset{+}{O}{-}\overset{-}{B}F_3$ with $H$ below O

(53) $CH_3OCH_3 + BH_3 \longrightarrow H_3C\overset{+}{O}{-}\overset{-}{B}H_3$ with $CH_3$ below O

(54) $CH_3OCH_3 + AlCl_3 \longrightarrow H_3C\overset{+}{O}{-}\overset{-}{A}lCl_3$ with $CH_3$ below O

(55) $CH_3OCH_3 + FeBr_3 \longrightarrow H_3C\overset{+}{O}{-}\overset{-}{F}eBr_3$ with $CH_3$ below O

(56) $CH_3OCH_3$ + $BF_3$ ⟶ $H_3\overset{+}{O}-\overset{-}{B}F_3$
　　　　　　　　　　　　　　$CH_3$

(57) $\overset{-}{C}l$ + $BH_3$ ⟶ $Cl-\overset{-}{B}H_3$

(58) $\overset{-}{C}l$ + $AlCl_3$ ⟶ $Cl-\overset{-}{A}lCl_3$

(59) $\overset{-}{C}l$ + $FeBr_3$ ⟶ $Cl-\overset{-}{F}eBr_3$

(60) $\overset{-}{C}l$ + $BF_3$ ⟶ $Cl-\overset{-}{B}F_3$

# 2章　共　鳴

## 5　共鳴（アルケン）

**解法**：まず，どの電子対から動かし始めればよいかを考えよう．C，N，O原子はそれぞれ最外殻に8個までしか電子をもてないことに注意して曲がった矢印を描こう．一つ目の曲がった矢印を書いたら，二つ目以降の矢印（電子の移動）があるかどうかを常に考えよう．

(61) $H_2C=CH_2$ ⟷ $H_2\overset{+}{C}-\overset{-}{C}H_2$

(62) $CH_2=CH-CH=CH_2$ ⟷ $\overset{+}{C}H_2-CH=CH-\overset{-}{C}H_2$

(63) $CH_2=CH-CH=CH-CH=CH_2$ ⟷
$\overset{+}{C}H_2-CH=CH-CH=CH-\overset{-}{C}H_2$

(64)

(65)

(66)

(67)

(68) $\overset{+}{C}H_2-CH=CH_2$ ⟷ $CH_2=CH-\overset{+}{C}H_2$

(69) $\overset{-}{C}H_2-CH=CH_2$ ⟷ $CH_2=CH-\overset{-}{C}H_2$

(70) $\overset{+}{C}H_2-CH=CH-CH=CH_2$ ⟷ $CH_2=CH-CH=CH-\overset{+}{C}H_2$

(71) $\overset{-}{C}H_2-CH=CH-CH=CH_2$ ⟷ $CH_2=CH-CH=CH-\overset{-}{C}H_2$

(72)

(73)

(74)

(75)

(76)

(77)

(78) $H_2N-CH=CH_2$ ⟷ $H_2\overset{+}{N}=CH-\overset{-}{C}H_2$

(79) $H_2N-CH=CH-CH=CH_2$ ⟷ $H_2\overset{+}{N}=CH-CH=CH-\overset{-}{C}H_2$

(80) $HO-CH=CH_2$ ⟷ $H\overset{+}{O}=CH-\overset{-}{C}H_2$

(81) $HO-CH=CH-CH=CH_2$ ⟷ $H\overset{+}{O}=CH-CH=CH-\overset{-}{C}H_2$

(82) $\overset{-}{O}-CH=CH_2$ ⟷ $O=CH-\overset{-}{C}H_2$

(83) $\overset{-}{O}-CH=CH-CH=CH_2$ ⟷ $O=CH-CH=CH-\overset{-}{C}H_2$

(84)

(85)

(86)

(87)

(88)

(89)

## 6　共鳴（芳香族）

**解法**：まず，ベンゼン環上の置換基が電子供与性か電子求引性かを考えよう．電子供与性の場合は負電荷が，電子求引性の場合は正電荷がベンゼン環に流れ込む．これらの電荷は置換基のオルト位もしくはパラ位にしかこないことを確認しよう．

(90)

(91)

(92)

(93)

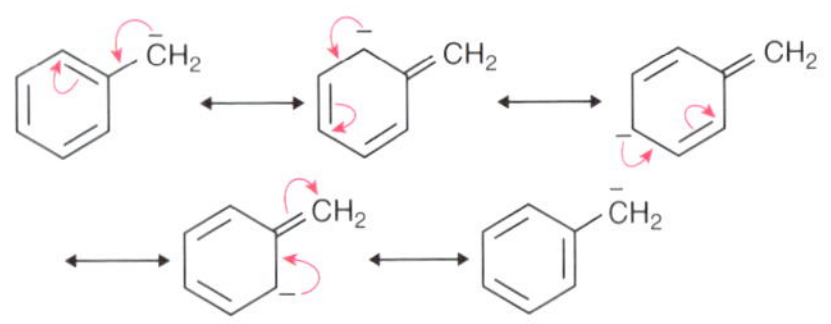

(94)

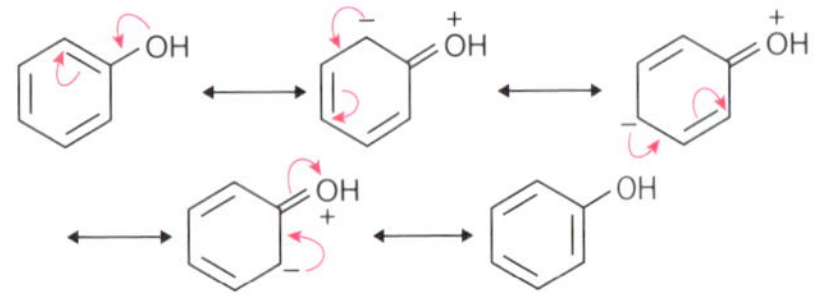

(95)

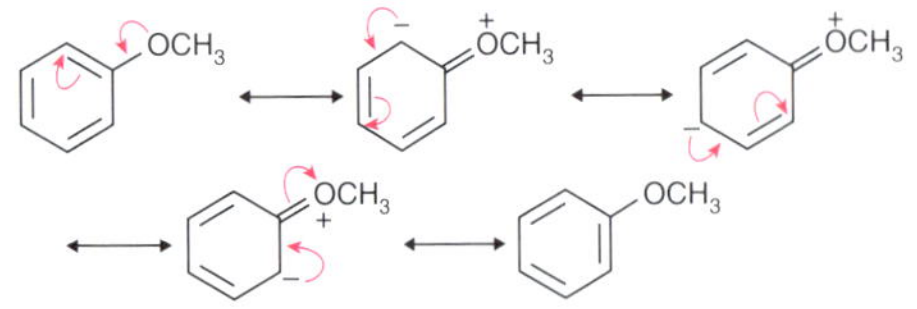

(96)

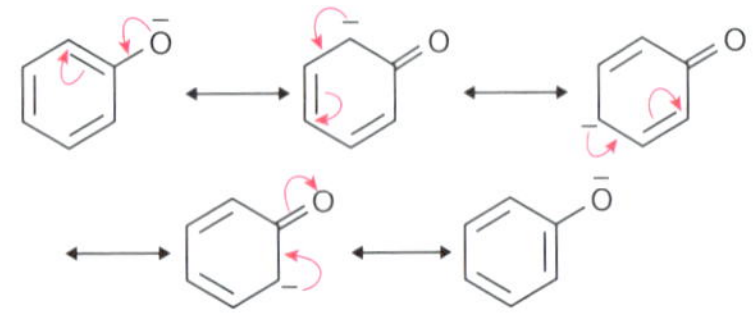

(97)

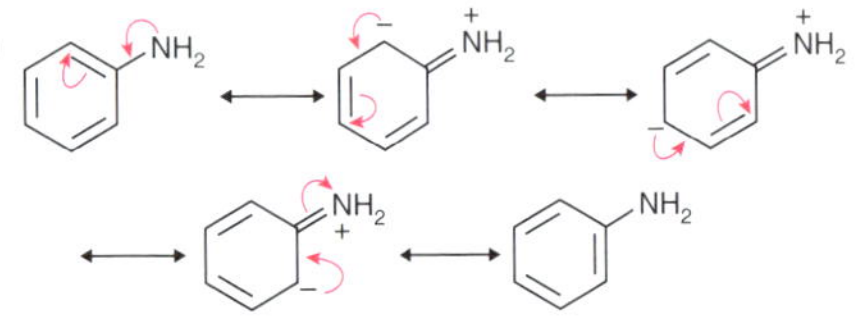

(98)

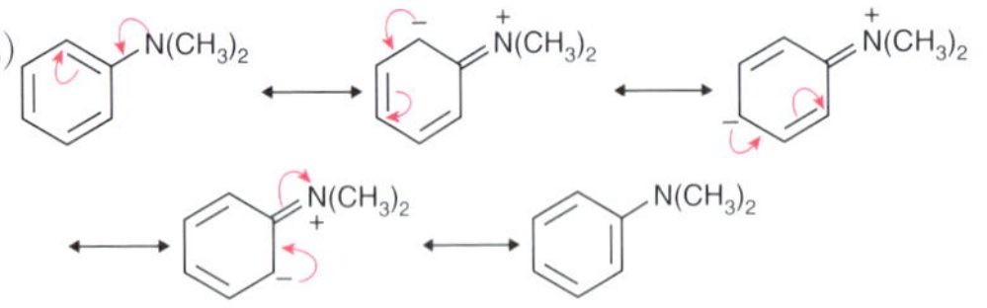

(99)

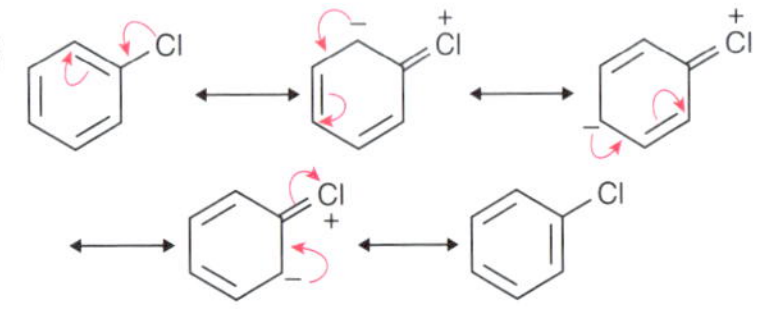

(100)

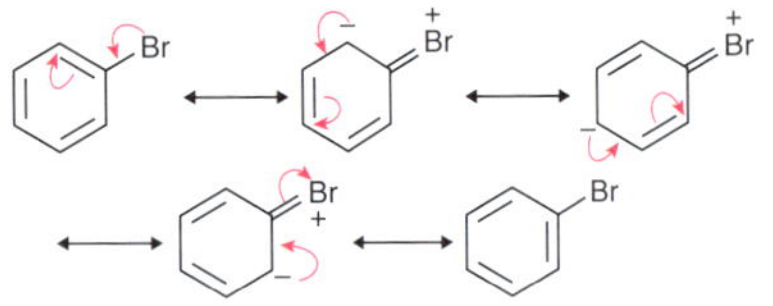

(101)

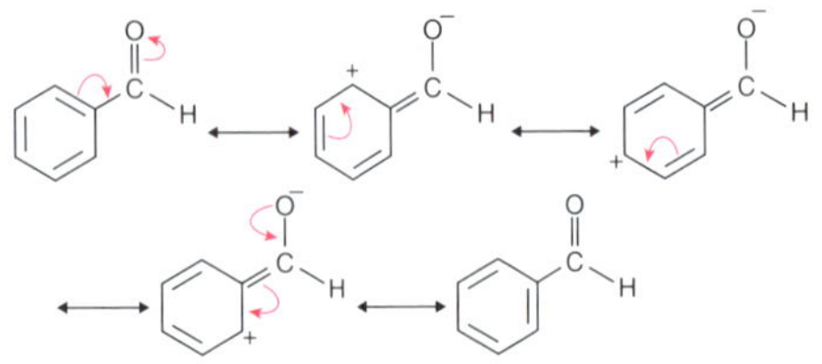

(102)

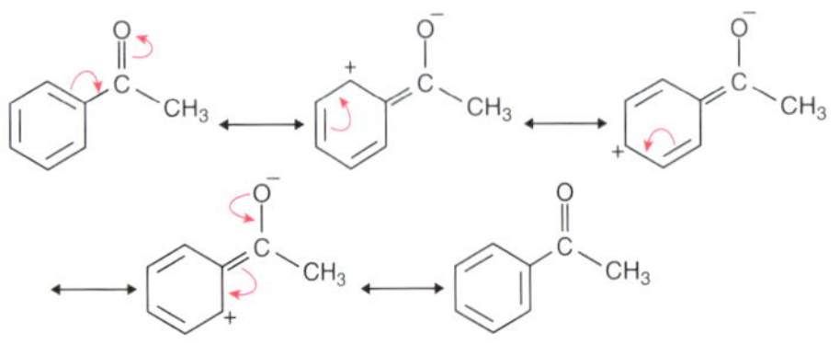

(103)

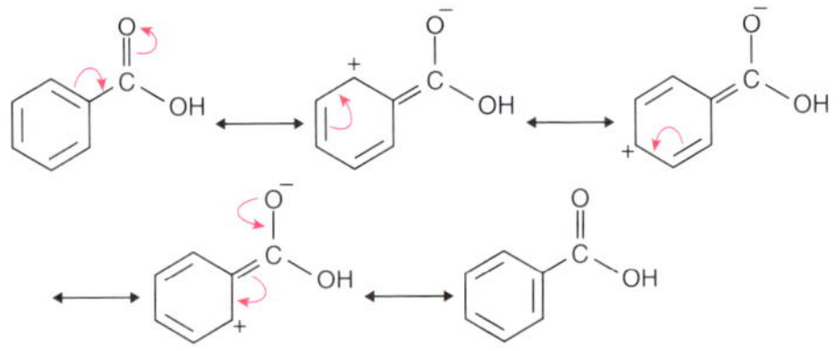

(104)

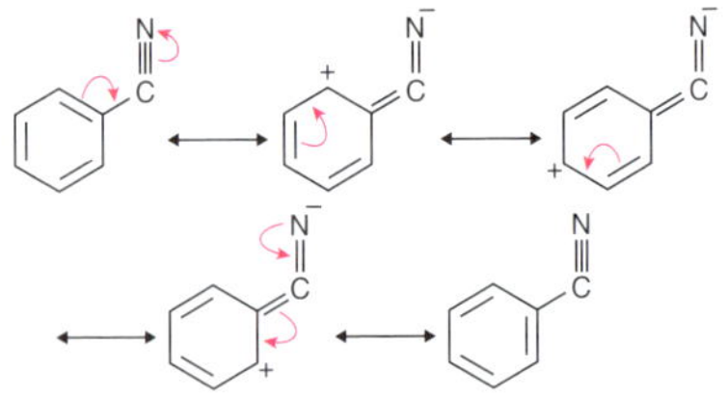

(105)

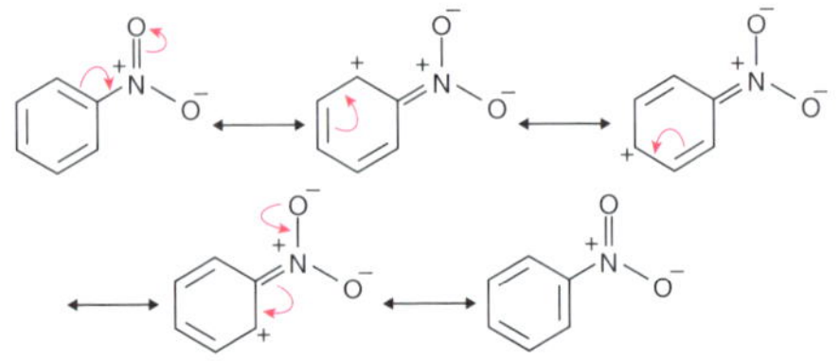

## 3章　結合の生成と切断の基礎

### 7 均等開裂

**解法**：結合をつくっている2個の電子が一つずつ両端の原子に移動して，不対電子をもつ化学種（ラジカル）が二つ生成する．この場合，<u>電子1個の移動</u>なので，<u>片鉤矢印</u>を用いる．

(106) $F{-}F \longrightarrow 2F\cdot$

(107) $Cl{-}Cl \longrightarrow 2Cl\cdot$

(108) $Br{-}Br \longrightarrow 2Br\cdot$

(109) $I{-}I \longrightarrow 2I\cdot$

### 8 不均等開裂

**解法**：結合をつくっている2個の電子が電子対として片方の原子に移動する．電子対を受け取った原子は負電荷を，電子対を失った原子は正電荷をもつ．この場合，<u>電子対（電子2個）の移動</u>なので，<u>両鉤矢印</u>を用いる．

(110) $F{-}F \longrightarrow F^{+} + F^{-}$

(111) $Cl{-}Cl \longrightarrow Cl^{+} + Cl^{-}$

(112) $Br{-}Br \longrightarrow Br^{+} + Br^{-}$

— 4 —

(113) I—I $\longrightarrow$ I$^+$ + I$^-$

# 4章　アルケンの反応

## 9 アルケンのプロトン化

(114) $H_2C{=}CH_2$ $\xrightarrow{H^+}$ $H_3C{-}\overset{+}{C}H_2$

(115) $CH_3{-}CH{=}CH_2$ $\xrightarrow{H^+}$ $CH_3{-}\overset{+}{C}H{-}CH_3$

(116) $CH_3{-}CH{=}CH_2$ $\xrightarrow{H^+}$ $CH_3{-}CH_2{-}\overset{+}{C}H_2$

(117) $CH_3{-}CH_2{-}CH{=}CH_2$ $\xrightarrow{H^+}$ $CH_3{-}CH_2{-}CH_2{-}\overset{+}{C}H_2$

(118) $CH_3{-}CH_2{-}CH{=}CH_2$ $\xrightarrow{H^+}$ $CH_3{-}CH_2{-}\overset{+}{C}H{-}CH_3$

(119) $H_2C{=}\overset{\displaystyle CH_3}{C}{-}CH_3$ $\xrightarrow{H^+}$ $H_3C{-}\overset{\displaystyle CH_3}{\underset{+}{C}}{-}CH_3$

(120) $H_2C{=}\overset{\displaystyle CH_3}{C}{-}CH_3$ $\xrightarrow{H^+}$ $H_2\overset{+}{C}{-}\overset{\displaystyle CH_3}{\underset{H}{C}}{-}CH_3$

(121) (cyclopentene) $\xrightarrow{H^+}$ (cyclopentyl cation)

(122) (cyclohexene) $\xrightarrow{H^+}$ (cyclohexyl cation)

(123) (1-methylcyclopentene) $\xrightarrow{H^+}$ (1-methylcyclopentyl cation)

(124) (1-methylcyclopentene) $\xrightarrow{H^+}$ (2-methylcyclopentyl cation)

(125) (1-methylcyclohexene) $\xrightarrow{H^+}$ (1-methylcyclohexyl cation)

(126) (1-methylcyclohexene) $\xrightarrow{H^+}$ (2-methylcyclohexyl cation)

## 10 カルボカチオンのハロゲン化

(127) $H_2\overset{+}{C}{-}CH_3$ + Br$^-$ $\longrightarrow$ $\overset{\displaystyle Br}{\underset{}{H_2C}}{-}CH_3$

(128) $H_2\overset{+}{C}{-}CH_3$ + Cl$^-$ $\longrightarrow$ $\overset{\displaystyle Cl}{\underset{}{H_2C}}{-}CH_3$

(129) $CH_3{-}\overset{+}{C}H{-}CH_3$ + Br$^-$ $\longrightarrow$ $CH_3{-}\overset{\displaystyle Br}{\underset{}{CH}}{-}CH_3$

(130) $CH_3{-}\overset{+}{C}H{-}CH_3$ + Cl$^-$ $\longrightarrow$ $CH_3{-}\overset{\displaystyle Cl}{\underset{}{CH}}{-}CH_3$

(131) $CH_3{-}\overset{+}{C}H{-}CH_2{-}CH_3$ + Br$^-$ $\longrightarrow$ $CH_3{-}\overset{\displaystyle Br}{\underset{}{CH}}{-}CH_2{-}CH_3$

(132) $CH_3{-}\overset{+}{C}H{-}CH_2{-}CH_3$ + Cl$^-$ $\longrightarrow$ $CH_3{-}\overset{\displaystyle Cl}{\underset{}{CH}}{-}CH_2{-}CH_3$

(133) $CH_3{-}\overset{\displaystyle CH_3}{\underset{\displaystyle CH_3}{\overset{+}{C}}}{-}CH_3$ + Br$^-$ $\longrightarrow$ $CH_3{-}\overset{\displaystyle Br}{\underset{\displaystyle CH_3}{C}}{-}CH_3$

(134) $CH_3{-}\overset{\displaystyle CH_3}{\underset{\displaystyle CH_3}{\overset{+}{C}}}{-}CH_3$ + Cl$^-$ $\longrightarrow$ $CH_3{-}\overset{\displaystyle Cl}{\underset{\displaystyle CH_3}{C}}{-}CH_3$

(135) (cyclopentyl cation) + Br$^-$ $\longrightarrow$ (cyclopentyl bromide)

(136) (cyclopentyl cation) + Cl$^-$ $\longrightarrow$ (cyclopentyl chloride)

(137) (cyclohexyl cation) + Br$^-$ $\longrightarrow$ (cyclohexyl bromide)

(138) (cyclohexyl cation) + Cl$^-$ $\longrightarrow$ (cyclohexyl chloride)

(139) (1-methylcyclopentyl cation) + Br$^-$ $\longrightarrow$ (1-bromo-1-methylcyclopentane)

(140) (1-methylcyclopentyl cation) + Cl$^-$ $\longrightarrow$ (1-chloro-1-methylcyclopentane)

(141) (1-methylcyclohexyl cation) + Br$^-$ $\longrightarrow$ (1-bromo-1-methylcyclohexane)

(142) (1-methylcyclohexyl cation) + Cl$^-$ $\longrightarrow$ (1-chloro-1-methylcyclohexane)

## 11 アルケンのハロゲン化水素化

(143) $H_2C{=}CH_2$ $\xrightarrow{H{-}Br}$ $H_3C{-}\overset{+}{C}H_2$ + Br$^-$ $\longrightarrow$ $H_3C{-}CH_2Br$

(144) $CH_3{-}CH{=}CH_2$ $\xrightarrow{H{-}Cl}$ $CH_3{-}\overset{+}{C}H{-}CH_3$ + Cl$^-$

$\longrightarrow$ $CH_3{-}\overset{\displaystyle CH}{\underset{\displaystyle Cl}{}}{-}CH_3$

(145) $CH_3-CH=CH_2$ + $H-Br$ → $CH_3-\overset{+}{C}H-CH_3$ + $Br^-$

→ $CH_3-\underset{Br}{CH}-CH_3$

(146) $CH_3-CH_2-CH=CH_2$ + $H-Cl$ → $CH_3-CH_2-\overset{+}{C}H-CH_3$ + $Cl^-$

→ $CH_3-CH_2-\underset{Cl}{CH}-CH_3$

(147) $CH_3-CH_2-CH=CH_2$ + $H-Br$ → $CH_3-CH_2-\overset{+}{C}H-CH_3$ + $Br^-$

→ $CH_3-CH_2-\underset{Br}{CH}-CH_3$

(148) $H_2C=\underset{CH_3}{C}-CH_3$ + $H-Cl$ → $CH_3-\overset{+}{C}(CH_3)-CH_3$ + $Cl^-$ → $CH_3-\underset{Cl}{\overset{CH_3}{C}}-CH_3$

(149) cyclopentene + $H-Cl$ → cyclopentyl cation + $Cl^-$ → chlorocyclopentane

(150) cyclohexene + $H-Br$ → cyclohexyl cation + $Br^-$ → bromocyclohexane

(151) 1-methylcyclopentene + $H-Cl$ → methylcyclopentyl cation + $Cl^-$ → 1-chloro-1-methylcyclopentane

(152) 1-methylcyclopentene + $H-Br$ → methylcyclopentyl cation + $Br^-$ → 1-bromo-1-methylcyclopentane

(153) 1-methylcyclohexene + $H-Cl$ → methylcyclohexyl cation + $Cl^-$ → 1-chloro-1-methylcyclohexane

(156) $CH_3-CH_2-CH=CH_2$ + $H^+$ → $CH_3-CH_2-\overset{+}{C}H-CH_3$ + $H_2O$ →

$CH_3-CH_2-\underset{\overset{+}{O}H-H}{CH}-CH_3$ → $CH_3-CH_2-\underset{OH}{CH}-CH_3$ + $H^+$

(157) cyclopentene + $H^+$ → cyclopentyl cation + $H_2O$ → cyclopentyl-$\overset{+}{O}H-H$

→ cyclopentanol + $H^+$

(158) cyclohexene + $H^+$ → cyclohexyl cation + $H_2O$ → cyclohexyl-$\overset{+}{O}H-H$

→ cyclohexanol + $H^+$

(159) 1-methylcyclopentene + $H^+$ → methylcyclopentyl cation + $H_2O$ →

1-methylcyclopentyl-$\overset{+}{O}H-H$ → 1-methylcyclopentanol + $H^+$

## 12 アルケンへの酸触媒水付加

**解法**：まず，二重結合の共有電子対が $H^+$ と結合し，カルボカチオンができる．複数種のカルボカチオンができる場合は，より安定なカルボカチオンを経由する．このカルボカチオンに求核種の水が付加し，最後に水由来の $H^+$ が脱離する．

(154) $H_2C=CH_2$ + $H^+$ → $H_2C-\overset{+}{C}H_3$ + $H_2O$ → $H_2C-CH_3$ に $H-\overset{+}{O}H$

→ $\underset{OH}{H_2C}-CH_3$ + $H^+$

(155) $CH_3-CH=CH_2$ + $H^+$ → $CH_3-\overset{+}{C}H-CH_3$ + $H_2O$ →

$CH_3-\underset{H-\overset{+}{O}H}{CH}-CH_3$ → $CH_3-\underset{OH}{CH}-CH_3$ + $H^+$

## 13 アルケンへの酸触媒アルコール付加

**解法**：まず，二重結合の共有電子対が $H^+$ と結合し，カルボカチオンができる．複数種のカルボカチオンができる場合は，より安定なカルボカチオンを経由する．このカルボカチオンに求核種のアルコールが付加し，最後にアルコール由来の $H^+$ が脱離する．

(160) $H_2C=CH_2$ + $H^+$ → $H_2C-\overset{+}{C}H_3$ + $CH_3OH$ →

$H_2C-CH_3$ に $H-\overset{+}{O}CH_3$ → $\underset{OCH_3}{H_2C}-CH_3$ + $H^+$

(161) $CH_3-CH=CH_2$ + $H^+$ → $CH_3-\overset{+}{C}H-CH_3$ + $C_2H_5OH$ →

$CH_3-\underset{H-\overset{+}{O}C_2H_5}{CH}-CH_3$ → $CH_3-\underset{OC_2H_5}{CH}-CH_3$ + $H^+$

(162) $CH_3-CH_2-CH=CH_2$ + $H^+$ → $CH_3-CH_2-\overset{+}{C}H-CH_3$ + $CH_3OH$ →

$CH_3-CH_2-\underset{H-\overset{+}{O}CH_3}{CH}-CH_3$ → $CH_3-CH_2-\underset{OCH_3}{CH}-CH_3$ + $H^+$

(163) cyclopentene + $H^+$ → cyclopentyl cation + $CH_3OH$ → cyclopentyl-$\overset{+}{O}(H)CH_3$

→ methoxycyclopentane + $H^+$

― 6 ―

(164)

(165)

**14 カルボカチオンの転移**

**解法**：常にカルボカチオンの転移が起こるわけではない．$H^-$ もしくは $CH_3^-$ が移動する先は，隣の C 原子だけ．さらに，$H^-$ もしくは $CH_3^-$ の移動によって，より安定な（より級数の大きな）カルボカチオンを与えるときのみ転移が起こる．転移によって炭素骨格の組み換えが起こることに注意しよう．

(166) $CH_2 - CH - CH_3 \longrightarrow CH_3 - CH - CH_3$
          |                                    +
          H

(167) $CH_2 - CH - CH_2 - CH_3 \longrightarrow CH_3 - CH - CH_2 - CH_3$
          |                                           +
          H

(168)

(169)

(170)

(171)

(172)

**15 アルケンへのハロゲン付加**

**解法**：反応は大きく分けて二段階からなる．まず，二重結合の π 結合の共有電子対がハロゲン原子の一つと結合し，カチオン種ができる．ハロゲンの不均等開裂によって，ハロゲン化物イオンができる．カチオン種に求核種のハロゲン化物イオンが付加する．

(173) $H_2C = CH_2 \quad Cl-Cl \longrightarrow H_2C - CH_2 + Cl^- \longrightarrow H_2C - CH_2$
                                                                              |              |
                                                                             Cl            Cl

(174) $CH_3 - CH = CH_2 \quad Br-Br \longrightarrow CH_3 - CH - CH_2 \quad +Br^-$

$\longrightarrow CH_3 - CH - CH_2$
                    |          |
                    Br        Br

(175) $CH_3 - CH_2 - CH = CH_2 \quad Cl-Cl \longrightarrow CH_3 - CH_2 - CH - CH_2 + Cl^-$

$\longrightarrow CH_3 - CH_2 - CH - CH_2$
                                  |          |
                                 Cl        Cl

(176)

(177)

(178)

**16 アルケンからのハロヒドリン生成**

**解法**：二重結合の π 結合の共有電子対がハロゲン原子の一つと結合し，カチオン種ができる．このカチオン種に，系内に大量に存在する求核種の水が付加する．水が攻撃する箇所が二種類ある場合は，より安定なカルボカチオンを経由すると考えられる反応経路が優先される．最後に水由来の $H^+$ が脱離する．

(179) $H_2C = CH_2 \quad Cl-Cl \longrightarrow H_2C - CH_2 + H_2O \longrightarrow$

$H_2C - CH_2 \longrightarrow H_2C - CH_2 + H^+$
 |            |                    |           |
 Cl          +OH                  Cl         OH
              |
              H

(180) $CH_3 - CH = CH_2 \quad Br-Br \longrightarrow CH_3 - C - CH_2 + H_2O \longrightarrow$
                                                            |
                                                            H

$CH_3 - CH - CH_2 \longrightarrow CH_3 - CH - CH_2 + H^+$
         |         |                      |         |
        +OH       Br                     OH        Br
         |
         H

(181)

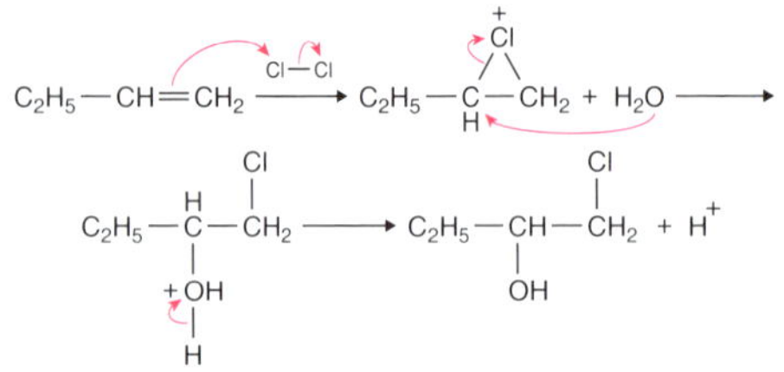

(182)

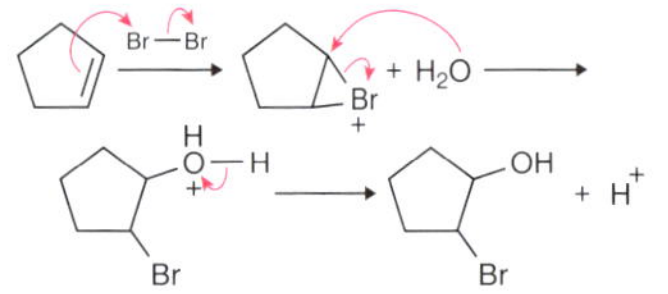

(183)

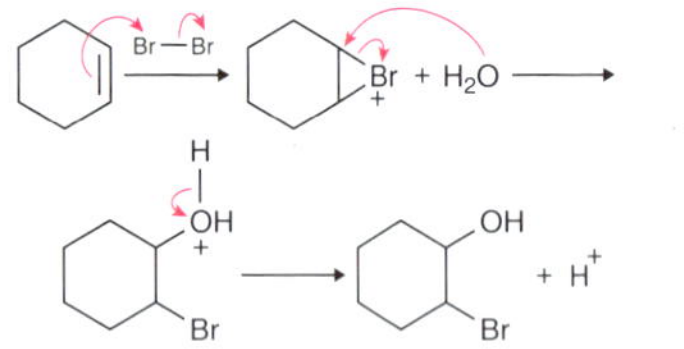

(184)

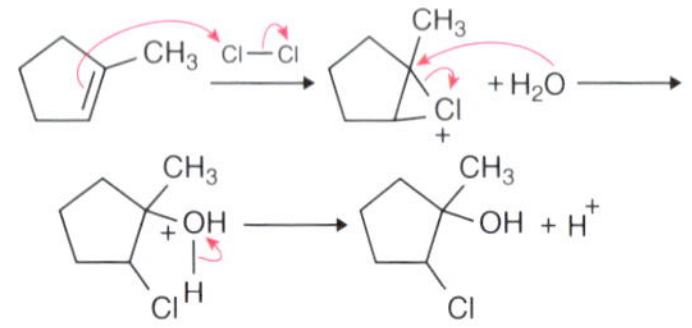

## 17 アルケンからの1,2-ハロエーテル生成

**解法**：まず，二重結合のπ結合の共有電子対がハロゲン原子の一つと結合し，カチオン種ができる．このカチオン種に，系内に大量に存在する求核種のアルコールが付加する．アルコールが攻撃する箇所が二種類ある場合は，より安定なカルボカチオンを経由すると考えられる経路が優先される．最後にアルコール由来の $H^+$ が脱離する．

(185)

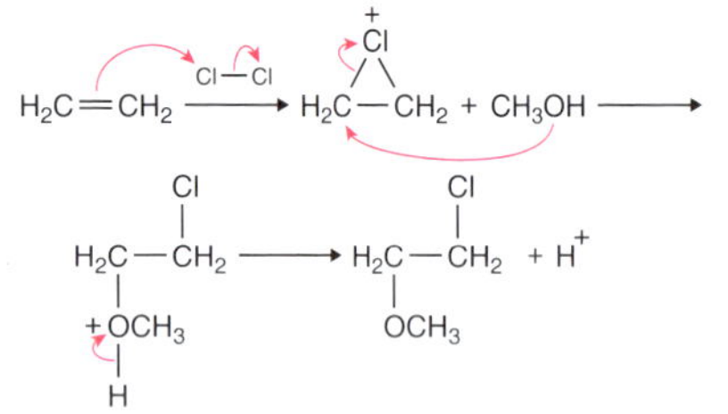

$H_2C{=}CH_2 \longrightarrow H_2C{-}CH_2 + CH_3OH \longrightarrow$

$H_2C{-}CH_2 \longrightarrow H_2C{-}CH_2 + H^+$

(186)

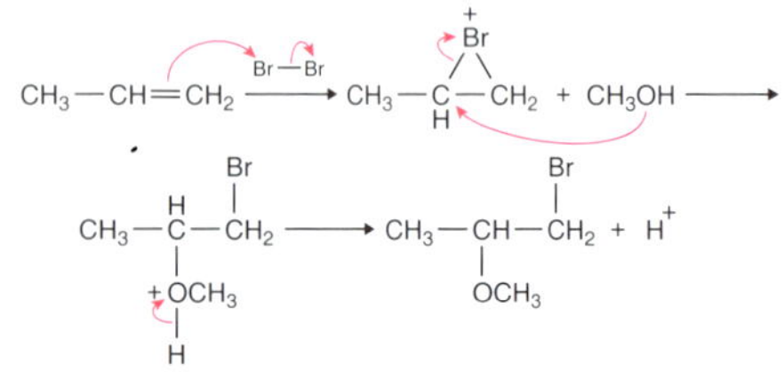

$CH_3{-}CH{=}CH_2 \longrightarrow CH_3{-}C{-}CH_2 + CH_3OH \longrightarrow$

$CH_3{-}C{-}CH_2 \longrightarrow CH_3{-}CH{-}CH_2 + H^+$

(187)

$C_2H_5{-}CH{=}CH_2 \longrightarrow C_2H_5{-}C{-}CH_2 + C_2H_5OH \longrightarrow$

$C_2H_5{-}CH{-}CH_2 \longrightarrow C_2H_5{-}CH{-}CH_2 + H^+$

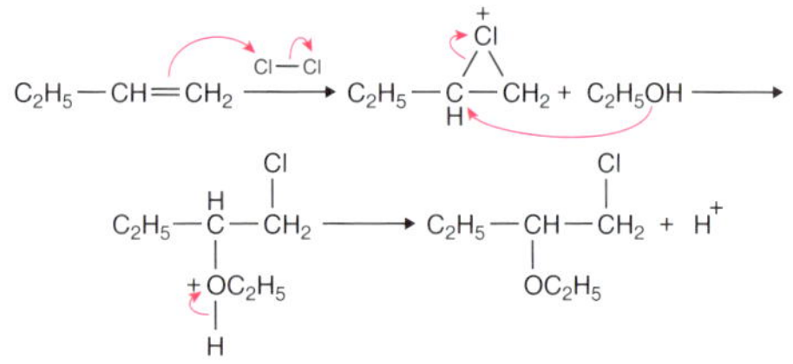

(188)

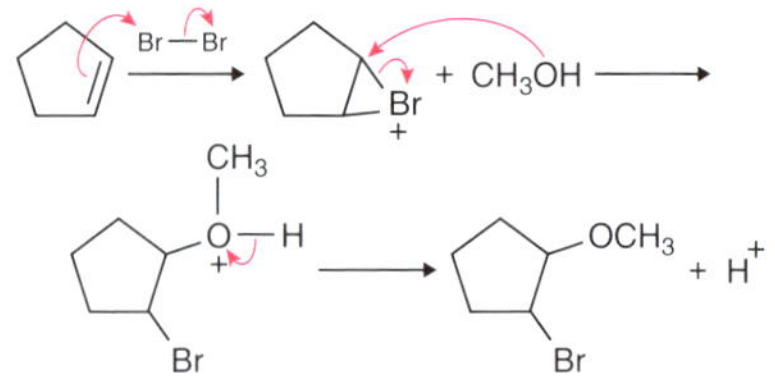

(189)

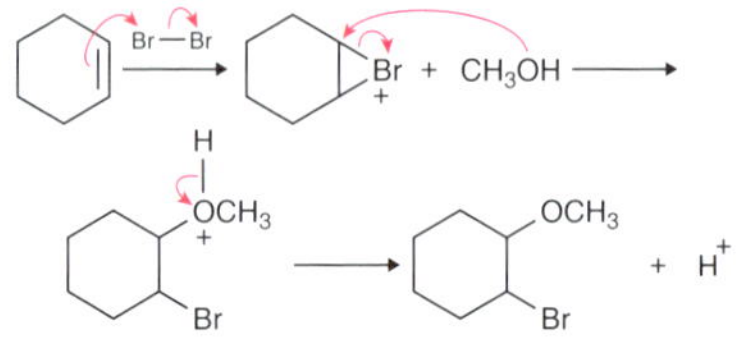

(190)

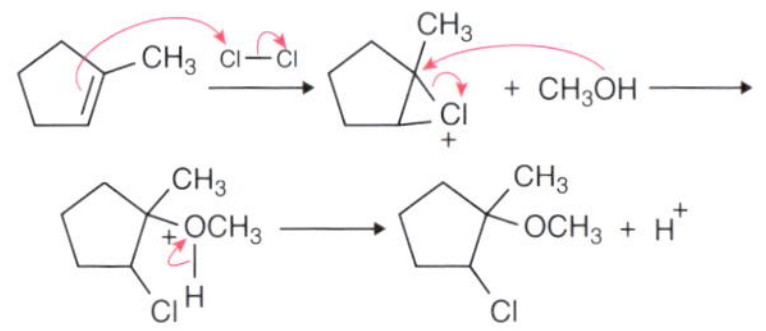

## 18 アルケンからのエポキシド生成

**解法**：二重結合のπ結合から過酸のO原子に向かって電子対が移動する．さらにO−O結合の切断，過酸の分子内での電子対の移動が起こる．エポキシ環のO−C結合をつくる共有電子対の一つはアルケン由来，もう一つは過酸由来である．

(191)

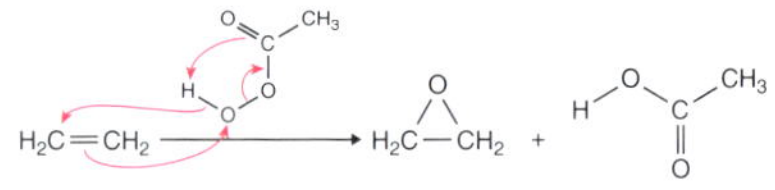

$H_2C{=}CH_2 \longrightarrow H_2C{-}CH_2 +$

(192)

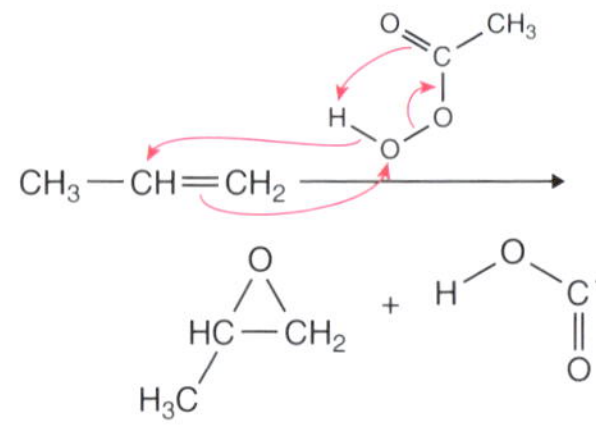

$CH_3{-}CH{=}CH_2 \longrightarrow$

(193)

$CH_3{-}CH_2{-}CH{=}CH_2 \longrightarrow$

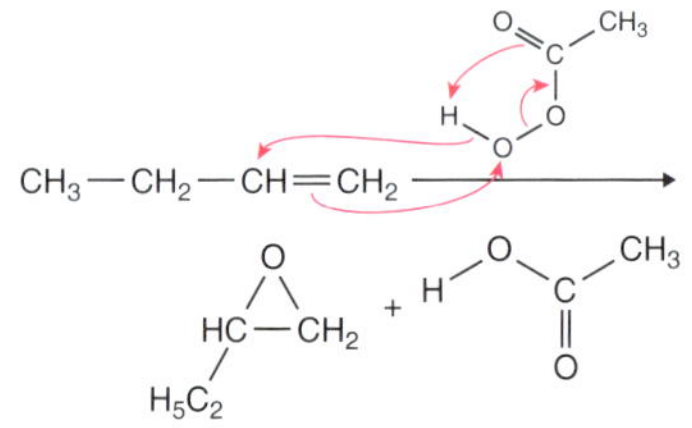

(194)

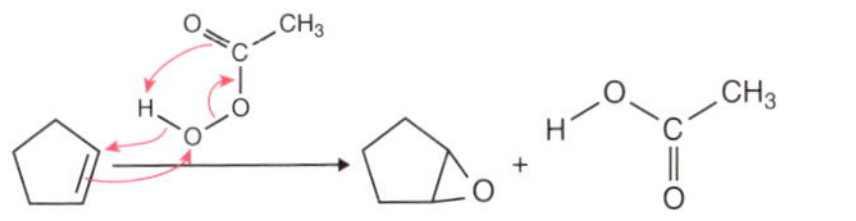

(195)

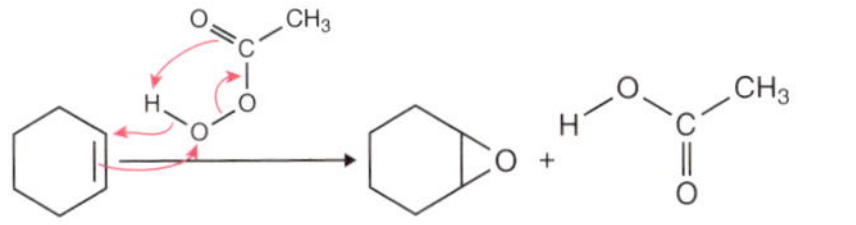

(196)

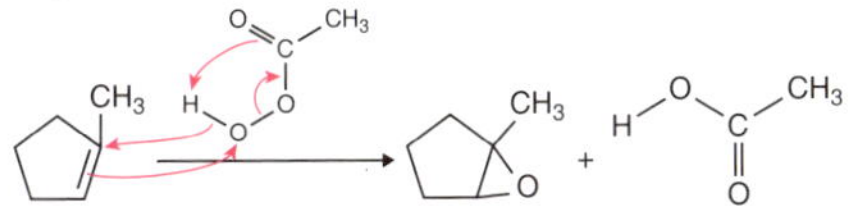

## 19 アルケンのヒドロホウ素化／酸化反応

**解法**：一段階目の付加反応で，H原子がつく位置は，酸触媒存在でのアルケンへの水の付加とは逆になる．これは，B原子と結合しているH原子は$H^+$ではなく，$H^-$として働くためである．二段階目以降でB原子がO原子に入れ替わり，最終的にアルコールが生成する．

(197)

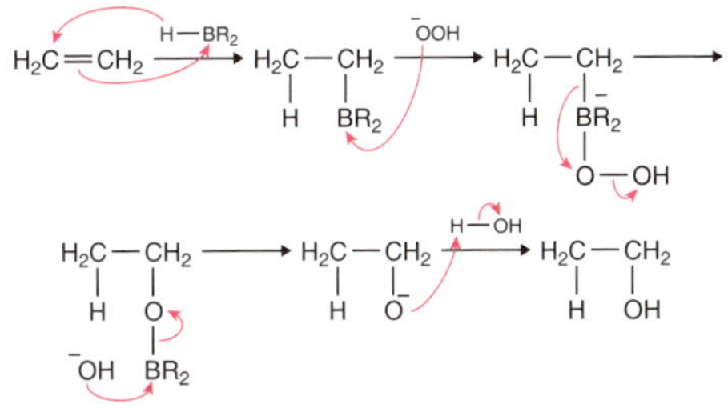

(198)

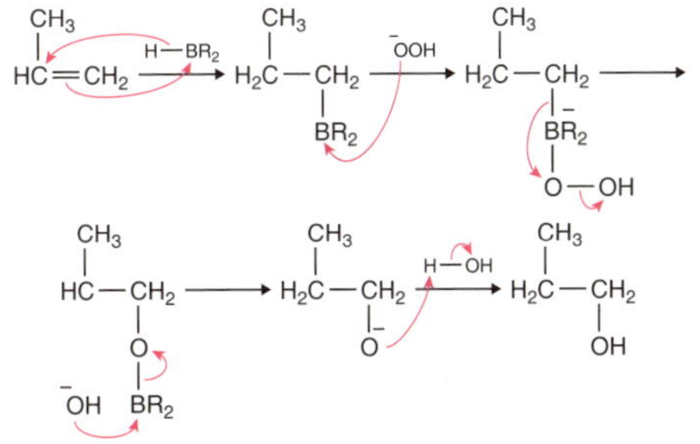

(199)

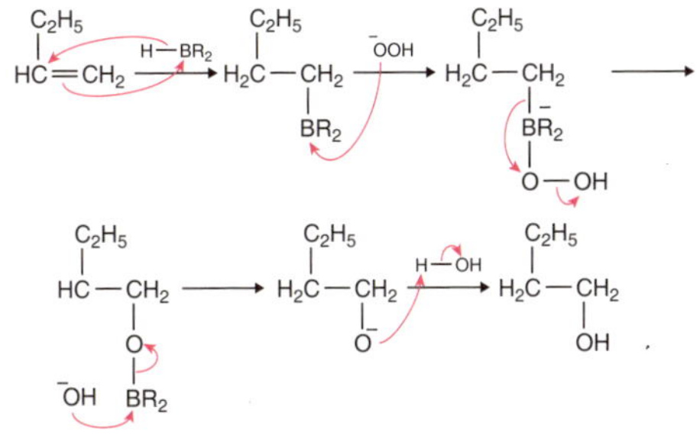

(200)

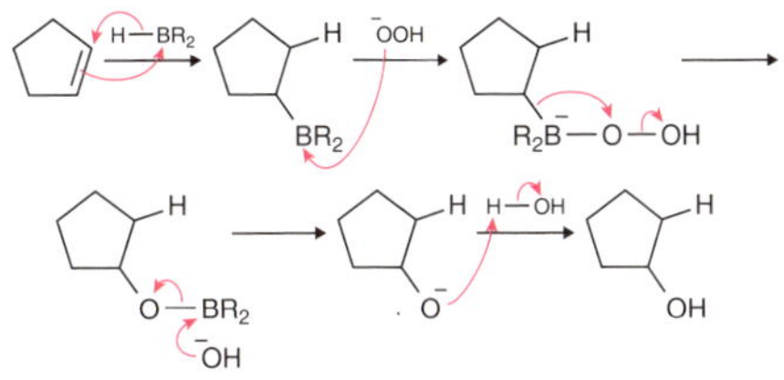

(201)

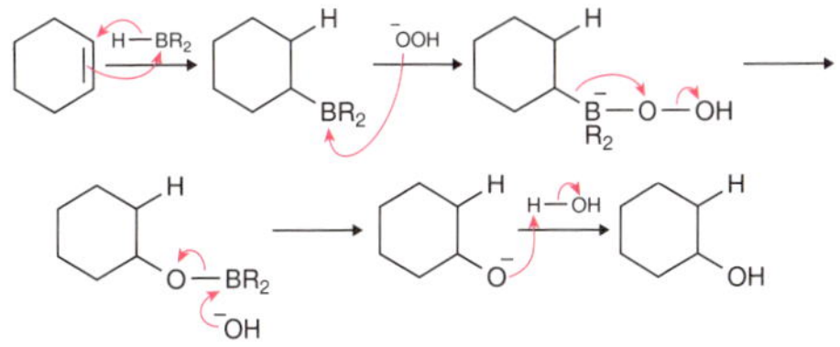

(202)

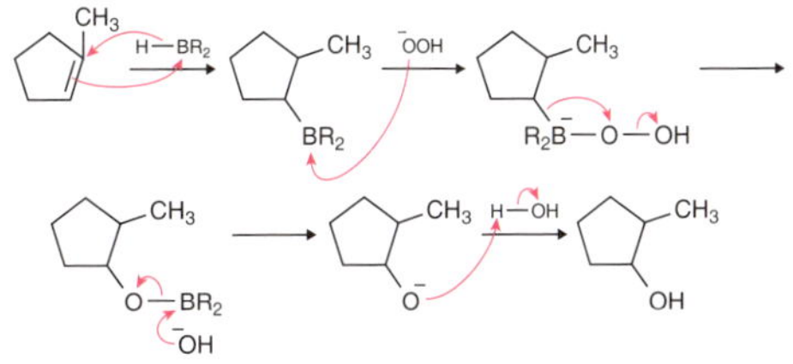

## 20 発展問題

(203)

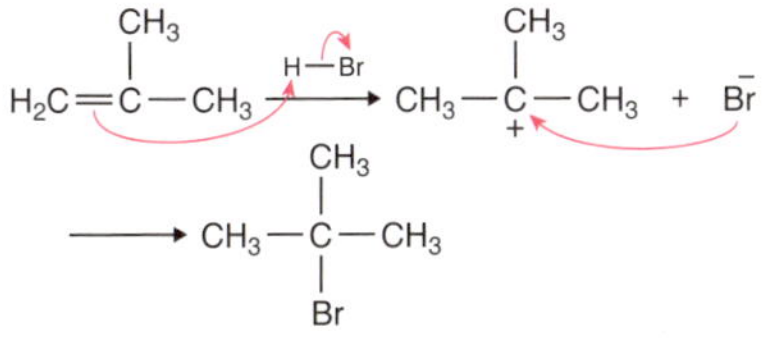

(204)

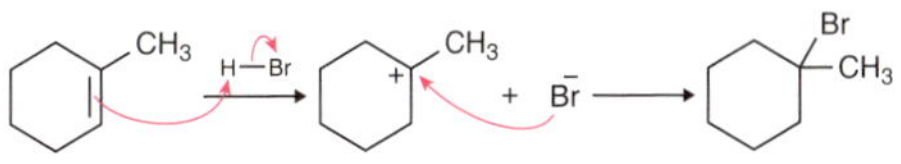

(205)

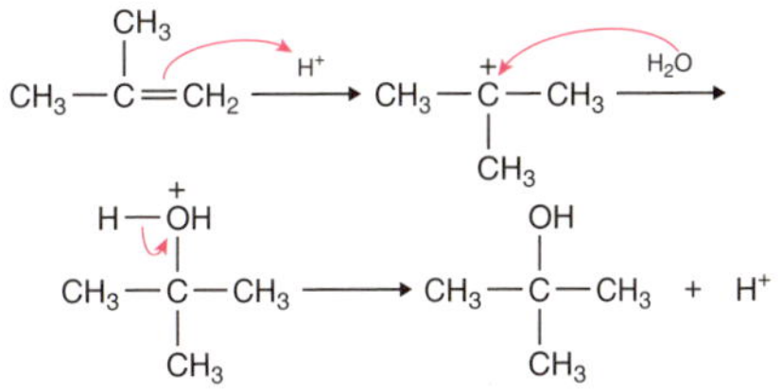

(206)

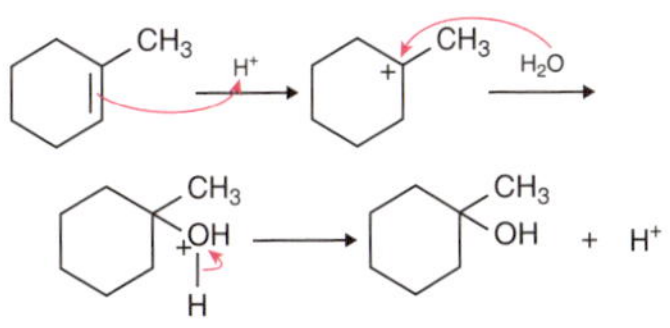

(207)

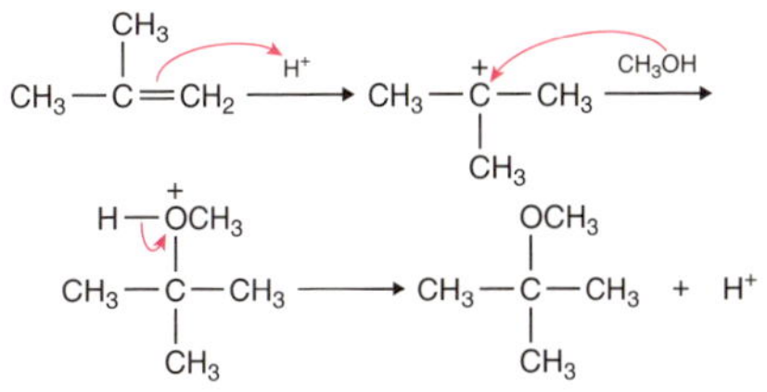

— 9 —

(208)

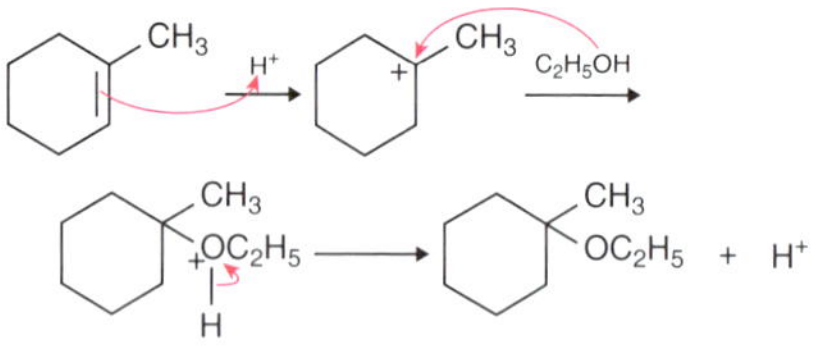

(209)

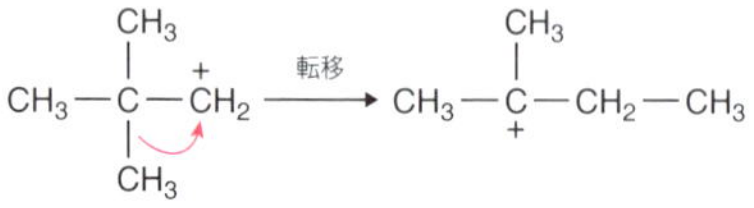

(210)

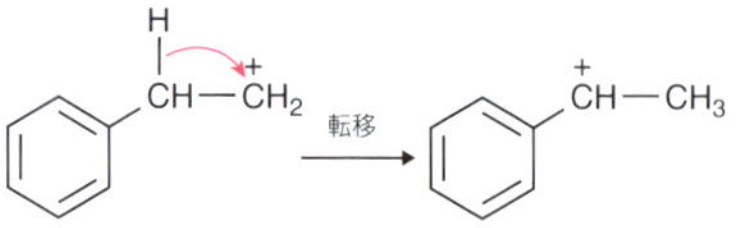

(211)

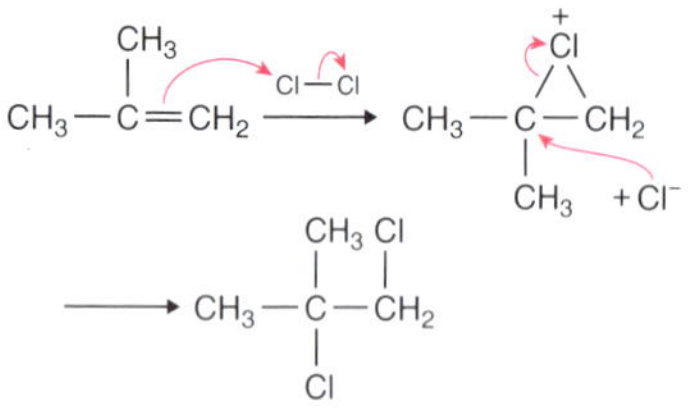

(212)

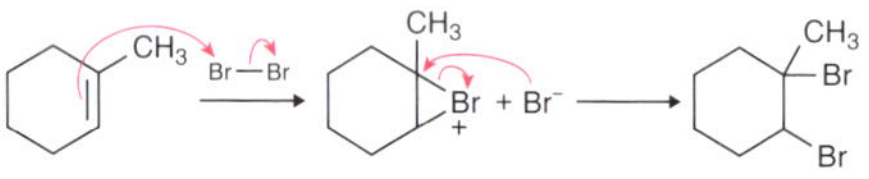

(213)

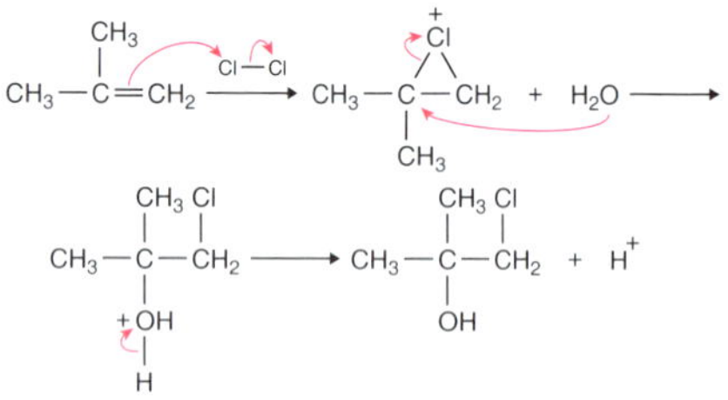

(214)

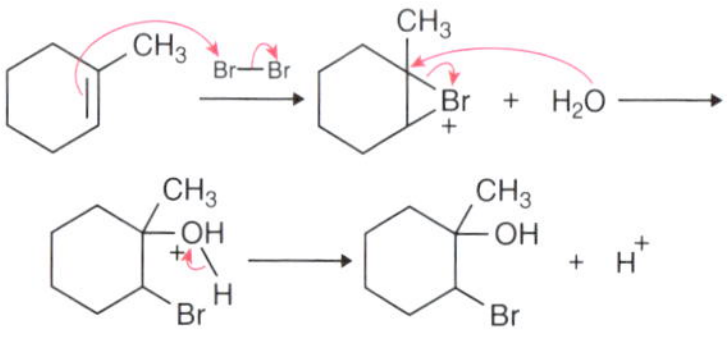

(215)

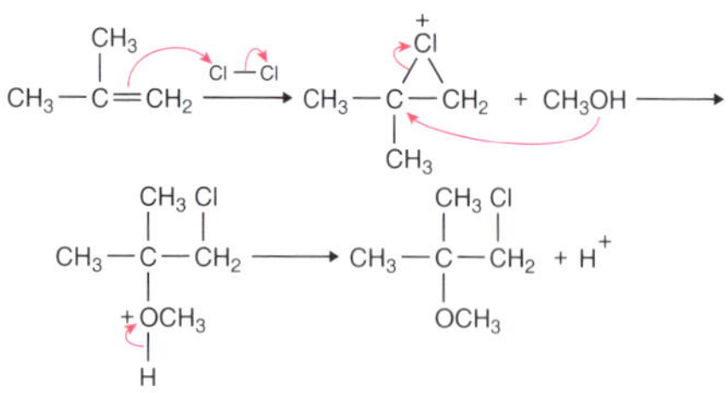

(216)

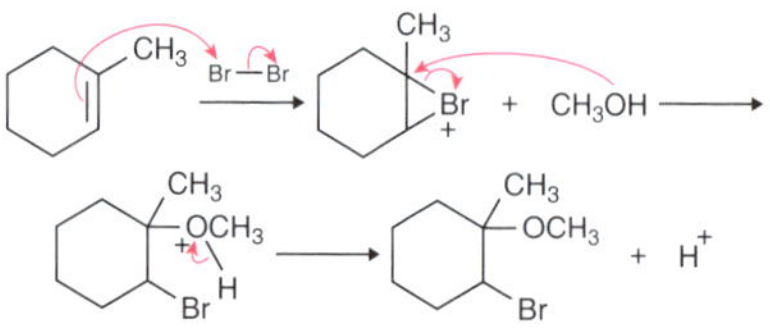

(217)

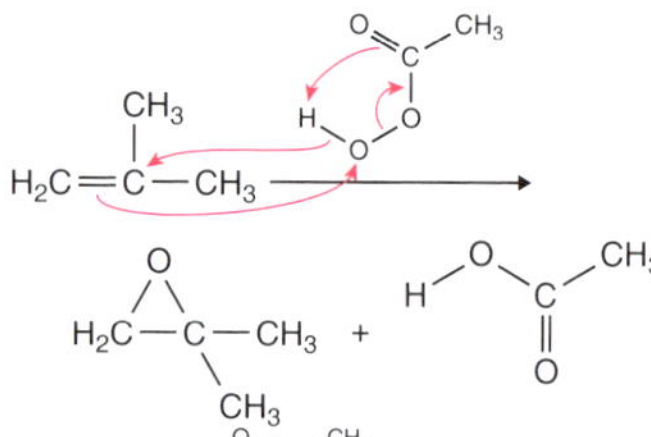

(218)

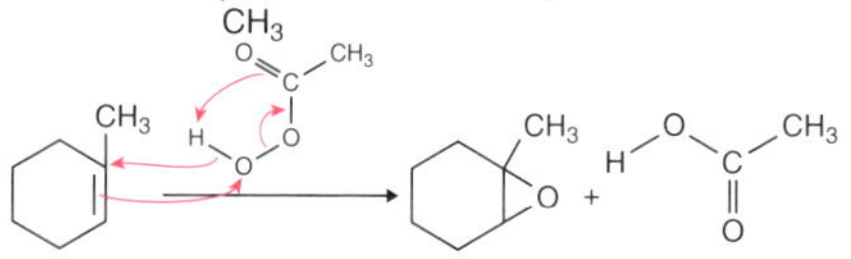

(219)

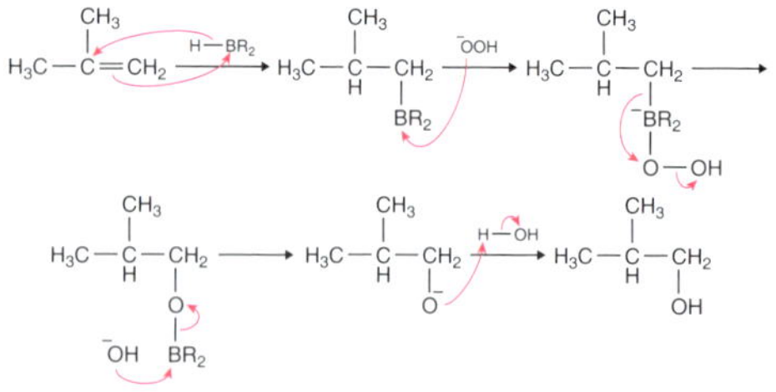

(220)

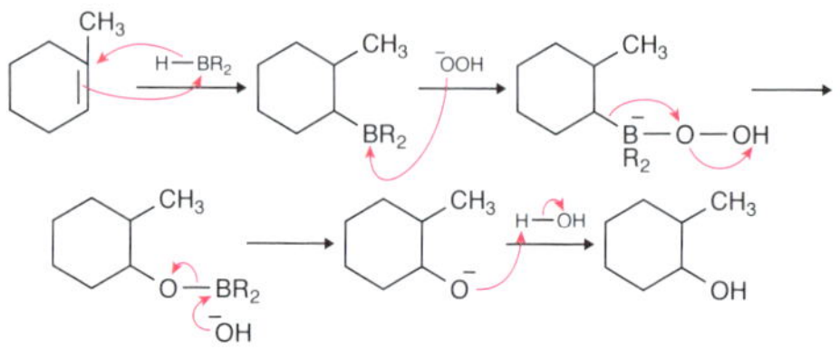

# 5章　アルキンの反応

## 21 アルキンのハロゲン化水素化

解法：まず，三重結合の共有電子対が $H^+$ と結合し，ビニルカチオンとハロゲン化物イオンができる．次にこの二つの化学種が反応する．反応の系全体の電荷は変わらないことに注意しよう．複数種ビニルカチオンができる場合は，より安定なビニルカチオンを経由する．

(221) $CH_3-C\equiv C-CH_3 \longrightarrow CH_3-CH=\overset{+}{C}-CH_3 + \overset{-}{Br}$

$\longrightarrow CH_3-CH=C-CH_3$
　　　　　　　　　　　　|
　　　　　　　　　　　Br

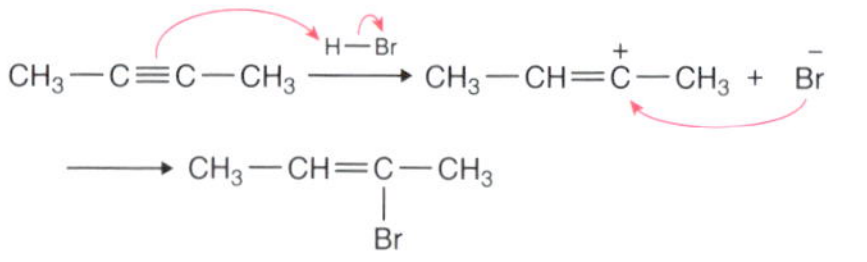

(222) $C_2H_5-C\equiv C-C_2H_5 \longrightarrow C_2H_5-CH=\overset{+}{C}-C_2H_5 + \overset{-}{Br}$

$\longrightarrow C_2H_5-CH=C-C_2H_5$
　　　　　　　　　　　　　|
　　　　　　　　　　　　Br

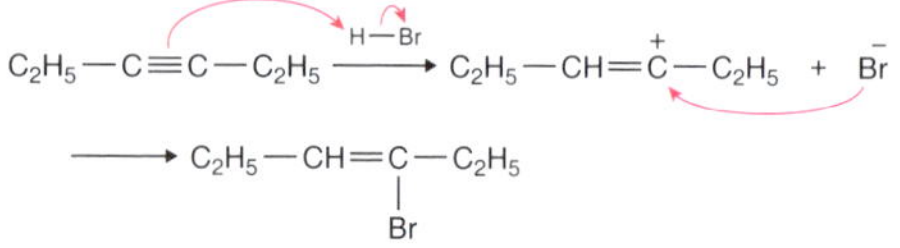

(223)

$\longrightarrow$ CH=C
　　　　　　|
　　　　　Br

— 10 —

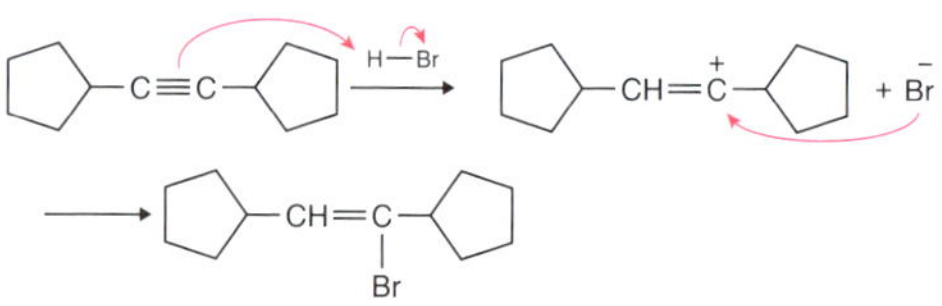

(224) 

$$CH\equiv CH \longrightarrow CH_2=\overset{+}{C}H + \overset{-}{Br}$$

$$\longrightarrow CH_2=CH-Br$$

(225)

$$CH\equiv C-CH_3 \longrightarrow CH_2=\overset{+}{C}-CH_3 + \overset{-}{Br}$$

$$\longrightarrow CH_2=\underset{\underset{Br}{|}}{C}-CH_3$$

(226)

$$H-C\equiv C-\cyclopentyl \longrightarrow H-CH=\overset{+}{C}-\cyclopentyl + \overset{-}{Br}$$

$$\longrightarrow H-CH=\underset{\underset{Br}{|}}{C}-\cyclopentyl$$

## 22 アルキンのハロゲン化

**解法**：反応は大きく分けて二段階．まず三重結合の π 結合の共有電子対がハロゲン原子の一つと結合し，カチオン種ができる．ハロゲンの不均等開裂によって，ハロゲン化物イオンができる．カチオン種に求核体のハロゲン化物イオンが付加する．

(227)

$$CH_3-C\equiv C-CH_3 \longrightarrow CH_3-\underset{\underset{Cl}{|}}{C}=\overset{+}{C}-CH_3 + Cl^-$$

$$\longrightarrow CH_3-\underset{\underset{Cl}{|}}{\overset{\overset{Cl}{|}}{C}}=C-CH_3$$

(228)

$$C_2H_5-C\equiv C-C_2H_5 \longrightarrow C_2H_5-\underset{\underset{Br}{|}}{C}=\overset{+}{C}-C_2H_5 + Br^-$$

$$\longrightarrow C_2H_5-\underset{\underset{Br}{|}}{\overset{\overset{Br}{|}}{C}}=C-C_2H_5$$

(229)

$$\cyclopentyl-C\equiv C-\cyclopentyl \longrightarrow \cyclopentyl-\underset{\underset{Br}{|}}{C}=\overset{+}{C}-\cyclopentyl + Br^-$$

$$\longrightarrow \cyclopentyl-\underset{\underset{Br}{|}}{\overset{\overset{Br}{|}}{C}}=C-\cyclopentyl$$

(230)

$$HC\equiv CH \longrightarrow HC=\overset{+}{C}H + Cl^- \longrightarrow \underset{\underset{Cl}{|}}{\overset{\overset{Cl}{|}}{HC}}=CH$$

(231)

$$HC\equiv C-CH_3 \longrightarrow \underset{\underset{Br}{|}}{HC}=\overset{+}{C}-CH_3 + Br^- \longrightarrow \underset{\underset{Br}{|}}{\overset{\overset{Br}{|}}{HC}}=C-CH_3$$

(232)

$$H-C\equiv C-\cyclopentyl \longrightarrow H-\underset{\underset{Cl}{|}}{C}=\overset{+}{C}-\cyclopentyl + Cl^- \longrightarrow H-\underset{\underset{Cl}{|}}{\overset{\overset{Cl}{|}}{C}}=C-\cyclopentyl$$

## 23 アルキンへの酸触媒水付加

**解法**：三重結合の共有電子対が $H^+$ もしくは $Hg^{2+}$ と結合し，カチオン種ができる．これに求核種の水が付加する．水が攻撃できる箇所が二種類ある場合は，より安定なカルボカチオンを経由すると考えられる経路が優先される．水由来の $H^+$ が脱離し，最後にビニルアルコールが互変異性し，ケトンが生じる．

(233)

$$CH_3-C\equiv C-CH_3 \xrightarrow{H^+} CH_3-\overset{+}{C}=CH-CH_3 \xrightarrow{H_2O} CH_3-\underset{\underset{\overset{+}{O}H}{|}}{C}=CH-CH_3$$

$$\longrightarrow CH_3-\underset{\underset{OH}{|}}{C}=CH-CH_3 \longrightarrow CH_3-\underset{\underset{O}{||}}{C}-CH_2-CH_3$$

(234)

$$C_2H_5-C\equiv C-C_2H_5 \xrightarrow{H^+} C_2H_5-\overset{+}{C}=CH-C_2H_5 \xrightarrow{H_2O} C_2H_5-\underset{\underset{\overset{+}{O}H}{|}}{C}=CH-C_2H_5$$

$$\longrightarrow C_2H_5-\underset{\underset{OH}{|}}{C}=CH-C_2H_5 \longrightarrow C_2H_5-\underset{\underset{O}{||}}{C}-CH_2-C_2H_5$$

(235)

$$\cyclopentyl-C\equiv C-\cyclopentyl \xrightarrow{H^+} \cyclopentyl-\overset{+}{C}=CH-\cyclopentyl \xrightarrow{H_2O} \cyclopentyl-\underset{\underset{\overset{+}{O}H}{|}}{C}=CH-\cyclopentyl$$

$$\longrightarrow \cyclopentyl-\underset{\underset{OH}{|}}{C}=CH-\cyclopentyl \longrightarrow \cyclopentyl-\underset{\underset{O}{||}}{C}-CH_2-\cyclopentyl$$

(236)

$$H-C\equiv C-H \xrightarrow{Hg^{2+}} H-C=C-H \xrightarrow{H_2O} \ldots$$

$$\longrightarrow H-CH_2-\underset{\underset{O}{||}}{C}-H$$

(237)

$$H-C\equiv C-CH_3 \xrightarrow{Hg^{2+}} \ldots \xrightarrow{H_2O} \ldots$$

$$\longrightarrow H-CH_2-\underset{\underset{O}{||}}{C}-CH_3$$

(238)

$$H-C\equiv C-\cyclopentyl \xrightarrow{Hg^{2+}} \ldots \xrightarrow{H_2O} \ldots$$

$$\longrightarrow H-CH_2-\underset{\underset{O}{||}}{C}-\cyclopentyl$$

**24 アルキンのヒドロホウ素化／酸化反応**

**解法**：末端アルキンでは，一段階目の付加反応で，H 原子がつく位置は，酸触媒存在でのアルキンへの水の付加とは逆になる．二段階目以降で B 原子が O 原子に入れ替わり，得られたビニルアルコールが互変異性し，ケトンもしくはアルデヒドが生じる．

(239)

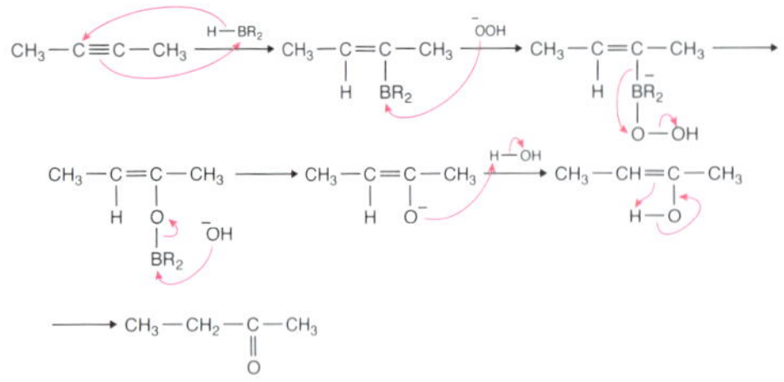

(240)

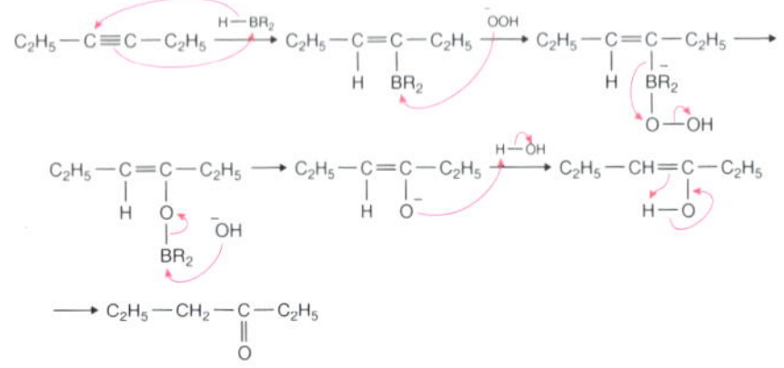

(241)

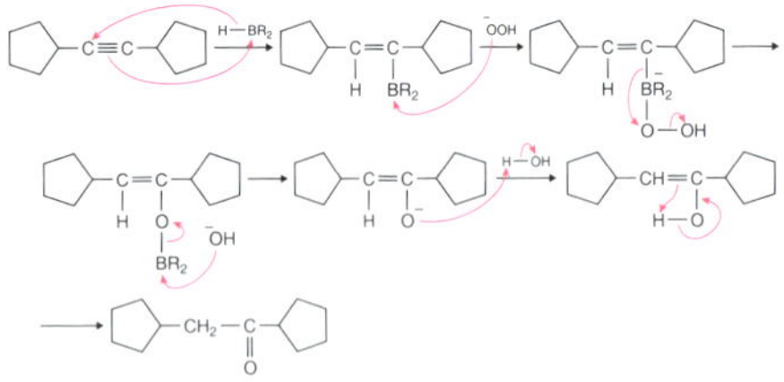

(242)

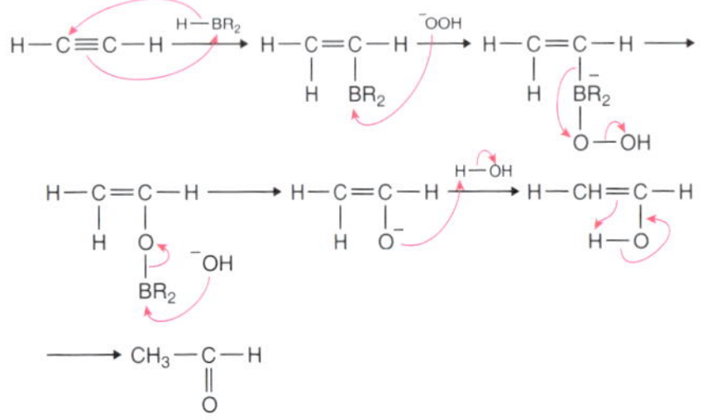

(243)

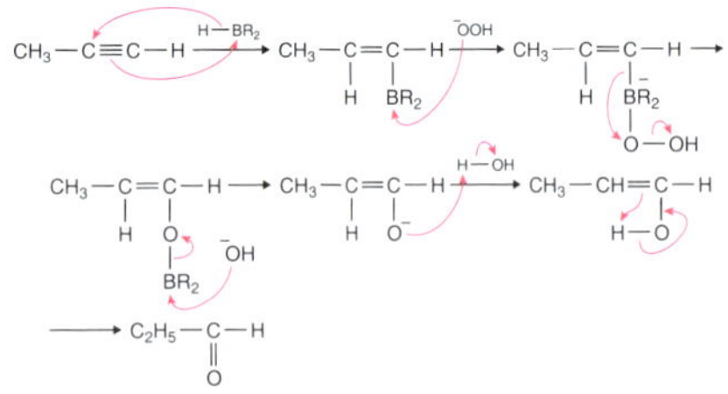

(244)

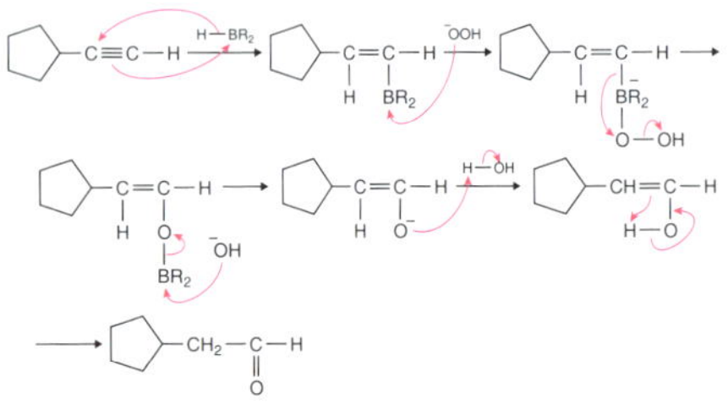

**25 アルキンの増炭反応**

**解法**：強塩基の $NH_2^-$ は末端アルキンの H 原子を $H^+$ として引き抜く．得られたアニオン種は，C 原子上に不対電子をもち，この電子豊富な C 原子が，ハロゲン化アルキルの電子不足の C 原子を求核攻撃し，C–C 結合が生成する．

(245)

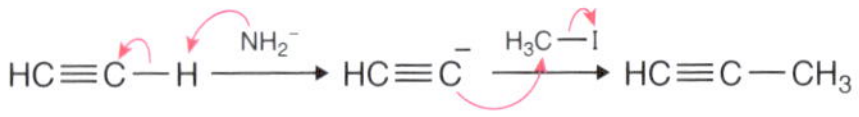

(246)

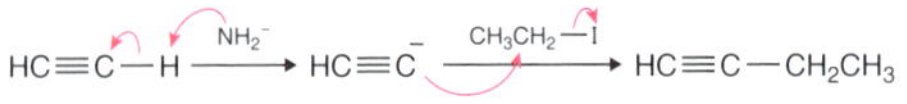

(247)

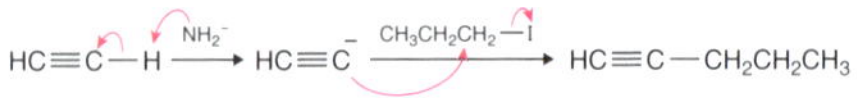

(248)

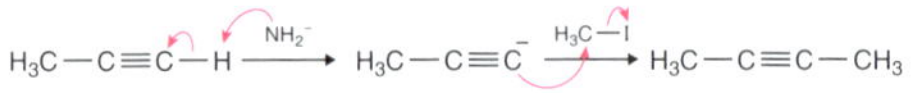

(249)

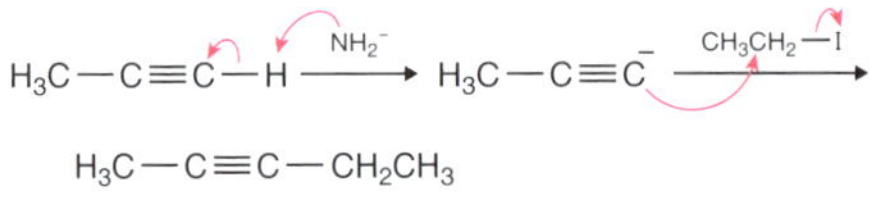

(250)

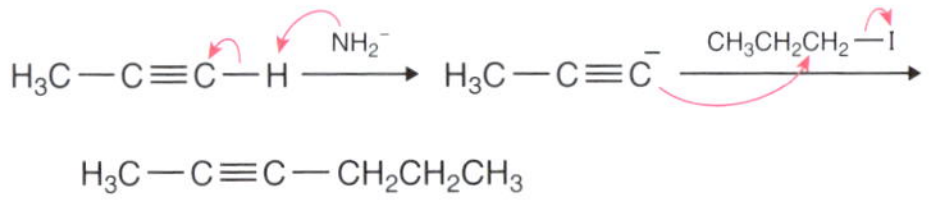

(251)

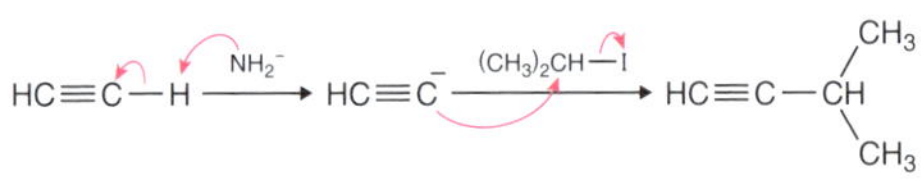

**26 発展問題**

(252)

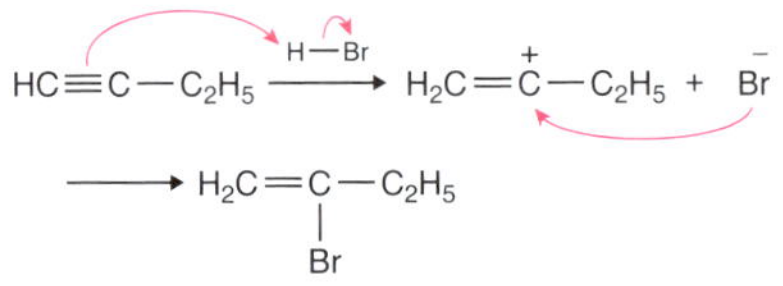

(253)

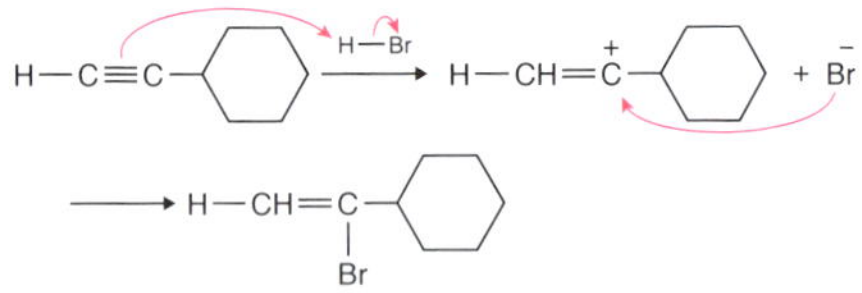

(254)

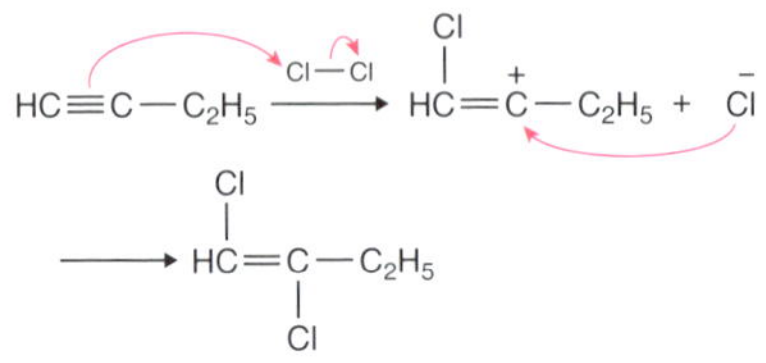

(255)

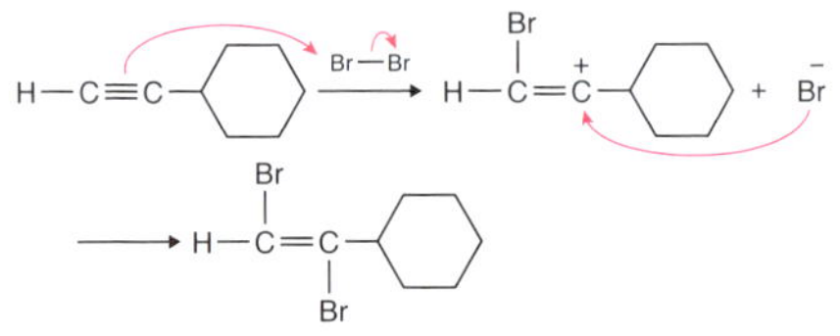

— 12 —

(256)

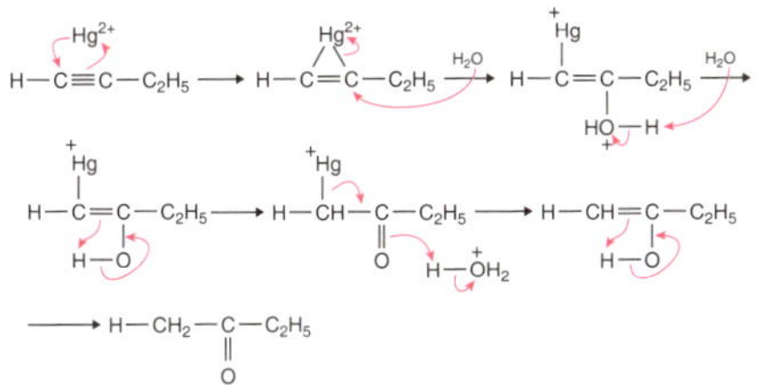

(257)

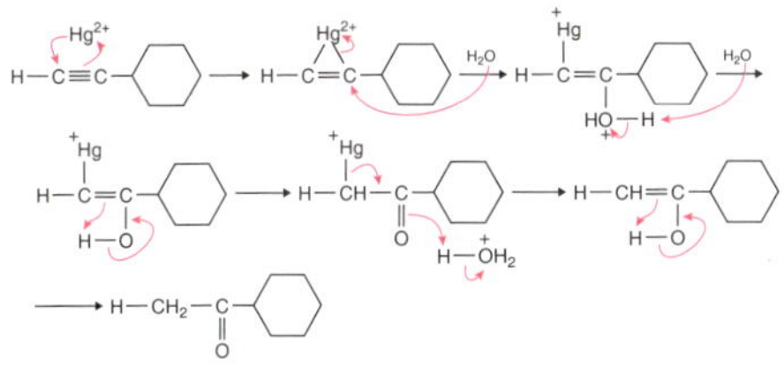

(258)

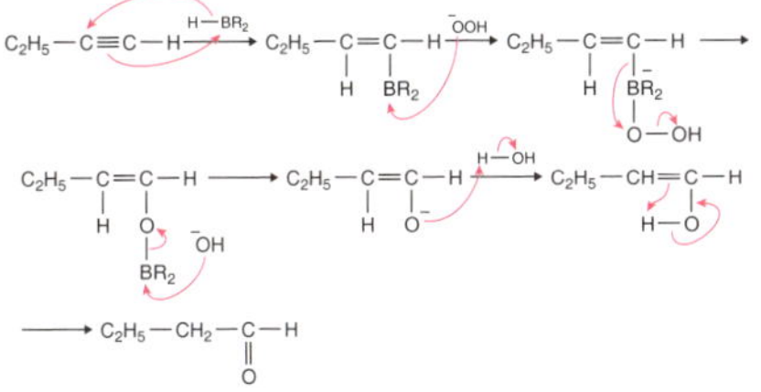

(259)

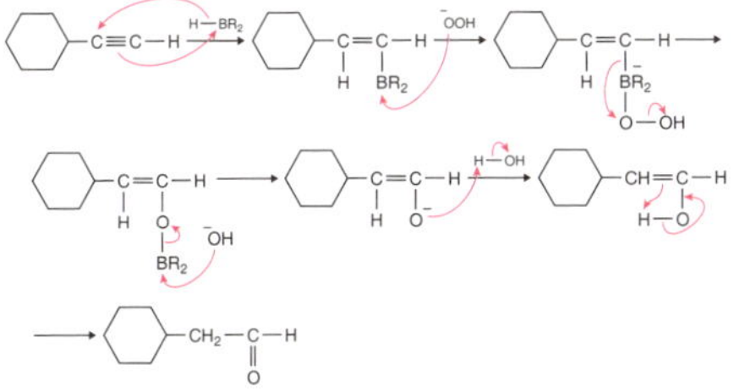

(260) HC≡C—H $\xrightarrow{\text{NaNH}_2}$ HC≡C⁻ → HC≡C—⬡(cyclopentane)

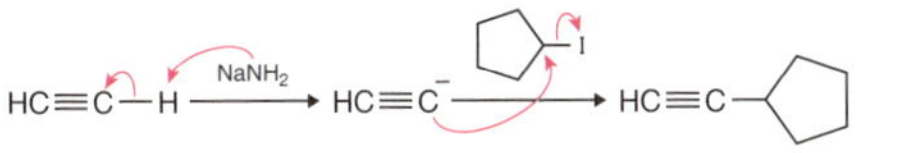

(261) HC≡C—H $\xrightarrow{\text{NaNH}_2}$ HC≡C⁻ $\xrightarrow{\text{C}_6\text{H}_5\text{CH}_2-\text{I}}$ HC≡C—CH$_2$C$_6$H$_5$

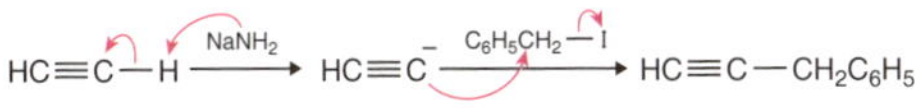

## 6章　芳香族の求電子置換反応

### 27 ハロゲンカチオン，$NO_2^+$，$SO_3H^+$ 生成

解法：ハロゲン原子間の共有電子対からルイス酸の空軌道に電子対を移動させる．その結果，正電荷をもった求電子種が生成する．硝酸分子もしくは硫酸分子がプロトン化され，水分子が脱離する．その結果，求電子種が生成する．

(262) Cl—Cl + FeCl$_3$ → Cl⁺ + Cl—$\overset{-}{\text{FeCl}}_3$

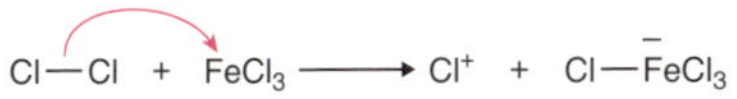

(263) Br—Br + FeBr$_3$ → Br⁺ + Br—$\overset{-}{\text{FeBr}}_3$

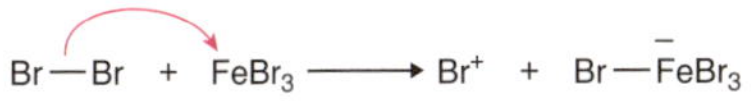

(264) H—O—N$^+$(O$^-$)... → NO$_2^+$ + H$_2$O

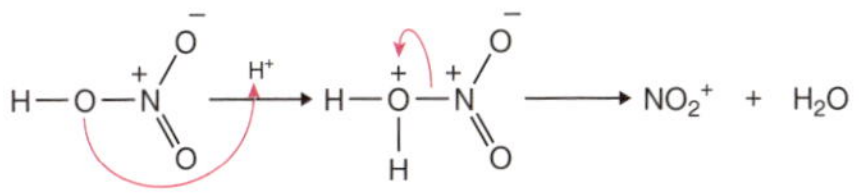

(265) → $^+$SO$_3$H + H$_2$O

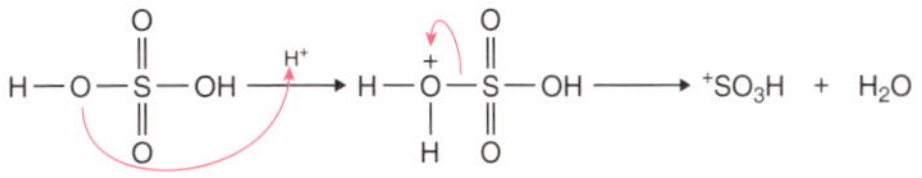

### 28 アシルカチオン，アルキルカチオン発生

解法：塩化アシルもしくは塩化アルキルの C—Cl 結合の共有電子対からルイス酸の空軌道に電子対が移動する．その結果，正電荷をもった求電子種が生成する．

(266) H$_3$C—Cl $\xrightarrow{\text{AlCl}_3}$ $^+$CH$_3$ + $\overset{-}{\text{AlCl}}_4$

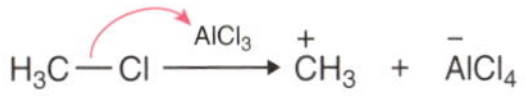

(267) CH$_3$CH$_2$—Cl $\xrightarrow{\text{AlCl}_3}$ $^+$C$_2$H$_5$ + $\overset{-}{\text{AlCl}}_4$

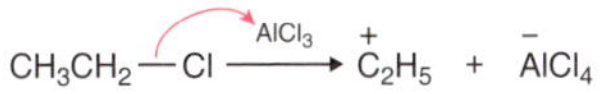

(268) CH$_3$—C(=O)—Cl $\xrightarrow{\text{AlCl}_3}$ CH$_3$—C$^+$=O + $\overset{-}{\text{AlCl}}_4$

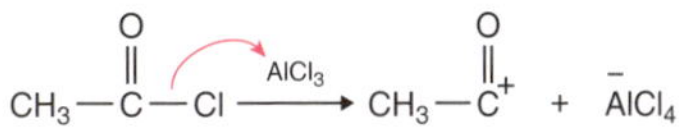

(269) CH$_3$CH$_2$—C(=O)—Cl $\xrightarrow{\text{AlCl}_3}$ CH$_3$CH$_2$—C$^+$=O + $\overset{-}{\text{AlCl}}_4$

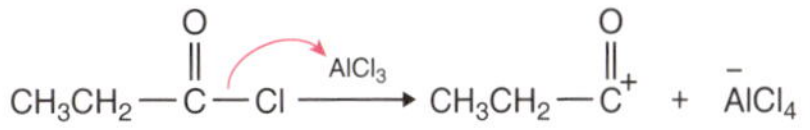

### 29 ベンゼンの求電子置換反応

解法：反応は大きく分けて三段階．一段階目は求電子種の発生する．次に求電子種がベンゼン環を攻撃する．このとき，ベンゼン環から求電子種に向けて曲がった矢印を描くことに注意しよう．最後に H⁺ が脱離してベンゼン環が再生する．

(270) Cl—Cl + FeCl$_3$ → Cl⁺ → → クロロベンゼン

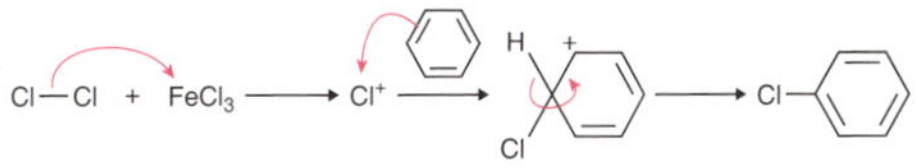

(271) Br—Br + FeBr$_3$ → Br⁺ → → ブロモベンゼン

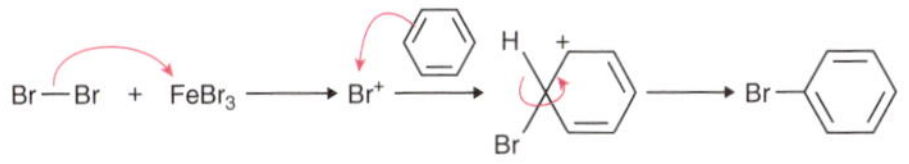

(272) → NO$_2^+$ → → O$_2$N—フェニル

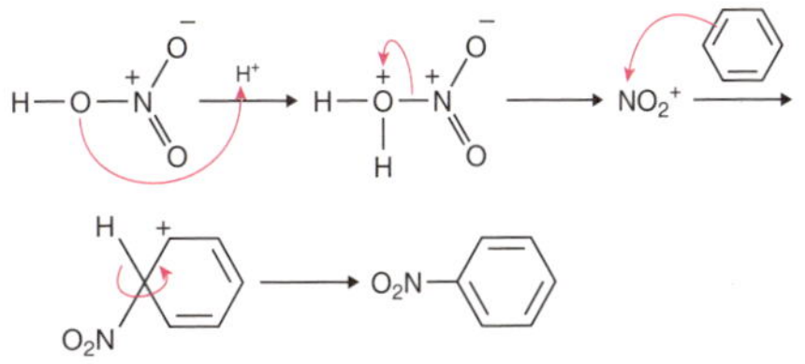

(273) → $^+$SO$_3$H → → HO$_3$S—フェニル

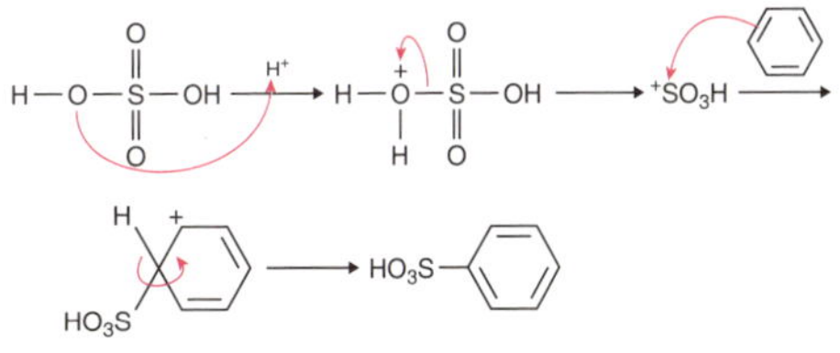

(274) H$_3$C—Cl $\xrightarrow{\text{AlCl}_3}$ $^+$CH$_3$ → → H$_3$C—フェニル

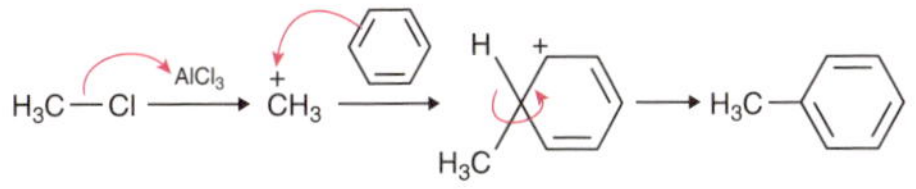

(275)

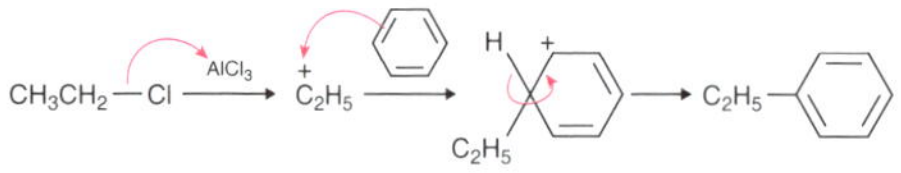

## 30 発展問題

(276)

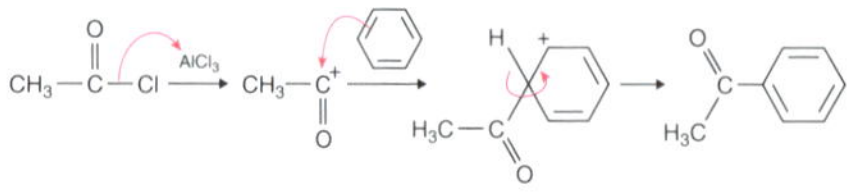

(277)

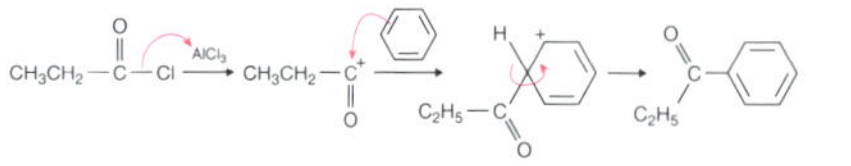

# 7章　ハロゲン化アルキルの置換反応

## 31 ハロゲン化アルキルからのハロゲン脱離（$S_N1$ 反応）

**解法**：ハロゲン化アルキルの C–Cl 結合をつくる共有電子対が，より電気陰性度の大きいハロゲン原子上に移動し，結合が切断される．電子対を受け取ったハロゲン原子は負電荷をもつ．一方，電子対を失った C 原子は正電荷をもつ．

(278)

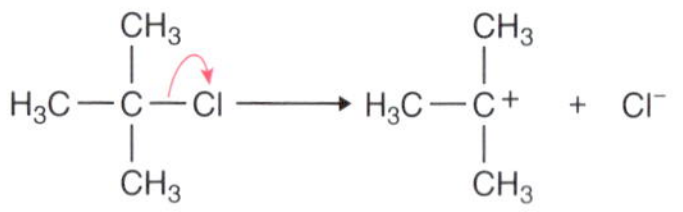

(279)

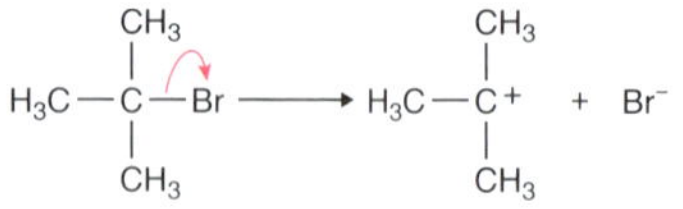

(280)

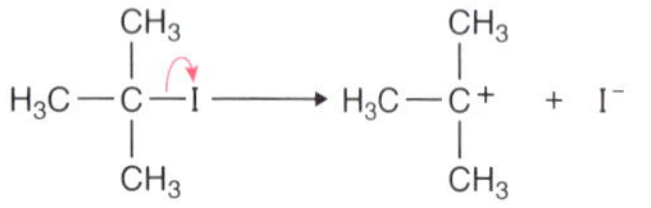

(281)

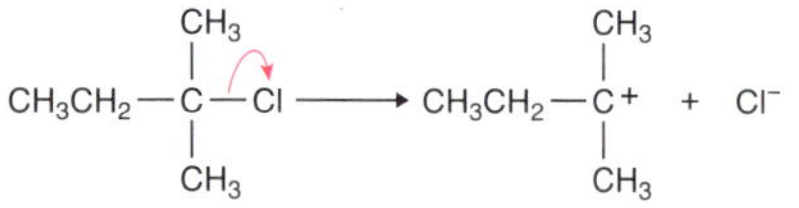

(282)

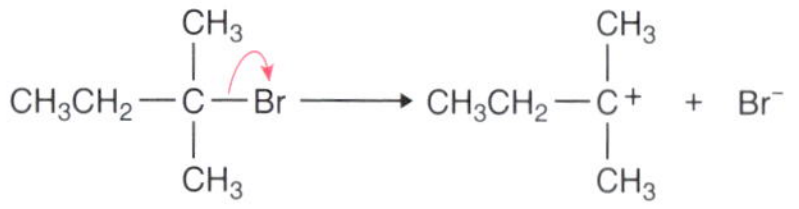

(283)

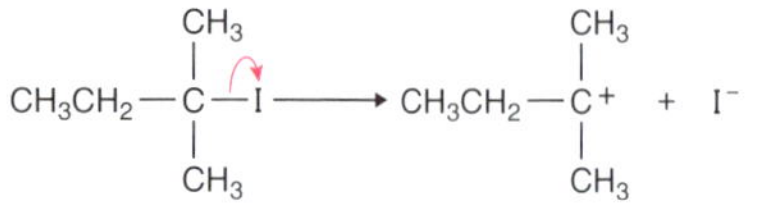

(284)

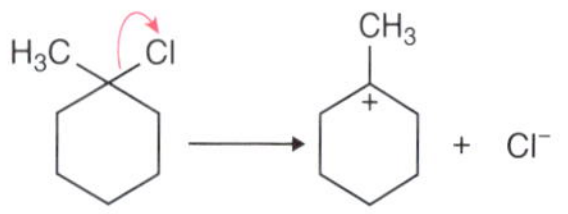

(285)

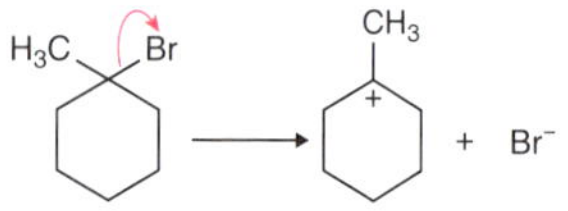

(286)

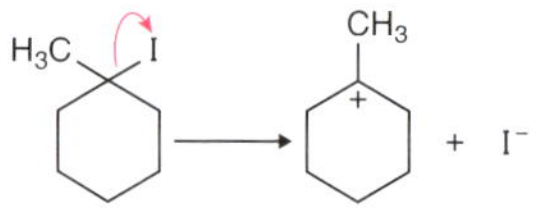

## 32 カルボカチオンへの水付加後にプロトン脱離（$S_N1$ 反応）

**解法**：正電荷をもつ炭素原子はそのまわりに 6 個しか電子をもたないので，電子不足な状態にある．求核種である水がこの C 原子を攻撃し，O–C 結合をつくる．最後に水由来の $H^+$ が脱離する．

(287)

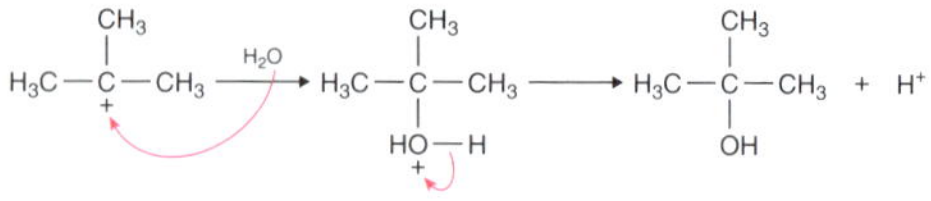

(288)

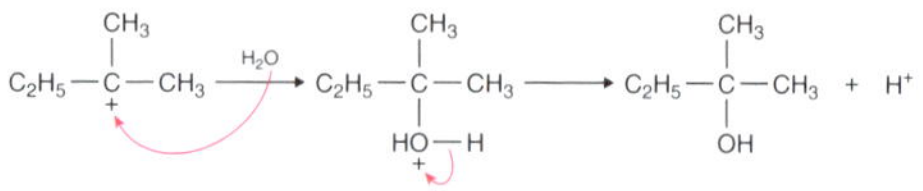

(289)

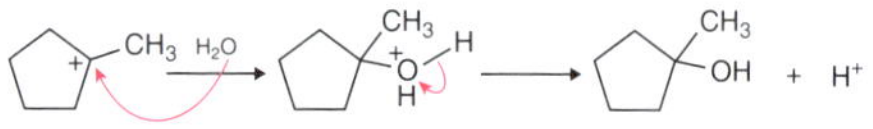

(290)

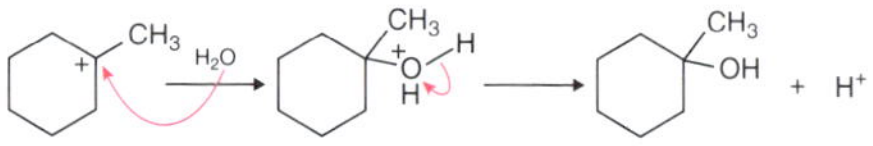

(291)

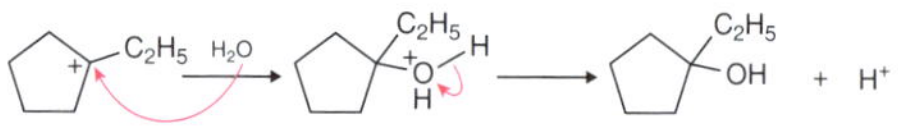

## 33 ハロゲン化アルキルへの水付加（$S_N1$ 反応）

**解法**：反応は大きく分けて三段階．一段階目はハロゲン化物イオンの脱離によりカルボカチオンが生成する．次に求核種である水がこの C 原子を攻撃し，O–C 結合をつくる．最後に水由来の $H^+$ が脱離して，アルコールを与える．

(292)

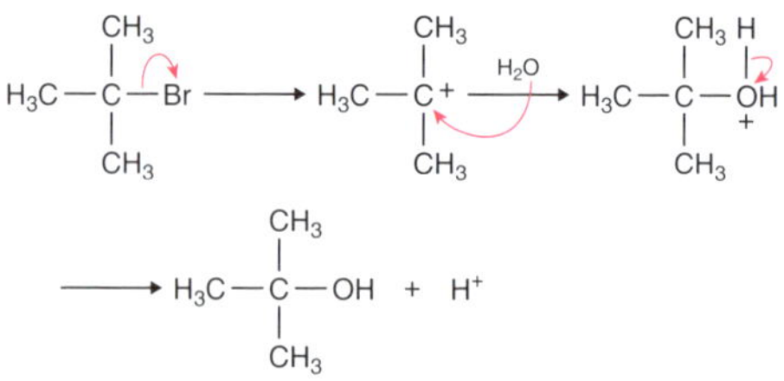

(293)

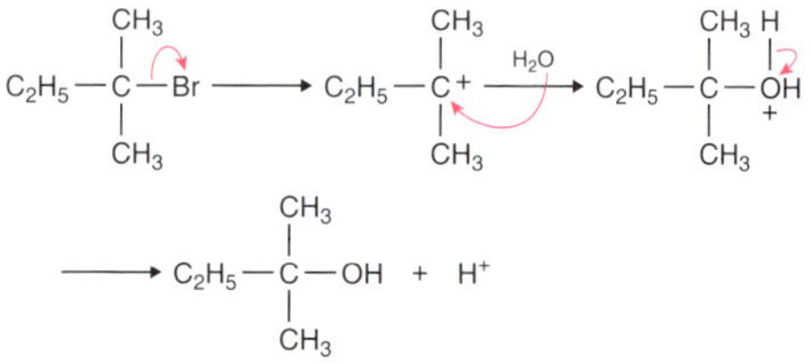

(294)

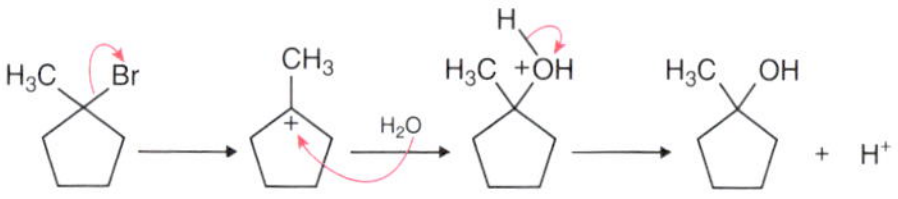

(295)

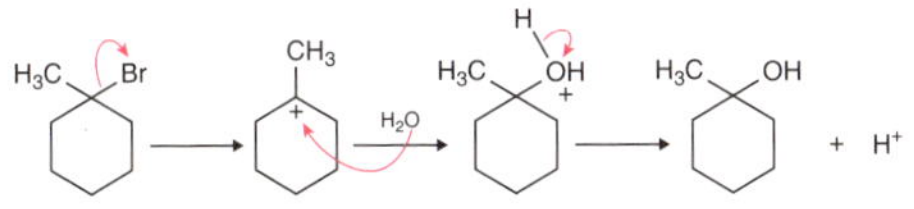

(296)

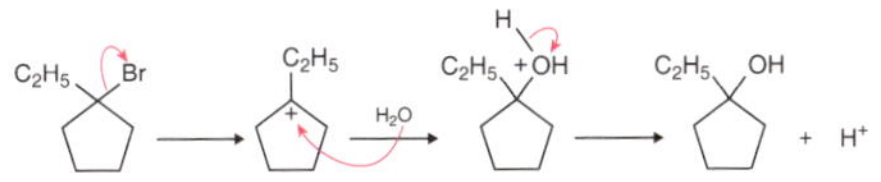

**34** 転移を伴うハロゲン化アルキルへの水付加（$S_N1$ 反応）

**解法**：ハロゲン化物イオンの脱離によってカルボカチオンができ，これが転移する．常にカルボカチオンの転移が起こるわけではない．$H^-$ もしくは $CH_3^-$ が移動できるのは隣の C 原子だけ．さらに，$H^-$ もしくは $CH_3^-$ の移動によって，より安定な（より級数の大きな）カルボカチオンを与えるときのみ転移が起こる．転移によって炭素骨格の組み換えが起こることに注意しよう．

(297)

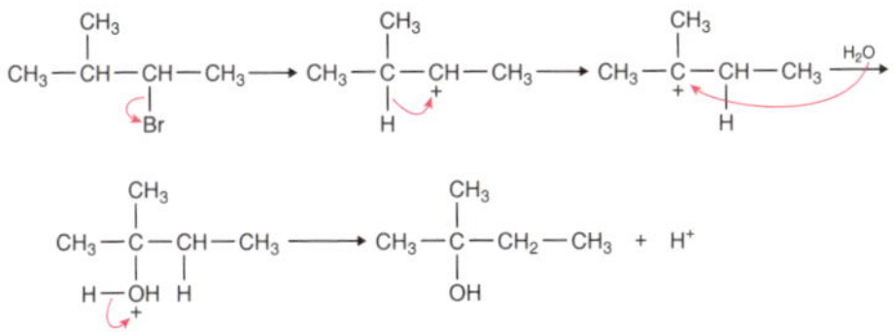

(298)

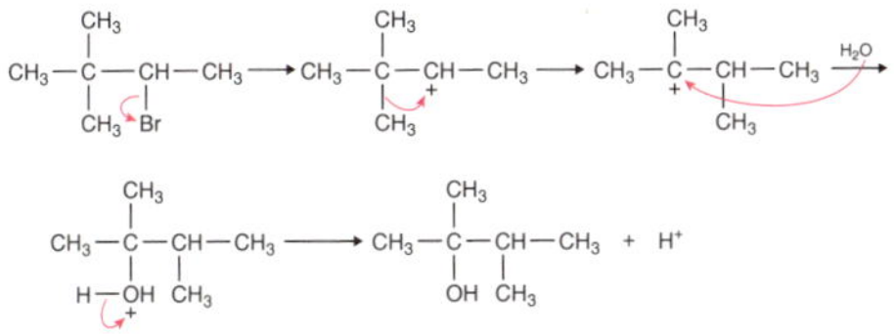

(299)

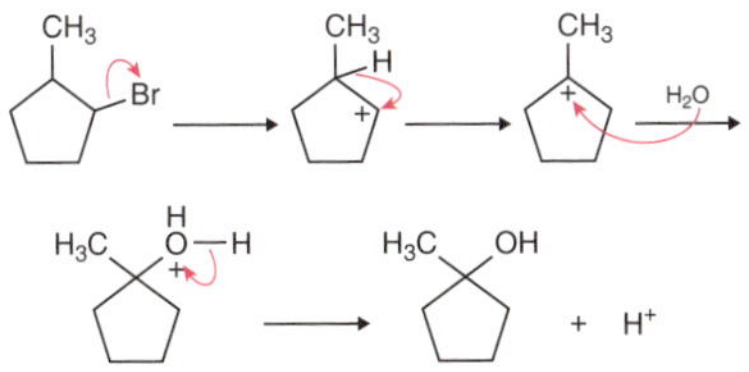

(300)

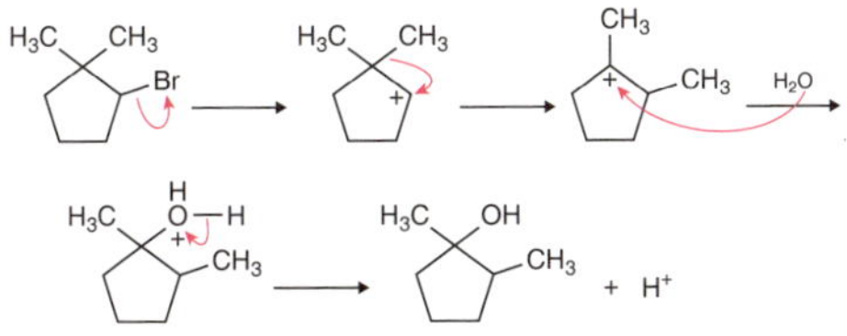

**35** ハロゲン化アルキルへの水酸化物イオン付加（$S_N2$ 反応）

**解法**：第一級もしくは第二級ハロゲン化アルキルでは，ハロゲン化物イオンの脱離によるカルボカチオン生成は起こりにくい．強い求核種である $OH^-$ が電子不足な C 原子を攻撃し，C–O 結合が生成する．同時に，ハロゲン化物イオンが脱離する．

(301) 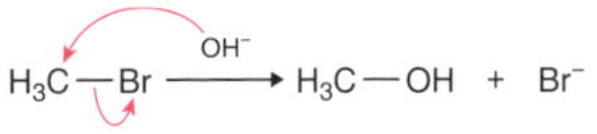 $H_3C{-}Br \xrightarrow{OH^-} H_3C{-}OH + Br^-$

(302) 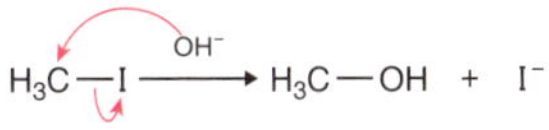 $H_3C{-}I \xrightarrow{OH^-} H_3C{-}OH + I^-$

(303) 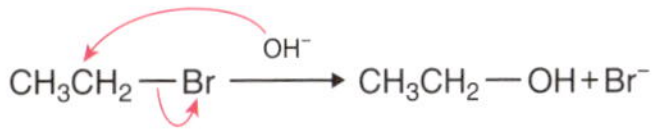 $CH_3CH_2{-}Br \xrightarrow{OH^-} CH_3CH_2{-}OH + Br^-$

(304) 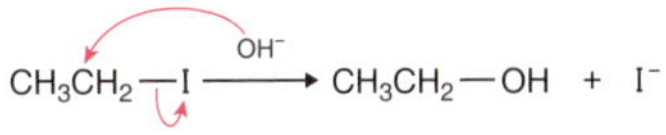 $CH_3CH_2{-}I \xrightarrow{OH^-} CH_3CH_2{-}OH + I^-$

(305) 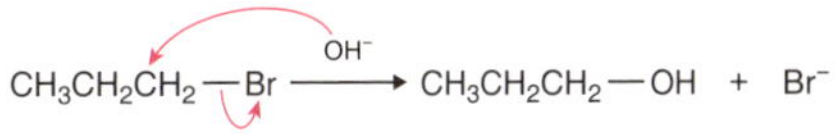 $CH_3CH_2CH_2{-}Br \xrightarrow{OH^-} CH_3CH_2CH_2{-}OH + Br^-$

(306) 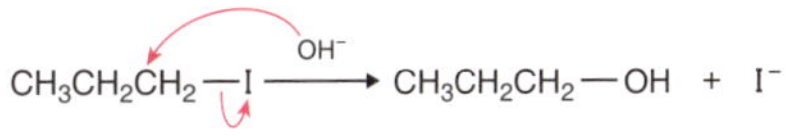 $CH_3CH_2CH_2{-}I \xrightarrow{OH^-} CH_3CH_2CH_2{-}OH + I^-$

(307) 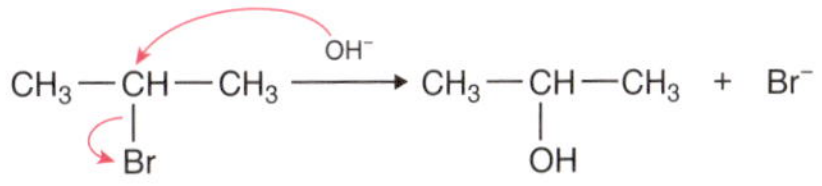 $CH_3{-}\underset{Br}{CH}{-}CH_3 \xrightarrow{OH^-} CH_3{-}\underset{OH}{CH}{-}CH_3 + Br^-$

(308) 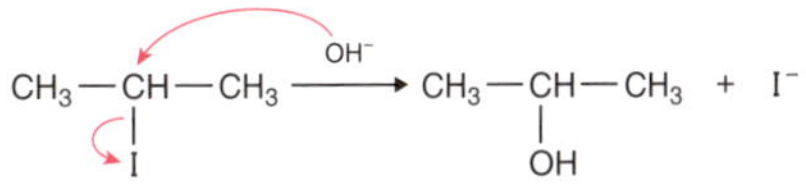 $CH_3{-}\underset{I}{CH}{-}CH_3 \xrightarrow{OH^-} CH_3{-}\underset{OH}{CH}{-}CH_3 + I^-$

**36** $\omega$-ハロアルコールの環化

**解法**：まず，強塩基がアルコールのヒドロキシ基を脱プロトン化し，強い求核性をもつアルコキシドが生成する．このアルコキシドは，分子の末端のハロゲンが結合した C 原子を求核攻撃する．これによって環状エーテルが生成する．

(309)

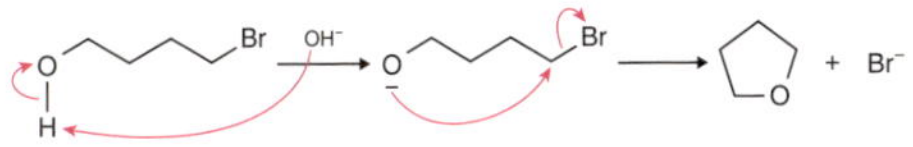

(310)

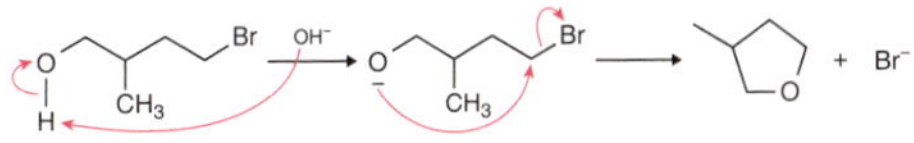

(311)

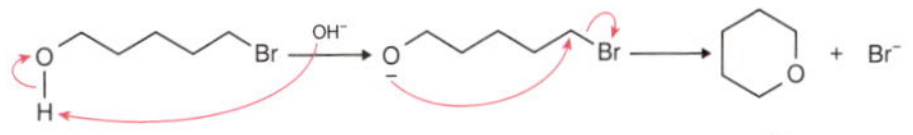

(312)

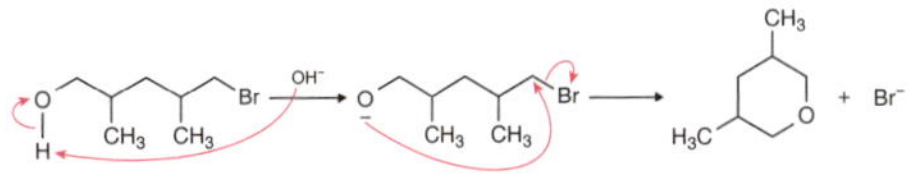

(313)

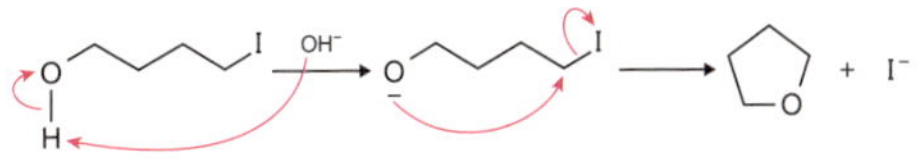

(314)

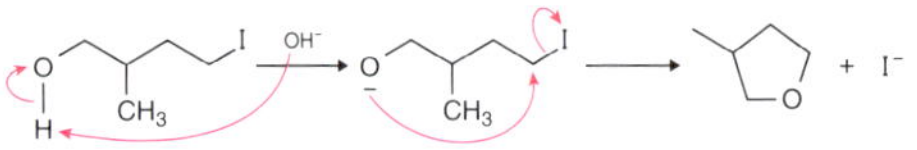

(315)

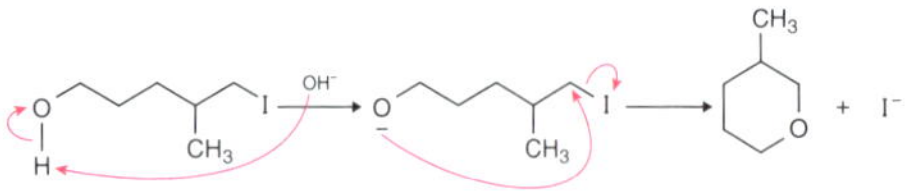

(316)

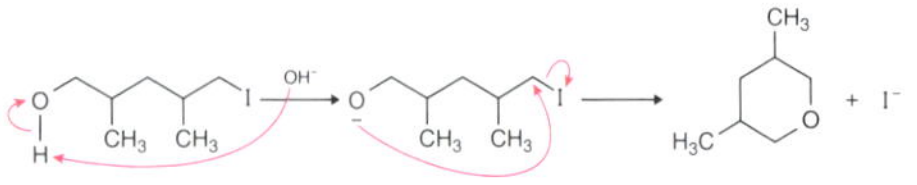

(317)

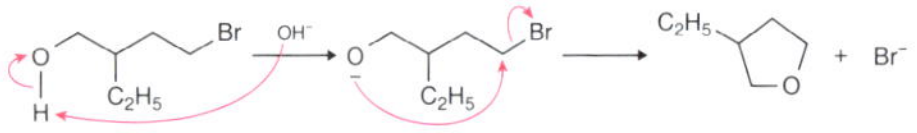

(318)

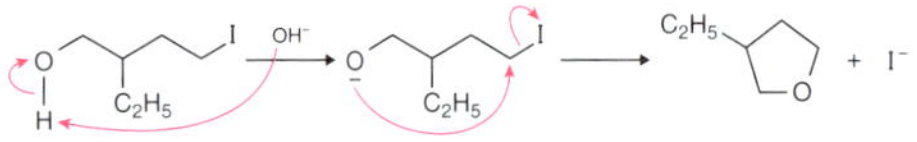

## 37 Williamson エーテル合成

**解法**：まず，強塩基がアルコールのヒドロキシ基を脱プロトン化し，強い求核性をもつアルコキシドが生成する．このアルコキシドがハロゲン化アルキルのC原子を求核攻撃する．これによってエーテルが生成する．

(319) 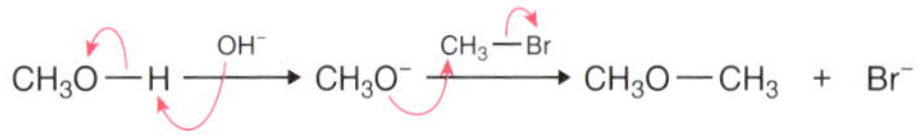 $CH_3O-H$ $\xrightarrow{OH^-}$ $CH_3O^-$ $\xrightarrow{CH_3-Br}$ $CH_3O-CH_3$ + $Br^-$

(320) 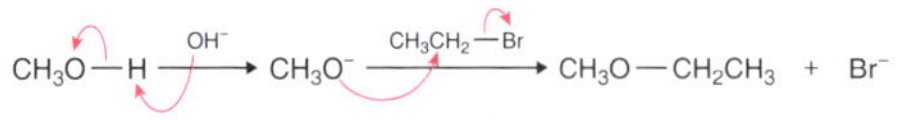 $CH_3O-H$ $\xrightarrow{OH^-}$ $CH_3O^-$ $\xrightarrow{CH_3CH_2-Br}$ $CH_3O-CH_2CH_3$ + $Br^-$

(321) 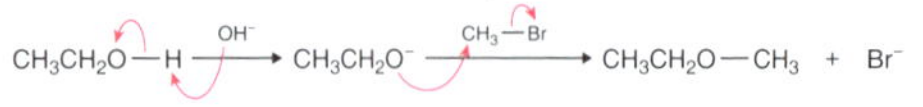 $CH_3CH_2O-H$ $\xrightarrow{OH^-}$ $CH_3CH_2O^-$ $\xrightarrow{CH_3-Br}$ $CH_3CH_2O-CH_3$ + $Br^-$

(322) 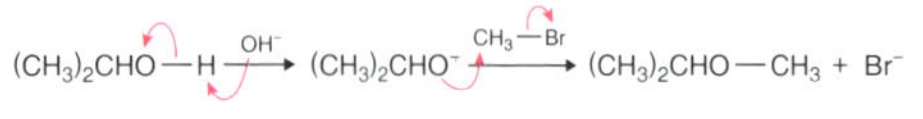 $(CH_3)_2CHO-H$ $\xrightarrow{OH^-}$ $(CH_3)_2CHO^-$ $\xrightarrow{CH_3-Br}$ $(CH_3)_2CHO-CH_3$ + $Br^-$

(323) 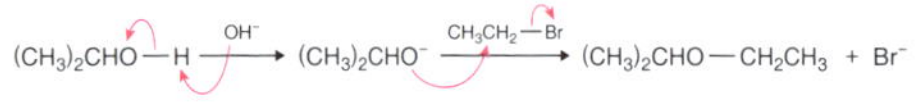 $(CH_3)_2CHO-H$ $\xrightarrow{OH^-}$ $(CH_3)_2CHO^-$ $\xrightarrow{CH_3CH_2-Br}$ $(CH_3)_2CHO-CH_2CH_3$ + $Br^-$

(324)

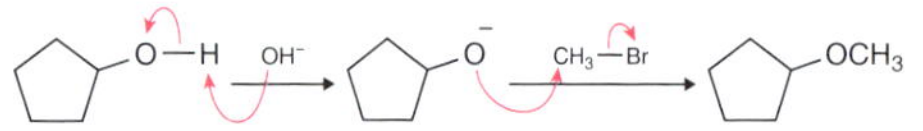

(325)

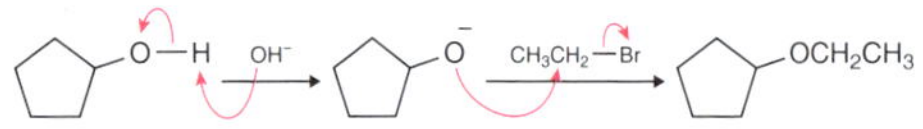

(326)

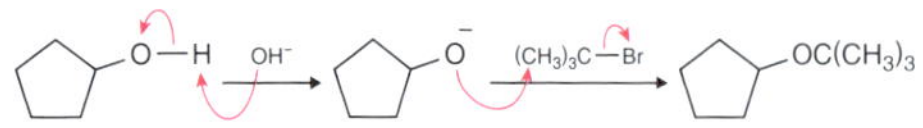

(327)

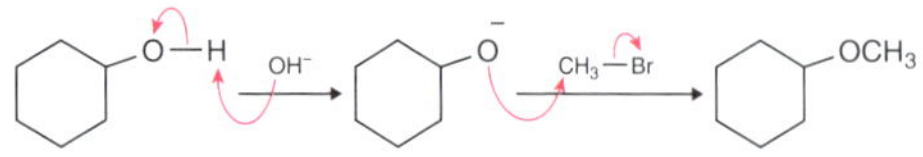

## 38 発展問題

(328)

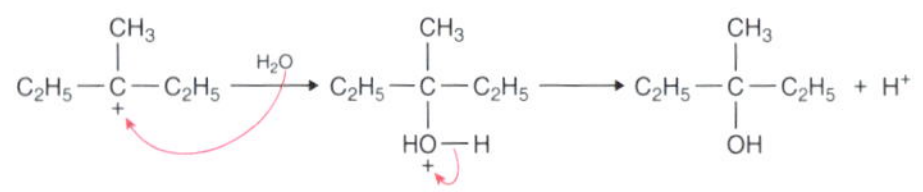

(329)

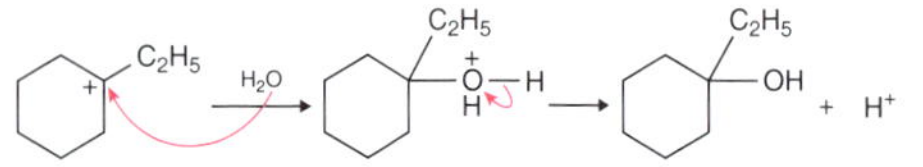

(330)

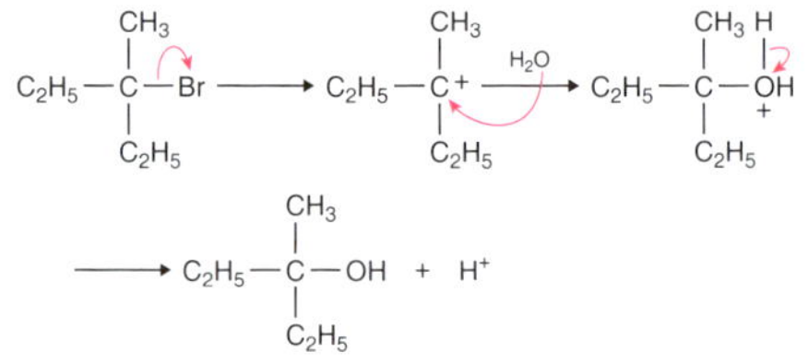

(331)

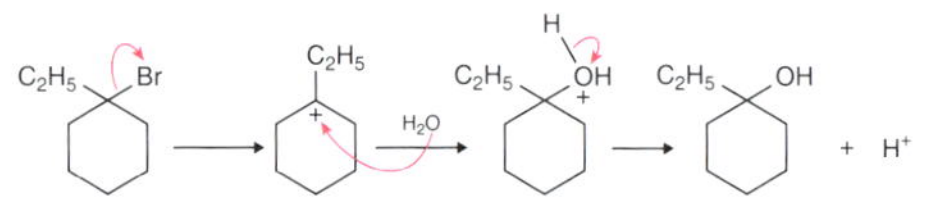

(332)

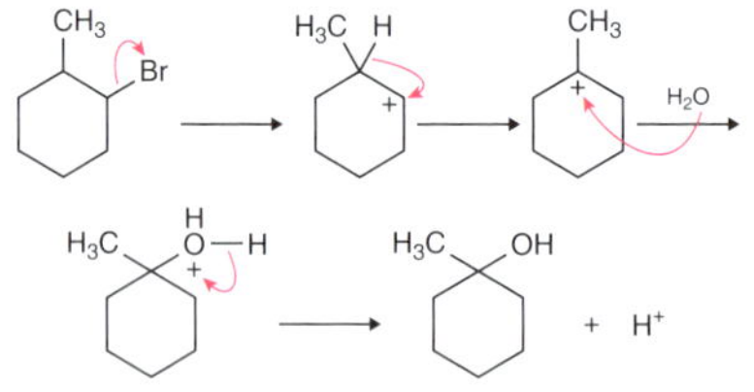

(333)

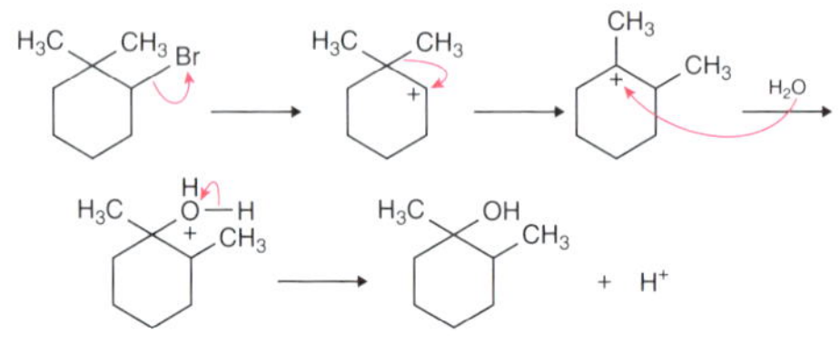

(334)

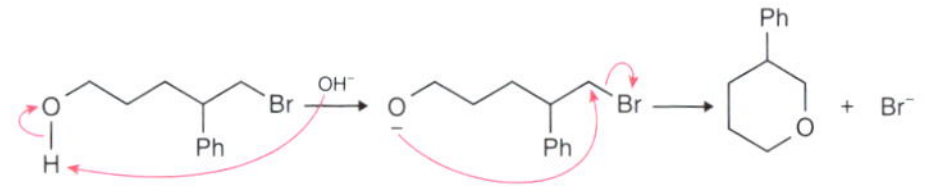

(335)

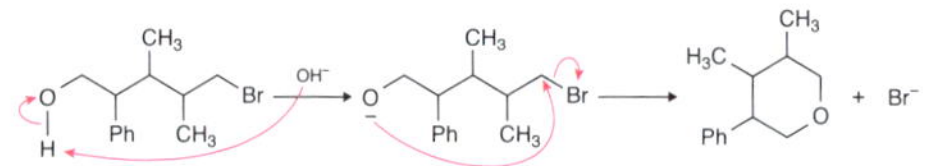

(336) 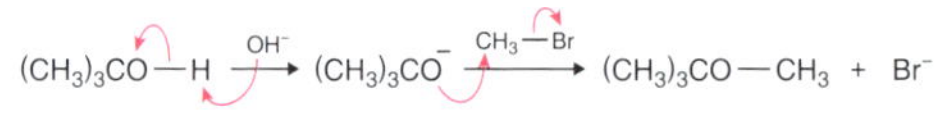 $(CH_3)_3CO-H$ $\xrightarrow{OH^-}$ $(CH_3)_3CO^-$ $\xrightarrow{CH_3-Br}$ $(CH_3)_3CO-CH_3$ + $Br^-$

(337) 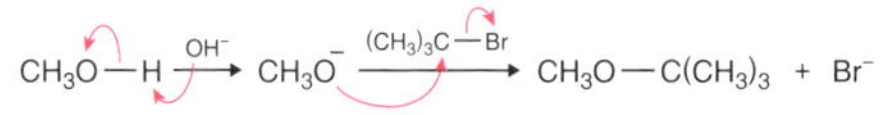 $CH_3O-H$ $\xrightarrow{OH^-}$ $CH_3O^-$ $\xrightarrow{(CH_3)_3C-Br}$ $CH_3O-C(CH_3)_3$ + $Br^-$

(338)

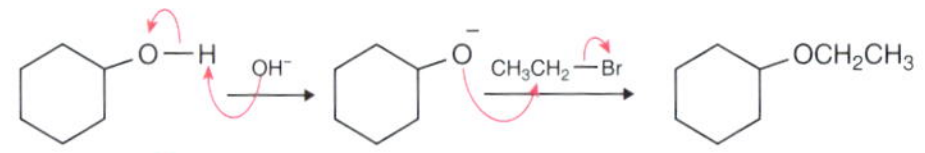

(339)

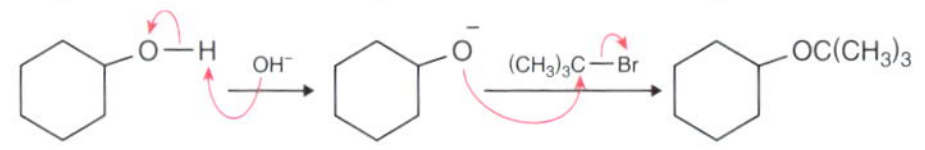

## 8章　ハロゲン化アルキルの脱離反応

## 39 E2反応

**解法**：第一級ハロゲン化アルキルでは，ハロゲン化物イオンの脱離によるカルボカチオン生成は起こりにくい．E2反応では，強塩基によるH$^+$の引き抜き，C=C結合の生成，さらにハロゲン化物イオンの脱離が同時に起こる．

(340)

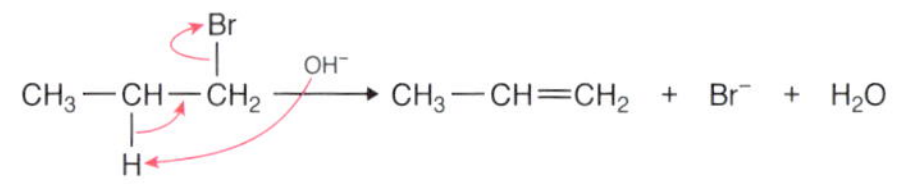

(341) 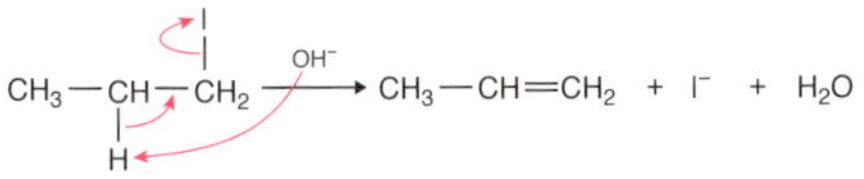 $CH_3-CH-CH_2 \xrightarrow{OH^-} CH_3-CH=CH_2 + I^- + H_2O$

(342) 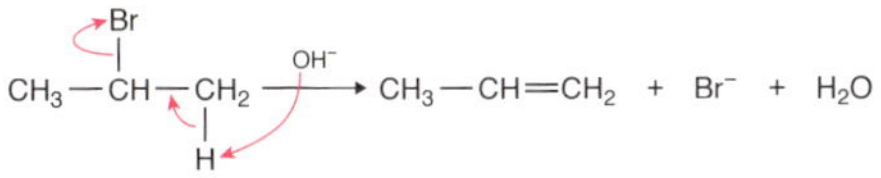 $CH_3-CH-CH_2 \xrightarrow{OH^-} CH_3-CH=CH_2 + Br^- + H_2O$

(343) 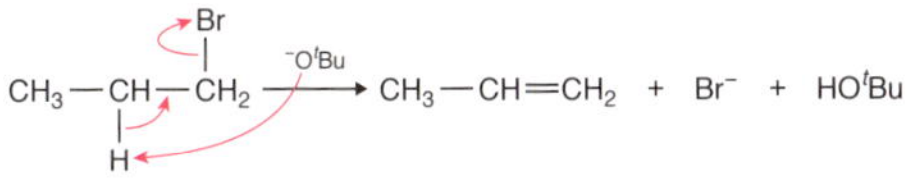 $CH_3-CH-CH_2 \xrightarrow{-O^tBu} CH_3-CH=CH_2 + Br^- + HO^tBu$

(344) 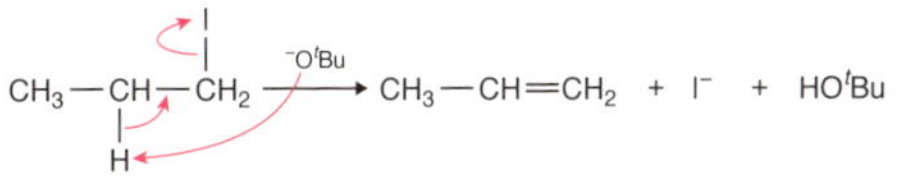 $CH_3-CH-CH_2 \xrightarrow{-O^tBu} CH_3-CH=CH_2 + I^- + HO^tBu$

(345) 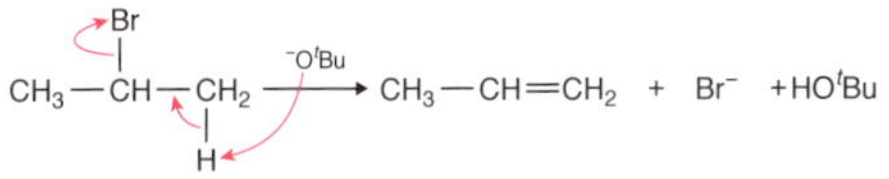 $CH_3-CH-CH_2 \xrightarrow{-O^tBu} CH_3-CH=CH_2 + Br^- + HO^tBu$

(346) 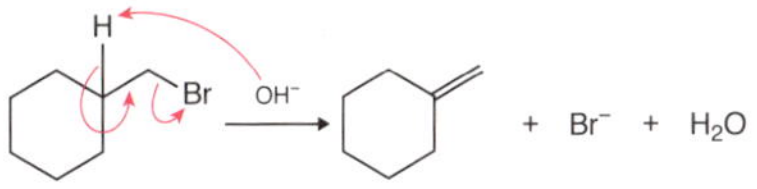 $+ Br^- + H_2O$

(347) 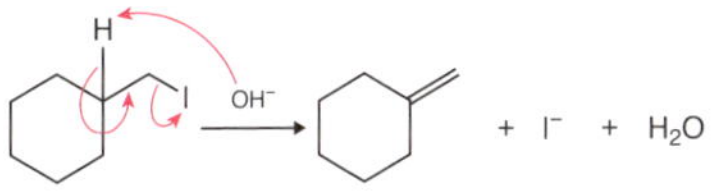 $+ I^- + H_2O$

(348) 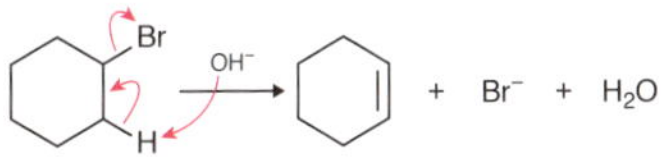 $+ Br^- + H_2O$

## 40 E1 反応

**解法**：第三級ハロゲン化アルキルでは，まずハロゲン化物イオンの脱離によるカルボカチオン生成が起こる．その後，強塩基による $H^+$ の引き抜き，$C=C$ 結合の生成が同時に起こる．複数種のアルケンができる場合は，より多くのアルキル基が $C=C$ 結合に結合するアルケンが優先的に生成する．

(349)

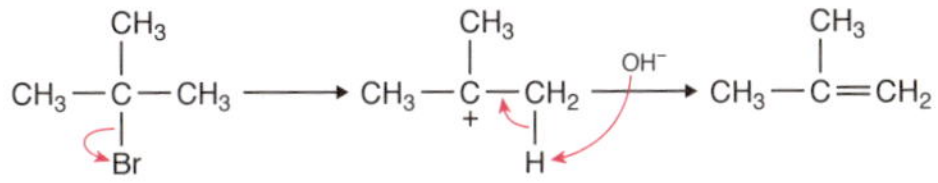

(350)

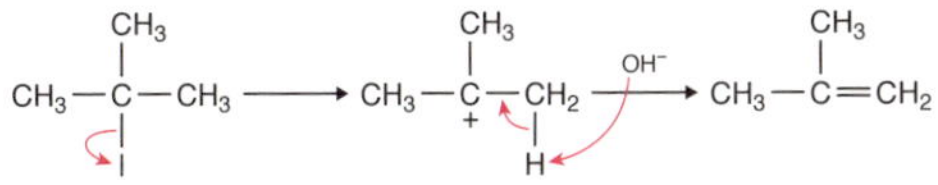

(351)

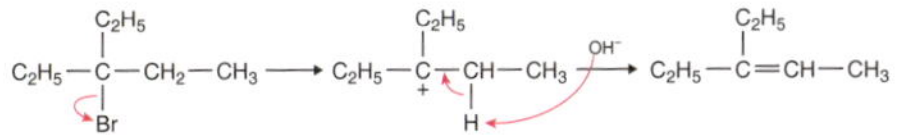

(352)

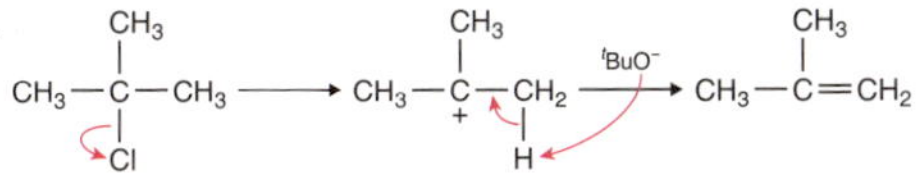

(353)

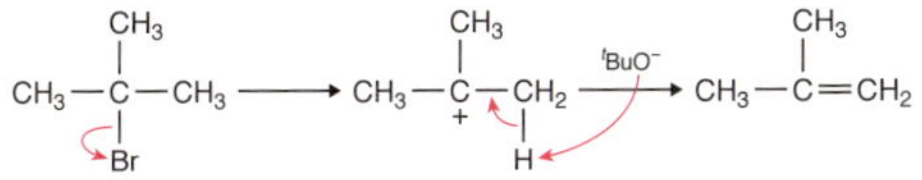

(354)

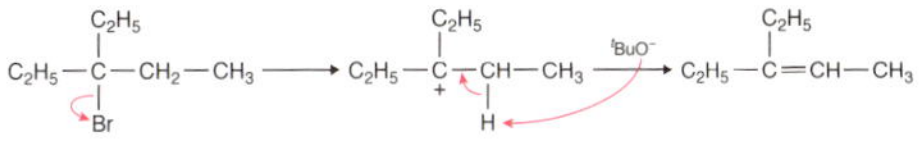

(355)

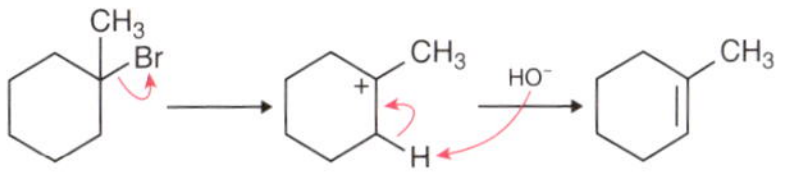

(356)

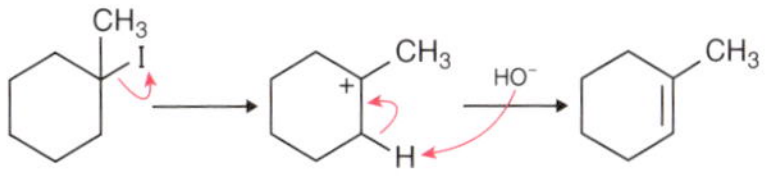

(357)

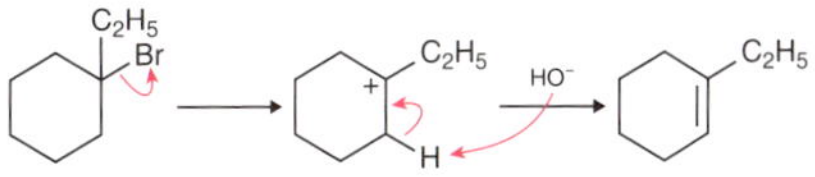

## 41 シクロヘキサンの脱離（アンチ脱離）

**解法**：シクロヘキサンの反転により，環上の置換基は常にアキシアル／エカトリアル位を入れ替えている．この場合，隣り合ったハロゲン原子と H 原子が同時にアキシアル位にあるときのみ，脱離が起こる（アンチ脱離）．ハロゲン原子をアキシアル位に置いた配座を描いたときにアキシアル位にある H 原子を探そう．

(358) 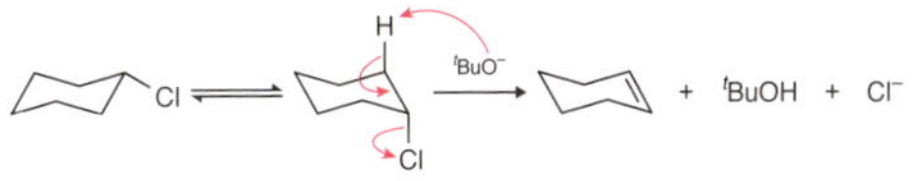 $+ {}^tBuOH + Cl^-$

(359) 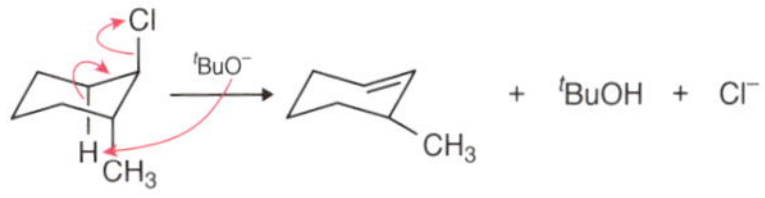 $+ {}^tBuOH + Cl^-$

(360) 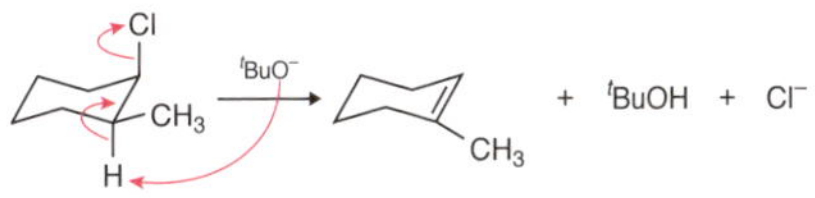 $+ {}^tBuOH + Cl^-$

(361) 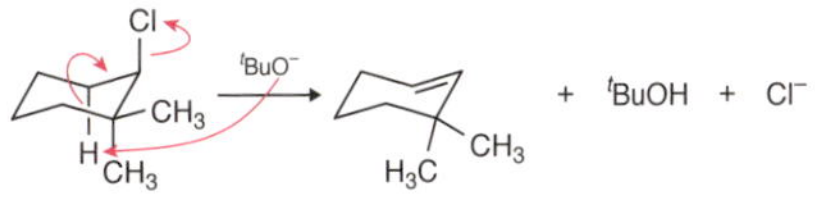 $+ {}^tBuOH + Cl^-$

(362) 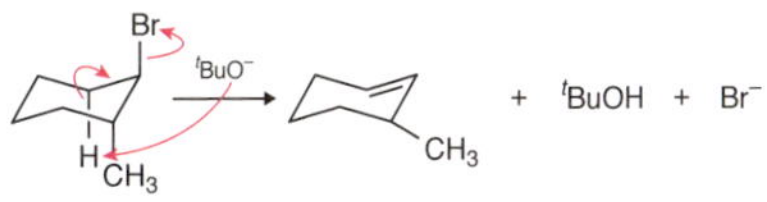 $+ {}^tBuOH + Br^-$

(363) 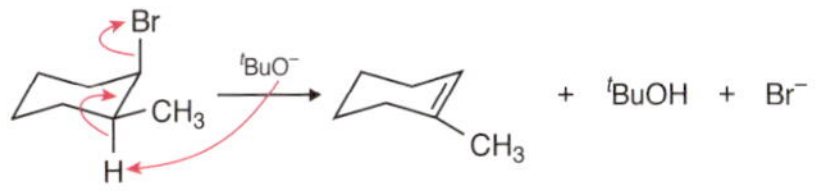 $+ {}^tBuOH + Br^-$

## 42 発展問題

(364) 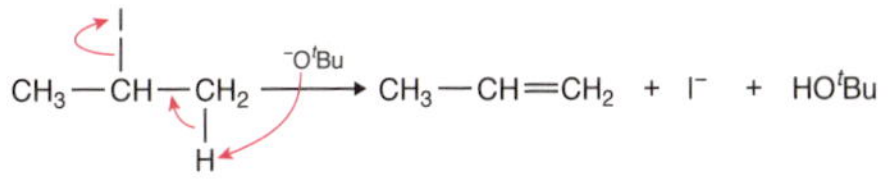 $CH_3-CH-CH_2 \xrightarrow{-O^tBu} CH_3-CH=CH_2 + I^- + HO^tBu$

(365) $CH_3-CH_2-CH_2I \xrightarrow{OH^-} CH_3-CH=CH_2 \ + \ I^- \ + \ H_2O$

(366) $C_2H_5-\underset{\underset{I}{|}}{\overset{\overset{C_2H_5}{|}}{C}}-CH_2-CH_3 \longrightarrow C_2H_5-\underset{\underset{H}{|}}{\overset{\overset{C_2H_5}{|}}{\overset{+}{C}}}-CH-CH_3 \xrightarrow{{}^tBuO^-}$

$C_2H_5-\underset{C_2H_5}{C}=CH-CH_3$

(367) $C_2H_5-\underset{\underset{I}{|}}{\overset{\overset{C_2H_5}{|}}{C}}-CH_2-CH_3 \longrightarrow C_2H_5-\underset{\underset{H}{|}}{\overset{\overset{C_2H_5}{|}}{\overset{+}{C}}}-CH-CH_3 \xrightarrow{OH^-}$

$C_2H_5-\underset{C_2H_5}{C}=CH-CH_3$

(368) (cyclohexane with I and H) $\xrightarrow{OH^-}$ (cyclohexene) $+ \ I^- \ + \ H_2O$

(369) (cyclohexane with $C_2H_5$ and I) $\longrightarrow$ (carbocation with $C_2H_5$ and H) $\xrightarrow{HO^-}$ (cyclohexene with $C_2H_5$)

(370) (cyclohexane with Cl and H) $\xrightarrow{{}^tBuO^-}$ (cyclohexene) $+ \ {}^tBuOH \ + \ Cl^-$

(371) (cyclohexane with $H_3C$, Cl, $CH_3$, H) $\xrightarrow{{}^tBuO^-}$ (methylcyclohexene) $+ \ {}^tBuOH \ + \ Cl^-$

# 9章　アルコールの置換反応

## 43 第三級アルコールの置換反応

**解法**：反応は大きく分けて三段階. 一段階目は $H^+$ のアルコールへの付加. 次に脱離能の高い水分子の脱離. 最後にハロゲン化水素由来のハロゲン物イオンが求核攻撃してハロゲン化アルキルを与える.

(372) $H_3C-\underset{\underset{CH_3}{|}}{\overset{\overset{CH_3}{|}}{C}}-OH \xrightarrow{H-Cl} H_3C-\underset{\underset{CH_3}{|}}{\overset{\overset{CH_3}{|}}{C}}-\overset{+}{O}H_2 \longrightarrow$

$H_3C-\underset{\underset{CH_3}{|}}{\overset{\overset{CH_3}{|}}{\overset{+}{C}}} \xleftarrow{Cl^-} H_3C-\underset{\underset{CH_3}{|}}{\overset{\overset{CH_3}{|}}{C}}-Cl$

(373) $H_3C-\underset{\underset{CH_3}{|}}{\overset{\overset{CH_3}{|}}{C}}-OH \xrightarrow{H-Br} H_3C-\underset{\underset{CH_3}{|}}{\overset{\overset{CH_3}{|}}{C}}-\overset{+}{O}H_2 \longrightarrow$

$H_3C-\underset{\underset{CH_3}{|}}{\overset{\overset{CH_3}{|}}{\overset{+}{C}}} \xleftarrow{Br^-} H_3C-\underset{\underset{CH_3}{|}}{\overset{\overset{CH_3}{|}}{C}}-Br$

(374) $H_3C-\underset{\underset{CH_3}{|}}{\overset{\overset{CH_3}{|}}{C}}-OH \xrightarrow{H-I} H_3C-\underset{\underset{CH_3}{|}}{\overset{\overset{CH_3}{|}}{C}}-\overset{+}{O}H_2 \longrightarrow$

$H_3C-\underset{\underset{CH_3}{|}}{\overset{\overset{CH_3}{|}}{\overset{+}{C}}} \xleftarrow{I^-} H_3C-\underset{\underset{CH_3}{|}}{\overset{\overset{CH_3}{|}}{C}}-I$

(375) $H_3C-\underset{\underset{CH_3}{|}}{\overset{\overset{CH_2CH_3}{|}}{C}}-OH \xrightarrow{H-Cl} H_3C-\underset{\underset{CH_3}{|}}{\overset{\overset{CH_2CH_3}{|}}{C}}-\overset{+}{O}H_2 \longrightarrow$

$H_3C-\underset{\underset{CH_3}{|}}{\overset{\overset{CH_2CH_3}{|}}{\overset{+}{C}}} \xleftarrow{Cl^-} H_3C-\underset{\underset{CH_3}{|}}{\overset{\overset{CH_2CH_3}{|}}{C}}-Cl$

(376) $H_3C-\underset{\underset{CH_3}{|}}{\overset{\overset{CH_2CH_3}{|}}{C}}-OH \xrightarrow{H-Br} H_3C-\underset{\underset{CH_3}{|}}{\overset{\overset{CH_2CH_3}{|}}{C}}-\overset{+}{O}H_2 \longrightarrow$

$H_3C-\underset{\underset{CH_3}{|}}{\overset{\overset{CH_2CH_3}{|}}{\overset{+}{C}}} \xleftarrow{Br^-} H_3C-\underset{\underset{CH_3}{|}}{\overset{\overset{CH_2CH_3}{|}}{C}}-Br$

(377) $H_3C-\underset{\underset{CH_3}{|}}{\overset{\overset{CH_2CH_3}{|}}{C}}-OH \xrightarrow{H-I} H_3C-\underset{\underset{CH_3}{|}}{\overset{\overset{CH_2CH_3}{|}}{C}}-\overset{+}{O}H_2 \longrightarrow$

$H_3C-\underset{\underset{CH_3}{|}}{\overset{\overset{CH_2CH_3}{|}}{\overset{+}{C}}} \xleftarrow{I^-} H_3C-\underset{\underset{CH_3}{|}}{\overset{\overset{CH_2CH_3}{|}}{C}}-I$

(378) $H_3C-\underset{\underset{CH_3}{|}}{\overset{\overset{CH(CH_3)_2}{|}}{C}}-OH \xrightarrow{H-Cl} H_3C-\underset{\underset{CH_3}{|}}{\overset{\overset{CH(CH_3)_2}{|}}{C}}-\overset{+}{O}H_2 \longrightarrow$

$H_3C-\underset{\underset{CH_3}{|}}{\overset{\overset{CH(CH_3)_2}{|}}{\overset{+}{C}}} \xleftarrow{Cl^-} H_3C-\underset{\underset{CH_3}{|}}{\overset{\overset{CH(CH_3)_2}{|}}{C}}-Cl$

## 44 第二級アルコールの置換反応

**解法**：プロトン化に続く水分子の脱離によってカルボカチオンができ，これが転移する. カルボカチオンの転移は常に起こるわけではない. $H^-$ もしくは $CH_3^-$ が移動するのは隣の C 原子だけ. さらに，$H^-$ もしくは $CH_3^-$ の移動によって，より安定な（より級数の大きな）カルボカチオンを与えるときのみ転移が起こる. 転移によって炭素骨格の組み換えが起こることに注意しよう.

(379) $H_3C-CH-CH-CH_3$ ... $H-Cl$ ... $H_3C-CH-CH-CH_3$ →
$CH_3\ OH$ ... $CH_3\ \overset{+}{O}H_2$

$H_3C-\overset{H}{\underset{\underset{CH_3}{|}}{C}}-\overset{+}{C}H-CH_3$ →転移→ $H_3C-\overset{+}{C}-CH_2-CH_3$ ... $Cl^-$
$\underset{CH_3}{|}$

$H_3C-\overset{\overset{Cl}{|}}{C}-CH_2-CH_3$
$\underset{CH_3}{|}$

(380) $H_3C-\overset{\overset{CH_3}{|}}{C}-CH-CH_3$ ... $H-Cl$ ... $H_3C-C-CH-CH_3$ →
$\underset{CH_3}{|}\ OH$ ... $CH_3\ \overset{+}{O}H_2$

$H_3C-\overset{\overset{CH_3}{|}}{\underset{\underset{CH_3}{|}}{C}}-\overset{+}{C}H-CH_3$ →転移→ $H_3C-\overset{+}{C}-CH-CH_3$ ... $Cl^-$
$\underset{CH_3}{|}\ \underset{CH_3}{|}$

$H_3C-\overset{\overset{Cl}{|}}{C}-CH-CH_3$
$\underset{CH_3}{|}\ \underset{CH_3}{}$

(381) [cyclohexane ring structures] OH / $CH_3$ ... $H-Cl$ ... $\overset{+}{O}H_2$ / $CH_3$ ... $\overset{+}{}$ H / $CH_3$

転移 → [ring] $\overset{+}{}$ $CH_3$ ... $Cl^-$ ... [ring] $\overset{Cl}{}$ $CH_3$

(382) [ring] OH / $CH_3$ $CH_3$ ... $H-Cl$ ... $\overset{+}{O}H_2$ / $CH_3$ $CH_3$ ... [ring] $\overset{+}{}$ $CH_3$ $CH_3$

転移 → [ring] $CH_3$ $\overset{+}{}$ ... $Cl^-$ ... [ring] $CH_3$ $\overset{Cl}{}$ $CH_3$

(383) [ring] $H_3C$ OH $CH_3$ ... $H-Br$ ... $H_3C$ $\overset{+}{O}H_2$ $CH_3$ ... $H_3C$ $\overset{+}{}$ H $CH_3$

転移 → [ring] $H_3C$ $\overset{+}{}$ $CH_3$ ... $Br^-$ ... [ring] $H_3C$ $\overset{Br}{}$ $CH_3$

(384) [ring] $H_3C$ OH $CH_3$ / $H_3C$ $CH_3$ ... $H-Br$ ... $H_3C$ $\overset{+}{O}H_2$ $CH_3$ / $H_3C$ $CH_3$ → $H_3C$ $\overset{+}{}$ $CH_3$ / $H_3C$ $CH_3$

転移 → [ring] $H_3C$ $\overset{+}{}$ $CH_3$ / $H_3C$ $CH_3$ ... $Br^-$ ... [ring] $H_3C$ $\overset{Br}{}$ $CH_3$ / $H_3C$ $CH_3$

## 45 第一級アルコールの置換反応

解法：第一級アルコールでは，プロトン化しても，水分子は脱離しにくい．プロトン化が起こったのち，ハロゲン化物イオンによる求核攻撃と水分子の脱離が同時に起こる $S_N2$ 反応で反応は進む．

(385) $CH_3-OH$ → $CH_3-\overset{+}{O}H_2$ ... $Cl^-$ ... $CH_3-Cl + H_2O$
... $H-Cl$

(386) $CH_3CH_2-OH$ → $CH_3CH_2-\overset{+}{O}H_2$ ... $Cl^-$ ... $CH_3CH_2-Cl + H_2O$
... $H-Cl$

(387) $CH_3CH_2CH_2-OH$ → $CH_3CH_2CH_2-\overset{+}{O}H_2$ → ...
... $H-Cl$

$CH_3CH_2CH_2-Cl + H_2O$

(388) $CH_3CH_2-OH$ / $CH_3$ ... $H-Cl$ ... $CH_3CH_2-\overset{+}{O}H_2$ / $CH_3$ → ...

$CH_3CHCH_2-Cl + H_2O$ / $CH_3$

(389) [ring]$-CH_2-OH$ ... $H-Cl$ ... [ring]$-CH_2-\overset{+}{O}H_2$ ... $Cl^-$ ... [ring]$-CH_2-Cl + H_2O$

(390) $CH_3-OH$ → $CH_3-\overset{+}{O}H_2$ ... $Br^-$ ... $CH_3-Br + H_2O$
... $H-Br$

(391) $CH_3CH_2-OH$ → $CH_3CH_2-\overset{+}{O}H_2$ → ...
... $H-Br$

$CH_3CH_2-Br + H_2O$

(392) $CH_3CH_2CH_2-OH$ ... $H-Br$ ... $CH_3CH_2CH_2-\overset{+}{O}H_2$ ... $Br^-$ ... →

$CH_3CH_2CH_2-Br + H_2O$

(393) $CH_3CHCH_2-OH$ / $CH_3$ ... $H-Br$ ... $CH_3CHCH_2-\overset{+}{O}H_2$ / $CH_3$ ... $Br^-$ ... →

$CH_3CHCH_2-Br + H_2O$ / $CH_3$

(394) [ring]$-CH_2$ OH ... $H-Br$ ... [ring]$-CH_2$ $\overset{+}{O}H_2$ ... $Br^-$ ... →

[ring]$-CH_2Br + H_2O$

## 46 第一級アルコールの置換反応（PX₃）

**解法**：一段階目はアルコールのO原子からP原子への求核攻撃．塩基であるピリジンがH⁺を奪う．その後，ハロゲン化リン由来のハロゲン化物イオンが電子不足なC原子を攻撃する．アルコールのO原子は最終的に，リン原子と結合をつくる．

(395)

$$CH_3-OH \xrightarrow{Br_2P-Br} CH_3-\overset{+}{\underset{H}{O}}-PBr_2 \longrightarrow$$

$$CH_3-O-PBr_2 \quad Br^- \longrightarrow CH_3-Br + {}^-OPBr_2$$

(396)

$$CH_3CH_2-OH \xrightarrow{Br_2P-Br} CH_3CH_2-\overset{+}{\underset{H}{O}}-PBr_2 \longrightarrow$$

$$CH_3CH_2-O-PBr_2 \quad Br^- \longrightarrow CH_3CH_2-Br + {}^-OPBr_2$$

(397)

$$CH_3CH_2CH_2-OH \xrightarrow{Br_2P-Br} CH_3CH_2CH_2-\overset{+}{\underset{H}{O}}-PBr_2 \longrightarrow$$

$$CH_3CH_2CH_2-O-PBr_2 \quad Br^- \longrightarrow CH_3CH_2CH_2-Br + {}^-OPBr_2$$

(398)

$$CH_3\underset{CH_3}{CH}CH_2-OH \xrightarrow{Br_2P-Br} CH_3\underset{CH_3}{CH}CH_2-\overset{+}{\underset{H}{O}}-PBr_2 \longrightarrow$$

$$CH_3\underset{CH_3}{CH}CH_2-O-PBr_2 \quad Br^- \longrightarrow CH_3\underset{CH_3}{CH}CH_2-Br + {}^-OPBr_2$$

(399)

$$CH_3\underset{CH_3}{\overset{CH_3}{C}}CH_2-OH \xrightarrow{Br_2P-Br} CH_3\underset{CH_3}{\overset{CH_3}{C}}CH_2-\overset{+}{\underset{H}{O}}-PBr_2 \longrightarrow$$

$$CH_3\underset{CH_3}{\overset{CH_3}{C}}CH_2-O-PBr_2 \quad Br^- \longrightarrow CH_3\underset{CH_3}{\overset{CH_3}{C}}CH_2-Br + {}^-OPBr_2$$

(400)

$$CH_3-OH \xrightarrow{Cl_2P-Cl} CH_3-\overset{+}{\underset{H}{O}}-PCl_2 \longrightarrow$$

$$CH_3-O-PCl_2 \quad Cl^- \longrightarrow CH_3-Cl + {}^-OPCl_2$$

(401)

$$CH_3CH_2-OH \xrightarrow{Cl_2P-Cl} CH_3CH_2-\overset{+}{\underset{H}{O}}-PCl_2 \longrightarrow$$

$$CH_3CH_2-O-PCl_2 \quad Cl^- \longrightarrow CH_3CH_2-Cl + {}^-OPCl_2$$

(402)

$$CH_3CH_2CH_2-OH \xrightarrow{Cl_2P-Cl} CH_3CH_2CH_2-\overset{+}{\underset{H}{O}}-PCl_2 \longrightarrow$$

$$CH_3CH_2CH_2-O-PCl_2 \quad Cl^- \longrightarrow CH_3CH_2CH_2-Cl + {}^-OPCl_2$$

(403)

$$CH_3\underset{CH_3}{CH}CH_2-OH \xrightarrow{Cl_2P-Cl} CH_3\underset{CH_3}{CH}CH_2-\overset{+}{\underset{H}{O}}-PCl_2 \longrightarrow$$

$$CH_3\underset{CH_3}{CH}CH_2-O-PCl_2 \quad Cl^- \longrightarrow CH_3\underset{CH_3}{CH}CH_2-Cl + {}^-OPCl_2$$

(404)

$$CH_3\underset{CH_3}{\overset{CH_3}{C}}CH_2-OH \xrightarrow{Cl_2P-Cl} CH_3\underset{CH_3}{\overset{CH_3}{C}}CH_2-\overset{+}{\underset{H}{O}}-PCl_2 \longrightarrow$$

$$CH_3\underset{CH_3}{\overset{CH_3}{C}}CH_2-O-PCl_2 \quad Cl^- \longrightarrow CH_3\underset{CH_3}{\overset{CH_3}{C}}CH_2-Cl + {}^-OPCl_2$$

## 47 第一級アルコールの置換反応（SOCl₂）

**解法**：一段階目はアルコールのO原子からS原子への求核攻撃．塩基であるピリジンがH⁺を奪う．その後，塩化チオニル由来の塩化物イオンが電子不足なC原子を攻撃する．アルコールのO原子は最終的にS原子と結合をつくり，二酸化硫黄の一部になる．

(405)

$$CH_3-OH \xrightarrow{Cl-\overset{O}{S}-Cl} CH_3-\overset{+}{\underset{H}{O}}-\overset{O^-}{\underset{Cl}{S}}-Cl \longrightarrow$$

$$CH_3-O-\overset{O^-}{\underset{Cl}{S}}-Cl \longrightarrow CH_3-O-\overset{O}{\underset{Cl}{S}}-Cl \quad Cl^- \longrightarrow CH_3-Cl + SO_2 + Cl^-$$

(406)

$$CH_3CH_2-OH \xrightarrow{Cl-\overset{O}{S}-Cl} CH_3CH_2-\overset{+}{\underset{H}{O}}-\overset{O^-}{\underset{Cl}{S}}-Cl \longrightarrow$$

$$CH_3CH_2-O-\overset{O^-}{\underset{Cl}{S}}-Cl \longrightarrow CH_3CH_2-O-\overset{O}{\underset{}{S}}-Cl \quad Cl^- \longrightarrow$$

$$CH_3CH_2-Cl + SO_2 + Cl^-$$

(407)

$$CH_3CH_2CH_2-OH \xrightarrow{Cl-\overset{O}{S}-Cl} CH_3CH_2CH_2-\overset{+}{\underset{H}{O}}-\overset{O^-}{\underset{Cl}{S}}-Cl \longrightarrow$$

$$CH_3CH_2CH_2-O-\overset{O^-}{\underset{Cl}{S}}-Cl \longrightarrow CH_3CH_2CH_2-O-\overset{O}{\underset{}{S}}-Cl \quad Cl^- \longrightarrow$$

$$CH_3CH_2CH_2-Cl + SO_2 + Cl^-$$

(408) $CH_3CH_2CH-OH$ ... $CH_3CHCH_3$ ... 

$CH_3CH_2CH-O-\overset{O^-}{\underset{Cl}{S}}-Cl$ → $CH_3CH_2CH-O-\overset{O}{S}-Cl + Cl^-$

$CH_3CH_2CH-Cl + SO_2 + Cl^-$

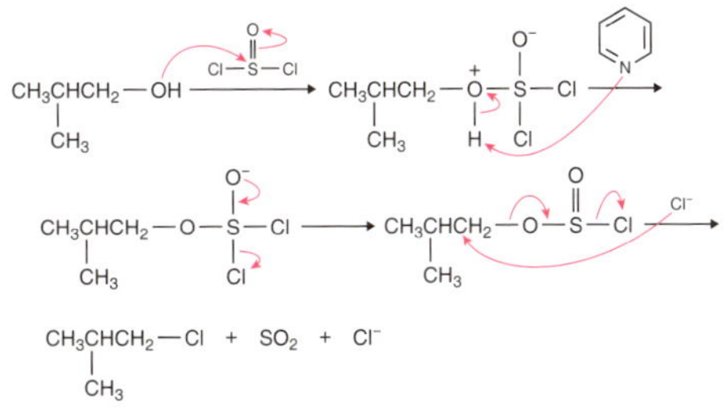

(409) $CH_3CHCH_2-OH$ ... 

$CH_3CHCH_2-O-\overset{O^-}{\underset{Cl}{S}}-Cl$ → $CH_3CHCH_2-O-\overset{O}{S}-Cl + Cl^-$

$CH_3CHCH_2-Cl + SO_2 + Cl^-$

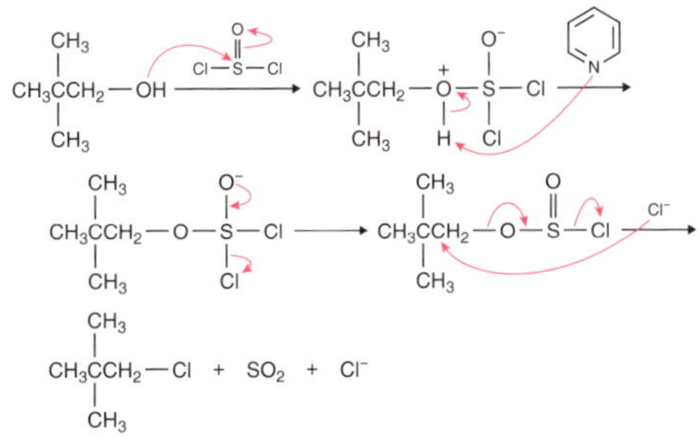

## 48 アルコールの置換反応（塩化スルホニル）

**解法**：一段階はアルコールの O 原子から硫黄原子への求核攻撃．塩基であるピリジンが H$^+$ を奪う．その後，O=S 結合が再生し，塩化物イオンが脱離する．

(410) $CH_3-OH$ → ... → $CH_3-O-\overset{O}{\underset{O}{S}}-CH_3$

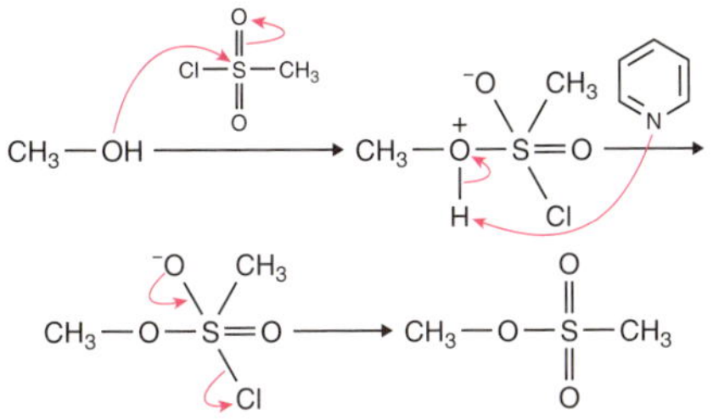

(411) $CH_3CH_2-OH$ → ... → $CH_3CH_2-O-\overset{O}{\underset{O}{S}}-CH_3$

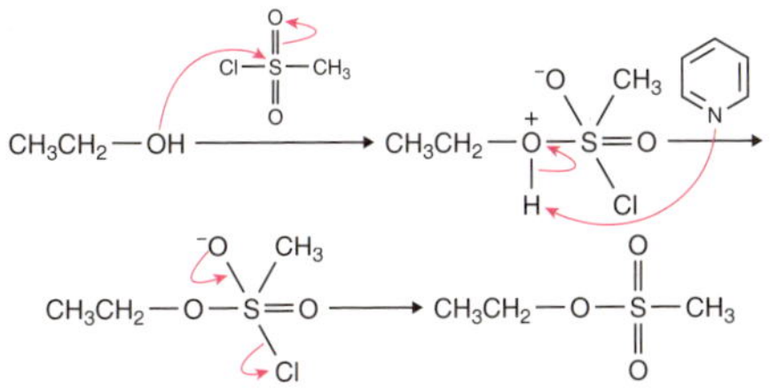

(412) $CH_3CH_2CH_2-OH$ → ... → $CH_3CH_2CH_2-O-\overset{O}{\underset{O}{S}}-CH_3$

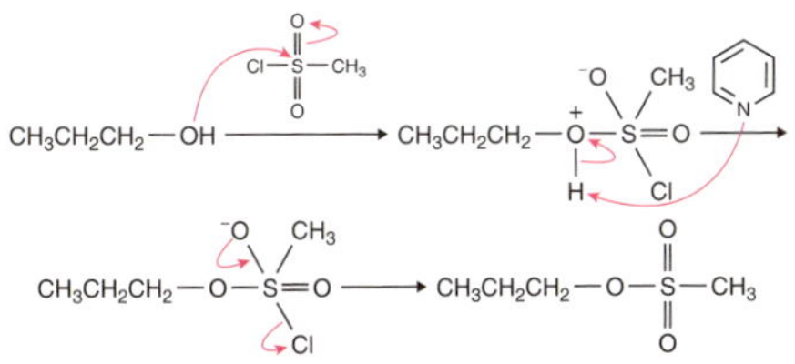

(413) $CH_3CH_2-OH$ → ... → $CH_3CH_2-O-\overset{O}{\underset{O}{S}}-CH_3$

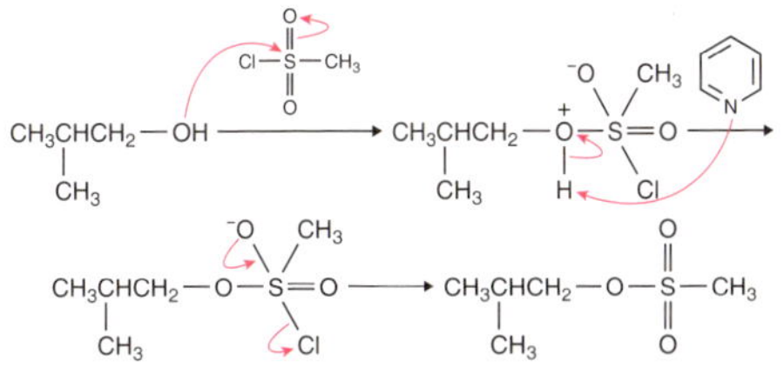

(414) $CH_3CHCH_2-OH$ → ... → $CH_3CHCH_2-O-\overset{O}{\underset{O}{S}}-CH_3$

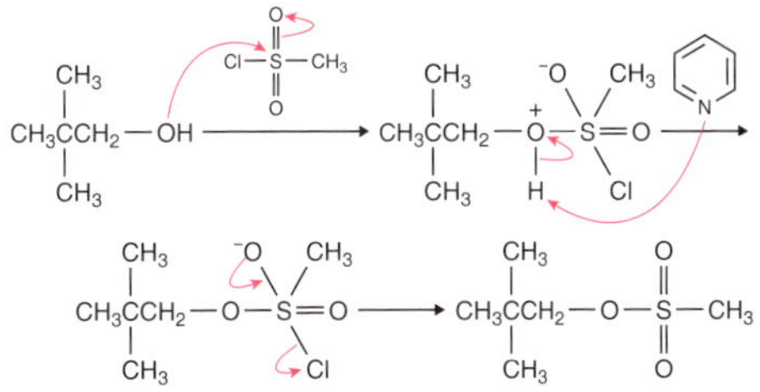

(415) cyclohexyl-$CH_2OH$ → ... → cyclohexyl-$CH_2-O-\overset{O}{\underset{O}{S}}-CH_3$

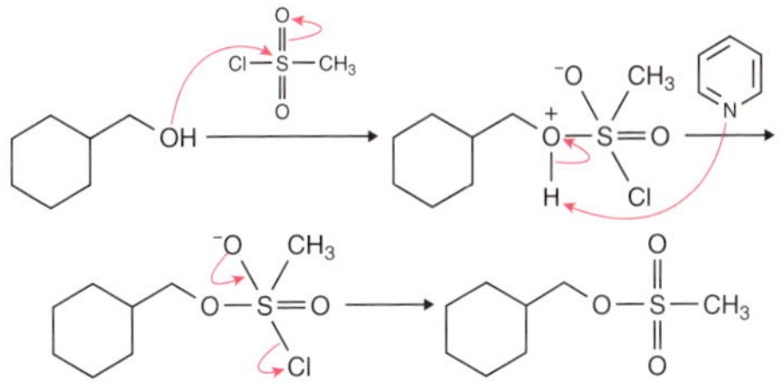

(416) $CH_3-OH$ → ... → $CH_3-O-\overset{O}{\underset{O}{S}}-CF_3$

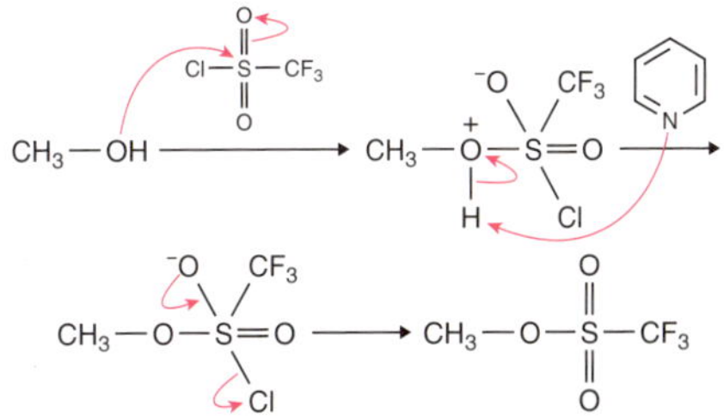

(417) $CH_3CH_2-OH$ → ... → $CH_3CH_2-O-\overset{O}{\underset{O}{S}}-CF_3$

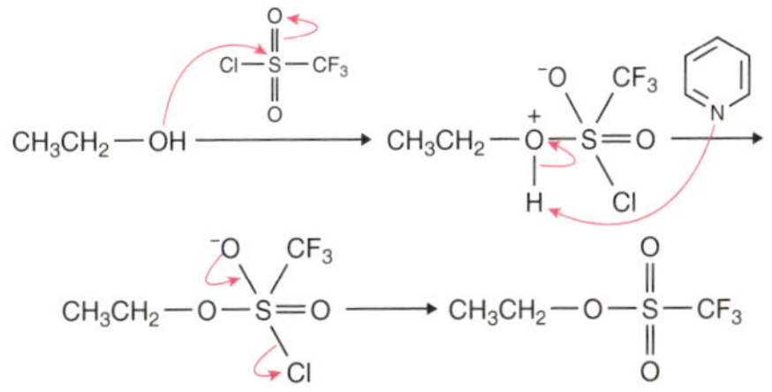

(418) $CH_3CH_2CH_2-OH$ → ... → $CH_3CH_2CH_2-O-\overset{O}{\underset{O}{S}}-CF_3$

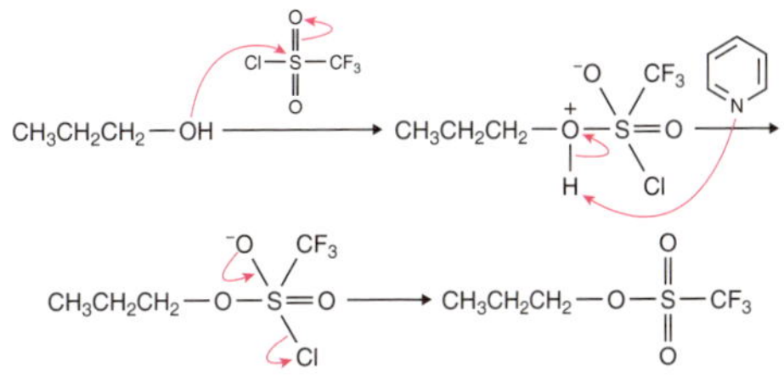

(419) $CH_3CHCH_2-OH$ → ... → $CH_3CHCH_2-O-\overset{O}{\underset{O}{S}}-CF_3$

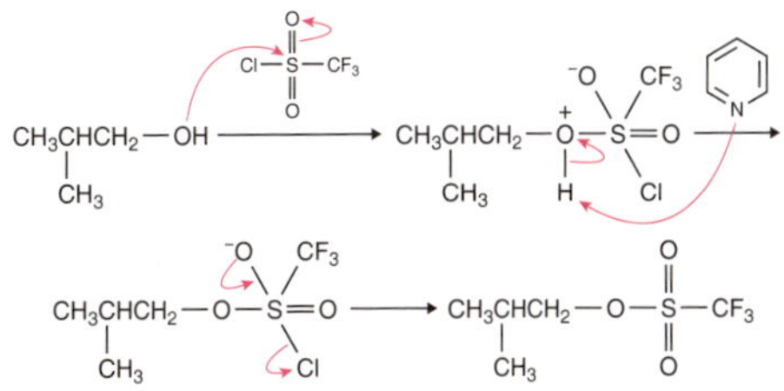

(420)

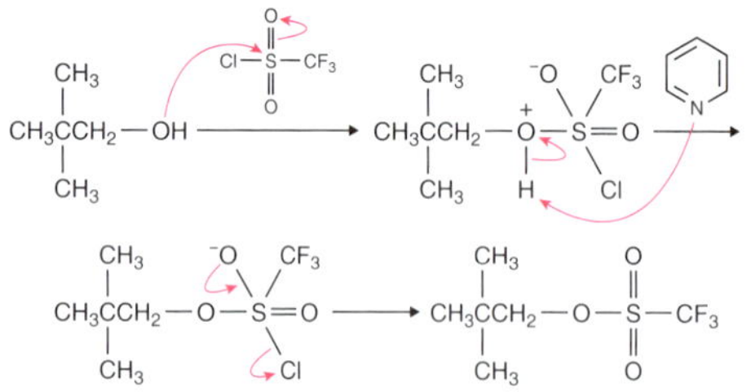

(421)

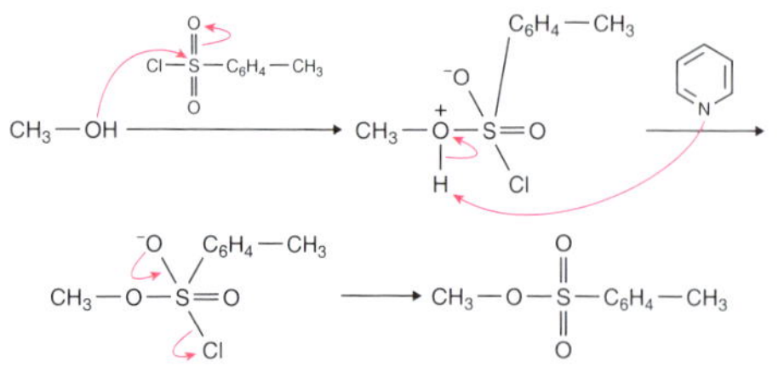

(422)

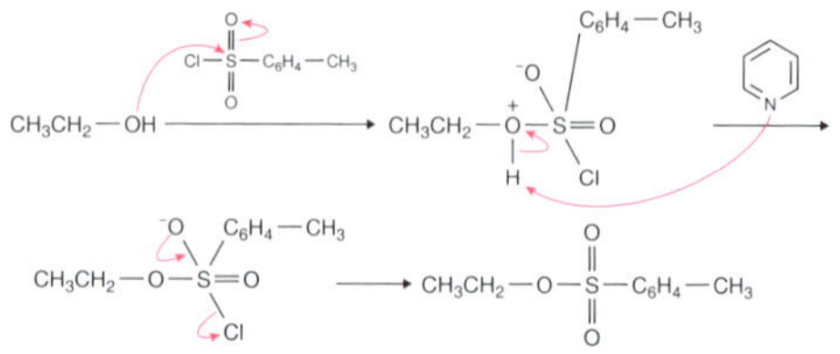

(423)

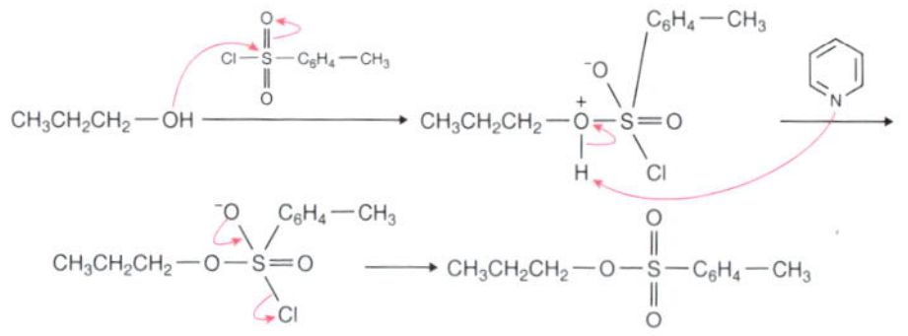

(424)

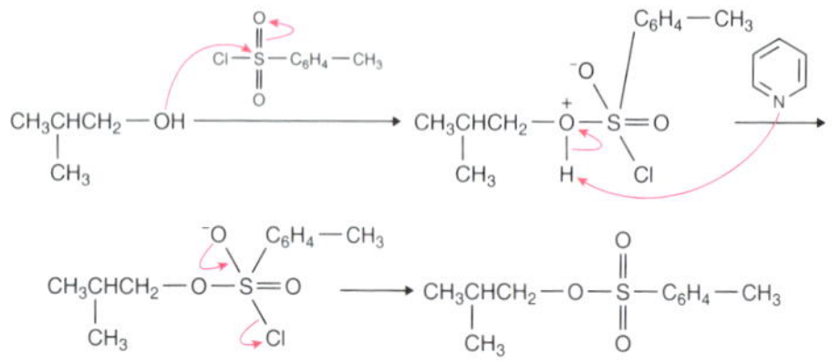

(425)

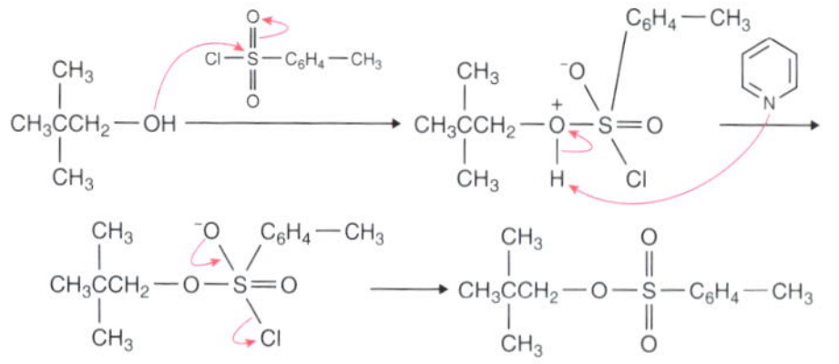

## 49 スルホン酸エステルの置換反応（求核剤）

**解法**：ヒドロキシ基をハロゲン原子，アルキルスルホニル基に置換することで，脱離能が上がる．この問題では $S_N2$ 機構で反応が進むが，その際に立体中心の反転が起こるかどうかを考えよう．これは各段階において，立体中心の C 原子上で結合の生成・切断が起こっているかどうかを考えればいい．

(426)

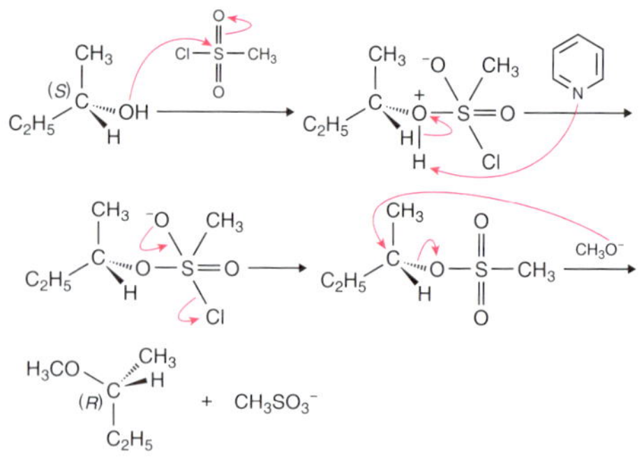

(427)

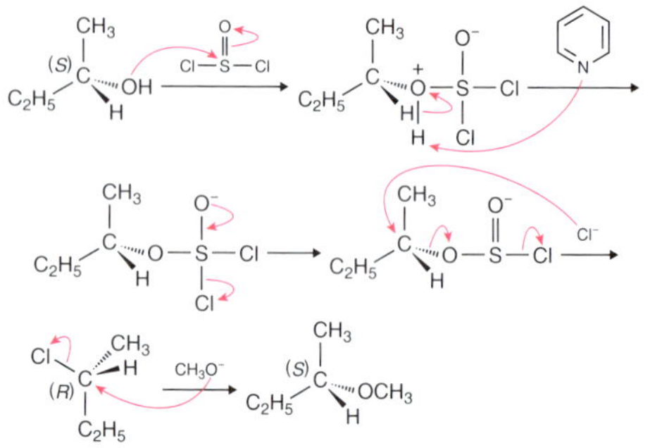

(428)

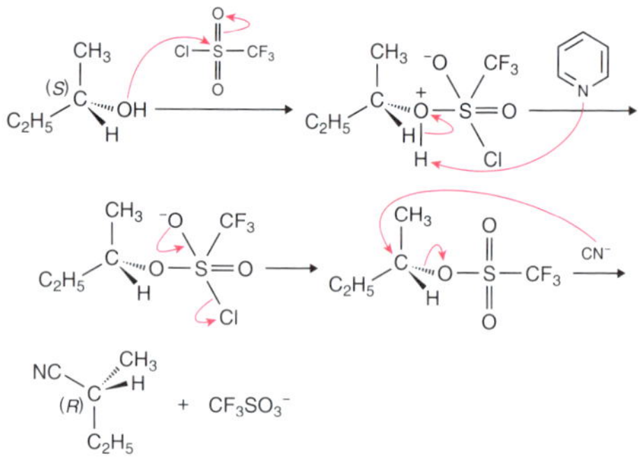

(429)

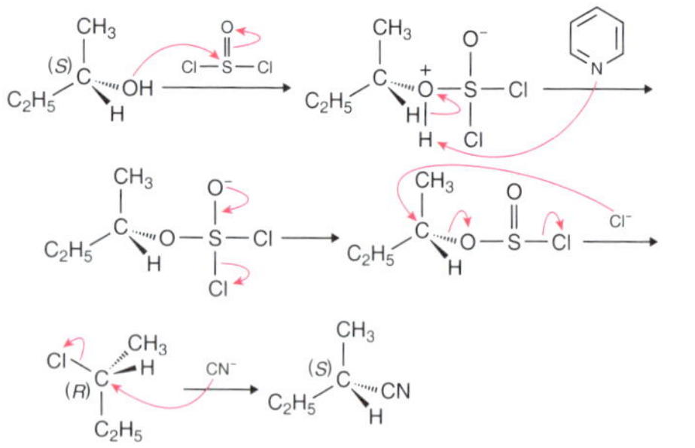

(430)

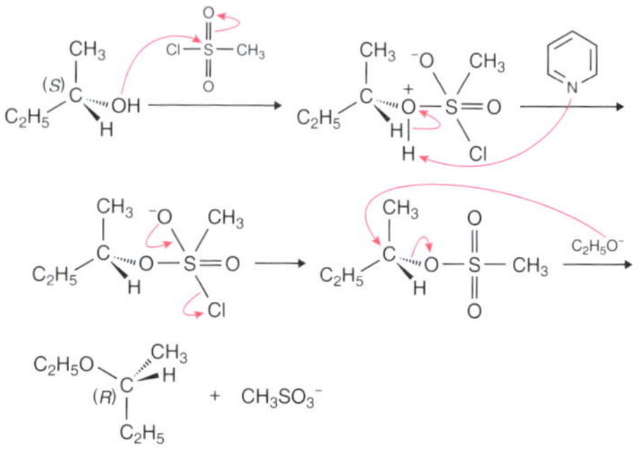

**50** 発展問題

(431)

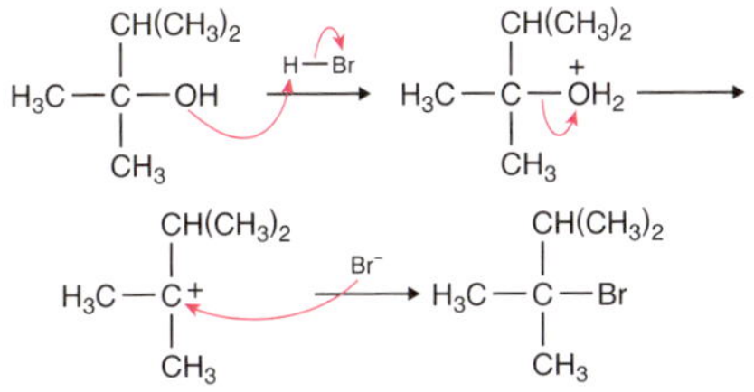

(432)

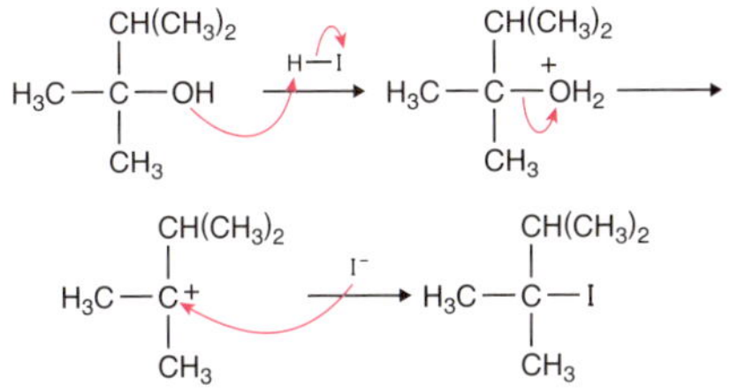

(433)

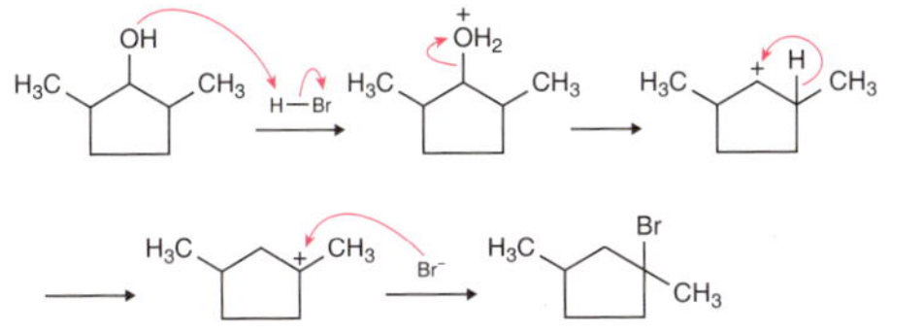

(434)

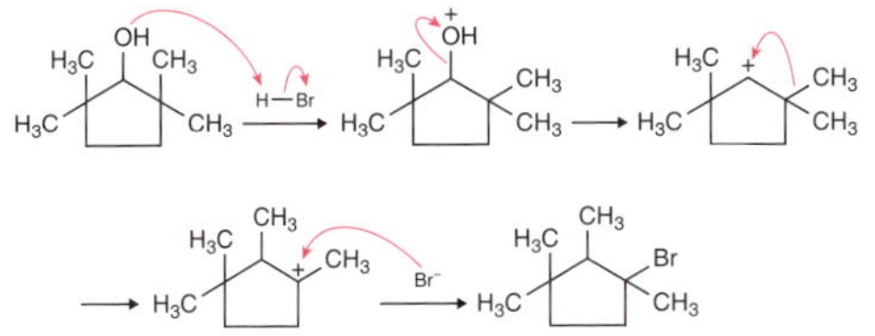

(435)

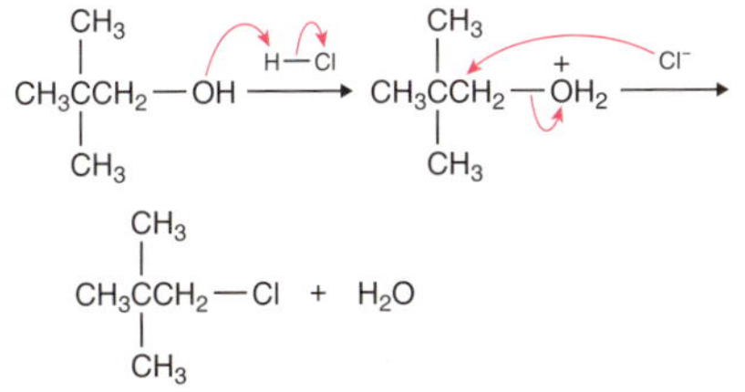

(436)

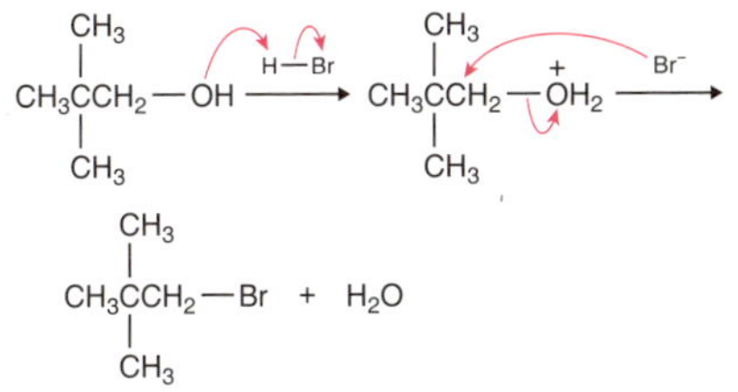

(437)

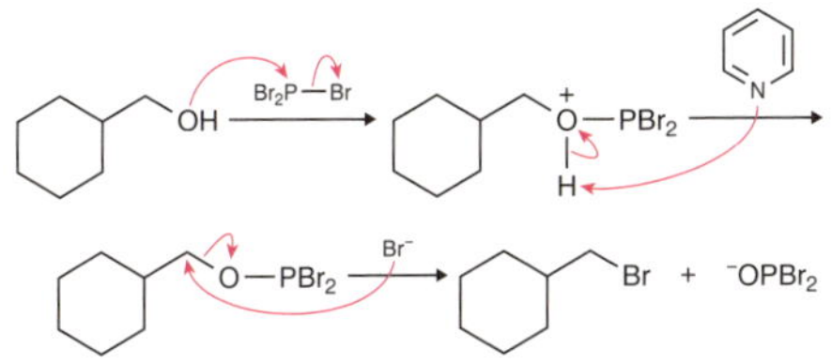

(438)

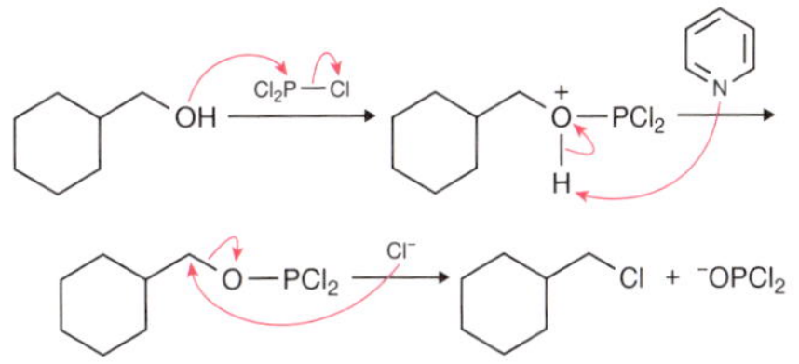

(439)

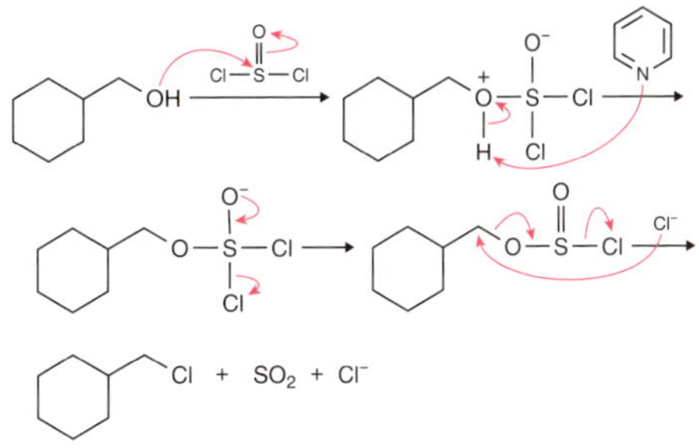

(440)

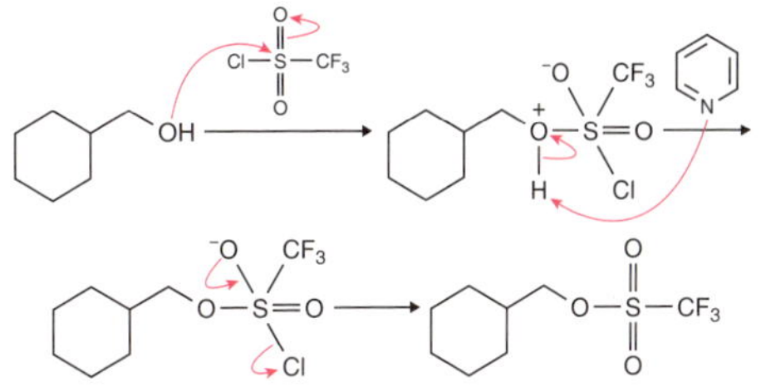

(441)

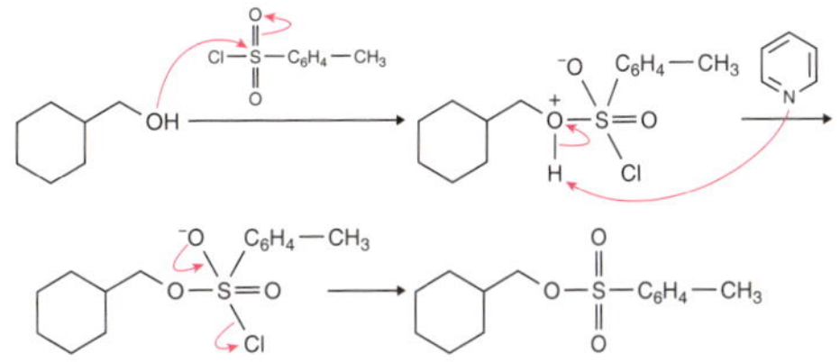

(442)

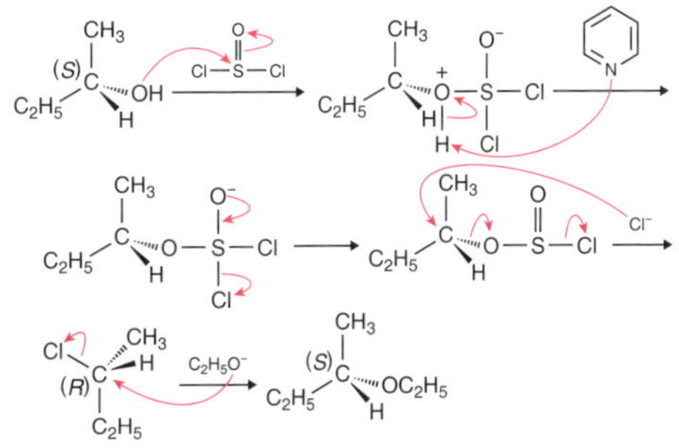

# 10 章　アルコールの脱離反応と酸化反応

**51** アルコールの E1 脱離反応

解法：$H^+$ がアルコールのヒドロキシ基に結合する．次に脱離能の高い水分子が脱離してカルボカチオンが生成する．次いで水分子が塩基としてカルボカチオンから $H^+$ を奪う．複数種のアルケンができる場合は，C=C 結合により多くのアルキル基が結合したアルケンが優先的に生成する．

(443)

$CH_3-CH-CH_3 \xrightarrow{H^+} CH_3-CH-CH_3 \longrightarrow$
　　　$OH$　　　　　　　$OH_2^+$

$CH_3-CH-CH_2 \xrightarrow{H_2O} CH_3-CH=CH_2$
　　　　$H$

(444)

$CH_3-CH_2-CH-CH_3 \xrightarrow{H^+} CH_3-CH_2-CH-CH_3 \longrightarrow$
　　　　　　　$OH$　　　　　　　　　$OH_2^+$

$CH_3-CH-CH-CH_3 \xrightarrow{H_2O} CH_3-CH=CH-CH_3$
　　　　　$H$

(445)

　　　$CH_3$　　　　　　　　$CH_3$
　　　　$|$　　　　　　　　　$|$
$CH_3-CH-CH-CH_3 \xrightarrow{H^+} CH_3-CH-CH-CH_3 \longrightarrow$
　　　　　　$OH$　　　　　　　　　　$OH_2^+$

　　　$CH_3$　　　　　　　　　$CH_3$
　　　　$|$　　　　　　　　　　$|$
$CH_3-C-CH-CH_3 \xrightarrow{H_2O} CH_3-C=CH-CH_3$
　　　　$H$

(446)

(447)

(448)

## 52 第一級アルコールの脱離反応

**解法**：第一級アルコールでは，プロトン化しても，水分子は脱離しにくい．塩基による $H^+$ の引き抜き，$C=C$ 結合の生成，さらに水分子の脱離が同時に起こる．

(449)

$CH_3-CH_2-OH \xrightarrow{H^+} CH_2-CH_2-OH_2^+ \xrightarrow{Base}$
　　　　　　　　　　$H$

$CH_2=CH_2 + H_2O + H-Base^+$

(450)

$CH_3-CH_2-CH_2-OH \xrightarrow{H^+} CH_3-CH-CH_2-OH_2^+ \xrightarrow{Base}$
　　　　　　　　　　　　　　　$H$

$CH_3-CH=CH_2 + H_2O + H-Base^+$

(451)

$CH_3-CH_2-CH_2-CH_2-OH \xrightarrow{H^+} CH_3-CH_2-CH-CH_2-OH_2^+ \longrightarrow$
　　　　　　　　　　　　　　　　　　$H$

$CH_3-CH_2-CH=CH_2 + H_2O + H-Base^+$

(452)

$CH_3-CH-CH_2-OH \xrightarrow{H^+} CH_3-C-CH_2-OH_2^+ \xrightarrow{Base}$
　　　$|$　　　　　　　　　$|$
　　　$CH_3$　　　　　　　　$CH_3$
　　　　　　　　　　　　　　$H$

$CH_3-C=CH_2 + H_2O + H-Base^+$
　　　$|$
　　　$CH_3$

(453)

$+ H_2O + H-Base^+$

(454)

$+ H_2O + H-Base^+$

(455)

$+ H_2O + H-Base^+$

(456)

$+ H_2O + H-Base^+$

(457)

$+ H_2O + H-Base^+$

(458)

$+ H_2O + H-Base^+$

— 24 —

## 53 第一級アルコールの酸化（$CrO_3$ によるカルボン酸の生成）

**解法**：まず，クロム酸がプロトン化され，Cr 原子上で水分子とアルコール分子が入れ替わる．水分子が塩基として働く．Cr−O 結合をつくる共有電子対は Cr 原子上に移動し，結合が切断される．最終的に第一級アルコールが酸化されたアルデヒドができる．

(459)

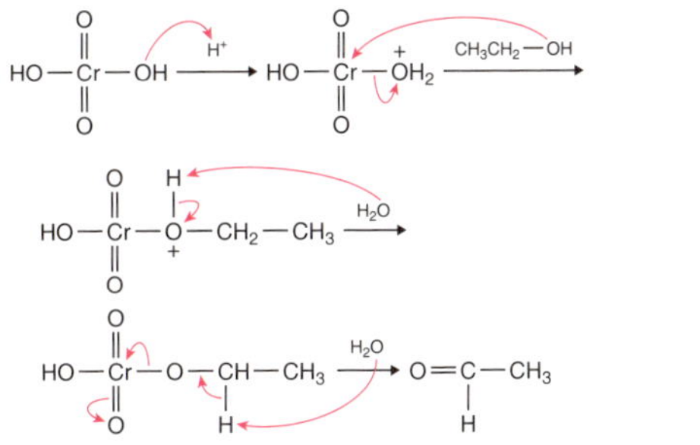

(460)

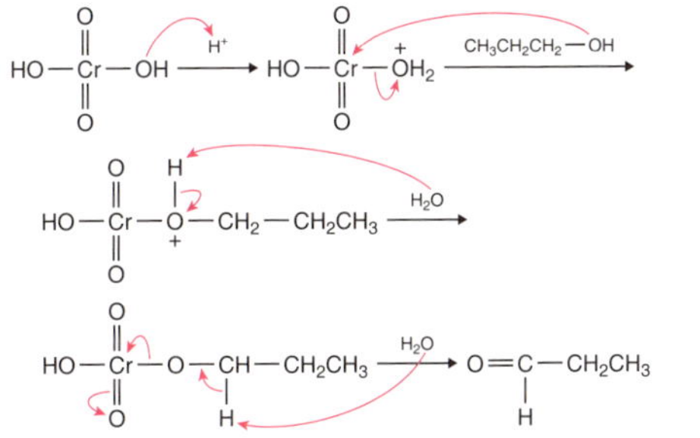

(461)

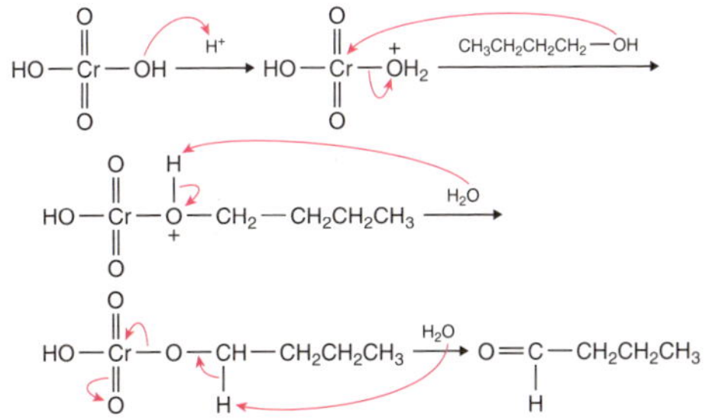

(462)

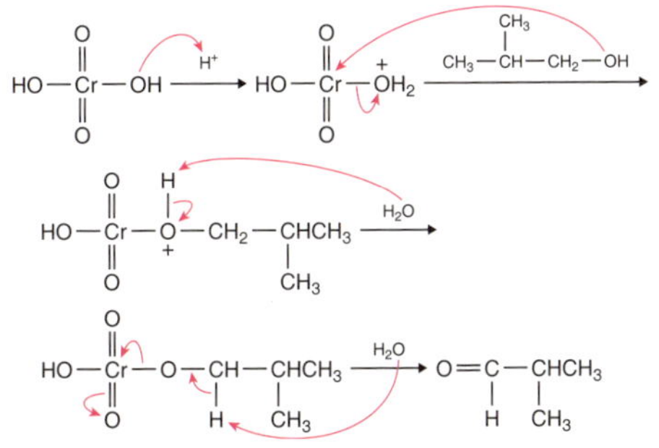

(463)

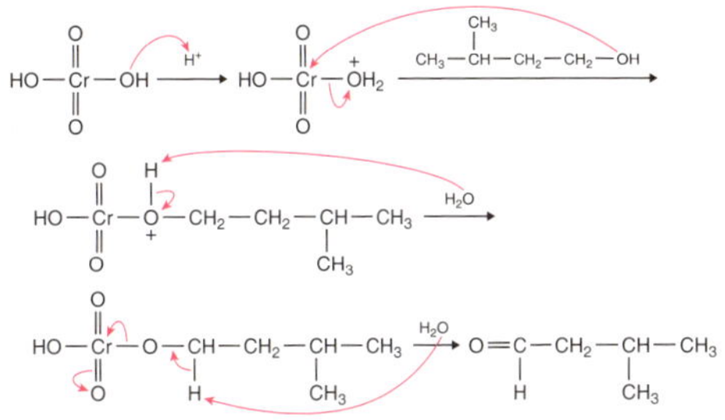

(464)

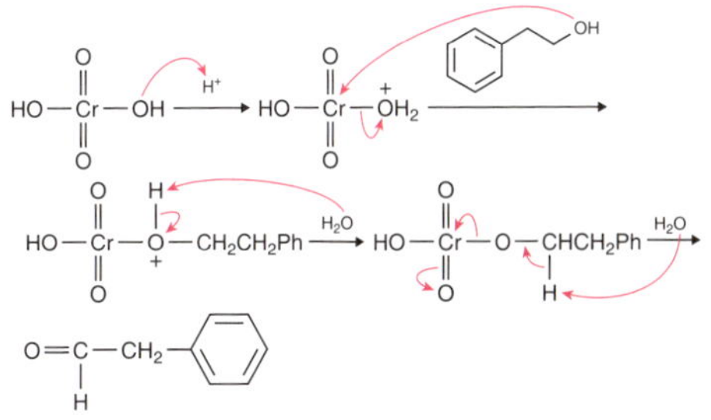

(465)

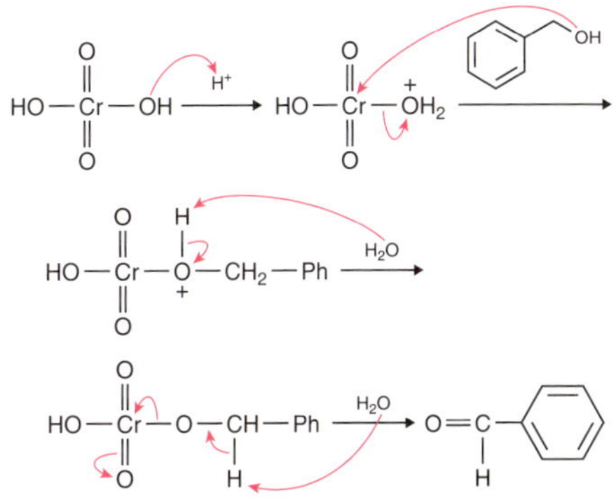

(466)

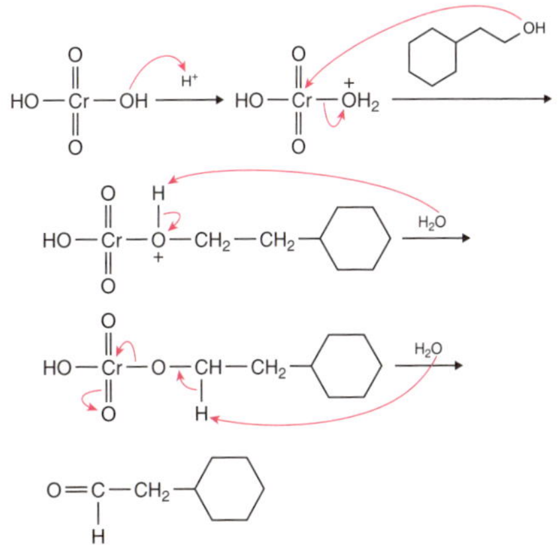

(467)

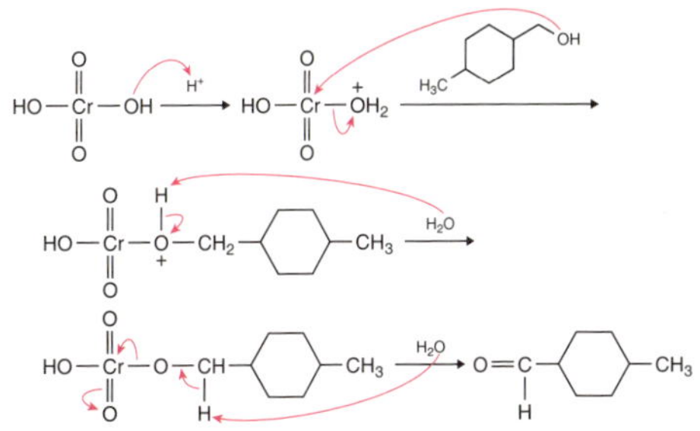

(468)

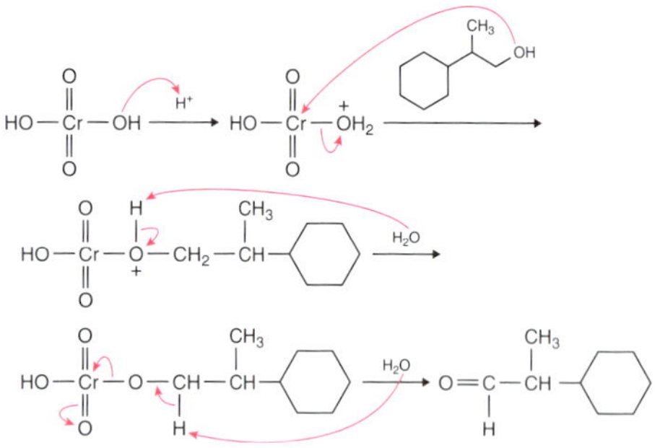

(472)

**54** 第二級アルコールの酸化（CrO₃ によるケトン酸の生成）

**解法**：まず，クロム酸がプロトン化され，Cr 原子上で水分子とアルコール分子が入れ替わる．水分子が塩基として働く．Cr−O 結合をつくる共有電子対は Cr 原子上に移動し，結合が切断される．最終的に第二級アルコールが酸化されたケトンができる．

(469)

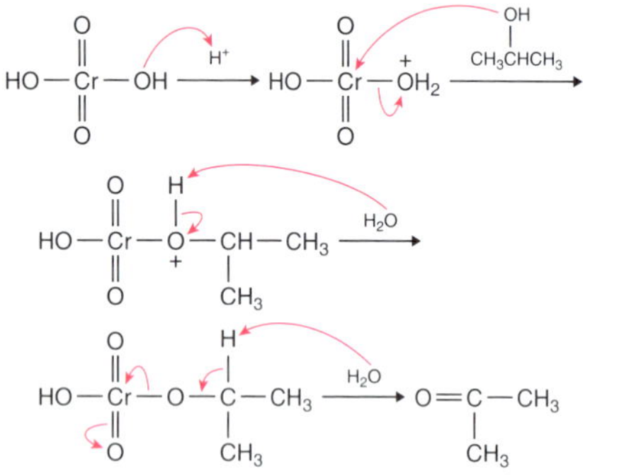

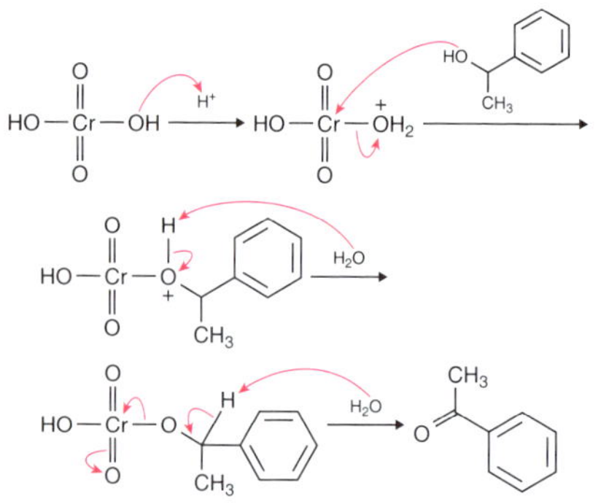

(473)

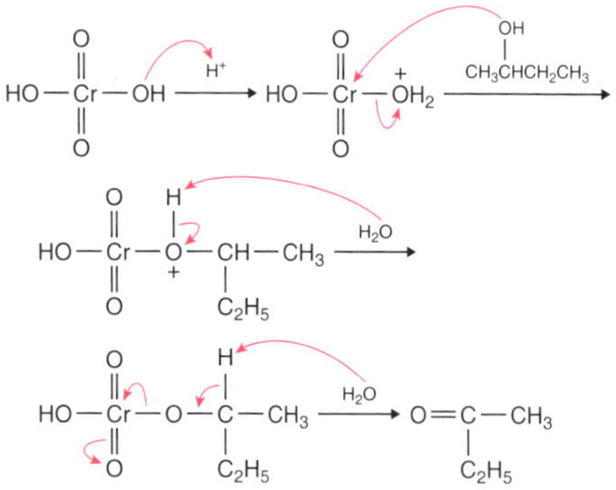

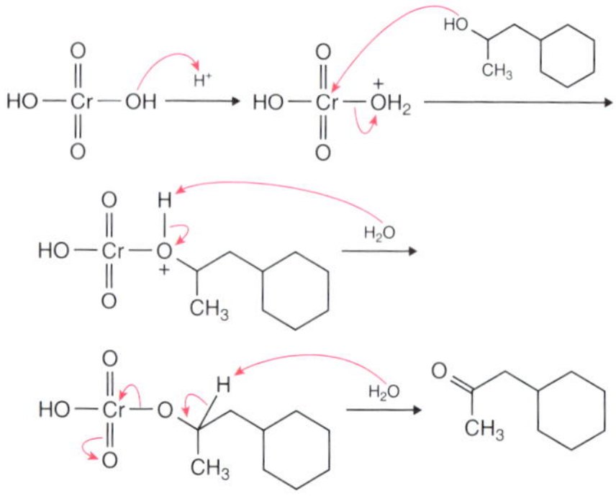

(470)

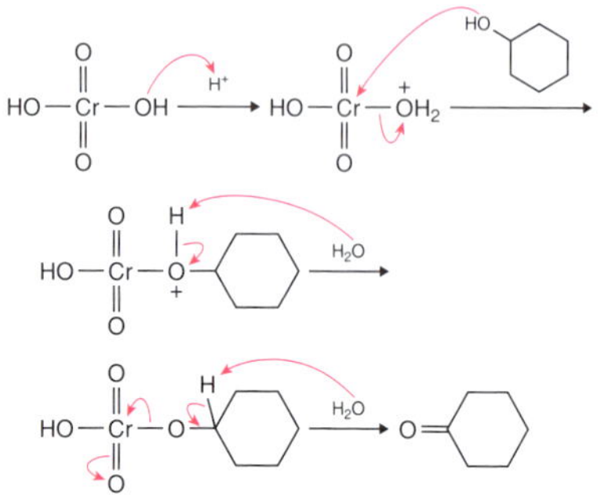

(474)

(471)

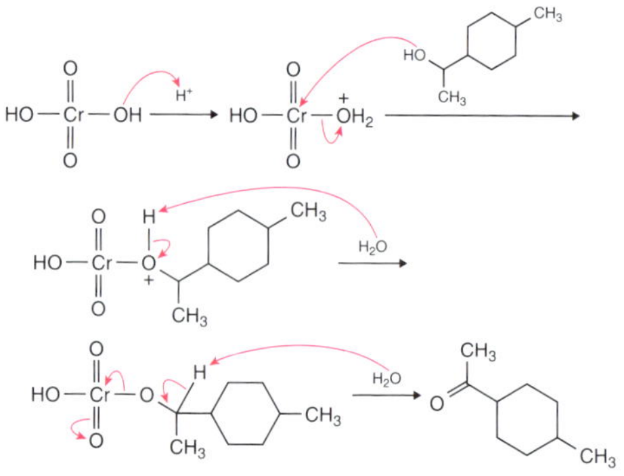

(475)

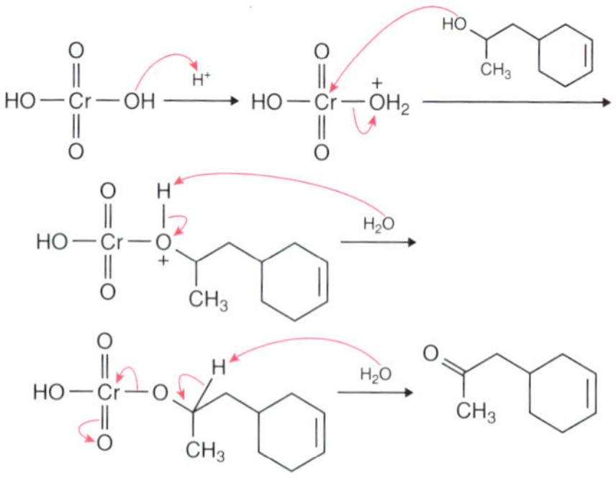

**55** 発展問題

(476)

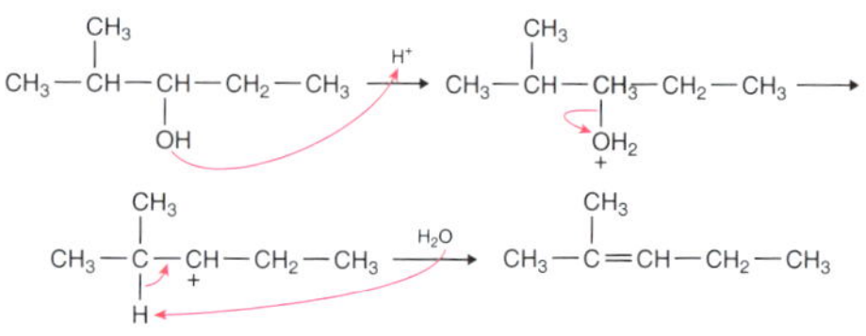

— 26 —

(477)

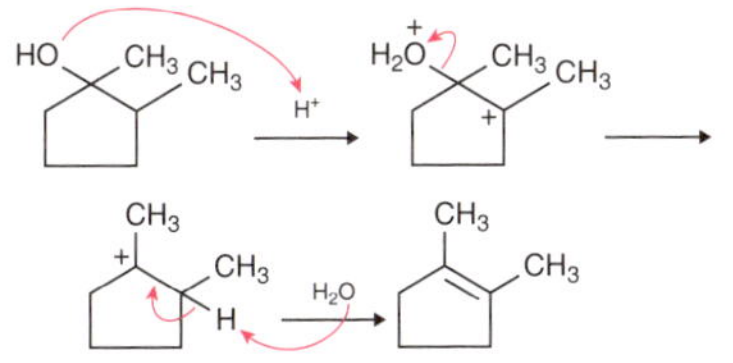

(478)

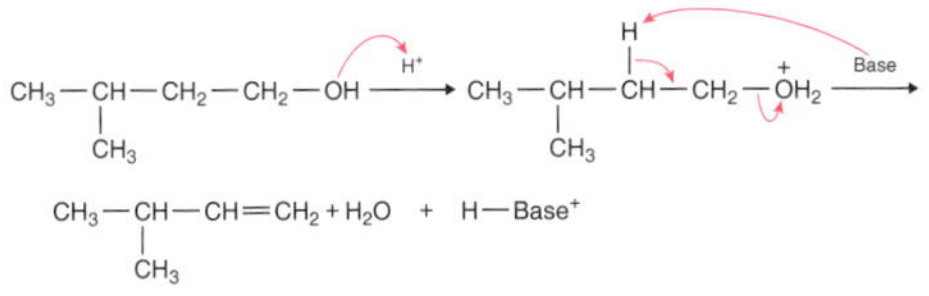

$CH_3-CH-CH_2-CH_2-OH$ ... $CH_3-CH-CH_2-CH_2-\overset{+}{O}H_2$ ... 

$CH_3-CH-CH=CH_2+H_2O + H-Base^+$

(479)

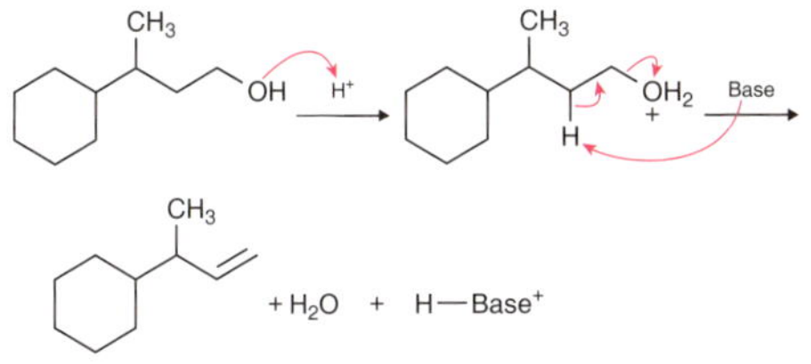

$+H_2O + H-Base^+$

(480)

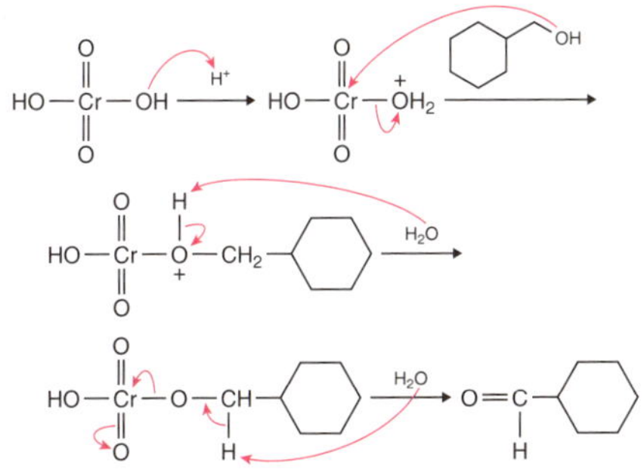

$HO-Cr-OH$ ... $HO-Cr-\overset{+}{O}H_2$ ...

$HO-Cr-\overset{+}{O}-CH_2$ ... $O=C$

(481)

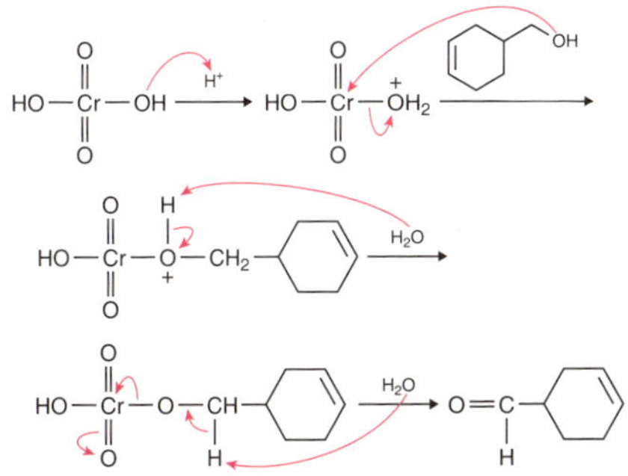

$HO-Cr-OH$ ... $HO-Cr-\overset{+}{O}H_2$ ...

$HO-Cr-\overset{+}{O}-CH_2$ ... $O=C$

(482)

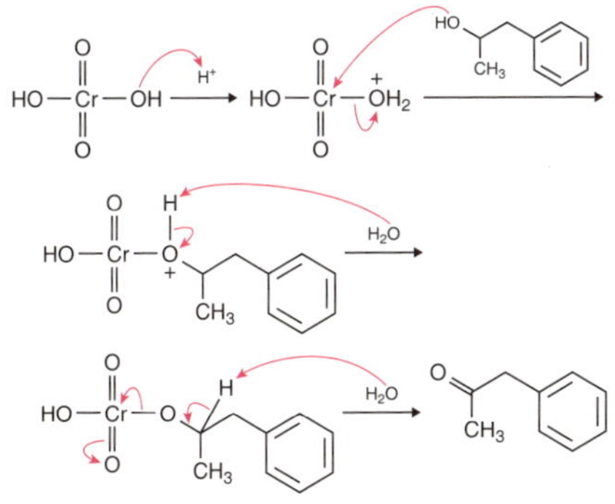

$HO-Cr-OH$ ... $HO-Cr-\overset{+}{O}H_2$ ...

$HO-Cr-\overset{+}{O}$ ... $CH_3$

(483)

$HO-Cr-OH$ ... $HO-Cr-\overset{+}{O}H_2$ ...

$HO-Cr-\overset{+}{O}$ ... $CH_3$

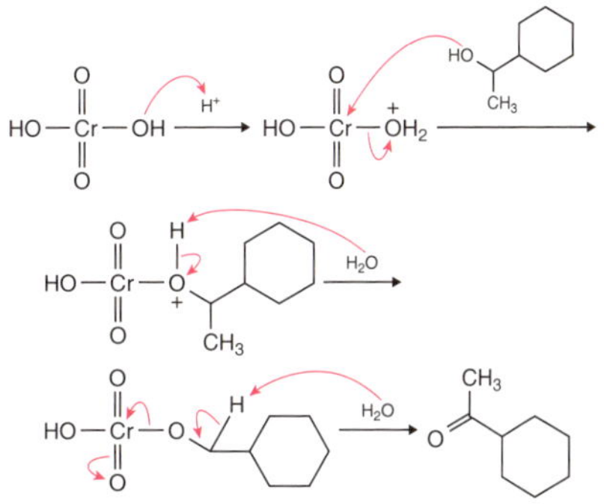

# 11章　エーテル・エポキシド・チオール・スルフィドの反応

## 56 エーテルの開裂（HI）

解法：まずエーテルの O 原子がプロトン化される．二つのアルキル基の級数が違う場合は，より級数の大きなアルキル基がカルボカチオンになり，ヨウ化物イオンと結合する．ともに第一級アルキル基の場合は，カルボカチオンは生成せず，より立体的に混み合っていないアルキル基がヨウ化物イオンの求核攻撃を受ける．

(484) $CH_3-O-CH_3$ $\xrightarrow{H^+}$ $CH_3-\overset{+}{\underset{H}{O}}-CH_3$ $\xrightarrow{I^-}$

$CH_3-OH + CH_3-I$

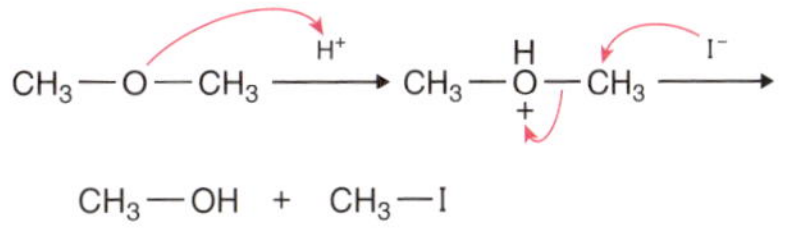

(485) $C_2H_5-O-C_2H_5$ $\xrightarrow{H^+}$ $CH_3-CH_2-\overset{+}{\underset{H}{O}}-CH_2-CH_3$ $\xrightarrow{I^-}$

$CH_3-CH_2-OH + CH_3-CH_2-I$

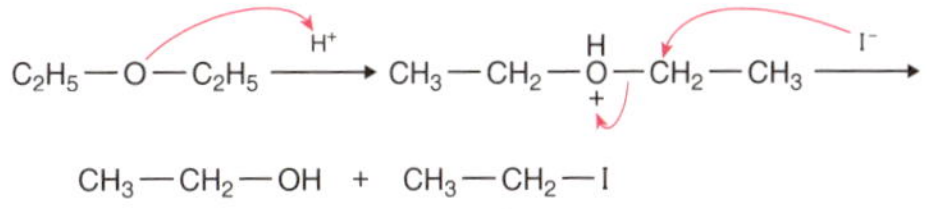

(486) $C_2H_5-O-CH_3$ $\xrightarrow{H^+}$ $CH_3-CH_2-\overset{+}{\underset{H}{O}}-CH_3$ $\xrightarrow{I^-}$

$CH_3-CH_2-OH + CH_3-I$

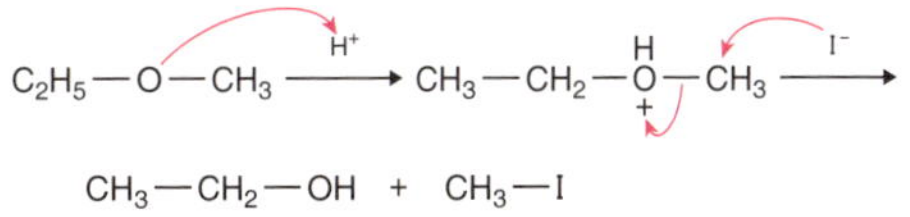

(487)

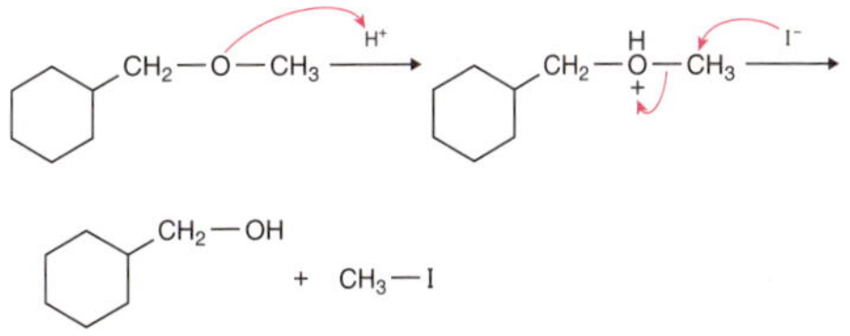

$\xrightarrow{H^+}$ ... $\xrightarrow{I^-}$

$+ CH_3-I$

(488) $CH_3-O-CH(CH_3)_2$ $\xrightarrow{H^+}$ $CH_3-\overset{+}{\underset{H}{O}}-CH(CH_3)_2$ $\longrightarrow$

$CH_3-OH + CH(CH_3)_2$ $\longrightarrow$ $CH_3-OH + I-CH(CH_3)_2$

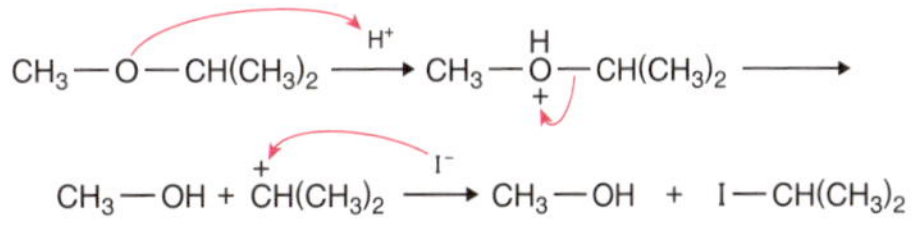

(489) $C_2H_5-O-C(CH_3)_3$ $\xrightarrow{H^+}$ $C_2H_5-\overset{+}{\underset{H}{O}}-C(CH_3)_3$ $\longrightarrow$

$C_2H_5-OH + \overset{+}{C}(CH_3)_3$ $\longrightarrow$ $C_2H_5-OH + I-C(CH_3)_3$

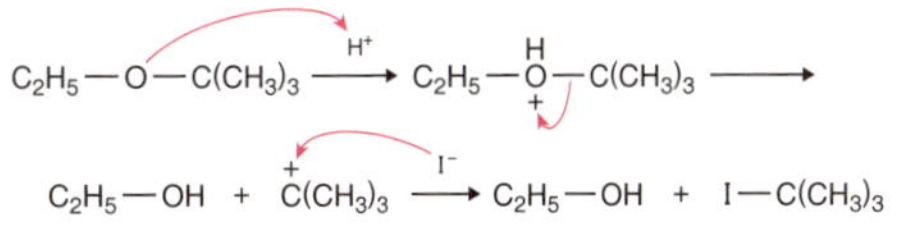

(490) $C_2H_5-O-CH(CH_3)_2 \xrightarrow{H^+} C_2H_5-\overset{+}{O}-CH(CH_3)_2 \longrightarrow$

$C_2H_5-OH + \overset{+}{C}H(CH_3)_2 \xrightarrow{\ I^-\ } C_2H_5-OH + I-CH(CH_3)_2$

(491) $CH_3CH_2CH_2-O-\text{〈cyclohexyl〉} \xrightarrow{H^+} CH_3CH_2CH_2-\overset{+}{O}-\text{〈cyclohexyl〉} \longrightarrow$

$CH_3CH_2CH_2-OH + \text{〈cyclohexyl}^+\text{〉} \xrightarrow{\ I^-\ } CH_3CH_2CH_2-OH + I-\text{〈cyclohexyl〉}$

## 57 エポキシドの開環（酸性条件）

**解法**：エポキシドの O 原子がプロトン化され，アルコールがエポキシド炭素を求核攻撃する．アルコールの攻撃できる箇所が二種類ある場合は，より安定なカルボカチオンを経由すると考えられる経路が優先される．

(492)

$HO-CH_2-CH_2-O-CH_3$

(493)

$HO-CH_2-CH-\overset{H}{\underset{+}{O}}-CH_3 \xrightarrow{CH_3OH} HO-CH_2-CH-O-CH_3$ (with CH₃ branch)

(494)

$HO-CH_2-\overset{CH_3}{\underset{CH_3}{C}}-\overset{H}{\underset{+}{O}}-CH_3 \xrightarrow{CH_3OH} HO-CH_2-\overset{CH_3}{\underset{CH_3}{C}}-O-CH_3$

## 58 エポキシドの開環（塩基性条件）

**解法**：求核性の大きいアルコキシドがエポキシド炭素を攻撃する．アルコキシドが攻撃する箇所が二種類ある場合は，より立体的に混み合っていない経路が優先される．

(495) $\xrightarrow{CH_3O^-} CH_3O-CH_2-CH_2-O^- \xrightarrow{H^+}$

$CH_3O-CH_2-CH_2-OH$

(496) $\xrightarrow{CH_3O^-} CH_3O-CH_2-\overset{CH_3}{CH}-O^- \xrightarrow{H^+}$

$CH_3O-CH_2-\overset{CH_3}{CH}-OH$

(497) $\xrightarrow{CH_3O^-} CH_3O-CH_2-\overset{CH_3}{\underset{CH_3}{C}}-O^- \xrightarrow{H^+}$

$CH_3O-CH_2-\overset{CH_3}{\underset{CH_3}{C}}-OH$

## 59 チオールからのスルフィド生成

**解法**：強塩基によりチオールが脱プロトン化される．負電荷をもつ求核種がハロゲン化アルキルの C 原子を求核攻撃する．これによってスルフィドが生成する．

(498) $CH_3S-H \xrightarrow{CH_3O^-} CH_3S^- \xrightarrow{CH_3-Br} CH_3-S-CH_3$

(499) $CH_3S-H \xrightarrow{CH_3O^-} CH_3S^- \xrightarrow{CH_3-I} CH_3-S-CH_3$

(500) $CH_3CH_2S-H \xrightarrow{CH_3O^-} CH_3CH_2S^- \xrightarrow{CH_3-Br} CH_3CH_2S-CH_3$

(501) $(CH_3)_2CHS-H \xrightarrow{CH_3O^-} (CH_3)_2CHS^- \xrightarrow{CH_3CH_2-I}$

$(CH_3)_2CHS-C_2H_5$

(502) $\text{〈cyclohexyl〉}-S-H \xrightarrow{CH_3O^-} \text{〈cyclohexyl〉}-S^- \xrightarrow{CH_3-Br} \text{〈cyclohexyl〉}-S-CH_3$

(503) $\text{〈cyclopentyl〉}-S-H \xrightarrow{CH_3O^-} \text{〈cyclopentyl〉}-S^- \xrightarrow{CH_3-Br} \text{〈cyclopentyl〉}-S-CH_3$

## 60 スルフィドからのスルホニウムイオン生成

**解法**：スルフィドの S 原子は孤立電子対をもつ．電子豊富な S 原子が，ハロゲン化アルキルなどの電子不足な C 原子を攻撃する．結合を 3 本もつ S 原子は正電荷をもち，スルホニウム塩を与える．

(504) $CH_3-S-CH_3 \xrightarrow{CH_3-Br} CH_3-\overset{+}{\underset{CH_3}{S}}-CH_3 \quad Br^-$

(505) $CH_3-S-CH_3 \xrightarrow{CH_3-OTf} CH_3-\overset{+}{\underset{CH_3}{S}}-CH_3 \quad TfO^-$

(506) $C_2H_5-S-CH_3$ → (with $CH_3-Br$) → $C_2H_5-\overset{+}{S}-CH_3$ $\quad$ $Br^-$
$\qquad\qquad\qquad\qquad\qquad\quad\underset{CH_3}{|}$

(507) $(CH_3)_2CH-S-C_2H_5$ → (with $CH_3-OTf$) → $(CH_3)_2CH-\overset{+}{S}-CH_3$ $\quad$ $TfO^-$
$\qquad\qquad\qquad\qquad\qquad\qquad\qquad\quad\underset{C_2H_5}{|}$

(508) $(CH_3)_2CH-S-CH_3$ → (with $CH_3-Br$) → $(CH_3)_2CH-\overset{+}{S}-CH_3$ $\quad$ $Br^-$
$\qquad\qquad\qquad\qquad\qquad\qquad\qquad\underset{CH_3}{|}$

(509) [cyclohexyl]—SCH₃ → (with $CH_3-Br$) → [cyclohexyl]—$\overset{+}{S}(CH_3)_2$ $\quad$ $Br^-$

(510) [cyclopentyl]—SCH₃ → (with $CH_3-Br$) → [cyclopentyl]—$\overset{+}{S}(CH_3)_2$ $\quad$ $Br^-$

(511) [cyclopentyl]—S—[cyclopentyl] → (with $CH_3-Br$) → [cyclopentyl]—$\overset{CH_3}{\underset{+}{S}}$—[cyclopentyl] $\quad$ $Br^-$

## 61 エポキシドの開環（有機リチウム試薬）

**解法**：Li 原子に結合した C 原子は電子豊富になる．アルキル基が求核体として，エポキシド炭素を攻撃する．アルキル基が攻撃する箇所が二種類ある場合は，より立体的に混み合っていないルートが優先される．

(512) [epoxide] → (with $CH_3-Li$) → $CH_3-CH_2-CH_2-O^-$ → (with $H^+$) →
$\qquad$ $CH_3-CH_2-CH_2-OH$

(513) [epoxide]—$CH_3$ → (with $CH_3-Li$) → $CH_3-CH_2-\overset{CH_3}{\underset{}{CH}}-O^-$ → (with $H^+$) →
$\qquad$ $CH_3-CH_2-\overset{CH_3}{\underset{}{CH}}-OH$

(514) [epoxide]$\overset{CH_3}{\underset{CH_3}{}}$ → (with $CH_3-Li$) → $CH_3-CH_2-\overset{CH_3}{\underset{CH_3}{C}}-O^-$ → (with $H^+$) →
$\qquad$ $CH_3-CH_2-\overset{CH_3}{\underset{CH_3}{C}}-OH$

## 62 エポキシドの開環（Grignard 試薬）

**解法**：電気陰性度の小さな Mg 原子に結合した C 原子は電子豊富になる．アルキル基が求核体として，エポキシド炭素を攻撃する．アルキル基が攻撃する箇所が二種類ある場合は，より立体的に混み合っていないルートが優先される．

(515) [epoxide] → (with $CH_3-MgBr$) → $CH_3-CH_2-CH_2-O^-$ → (with $H^+$) →
$\qquad$ $CH_3-CH_2-CH_2-OH$

(516) [epoxide]—$CH_3$ → (with $CH_3-MgBr$) → $CH_3-CH_2-\overset{CH_3}{\underset{}{CH}}-O^-$ → (with $H^+$) →
$\qquad$ $CH_3-CH_2-\overset{CH_3}{\underset{}{CH}}-OH$

(517) [epoxide]$\overset{CH_3}{\underset{CH_3}{}}$ → (with $CH_3-MgBr$) → $CH_3-CH_2-\overset{CH_3}{\underset{CH_3}{C}}-O^-$ → (with $H^+$) →
$\qquad$ $CH_3-CH_2-\overset{CH_3}{\underset{CH_3}{C}}-OH$

(518) [epoxide] → (with $C_6H_5-MgBr$) → $C_6H_5-CH_2-CH_2-O^-$ → (with $H^+$) →
$\qquad$ $C_6H_5-CH_2-CH_2-OH$

(519) [epoxide]—$CH_3$ → (with $C_6H_5-MgBr$) → $C_6H_5-CH_2-\overset{CH_3}{\underset{}{CH}}-O^-$ → (with $H^+$) →
$\qquad$ $C_6H_5-CH_2-\overset{CH_3}{\underset{}{CH}}-OH$

(520) [epoxide]$\overset{CH_3}{\underset{CH_3}{}}$ → (with $C_6H_5-MgBr$) → $C_6H_5-CH_2-\overset{CH_3}{\underset{CH_3}{C}}-O^-$ → (with $H^+$) →
$\qquad$ $C_6H_5-CH_2-\overset{CH_3}{\underset{CH_3}{C}}-OH$

## 63 発展問題

(521) $CH_3CH_2CH_2-O-CH_3$ → (with $HI$) → $CH_3-CH_2-CH_2-\overset{H}{\underset{+}{O}}-CH_3$ → (with $I^-$) →
$\qquad$ $CH_3-CH_2-CH_2-OH + CH_3-I$

(522) [phenyl]—O—[cyclohexyl] → (with $HI$) → [phenyl]—$\overset{H}{\underset{+}{O}}$—[cyclohexyl] →
$\qquad$ [phenyl]—$\overset{+}{O}H$ + [cyclohexyl]$^+$ + $I^-$ → [phenyl]—OH + I—[cyclohexyl]

— 29 —

(523)

$H_3C$-epoxide-$(CH_3)_2$ $\xrightarrow{H^+}$ 〔protonated epoxide〕 $\xrightarrow{CH_3OH}$

$HO-CH(CH_3)-C(CH_3)(H)-\overset{+}{O}-CH_3$ $\xrightarrow{CH_3OH}$ $HO-CH(CH_3)-C(CH_3)_2-O-CH_3$

(524)

$H_3C$-epoxide-$(CH_3)_2$ $\xrightarrow{CH_3O^-}$ $CH_3O-CH(CH_3)-C(CH_3)_2-O^-$ $\xrightarrow{H^+}$

$CH_3O-CH(CH_3)-C(CH_3)_2-OH$

(525)

$(CH_3)_2CHS-H$ $\xrightarrow{CH_3O^-}$ $(CH_3)_2CHS^-$ $\xrightarrow{CH_3CH_2-Br}$

$(CH_3)_2CHS-C_2H_5$

(526)

cyclopentyl-$S-H$ $\xrightarrow{CH_3O^-}$ cyclopentyl-$S^-$ $\xrightarrow{CH_3-I}$ cyclopentyl-$S-CH_3$

(527)

$H_3C$-epoxide-$(CH_3)_2$ $\xrightarrow{CH_3-Li}$ $CH_3-CH(CH_3)-C(CH_3)_2-O^-$ $\xrightarrow{H^+}$

$CH_3-CH(CH_3)-C(CH_3)_2-OH$

(528)

$H_3C$-epoxide-$(CH_3)_2$ $\xrightarrow{CH_3-MgBr}$ $CH_3-CH(CH_3)-C(CH_3)_2-O^-$ $\xrightarrow{H^+}$

$CH_3-CH(CH_3)-C(CH_3)_2-OH$

(529)

$H_3C$-epoxide-$(CH_3)_2$ $\xrightarrow{C_6H_5-MgBr}$ $C_6H_5-CH(CH_3)-C(CH_3)_2-O^-$ $\xrightarrow{H^+}$

$C_6H_5-CH(CH_3)-C(CH_3)_2-OH$

# 12章 カルボニル基上での置換反応

## 64 塩化アシルとアルコールの反応によるエステルの生成

**解法**：カルボニル基のC原子が電子不足になっている．アルコール分子が求核攻撃して，カルボニル基のπ結合の電子対がO原子上に移動する．脱離の容易な塩化物イオンが取れ，カルボニル基が再生する．アルコールと塩化物イオンの入れ替わりは同時に起こらないことに注意しよう．

(530)

$H_3C-\overset{O}{\underset{||}{C}}-Cl$ $\xrightarrow{CH_3OH}$ $H_3C-\overset{O^-}{\underset{|}{C}}(Cl)-\overset{+}{O}(CH_3)-H$ $\xrightarrow{B^-}$ $H_3C-\overset{O^-}{\underset{|}{C}}(Cl)-O-CH_3$

$\longrightarrow$ $H_3C-\overset{O}{\underset{||}{C}}-OCH_3 + Cl^-$

(531)

$H_3C-\overset{O}{\underset{||}{C}}-Cl$ $\xrightarrow{CH_3O^-}$ $H_3C-\overset{O^-}{\underset{|}{C}}(Cl)-O-CH_3$ $\longrightarrow$ $H_3C-\overset{O}{\underset{||}{C}}-OCH_3 + Cl^-$

(532)

$C_2H_5-\overset{O}{\underset{||}{C}}-Cl$ $\xrightarrow{CH_3OH}$ $C_2H_5-\overset{O^-}{\underset{|}{C}}(Cl)-\overset{+}{O}(CH_3)-H$ $\xrightarrow{B^-}$ $C_2H_5-\overset{O^-}{\underset{|}{C}}(Cl)-O-CH_3$

$\longrightarrow$ $C_2H_5-\overset{O}{\underset{||}{C}}-OCH_3 + Cl^-$

(533)

$C_2H_5-\overset{O}{\underset{||}{C}}-Cl$ $\xrightarrow{CH_3O^-}$ $C_2H_5-\overset{O^-}{\underset{|}{C}}(Cl)-O-CH_3$ $\longrightarrow$ $C_2H_5-\overset{O}{\underset{||}{C}}-OCH_3 + Cl^-$

(534)

$Ph-\overset{O}{\underset{||}{C}}-Cl$ $\xrightarrow{CH_3OH}$ $Ph-\overset{O^-}{\underset{|}{C}}(Cl)-\overset{+}{O}(CH_3)-H$ $\xrightarrow{B^-}$ $Ph-\overset{O^-}{\underset{|}{C}}(Cl)-O-CH_3$

$\longrightarrow$ $Ph-\overset{O}{\underset{||}{C}}-OCH_3 + Cl^-$

(535)

$Ph-\overset{O}{\underset{||}{C}}-Cl$ $\xrightarrow{CH_3O^-}$ $Ph-\overset{O^-}{\underset{|}{C}}(Cl)-O-CH_3$ $\longrightarrow$ $Ph-\overset{O}{\underset{||}{C}}-OCH_3 + Cl^-$

(536)

$H_3C-\overset{O}{\underset{||}{C}}-Cl$ $\xrightarrow{C_2H_5OH}$ $H_3C-\overset{O^-}{\underset{|}{C}}(Cl)-\overset{+}{O}(C_2H_5)-H$ $\xrightarrow{B^-}$ $H_3C-\overset{O^-}{\underset{|}{C}}(Cl)-O-C_2H_5$

$\longrightarrow$ $H_3C-\overset{O}{\underset{||}{C}}-OC_2H_5 + Cl^-$

(537)

$H_3C-\overset{O}{\underset{||}{C}}-Cl$ $\xrightarrow{C_2H_5O^-}$ $H_3C-\overset{O^-}{\underset{|}{C}}(Cl)-O-C_2H_5$ $\longrightarrow$ $H_3C-\overset{O}{\underset{||}{C}}-OC_2H_5 + Cl^-$

(538)

$C_2H_5-\overset{O}{\underset{||}{C}}-Cl$ $\xrightarrow{C_2H_5OH}$ $C_2H_5-\overset{O^-}{\underset{|}{C}}(Cl)-\overset{+}{O}(C_2H_5)-H$ $\xrightarrow{B^-}$ $C_2H_5-\overset{O^-}{\underset{|}{C}}(Cl)-O-C_2H_5$

$\longrightarrow$ $C_2H_5-\overset{O}{\underset{||}{C}}-OC_2H_5 + Cl^-$

(539)

$C_2H_5-\overset{O}{\underset{||}{C}}-Cl$ $\xrightarrow{C_2H_5O^-}$ $C_2H_5-\overset{O^-}{\underset{|}{C}}(Cl)-O-C_2H_5$ $\longrightarrow$ $C_2H_5-\overset{O}{\underset{||}{C}}-OC_2H_5 + Cl^-$

## 65 塩化アシルとカルボン酸の反応による酸無水物の生成

**解法**：電子不足のカルボニル炭素にカルボン酸分子が求核攻撃し，カルボニル基のπ結合の電子対がO原子上に移動する．脱離の容易な塩化物イオンが取れ，カルボニル基が再生する．カルボン酸と塩化物イオンの入れ替わりは同時に起こらないことに注意．

(540)

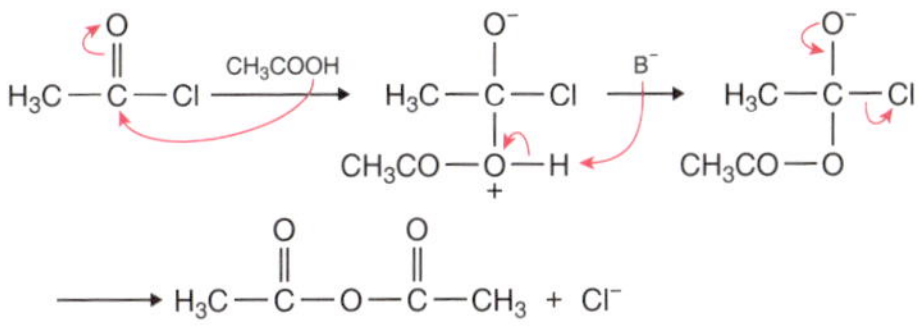

(541)

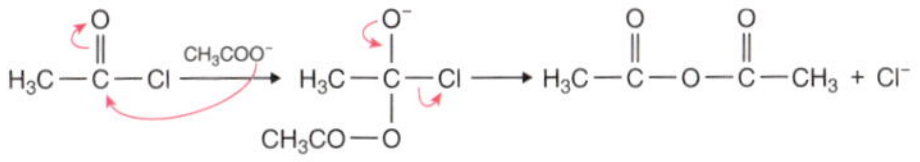

(542)

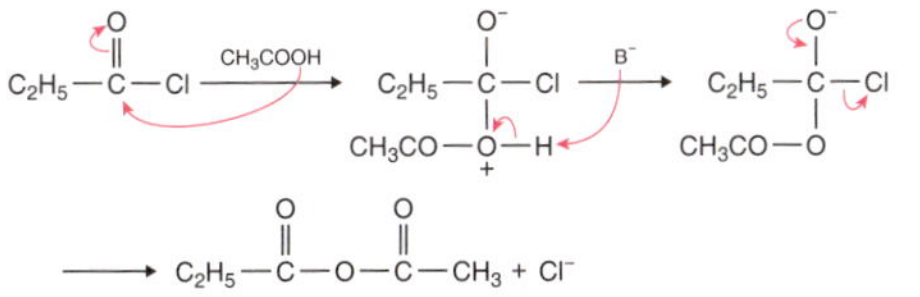

(543)

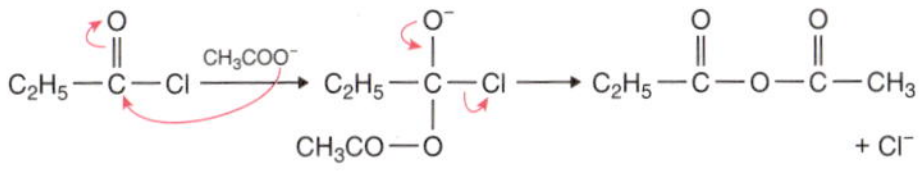

(544)

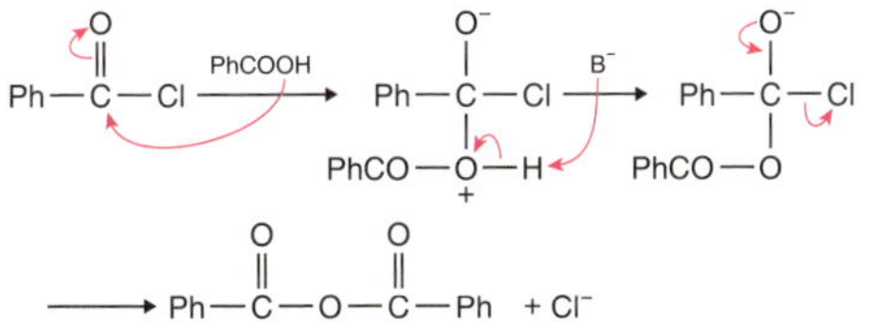

(545)

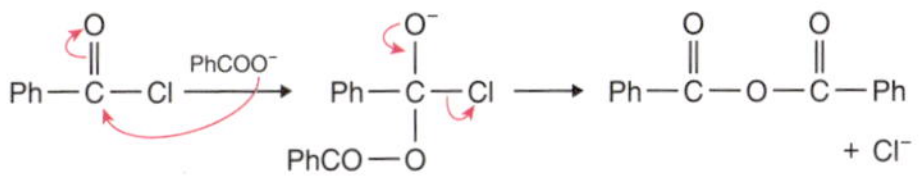

(546)

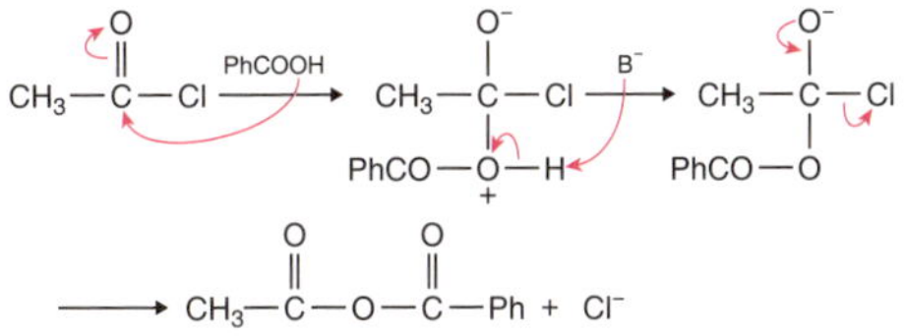

(547)

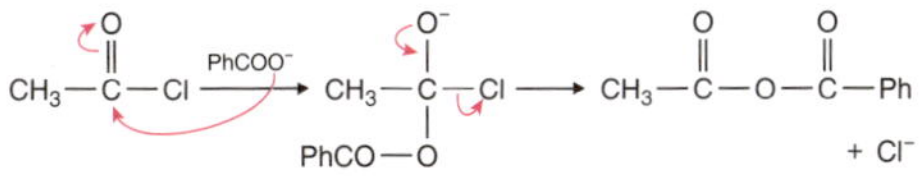

(548)

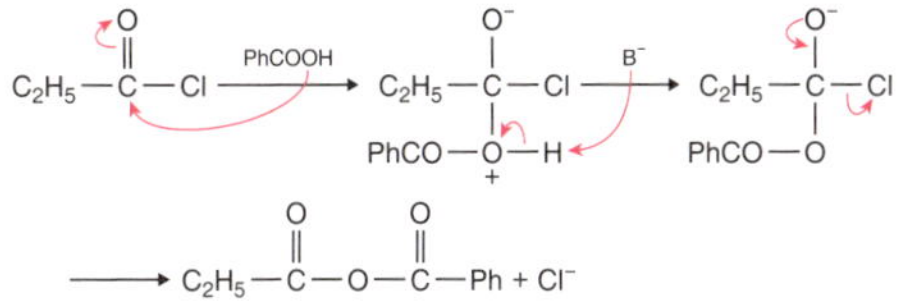

(549)

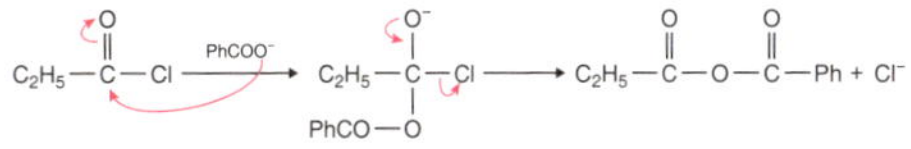

## 66 塩化アシルとアミンの反応によるアミドの生成

**解法**：電子不足のカルボニル炭素にアミン分子が求核攻撃し，カルボニル基のπ結合の電子対がO原子上に移動する．脱離の容易な塩化物イオンが取れ，カルボニル基が再生する．生成したH⁺を塩基としてトラップするために，過剰量のアミンを加える．

(550)

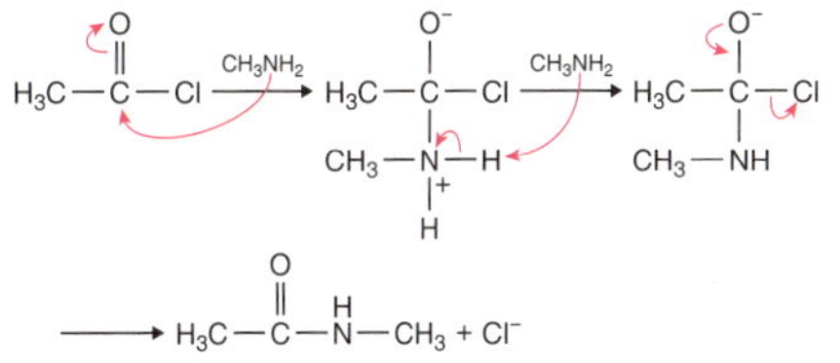

(551)

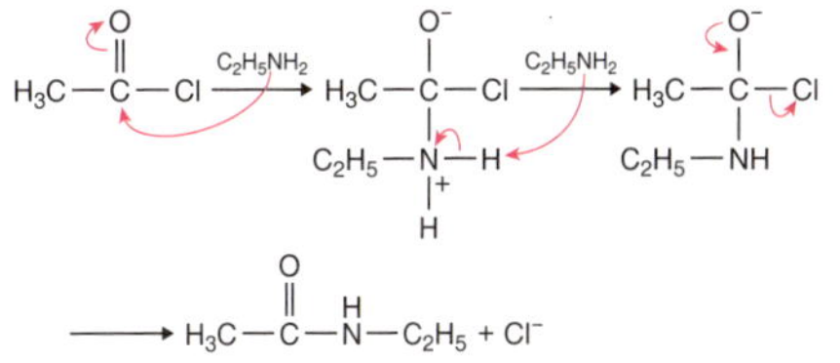

(552)

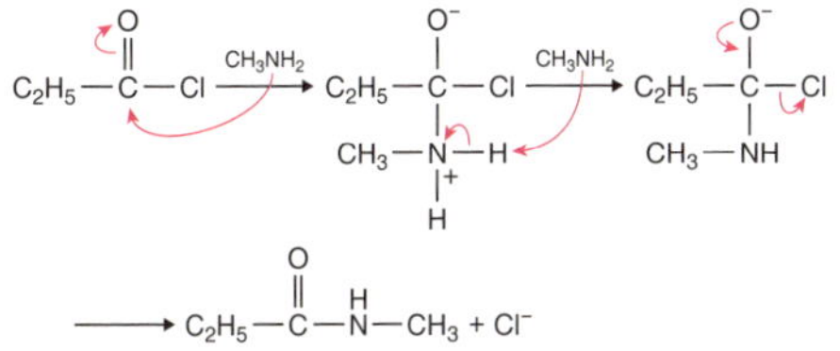

(553)

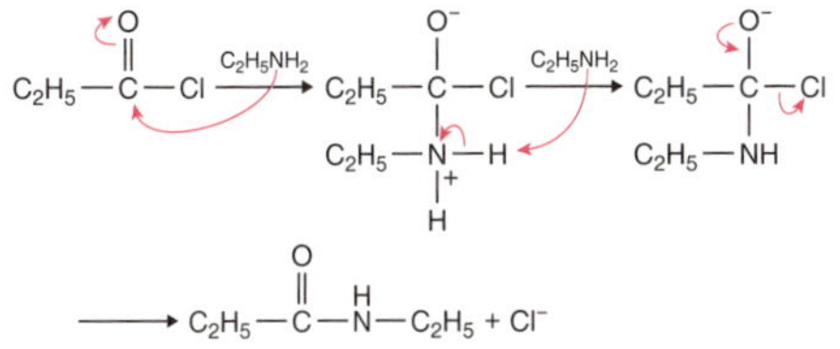

(554)

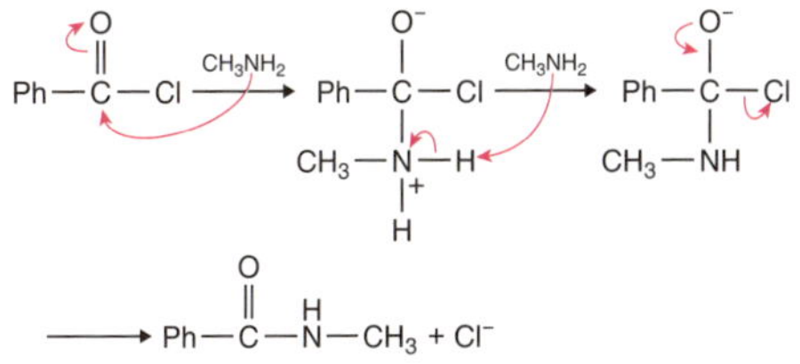

(555)

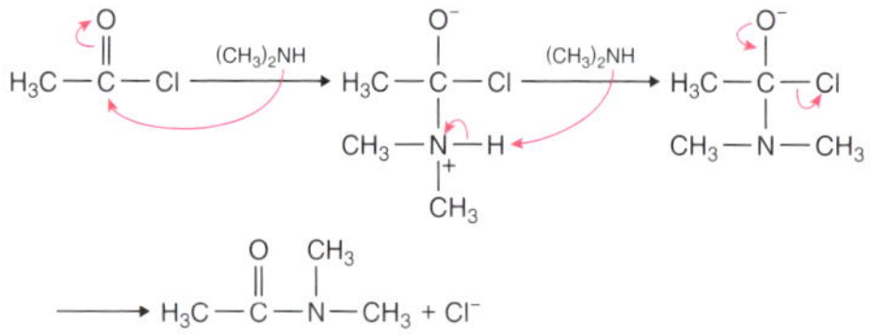

(556)

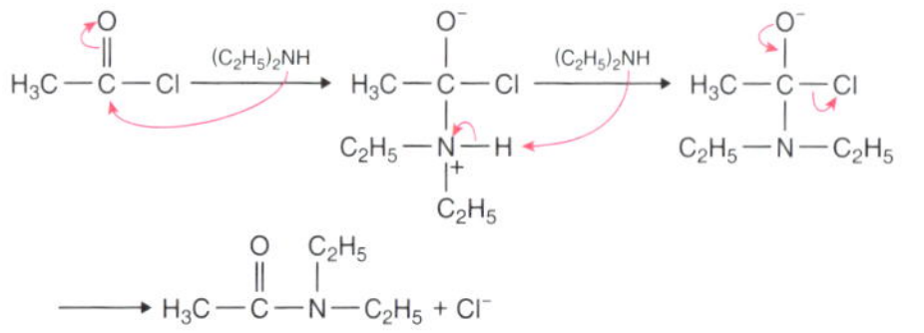

(557)

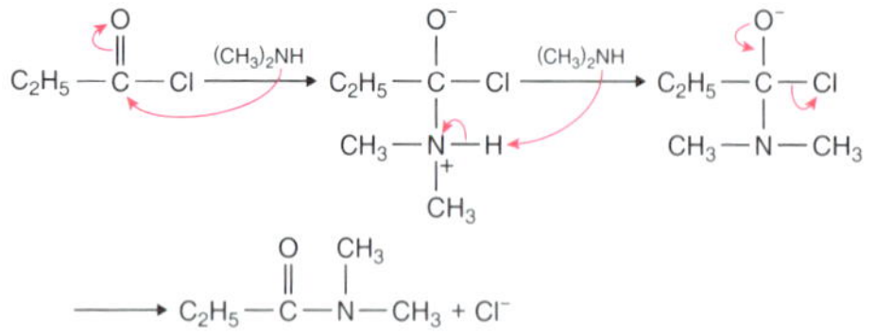

(558)

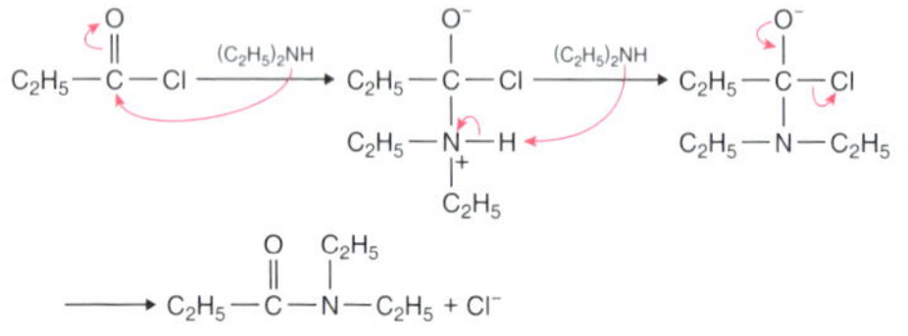

(559)

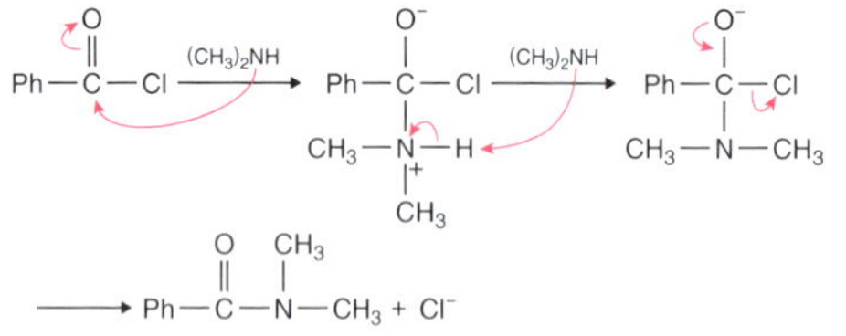

**67** 酸無水物とアルコールの反応によるエステルとカルボン酸の生成

**解法**：電子不足のカルボニル炭素にアルコール分子が求核攻撃し，カルボニル基の π 結合の電子対が O 原子上に移動する．脱離の容易なカルボキシレートイオンが脱離し，カルボニル基が再生する．アルコールとカルボキシレートイオンの入れ替わりは同時に起こらないことに注意．酸無水物の二つのアシル基は，片方でのみ反応が起こり，もう一方は脱離基の一部になる．

(560)

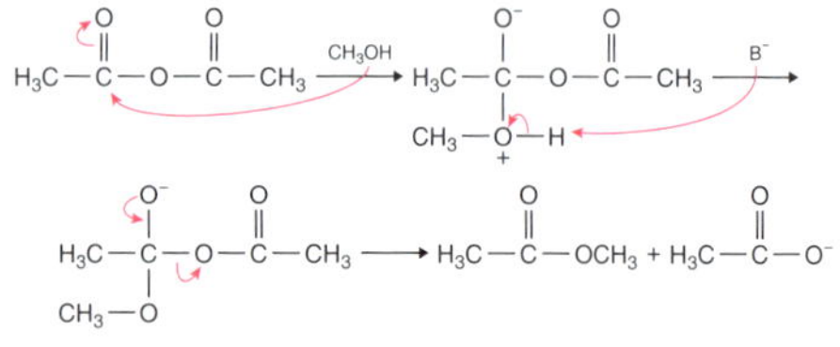

(561)

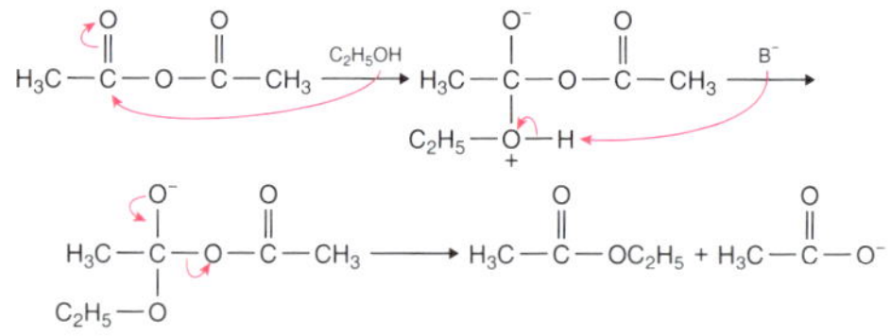

(562)

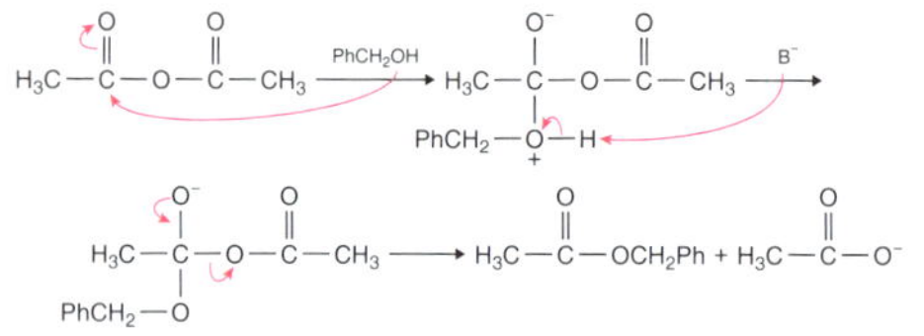

(563)

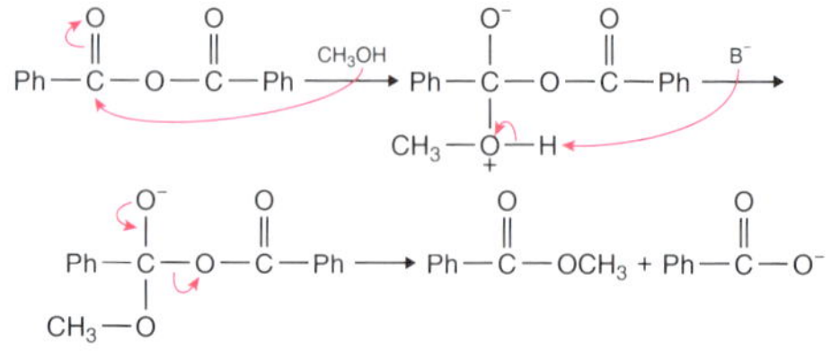

(564)

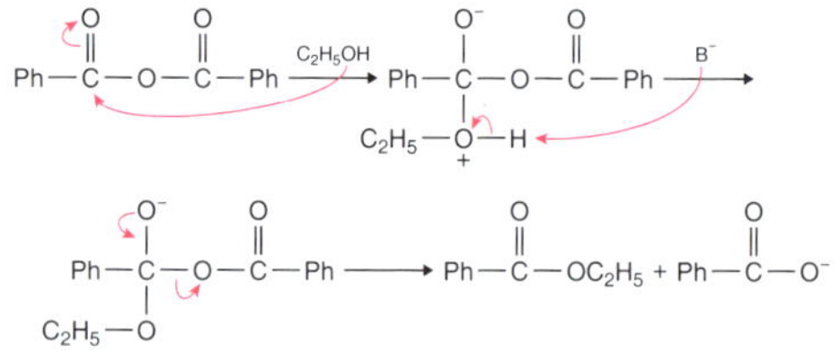

**68** 酸無水物と水の反応による二分子のカルボン酸の生成

**解法**：電子不足のカルボニル炭素に水分子が求核攻撃し，カルボニル基の π 結合の電子対が O 原子上に移動する．脱離の容易なカルボキシレートイオンが脱離し，カルボニル基が再生する．水分子とカルボキシレートイオンの入れ替わりは同時に起こらないことに注意．

(565)

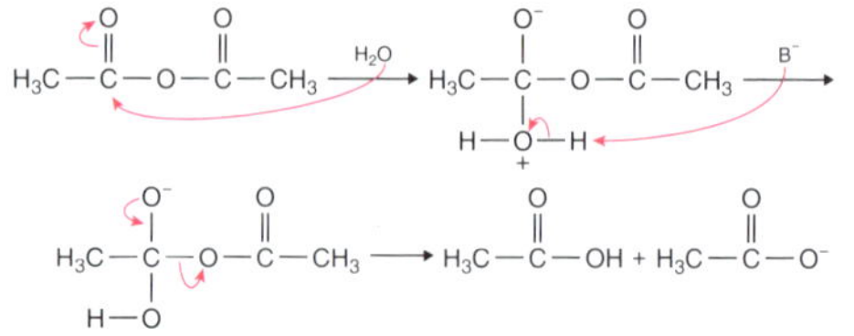

(566)

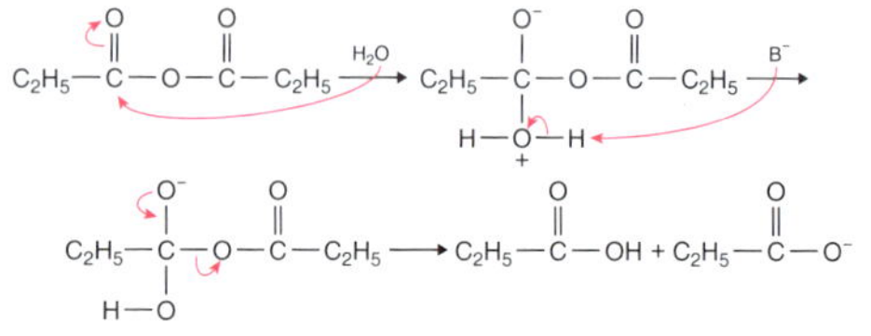

(567)

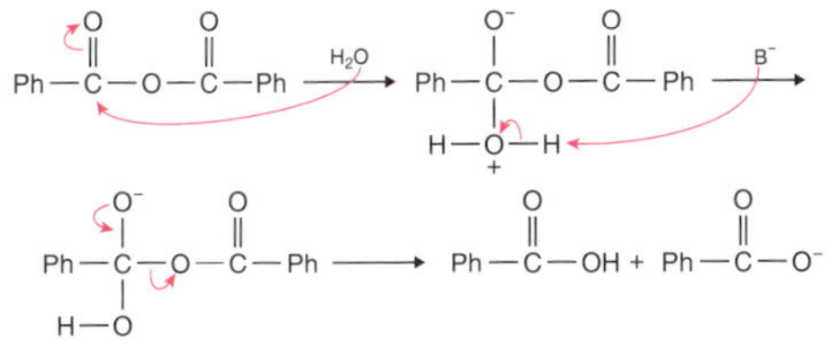

(568)

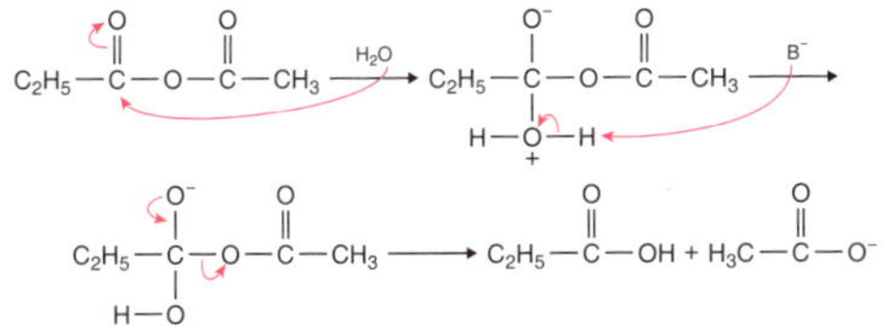

(569)

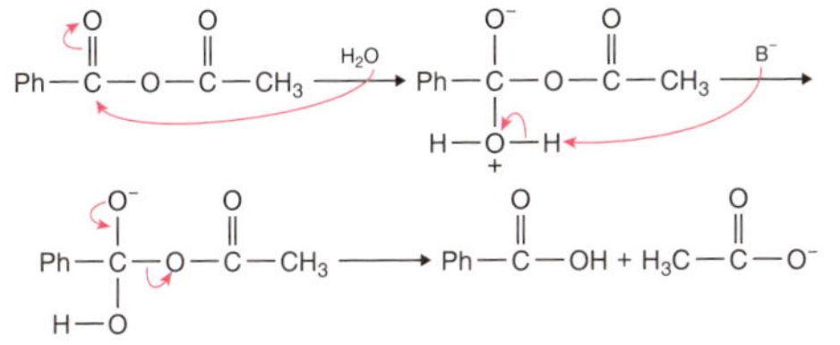

### 69 酸無水物とアミンの反応によるアミドとカルボン酸の生成

**解法**：電子不足のカルボニル炭素にアミン分子が求核攻撃し，カルボニル基の π 結合の電子対が O 原子上に移動する．脱離の容易なカルボキシレートイオンが取れ，カルボニル基が再生する．アミン分子とカルボキシレートイオンの入れ替わりは同時に起こらないことに注意．

(570)

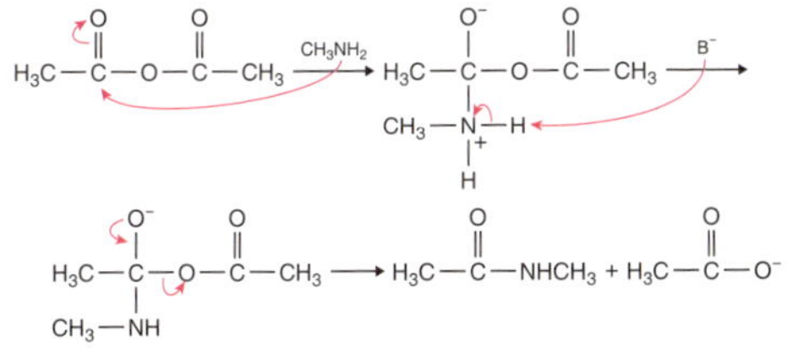

(571)

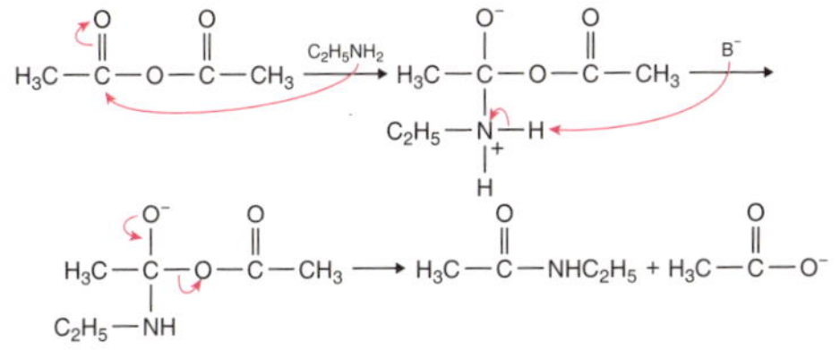

(572)

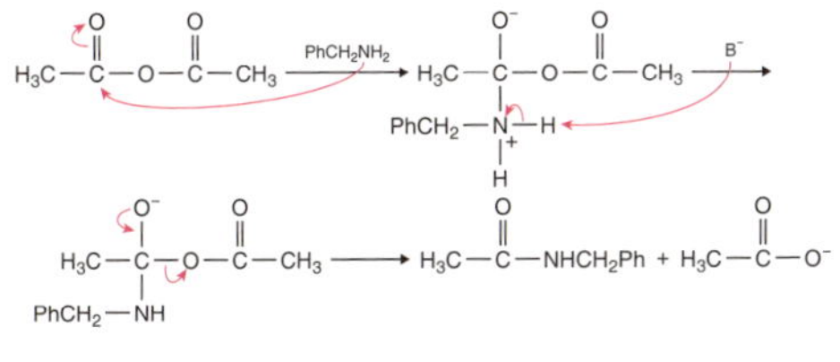

(573)

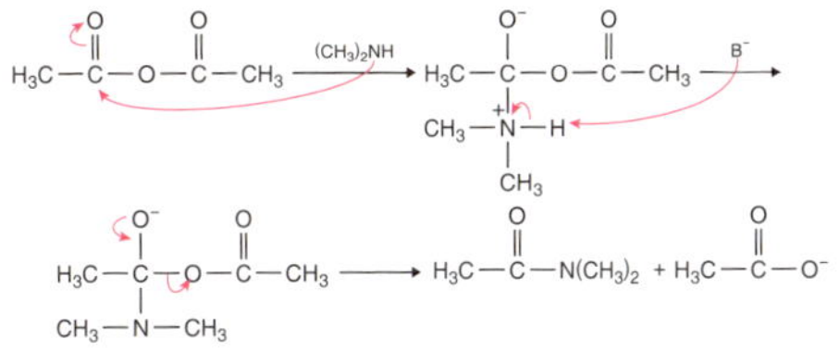

(574)

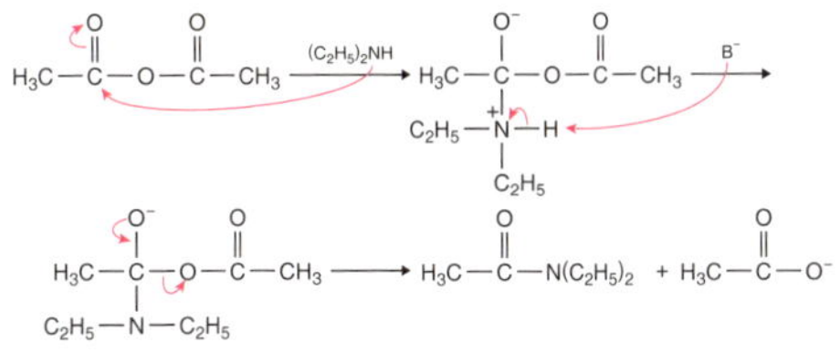

### 70 エステル加水分解（酸触媒）

**解法**：カルボニル酸素原子のプロトン化により，さらに電子不足になったカルボニル炭素に水分子が求核攻撃して，カルボニル基の π 結合の電子対が O 原子上に移動する．脱離の容易なアルコール分子が脱離し，カルボニル基が再生する．$H^+$ は最終段階で再生するので触媒量でよい．

(575)

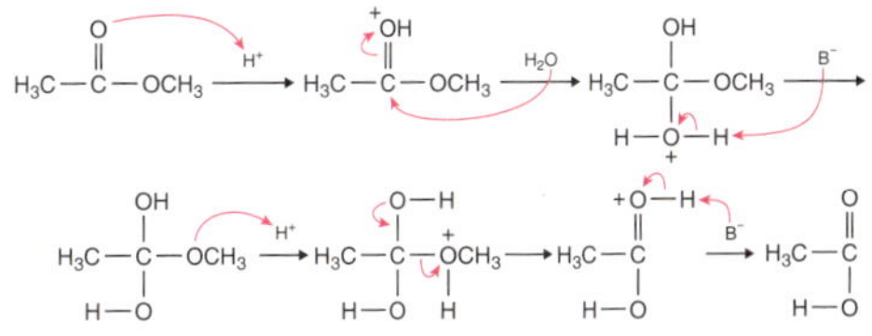

(576)

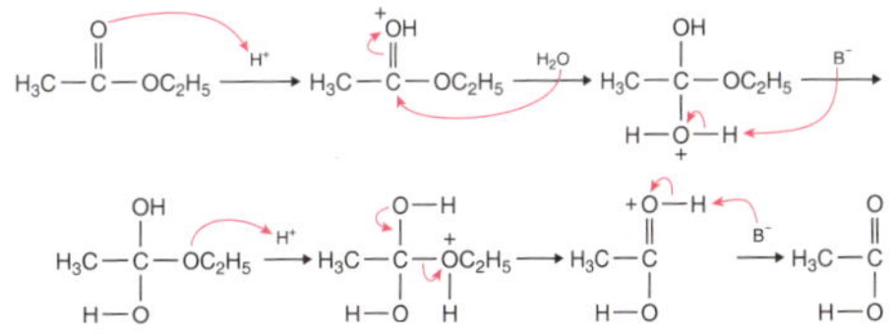

(577)

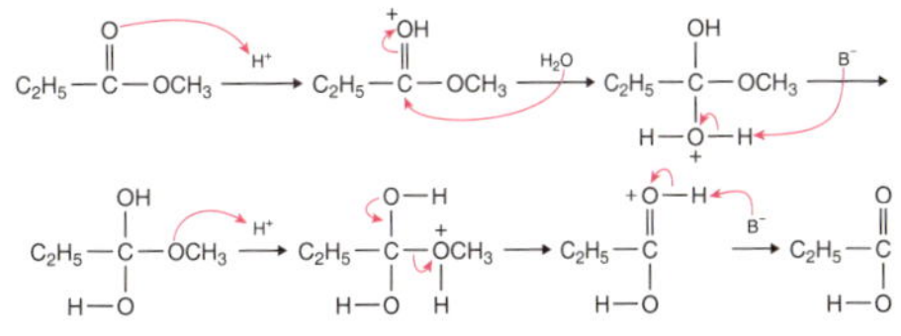

(578)

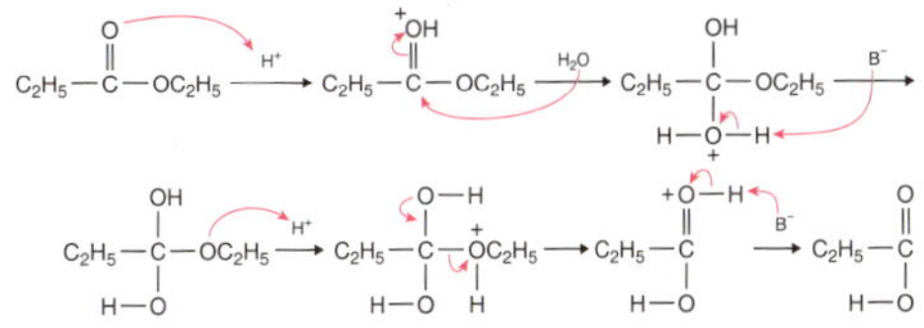

(579)

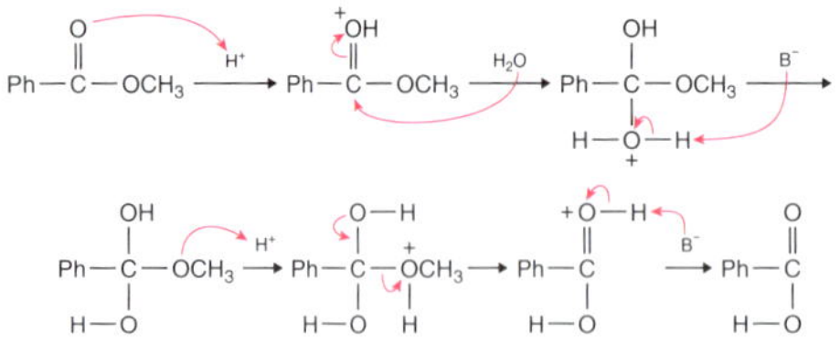

(580)

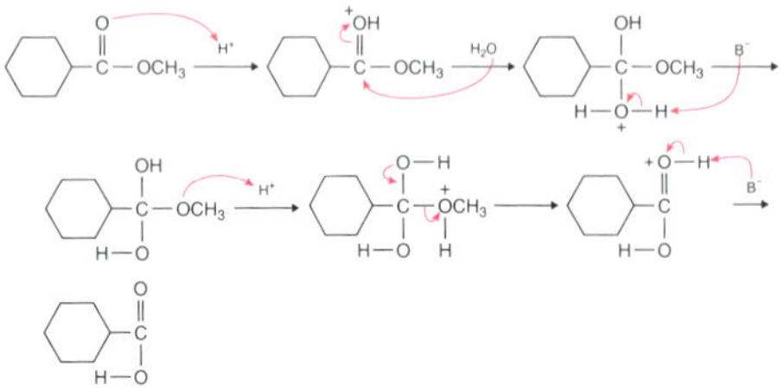

(581)

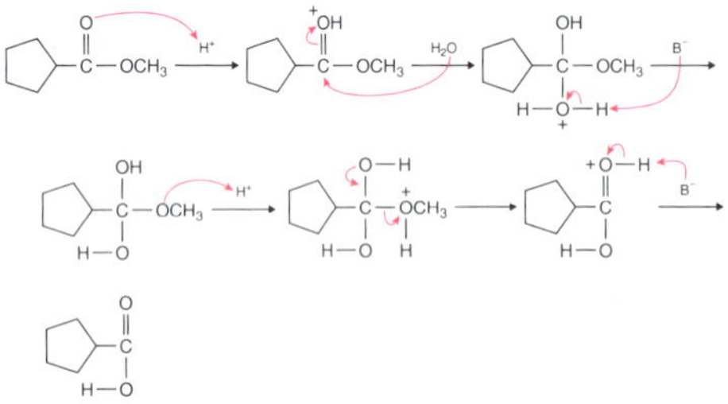

(582)

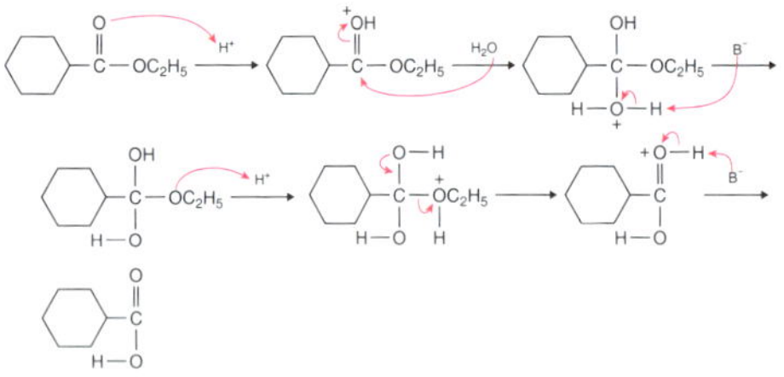

(583)

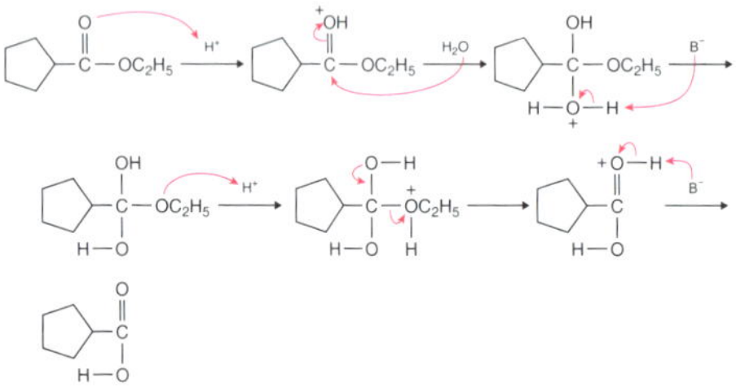

(584)

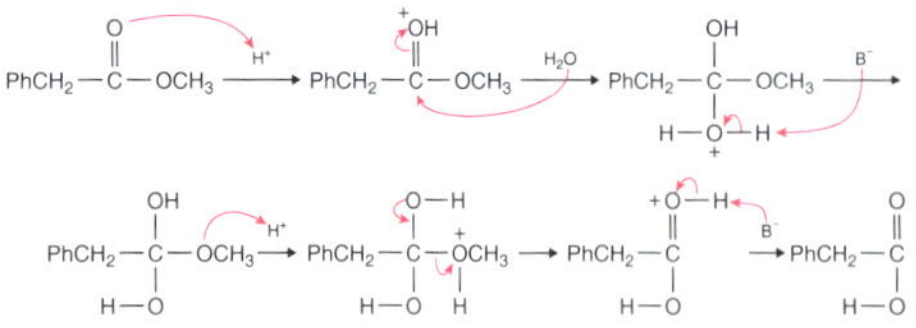

PhCH₂–C–OCH₃

## 71 エステル加水分解（塩基性条件）

**解法**：求核性の大きい OH⁻ が電子不足のカルボニル炭素を攻撃し，カルボニル基の π 結合の電子対が O 原子上に移動する．アルコキシドイオンが脱離し，カルボニル基が再生する．OH⁻ とアルコキシドイオンの入れ替わりは同時に起こらないことに注意．

(585)

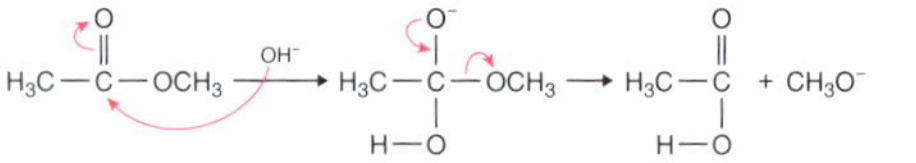

$H_3C–C–OCH_3 \xrightarrow{OH^-} H_3C–C–OCH_3 \longrightarrow H_3C–C + CH_3O^-$

(586)

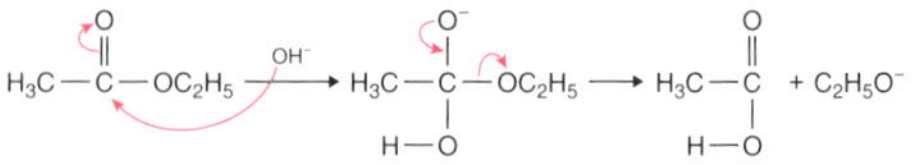

$H_3C–C–OC_2H_5 \xrightarrow{OH^-} H_3C–C–OC_2H_5 \longrightarrow H_3C–C + C_2H_5O^-$

(587)

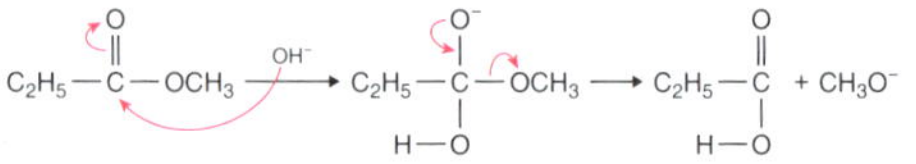

$C_2H_5–C–OCH_3 \xrightarrow{OH^-} C_2H_5–C–OCH_3 \longrightarrow C_2H_5–C + CH_3O^-$

(588)

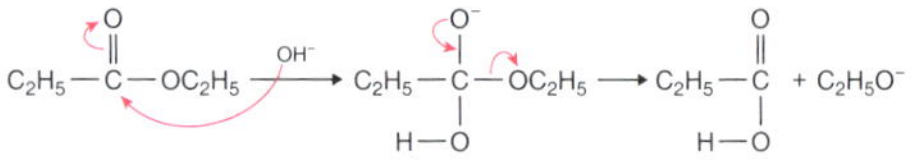

$C_2H_5–C–OC_2H_5 \xrightarrow{OH^-} C_2H_5–C–OC_2H_5 \longrightarrow C_2H_5–C + C_2H_5O^-$

(589)

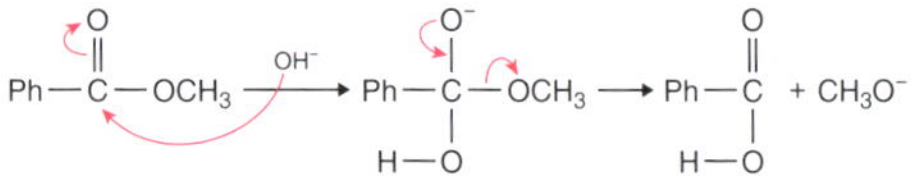

$Ph–C–OCH_3 \xrightarrow{OH^-} Ph–C–OCH_3 \longrightarrow Ph–C + CH_3O^-$

(590)

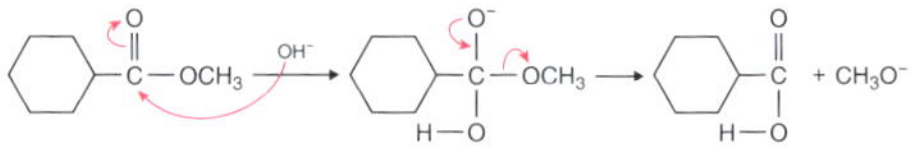

C–OCH₃ → C–OCH₃ → C + CH₃O⁻

(591)

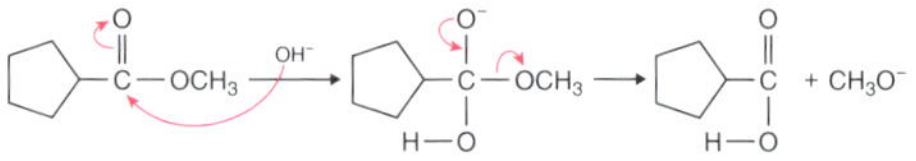

C–OCH₃ → C–OCH₃ → C + CH₃O⁻

(592)

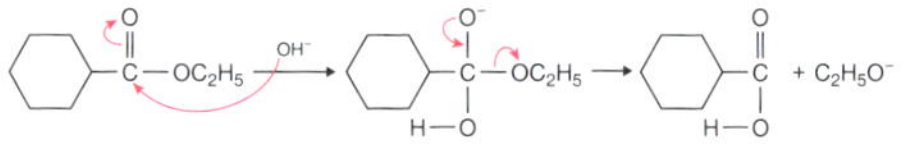

C–OC₂H₅ → C–OC₂H₅ → C + C₂H₅O⁻

(593)

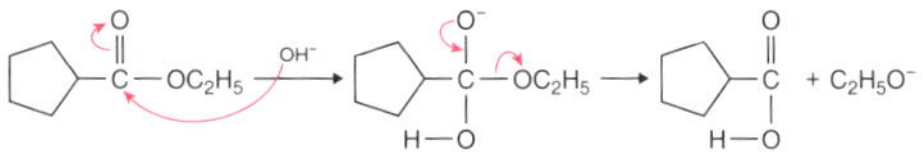

C–OC₂H₅ → C–OC₂H₅ → C + C₂H₅O⁻

(594)

$PhCH_2–C–OCH_3 \xrightarrow{OH^-} PhCH_2–C–OCH_3 \longrightarrow PhCH_2–C + CH_3O^-$

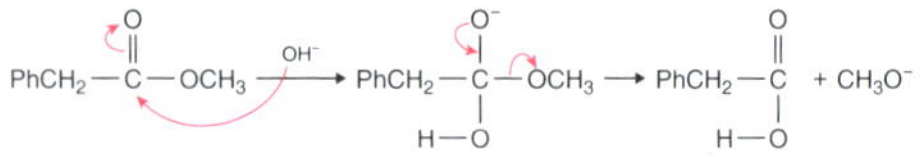

## 72 エステル交換（酸触媒）

**解法**：カルボニル酸素のプロトン化により，さらに電子不足になったカルボニル炭素にアルコール分子が求核攻撃し，カルボニル基の π 結合の電子対が O 原子上に移動する．脱離の容易なアルコール分子が脱離し，カルボニル基が再生する．H⁺ は最終段階で再生するので触媒量でよい．二種類のアルコールが入れ替わる過程をていねいに追いかけよう．

(595)

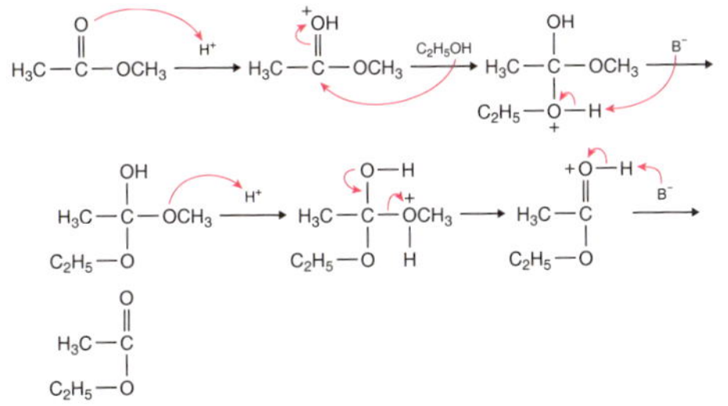

(596)

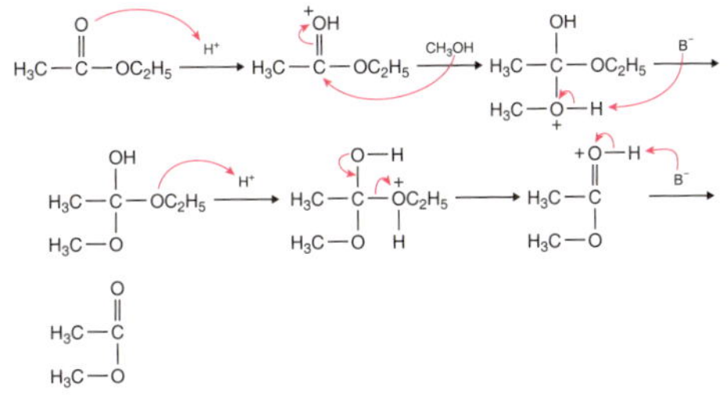

(597)

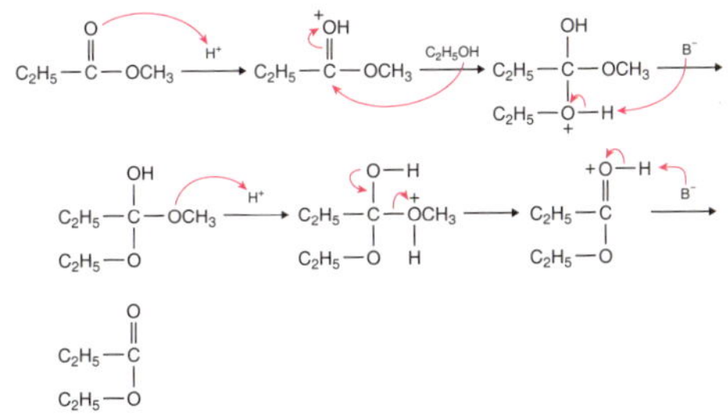

(598)

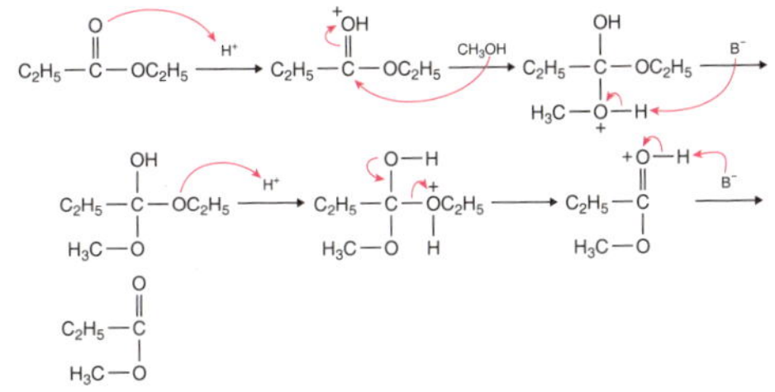

(599)

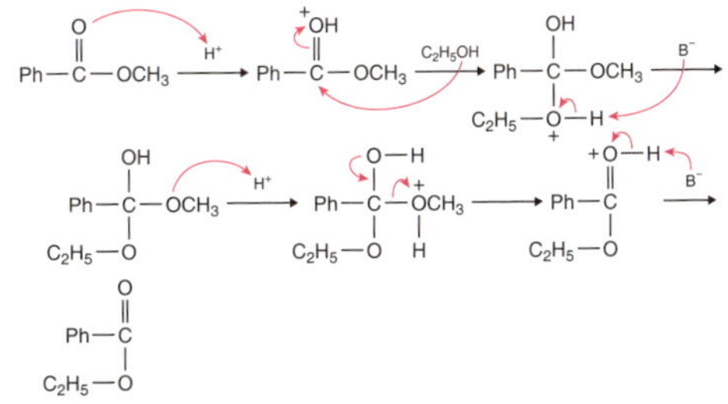

(600)

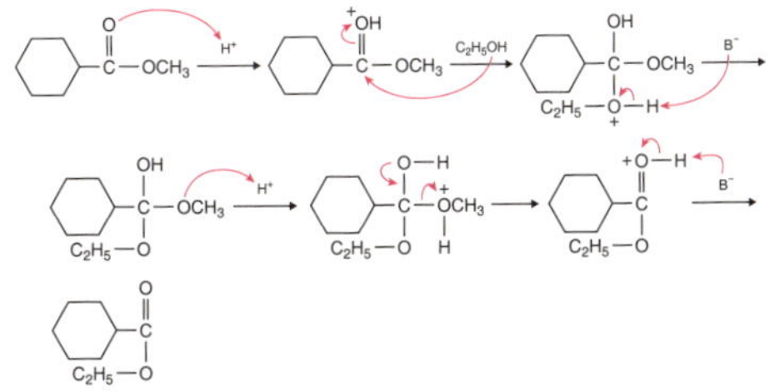

(601)

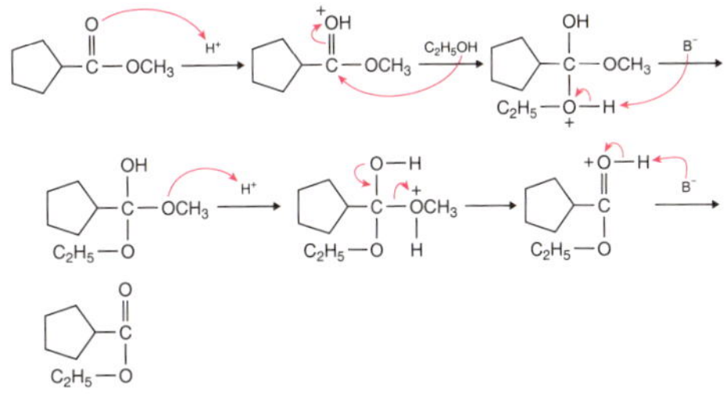

(602)

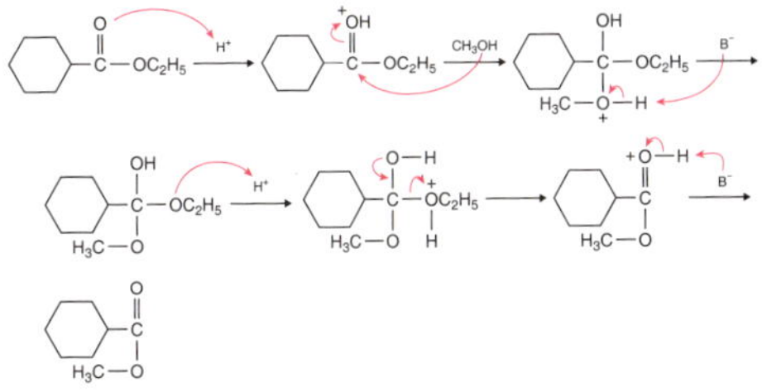

(603)

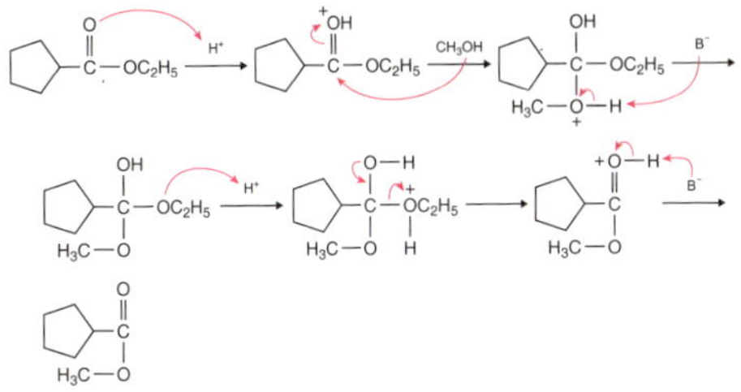

(604)

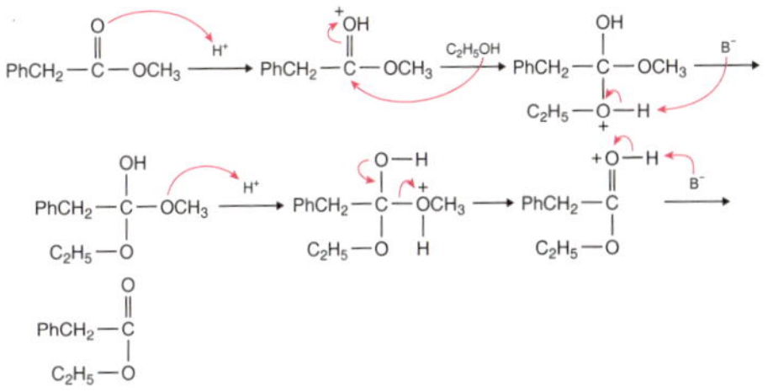

## 73 エステル交換（塩基性条件）

**解法**：求核性の大きいアルコキシドイオンが電子不足のカルボニル炭素を攻撃し，カルボニル基のπ結合の電子対がO原子上に移動する．アルコキシドイオンが脱離し，カルボニル基が再生する．二つのアルコキシドイオンの入れ替わりは同時に起こらないことに注意．二種類のアルコキシドイオンが入れ替わる過程をていねいに追いかけよう．

(605)

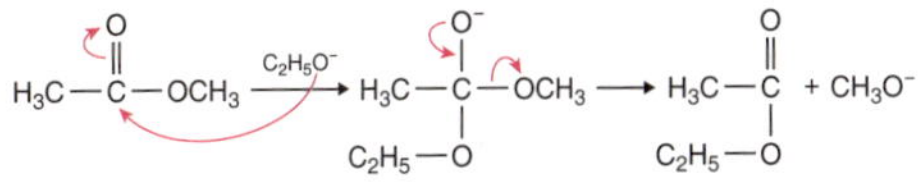

(606)

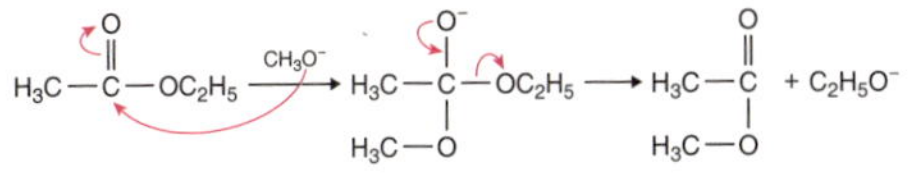

(607)

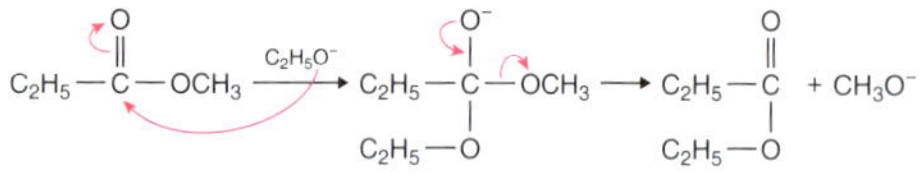

(608)

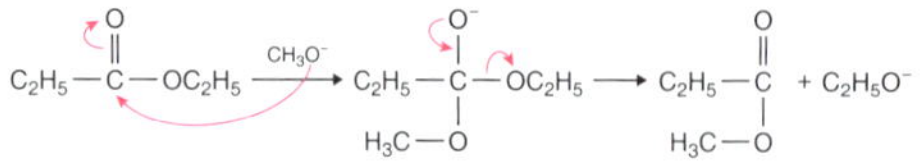

(609)

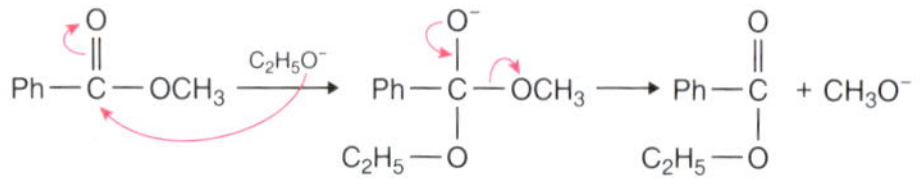

(610)

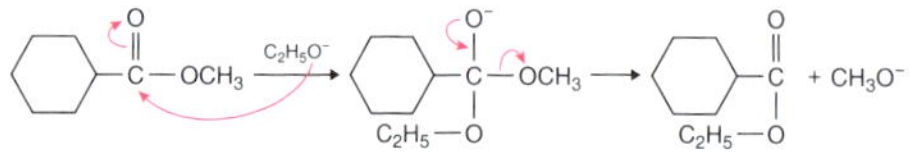

(611)

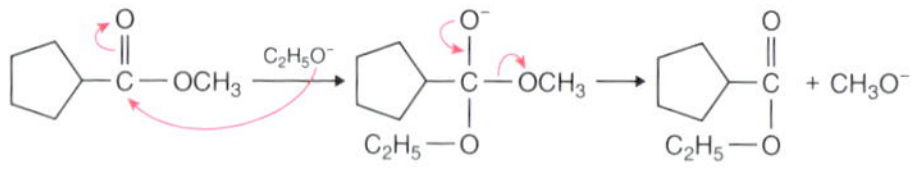

(612)

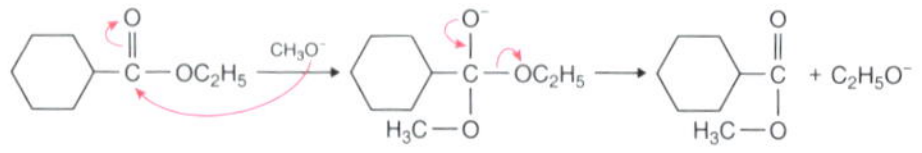

(613)

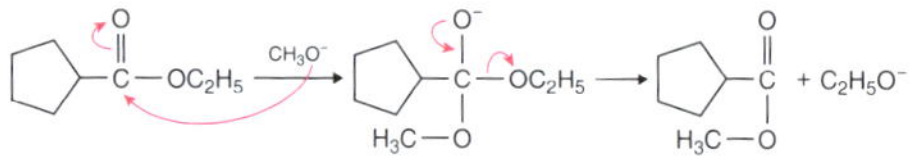

(614)

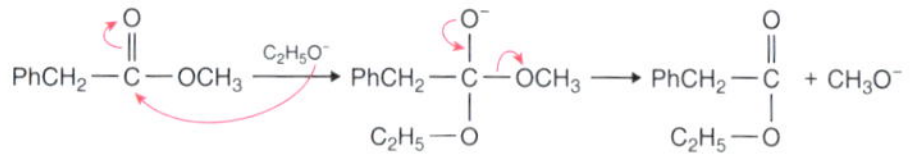

## 74 アミドの加水分解

解法：カルボニル酸素のプロトン化により，さらに電子不足になったカルボニル炭素に，水分子が求核攻撃し，カルボニル基のπ結合の電子対がO原子上に移動する．脱離の容易なアミン分子が脱離し，カルボニル基が再生する．$H^+$は最終段階で再生するので触媒量でよい．

(615)

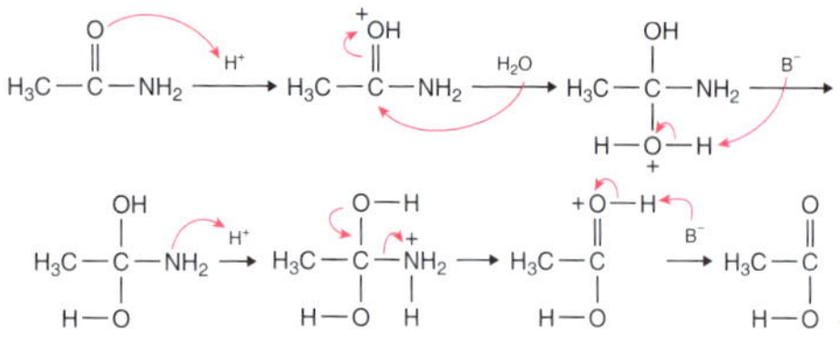

(616)

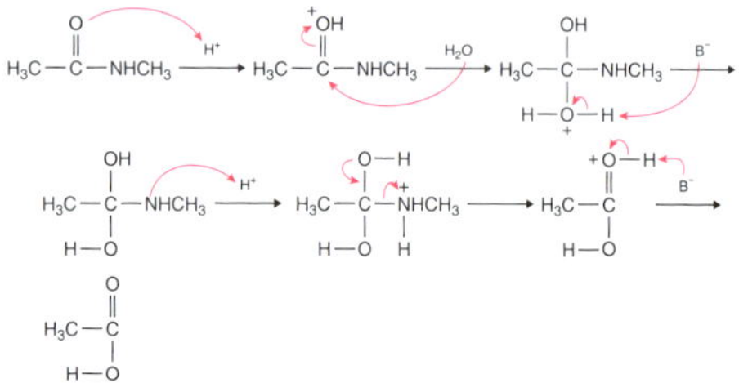

(617)

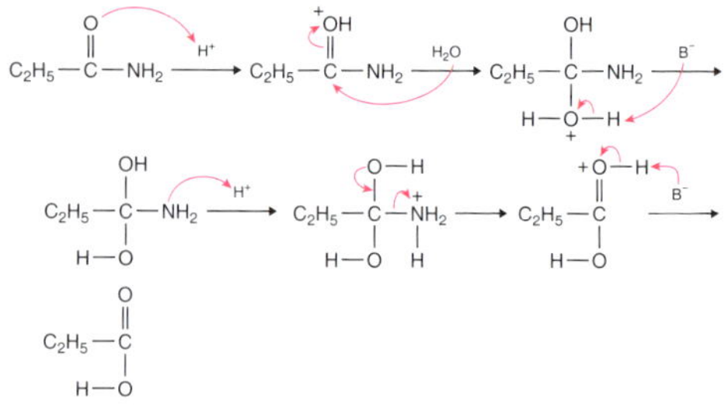

(618)

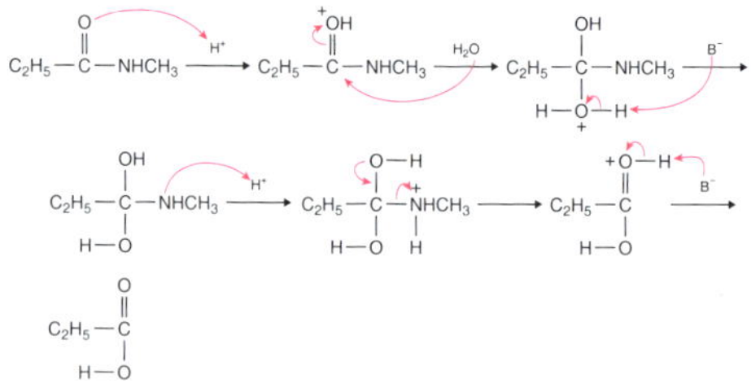

(619)

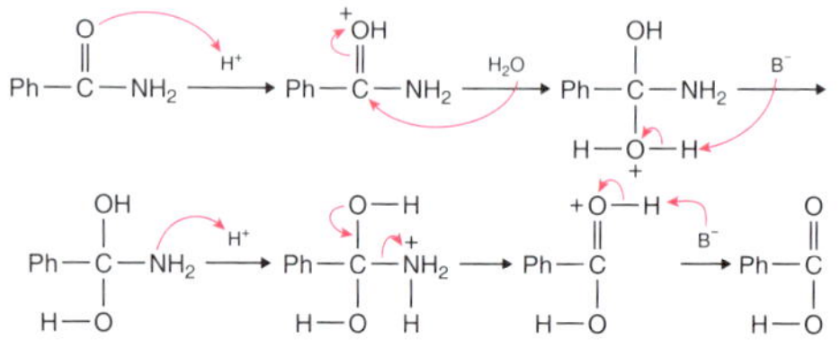

(620)

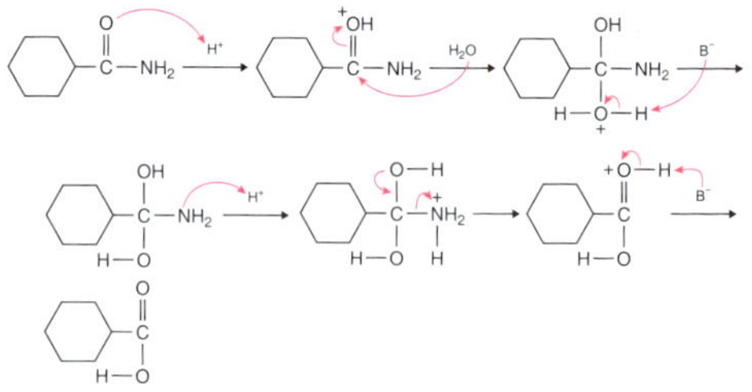

(621)

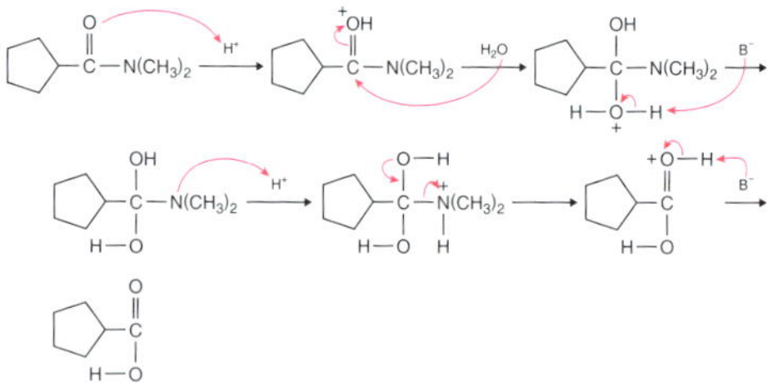

(622)

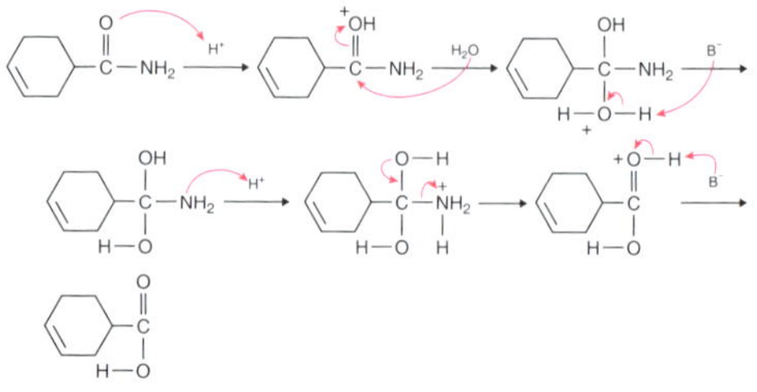

(623)

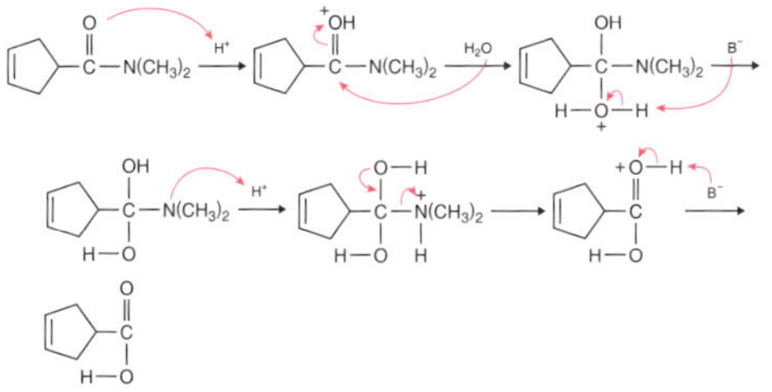

(624)

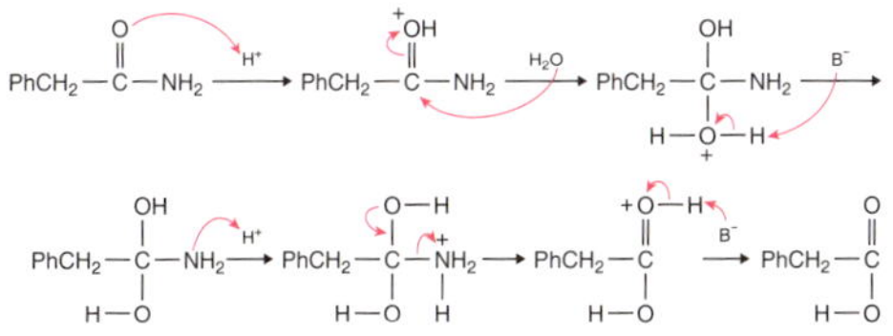

## 75 アミドの加アルコール分解

**解法**：カルボニル酸素のプロトン化により，さらに電子不足になったカルボニル炭素に，アルコール分子が求核攻撃し，カルボニル基のπ結合の電子対がO原子上に移動する．脱離の容易なアミン分子が脱離し，カルボニル基が再生する．H⁺は最終段階で再生するので触媒量でよい．

(625)

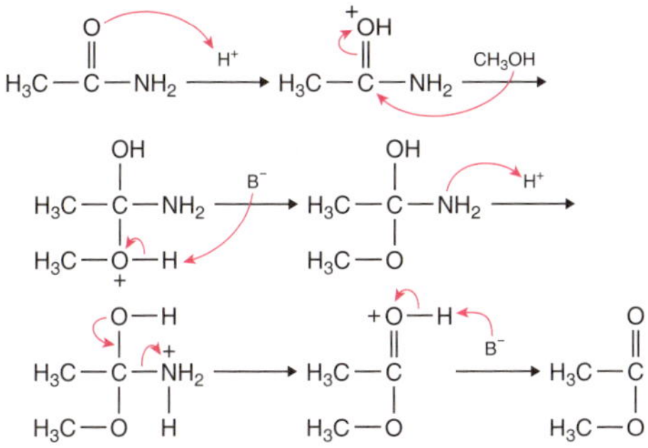

(626)

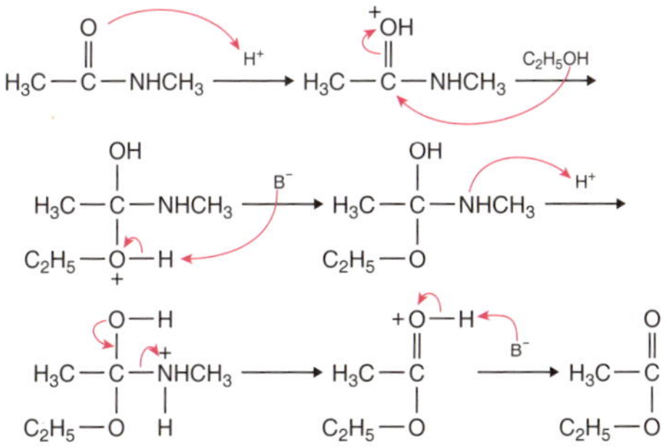

(627)

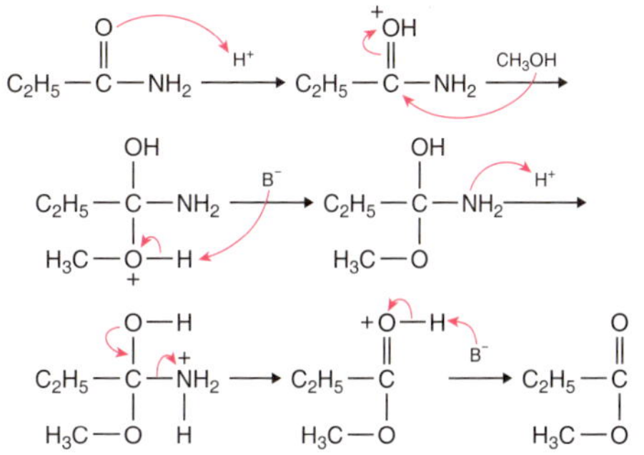

(628)

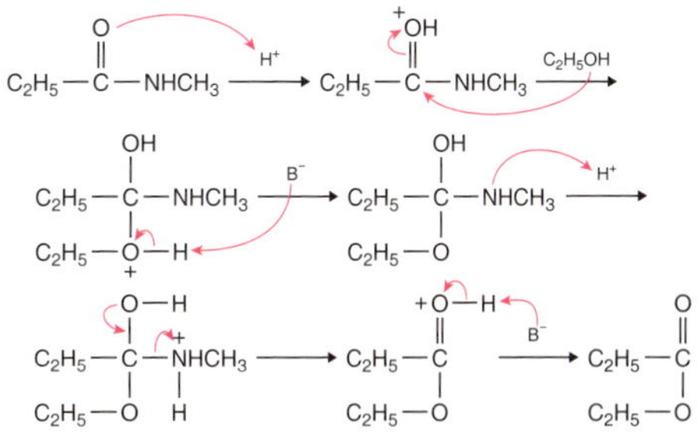

(629)

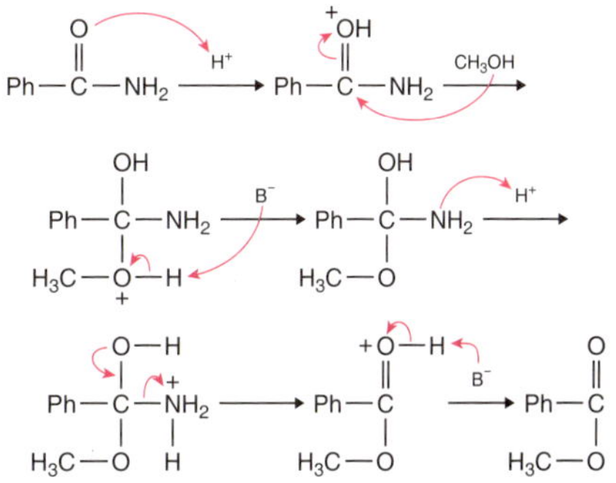

(630)

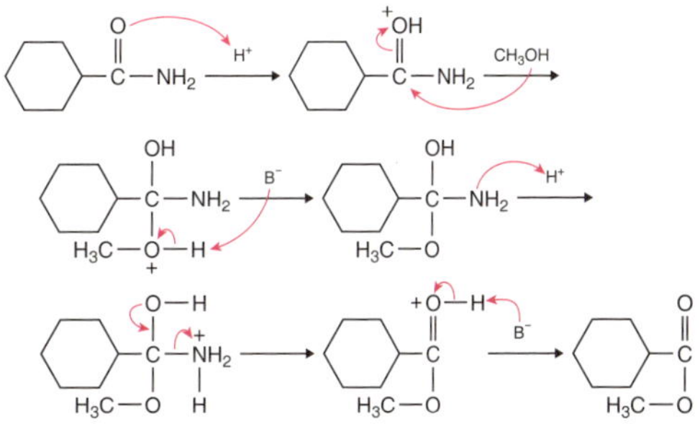

(631)

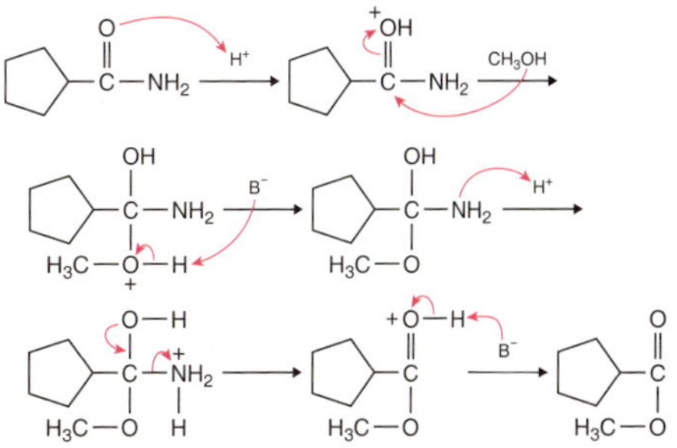

(632)

(633)

(634)

## 76 ガブリエル合成

解法：強塩基により，イミド窒素に結合した H 原子が引き抜かれ，強い求核体が生じる．これがハロゲン化アルキルに求核置換する．生成した N-アルキルイミドは加水分解を繰り返して，第一級アミンを与える．

(635)

(636)

(637)

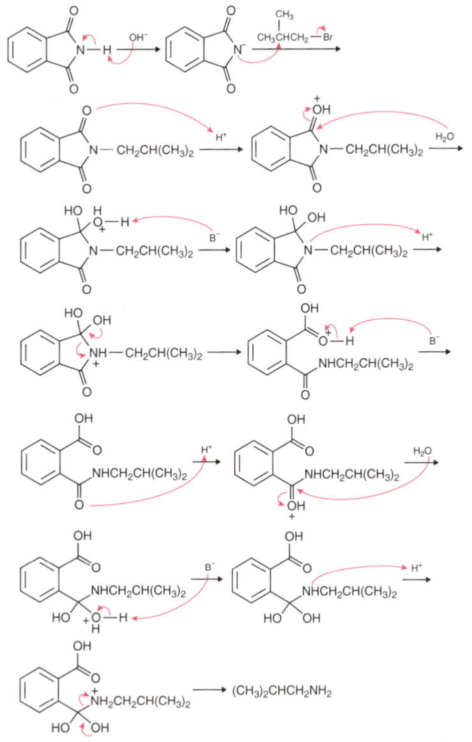

(640)

(641)

## 77 ニトリルの加水分解

**解法**：シアノ基の N 原子のプロトン化により，さらに電子不足になった C 原子に，水分子が求核攻撃して，シアノ基の π 結合の電子対が N 原子上に移動する．得られたアミドがさらに加水分解され，最終的にカルボン酸が得られる．

(638)

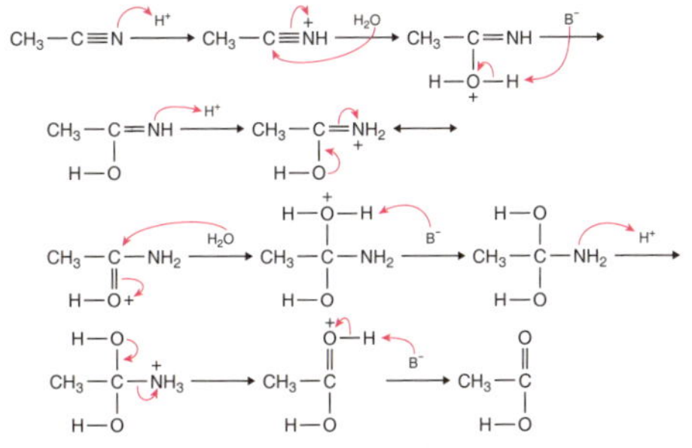

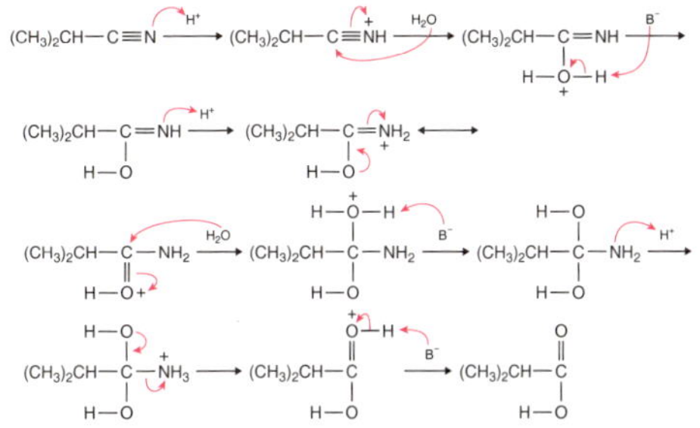

(639)

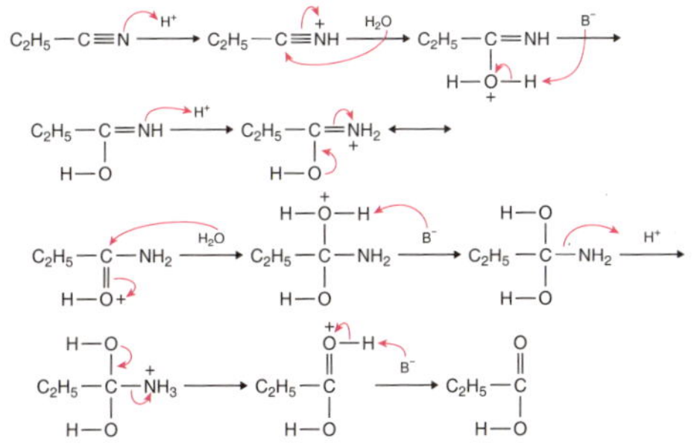

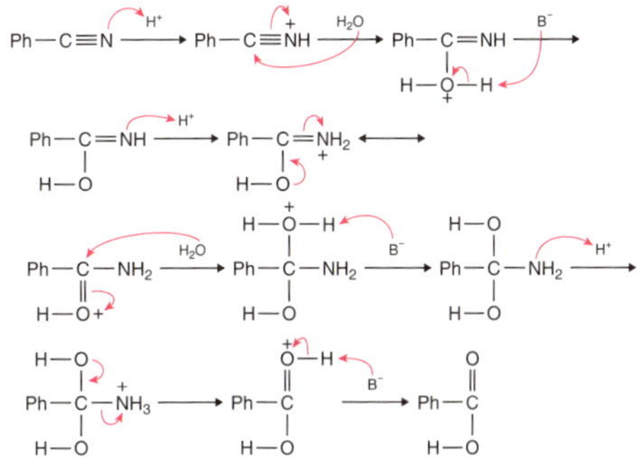

## 78 カルボン酸と SOCl₂ の反応

**解法**：第一段階はカルボン酸のヒドロキシ基の O 原子から S 原子への求核攻撃．塩基であるピリジンが H⁺ を奪う．その後，塩化チオニル由来の塩化物イオンが電子不足なカルボニル炭素を攻撃する．カルボン酸のヒドロキシ基の O 原子は最終的に S 原子と結合を形成し，二酸化硫黄の一部になる．

(642)

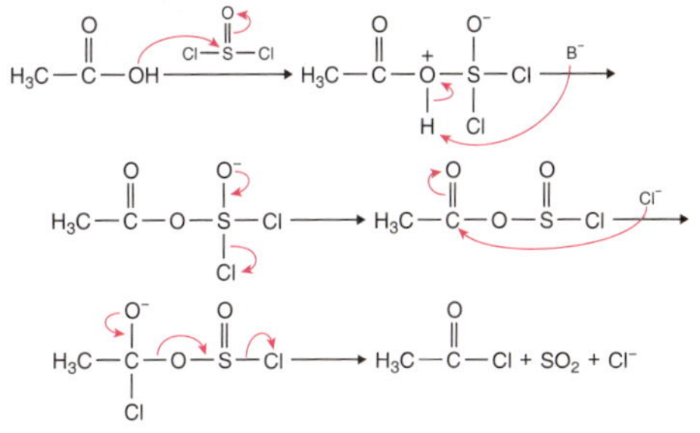

(643)

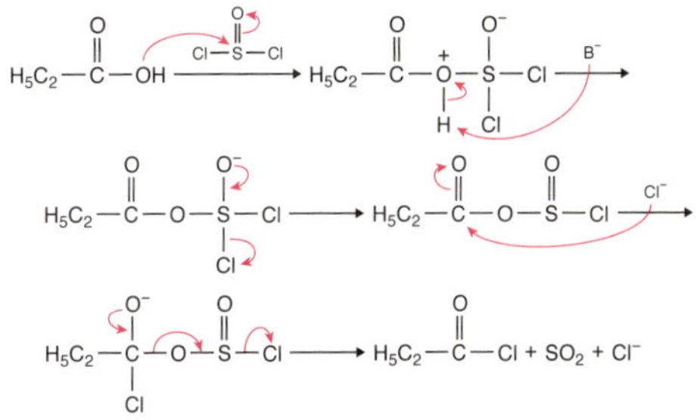

(644)

$(CH_3)_3C-C(=O)-OH \xrightarrow{Cl-S(=O)-Cl} (CH_3)_3C-C(=O)-\overset{+}{O}(H)-S(=O)-Cl \quad B^- \longrightarrow$

$(CH_3)_3C-C(=O)-O-S(=O)(Cl)-Cl \longrightarrow (CH_3)_3C-C(=O)-O-S(=O)-Cl \quad Cl^- \longrightarrow$

$(CH_3)_3C-C(O^-)(Cl)-O-S(=O)-Cl \longrightarrow (CH_3)_3C-C(=O)-Cl + SO_2 + Cl^-$

(645)

$Ph-C(=O)-OH \xrightarrow{Cl-S(=O)-Cl} Ph-C(=O)-\overset{+}{O}(H)-S(=O)-Cl \quad B^- \longrightarrow$

$Ph-C(=O)-O-S(=O)(Cl)-Cl \longrightarrow Ph-C(=O)-O-S(=O)-Cl \quad Cl^- \longrightarrow$

$Ph-C(O^-)(Cl)-O-S(=O)-Cl \longrightarrow Ph-C(=O)-Cl + SO_2 + Cl^-$

(646)

cyclohexyl$-C(=O)-OH \xrightarrow{Cl-S(=O)-Cl}$ cyclohexyl$-C(=O)-\overset{+}{O}(H)-S(=O)-Cl \quad B^- \longrightarrow$

cyclohexyl$-C(=O)-O-S(=O)(Cl)-Cl \longrightarrow$ cyclohexyl$-C(=O)-O-S(=O)-Cl \quad Cl^- \longrightarrow$

cyclohexyl$-C(O^-)(Cl)-O-S(=O)-Cl \longrightarrow$ cyclohexyl$-C(=O)-Cl + SO_2 + Cl^-$

## 79 カルボン酸と PX₃ の反応

解法：第一段階はカルボン酸のヒドロキシ基の O 原子から P 原子への求核攻撃．塩基であるピリジンが H⁺ を奪う．その後，ハロゲン化リン由来のハロゲン化物イオンが電子不足なカルボニル炭素を攻撃する．カルボン酸のヒドロキシ基の O 原子は最終的に，リン原子と結合を形成する．

(647)

$H_3C-C(=O)-OH \xrightarrow{Cl_2P-Cl} H_3C-C(=O)-\overset{+}{O}(H)-PCl_2 \quad B^- \longrightarrow$

$H_3C-C(=O)-O-PCl_2 \quad Cl^- \longrightarrow H_3C-C(O^-)(Cl)-O-PCl_2 \longrightarrow$

$\longrightarrow H_3C-C(=O)-Cl + {}^-OPCl_2$

(648)

$C_2H_5-C(=O)-OH \xrightarrow{Br_2P-Br} C_2H_5-C(=O)-\overset{+}{O}(H)-PBr_2 \quad B^- \longrightarrow$

$C_2H_5-C(=O)-O-PBr_2 \quad Br^- \longrightarrow C_2H_5-C(O^-)(Br)-O-PBr_2$

$\longrightarrow C_2H_5-C(=O)-Br + {}^-OPBr_2$

(649)

$(CH_3)_3C-C(=O)-OH \xrightarrow{Cl_2P-Cl} (CH_3)_3C-C(=O)-\overset{+}{O}(H)-PCl_2 \quad B^- \longrightarrow$

$(CH_3)_3C-C(=O)-O-PCl_2 \quad Cl^- \longrightarrow (CH_3)_3C-C(O^-)(Cl)-O-PCl_2$

$\longrightarrow (CH_3)_3C-C(=O)-Cl + {}^-OPCl_2$

(650)

$Ph-C(=O)-OH \xrightarrow{Br_2P-Br} Ph-C(=O)-\overset{+}{O}(H)-PBr_2 \quad B^- \longrightarrow$

$Ph-C(=O)-O-PBr_2 \quad Br^- \longrightarrow Ph-C(O^-)(Br)-O-PBr_2$

$\longrightarrow Ph-C(=O)-Br + {}^-OPBr_2$

(651)

cyclohexyl$-C(=O)-OH \xrightarrow{Cl_2P-Cl}$ cyclohexyl$-C(=O)-\overset{+}{O}(H)-PCl_2 \quad B^- \longrightarrow$

cyclohexyl$-C(=O)-O-PCl_2 \quad Cl^- \longrightarrow$ cyclohexyl$-C(O^-)(Cl)-O-PCl_2$

$\longrightarrow$ cyclohexyl$-C(=O)-Cl + {}^-OPCl_2$

## 80 発展問題 (1)

(652)

$Ph-C(=O)-Cl \xrightarrow{C_2H_5OH} Ph-C(O^-)(Cl)-\overset{+}{O}(H)-C_2H_5 \quad B^- \longrightarrow$

$Ph-C(O^-)(Cl)-OC_2H_5 \longrightarrow Ph-C(=O)-OC_2H_5 + Cl^-$

(653)

$Ph-C(=O)-Cl \xrightarrow{C_2H_5O^-} Ph-C(O^-)(Cl)-OC_2H_5 \longrightarrow Ph-C(=O)-OC_2H_5 + Cl^-$

— 40 —

(654)

$Ph-C(=O)-Cl \xrightarrow{PhCOOH}$ ... $\xrightarrow{B^-}$

$Ph-C(=O)-O-C(=O)-Ph + Cl^-$

(655)

$Ph-C(=O)-Cl \xrightarrow{PhCOO^-}$ ...

$Ph-C(=O)-O-C(=O)-Ph + Cl^-$

(656)

$Ph-C(=O)-Cl \xrightarrow{C_2H_5NH_2}$ ... $\xrightarrow{C_2H_5NH_2}$

$Ph-C(=O)-N(H)-C_2H_5 + Cl^-$

(657)

$Ph-C(=O)-Cl \xrightarrow{(C_2H_5)_2NH}$ ... $\xrightarrow{(C_2H_5)_2NH}$

$Ph-C(=O)-N(C_2H_5)-C_2H_5 + Cl^-$

(658)

$Ph-C(=O)-O-C(=O)-Ph \xrightarrow{PhCH_2OH}$ ... $\xrightarrow{B^-}$

$Ph-C(=O)-OCH_2Ph + Ph-C(=O)-O^-$

(659)

$\xrightarrow{H_2O}$ ... $\xrightarrow{B^-}$

$\cdots -C(=O)-OH + H_3C-C(=O)-O^-$

(660)

$H_3C-C(=O)-O-C(=O)-CH_3 \xrightarrow{NH_3}$ ... $\xrightarrow{B^-}$

$H_3C-C(=O)-NH_2 + H_3C-C(=O)-O^-$

(661)

$Ph-C(=O)-OC_2H_5 \xrightarrow{H^+}$ ... $\xrightarrow{H_2O}$ ... $\xrightarrow{B^-}$ ... $\xrightarrow{H^+}$ ...

$Ph-C(=O)... \xrightarrow{B^-} Ph-C(=O)-OH$

(662)

$PhCH_2-C(=O)-OC_2H_5 \xrightarrow{H^+}$ ... $\xrightarrow{H_2O}$ ... $\xrightarrow{B^-}$ ... $\xrightarrow{H^+}$ ...

$PhCH_2-C(=O)-OH$

(663)

$Ph-C(=O)-OC_2H_5 \xrightarrow{OH^-}$ ...

$\longrightarrow Ph-C(=O)... + C_2H_5O^-$

(664)

$PhCH_2-C(=O)-OC_2H_5 \xrightarrow{OH^-}$ ...

$\longrightarrow PhCH_2-C(=O)... + C_2H_5O^-$

**81** 発展問題（2）

(665)

$Ph-C(=O)-OC_2H_5 \xrightarrow{H^+}$ ... $\xrightarrow{CH_3OH}$ ... $\xrightarrow{B^-}$ ... $\xrightarrow{H^+}$ ...

$Ph-C(=O)... \xrightarrow{B^-} Ph-C(=O)...$

— 41 —

(666)

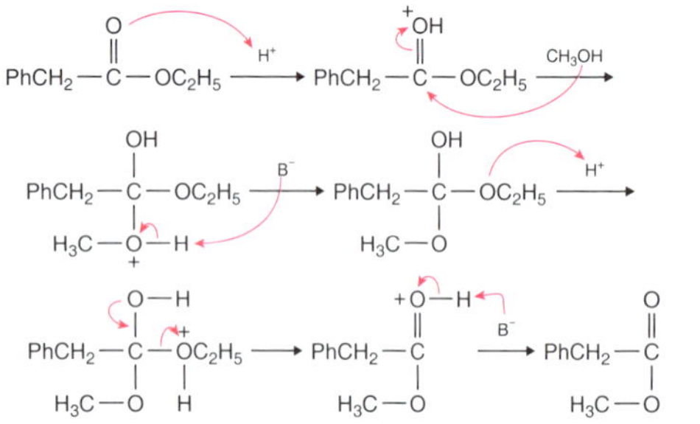

(667)

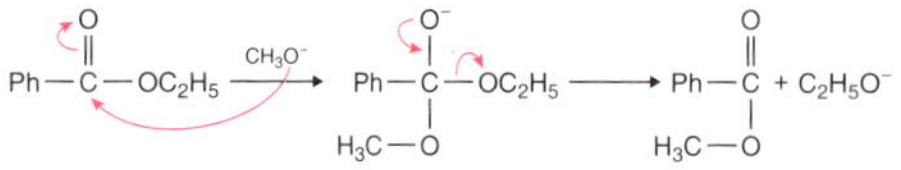

(668)

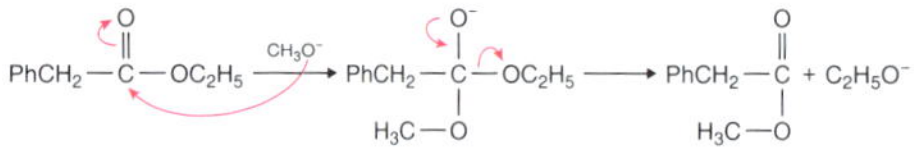

(669)

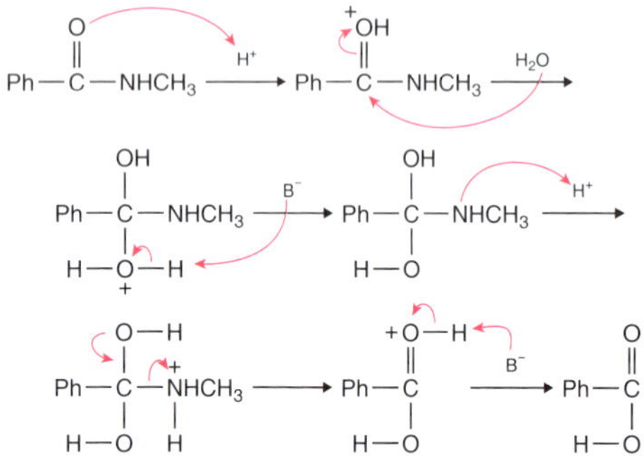

(670)

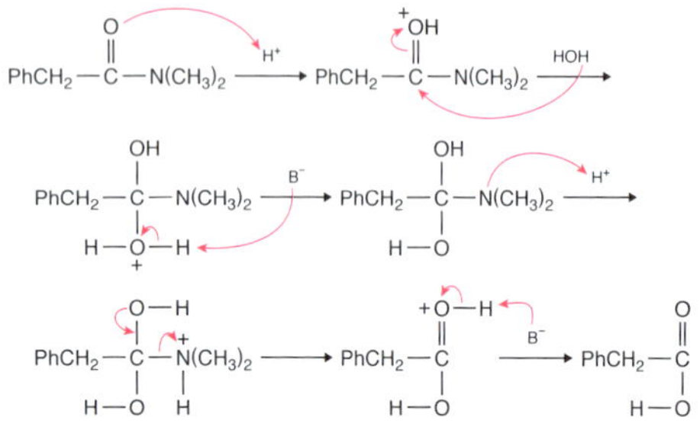

(671)

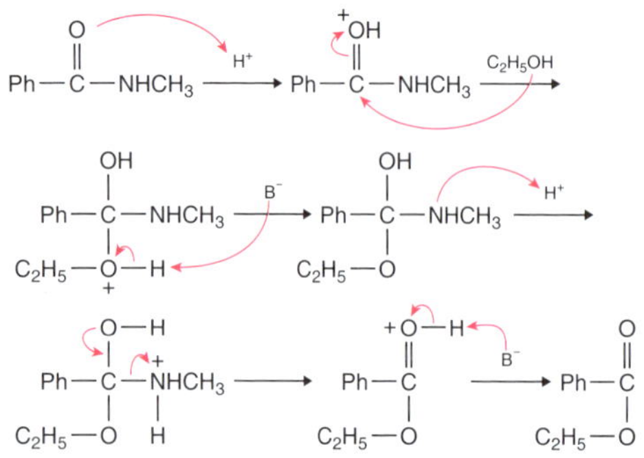

(672)

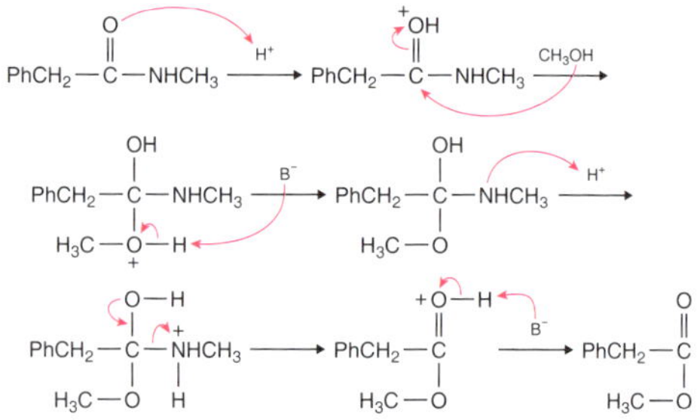

(673)

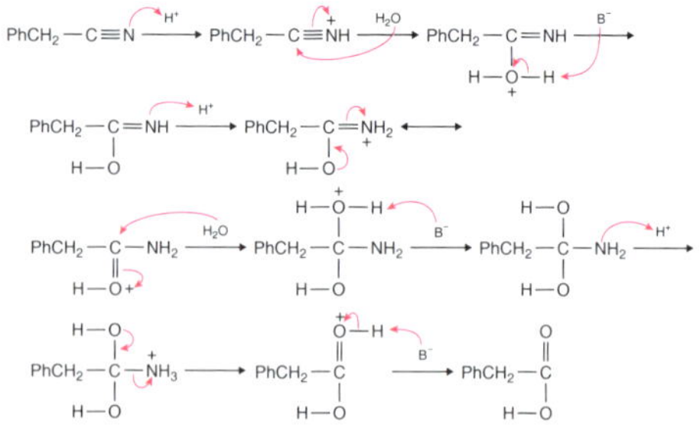

(674)

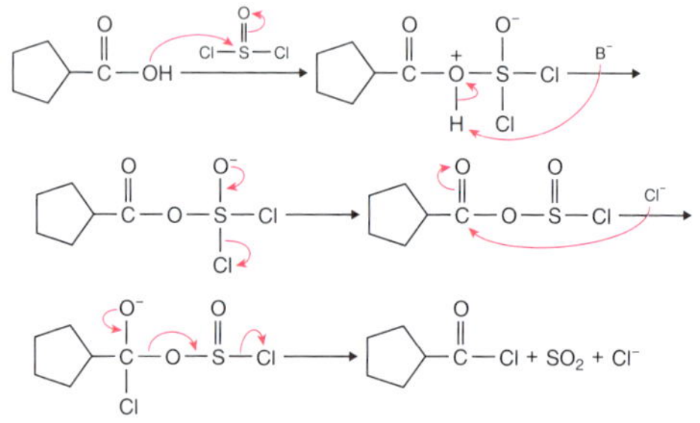

(675)

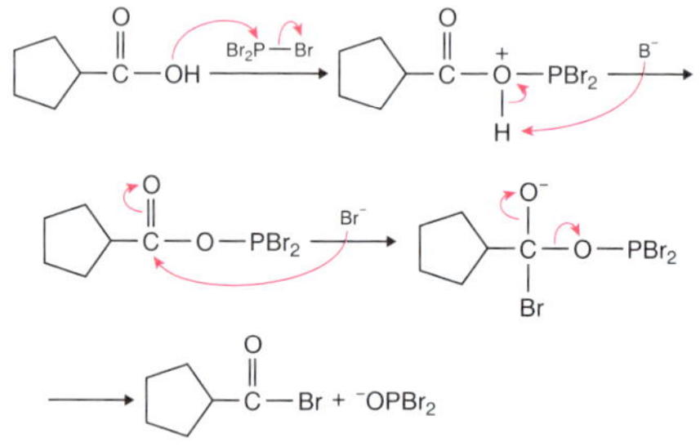

# 13章 カルボニル基の付加反応

## 82 Grignard 試薬と HCHO の反応

**解法**：電気陰性度の小さな Mg 原子に結合した C 原子は電子豊富になる．アルキル基が求核体として，カルボニル炭素を攻撃する．カルボニル基の π 結合の電子対が O 原子上に移動する．脱離の可能な置換基をもたないので，カルボニルの再生は起こらない．最後にプロトン化により第一級アルコールが生成する．

(676) $H-\overset{O}{\underset{H}{C}}-H$   $\xrightarrow{CH_3-MgBr}$   $H-\overset{O^-\ Mg^+Br}{\underset{CH_3}{C}}-H$   $\xrightarrow{H^+}$   $H-\overset{OH}{\underset{CH_3}{C}}-H$

(677) $H-\overset{O}{\underset{H}{C}}-H$   $\xrightarrow{CD_3-MgBr}$   $H-\overset{O^-\ Mg^+Br}{\underset{CD_3}{C}}-H$   $\xrightarrow{H^+}$   $H-\overset{OH}{\underset{CD_3}{C}}-H$

(678) $H-\overset{O}{\underset{H}{C}}-H$   $\xrightarrow{C_2H_5-MgBr}$   $H-\overset{O^-\ Mg^+Br}{\underset{C_2H_5}{C}}-H$   $\xrightarrow{H^+}$   $H-\overset{OH}{\underset{C_2H_5}{C}}-H$

(679) $H-\overset{O}{\underset{H}{C}}-H$   $\xrightarrow{(H_3C)_2HC-MgBr}$   $H-\overset{O^-\ Mg^+Br}{\underset{CH(CH_3)_2}{C}}-H$   $\xrightarrow{H^+}$   $H-\overset{OH}{\underset{CH(CH_3)_2}{C}}-H$

(680) $H-\overset{O}{\underset{H}{C}}-H$   $\xrightarrow{(CH_3)_3C-MgBr}$   $H-\overset{O^-\ Mg^+Br}{\underset{C(CH_3)_3}{C}}-H$   $\xrightarrow{H^+}$   $H-\overset{OH}{\underset{C(CH_3)_3}{C}}-H$

(681) $H-\overset{O}{\underset{H}{C}}-H$   $\xrightarrow{Ph-MgBr}$   $H-\overset{O^-\ Mg^+Br}{\underset{Ph}{C}}-H$   $\xrightarrow{H^+}$   $H-\overset{OH}{\underset{Ph}{C}}-H$

(682) $H-\overset{O}{\underset{H}{C}}-H$   $\xrightarrow{PhCH_2-MgBr}$   $H-\overset{O^-\ Mg^+Br}{\underset{CH_2Ph}{C}}-H$   $\xrightarrow{H^+}$   $H-\overset{OH}{\underset{CH_2Ph}{C}}-H$

(683) $H-\overset{O}{\underset{H}{C}}-H$   $\xrightarrow{PhCH_2CH_2-MgBr}$   $H-\overset{O^-\ Mg^+Br}{\underset{CH_2CH_2Ph}{C}}-H$   $\xrightarrow{H^+}$   $H-\overset{OH}{\underset{CH_2CH_2Ph}{C}}-H$

(684) $H-\overset{O}{\underset{H}{C}}-H$   $\xrightarrow{Ph_3C-MgBr}$   $H-\overset{O^-\ Mg^+Br}{\underset{CPh_3}{C}}-H$   $\xrightarrow{H^+}$   $H-\overset{OH}{\underset{CPh_3}{C}}-H$

(685) $H-\overset{O}{\underset{H}{C}}-H$   $\xrightarrow{\text{(cyclopentyl)}-MgBr}$   $H-\overset{O^-\ Mg^+Br}{\underset{\text{(cyclopentyl)}}{C}}-H$   $\xrightarrow{H^+}$   $H-\overset{OH}{\underset{\text{(cyclopentyl)}}{C}}-H$

## 83 Grignard 試薬とアルデヒドの反応

解法：アルキル基が求核体として，カルボニル炭素を攻撃する．カルボニル基のπ結合の電子対がO原子上に移動する．脱離の可能な置換基をもたないので，カルボニルの再生は起こらない．最後にプロトン化により第二級アルコールが生成する．生成物の第二級アルコールの二つのアルキル基がどの化合物に由来するか，ていねいに追ってみよう．

(686) $H_3C-\overset{O}{\underset{H}{C}}-H$   $\xrightarrow{CH_3-MgBr}$   $H-\overset{O^-\ Mg^+Br}{\underset{CH_3}{C}}-CH_3$   $\xrightarrow{H^+}$   $H-\overset{OH}{\underset{CH_3}{C}}-CH_3$

(687) $H_3C-\overset{O}{\underset{H}{C}}-H$   $\xrightarrow{CD_3-MgBr}$   $H-\overset{O^-\ Mg^+Br}{\underset{CD_3}{C}}-CH_3$   $\xrightarrow{H^+}$   $H-\overset{OH}{\underset{CD_3}{C}}-CH_3$

(688) $H_3C-\overset{O}{\underset{H}{C}}-H$   $\xrightarrow{C_2H_5-MgBr}$   $H-\overset{O^-\ Mg^+Br}{\underset{C_2H_5}{C}}-CH_3$   $\xrightarrow{H^+}$   $H-\overset{OH}{\underset{C_2H_5}{C}}-CH_3$

(689) $C_2H_5-\overset{O}{\underset{H}{C}}-H$   $\xrightarrow{(H_3C)_2HC-MgBr}$   $H-\overset{O^-\ Mg^+Br}{\underset{CH(CH_3)_2}{C}}-C_2H_5$   $\xrightarrow{H^+}$   $H-\overset{OH}{\underset{CH(CH_3)_2}{C}}-C_2H_5$

(690) $C_2H_5-\overset{O}{\underset{H}{C}}-H$   $\xrightarrow{(CH_3)_3C-MgBr}$   $H-\overset{O^-\ Mg^+Br}{\underset{C(CH_3)_3}{C}}-C_2H_5$   $\xrightarrow{H^+}$   $H-\overset{OH}{\underset{C(CH_3)_3}{C}}-C_2H_5$

(691) $H_3C-\overset{O}{\underset{H}{C}}-H$   $\xrightarrow{Ph-MgBr}$   $H-\overset{O^-\ Mg^+Br}{\underset{Ph}{C}}-CH_3$   $\xrightarrow{H^+}$   $H-\overset{OH}{\underset{Ph}{C}}-CH_3$

(692) $H_3C-\overset{O}{\underset{H}{C}}-H$   $\xrightarrow{PhCH_2-MgBr}$   $H-\overset{O^-\ Mg^+Br}{\underset{CH_2Ph}{C}}-CH_3$   $\xrightarrow{H^+}$   $H-\overset{OH}{\underset{CH_2Ph}{C}}-CH_3$

(693) $H_3C-\overset{O}{\underset{H}{C}}-H$   $\xrightarrow{PhCH_2CH_2-MgBr}$   $H-\overset{O^-\ Mg^+Br}{\underset{CH_2CH_2Ph}{C}}-CH_3$   $\xrightarrow{H^+}$   $H-\overset{OH}{\underset{CH_2CH_2Ph}{C}}-CH_3$

(694) $C_2H_5-\overset{O}{\underset{H}{C}}-H$   $\xrightarrow{Ph_3C-MgBr}$   $H-\overset{O^-\ Mg^+Br}{\underset{CPh_3}{C}}-C_2H_5$   $\xrightarrow{H^+}$   $H-\overset{OH}{\underset{CPh_3}{C}}-C_2H_5$

(695) $C_2H_5-\overset{O}{\underset{H}{C}}-H$   $\xrightarrow{\text{(cyclopentyl)}-MgBr}$   $H-\overset{O^-\ Mg^+Br}{\underset{\text{(cyclopentyl)}}{C}}-C_2H_5$   $\xrightarrow{H^+}$   $H-\overset{OH}{\underset{\text{(cyclopentyl)}}{C}}-C_2H_5$

## 84 Grignard 試薬とケトンの反応

解法：アルキル基が求核体として，カルボニル炭素を攻撃する．カルボニル基の π 結合の電子対が O 原子上に移動する．脱離の可能な置換基をもたないので，カルボニルの再生は起こらない．最後にプロトン化により第三級アルコールが生成する．生成物の第三級アルコールの三つのアルキル基がどの化合物に由来するか，ていねいに追ってみよう．

(696)

$$H_3C-\overset{O}{\underset{}{C}}-CH_3 \xrightarrow{CH_3-MgBr} H_3C-\overset{O^-\ Mg^+Br}{\underset{CH_3}{C}}-CH_3 \xrightarrow{H^+} H_3C-\overset{OH}{\underset{CH_3}{C}}-CH_3$$

(697)

$$H_3C-\overset{O}{\underset{}{C}}-CH_3 \xrightarrow{CD_3-MgBr} H_3C-\overset{O^-\ Mg^+Br}{\underset{CD_3}{C}}-CH_3 \xrightarrow{H^+} H_3C-\overset{OH}{\underset{CD_3}{C}}-CH_3$$

(698)

$$H_3C-\overset{O}{\underset{}{C}}-CH_3 \xrightarrow{C_2H_5-MgBr} H_3C-\overset{O^-\ Mg^+Br}{\underset{C_2H_5}{C}}-CH_3 \xrightarrow{H^+} H_3C-\overset{OH}{\underset{C_2H_5}{C}}-CH_3$$

(699)

$$C_2H_5-\overset{O}{\underset{}{C}}-CH_3 \xrightarrow{(H_3C)_2HC-MgBr} H_3C-\overset{O^-\ Mg^+Br}{\underset{CH(CH_3)_2}{C}}-C_2H_5 \xrightarrow{H^+} H_3C-\overset{OH}{\underset{CH(CH_3)_2}{C}}-C_2H_5$$

(700)

$$C_2H_5-\overset{O}{\underset{}{C}}-CH_3 \xrightarrow{(CH_3)_3C-MgBr} H_3C-\overset{O^-\ Mg^+Br}{\underset{C(CH_3)_3}{C}}-C_2H_5 \xrightarrow{H^+} H_3C-\overset{OH}{\underset{C(CH_3)_3}{C}}-C_2H_5$$

(701)

$$H_3C-\overset{O}{\underset{}{C}}-Ph \xrightarrow{Ph-MgBr} H_3C-\overset{O^-\ Mg^+Br}{\underset{Ph}{C}}-Ph \xrightarrow{} H_3C-\overset{OH}{\underset{Ph}{C}}-Ph$$

(702)

$$H_3C-\overset{O}{\underset{}{C}}-Ph \xrightarrow{PhCH_2-MgBr} H_3C-\overset{O^-\ Mg^+Br}{\underset{CH_2Ph}{C}}-Ph \xrightarrow{} H_3C-\overset{OH}{\underset{CH_2Ph}{C}}-Ph$$

(703)

$$H_3C-\overset{O}{\underset{}{C}}-Ph \xrightarrow{PhCH_2CH_2-MgBr} H_3C-\overset{O^-\ Mg^+Br}{\underset{CH_2CH_2Ph}{C}}-Ph \xrightarrow{H^+} H_3C-\overset{OH}{\underset{CH_2CH_2Ph}{C}}-Ph$$

(704)

$$C_2H_5-\overset{O}{\underset{}{C}}-Ph \xrightarrow{Ph_3C-MgBr} C_2H_5-\overset{O^-\ Mg^+Br}{\underset{CPh_3}{C}}-Ph \xrightarrow{H^+} C_2H_5-\overset{OH}{\underset{CPh_3}{C}}-Ph$$

(705)

$$C_2H_5-\overset{O}{\underset{}{C}}-Ph \xrightarrow{\text{(cyclopentyl)}-MgBr} C_2H_5-\overset{O^-\ Mg^+Br}{\underset{\text{(cyclopentyl)}}{C}}-Ph \xrightarrow{H^+} C_2H_5-\overset{OH}{\underset{\text{(cyclopentyl)}}{C}}-Ph$$

## 85 Grignard 試薬と CO₂ の反応

解法：$CO_2$ 分子もカルボニル化合物と考えられる．アルキル基が求核体として，二酸化炭素の C 原子を攻撃する．カルボニル基の π 結合の電子対が O 原子上に移動する．最後にプロトン化によりカルボン酸が生成する．$CO_2$ 分子がカルボキシル基になる．

(706)

$$O=C=O \xrightarrow{CH_3-MgBr} O=\overset{O^-\ Mg^+Br}{\underset{}{C}}-CH_3 \xrightarrow{H^+} O=\overset{OH}{\underset{}{C}}-CH_3$$

(707)

$$O=C=O \xrightarrow{CD_3-MgBr} O=\overset{O^-\ Mg^+Br}{\underset{}{C}}-CD_3 \xrightarrow{H^+} O=\overset{OH}{\underset{}{C}}-CD_3$$

(708)

$$O=C=O \xrightarrow{C_2H_5-MgBr} O=\overset{O^-\ Mg^+Br}{\underset{}{C}}-C_2H_5 \xrightarrow{H^+} O=\overset{OH}{\underset{}{C}}-C_2H_5$$

(709)

$$O=C=O \xrightarrow{(H_3C)_2HC-MgBr} O=\overset{O^-\ Mg^+Br}{\underset{}{C}}-CH(CH_3)_2 \xrightarrow{H^+} O=\overset{OH}{\underset{}{C}}-CH(CH_3)_2$$

(710)

$$O=C=O \xrightarrow{(H_3C)_3C-MgBr} O=\overset{O^-\ Mg^+Br}{\underset{}{C}}-C(CH_3)_3 \xrightarrow{} O=\overset{OH}{\underset{}{C}}-C(CH_3)_3$$

(711)

$$O=C=O \xrightarrow{Ph-MgBr} O=\overset{O^-\ Mg^+Br}{\underset{}{C}}-Ph \xrightarrow{H^+} O=\overset{OH}{\underset{}{C}}-Ph$$

(712)

$$O=C=O \xrightarrow{PhCH_2-MgBr} O=\overset{O^-\ Mg^+Br}{\underset{}{C}}-CH_2Ph \xrightarrow{H^+} O=\overset{OH}{\underset{}{C}}-CH_2Ph$$

(713)

$$O=C=O \xrightarrow{PhCH_2CH_2-MgBr} O=\overset{O^-\ Mg^+Br}{\underset{}{C}}-CH_2CH_2Ph \xrightarrow{H^+} O=\overset{OH}{\underset{}{C}}-CH_2CH_2Ph$$

(714)

$$O=C=O \xrightarrow{Ph_3C-MgBr} O=\overset{O^-\ Mg^+Br}{\underset{}{C}}-CPh_3 \xrightarrow{H^+} O=\overset{OH}{\underset{}{C}}-CPh_3$$

(715)

$$O=C=O \xrightarrow{\text{(cyclopentyl)}-MgBr} O=\overset{O^-\ Mg^+Br}{\underset{}{C}}-\text{(cyclopentyl)} \xrightarrow{H^+} O=\overset{OH}{\underset{}{C}}-\text{(cyclopentyl)}$$

— 44 —

## 86 Grignard 試薬とエステルの反応

解法：まずアルキル基が求核体として，カルボニル炭素を攻撃し，ケトンを生成する．このケトンにもう一分子のアルキル基が求核体として，カルボニル炭素を攻撃する．最後にプロトン化により第三級アルコールが生成する．生成物の第三級アルコールの三つのアルキル基がどの化合物に由来するか，ていねいに追ってみよう．

(716)

$H_3C-C(=O)-OCH_3 \quad CH_3-MgBr \quad \longrightarrow \quad H_3C-C(O^- Mg^+Br)(OCH_3)(CH_3) \quad \longrightarrow$

$H_3C-C(=O)-CH_3 \quad CH_3-MgBr \quad \longrightarrow \quad H_3C-C(O^- Mg^+Br)(CH_3)(CH_3) \quad H^+ \quad H_3C-C(OH)(CH_3)(CH_3)$

(717)

$D_3C-C(=O)-OCH_3 \quad CH_3-MgBr \quad \longrightarrow \quad D_3C-C(O^- Mg^+Br)(OCH_3)(CH_3) \quad \longrightarrow$

$D_3C-C(=O)-CH_3 \quad CH_3-MgBr \quad \longrightarrow \quad D_3C-C(O^- Mg^+Br)(CH_3)(CH_3) \quad H^+ \quad D_3C-C(OH)(CH_3)(CH_3)$

(718)

$H_3C-C(=O)-OCH_3 \quad C_2H_5-MgBr \quad \longrightarrow \quad H_3C-C(O^- Mg^+Br)(OCH_3)(C_2H_5) \quad \longrightarrow$

$H_3C-C(=O)-C_2H_5 \quad C_2H_5-MgBr \quad \longrightarrow \quad H_3C-C(O^- Mg^+Br)(C_2H_5)(C_2H_5) \quad H^+ \quad H_3C-C(OH)(C_2H_5)(C_2H_5)$

(719)

$C_2H_5-C(=O)-OCH_3 \quad (H_3C)_2HC-MgBr \quad \longrightarrow \quad C_2H_5-C(O^- Mg^+Br)(OCH_3)(CH(CH_3)_2) \quad \longrightarrow$

$C_2H_5-C(=O)-CH(CH_3)_2 \quad (H_3C)_2HC-MgBr \quad \longrightarrow$

$C_2H_5-C(O^- Mg^+Br)(CH(CH_3)_2)(CH(CH_3)_2) \quad H^+ \quad C_2H_5-C(OH)(CH(CH_3)_2)(CH(CH_3)_2)$

(720)

$C_2H_5-C(=O)-OCH_3 \quad (CH_3)_3C-MgBr \quad \longrightarrow \quad C_2H_5-C(O^- Mg^+Br)(OCH_3)(C(CH_3)_3) \quad \longrightarrow$

$C_2H_5-C(=O)-C(CH_3)_3 \quad (CH_3)_3C-MgBr \quad \longrightarrow$

$C_2H_5-C(O^- Mg^+Br)(C(CH_3)_3)(C(CH_3)_3) \quad H^+ \quad C_2H_5-C(OH)(C(CH_3)_3)(C(CH_3)_3)$

(721)

$Ph-C(=O)-OCH_3 \quad Ph-MgBr \quad \longrightarrow \quad Ph-C(O^- Mg^+Br)(OCH_3)(Ph) \quad \longrightarrow$

$Ph-C(=O)-Ph \quad Ph-MgBr \quad \longrightarrow \quad Ph-C(O^- Mg^+Br)(Ph)(Ph) \quad H^+ \quad Ph-C(OH)(Ph)(Ph)$

(722)

$Ph-C(=O)-OCH_3 \quad PhCH_2-MgBr \quad \longrightarrow \quad Ph-C(O^- Mg^+Br)(OCH_3)(CH_2Ph) \quad \longrightarrow$

$Ph-C(=O)-CH_2Ph \quad PhCH_2-MgBr \quad \longrightarrow \quad Ph-C(O^- Mg^+Br)(CH_2Ph)(CH_2Ph) \quad H^+$

$Ph-C(OH)(CH_2Ph)(CH_2Ph)$

(723)

$Ph-C(=O)-OCH_3 \quad PhCH_2CH_2-MgBr \quad \longrightarrow \quad Ph-C(O^- Mg^+Br)(OCH_3)(CH_2CH_2Ph) \quad \longrightarrow$

$Ph-C(=O)-CH_2CH_2Ph \quad PhCH_2CH_2-MgBr \quad \longrightarrow$

$Ph-C(O^- Mg^+Br)(CH_2CH_2Ph)(CH_2CH_2Ph) \quad H^+ \quad Ph-C(OH)(CH_2CH_2Ph)(CH_2CH_2Ph)$

(724)

$Ph-C(=O)-OCH_3 \quad Ph_3C-MgBr \quad \longrightarrow \quad Ph-C(O^- Mg^+Br)(OCH_3)(CPh_3) \quad \longrightarrow$

$Ph-C(=O)-CPh_3 \quad Ph_3C-MgBr \quad \longrightarrow \quad Ph-C(O^- Mg^+Br)(CPh_3)(CPh_3) \quad H^+ \quad Ph-C(OH)(CPh_3)(CPh_3)$

(725)

$Ph-C(=O)-OCH_3 \quad \text{(cyclopentyl)}-MgBr \quad \longrightarrow \quad Ph-C(O^- Mg^+Br)(OCH_3)\text{(cyclopentyl)} \quad \longrightarrow$

$Ph-C(=O)-\text{(cyclopentyl)} \quad \text{(cyclopentyl)}-MgBr \quad \longrightarrow \quad Ph-C(O^- Mg^+Br)\text{(cyclopentyl)(cyclopentyl)} \quad H^+ \quad Ph-C(OH)\text{(cyclopentyl)(cyclopentyl)}$

## 87 Grignard 試薬と塩化アシルの反応

解法：まずアルキル基が求核体として，カルボニル炭素を攻撃し，ケトンを生成する．このケトンにもう一分子のアルキル基が求核体として，カルボニル炭素を攻撃する．最後にプロトン化により第三級アルコールが生成する．生成物の第三級アルコールの三つのアルキル基がどの化合物に由来するか，ていねいに追ってみよう．

(726)

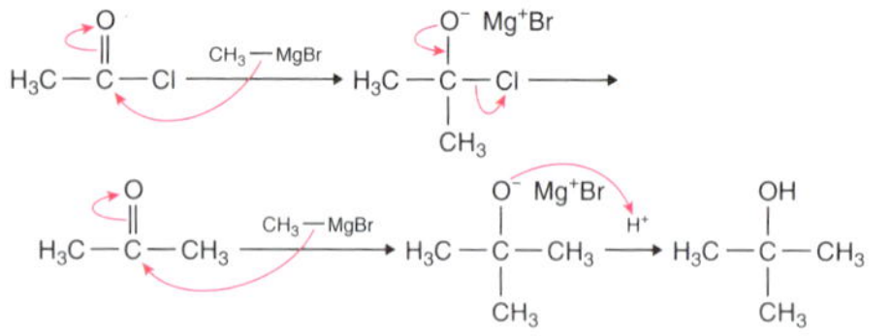

(727)

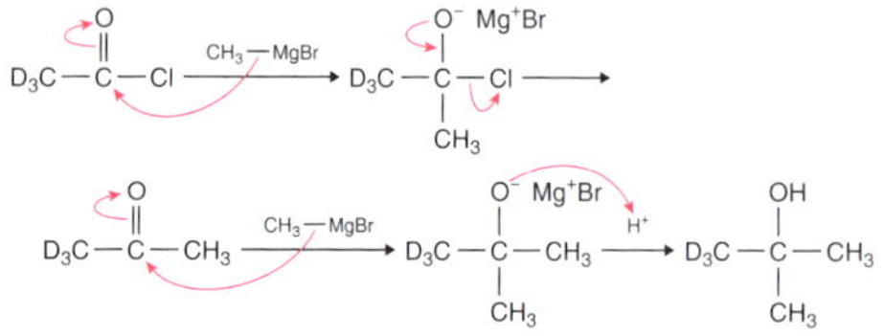

(728)

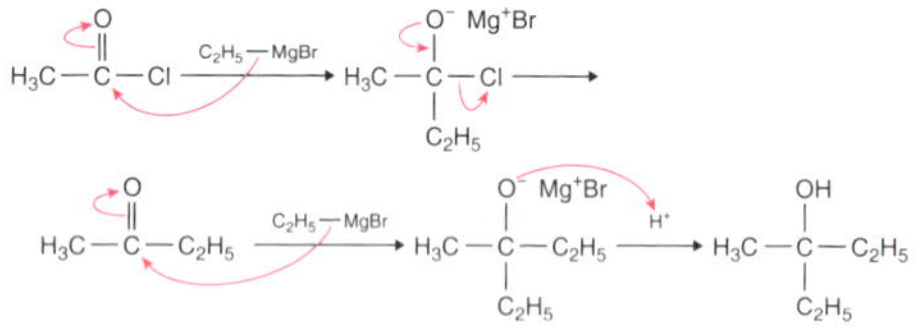

(729)

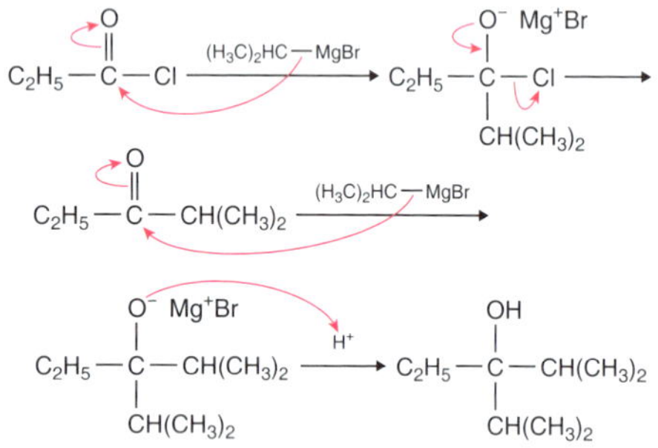

(730)

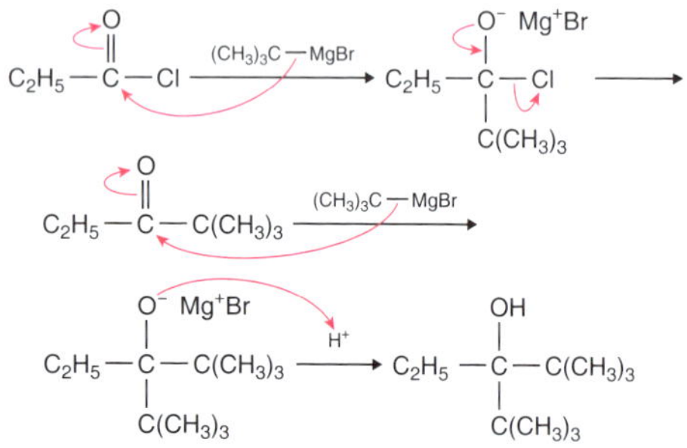

(731)

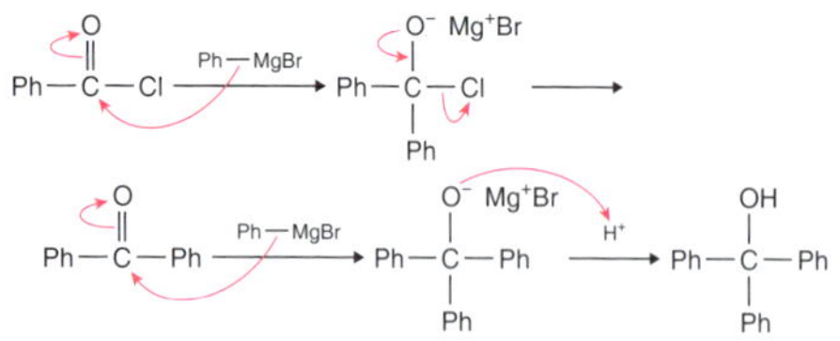

(732)

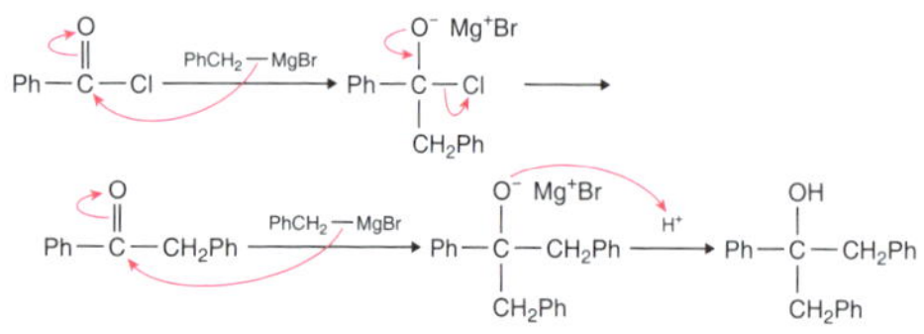

(733)

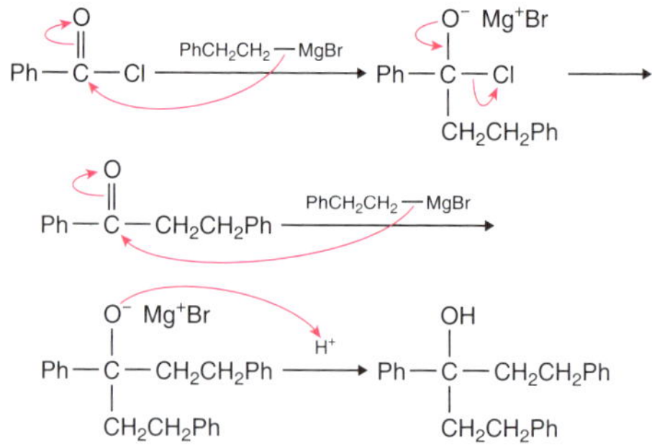

(734)

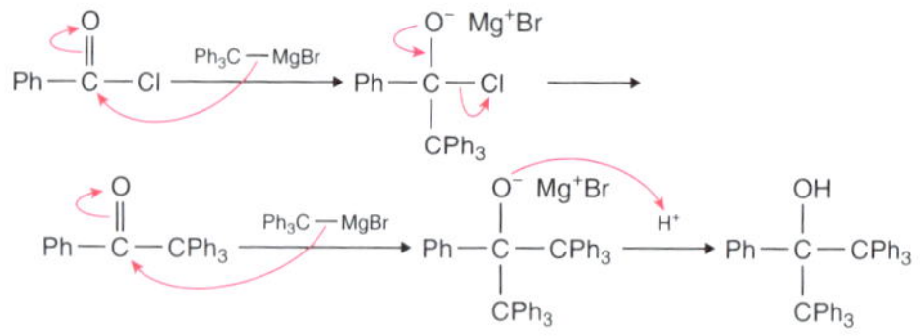

(735)

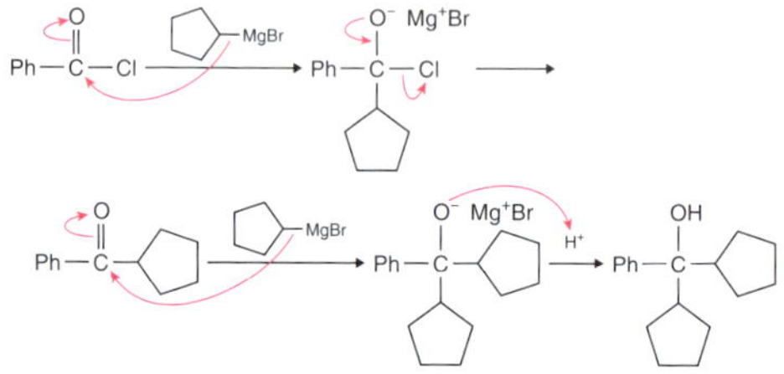

## 88 ケトンまたはアルデヒドとアセチリドの反応

**解法**：強塩基の $NH_2^-$ は末端アルキンの H 原子を H⁺ として引き抜く．得られたアニオン種は，C 原子上に不対電子をもつ．この電子豊富な C 原子が，電子不足のカルボニル基の C 原子を求核攻撃し，C–C 結合が生成する．最後にプロトン化によりアルコールが生成する．

(736)

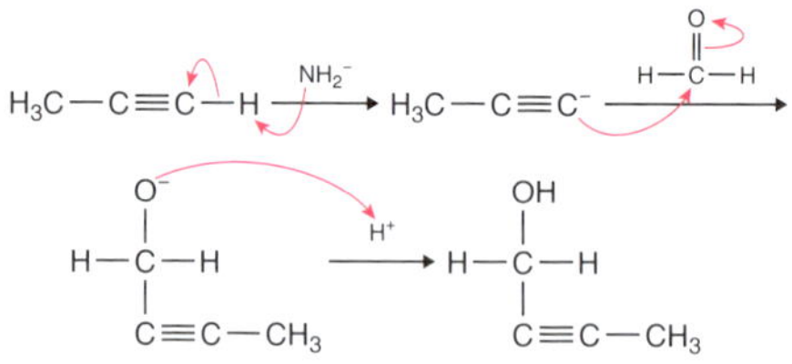

(737)

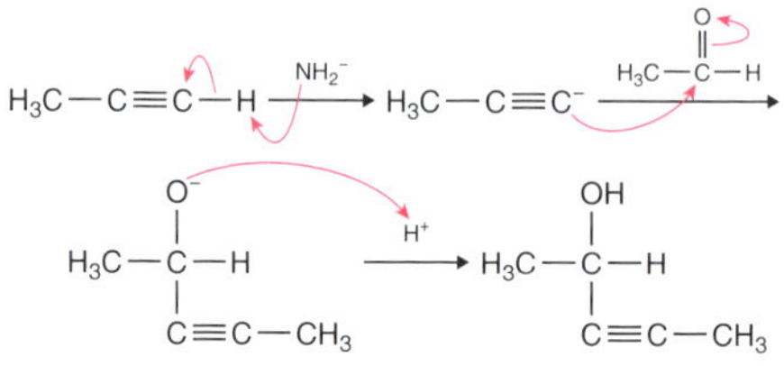

(738) $H_3C-C\equiv C-H$ $\xrightarrow{NH_2^-}$ $H_3C-C\equiv C^-$ $C_2H_5-\overset{O}{\underset{}{C}}-H$ →

$C_2H_5-\overset{O^-}{\underset{C\equiv C-CH_3}{C}}-H$ $\xrightarrow{H^+}$ $C_2H_5-\overset{OH}{\underset{C\equiv C-CH_3}{C}}-H$

(739) $H_3C-C\equiv C-H$ $\xrightarrow{NH_2^-}$ $H_3C-C\equiv C^-$ $(CH_3)_2CH-\overset{O}{\underset{}{C}}-H$ →

$(CH_3)_2CH-\overset{O^-}{\underset{C\equiv C-CH_3}{C}}-H$ $\xrightarrow{H^+}$ $(CH_3)_2CH-\overset{OH}{\underset{C\equiv C-CH_3}{C}}-H$

(740) $H_3C-C\equiv C-H$ $\xrightarrow{NH_2^-}$ $H_3C-C\equiv C^-$ $PhCH_2-\overset{O}{\underset{}{C}}-H$ →

$PhCH_2-\overset{O^-}{\underset{C\equiv C-CH_3}{C}}-H$ $\xrightarrow{H^+}$ $PhCH_2-\overset{OH}{\underset{C\equiv C-CH_3}{C}}-H$

(741) $H_3C-C\equiv C-H$ $\xrightarrow{NH_2^-}$ $H_3C-C\equiv C^-$ $H_3C-\overset{O}{\underset{}{C}}-CH_3$ →

$H_3C-\overset{O^-}{\underset{C\equiv C-CH_3}{C}}-CH_3$ $\xrightarrow{H^+}$ $H_3C-\overset{OH}{\underset{C\equiv C-CH_3}{C}}-CH_3$

(742) $H_3C-C\equiv C-H$ $\xrightarrow{NH_2^-}$ $H_3C-C\equiv C^-$ $C_2H_5-\overset{O}{\underset{}{C}}-CH_3$ →

$C_2H_5-\overset{O^-}{\underset{C\equiv C-CH_3}{C}}-CH_3$ $\xrightarrow{H^+}$ $C_2H_5-\overset{OH}{\underset{C\equiv C-CH_3}{C}}-CH_3$

(743) $H_3C-C\equiv C-H$ $\xrightarrow{NH_2^-}$ $H_3C-C\equiv C^-$ $C_2H_5-\overset{O}{\underset{}{C}}-C_2H_5$ →

$C_2H_5-\overset{O^-}{\underset{C\equiv C-CH_3}{C}}-C_2H_5$ $\xrightarrow{H^+}$ $C_2H_5-\overset{OH}{\underset{C\equiv C-CH_3}{C}}-C_2H_5$

(744) $H_3C-C\equiv C-H$ $\xrightarrow{NH_2^-}$ $H_3C-C\equiv C^-$ $(CH_3)_2CH-\overset{O}{\underset{}{C}}-CH_3$ →

$(CH_3)_2CH-\overset{O^-}{\underset{C\equiv C-CH_3}{C}}-CH_3$ $\xrightarrow{H^+}$ $(CH_3)_2CH-\overset{OH}{\underset{C\equiv C-CH_3}{C}}-CH_3$

(745) $H_3C-C\equiv C-H$ $\xrightarrow{NH_2^-}$ $H_3C-C\equiv C^-$ $PhCH_2-\overset{O}{\underset{}{C}}-CH_3$ →

$PhCH_2-\overset{O^-}{\underset{C\equiv C-CH_3}{C}}-CH_3$ $\xrightarrow{H^+}$ $PhCH_2-\overset{OH}{\underset{C\equiv C-CH_3}{C}}-CH_3$

## 89 ケトンまたはアルデヒドと $LiAlH_4$ または $NaBH_4$ の反応

**解法**：電気陰性度の小さな B 原子もしくは Mg 原子に結合した H 原子は電子豊富になる．H 原子が求核体のヒドリドとして，カルボニル炭素を攻撃する．脱離の可能な置換基をもたないので，カルボニルの再生は起こらない．最後にプロトン化によりアルコールが生成する．

(746) $H-\overset{O}{\underset{H}{C}}-H$ $\xrightarrow{H-\overset{-}{B}H_3}$ $H-\overset{O^-}{\underset{H}{C}}-H$ $\xrightarrow{H^+}$ $H-\overset{OH}{\underset{H}{C}}-H$

(747) $H_3C-\overset{O}{\underset{}{C}}-H$ $\xrightarrow{H-\overset{-}{Al}H_3}$ $H_3C-\overset{O^-}{\underset{H}{C}}-H$ $\xrightarrow{H^+}$ $H_3C-\overset{OH}{\underset{H}{C}}-H$

(748) $C_2H_5-\overset{O}{\underset{}{C}}-H$ $\xrightarrow{H-\overset{-}{B}H_3}$ $C_2H_5-\overset{O^-}{\underset{H}{C}}-H$ $\xrightarrow{H^+}$ $C_2H_5-\overset{OH}{\underset{H}{C}}-H$

(749) $(CH_3)_2CH-\overset{O}{\underset{}{C}}-H$ $\xrightarrow{H-\overset{-}{Al}H_3}$ $(CH_3)_2CH-\overset{O^-}{\underset{H}{C}}-H$ $\xrightarrow{H^+}$ $(CH_3)_2CH-\overset{OH}{\underset{H}{C}}-H$

(750) $PhCH_2-\overset{O}{\underset{}{C}}-H$ $\xrightarrow{H-\overset{-}{B}H_3}$ $PhCH_2-\overset{O^-}{\underset{H}{C}}-H$ $\xrightarrow{H^+}$ $PhCH_2-\overset{OH}{\underset{H}{C}}-H$

(751) $H_3C-\overset{O}{\underset{}{C}}-CH_3$ $\xrightarrow{H-\overset{-}{B}H_3}$ $H_3C-\overset{O^-}{\underset{H}{C}}-CH_3$ $\xrightarrow{H^+}$ $H_3C-\overset{OH}{\underset{H}{C}}-CH_3$

(752) $C_2H_5-\overset{O}{\underset{}{C}}-CH_3$ $\xrightarrow{H-\overset{-}{Al}H_3}$ $C_2H_5-\overset{O^-}{\underset{H}{C}}-CH_3$ $\xrightarrow{H^+}$ $C_2H_5-\overset{OH}{\underset{H}{C}}-CH_3$

(753) $C_2H_5-\overset{O}{\underset{}{C}}-C_2H_5$ $\xrightarrow{H-\overset{-}{B}H_3}$ $C_2H_5-\overset{O^-}{\underset{H}{C}}-C_2H_5$ $\xrightarrow{H^+}$ $C_2H_5-\overset{OH}{\underset{H}{C}}-C_2H_5$

(754) $(CH_3)_2CH-\overset{O}{\underset{}{C}}-CH_3$ $\xrightarrow{H-\overset{-}{Al}H_3}$ $(CH_3)_2CH-\overset{O^-}{\underset{H}{C}}-CH_3$ $\xrightarrow{H^+}$ $(CH_3)_2CH-\overset{OH}{\underset{H}{C}}-CH_3$

(755) 

**90 塩化アシルと LiAlH₄ または NaBH₄ の反応**

**解法**：まずヒドリドが求核体として，カルボニル炭素を攻撃し，アルデヒドを生成する．このアルデヒドにもう一つのヒドリドが求核体として，カルボニル炭素を攻撃する．最後にプロトン化により第一級アルコールが生成する．

(756) 

(757) 

(758) 

(759) 

(760) 

(761) 

(762) 

(763) 

(764) 

(765) 

**91 エステルと LiAlH₄ の反応**

**解法**：**90** と同様ヒドリドが求核体として，カルボニル炭素を攻撃し，アルデヒドを生成する．このアルデヒドにもう一つのヒドリドが求核体として，カルボニル炭素を攻撃する．最後にプロトン化により第一級アルコールが生成する．

(766) 

(767) 

— 48 —

(768)

$C_2H_5-\overset{O}{\overset{\|}{C}}-OCH_3 \quad H-\overset{-}{AlH_3} \longrightarrow C_2H_5-\overset{O^-}{\overset{|}{\underset{H}{C}}}-OCH_3 \longrightarrow$

$C_2H_5-\overset{O}{\overset{\|}{C}}-H \quad H-\overset{-}{AlH_3} \longrightarrow C_2H_5-\overset{O^-}{\overset{|}{\underset{H}{C}}}-H \quad \xrightarrow{H^+} C_2H_5-\overset{OH}{\overset{|}{\underset{H}{C}}}-H$

(769)

$(CH_3)_2CH-\overset{O}{\overset{\|}{C}}-OC_2H_5 \quad H-\overset{-}{AlH_3} \longrightarrow (CH_3)_2CH-\overset{O^-}{\overset{|}{\underset{H}{C}}}-OC_2H_5 \longrightarrow$

$(CH_3)_2CH-\overset{O}{\overset{\|}{C}}-H \quad H-\overset{-}{AlH_3} \longrightarrow (CH_3)_2CH-\overset{O^-}{\overset{|}{\underset{H}{C}}}-H \xrightarrow{H^+} (CH_3)_2CH-\overset{OH}{\overset{|}{\underset{H}{C}}}-H$

(770)

$PhCH_2-\overset{O}{\overset{\|}{C}}-OCH_3 \quad H-\overset{-}{AlH_3} \longrightarrow PhCH_2-\overset{O^-}{\overset{|}{\underset{H}{C}}}-OCH_3 \longrightarrow$

$PhCH_2-\overset{O}{\overset{\|}{C}}-H \quad H-\overset{-}{AlH_3} \longrightarrow PhCH_2-\overset{O^-}{\overset{|}{\underset{H}{C}}}-H \xrightarrow{H^+} PhCH_2-\overset{OH}{\overset{|}{\underset{H}{C}}}-H$

## 92 アミドと LiAlH₄ の反応

**解法**：まずヒドリドが塩基として，アミド水素を引き抜く．AlH₃ により O 原子が取り除かれ，得られたイミンにもう一つのヒドリドが求核攻撃する．最後にプロトン化によりアミンが生成する．

(771)

$H-\overset{O}{\overset{\|}{C}}-\underset{\underset{H}{|}}{NH} \quad H-\overset{-}{AlH_3} \longrightarrow H-\overset{O^-}{\overset{\|}{C}}=NH \quad \longrightarrow AlH_3$

$H-\overset{-}{AlH_2}$ ... $H-\overset{O}{\overset{|}{C}}=NH \longrightarrow H-\overset{AlH_2}{\overset{|}{O}}{\overset{}{C}}H-\overset{}{NH} \longrightarrow$

$H-CH=NH \quad H-\overset{-}{AlH_3} \longrightarrow H-CH_2-\overset{-}{NH} \quad H-OH \longrightarrow$

$H-CH_2-NH_2$

(772)

$H_3C-\overset{O}{\overset{\|}{C}}-\underset{\underset{H}{|}}{NCH_3} \quad H-\overset{-}{AlH_3} \longrightarrow H_3C-\overset{O^-}{\overset{\|}{C}}=NCH_3 \quad \longrightarrow AlH_3$

$H-\overset{-}{AlH_2}$ ... $H_3C-\overset{O}{\overset{|}{C}}=NCH_3 \longrightarrow H_3C-\overset{AlH_2}{\overset{|}{O}}CH-\overset{}{NCH_3} \longrightarrow$

$H_3C-CH=NCH_3 \quad H-\overset{-}{AlH_3} \longrightarrow H_3C-CH_2-\overset{-}{NCH_3} \quad H-OH \longrightarrow$

$H_3C-CH_2-NHCH_3$

(773)

$C_2H_5-\overset{O}{\overset{\|}{C}}-\underset{\underset{H}{|}}{NH} \quad H-\overset{-}{AlH_3} \longrightarrow C_2H_5-\overset{O^-}{\overset{\|}{C}}=NH \quad AlH_3 \longrightarrow C_2H_5-\overset{H-AlH_2}{\overset{|}{O}}{\overset{}{C}}=NH$

$\longrightarrow C_2H_5-\overset{AlH_2}{\overset{|}{O}}CH-\overset{}{NH} \longrightarrow C_2H_5-CH=NH \quad H-\overset{-}{AlH_3} \longrightarrow$

$C_2H_5-CH_2-\overset{-}{NH} \quad H-OH \longrightarrow C_2H_5-CH_2-NH_2$

(774)

$(CH_3)_2CH-\overset{O}{\overset{\|}{C}}-\underset{\underset{H}{|}}{NCH_3} \quad H-\overset{-}{AlH_3} \longrightarrow (CH_3)_2CH-\overset{O^-}{\overset{\|}{C}}=NCH_3 \quad AlH_3 \longrightarrow$

$H-\overset{-}{AlH_2}$ ... $(CH_3)_2CH-\overset{O}{\overset{|}{C}}=NCH_3 \longrightarrow (CH_3)_2CH-\overset{AlH_2}{\overset{|}{O}}CH-\overset{}{NCH_3} \longrightarrow$

$(CH_3)_2CH-CH=NCH_3 \quad H-\overset{-}{AlH_3} \longrightarrow (CH_3)_2CH-CH_2-\overset{-}{NCH_3} \quad H-OH \longrightarrow$

$(CH_3)_2CH-CH_2-NHCH_3$

(775)

$PhCH_2-\overset{O}{\overset{\|}{C}}-\underset{\underset{H}{|}}{NCH_3} \quad H-\overset{-}{AlH_3} \longrightarrow PhCH_2-\overset{O^-}{\overset{\|}{C}}=NCH_3 \quad AlH_3 \longrightarrow PhCH_2-\overset{H-AlH_2}{\overset{|}{O}}{\overset{}{C}}=NCH_3$

$\longrightarrow PhCH_2-\overset{AlH_2}{\overset{|}{O}}CH-\overset{}{NCH_3} \longrightarrow PhCH_2-CH=NCH_3 \quad H-\overset{-}{AlH_3} \longrightarrow$

$PhCH_2-CH_2-\overset{-}{NCH_3} \quad H-OH \longrightarrow PhCH_2-CH_2-NHCH_3$

## 93 ケトンまたはアルデヒドと CN⁻ の反応

**解法**：電子豊富なシアノ基の C 原子が，カルボニル基の電子不足の C 原子を求核攻撃し，C−C 結合が生成する．脱離の可能な置換基をもたないので，カルボニルの再生は起こらない．最後にプロトン化によりアルコールが生成する．

(776)

$H-\overset{O}{\overset{\|}{C}}-H \quad CN^- \longrightarrow H-\overset{O^-}{\overset{|}{\underset{CN}{C}}}-H \quad \xrightarrow{H^+} H-\overset{OH}{\overset{|}{\underset{CN}{C}}}-H$

(777)

$H_3C-\overset{O}{\overset{\|}{C}}-H \quad CN^- \longrightarrow H_3C-\overset{O^-}{\overset{|}{\underset{CN}{C}}}-H \quad \xrightarrow{H^+} H_3C-\overset{OH}{\overset{|}{\underset{CN}{C}}}-H$

(778)

$C_2H_5-\overset{O}{\overset{\|}{C}}-H \quad CN^- \longrightarrow C_2H_5-\overset{O^-}{\overset{|}{\underset{CN}{C}}}-H \quad \xrightarrow{H^+} C_2H_5-\overset{OH}{\overset{|}{\underset{CN}{C}}}-H$

(779) $(CH_3)_2CH-C-H$ + $CN^-$ → $(CH_3)_2CH-C-H$ + $H^+$ → $(CH_3)_2CH-C-H$
(with O, then $O^-$/CN, then OH/CN)

(780) $PhCH_2-C-H$ + $CN^-$ → $PhCH_2-C-H$ → $PhCH_2-C-H$
(O → $O^-$/CN → OH/CN)

(781) $H_3C-C-CH_3$ + $CN^-$ → $H_3C-C-CH_3$ → $H_3C-C-CH_3$
(O → $O^-$/CN → OH/CN)

(782) $C_2H_5-C-CH_3$ + $CN^-$ → $C_2H_5-C-CH_3$ → $C_2H_5-C-CH_3$
(O → $O^-$/CN → OH/CN)

(783) $C_2H_5-C-C_2H_5$ + $CN^-$ → $C_2H_5-C-C_2H_5$ → $C_2H_5-C-C_2H_5$
(O → $O^-$/CN → OH/CN)

(784) $(CH_3)_2CH-C-CH_3$ + $CN^-$ → $(CH_3)_2CH-C-CH_3$ → $(CH_3)_2CH-C-CH_3$
(O → $O^-$/CN → OH/CN)

(785) $PhCH_2-C-CH_3$ + $CN^-$ → $PhCH_2-C-CH_3$ → $PhCH_2-C-CH_3$
(O → $O^-$/CN → OH/CN)

## 94 ケトンまたはアルデヒドからイミンの合成

**解法**：アミンもしくは第一級アミンの N 原子が，カルボニル基の電子不足の C 原子を求核攻撃し，C–C 結合が生成する．脱離の可能な置換基をもたないので，カルボニルの再生は起こらない．プロトン化によりアルコールが生成し，続いて水分子が脱離し，N＝C 結合をもつイミンが生成する．

(786) $H-C-H$ + $NH_3$ → $H-C-H$ (+$NH_3$) → $H-C-H$ (OH, +$NH_2$H) → ... → $H-C-H$ (OH, $NH_2$) → $H-C-H$ (+$OH_2$, $NH_2$) → ... → $H-C=H$ (+N–H, $NH$)

(787) $H_3C-C-H$ + $CH_3NH_2$ → $H_3C-C-H$ (+$NH_2CH_3$) → $H_3C-C-H$ (OH, +$NHCH_3$/H) → ...
$H_3C-C-H$ (HO, $NHCH_3$) → $H_3C-C-H$ (+$OH_2$, $NHCH_3$) → ...
$H_3C-C-H$ (+N–H, $CH_3$) → $H_3C-C-H$ (N–$CH_3$)

(788) $C_2H_5-C-H$ + $NH_3$ → $C_2H_5-C-H$ (+$NH_3$) → $C_2H_5-C-H$ (OH, +$NH_2$/H) → ...
$C_2H_5-C-H$ (HO, $NH_2$) → $C_2H_5-C-H$ (+$OH_2$, $NH_2$) → ...
$C_2H_5-C-H$ (+N–H) → $C_2H_5-C-H$ ($NH$)

(789) $(CH_3)_2CH-C-H$ + $CH_3NH_2$ → $(CH_3)_2C-C-H$ (+$NH_2CH_3$) → $(CH_3)_2C-C-H$ (OH, +$NHCH_3$/H) → ...
$(CH_3)_2C-C-H$ (HO, $NHCH_3$) → $(CH_3)_2C-C-H$ (+$OH_2$, $NHCH_3$) → ...
$(CH_3)_2CH-C-H$ (+N–H, $CH_3$) → $(CH_3)_2CH-C-H$ (N–$CH_3$)

(790) $PhCH_2-C-H$ + $NH_3$ → $PhCH_2-C-H$ (+$NH_3$) → $PhCH_2-C-H$ (OH, +$NH_2$/H) → ...
$PhCH_2-C-H$ (HO, $NH_2$) → $PhCH_2-C-H$ (+$OH_2$, $NH_2$) → ...
$PhCH_2-C-H$ (+N–H) → $PhCH_2-C-H$ ($NH$)

(791) $H_3C-C-CH_3$ + $NH_3$ → $H_3C-C-CH_3$ (+$NH_3$) → $H_3C-C-CH_3$ (OH, +$NH_2$/H) → ...
$H_3C-C-CH_3$ (HO, $NH_2$) → $H_3C-C-CH_3$ (+$OH_2$, $NH_2$) → ...
$H_3C-C-CH_3$ (+N–H) → $H_3C-C-CH_3$ ($NH$)

(792)

$C_2H_5-C(=O)-CH_3$ $\xrightarrow{CH_3NH_2}$ $C_2H_5-C(O^-)(CH_3)-{}^+NHCH_3$ $\xrightarrow{H^+}$ $C_2H_5-C(OH)(CH_3)-{}^+N(CH_3)(H)$ $\xrightarrow{B^-}$

$C_2H_5-C(HO)(CH_3)-NHCH_3$ $\xrightarrow{H^+}$ $C_2H_5-C({}^+OH_2)(CH_3)-NHCH_3$ $\longrightarrow$

$C_2H_5-C(CH_3)={}^+N(H)(CH_3)$ $\xrightarrow{B^-}$ $C_2H_5-C(CH_3)=N-CH_3$

(793)

$C_2H_5-C(=O)-C_2H_5$ $\xrightarrow{NH_3}$ $C_2H_5-C(O^-)(C_2H_5)-{}^+NH_3$ $\xrightarrow{H^+}$ $C_2H_5-C(OH)(C_2H_5)-{}^+N(H)(H)$ $\xrightarrow{B^-}$

$C_2H_5-C(HO)(C_2H_5)-NH_2$ $\xrightarrow{H^+}$ $C_2H_5-C({}^+OH_2)(C_2H_5)-NH_2$ $\longrightarrow$

$C_2H_5-C(C_2H_5)={}^+N(H)$ $\xrightarrow{B^-}$ $C_2H_5-C(C_2H_5)=NH$

(794)

$(CH_3)_2CH-C(=O)-CH_3$ $\xrightarrow{CH_3NH_2}$ $(CH_3)_2CH-C(O^-)(CH_3)-{}^+NH_2CH_3$ $\xrightarrow{H^+}$ $(CH_3)_2CH-C(OH)(CH_3)-NHCH_3$ $\xrightarrow{B^-}$

$(CH_3)_2CH-C(HO)(CH_3)-NHCH_3$ $\xrightarrow{H^+}$ $(CH_3)_2CH-C({}^+OH_2)(CH_3)-NHCH_3$ $\longrightarrow$

$(CH_3)_2CH-C(CH_3)={}^+N(H)(CH_3)$ $\xrightarrow{B^-}$ $(CH_3)_2CH-C(CH_3)=N-CH_3$

(795)

$PhCH_2-C(=O)-CH_3$ $\xrightarrow{NH_3}$ $PhCH_2-C(O^-)(CH_3)-{}^+NH_3$ $\xrightarrow{H^+}$ $PhCH_2-C(OH)(CH_3)-{}^+N(H)(H)$ $\xrightarrow{B^-}$

$PhCH_2-C(HO)(CH_3)-NH_2$ $\xrightarrow{H^+}$ $PhCH_2-C({}^+OH_2)(CH_3)-NH_2$ $\longrightarrow$

$PhCH_2-C(CH_3)={}^+N(H)(H)$ $\xrightarrow{B^-}$ $PhCH_2-C(CH_3)=NH$

---

**95** ケトンまたはアルデヒドからエナミンの合成

解法：第二級アミンのN原子が，カルボニル炭素を求核攻撃し，N−C結合が生成する．脱離の可能な置換基をもたないので，カルボニルの再生は起こらない．プロトン化によりアルコールが生成し，続いてN=C結合が生成するが，脱プロトン化により，エナミンができる．

(796)

$H_3C-C(=O)-H$ $\xrightarrow{(CH_3)_2NH}$ $H_3C-C(O^-)(H)-{}^+NH(CH_3)_2$ $\xrightarrow{H^+}$ $H_3C-C(OH)(H)-{}^+N(CH_3)_2(H)$ $\xrightarrow{B^-}$

$H_3C-C(HO)(H)-N(CH_3)_2$ $\xrightarrow{H^+}$ $H_3C-C({}^+OH_2)(H)-N(CH_3)_2$ $\longrightarrow$

$H_2C(H)-C(H)={}^+N(CH_3)_2$ $\xrightarrow{B^-}$ $H_2C=C(H)-N(CH_3)_2$

(797)

$H_3C-C(=O)-H$ $\xrightarrow{(C_2H_5)_2NH}$ $H_3C-C(O^-)(H)-{}^+NH(C_2H_5)_2$ $\xrightarrow{H^+}$ $H_3C-C(OH)(H)-{}^+N(C_2H_5)_2$ $\xrightarrow{B^-}$

$H_3C-C(HO)(H)-N(C_2H_5)_2$ $\xrightarrow{H^+}$ $H_3C-C({}^+OH_2)(H)-N(C_2H_5)_2$ $\longrightarrow$

$H_2C(H)-C(H)={}^+N(C_2H_5)_2$ $\xrightarrow{B^-}$ $H_2C=C(H)-N(C_2H_5)_2$

(798)

$C_2H_5-C(=O)-H$ $\xrightarrow{(CH_3)_2NH}$ $C_2H_5-C(O^-)(H)-{}^+NH(CH_3)_2$ $\xrightarrow{H^+}$ $C_2H_5-C(OH)(H)-{}^+N(CH_3)_2(H)$ $\xrightarrow{B^-}$

$C_2H_5-C(HO)(H)-N(CH_3)_2$ $\xrightarrow{H^+}$ $C_2H_5-C({}^+OH_2)(H)-N(CH_3)_2$ $\longrightarrow$

$H_3C-C(H)-C(H)={}^+N(CH_3)_2$ $\xrightarrow{B^-}$ $H_3C-C(H)=C(H)-N(CH_3)_2$

(799)

$(CH_3)_2CH-C(=O)-H$ $\xrightarrow{(C_2H_5)_2NH}$ $(CH_3)_2C(H)-C(O^-)(H)-{}^+NH(C_2H_5)_2$ $\xrightarrow{H^+}$ $(CH_3)_2CH-C(OH)(H)-{}^+N(C_2H_5)_2$ $\xrightarrow{B^-}$

$(CH_3)_2CH-C(HO)(H)-N(C_2H_5)_2$ $\xrightarrow{H^+}$ $(CH_3)_2CH-C({}^+OH_2)(H)-N(C_2H_5)_2$ $\longrightarrow$

$H_3C-C(H)-C(H)={}^+N(C_2H_5)_2$ ($CH_3$) $\xrightarrow{B^-}$ $H_3C-C(H)=C(H)-N(C_2H_5)_2$ ($CH_3$)

(800)

$PhCH_2-C(=O)-H$ $\xrightarrow{(CH_3)_2NH}$ $PhCH_2-C(O^-)(H)-{}^+NH(CH_3)_2$ $\xrightarrow{H^+}$ $PhCH_2-C(OH)(H)-{}^+N(CH_3)_2(H)$ $\xrightarrow{B^-}$

$PhCH_2-C(HO)(H)-N(CH_3)_2$ $\xrightarrow{H^+}$ $PhCH_2-C({}^+OH_2)(H)-N(CH_3)_2$ $\longrightarrow$

$Ph-C(H)-C(H)={}^+N(CH_3)_2$ ($H$) $\xrightarrow{B^-}$ $Ph-C(H)=C(H)-N(CH_3)_2$ ($H$)

(801)

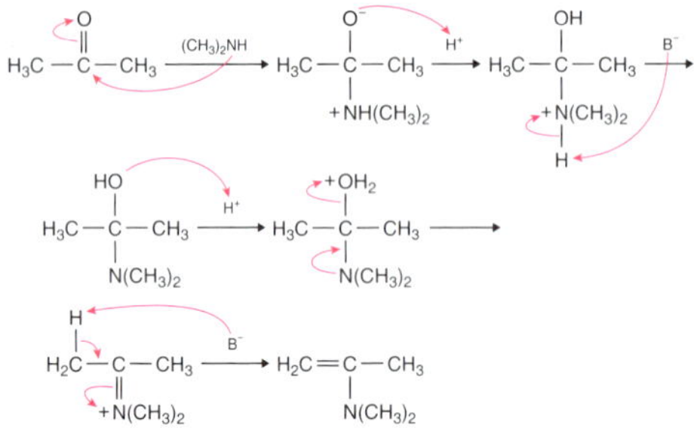

(802)

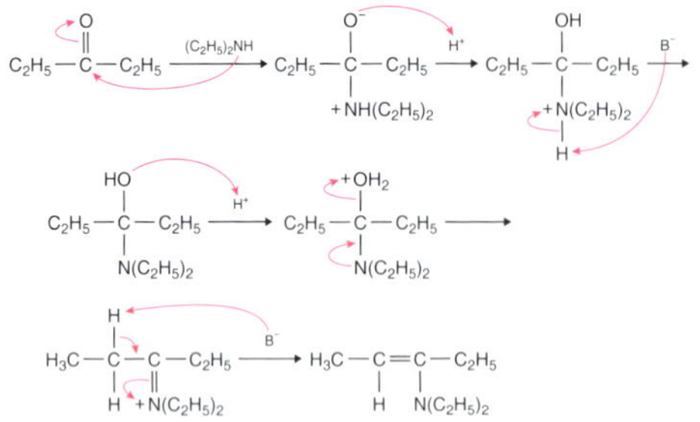

(803)

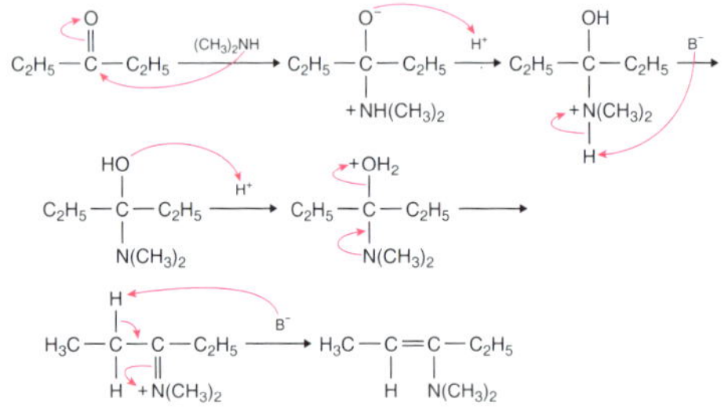

(804)

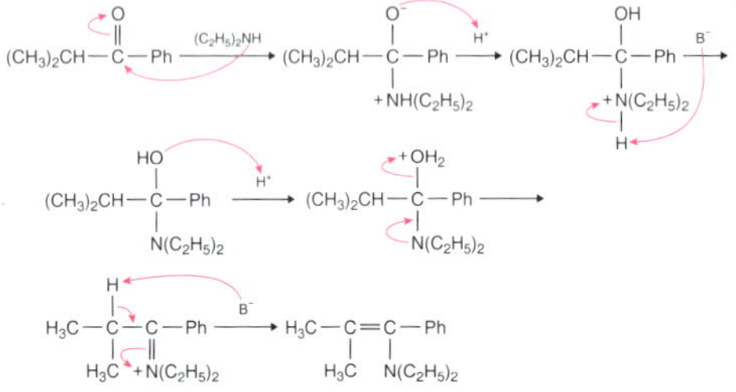

(805)

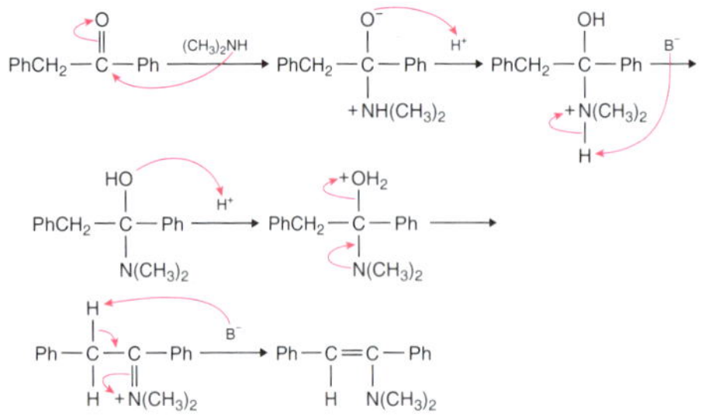

**96 ケトンまたはアルデヒドからオキシムの合成**

**解法**：ヒドロキシアミンの N 原子がカルボニル基の電子不足の C 原子を求核攻撃し，N−C 結合が生成する．脱離の可能な置換基をもたないので，カルボニルの再生は起こらない．プロトン化によりアルコールが生成し，続いて水分子が脱離し，N＝C 結合をもつオキシムが生成する．

(806)

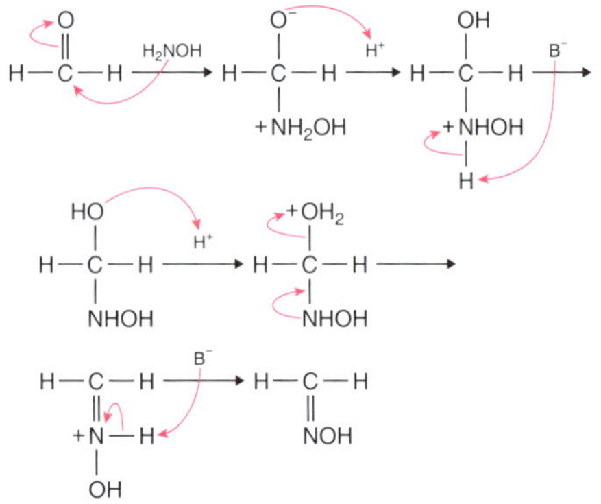

(807)

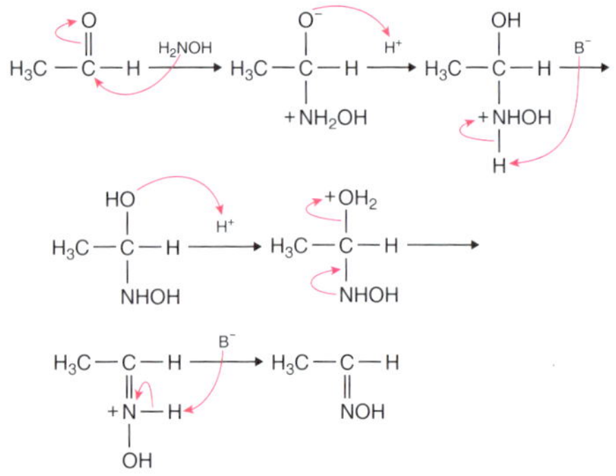

(808)

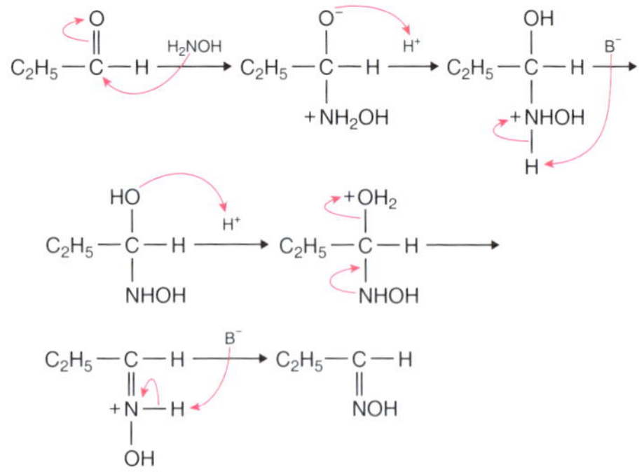

(809) 

$(CH_3)_2CH$–C(=O)–H  →[$H_2NOH$]  $(CH_3)_2CH$–C(O$^-$)(H)–$^+NH_2OH$  →[$H^+$]  $(CH_3)_2CH$–C(OH)(H)–$^+NHOH$(H)  →[$B^-$]

$(CH_3)_2CH$–C(OH)(H)–NHOH  →[$H^+$]  $(CH_3)_2CH$–C($^+OH_2$)(H)–NHOH  →

$(CH_3)_2CH$–C(H)=$^+N$(H)–OH  →[$B^-$]  $(CH_3)_2CH$–C(H)=N–OH

(810)

$PhCH_2$–C(=O)–H  →[$H_2NOH$]  $PhCH_2$–C(O$^-$)(H)–$^+NH_2OH$  →[$H^+$]  $PhCH_2$–C(OH)(H)–$^+NHOH$(H)  →[$B^-$]

$PhCH_2$–C(OH)(H)–NHOH  →[$H^+$]  $PhCH_2$–C($^+OH_2$)(H)–NHOH  →

$PhCH_2$–C(H)=$^+N$(H)–OH  →  $PhCH_2$–C(H)=N–OH

(811)

$H_3C$–C(=O)–$CH_3$  →[$H_2NOH$]  $H_3C$–C(O$^-$)($CH_3$)–$^+NH_2OH$  →[$H^+$]  $H_3C$–C(OH)($CH_3$)–$^+NHOH$(H)  →[$B^-$]

$H_3C$–C(OH)($CH_3$)–NHOH  →[$H^+$]  $H_3C$–C($^+OH_2$)($CH_3$)–NHOH  →

$H_3C$–C($CH_3$)=$^+N$(H)–OH  →  $H_3C$–C($CH_3$)=N–OH

(812)

$C_2H_5$–C(=O)–$CH_3$  →[$H_2NOH$]  $C_2H_5$–C(O$^-$)($CH_3$)–$^+NH_2OH$  →[$H^+$]  $C_2H_5$–C(OH)($CH_3$)–$^+NHOH$(H)  →[$B^-$]

$C_2H_5$–C(OH)($CH_3$)–NHOH  →[$H^+$]  $C_2H_5$–C($^+OH_2$)($CH_3$)–NHOH  →

$C_2H_5$–C($CH_3$)=$^+N$(H)–OH  →[$B^-$]  $C_2H_5$–C($CH_3$)=N–OH

(813)

$C_2H_5$–C(=O)–$C_2H_5$  →[$H_2NOH$]  $C_2H_5$–C(O$^-$)($C_2H_5$)–$^+NH_2OH$  →[$H^+$]  $C_2H_5$–C(OH)($C_2H_5$)–$^+NHOH$(H)  →[$B^-$]

$C_2H_5$–C(OH)($C_2H_5$)–NHOH  →[$H^+$]  $C_2H_5$–C($^+OH_2$)($C_2H_5$)–NHOH  →

$C_2H_5$–C($C_2H_5$)=$^+N$(H)–OH  →[$B^-$]  $C_2H_5$–C($C_2H_5$)=N–OH

(814)

$(CH_3)_2CH$–C(=O)–$CH_3$  →[$H_2NOH$]  $(CH_3)_2CH$–C(O$^-$)($CH_3$)–$^+NH_2OH$  →[$H^+$]  $(CH_3)_2CH$–C(OH)($CH_3$)–$^+NHOH$(H)  →[$B^-$]

$(CH_3)_2CH$–C(OH)($CH_3$)–NHOH  →[$H^+$]  $(CH_3)_2CH$–C($^+OH_2$)($CH_3$)–NHOH  →

$(CH_3)_2CH$–C($CH_3$)=$^+N$(H)–OH  →[$B^-$]  $(CH_3)_2CH$–C($CH_3$)=N–OH

(815)

$PhCH_2$–C(=O)–$CH_3$  →[$H_2NOH$]  $PhCH_2$–C(O$^-$)($CH_3$)–$^+NH_2OH$  →[$H^+$]  $PhCH_2$–C(OH)($CH_3$)–$^+NHOH$(H)  →[$B^-$]

$PhCH_2$–C(OH)($CH_3$)–NHOH  →[$H^+$]  $PhCH_2$–C($^+OH_2$)($CH_3$)–NHOH  →

$PhCH_2$–C($CH_3$)=$^+N$(H)–OH  →[$B^-$]  $PhCH_2$–C($CH_3$)=N–OH

## 97 ケトンまたはアルデヒドから *gem*-ジオールの合成

**解法**：カルボニル酸素のプロトン化により，さらに電子不足になったカルボニル炭素に，水分子が求核攻撃し，カルボニル基の π 結合の電子対が O 原子上に移動する．脱離の可能な置換基をもたないので，カルボニルの再生は起こらない．$H^+$ は最終段階で再生するので触媒量でよい．

(816)

H–C(=O)–H  →[$H^+$]  H–C($^+OH$)–H  →[$H_2O$]  H–C(OH)(H)–$^+O$(H)–H  →[$B^-$]  H–C(OH)(H)–OH

(817)

$H_3C$–C(=O)–H  →[$H^+$]  $H_3C$–C($^+OH$)–H  →[$H_2O$]  $H_3C$–C(OH)(H)–$^+O$(H)–H  →  $H_3C$–C(OH)(H)–OH

(818)

$C_2H_5$–C(=O)–H  →[$H^+$]  $C_2H_5$–C($^+OH$)–H  →[$H_2O$]

$C_2H_5$–C(OH)(H)–$^+O$(H)–H  →[$B^-$]  $C_2H_5$–C(OH)(H)–OH

(819)

$(CH_3)_2CH$–C(=O)–H  →[$H^+$]  $(CH_3)_2CH$–C($^+OH$)–H  →[$H_2O$]

$(CH_3)_2CH$–C(OH)(H)–$^+O$(H)–H  →[$B^-$]  $(CH_3)_2CH$–C(OH)(H)–OH

— 53 —

(820)

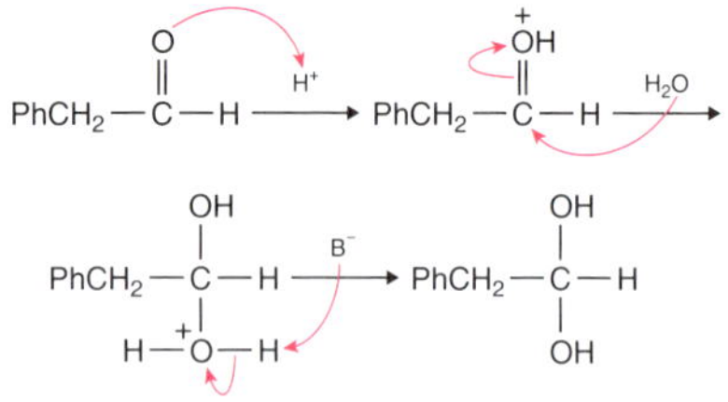

(821)

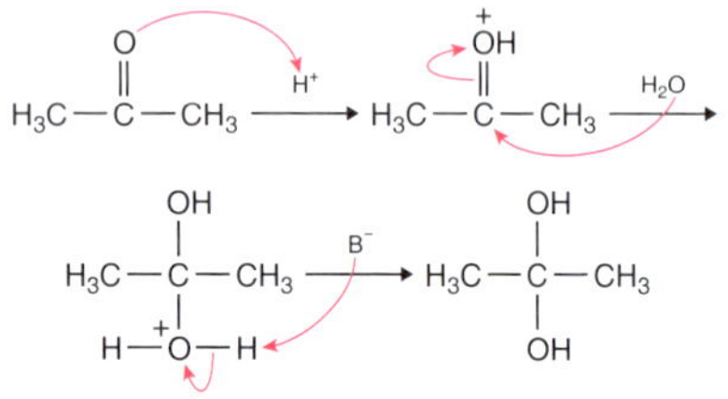

(822)

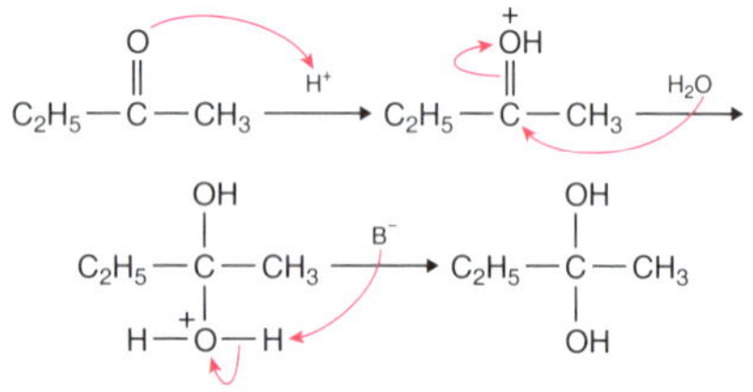

(823)

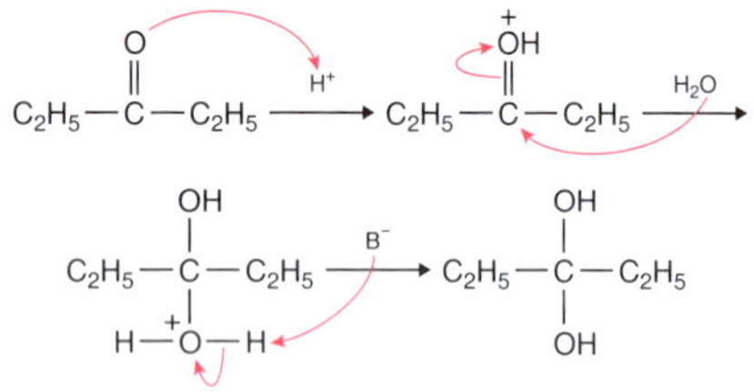

(824)

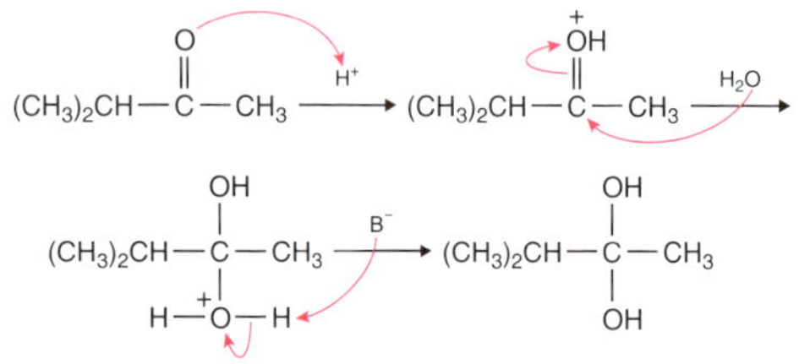

(825)

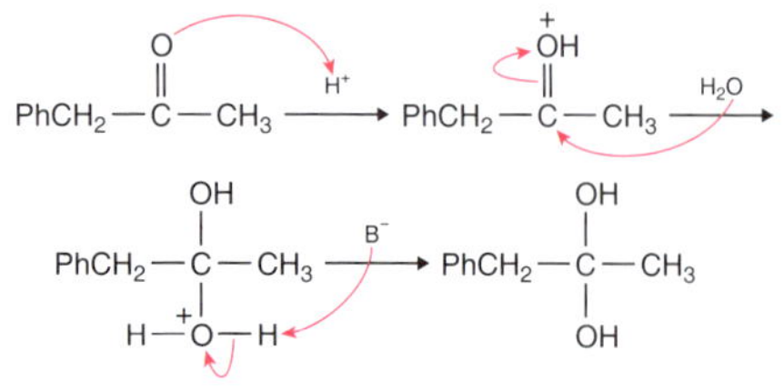

## 98 アルデヒドからのアセタール生成

**解法**：プロトン化により，さらに電子不足になったカルボニル炭素にアルコール分子が求核攻撃し，ヘミアセタールができる．ヒドロキシ基がプロトン化され，水分子が脱離した中間体がアルコールの求核攻撃を受け，アセタールができる．

(826)

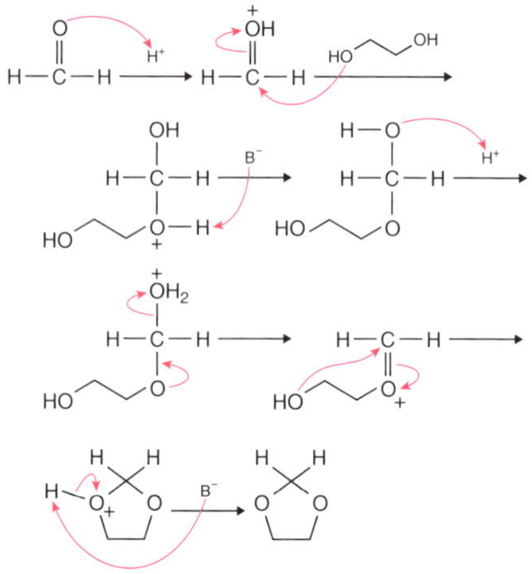

(827)

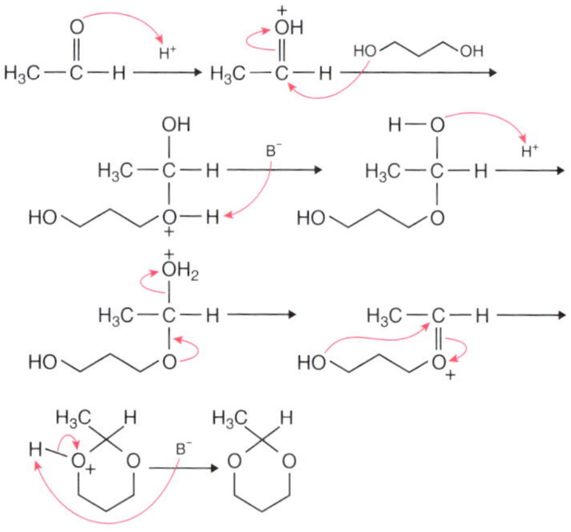

(828)

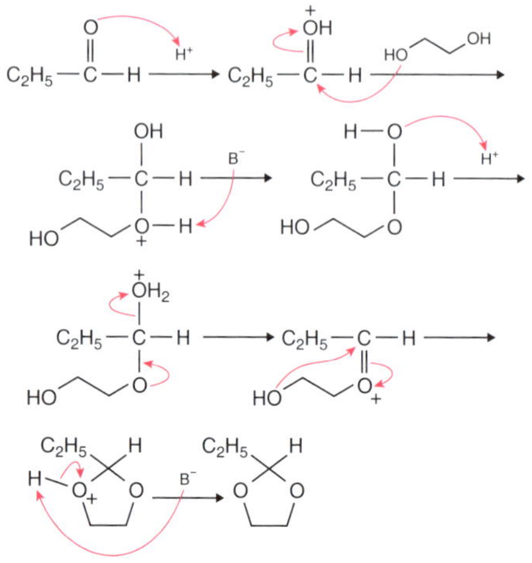

(829)

$(CH_3)_2CH-C(=O)-H$  $H^+$  $(CH_3)_2CH-C(=\overset{+}{O}H)-H$  $HO-CH_2CH_2CH_2-OH$

$(CH_3)_2CH-\overset{OH}{\underset{HO-CH_2CH_2CH_2-\overset{+}{O}-H}{C}}-H$  $B^-$  $(CH_3)_2CH-\overset{H-\overset{\cdot\cdot}{O}}{\underset{HO-CH_2CH_2CH_2-O}{C}}-H$  $H^+$

$(CH_3)_2CH-\overset{\overset{+}{O}H_2}{\underset{HO-CH_2CH_2CH_2-O}{C}}-H$  $(CH_3)_2CH-C(-H)(=\overset{+}{O}-CH_2CH_2CH_2-OH)$

$(CH_3)_2CH$ ... $(CH_3)_2CH$ ...  $B^-$

(830)

$PhCH_2-C(=O)-H$  $H^+$  $PhCH_2-C(=\overset{+}{O}H)-H$  $HO-CH_2CH_2-OH$

$PhCH_2-\overset{OH}{\underset{HO-CH_2CH_2-\overset{+}{O}-H}{C}}-H$  $B^-$  $PhCH_2-\overset{H-\overset{\cdot\cdot}{O}}{\underset{HO-CH_2CH_2-O}{C}}-H$  $H^+$

$PhCH_2-\overset{\overset{+}{O}H_2}{\underset{HO-CH_2CH_2-O}{C}}-H$  $PhCH_2-C(-H)(=\overset{+}{O}-CH_2CH_2-OH)$

$PhCH_2$ ...  $B^-$  $PhCH_2$ ...

## 99 ケトンからのケタール生成

**解法**：プロトン化により，さらに電子不足になった
カルボニル炭素にアルコール分子が求核攻撃して，
ヘミケタールができる．ヒドロキシ基がプロトン化
され，水分子が脱離した中間体がアルコールの求核
攻撃を受け，ケタールができる．

(831)

$H_3C-C(=O)-CH_3$  $H^+$  $H_3C-C(=\overset{+}{O}H)-CH_3$  $HO-CH_2CH_2-OH$

$H_3C-\overset{OH}{\underset{HO-CH_2CH_2-\overset{+}{O}-H}{C}}-CH_3$  $B^-$  $H_3C-\overset{H-\overset{\cdot\cdot}{O}}{\underset{HO-CH_2CH_2-O}{C}}-CH_3$  $H^+$

$H_3C-\overset{\overset{+}{O}H_2}{\underset{HO-CH_2CH_2-O}{C}}-CH_3$  $H_3C-C(-CH_3)(=\overset{+}{O}-CH_2CH_2-OH)$

$H_3C$  $CH_3$  $B^-$  $H_3C$  $CH_3$

(832)

$C_2H_5-C(=O)-CH_3$  $H^+$  $C_2H_5-C(=\overset{+}{O}H)-CH_3$  $HO-CH_2CH_2CH_2-OH$

$C_2H_5-\overset{OH}{\underset{HO-CH_2CH_2CH_2-\overset{+}{O}-H}{C}}-CH_3$  $B^-$  $C_2H_5-\overset{H-\overset{\cdot\cdot}{O}}{\underset{HO-CH_2CH_2CH_2-O}{C}}-CH_3$  $H^+$

$C_2H_5-\overset{\overset{+}{O}H_2}{\underset{HO-CH_2CH_2CH_2-O}{C}}-CH_3$  $C_2H_5-C(-CH_3)(=\overset{+}{O}-CH_2CH_2CH_2-OH)$

$C_2H_5$  $CH_3$  $B^-$  $C_2H_5$  $CH_3$

(833)

$C_2H_5-C(=O)-C_2H_5$  $H^+$  $C_2H_5-C(=\overset{+}{O}H)-C_2H_5$  $HO-CH_2CH_2-OH$

$C_2H_5-\overset{OH}{\underset{HO-CH_2CH_2-\overset{+}{O}-H}{C}}-C_2H_5$  $B^-$  $C_2H_5-\overset{H-\overset{\cdot\cdot}{O}}{\underset{HO-CH_2CH_2-O}{C}}-C_2H_5$  $H^+$

$C_2H_5-\overset{\overset{+}{O}H_2}{\underset{HO-CH_2CH_2-O}{C}}-C_2H_5$  $C_2H_5-C(-C_2H_5)(=\overset{+}{O}-CH_2CH_2-OH)$

$C_2H_5$  $C_2H_5$  $B^-$  $C_2H_5$  $C_2H_5$

(834)

$(CH_3)_2CH-C(=O)-CH_3$  $H^+$  $(CH_3)_2CH-C(=\overset{+}{O}H)-CH_3$  $HO-CH_2CH_2CH_2-OH$

$(CH_3)_2CH-\overset{OH}{\underset{HO-CH_2CH_2CH_2-\overset{+}{O}-H}{C}}-CH_3$  $B^-$  $(CH_3)_2CH-\overset{H-\overset{\cdot\cdot}{O}}{\underset{HO-CH_2CH_2CH_2-O}{C}}-CH_3$  $H^+$

$(CH_3)_2CH-\overset{\overset{+}{O}H_2}{\underset{HO-CH_2CH_2CH_2-O}{C}}-CH_3$  $(CH_3)_2CH-C(-CH_3)(=\overset{+}{O}-CH_2CH_2CH_2-OH)$

$(CH_3)_2CH$  $CH_3$  $B^-$  $(CH_3)_2CH$  $CH_3$

(835)

$PhCH_2-C(=O)-C_2H_5$  $H^+$  $PhCH_2-C(=\overset{+}{O}H)-C_2H_5$  $HO-CH_2CH_2-OH$

$PhCH_2-\overset{OH}{\underset{HO-CH_2CH_2-\overset{+}{O}-H}{C}}-C_2H_5$  $B^-$  $PhCH_2-\overset{H-\overset{\cdot\cdot}{O}}{\underset{HO-CH_2CH_2-O}{C}}-C_2H_5$  $H^+$

$PhCH_2-\overset{\overset{+}{O}H_2}{\underset{HO-CH_2CH_2-O}{C}}-C_2H_5$  $PhCH_2-C(-C_2H_5)(=\overset{+}{O}-CH_2CH_2-OH)$

$PhCH_2$  $C_2H_5$  $B^-$  $PhCH_2$  $C_2H_5$

**アルデヒドからのチオアセタールまたはチオケタール生成**

**解法**：プロトン化により，さらに電子不足になったカルボニル炭素に，チオール分子が求核攻撃し，ヘミチオアセタールもしくはヘミチオケタールができる．ヒドロキシ基がプロトン化され，水分子が脱離した中間体がチオールの求核攻撃を受け，ジチオアセタールもしくはジチオケタールができる．

(836)

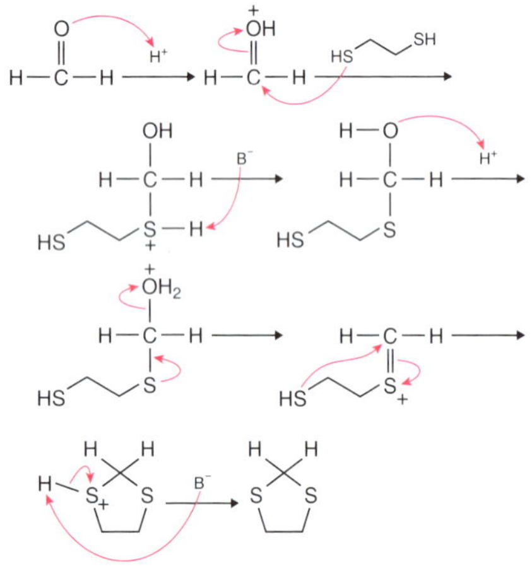

(837)

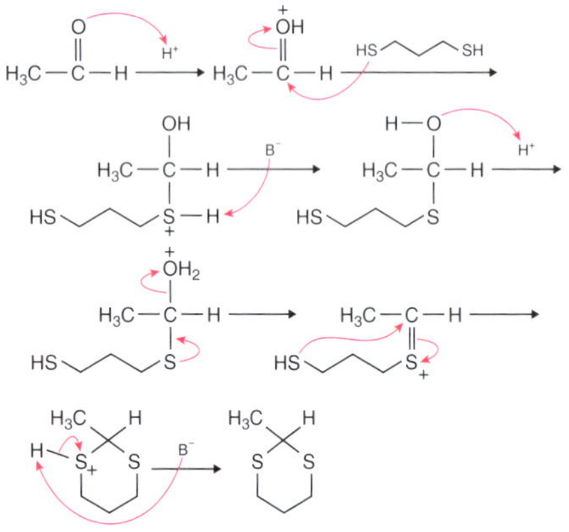

(838)

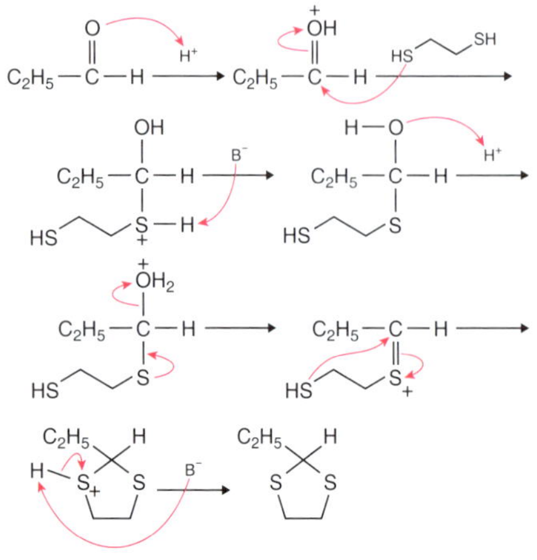

(839)

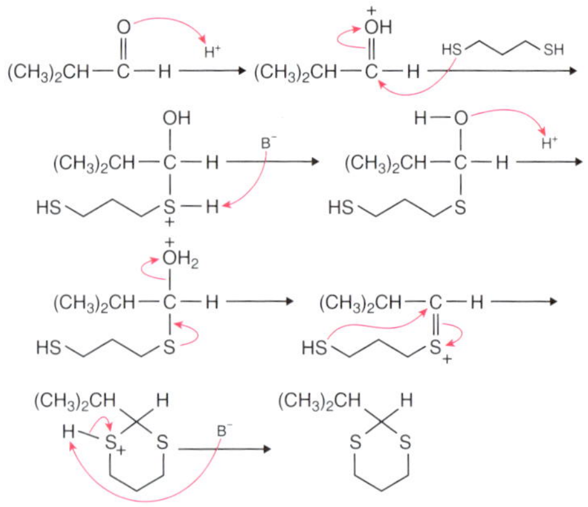

(840)

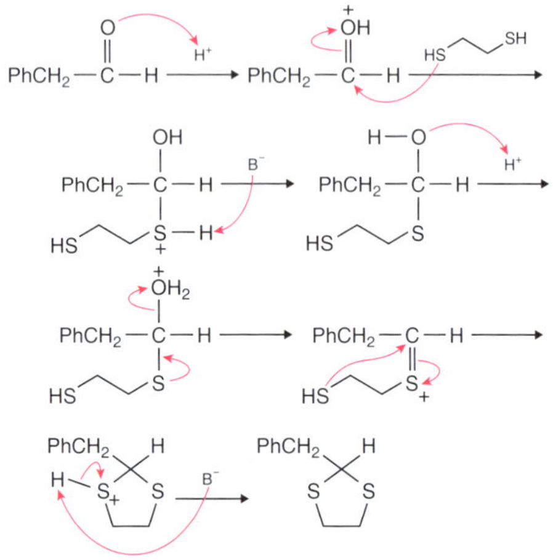

(841)

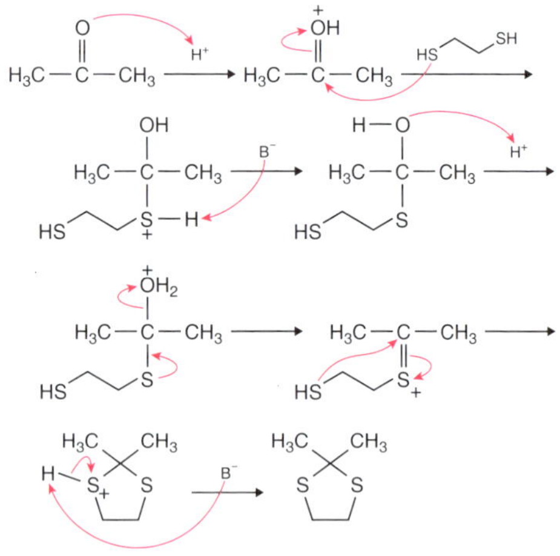

(842)

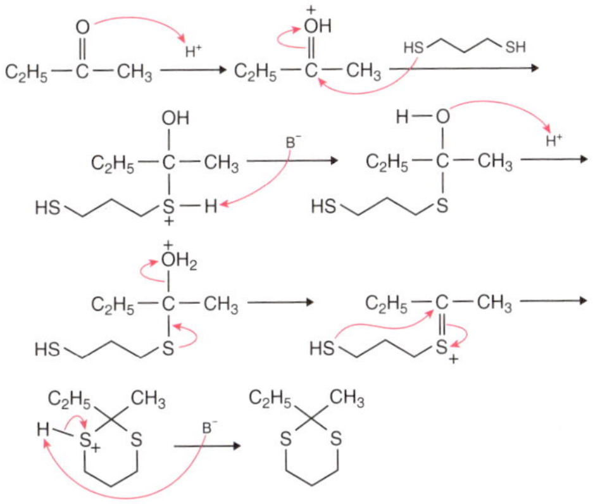

(843)

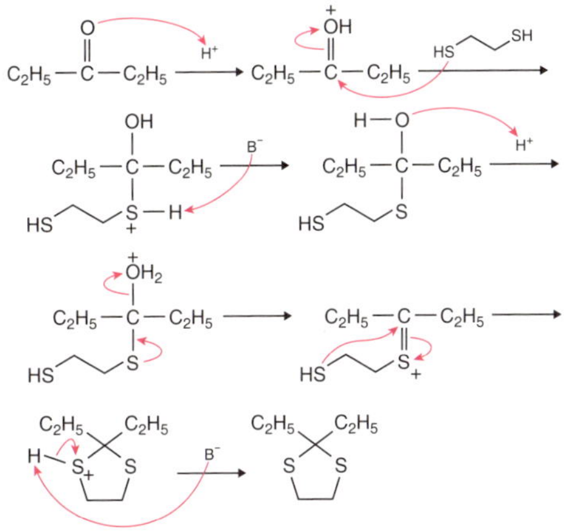

(844)

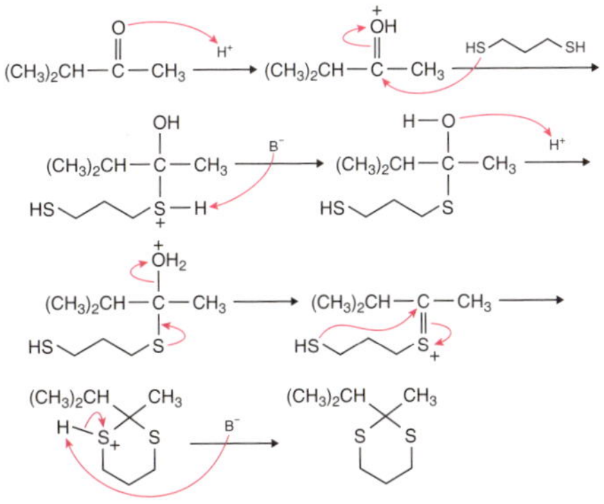

(845)

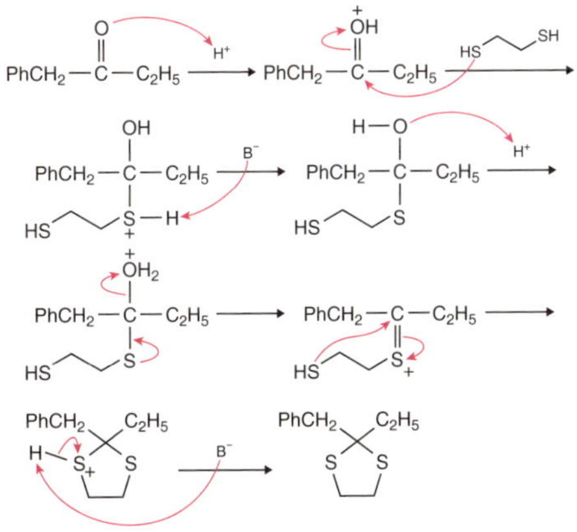

## 101 Wiitig 反応

解法：ハロゲン化アルキルがホスフィンに攻撃し，ホスホニウム塩を与える．これを強塩基で処理するとリンイリドが生成する．リンイリドの電子豊富なC原子が，カルボニル基の電子不足のC原子を求核攻撃する．四員環の中間体を経由し，アルケンができる．リンイリドのアルキル基と，カルボニル炭素が入れ替わることを確認しよう．

(846)

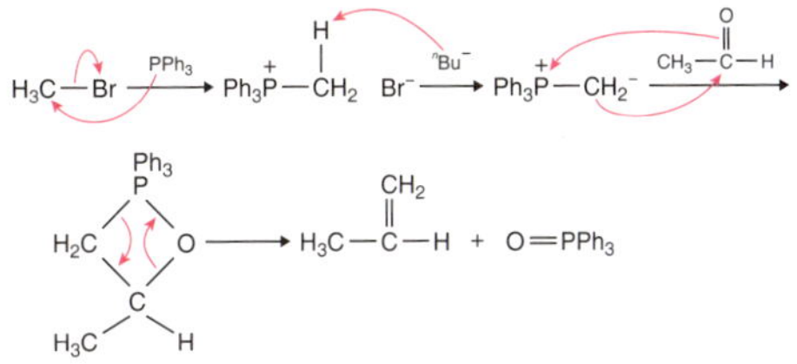

(847)

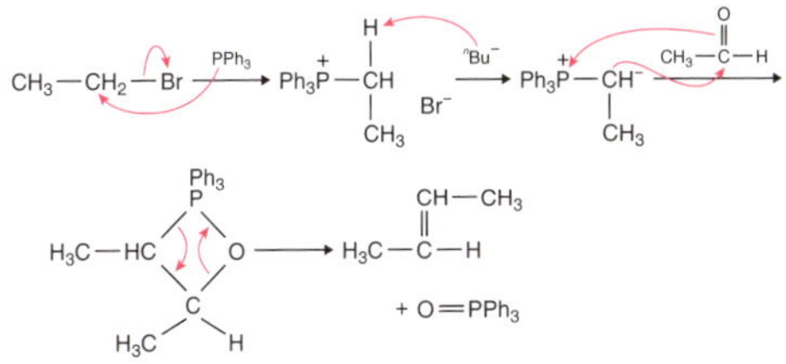

(848)

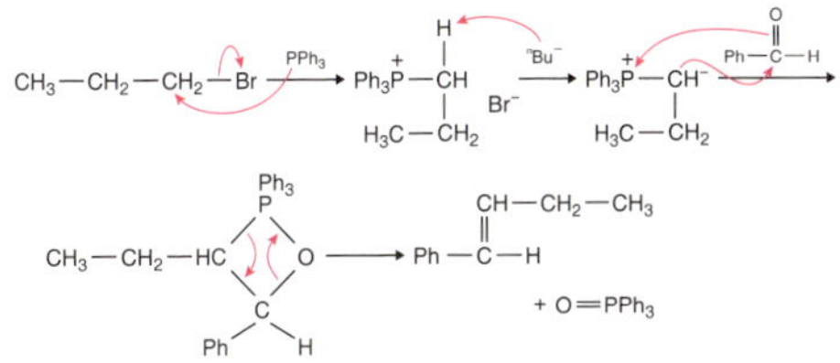

(849)

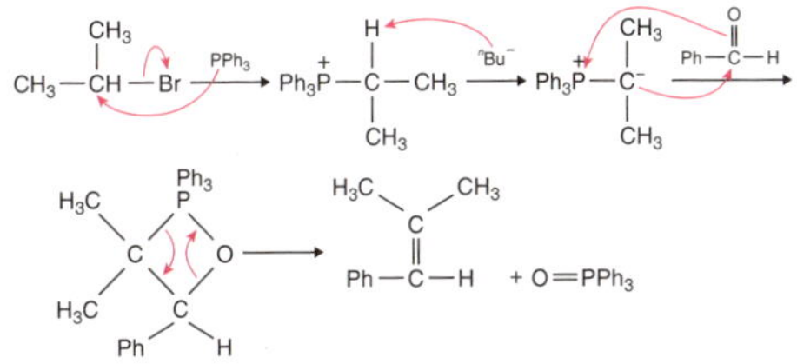

(850)

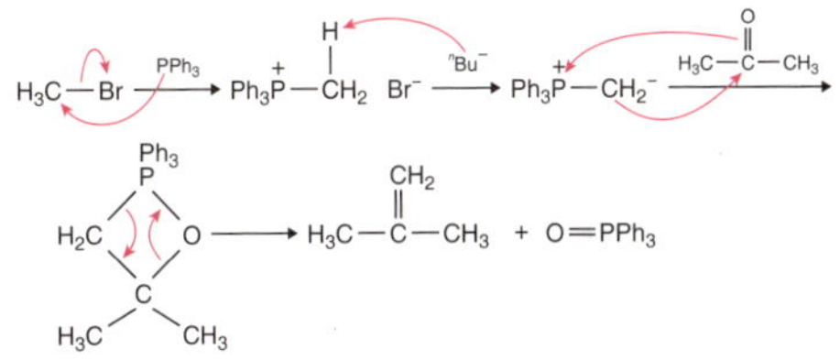

(851)

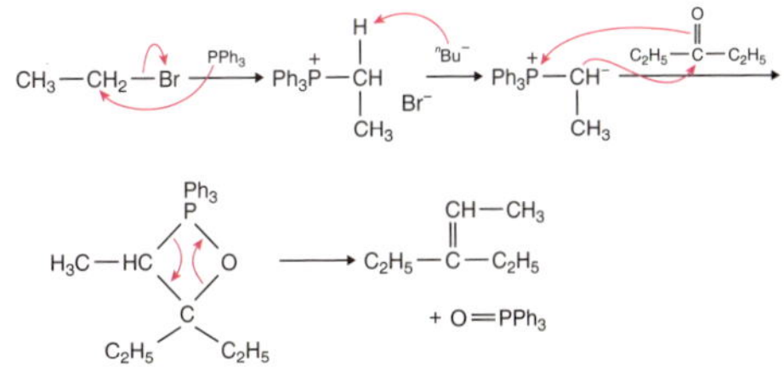

(852) $CH_3-CH_2-CH_2-Br$ $\xrightarrow{PPh_3}$ $Ph_3\overset{+}{P}-\underset{H_3C-CH_2}{\overset{H}{\underset{|}{\overset{|}{C}H}}}$ $Br^-$ $\xrightarrow{{}^nBu^-}$ $Ph_3\overset{+}{P}-\underset{H_3C-CH_2}{\overset{|}{C}H^-}$ $\longrightarrow$ 

$Ph_3P\!-\!\underset{\underset{CH_2-CH_3}{|}}{\overset{O}{\underset{\displaystyle C}{}}}$ $\longrightarrow$ $CH_3-CH_2-CH=\!\!\!\bigcirc$ $+\ O=PPh_3$

## 102 発展問題（1）

(853) $H-\overset{O}{\underset{}{\overset{\|}{C}}}-H$ $\xrightarrow{(CH_3)_2CHCH_2-MgBr}$ $H-\underset{CH_2CH(CH_3)_2}{\overset{O^-\ Mg^+Br}{\underset{|}{\overset{|}{C}}}}-H$ $\xrightarrow{H^+}$ $H-\underset{CH_2CH(CH_3)_2}{\overset{OH}{\underset{|}{\overset{|}{C}}}}-H$

(854) $H-\overset{O}{\overset{\|}{C}}-H$ $\xrightarrow{\bigcirc\!-MgBr}$ $H-\underset{\bigcirc}{\overset{O^-\ Mg^+Br}{\underset{|}{\overset{|}{C}}}}-H$ $\longrightarrow$ $H-\underset{\bigcirc}{\overset{OH}{\underset{|}{\overset{|}{C}}}}-H$

(855) $C_2H_5-\overset{O}{\overset{\|}{C}}-H$ $\xrightarrow{(CH_3)_2CHCH_2-MgBr}$ $H-\underset{CH_2CH(CH_3)_2}{\overset{O^-\ Mg^+Br}{\underset{|}{\overset{|}{C}}}}-C_2H_5$ $\xrightarrow{H^+}$ $H-\underset{CH_2CH(CH_3)_2}{\overset{OH}{\underset{|}{\overset{|}{C}}}}-C_2H_5$

(856) $C_2H_5-\overset{O}{\overset{\|}{C}}-H$ $\xrightarrow{\bigcirc\!-MgBr}$ $H-\underset{\bigcirc}{\overset{O^-\ Mg^+Br}{\underset{|}{\overset{|}{C}}}}-C_2H_5$ $\longrightarrow$ $H-\underset{\bigcirc}{\overset{OH}{\underset{|}{\overset{|}{C}}}}-C_2H_5$

(857) $C_2H_5-\overset{O}{\overset{\|}{C}}-CH_3$ $\xrightarrow{(CH_3)_2CHCH_2-MgBr}$ $H_3C-\underset{CH_2CH(CH_3)_2}{\overset{O^-\ Mg^+Br}{\underset{|}{\overset{|}{C}}}}-C_2H_5$ $\xrightarrow{H^+}$ $H_3C-\underset{CH_2CH(CH_3)_2}{\overset{OH}{\underset{|}{\overset{|}{C}}}}-C_2H_5$

(858) $C_2H_5-\overset{O}{\overset{\|}{C}}-Ph$ $\xrightarrow{\bigcirc\!-MgBr}$ $C_2H_5-\underset{\bigcirc}{\overset{O^-\ Mg^+Br}{\underset{|}{\overset{|}{C}}}}-Ph$ $\longrightarrow$ $C_2H_5-\underset{\bigcirc}{\overset{OH}{\underset{|}{\overset{|}{C}}}}-Ph$

(859) $O=C=O$ $\xrightarrow{(CH_3)_2CHCH_2-MgBr}$ $O=\overset{O^-\ Mg^+Br}{\underset{|}{C}}-CH_2CH(CH_3)_2$ $\xrightarrow{H^+}$ $O=\overset{OH}{\underset{|}{C}}-CH_2CH(CH_3)_2$

(860) $O=C=O$ $\xrightarrow{\bigcirc\!-MgBr}$ $O=\underset{\bigcirc}{\overset{O^-\ Mg^+Br}{\underset{|}{C}}}$ $\xrightarrow{H^+}$ $O=\underset{\bigcirc}{\overset{OH}{\underset{|}{C}}}$

## 103 発展問題（2）

(861) $C_2H_5-\overset{O}{\overset{\|}{C}}-OCH_3$ $\xrightarrow{(CH_3)_2CHCH_2-MgBr}$ $C_2H_5-\underset{CH_2CH(CH_3)_2}{\overset{O^-\ Mg^+Br}{\underset{|}{\overset{|}{C}}}}-OCH_3$ $\longrightarrow$

$C_2H_5-\overset{O}{\overset{\|}{C}}-CH_2CH(CH_3)_2$ $\xrightarrow{(CH_3)_2CHCH_2-MgBr}$

$C_2H_5-\underset{CH_2CH(CH_3)_2}{\overset{O^-\ Mg^+Br}{\underset{|}{\overset{|}{C}}}}-CH_2CH(CH_3)_2$ $\xrightarrow{H^+}$ $C_2H_5-\underset{CH_2CH(CH_3)_2}{\overset{OH}{\underset{|}{\overset{|}{C}}}}-CH_2CH(CH_3)_2$

(862) $Ph-\overset{O}{\overset{\|}{C}}-OCH_3$ $\xrightarrow{\bigcirc\!-MgBr}$ $Ph-\underset{\bigcirc}{\overset{O^-\ Mg^+Br}{\underset{|}{\overset{|}{C}}}}-OCH_3$ $\longrightarrow$

$Ph-\overset{O}{\overset{\|}{C}}-\bigcirc$ $\xrightarrow{\bigcirc\!-MgBr}$ $Ph-\underset{\bigcirc}{\overset{O^-\ Mg^+Br}{\underset{|}{\overset{|}{C}}}}-\bigcirc$ $\xrightarrow{H^+}$ $Ph-\underset{\bigcirc}{\overset{OH}{\underset{|}{\overset{|}{C}}}}-\bigcirc$

(863) $C_2H_5-\overset{O}{\overset{\|}{C}}-Cl$ $\xrightarrow{(CH_3)_2CHCH_2-MgBr}$ $C_2H_5-\underset{CH_2CH(CH_3)_2}{\overset{O^-}{\underset{|}{\overset{|}{C}}}}-Cl$ $\longrightarrow$

$C_2H_5-\overset{O}{\overset{\|}{C}}-CH_2CH(CH_3)_2$ $\xrightarrow{(CH_3)_2CHCH_2-MgBr}$

$C_2H_5-\underset{CH_2CH(CH_3)_2}{\overset{O^-\ Mg^+Br}{\underset{|}{\overset{|}{C}}}}-CH_2CH(CH_3)_2$ $\xrightarrow{H^+}$ $C_2H_5-\underset{CH_2CH(CH_3)_2}{\overset{OH}{\underset{|}{\overset{|}{C}}}}-CH_2CH(CH_3)_2$

(864) $Ph-\overset{O}{\overset{\|}{C}}-Cl$ $\xrightarrow{\bigcirc\!-MgBr}$ $Ph-\underset{\bigcirc}{\overset{O^-\ Mg^+Br}{\underset{|}{\overset{|}{C}}}}-Cl$ $\longrightarrow$

$Ph-\overset{O}{\overset{\|}{C}}-\bigcirc$ $\xrightarrow{\bigcirc\!-MgBr}$ $Ph-\underset{\bigcirc}{\overset{O^-\ Mg^+Br}{\underset{|}{\overset{|}{C}}}}-\bigcirc$ $\xrightarrow{H^+}$ $Ph-\underset{\bigcirc}{\overset{OH}{\underset{|}{\overset{|}{C}}}}-\bigcirc$

(865) $H_3C-C\equiv C-H$ $\xrightarrow{NH_2^-}$ $H_3C-C\equiv C^-$ $\xrightarrow{Ph-\overset{O}{\overset{\|}{C}}-H}$ $Ph-\underset{C\equiv C-CH_3}{\overset{O^-}{\underset{|}{\overset{|}{C}}}}-H$ $\xrightarrow{H^+}$ $Ph-\underset{C\equiv C-CH_3}{\overset{OH}{\underset{|}{\overset{|}{C}}}}-H$

(866) $H_3C-C\equiv C-H$ $\xrightarrow{NH_2^-}$ $H_3C-C\equiv C^-$ $\xrightarrow{Ph-\overset{O}{\overset{\|}{C}}-CH_3}$

$Ph-\underset{C\equiv C-CH_3}{\overset{O^-}{\underset{|}{\overset{|}{C}}}}-CH_3$ $\xrightarrow{H^+}$ $Ph-\underset{C\equiv C-CH_3}{\overset{OH}{\underset{|}{\overset{|}{C}}}}-CH_3$

(867) $Ph-\overset{O}{\overset{\|}{C}}-H$ $\xrightarrow{H-\overset{-}{A}lH_3}$ $Ph-\underset{H}{\overset{O^-}{\underset{|}{\overset{|}{C}}}}-H$ $\xrightarrow{H^+}$ $Ph-\underset{H}{\overset{OH}{\underset{|}{\overset{|}{C}}}}-H$

(868) $Ph-\overset{O}{\overset{\|}{C}}-CH_3$ $\xrightarrow{H-\overset{-}{A}lH_3}$ $Ph-\underset{H}{\overset{O^-}{\underset{|}{\overset{|}{C}}}}-CH_3$ $\xrightarrow{H^+}$ $Ph-\underset{H}{\overset{OH}{\underset{|}{\overset{|}{C}}}}-CH_3$

(869) $Ph-\overset{O}{\overset{\|}{C}}-Cl$ $\xrightarrow{H-\overset{-}{B}H_3}$ $Ph-\underset{H}{\overset{O^-}{\underset{|}{\overset{|}{C}}}}-Cl$ $\longrightarrow$

$Ph-\overset{O}{\overset{\|}{C}}-H$ $\xrightarrow{H-\overset{-}{B}H_3}$ $Ph-\underset{H}{\overset{O^-}{\underset{|}{\overset{|}{C}}}}-H$ $\xrightarrow{H^+}$ $Ph-\underset{H}{\overset{OH}{\underset{|}{\overset{|}{C}}}}-H$

(870)

$$Ph-\overset{O}{\underset{}{C}}-Cl \xrightarrow{H-\overline{Al}H_3} Ph-\overset{O^-}{\underset{H}{C}}-Cl \longrightarrow$$

$$Ph-\overset{O}{\underset{}{C}}-H \xrightarrow{H-\overline{Al}H_3} Ph-\overset{O^-}{\underset{H}{C}}-H \xrightarrow{H^+} Ph-\overset{OH}{\underset{H}{C}}-H$$

## 104 発展問題（3）

(871)

$$Ph-\overset{O}{\underset{}{C}}-OC_2H_5 \xrightarrow{H-\overline{Al}H_3} Ph-\overset{O^-}{\underset{H}{C}}-OC_2H_5 \longrightarrow$$

$$Ph-\overset{O}{\underset{}{C}}-H \xrightarrow{H-\overline{Al}H_3} Ph-\overset{O^-}{\underset{H}{C}}-H \xrightarrow{H^+} Ph-\overset{OH}{\underset{H}{C}}-H$$

(872)

$$Ph-\overset{O}{\underset{}{C}}-\overset{CH_3}{\underset{H}{N}} \xrightarrow{H-\overline{Al}H_3} Ph-\overset{O^-}{\underset{}{C}}=NCH_3 \xrightarrow{\overline{Al}H_3} Ph-\overset{O}{\underset{}{C}}=NCH_3$$

$$\longrightarrow Ph-\overset{\overset{AlH_2}{|}{O}}{\underset{}{CH}}-\overline{N}CH_3 \longrightarrow Ph-CH=NCH_3 \xrightarrow{H-\overline{Al}H_3}$$

$$Ph-CH_2-\overline{N}CH_3 \xrightarrow{H-OH} Ph-CH_2-NHCH_3$$

(873)

$$Ph-\overset{O}{\underset{}{C}}-H \xrightarrow{CN^-} Ph-\overset{O^-}{\underset{CN}{C}}-H \xrightarrow{H^+} Ph-\overset{OH}{\underset{CN}{C}}-H$$

(874)

$$Ph-\overset{O}{\underset{}{C}}-CH_3 \xrightarrow{CN^-} Ph-\overset{O^-}{\underset{CN}{C}}-CH_3 \xrightarrow{H^+} Ph-\overset{OH}{\underset{CN}{C}}-CH_3$$

(875)

$$Ph-\overset{O}{\underset{}{C}}-H \xrightarrow{CH_3NH_2} Ph-\overset{O^-}{\underset{+NH_2CH_3}{C}}-H \xrightarrow{H^+} Ph-\overset{OH}{\underset{\overset{+NHCH_3}{|}{H}}{C}}-H \xrightarrow{B^-}$$

$$Ph-\overset{HO}{\underset{NHCH_3}{C}}-H \xrightarrow{H^+} Ph-\overset{+OH_2}{\underset{NHCH_3}{C}}-H \longrightarrow$$

$$Ph-\overset{}{\underset{\overset{+N}{\underset{CH_3}{|}}-H}{C}}-H \xrightarrow{B^-} Ph-\overset{}{\underset{N-CH_3}{C}}-H$$

(876)

$$Ph-\overset{O}{\underset{}{C}}-CH_3 \xrightarrow{CH_3NH_2} Ph-\overset{O^-}{\underset{+NHCH_3}{C}}-CH_3 \xrightarrow{H^+} Ph-\overset{OH}{\underset{\overset{+NHCH_3}{|}{H}}{C}}-CH_3 \xrightarrow{B^-}$$

$$Ph-\overset{HO}{\underset{NHCH_3}{C}}-CH_3 \xrightarrow{H^+} Ph-\overset{+OH_2}{\underset{NHCH_3}{C}}-CH_3 \longrightarrow$$

$$Ph-\overset{}{\underset{\overset{+N}{\underset{CH_3}{|}}-H}{C}}-CH_3 \xrightarrow{B^-} Ph-\overset{}{\underset{N-CH_3}{C}}-CH_3$$

(877)

$$PhCH_2-\overset{O}{\underset{}{C}}-H \xrightarrow{(C_2H_5)_2NH} PhCH_2-\overset{O^-}{\underset{+NH(C_2H_5)}{C}}-H \xrightarrow{H^+} PhCH_2-\overset{OH}{\underset{\overset{+N(C_2H_5)}{|}{H}}{C}}-H \xrightarrow{B^-}$$

$$PhCH_2-\overset{HO}{\underset{N(C_2H_5)_2}{C}}-H \xrightarrow{H^+} PhCH_2-\overset{+OH_2}{\underset{N(C_2H_5)_2}{C}}-H \longrightarrow$$

$$Ph-\overset{H}{\underset{H}{C}}-\overset{}{\underset{+N(C_2H_5)_2}{C}}-H \xrightarrow{B^-} Ph-C=C-H \underset{N(C_2H_5)_2}{}$$

(878)

$$PhCH_2-\overset{O}{\underset{}{C}}-Ph \xrightarrow{(C_2H_5)_2NH} PhCH_2-\overset{O^-}{\underset{+NH(C_2H_5)_2}{C}}-Ph \xrightarrow{H^+} PhCH_2-\overset{OH}{\underset{\overset{+N(C_2H_5)_2}{|}{H}}{C}}-Ph \xrightarrow{B^-}$$

$$PhCH_2-\overset{HO}{\underset{N(C_2H_5)_2}{C}}-Ph \xrightarrow{H^+} PhCH_2-\overset{+OH_2}{\underset{N(C_2H_5)_2}{C}}-Ph \longrightarrow$$

$$Ph-\overset{H}{\underset{H}{C}}-\overset{}{\underset{+N(C_2H_5)_2}{C}}-Ph \xrightarrow{B^-} Ph-C=C-Ph \underset{H \quad N(C_2H_5)_2}{}$$

(879)

$$Ph-\overset{O}{\underset{}{C}}-H \xrightarrow{H_2NOH} Ph-\overset{O^-}{\underset{+NH_2OH}{C}}-H \xrightarrow{H^+} Ph-\overset{OH}{\underset{\overset{+NHOH}{|}{H}}{C}}-H \xrightarrow{B^-}$$

$$Ph-\overset{HO}{\underset{NHOH}{C}}-H \xrightarrow{H^+} Ph-\overset{+OH_2}{\underset{NHOH}{C}}-H \longrightarrow$$

$$Ph-\overset{}{\underset{\overset{+N}{\underset{OH}{|}}-H}{C}}-H \xrightarrow{B^-} Ph-\overset{}{\underset{NOH}{C}}-H$$

(880)

$$Ph-\overset{O}{\underset{}{C}}-CH_3 \xrightarrow{H_2NOH} Ph-\overset{O^-}{\underset{+NH_2OH}{C}}-CH_3 \xrightarrow{H^+} Ph-\overset{OH}{\underset{\overset{+NHOH}{|}{H}}{C}}-CH_3 \xrightarrow{B^-}$$

$$Ph-\overset{HO}{\underset{NHOH}{C}}-CH_3 \xrightarrow{H^+} Ph-\overset{+OH_2}{\underset{NHOH}{C}}-CH_3 \longrightarrow$$

$$Ph-\overset{}{\underset{\overset{+N}{\underset{OH}{|}}-H}{C}}-CH_3 \xrightarrow{B^-} Ph-\overset{}{\underset{NOH}{C}}-CH_3$$

## 105 発展問題（4）

(881)

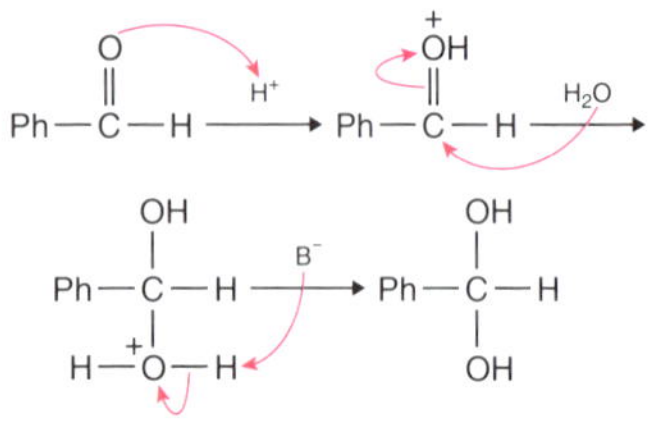

(882)

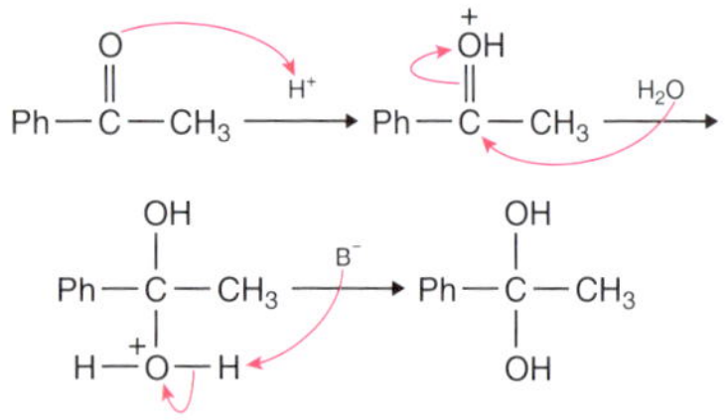

(883)

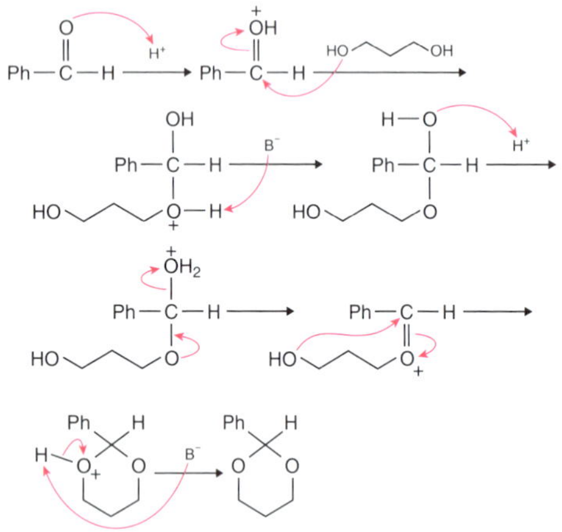

(884)

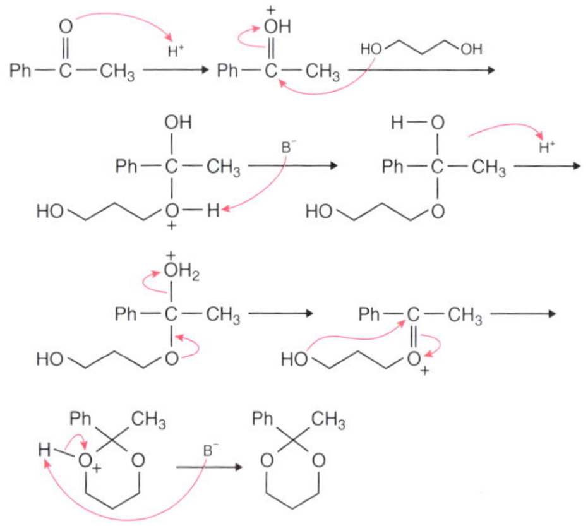

(885)

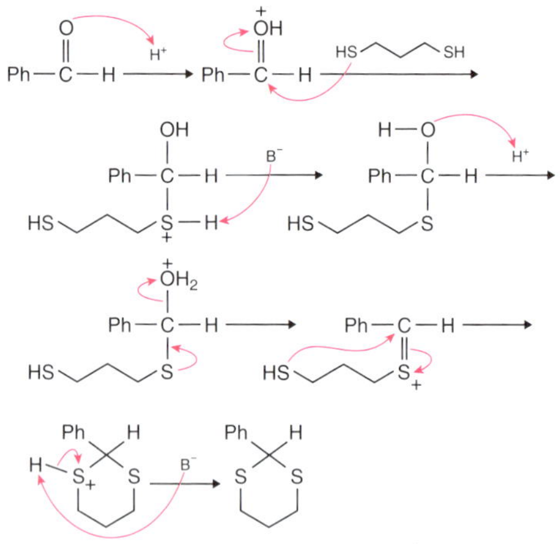

(886)

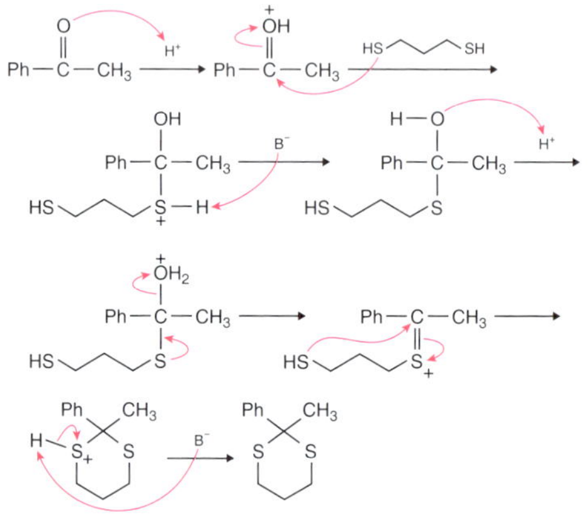

(887)

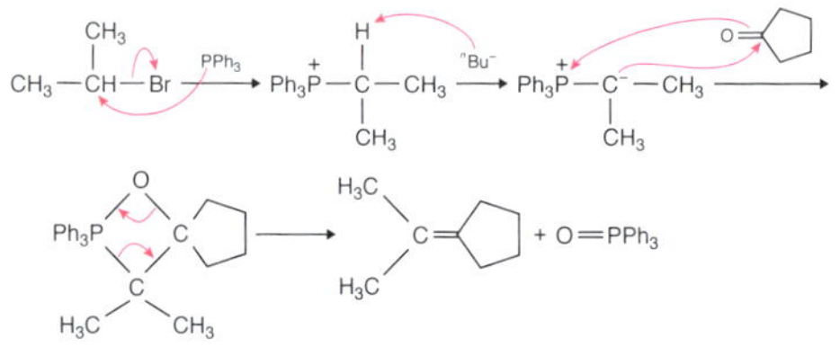

# 14章　カルボニル基のα位でのハロゲン化

## 106 ケトンまたはアルデヒドのハロゲン化（酸性条件）

**解法**：まず，カルボニル酸素がプロトン化される．水が塩基として $H^+$ を引き抜き，エノールが生じる．カルボニル基が再生する際に，炭素－ハロゲン原子の結合が生じる．酸性条件下ではハロゲン原子が一つ入った段階で反応は止まる．

(888)

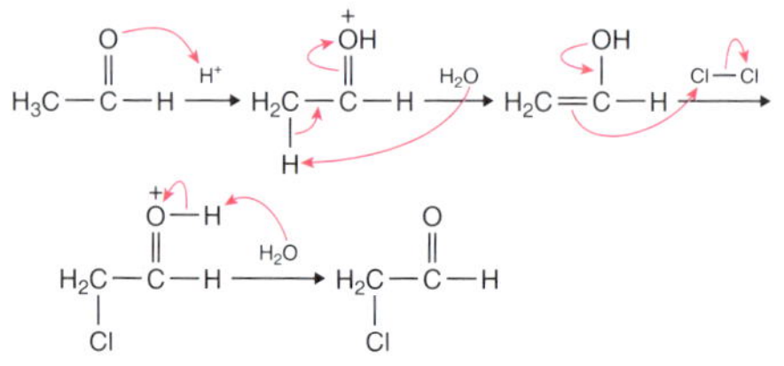

(889)

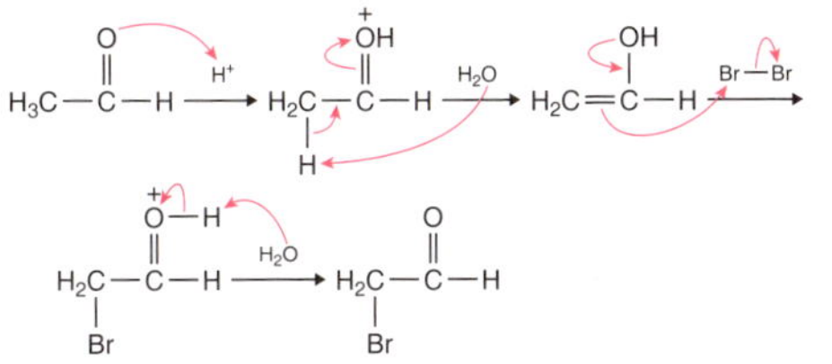

(890)

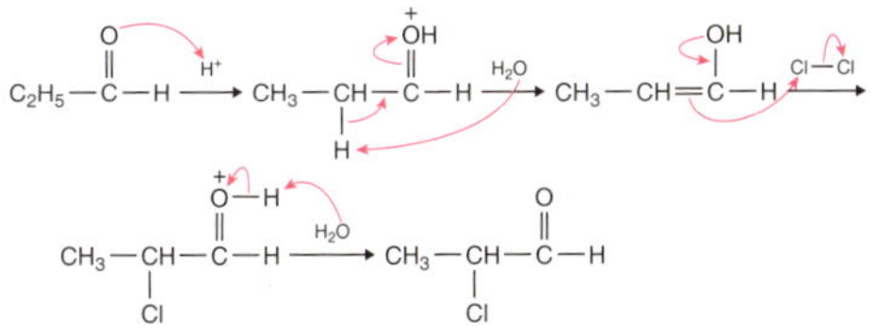

(891)

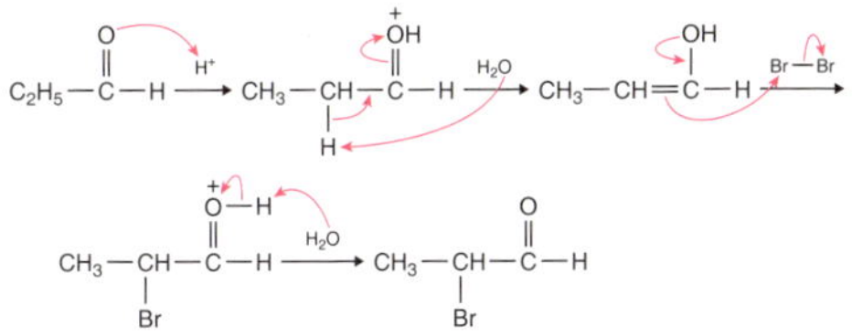

(892)

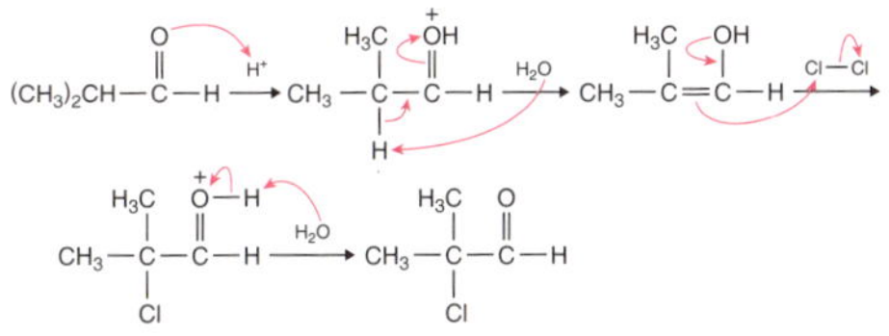

(893)

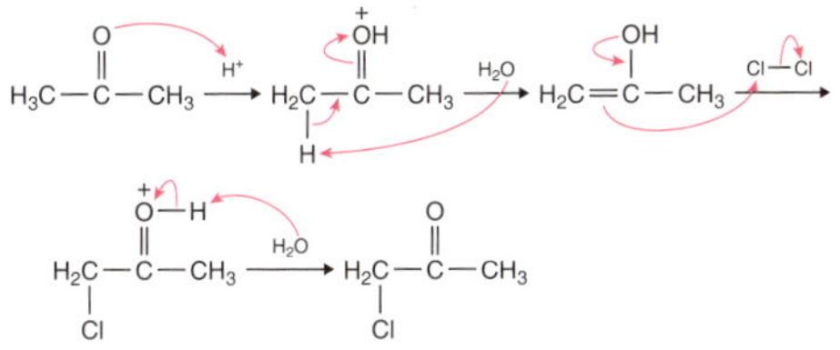

(894)

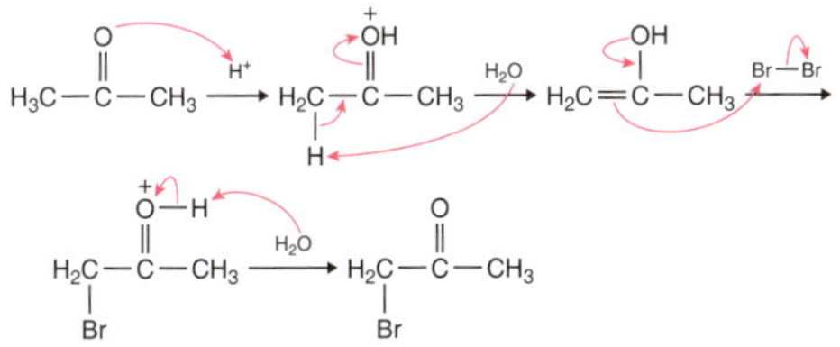

(895)

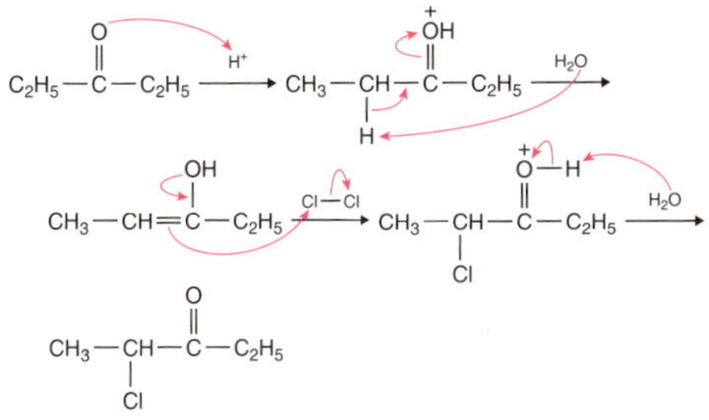

(896)

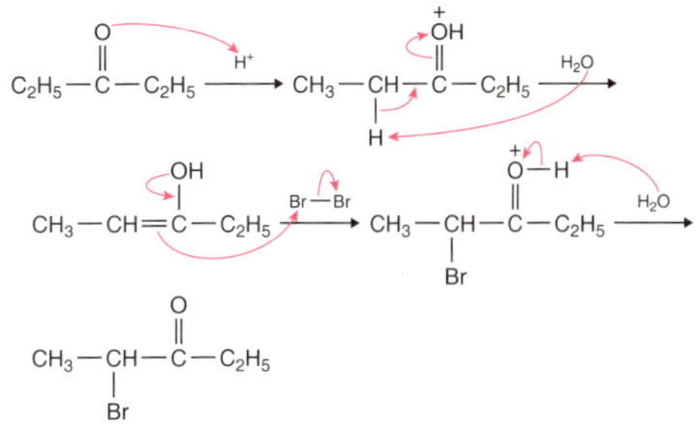

(897)

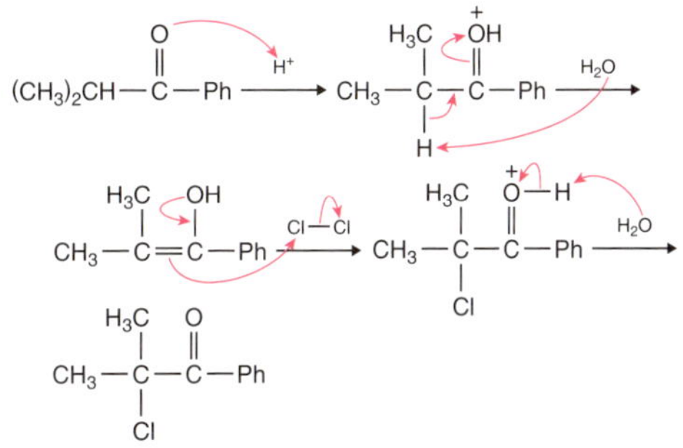

### 107 ケトンまたはアルデヒドのハロゲン化（塩基性条件）

解法：OH⁻ が塩基としてカルボニル基の α 位の H 原子を引き抜き，エノラートイオンが生じる．カルボニル基が再生する際に，炭素－ハロゲン原子の結合が生じる．塩基性条件下ではカルボニル基の α 位の H 原子がすべて，ハロゲン原子に置換される．

(898)

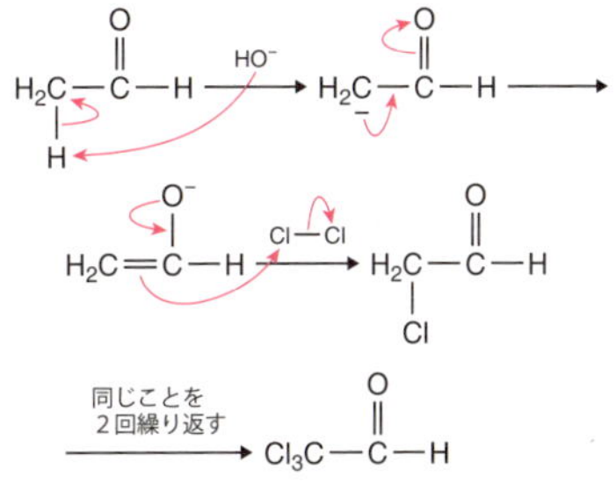

同じことを
2回繰り返す
⟶ Cl₃C−C−H（O）

(899)

同じことを
2回繰り返す
⟶ Br₃C−C−H（O）

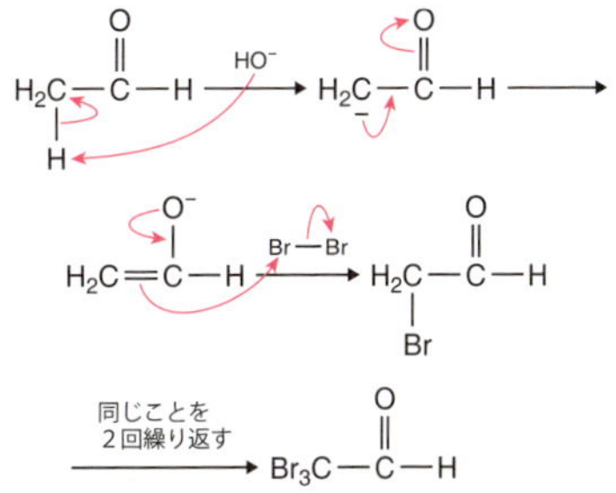

(900)

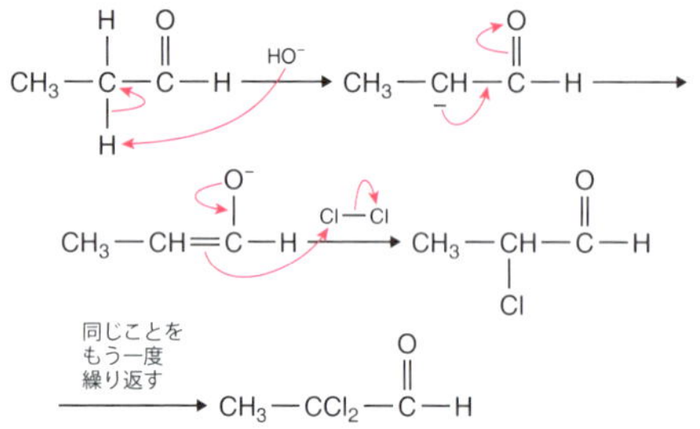
同じことを
もう一度
繰り返す

(901)

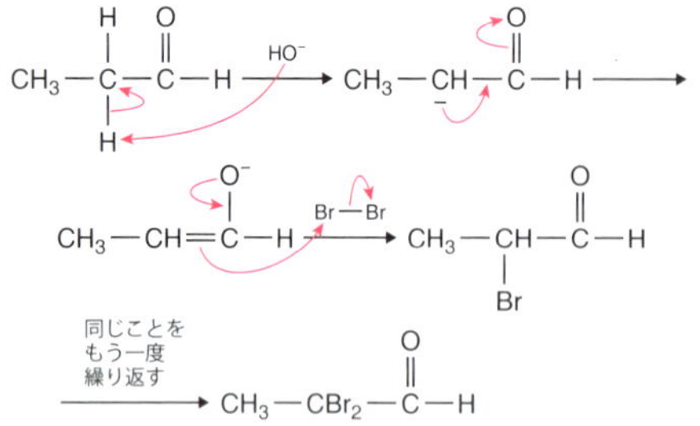
同じことを
もう一度
繰り返す

(902)

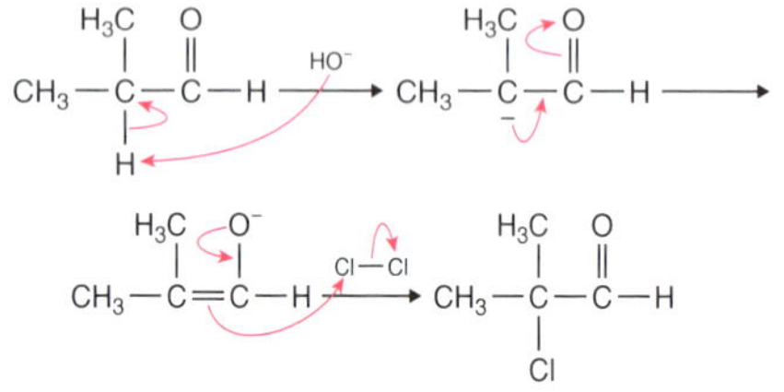

(903)

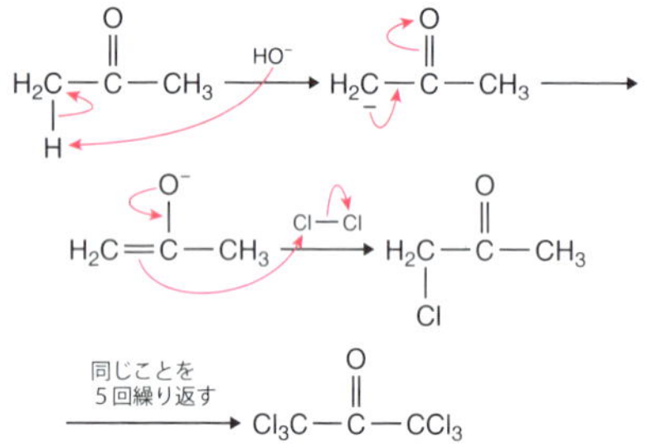
同じことを
5回繰り返す

(904)

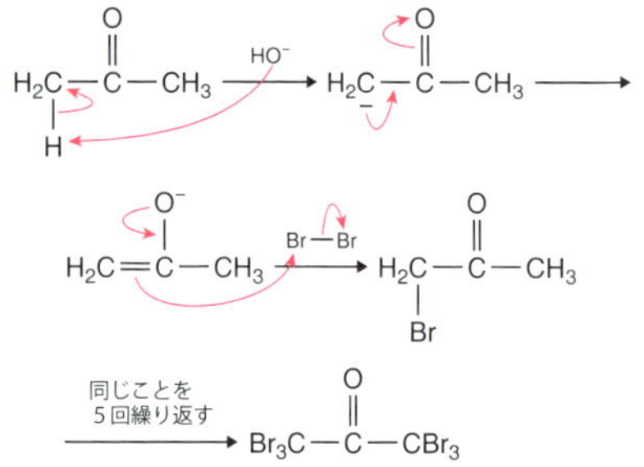
同じことを
5回繰り返す

(905)

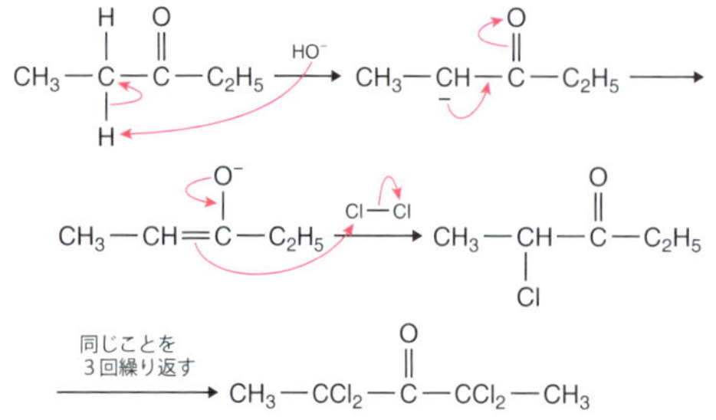
同じことを
3回繰り返す

(906)

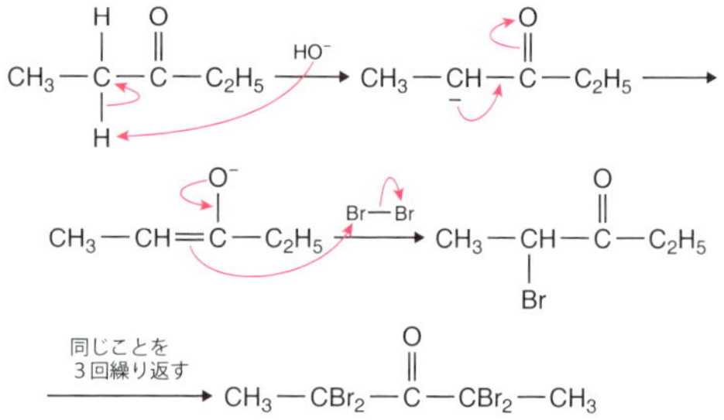
同じことを
3回繰り返す

(907)

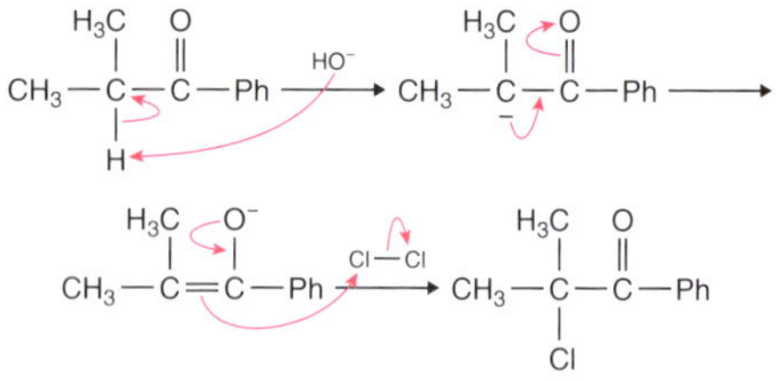

## 108 ハロホルム反応

**解法**：OH⁻ が塩基としてカルボニル基の $\alpha$ 位の H 原子を引き抜き，エノラートイオンが生じる．メチル基がトリヨードメチル基になる．OH⁻ が求核体としてカルボニル基を攻撃し，トリヨードメチル基がアニオンとして脱離したのちにプロトン化され，ヨードホルムが生じる．

(908)

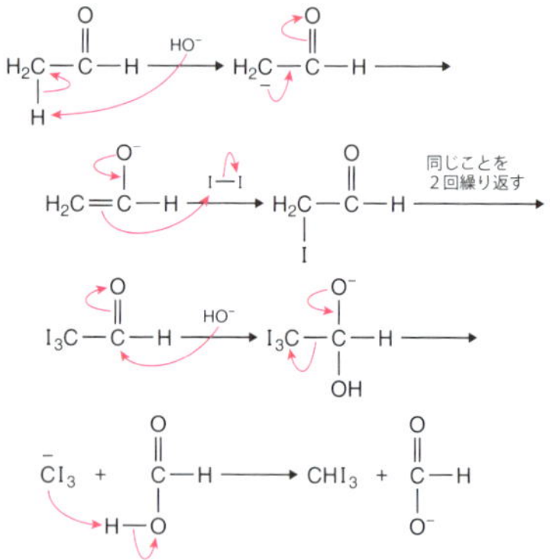
同じことを
2回繰り返す

(909)

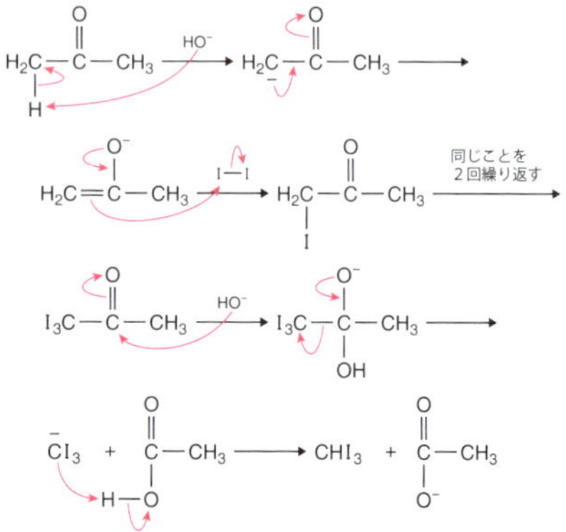
同じことを
2回繰り返す

(910)

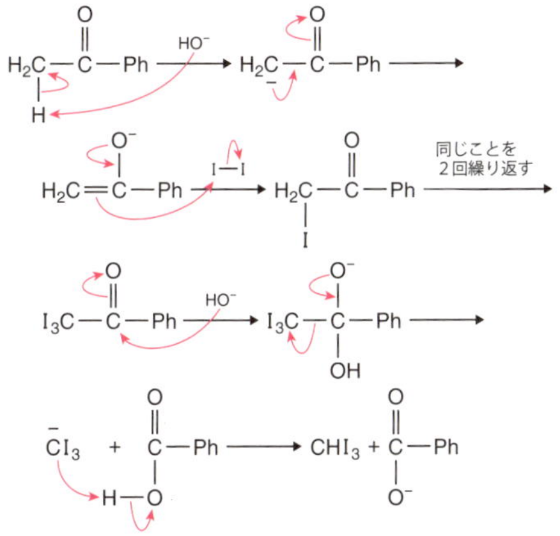

(913)

## 109 α–ハロ置換カルボニルへの求核置換反応

解法：酸性条件下で，カルボニル基の α 位の H 原子がハロゲン原子に置換される．ハロゲン原子に結合した電子不足の C 原子を求核体が攻撃し，置換反応が起こる．

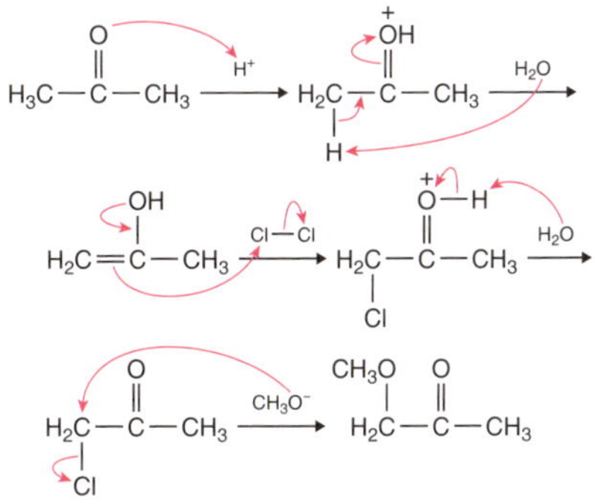

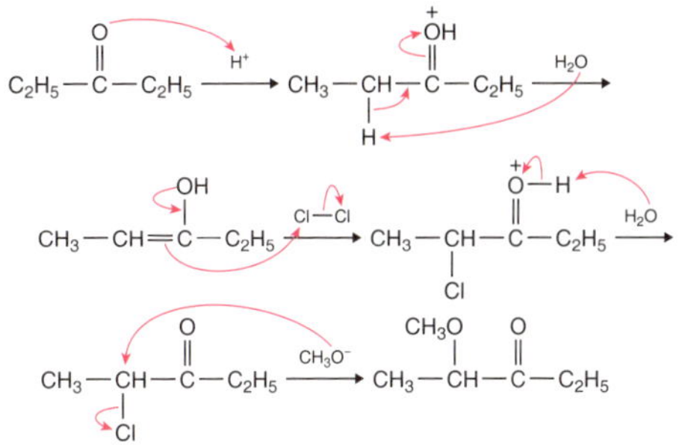

(914)

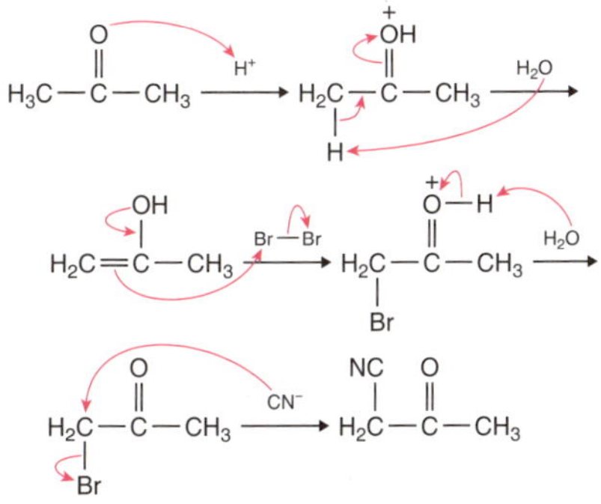

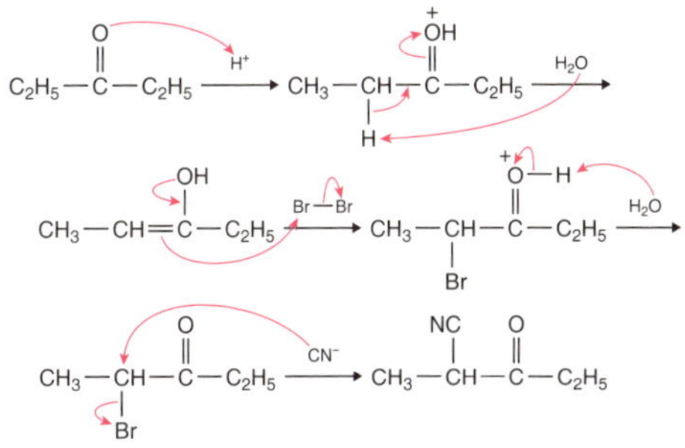

(911)

(915)

(912)

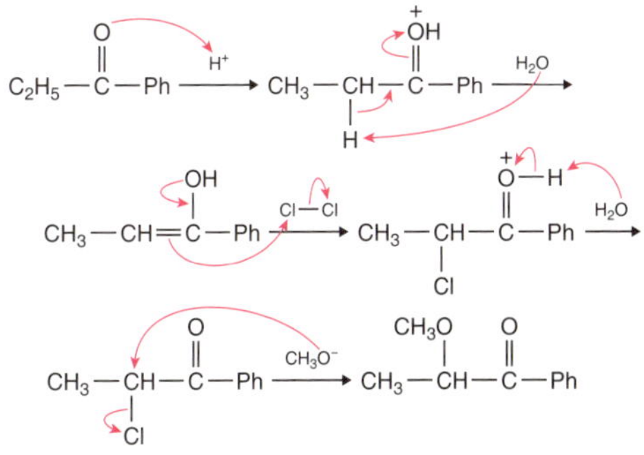

## 110 α–ハロ置換カルボニルのハロゲン化水素脱離反応

解法：酸性条件下で，カルボニル基の α 位の H 原子がハロゲン原子に置換される．塩基により，カルボニル基の β 位の H 原子が引き抜かれ，ハロゲン化水の脱離反応が起こる．この際，カルボニル基と C＝C 結合が共役した化合物が主生成物になる．

(916)

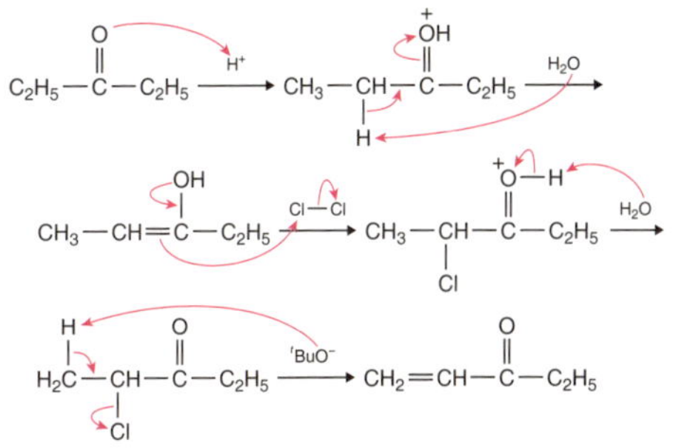

(917)

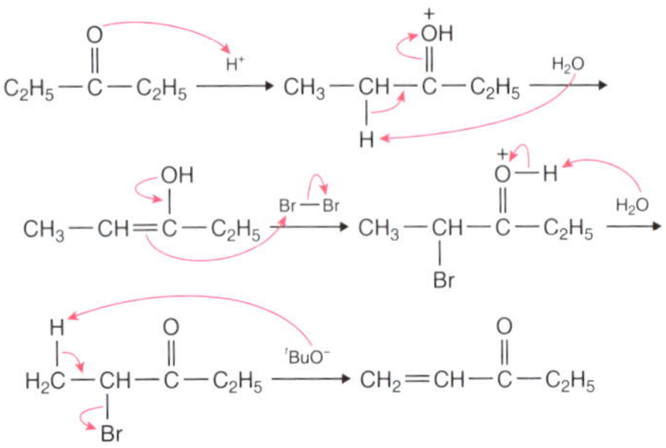

(918)

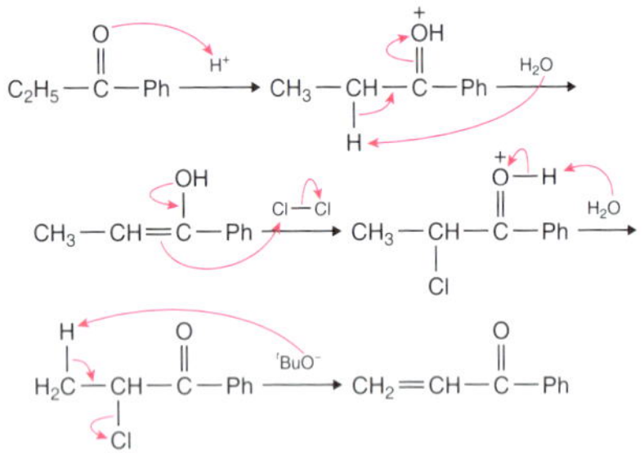

(919)

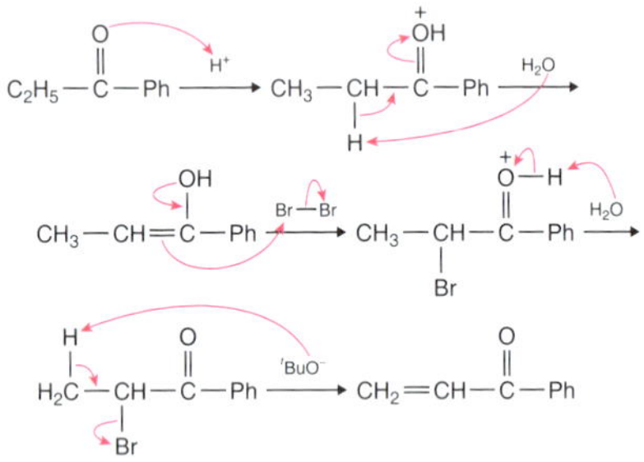

(920)

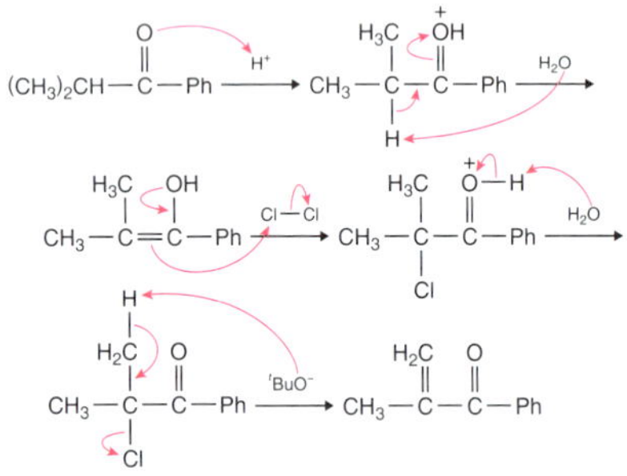

**111 発展問題**

(921)

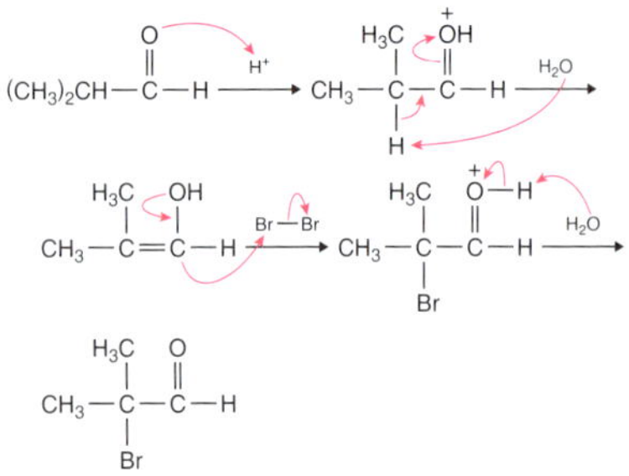

(922)

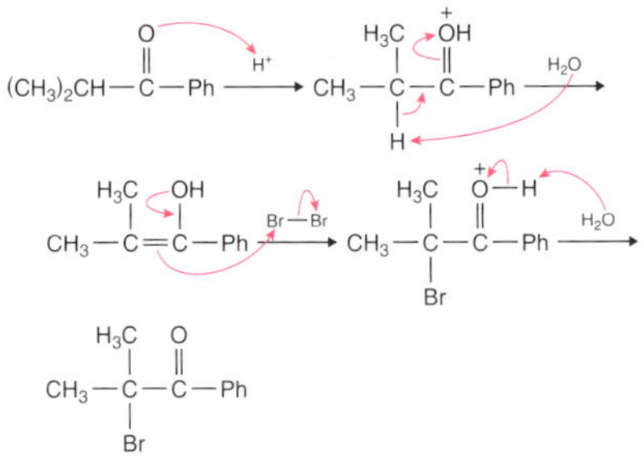

(923)

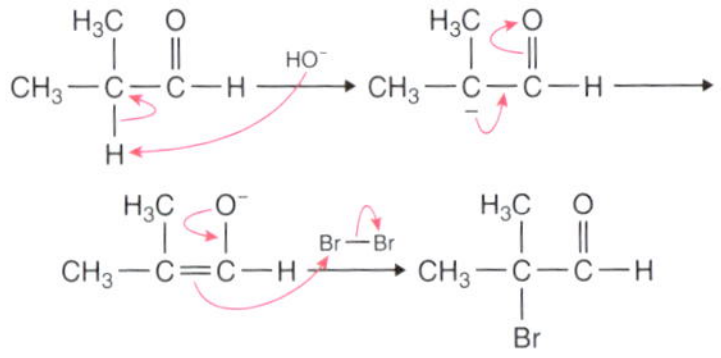

(924)

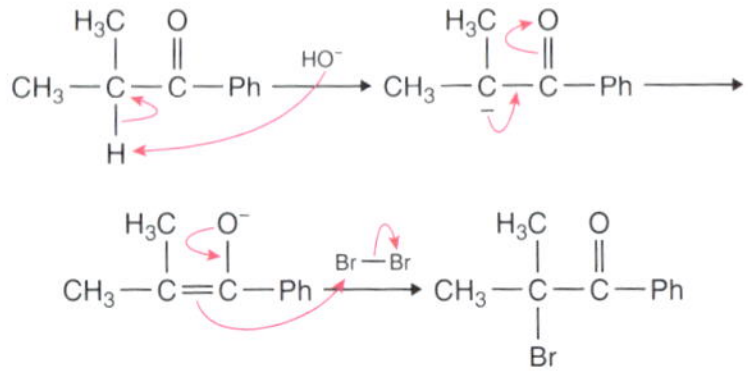

(925)

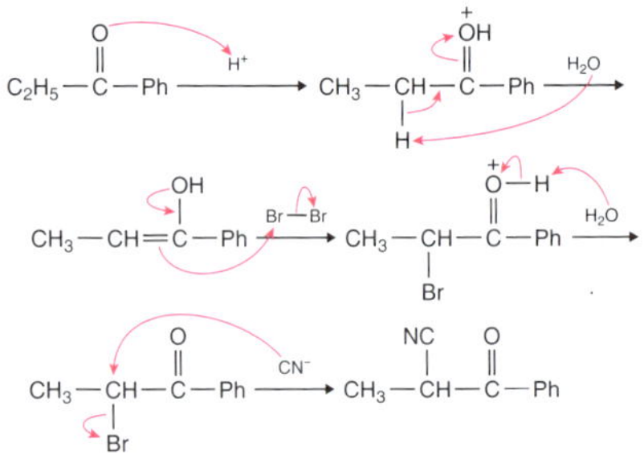

(926)

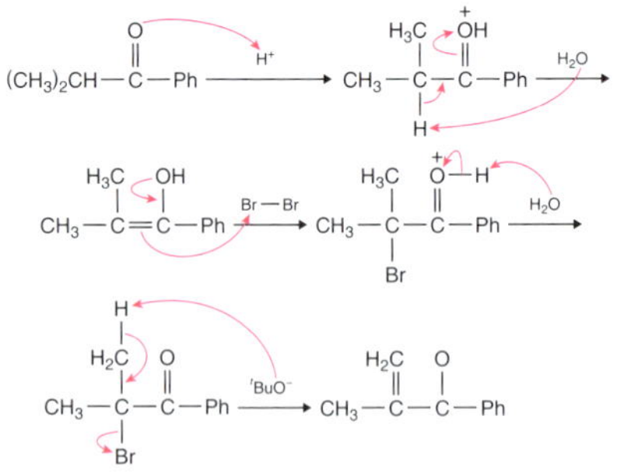

# 15章　カルボニル基のα位でのさまざまな反応

**112 α位のアルキル化反応**

**解法**：強塩基がカルボニル基のα位のH原子を引き抜き，エノラートイオンが生じる．エノラートイオンが電子不足なハロゲン化アルキルのC原子を攻撃し，α位がハロゲン化されたカルボニル化合物が生成する．

(927)

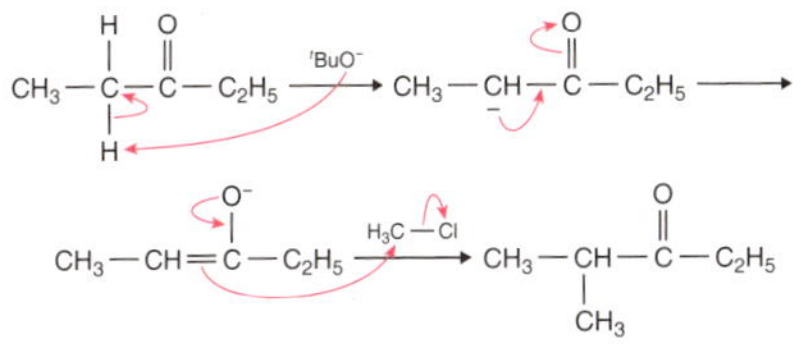

(928)

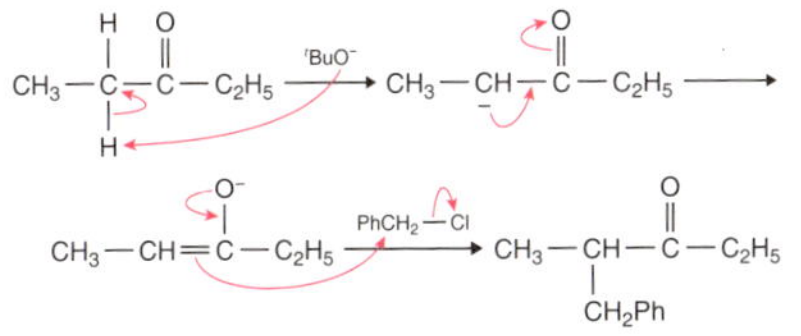

(929)

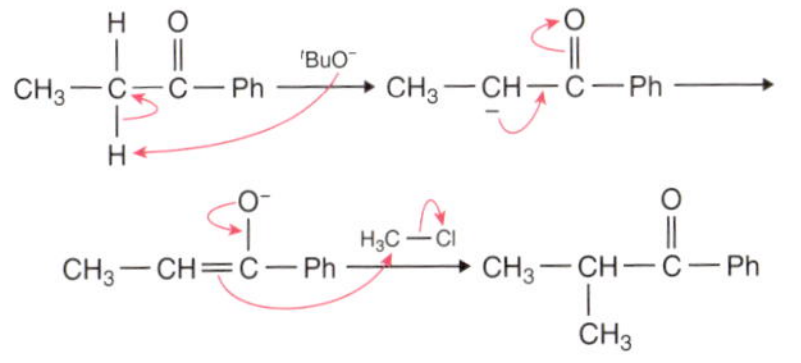

(930)

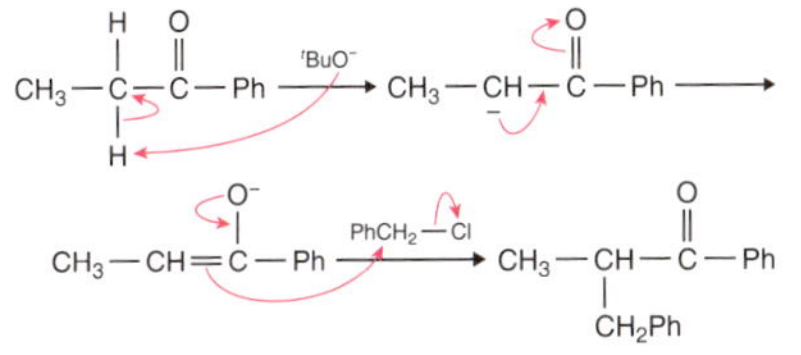

(931)

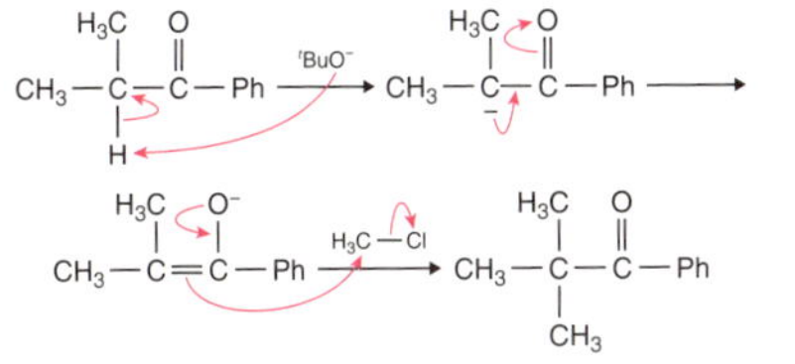

(932)

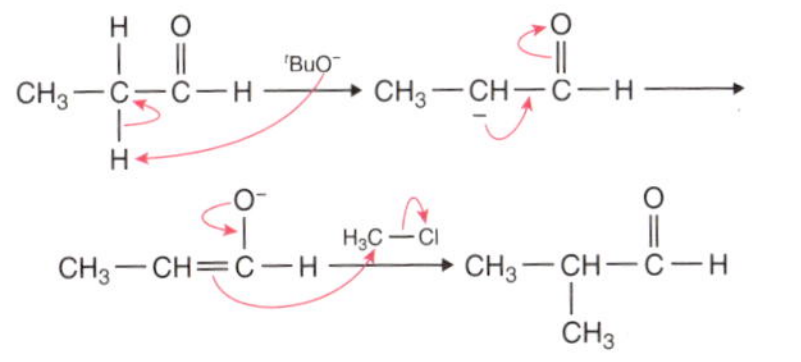

(933)

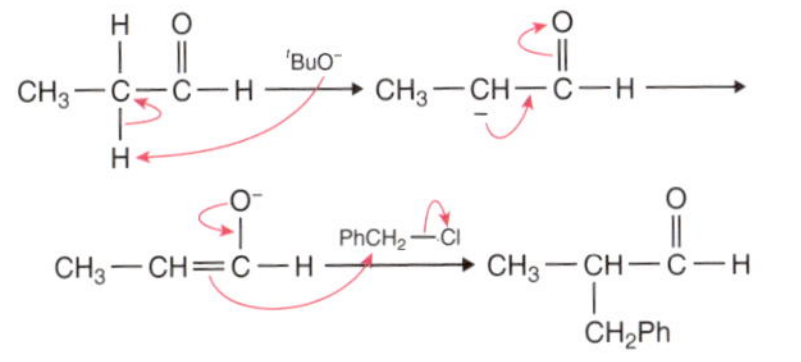

(934)

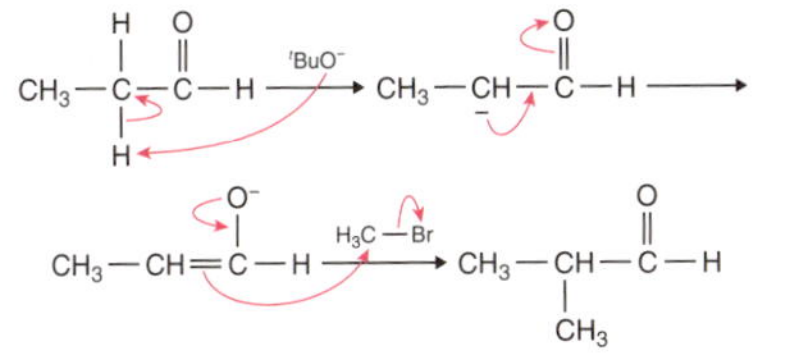

(935)

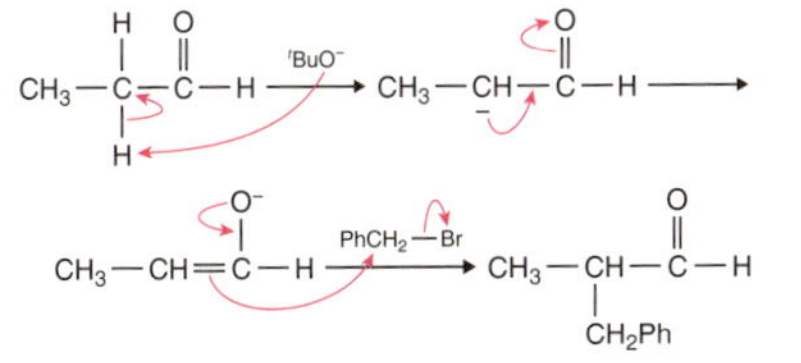

(936)

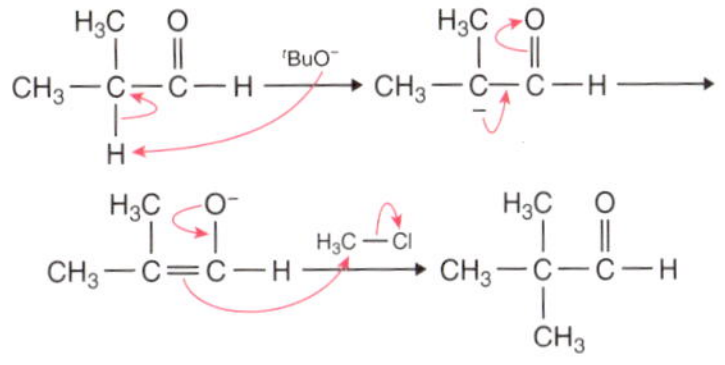

## 113 Michael 付加

**解法**：$\alpha, \beta$-不飽和カルボニル化合物では，求核種はカルボニル基の $\beta$ 位を攻撃する．共役系を電子対が移動し，エノラートイオンが生成したのちに，カルボニル基が再生する．カルボニル基の $\alpha$ 位の負電荷がプロトン化される．

(937)

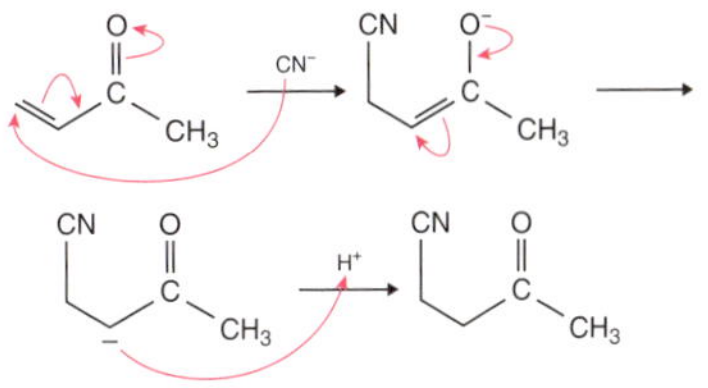

(938)

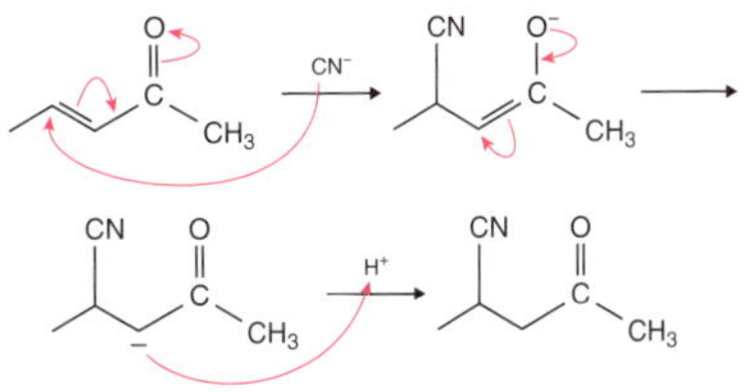

(939)

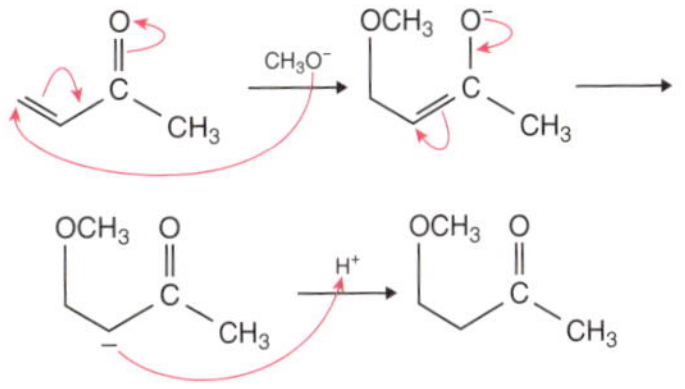

(940)

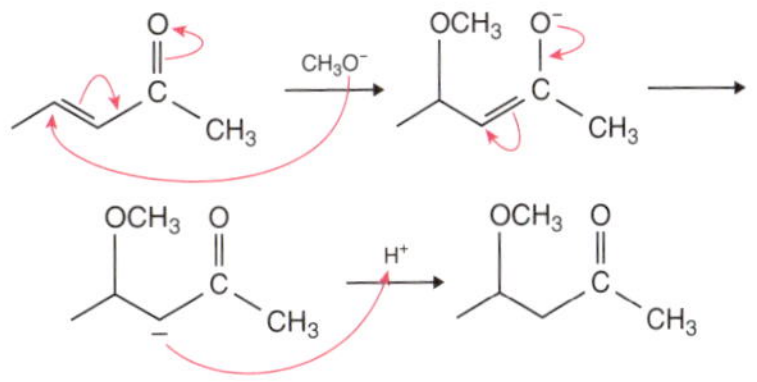

(941)

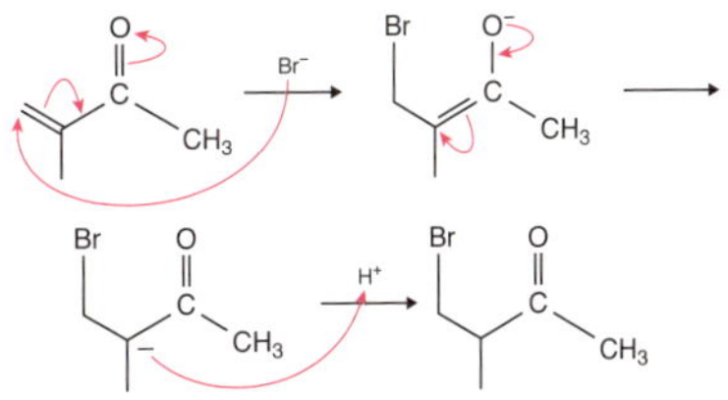

(942)

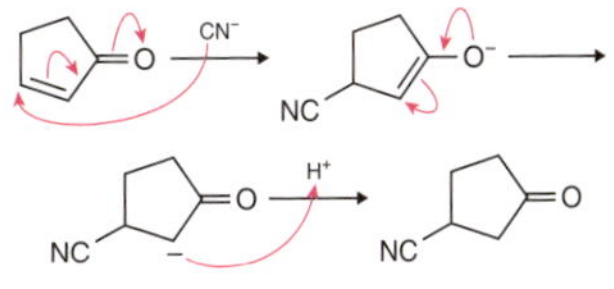

— 65 —

(943)

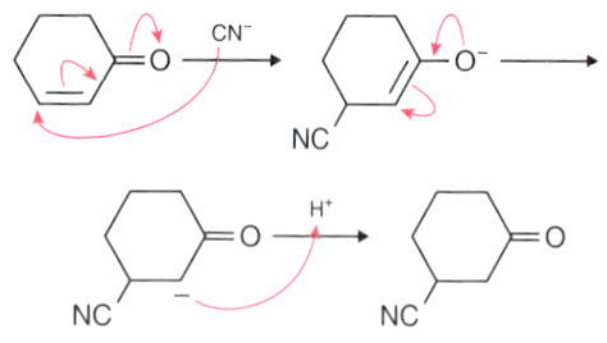

(944)

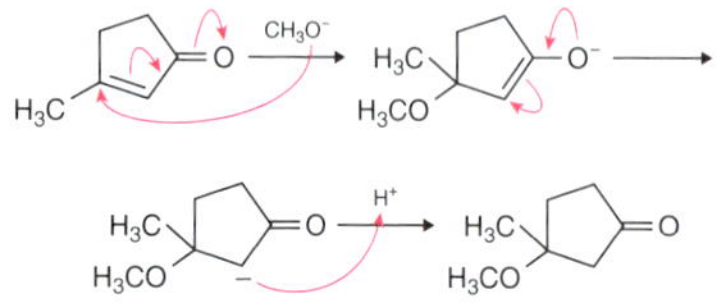

(945)

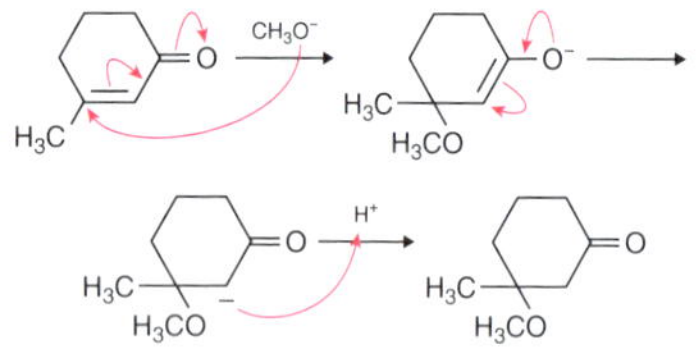

(946)

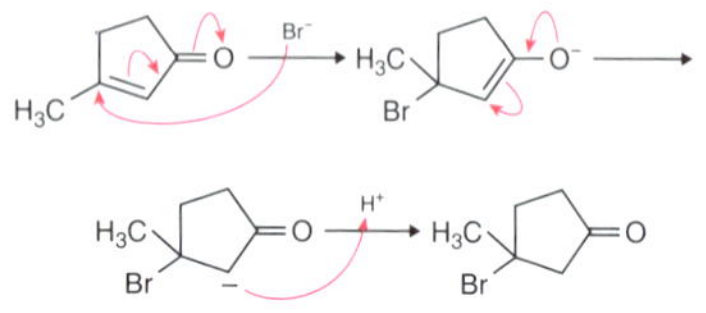

**114** アルドール付加（付加＋脱水）

解法：強塩基がカルボニル基の α 位の H 原子を引き抜き，求核種が生じる．これがもう一分子のカルボニル化合物のカルボニル基に求核攻撃する．脱離の可能な置換基をもたないので，カルボニルの再生は起こらない．プロトン化によりアルドールが生成する．さらにここから脱水反応が起こる．

(947)

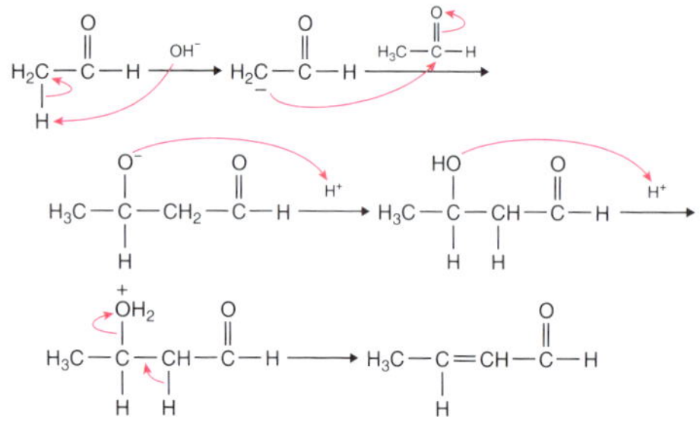

(948)

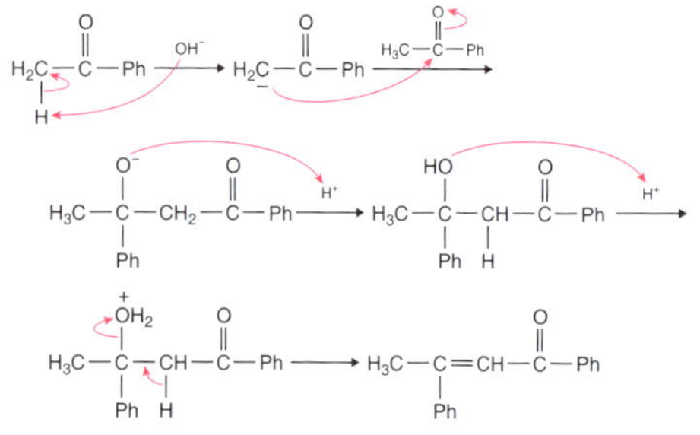

(949)

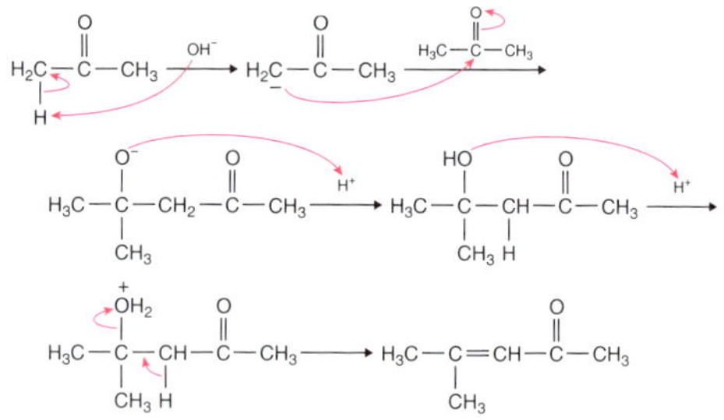

(950)

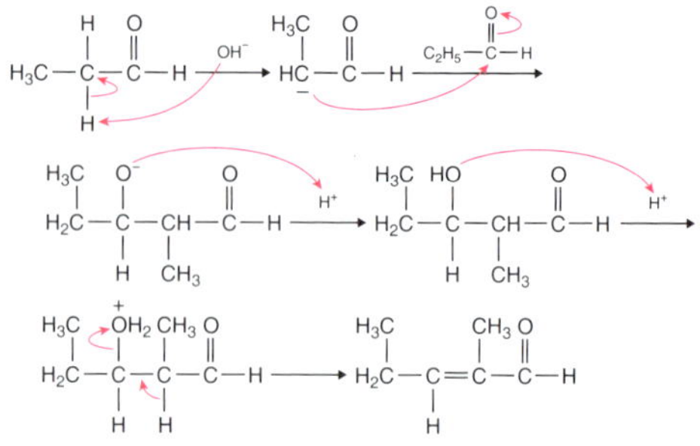

(951)

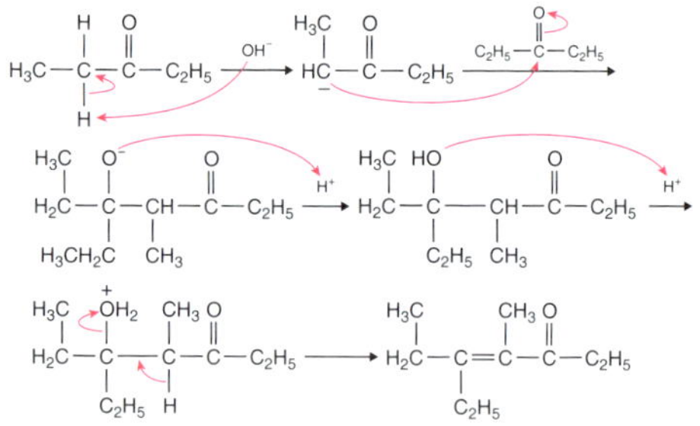

(952)

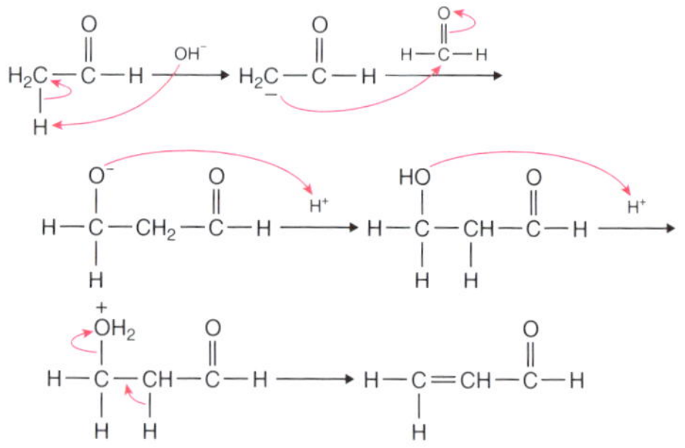

(953)

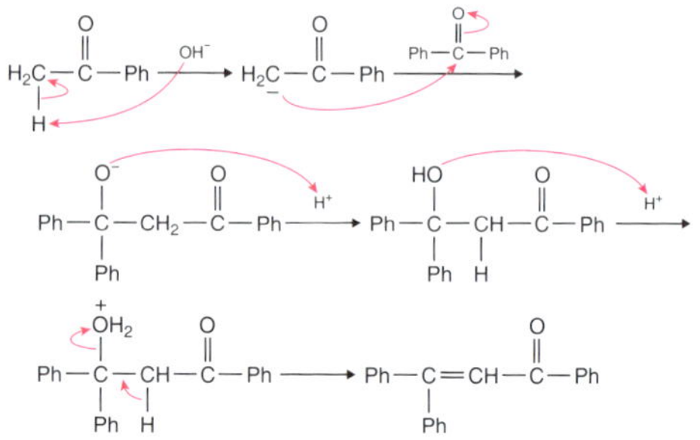

(954)

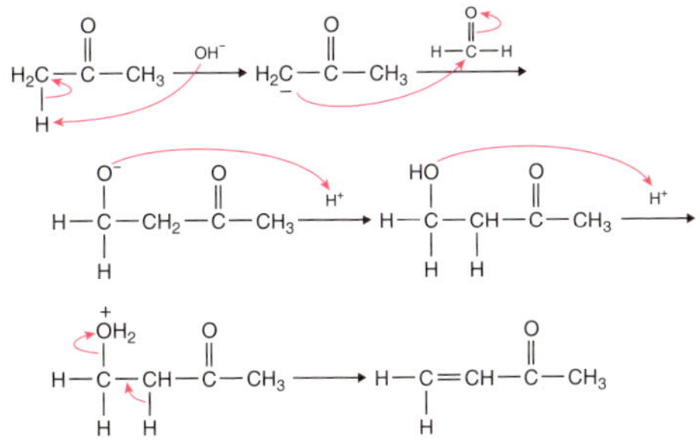

(955)

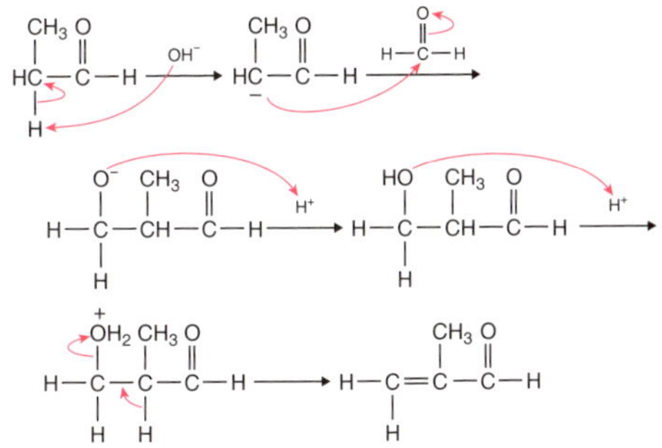

(956)

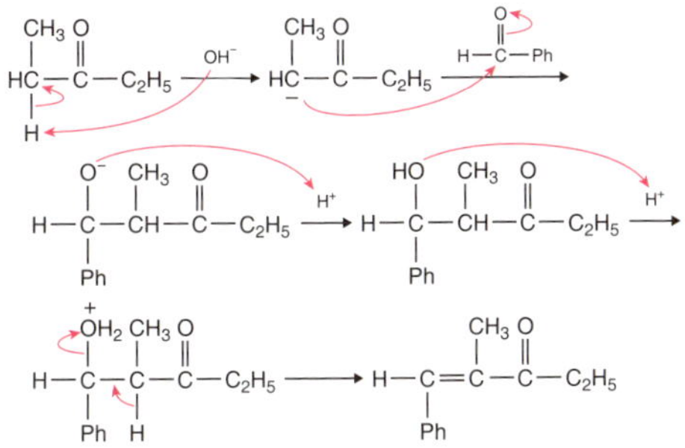

**115 Claisen 縮合**

> **解法**：強塩基がエステルのカルボニル基の α 位の H 原子を引き抜き，求核種が生じる．これがもう一分子のエステルのカルボニル基に求核攻撃する．アルコキシドが脱離し，カルボニル基が再生し，1,3-ジカルボニル化合物が生成する．

(957)

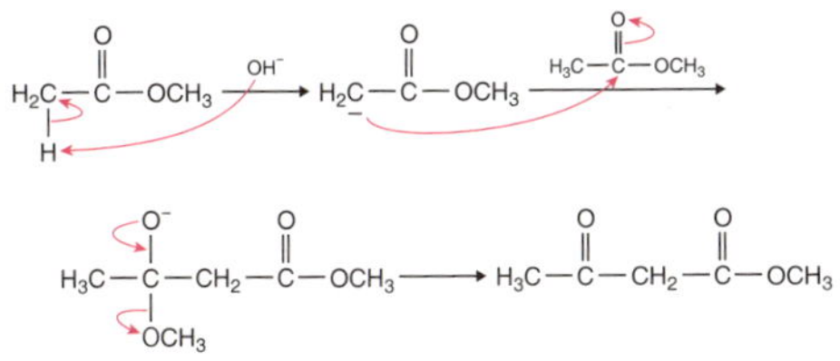

(958)

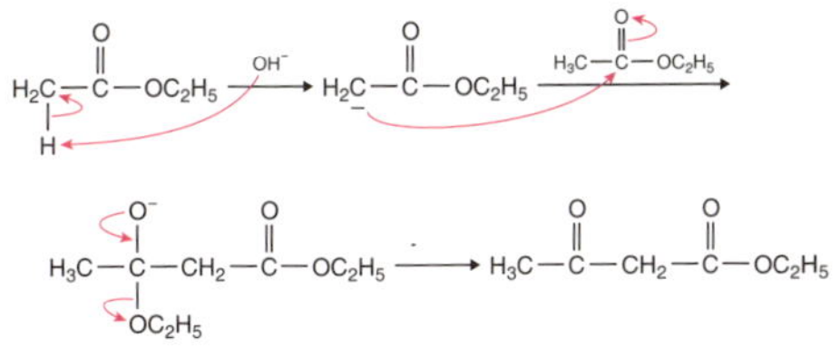

(959)

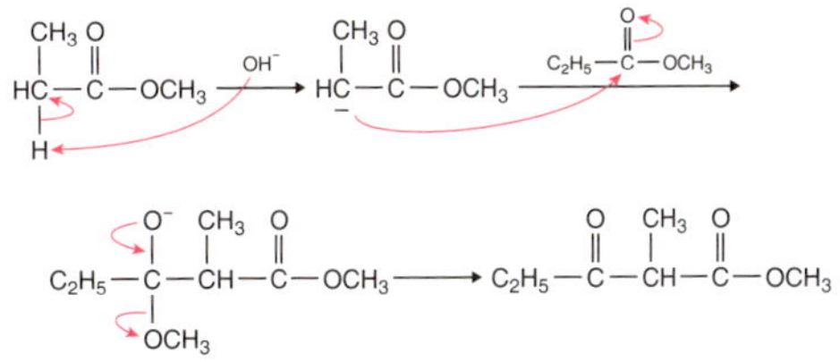

(960)

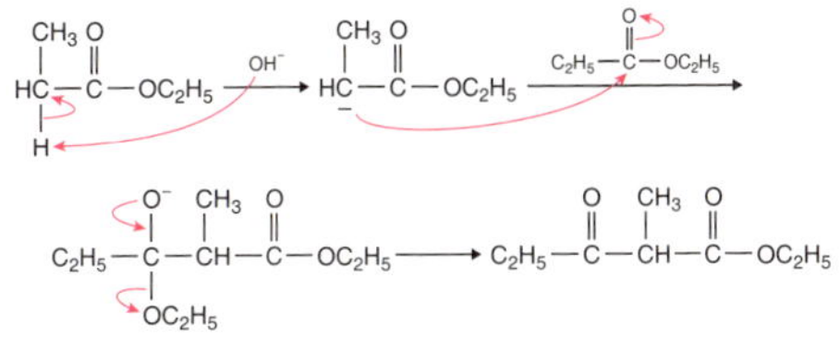

(961)

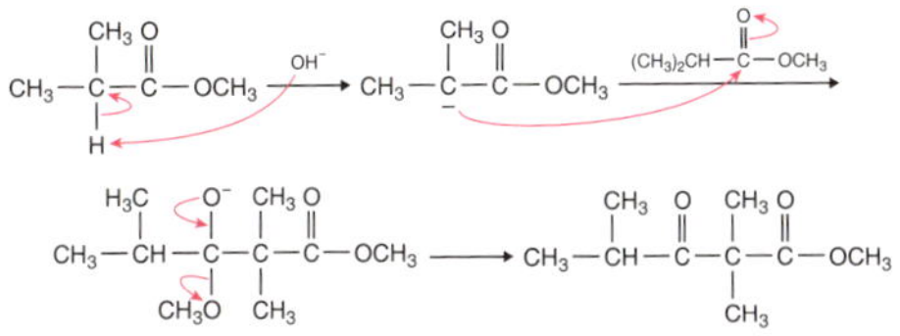

(962)

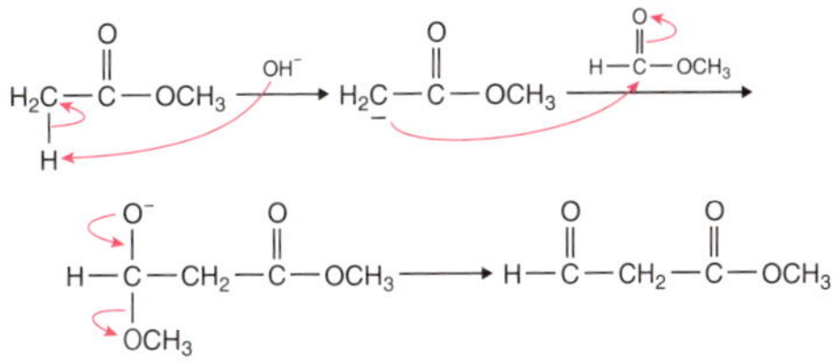

(963)

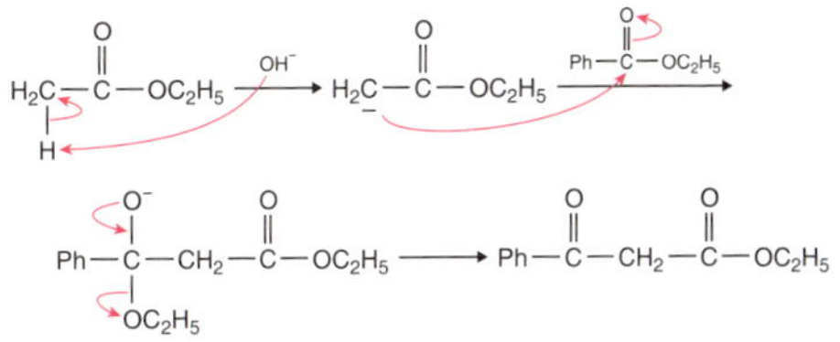

(964)

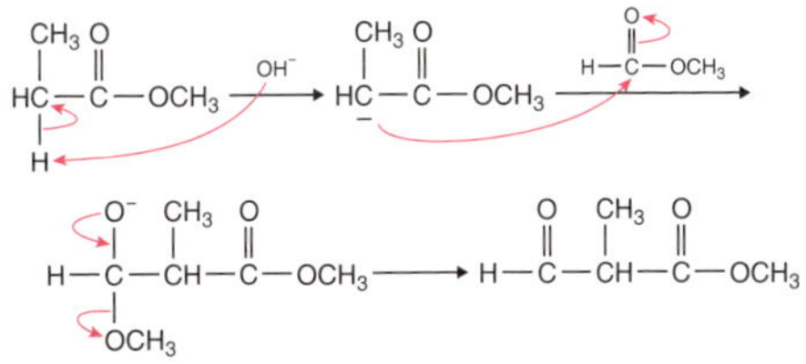

(965)

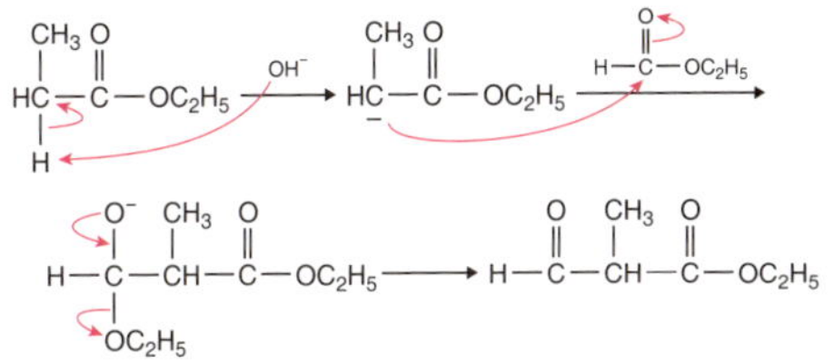

(966)

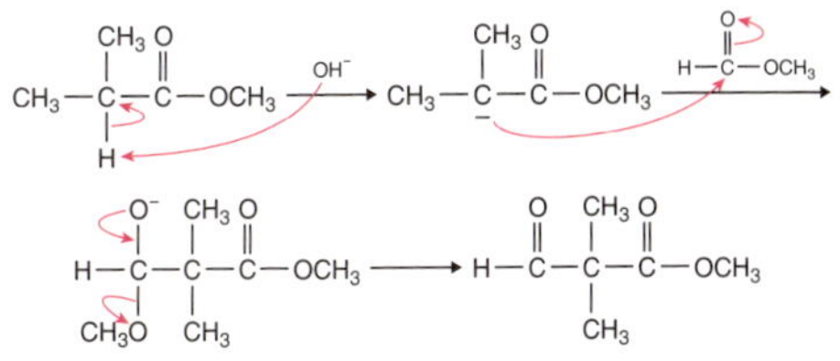

**Dieckmann 縮合**

**解法**：強塩基がジエステルの一方のカルボニル基のα位の H 原子を引き抜き，求核種が生じる．これが分子内のもう一つのカルボニル基に求核攻撃する．アルコキシドが脱離し，カルボニル基が再生し，環状 1,3-ジカルボニル化合物が生成する．

(967)

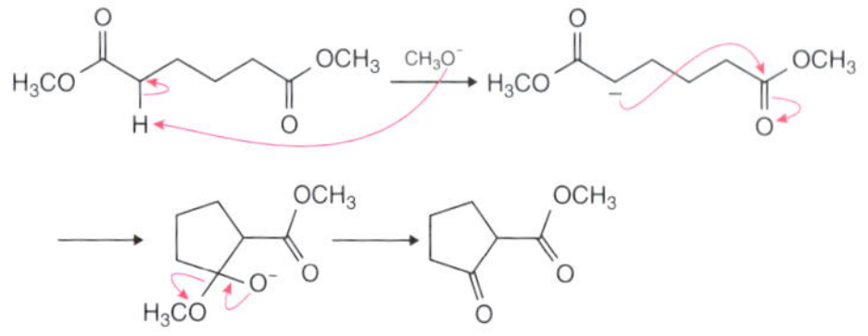

(968)

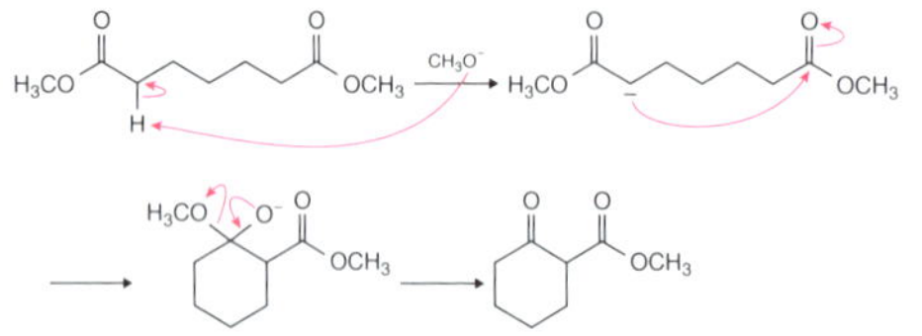

(969)

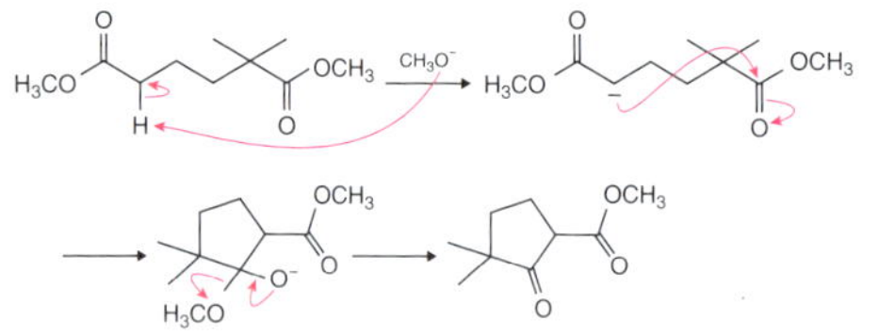

(970)

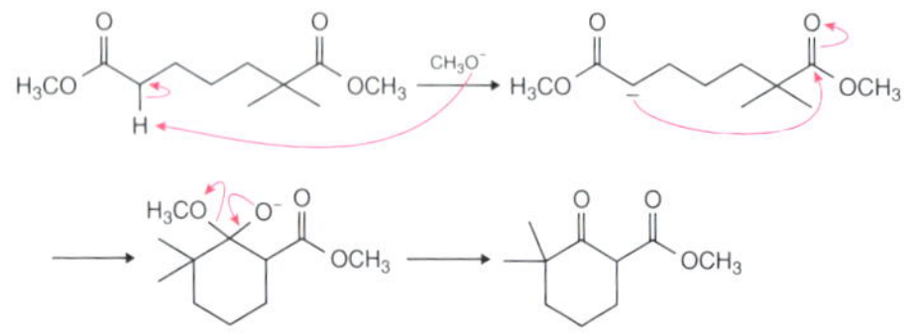

117 **分子内アルドール付加（付加 + 脱水）**

**解法**：強塩基がジカルボニル化合物の一方のカルボニル基のα位の H 原子を引き抜き，求核種が生じる．これが分子内のもう一つのカルボニル基に求核攻撃する．脱離可能な置換基がないので，カルボニルの再生は起こらない．プロトン化によりアルドールが生成する．さらにここから脱水反応が起こる．

(971)

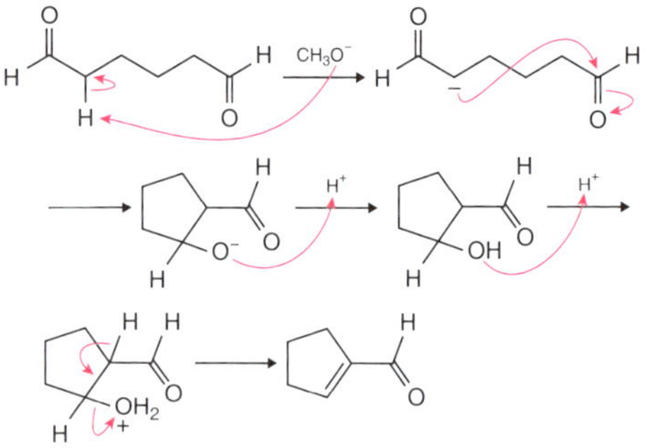

(972)

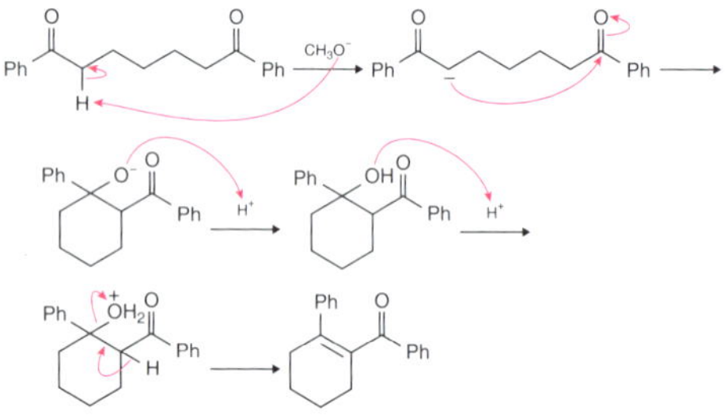

(973)

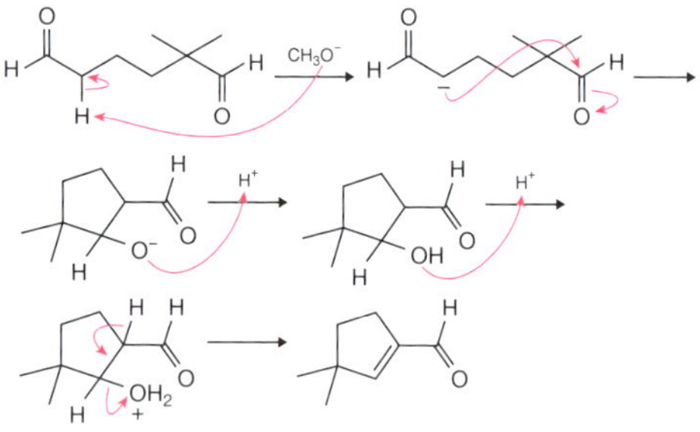

(974)

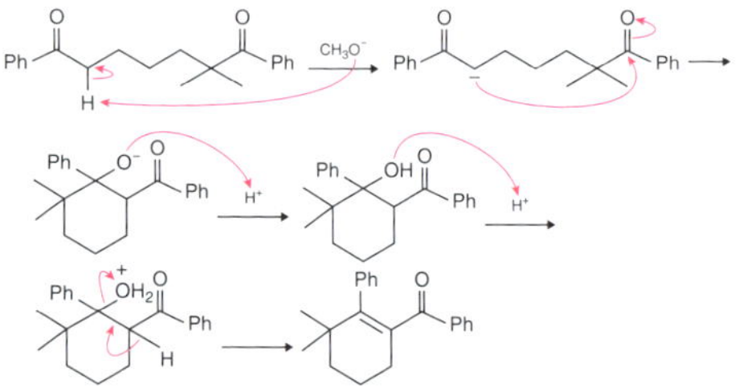

118 **アセト酢酸エステル合成**

**解法**：$H^+$ の引き抜きにより二つのカルボニル基に挟まれた C 原子に負電荷ができる．これが電子不足なハロゲン化アルキルの C 原子を攻撃し，アルキル化が起こる．エステルの加水分解，さらに脱炭酸によりカルボキシ基が $CO_2$ として脱離する．生成物の構造を確認し，どこがどの化合物に由来するかを考えよう．

(975)

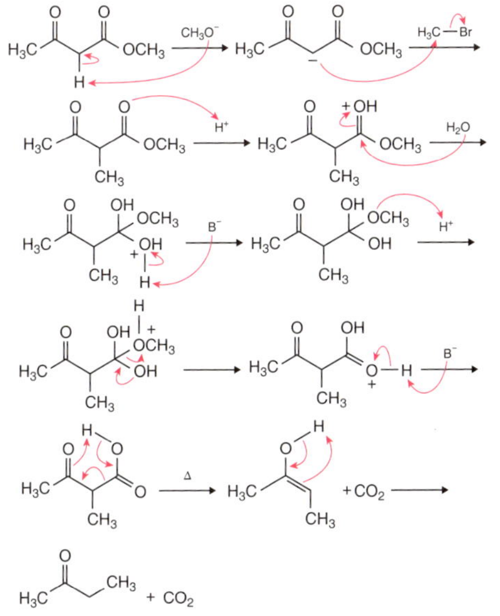

$H_3C$—(CO)—CH(H)—(CO)—$OCH_3$  →($CH_3O^-$)→  enolate —($H_3C$—$Br$)→

$H_3C$—(CO)—CH($CH_3$)—(CO)—$OCH_3$  →($H^+$)→  ... →($H_2O$)→

... →($B^-$)→ ... →($H^+$)→ ... →($\Delta$)→ ... $+CO_2$ →

$H_3C$—(CO)—$CH_2CH_3$ ($H_3C$—CO—$CH_3$ + $CO_2$)

$H_3C$—(CO)—$CH_2$Ph + $CO_2$

(976)

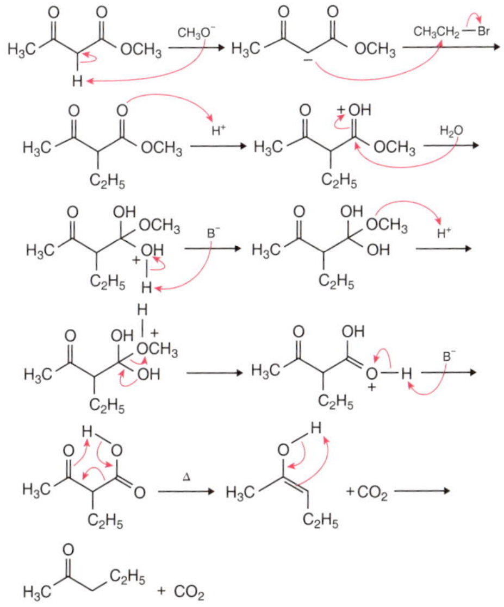

$H_3C$—(CO)—CH(H)—(CO)—$OCH_3$  →($CH_3O^-$)→ enolate →($CH_3CH_2$—$Br$)→

$H_3C$—(CO)—CH($C_2H_5$)—(CO)—$OCH_3$ →($H^+$)→ ... →($H_2O$)→

... →($B^-$)→ ... →($H^+$)→ ... →($\Delta$)→ ... $+CO_2$ →

$H_3C$—(CO)—$C_2H_5$ + $CO_2$

(977)

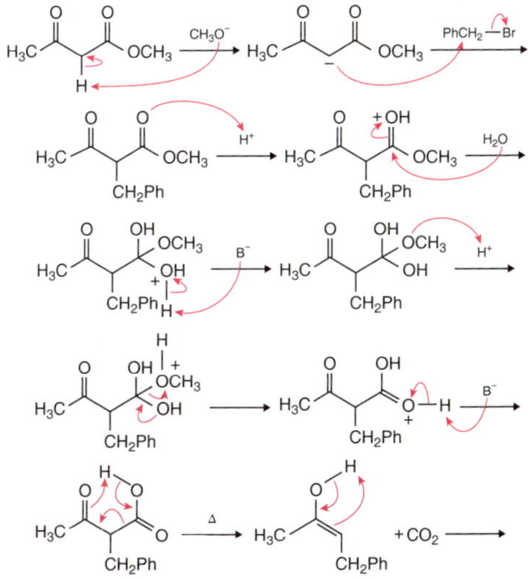

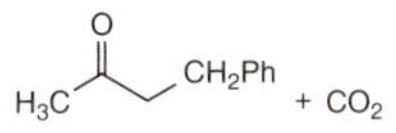

$H_3C$—(CO)—CH(H)—(CO)—$OCH_3$  →($CH_3O^-$)→ enolate →($PhCH_2$—$Br$)→

$H_3C$—(CO)—CH($CH_2Ph$)—(CO)—$OCH_3$ →($H^+$)→ ... →($H_2O$)→

... →($B^-$)→ ... →($H^+$)→ ... →($\Delta$)→ ... $+CO_2$ →

(978)

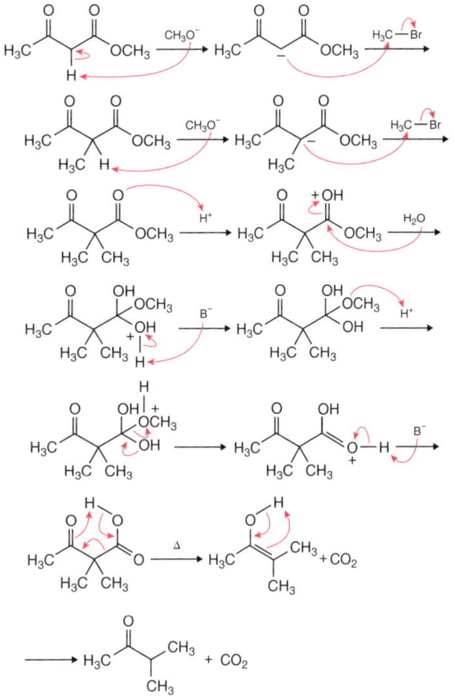

$H_3C$—(CO)—CH(H)—(CO)—$OCH_3$ →($CH_3O^-$)→ enolate →($H_3C$—$Br$)→

$H_3C$—(CO)—C($CH_3$)(H)—(CO)—$OCH_3$ →($CH_3O^-$)→ →($H_3C$—$Br$)→

$H_3C$—(CO)—C($CH_3$)($CH_3$)—(CO)—$OCH_3$ →($H^+$)→ ... →($H_2O$)→

... →($B^-$)→ ... →($H^+$)→ ... →($\Delta$)→ ... $+CO_2$ →

$H_3C$—(CO)—CH($CH_3$)—$CH_3$ + $CO_2$

(979)

$H_3C$—(CO)—CH(H)—(CO)—$OCH_3$ →($CH_3O^-$)→ enolate →(Br—$(CH_2)$—Br)→

$H_3C$—(CO)—CH$(...(CH_2)...Br)$—(CO)—$OCH_3$ →($CH_3O^-$)→ →

(cyclopentane ring)—(CO)—$OCH_3$ →($H^+$)→ ... →($H_2O$)→

... →($B^-$)→ ... →($H^+$)→ ... →($\Delta$)→ ... $+CO_2$ →

$H_3C$—(CO)—(cyclopentyl) + $CO_2$

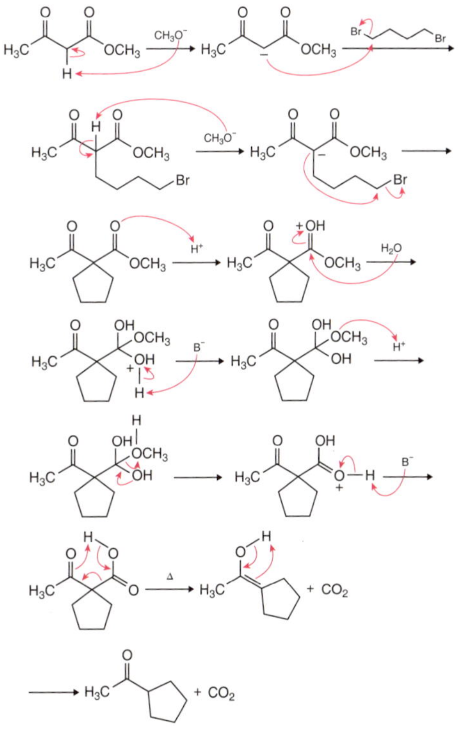

## 119 マロン酸エステル合成

**解法**：$H^+$ の引き抜きにより二つのカルボニル基に挟まれたC原子に負電荷ができる．これが電子不足なハロゲン化アルキルのC原子を攻撃し，アルキル化が起こる．エステルの加水分解，さらに脱炭酸によりカルボキシ基が $CO_2$ として脱離する．カルボキシ基が二つあるが，片方のみ脱炭酸を受ける．

(980)

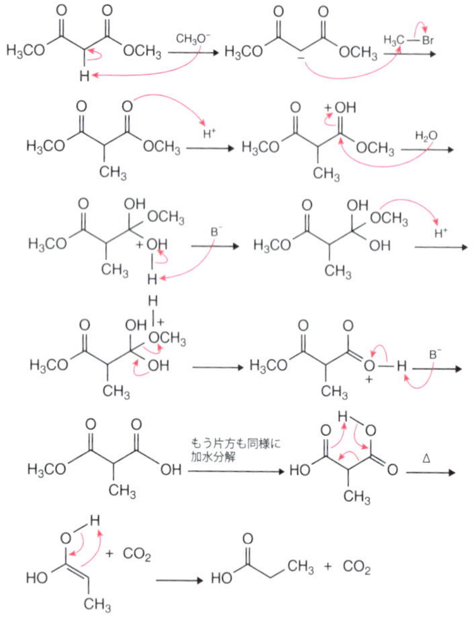
もう片方も同様に
加水分解

(981)

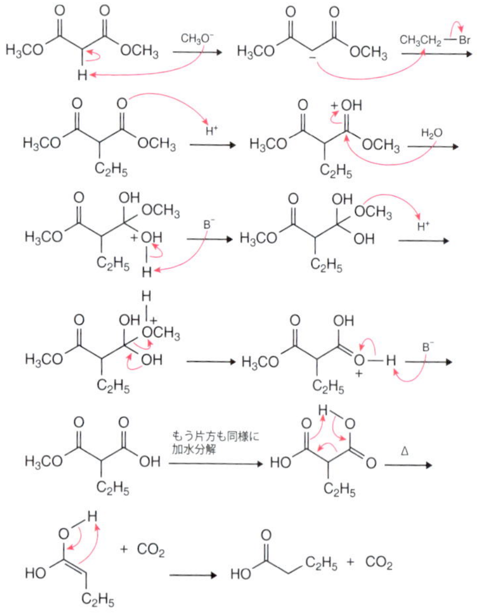
もう片方も同様に
加水分解

(982)

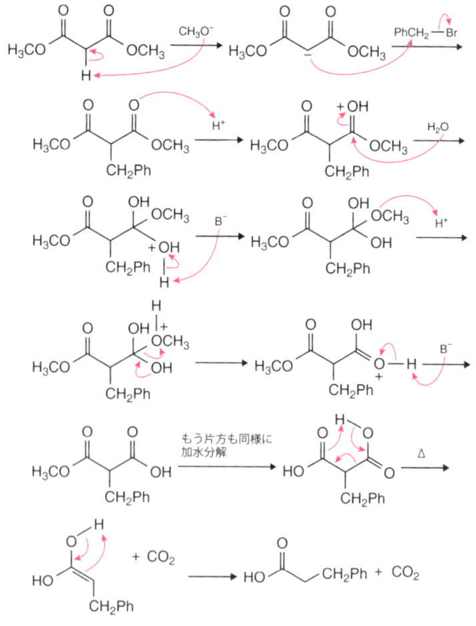
もう片方も同様に
加水分解

(983)

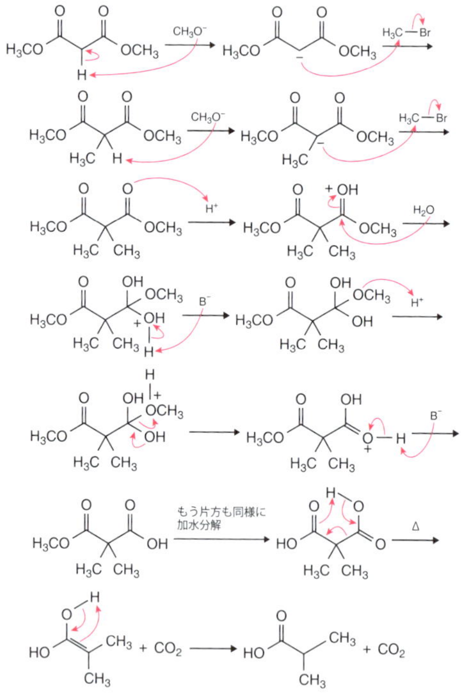
もう片方も同様に
加水分解

(984)

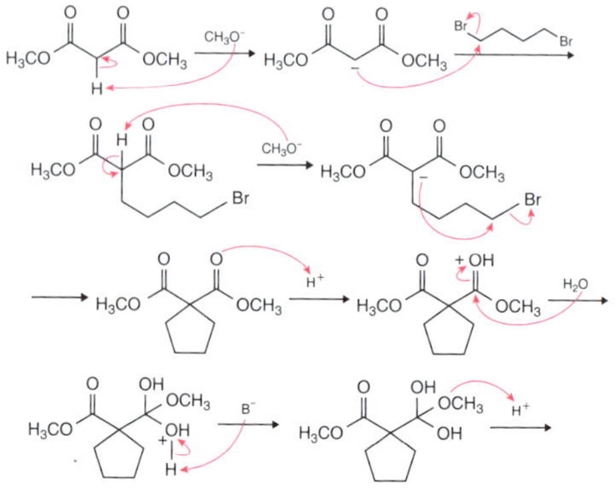

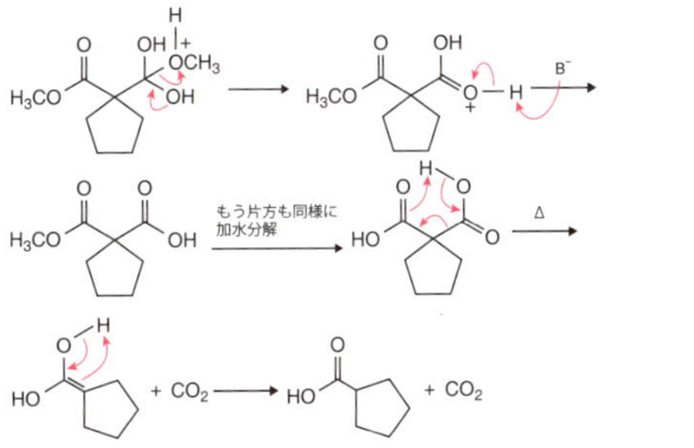

(988)

(989)

## 120 Robinson 環化

**解法**：強塩基がカルボニル基の $\alpha$ 位の H 原子を引き抜き，求核種が生じる．これが $\alpha,\beta$-不飽和カルボニル化合物に共役付加する．分子内で $H^+$ が移動したのち，分子内環化反応が起こる．最後に脱水反応が起こり，環状 $\alpha,\beta$-不飽和カルボニル化合物が生成する．

(985)

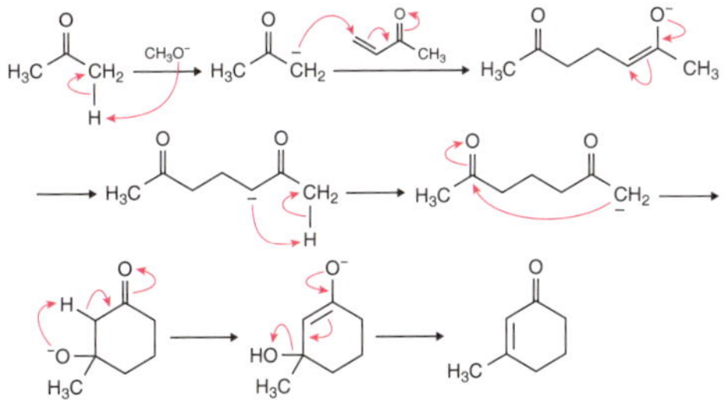

(986)

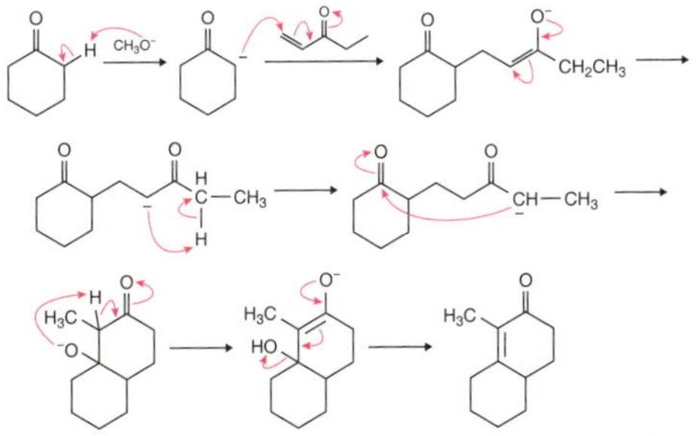

(987)

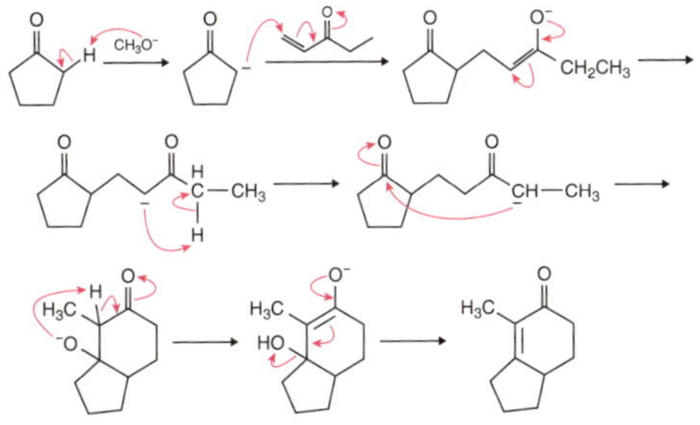

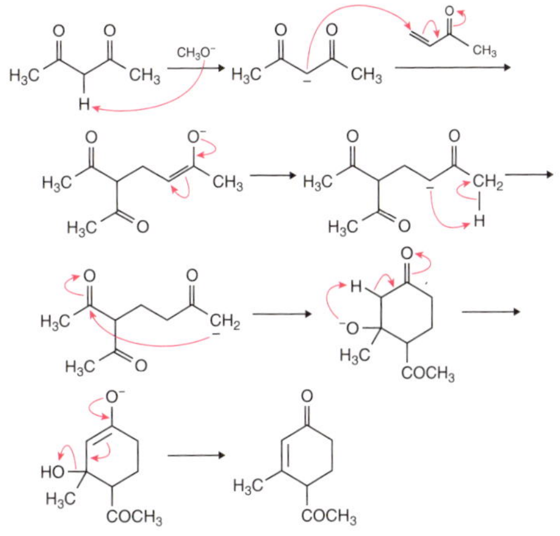

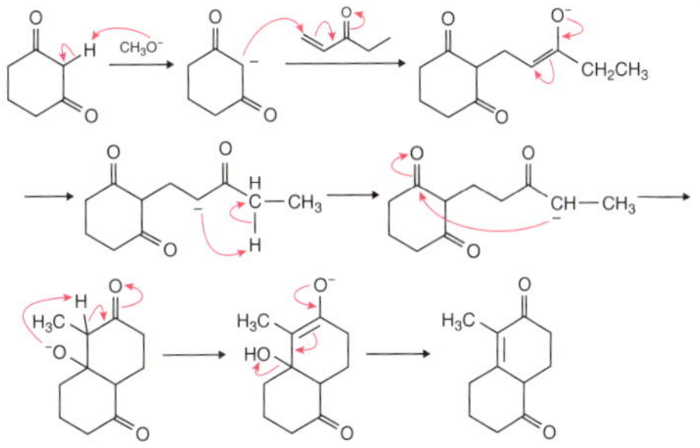

## 121 発展問題

(990)

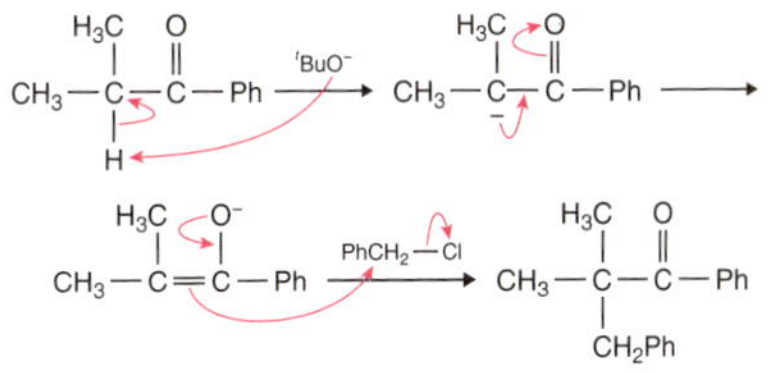

(991)

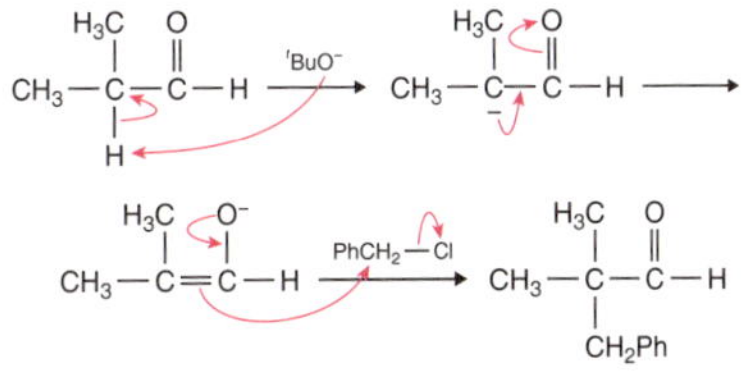

(992)

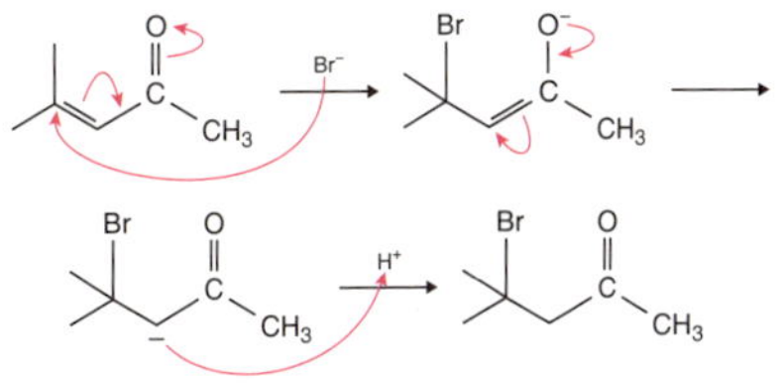

(993)

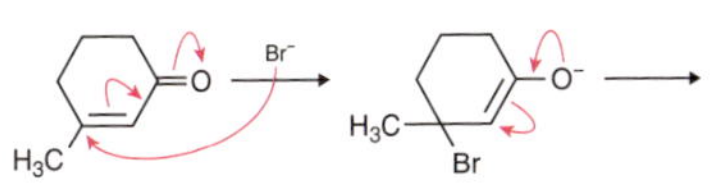

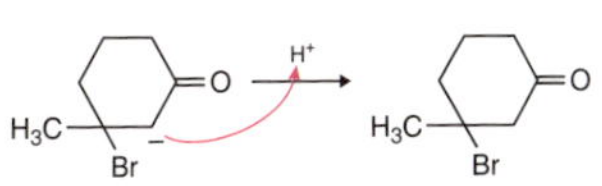

— 71 —

(994)

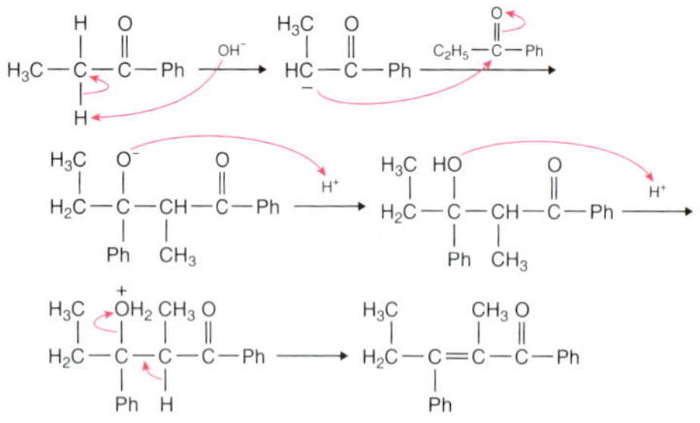

(995)

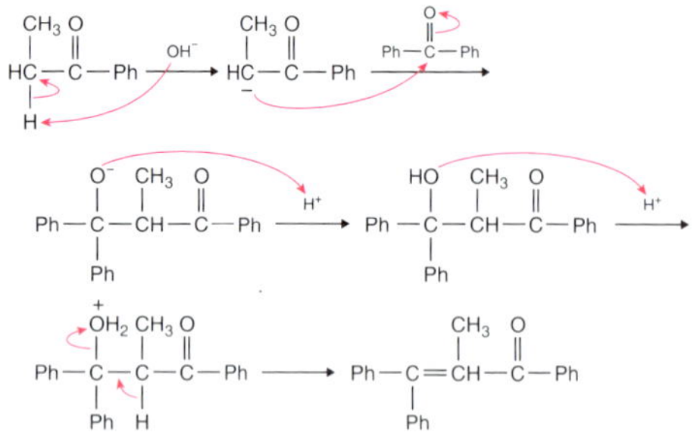

(996)

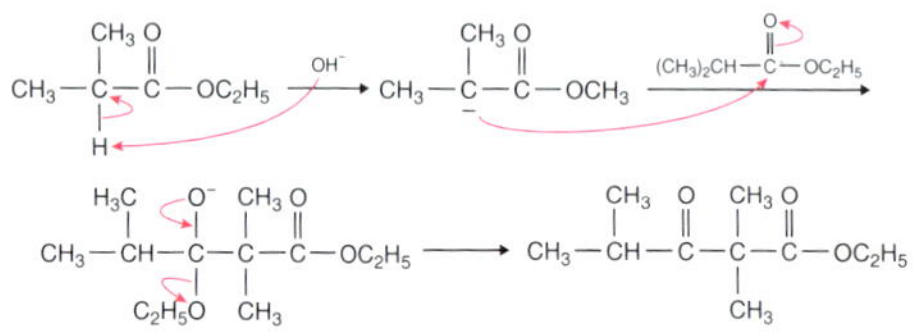

(997)

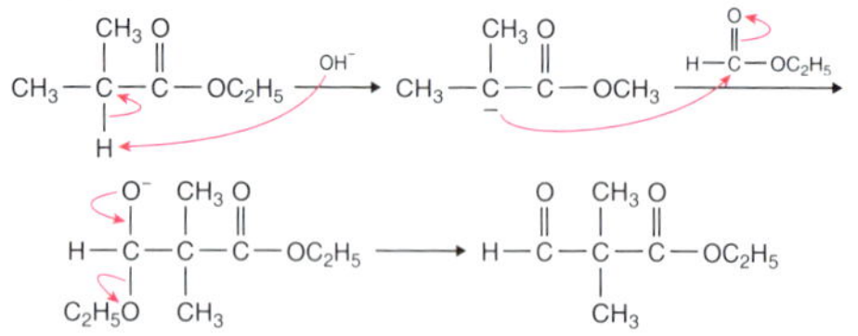

(998)

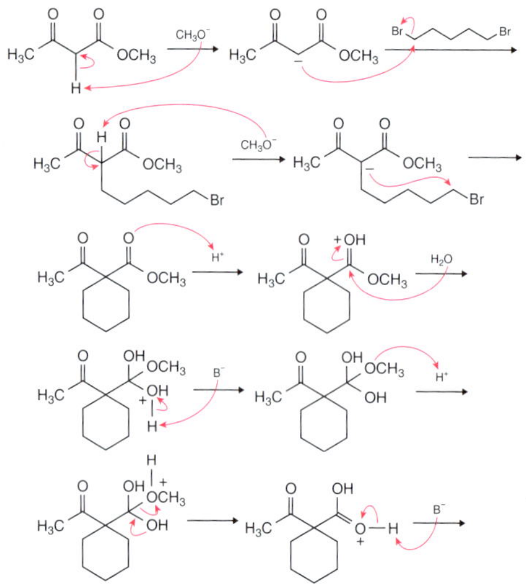

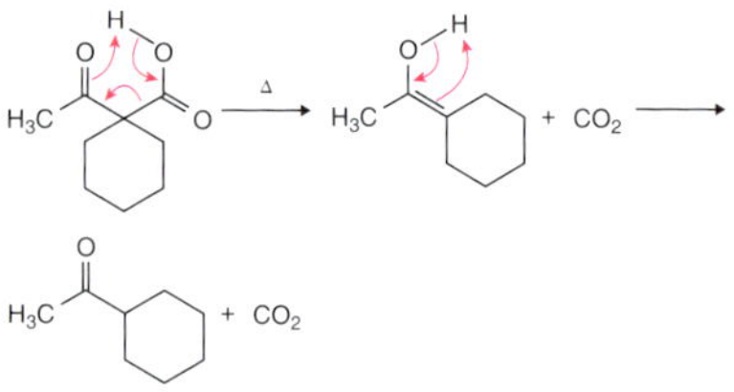

(999)

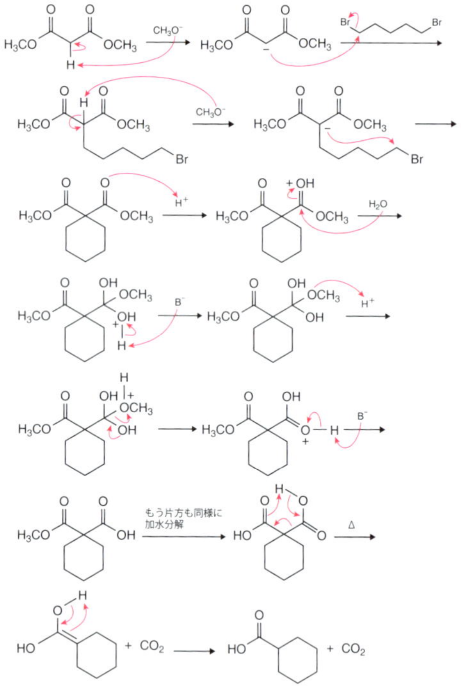


(1000)

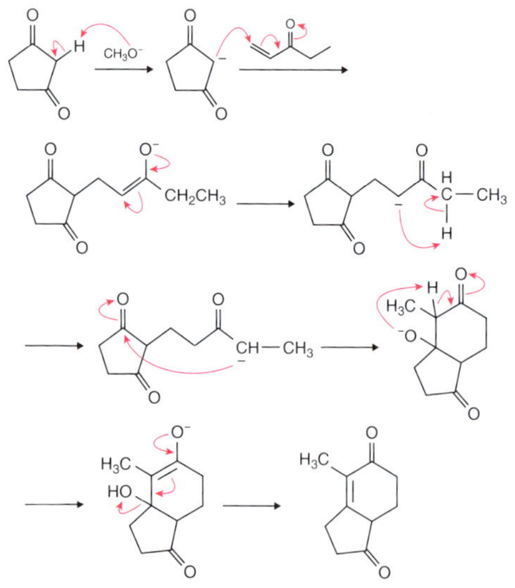